工业和信息化部"十四五"规划教材

仪器分析

周 云 编

科学出版社

北京

内 容 简 介

本书是仪器分析理论课的配套教材。全书以纸质媒介和数字媒介(二维码)两种载体形式介绍了绪论及光谱分析法、电化学分析法、色谱分析法、质谱分析法和其他分析法等内容。其中，纸质媒介内容包括五篇共 19 章内容；数字媒介内容除对纸质媒介中的个别章节内容进行补充外，还补充了显微成像分析法中的原子力显微镜技术和扫描探针显微镜两章内容。读者通过手机等智能设备扫描书中的二维码，即可对这些数字媒介内容进行学习。全书紧扣教学大纲，既突出专业基础，又紧密结合当下科研最新研究成果，同时在内容编写和载体表现形式上大胆创新，形成了自有特色，为读者提供了全新的阅读体验。

本书可作为高等学校化学及相关专业的教学用书和参考书，也可供相关专业技术人员和分析工作者参考学习。

图书在版编目（CIP）数据

仪器分析/周云编. —北京：科学出版社，2024.6
工业和信息化部"十四五"规划教材
ISBN 978-7-03-077299-2

Ⅰ．①仪⋯ Ⅱ．①周⋯ Ⅲ．①仪器分析-教材 Ⅳ．①O657

中国国家版本馆 CIP 数据核字（2023）第 251745 号

责任编辑：侯晓敏 陈雅娴 李丽娇 / 责任校对：杨 赛
责任印制：张 伟 / 封面设计：周 云

科学出版社 出版
北京东黄城根北街 16 号
邮政编码：100717
http://www.sciencep.com

北京中石油彩色印刷有限责任公司印刷
科学出版社发行 各地新华书店经销

*

2024 年 6 月第 一 版 开本：787×1092 1/16
2024 年 6 月第一次印刷 印张：23 3/4
字数：563 000

定价：89.00 元
（如有印装质量问题，我社负责调换）

前　言

仪器分析是融合了化学、物理学、信息学等众多学科的一门科学，是分析化学的重要分支，代表了分析化学的发展方向。随着社会科学技术的进步，尤其是近年来新材料、新方法、新信息化技术如大数据、人工智能等的出现，仪器分析也发生了日新月异的变化。而作为承载传播现代仪器分析理论、方法及应用的仪器分析教学自然也应顺时而新，因时而异。本书正是顺应仪器分析教学的这一深刻变化，本着"启发式教学、挑战式创新"的教学理念精心编著而成。本书在内容编写及载体形式上都进行了较大创新，形成了有别于其他同类教材的特色，具体表现在以下两方面。

在内容编排上，本书除介绍各类常见仪器分析方法的基本原理、分析仪器的基本结构和原理，以及分析方法的应用外，还增加了许多近年来新出现的仪器分析技术、最前沿的仪器分析方法研究及应用。基于这些前沿研究和应用，本书创新性地增加了面向读者的挑战性问题，以便读者立于科学研究前沿主动思考、敢于探索，从而拓宽视野、培养创新精神、激发深入学习和探索的兴趣与激情。此外，书中还大量引用了我国科技工作者基于仪器分析的科研成果和应用，以此激励读者，增强文化自信。

在载体形式上，本书除采用传统的纸质媒介外，还创新性地引入虚拟仿真技术，以便读者利用现代智能设备与书本内容互动学习，以此激发读者学习兴趣，丰富读者学习体验。另外，书中引入二维码，以图文和视频的形式对纸质媒介内容进行了丰富而有益的补充，这样在不受传统纸质媒介篇幅限制的情况下，既丰富了书本内容，又提升了读者的学习体验。

本书由张新荣教授审阅，李景虹院士、刘密新教授等对本书提出了宝贵的意见和建议，在此表示衷心的感谢！本书在参评工业和信息化部"十四五"规划教材过程中得到了张新荣教授的指导，在此表示特别的感谢！在本书编写过程中得到了清华大学教学改革项目及清华大学化学系教材编写项目支持，以及清华大学分析中心李展平老师在能谱仪图解方面的支持，清华大学基础化学实验教学中心王溢磊老师提供分子振动模拟以及尉京志老师协助拍摄实验操作，助教施亚橙博士协助拍摄书中部分仪器视频，清华大学实验物理教学中心顾晨及常缨老师拍摄惰性气体线状光谱实验及迈克尔逊干涉实验视频，在此一并表示衷心的感谢！最后，还要衷心感谢家人在编写书稿这七年中的理解和全力支持！

限于编者的水平和教学经验，书中欠妥之处在所难免，希望读者批评指正。

编　者
2023 年 6 月
于北京清华园

目 录

前言
第1章 绪论 ··· 1
  1.1 引言 ··· 1
  1.2 分析化学与仪器分析的发展与现状 ·· 2
  1.3 仪器分析法的分类 ·· 2
  1.4 分析仪器的性能指标 ·· 4
    1.4.1 灵敏度 ··· 4
    1.4.2 检出限 ··· 5
    1.4.3 动态范围 ··· 6
  1.5 仪器分析法的特点 ·· 7
  1.6 仪器分析法的发展趋势 ··· 8
  参考文献 ·· 10

第一篇 光谱分析法

第2章 光谱分析法导论 ··· 13
  2.1 光谱分区 ··· 13
  2.2 光谱的产生 ·· 14
    2.2.1 原子光谱的产生 ··· 14
    2.2.2 分子光谱的产生 ··· 15
  2.3 光谱法分类 ·· 16
  2.4 光谱分析仪 ·· 17
  参考文献 ·· 18

第3章 原子发射光谱法 ··· 19
  3.1 基本理论 ··· 19
    3.1.1 原子的壳层结构 ··· 19
    3.1.2 光谱项 ··· 20
    3.1.3 原子能级与能级图 ··· 21
    3.1.4 原子谱线的强度 ··· 23
    3.1.5 谱线自吸与自蚀 ··· 25
    3.1.6 分析线与灵敏线 ··· 25
  3.2 仪器组成 ··· 25
    3.2.1 进样系统 ··· 26

3.2.2　光源系统 ··· 27
　　3.2.3　分光系统 ··· 28
　　3.2.4　检测系统 ··· 35
3.3　定性与定量分析 ·· 37
　　3.3.1　定性与半定量分析 ··· 37
　　3.3.2　定量分析 ··· 37
3.4　特点及应用 ·· 39
参考文献 ··· 41

第 4 章　原子吸收与原子荧光光谱法 ·· 42
4.1　原子吸收光谱法 ·· 42
　　4.1.1　基本理论 ··· 42
　　4.1.2　仪器组成 ··· 46
　　4.1.3　定量分析 ··· 51
　　4.1.4　干扰及其抑制方法 ··· 52
　　4.1.5　特点及应用 ··· 55
4.2　原子荧光光谱法 ·· 56
　　4.2.1　基本理论 ··· 56
　　4.2.2　仪器组成 ··· 57
　　4.2.3　定量分析 ··· 59
　　4.2.4　特点及应用 ··· 60
参考文献 ··· 62

第 5 章　X 射线光谱法及电子显微镜法 ··· 63
5.1　X 射线荧光法 ··· 63
　　5.1.1　基本理论 ··· 63
　　5.1.2　仪器组成及工作原理 ··· 63
　　5.1.3　定性与定量分析 ·· 67
　　5.1.4　特点及应用 ··· 68
5.2　X 射线衍射法 ··· 68
　　5.2.1　基本理论 ··· 69
　　5.2.2　仪器组成及工作原理 ··· 70
　　5.2.3　特点及应用 ··· 71
5.3　X 射线光电子能谱法 ·· 72
　　5.3.1　基本理论 ··· 72
　　5.3.2　X 射线光电子能谱图 ··· 74
　　5.3.3　仪器组成及工作原理 ··· 77
　　5.3.4　定性与定量分析 ·· 78
　　5.3.5　特点及应用 ··· 80
5.4　俄歇电子能谱法 ·· 80

  5.4.1　基本理论 ……………………………………………………………… 80
  5.4.2　仪器组成及工作原理 ………………………………………………… 81
  5.4.3　特点及应用 …………………………………………………………… 82
 5.5　电子显微镜法 ………………………………………………………………… 84
  5.5.1　透射电子显微镜 ……………………………………………………… 84
  5.5.2　扫描电子显微镜 ……………………………………………………… 87
  5.5.3　冷冻电子显微镜 ……………………………………………………… 90
 参考文献 ……………………………………………………………………………… 96

第6章　紫外-可见光谱法与圆二色谱法 ……………………………………………… 98
 6.1　紫外-可见光谱法 …………………………………………………………… 98
  6.1.1　基本理论 ……………………………………………………………… 98
  6.1.2　仪器组成 …………………………………………………………… 103
  6.1.3　定性与定量分析 …………………………………………………… 104
  6.1.4　特点及应用 ………………………………………………………… 106
 6.2　圆二色谱法 ………………………………………………………………… 106
  6.2.1　基本原理 …………………………………………………………… 107
  6.2.2　仪器组成 …………………………………………………………… 109
  6.2.3　特点及应用 ………………………………………………………… 109
 参考文献 …………………………………………………………………………… 111

第7章　分子发光分析法 ………………………………………………………………… 112
 7.1　分子荧光分析法 …………………………………………………………… 112
  7.1.1　基本理论 …………………………………………………………… 112
  7.1.2　仪器组成 …………………………………………………………… 119
  7.1.3　定量分析 …………………………………………………………… 120
  7.1.4　特点及应用 ………………………………………………………… 120
 7.2　分子磷光分析法 …………………………………………………………… 121
  7.2.1　基本理论 …………………………………………………………… 121
  7.2.2　仪器组成 …………………………………………………………… 122
  7.2.3　特点及应用 ………………………………………………………… 122
 7.3　化学发光分析法 …………………………………………………………… 123
  7.3.1　基本理论 …………………………………………………………… 123
  7.3.2　仪器组成 …………………………………………………………… 124
  7.3.3　特点及应用 ………………………………………………………… 124
 参考文献 …………………………………………………………………………… 126

第8章　红外、近红外吸收光谱法及拉曼光谱法 …………………………………… 127
 8.1　红外吸收光谱法 …………………………………………………………… 127
  8.1.1　基本原理 …………………………………………………………… 127
  8.1.2　仪器组成 …………………………………………………………… 137

8.1.3 定性与定量分析 …………………………………………………… 142
8.1.4 特点及应用 ………………………………………………………… 144
8.2 近红外吸收光谱法 ………………………………………………………… 144
8.2.1 基本理论 …………………………………………………………… 144
8.2.2 仪器组成 …………………………………………………………… 145
8.2.3 定性与定量分析 …………………………………………………… 146
8.2.4 特点及应用 ………………………………………………………… 147
8.3 拉曼光谱法 ………………………………………………………………… 147
8.3.1 基本理论 …………………………………………………………… 148
8.3.2 仪器组成 …………………………………………………………… 151
8.3.3 定性与定量分析 …………………………………………………… 151
8.3.4 特点及应用 ………………………………………………………… 152
参考文献 ……………………………………………………………………………… 155

第9章 核磁共振波谱法 ………………………………………………………… 157
9.1 基本理论 …………………………………………………………………… 157
9.1.1 原子核的基本属性 ………………………………………………… 157
9.1.2 原子核的共振 ……………………………………………………… 159
9.1.3 化学位移 …………………………………………………………… 162
9.1.4 饱和与弛豫过程 …………………………………………………… 166
9.1.5 自旋耦合和自旋分裂 ……………………………………………… 168
9.1.6 核磁共振谱图 ……………………………………………………… 170
9.2 仪器组成 …………………………………………………………………… 170
9.2.1 磁体的磁场与锁场 ………………………………………………… 172
9.2.2 射频发生器与接收器 ……………………………………………… 173
9.2.3 探头及样品管 ……………………………………………………… 173
9.3 核磁共振氢谱 ……………………………………………………………… 174
9.3.1 核的等价性 ………………………………………………………… 174
9.3.2 氢谱中的耦合 ……………………………………………………… 175
9.3.3 氢谱解析 …………………………………………………………… 177
9.4 核磁共振碳谱 ……………………………………………………………… 178
9.4.1 化学位移 …………………………………………………………… 179
9.4.2 碳谱中的耦合 ……………………………………………………… 179
9.4.3 碳谱解析 …………………………………………………………… 180
9.5 核磁共振波谱的定量分析 ………………………………………………… 181
9.5.1 内标法 ……………………………………………………………… 181
9.5.2 外标法 ……………………………………………………………… 181
9.6 特点及应用 ………………………………………………………………… 182
9.7 固体核磁共振技术简介 …………………………………………………… 183

9.7.1 基本理论	183
9.7.2 仪器组成	184
9.7.3 高分辨固体核磁共振谱技术	184
9.7.4 特点及应用	187
参考文献	190

第二篇 电化学分析法

第 10 章 电位分析法	193
10.1 参比电极及指示电极	193
10.1.1 参比电极	193
10.1.2 指示电极	194
10.1.3 化学修饰电极及微/纳米电极	200
10.2 电位测量仪及原理	201
10.3 定量分析方法	202
10.3.1 直接电位法	202
10.3.2 电位滴定法	205
10.4 特点及应用	206
参考文献	208
第 11 章 电重量法与库仑分析法	210
11.1 电重量法	210
11.1.1 控制电流电解法	210
11.1.2 控制电位电解法	211
11.2 库仑分析法	213
11.2.1 基本理论	213
11.2.2 恒电位库仑分析法	213
11.2.3 恒电流库仑分析法	215
11.2.4 特点及应用	217
参考文献	218
第 12 章 极谱分析法与循环伏安法	220
12.1 极谱分析法	220
12.1.1 基本理论	220
12.1.2 仪器组成	224
12.1.3 定性分析	225
12.1.4 定量分析	225
12.1.5 特点及应用	226
12.2 循环伏安法	226
12.2.1 基本理论	227
12.2.2 仪器组成	229

12.2.3 特点及应用·················230
参考文献·················234

第13章 微/纳米电极及电化学分析联用技术简介·················235
13.1 微/纳米电极·················235
13.1.1 微电极·················235
13.1.2 纳米电极·················236
13.2 微/纳米电极阵列传感器·················238
13.3 纳米生物传感器·················240
13.3.1 基于纳米多孔膜的生物传感器·················240
13.3.2 基于纳米结构聚合物的生物传感器·················240
13.4 电化学分析联用技术·················241
13.4.1 电化学原位傅里叶变换红外光谱技术·················241
13.4.2 电化学色谱/质谱技术·················243
13.4.3 电化学原位液体核磁共振技术·················244
13.4.4 电化学发光显微成像技术·················245
参考文献·················247

第三篇 色谱分析法

第14章 色谱分析导论·················251
14.1 色谱法分类·················251
14.2 色谱图·················251
14.3 色谱相关术语·················252
14.3.1 峰高、峰宽及峰面积·················252
14.3.2 基线、噪声与检测限·················253
14.3.3 色谱峰与对称因子·················253
14.3.4 色谱保留值·················253
14.3.5 分配平衡·················254
14.3.6 柱效能·················255
14.4 基本理论·················256
14.4.1 塔板理论·················256
14.4.2 速率理论·················258
14.4.3 色谱分离过程·················262
14.4.4 基本色谱分离方程·················263
14.4.5 分离度·················264
14.5 特点及应用·················266
参考文献·················267

第15章 毛细管气相色谱法·················268
15.1 基本理论·················268

         15.1.1 毛细管柱速率方程 ……………………………………………………… 268
         15.1.2 柱效 ……………………………………………………………………… 268
    15.2 仪器组成 ………………………………………………………………………… 269
         15.2.1 进样系统 ………………………………………………………………… 269
         15.2.2 分离系统 ………………………………………………………………… 271
         15.2.3 温度控制系统 …………………………………………………………… 272
         15.2.4 检测系统 ………………………………………………………………… 273
    15.3 定性与定量分析 ………………………………………………………………… 275
         15.3.1 定性分析 ………………………………………………………………… 275
         15.3.2 定量分析 ………………………………………………………………… 277
    15.4 特点及应用 ……………………………………………………………………… 279
    15.5 全二维/三维气相色谱法简介 …………………………………………………… 280
         15.5.1 全二维气相色谱法简介 ………………………………………………… 280
         15.5.2 全三维气相色谱法简介 ………………………………………………… 283
    参考文献 ……………………………………………………………………………… 285
第16章 高效液相色谱法 …………………………………………………………………… 286
    16.1 液-液分配色谱法 ………………………………………………………………… 286
         16.1.1 液-液色谱分类 …………………………………………………………… 286
         16.1.2 基本理论 ………………………………………………………………… 287
         16.1.3 化学键合固定相 ………………………………………………………… 288
         16.1.4 流动相 …………………………………………………………………… 290
    16.2 仪器组成 ………………………………………………………………………… 293
         16.2.1 分离系统 ………………………………………………………………… 294
         16.2.2 检测系统 ………………………………………………………………… 295
    16.3 特点及应用 ……………………………………………………………………… 296
    16.4 超高效液相色谱法简介 ………………………………………………………… 297
    参考文献 ……………………………………………………………………………… 298

第四篇 质谱分析法

第17章 质谱分析法概述 …………………………………………………………………… 301
    17.1 质谱分析原理 …………………………………………………………………… 301
    17.2 质谱分类 ………………………………………………………………………… 301
    17.3 仪器组成 ………………………………………………………………………… 302
         17.3.1 离子源 …………………………………………………………………… 303
         17.3.2 质量分析器 ……………………………………………………………… 307
         17.3.3 检测器 …………………………………………………………………… 313
    17.4 有机质谱离子类型 ……………………………………………………………… 314
    17.5 裂解方式及类型 ………………………………………………………………… 316

	17.5.1	共价键裂解方式	317
	17.5.2	离子裂解类型	317
17.6	质谱扫描方式		318
17.7	质谱解析流程		321
17.8	特点及应用		321
参考文献			323

第 18 章 质谱应用技术 ... 325

18.1	气质联用技术		325
	18.1.1	仪器组成	325
	18.1.2	气质联用谱图	326
	18.1.3	定性与定量分析	327
	18.1.4	特点及应用	331
18.2	液质联用技术		331
	18.2.1	仪器组成	331
	18.2.2	定性与定量分析	332
	18.2.3	特点及应用	333
18.3	电感耦合等离子体质谱技术		333
	18.3.1	仪器组成	333
	18.3.2	定性与定量分析	334
	18.3.3	特点及应用	334
18.4	生物质谱法简介		335
	18.4.1	基本理论	335
	18.4.2	仪器组成	338
	18.4.3	特点及应用	338
18.5	其他质谱应用技术简介		341
	18.5.1	化学交联质谱	341
	18.5.2	氢氘交换质谱	343
参考文献			345

第五篇 其他分析法

第 19 章 热分析法 ... 349

19.1	热重法		349
	19.1.1	基本理论	349
	19.1.2	热重曲线和微分热重曲线	349
	19.1.3	热重曲线影响因素	350
	19.1.4	仪器组成	351
	19.1.5	特点及应用	352
19.2	差热分析法		352

	19.2.1 基本理论	352
	19.2.2 差热曲线	353
	19.2.3 差热曲线影响因素	353
	19.2.4 仪器组成	354
	19.2.5 特点及应用	355
19.3	差示扫描量热法	356
	19.3.1 基本理论	356
	19.3.2 差示扫描量热曲线	356
	19.3.3 仪器组成	356
	19.3.4 特点及应用	359
参考文献		363

第1章 绪 论

1.1 引 言

1976 年 7 月 20 日，美国国家航空航天局发射的"海盗 1 号"火星探测器[图 1-1(a)]成功登陆火星，用于探索火星上有无生物以及开展一些科学研究，如生物研究、化学成分分析、火星表面成分分析和大气物理研究等。虽然研究结果显示并未找到有微生物存在的迹象，但这是人类首次将高科技仪器送到火星并开展相关科学研究的活动，有助于进一步了解与地球相邻的星球。2021 年 5 月 15 日，我国发射的"天问一号"探测器携"祝融号"火星车[图 1-1(b)]在火星着陆并开展科学探测任务。"海盗 1 号"火星探测器携带了气相色谱-质谱仪和 X 射线荧光光谱仪用于研究火星生命。而"天问一号"携带了 13 种高科技科学仪器，如火星矿物学光谱仪、火星表面成分检测器等用于研究火星矿物分布、地质结构及水冰分布等。可见，分析仪器是开展科学研究非常重要的设备，而基于这些分析仪器的技术或方法除了在分析化学、生命科学研究中有重要地位和作用外，还在其他领域如化工、环境、材料等

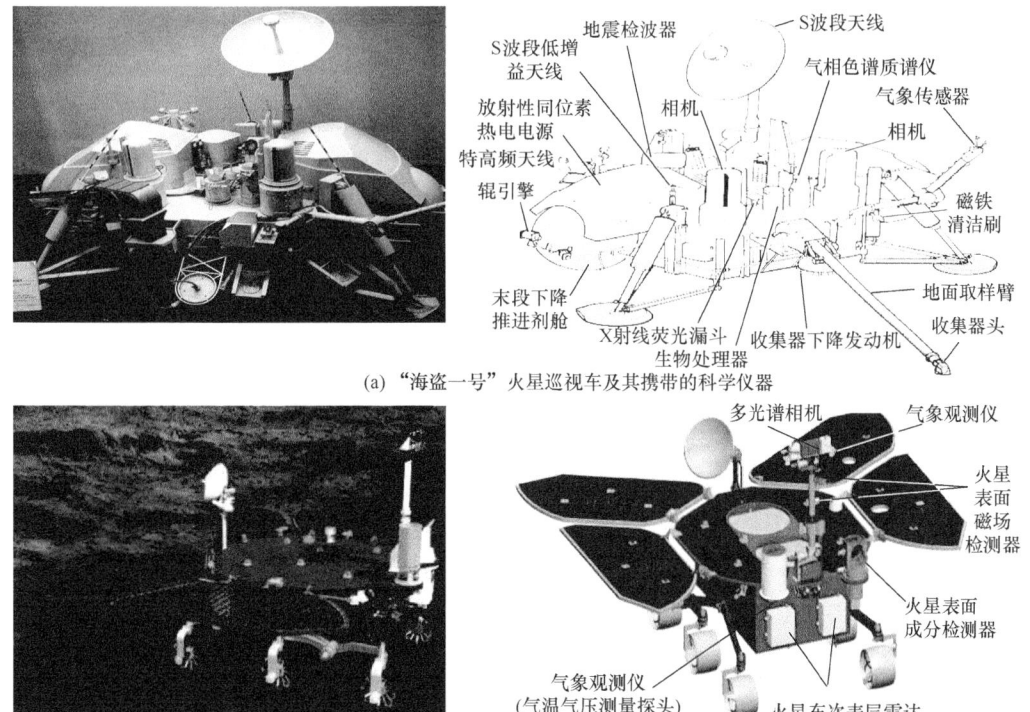

(a) "海盗一号"火星巡视车及其携带的科学仪器

(b) "天问一号"火星巡视车及其携带的科学仪器

图 1-1 "海盗 1 号"和"天问一号"及其携带的科学仪器

领域有广泛的应用。那么,什么是仪器分析?为什么要学习仪器分析?本书将为大家揭开仪器分析的神秘面纱,共同了解其中的奥秘。

1.2 分析化学与仪器分析的发展与现状

分析化学是研究物质组成、含量、结构和形态等化学信息的分析方法及理论的科学,是化学学科的一个重要分支,其发展经历了漫长的过程。在化学还没有成为一门独立学科之前,由于社会生产和生活的需要,人们就已经开始从事分析检验的实践活动了。随着社会商品生产、工业制造和商品交换的不断发展,分析化学从原始的"感官识别",到1829年德国化学家Heinrich Rose提出的"系统定性无机分析法"[1],并进一步发展形成了分析化学的定性分析法。分析化学的定量分析法也从早期的重量分析法逐渐发展成集多种定量分析手段的方法。分析化学的发展经历了三次巨大变革。第一次变革发生在20世纪初,物理化学热力学平衡理论(滴定分析理论基础)和动力学速率理论(色谱分离理论基础)的发展,为分析技术提供了理论基础,而基于这一理论的沉淀反应、酸碱反应、氧化还原反应及配位反应的四大平衡理论的建立,使分析化学从一门技术发展成分析化学学科,称为经典分析化学。第二次变革发生在第二次世界大战前后直到20世纪60年代,物理学特别是光学、电子学、半导体及原子能工业的发展,促进了分析中物理方法和仪器分析方法的大发展。从20世纪70年代末到现在,以计算机应用为主要标志的信息时代的到来给科学技术的发展带来了巨大的活力,分析化学正处于第三次变革时期,并正发展成为一门建立在化学、物理学、数学、计算机科学等学科基础上的综合性学科。

从分析化学的发展历程可知,分析化学包括化学分析和仪器分析两种分析方法。化学分析是根据物质的化学反应及其计量关系来确定样品的组成和含量的一类分析方法,它以化学试剂、天平和玻璃器皿为主要分析工具。仪器分析是在物理学特别是光学、电子学及其仪器制造业等工业发展的基础上逐渐形成并发展起来的。它是指采用比较复杂或特殊的仪器设备,通过测量物质的某些物理或物理化学性质的参数及其变化来获取物质的化学组成、成分含量及化学结构等信息的一类分析方法。得益于学科间的相互渗透以及某些领域的重大突破,仪器分析在人类不断攀登科学高峰的过程中扮演着重要角色,许多科学家也因此获得了诺贝尔奖。进入21世纪后,随着计算机、网络信息、大数据、人工智能的快速发展,仪器分析正朝着网络化、信息化、智能化的方向迅速发展。

1.3 仪器分析法的分类

仪器分析法根据其基本原理不同可分为表1-1中所示的五类。

表 1-1 仪器分析法的分类

类别	分析参数或性质	仪器分析法
光学分析法	辐射的吸收	原子吸收光谱法、紫外-可见光谱法、红外光谱法、X射线吸收光谱法、核磁共振波谱法、电子自旋共振波谱法
	辐射的发射	原子发射光谱法、原子荧光光谱法、X射线荧光光谱法、分子荧光光谱法、分子磷光光谱法、化学发光法、表面分析法
	辐射的散射	拉曼光谱法、比浊法、散射浊度法
	辐射的折射	折射法、干涉法
	辐射的衍射	X射线衍射法、电子衍射法
	辐射的旋转	偏振法、旋光色散法、圆二色谱法
电化学分析法	电导	电导分析法
	电位	电位分析法
	电量	电解分析法、库仑分析法
	电流-电压	极谱法、伏安滴定法、溶出伏安法、循环伏安法
	荷电粒子迁移	毛细管电泳分析法
	反应速率	动力学法
色谱分析法	两相中的分配系数	气相色谱法、液相色谱法、薄层色谱法
质谱分析法	质荷比	质谱分析法、串联质谱法、质谱联用法
其他分析法	热性质	差热分析法、差示扫描量热法、热重分析法、测温测定法、热显微镜分析法、热机械分析法、逸出气体分析法、热电化学法
	放射性	中子活化法

(1) 光学分析法：光学分析法是根据物质发射或吸收的电磁辐射以及电磁辐射与物质相互作用(反射、折射、干涉、衍射和偏振等)为基础而建立起来的分析方法。根据光学测量的信号是否与能级的跃迁有关，光学分析法可分为光谱分析法和非光谱分析法。光谱分析法是通过检测物质内部能级跃迁所产生的光的吸收、发射和拉曼散射等光辐射的波长和强度的变化而进行分析的方法，可分为原子光谱和分子光谱两大类。非光谱分析法是通过测量不含能级跃迁的电磁辐射的某些基本特性(反射、折射、干涉和偏振等)变化而建立起来的一类光学分析法。

(2) 电化学分析法：电化学分析法是以试液和适当电极构成化学电池(电解池或原电池)，根据电池电化学参数(如两电极间的电位差、通过电解池的电流或电量、电解质溶液的电阻等)的强度或变化情况对待测组分进行分析的方法。

(3) 色谱分析法：色谱分析法(简称色谱法)是根据混合物中各组分在固定相和流动相中分配系数的差异实现分离的物理或物理化学分离分析方法。按流动相不同，流动相为液体的色谱法称为液相色谱法,流动相为气相的色谱法称为气相色谱法。按固定相不同,液相色谱法又分为液-液色谱法和液-固色谱法,气相色谱法又分为气-液色谱法和气-固色谱法。色谱法按固定相的存在介质不同分为柱色谱、纸色谱和薄层色谱等分析法;按分离机理不同分为吸附色谱、分配色谱、离子交换色谱和排阻色谱等分析法。

(4) 质谱分析法:质谱分析法是利用电场或磁场将运动的粒子(带电荷的原子、分子或分子碎片等)按其质荷比分离后进行检测的方法。基于质谱法还发展了串联质谱法和质谱联用法。

(5) 其他分析法:除了上述四大分析法外,仪器分析法还包括热分析法和放射化学分析法等。热分析法是在程序控温下记录物质理化性质随温度变化的关系,研究物质受热过程所发生的晶型转化、熔融、蒸发、脱水等物理变化或热分解、氧化等化学变化以及伴随发生的温度、能量或质量改变的方法。该方法包括热重法、差热分析法和差示扫描量热法等,可用于物质成分分析、热力学和化学反应机理等方面的研究。放射化学分析法是指利用适当的方法分离、纯化样品后,通过测定放射性来确定样品中所含放射性物质含量的方法。例如,通过测定天然放射性核素钾-40(半衰期为 $1.28×10^9$ 年,丰度为 0.111%)的放射性可测定钾的含量;同位素稀释法利用在样品中加入放射性同位素可测定样品中的同位素含量,且克服了复杂混合物体系定量分离、纯化样品的困难,广泛用于生化研究。

1.4 分析仪器的性能指标

评价一种分析方法的指标有很多,如校准曲线及其线性范围、选择性、分析效率、多组分同时或连续测定的能力、操作的难易程度、设备及维持费用的高低等。但各种仪器有各自的特点,其性能指标也不尽相同。国际纯粹与应用化学联合会(International Union of Pure and Applied Chemistry,IUPAC)建议只将精密度、准确度和检出限这三个指标作为分析方法的评价指标[2]。需要说明的是,不同类型仪器的性能指标不同,如质谱仪的主要性能指标是分辨率,而色谱的主要性能指标除了检出限外,还有评价柱效能的分离度等。这里仅讨论有关检出限的内容。

1.4.1 灵敏度

根据 IUPAC 规定[2],灵敏度是指样品浓度或量的微小变化产生的分析信号的变化。仪器或分析方法的灵敏度用 S 表示:

$$S = \Delta X / \Delta c \tag{1-1}$$

灵敏度的实质是校准曲线(也称工作曲线、标准曲线或分析曲线等)的斜率(图 1-2),因此也称为校准灵敏度。其中,ΔX 为分析信号变化量;Δc 为样品浓度变化量。

图 1-2 中,定量测定下限代表了仪器或分析方法能实际测定的待测组分的最小浓度或质量,线性范围内直线的斜率即为校准灵敏度 S。IUPAC 推荐使用校准曲线的斜率作为衡量灵敏度 S 高低的标准。校准曲线方程[式(1-2)]一般由一系列已知浓度的标准溶液(以下简称标液)来测定。

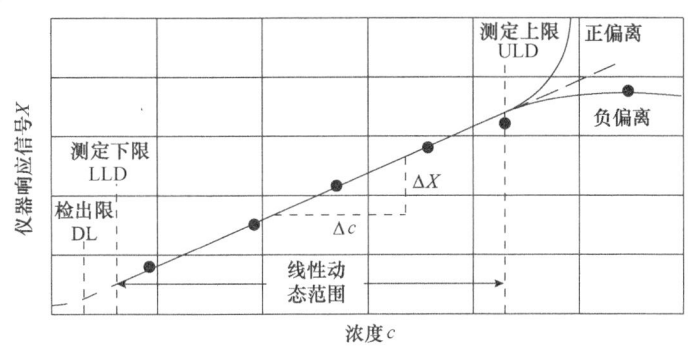

图 1-2 仪器响应信号与样品浓度的关系、线性动态范围、检出限、测定下限与测定上限

$$X_L = Sc + X_b \tag{1-2}$$

其中，X_L 为标液中样品的响应信号；c 为标液中样品的浓度；X_b 为仪器的本底空白信号，是校准曲线在纵坐标上的截距；S 为校准灵敏度，即校准曲线的斜率，它不随浓度的变化而变化。在考虑各次测定精密度时，S 作为性能指标可能显示其不足：在精密度相同时，S 大的方法更灵敏(浓度的微小变化可引起信号较大变化)；S 相等时，精密度好的方法更灵敏；S 与精密度均不相同时，方法灵敏度将无法比较，如图 1-3 所示。

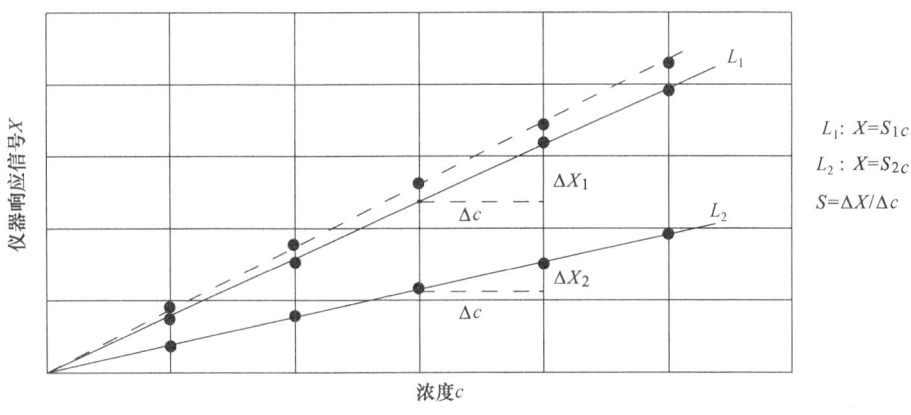

图 1-3 仪器和方法的灵敏度与精密度关系的描述

仪器的重现性或精密度是影响仪器的校准灵敏度的因素之一，而它又与仪器测定条件(如仪器检测器的灵敏度与仪器信号的放大倍数)密切相关。随着检测器灵敏度的提高，检测器的噪声也随之增大，而信噪比 S/N 和分析方法的检出能力不一定会改善和提高，因此若只给出灵敏度，而不给出获得此灵敏度的仪器条件，则各分析方法之间的检测能力就没有可比性。由于灵敏度没有考虑测量噪声的影响，因此现在已不用灵敏度而用检出限来表征分析方法的最大检出能力。

1.4.2 检出限

根据 IUPAC 定义[2]，检出限(detection limit 或 limit of detection, DL)是指由特定分析方法能可靠地检出的最小分析信号求得的最低浓度或质量。它有两种表示方式：当检出限以质量表示时，称为绝对检出限；当检出限以浓度表示时，称为相对检出限。需要说明的是，这里的检出并不等同于检测，因为检出是指定性检出，即判定样品中存在浓度高于空白的样品，而检测有定量的含义。因此，检出限仅仅是一种定性判断依据，而不能作为定量的依据。另外，关于将检出限称为检出下限或检出极限的说法并不规范，不宜采用。这是由于检出限的定义中已经包含了最低浓度或最小含量之意，因此不必再添加"下"或"极"作定语了[3]。只有当样品的分析信号大于空白信号随机变化值一定位数 K 时，样品才被检出。此时，检出限的分析信号接近空白信号，分析信号的标准偏差接近空白信号的标准偏差。最小可鉴别的分析信号至少应等于空白信号平均值与 K 倍空白信号标准偏差之和，如式(1-3)所示。

$$\overline{X_L} = \overline{X_b} + K\sigma_b \tag{1-3}$$

其中，$\overline{X_L}$ 为最小可鉴别样品分析信号的平均值；$\overline{X_b}$ 为空白信号的平均值；K 为置信因子，一般取 3；σ_b 为空白信号测定无限多次时的标准偏差。这里所说的空白信号不仅包含仪器的噪声信号，而且包括由分析过程中器皿、试剂、制样引入的污染产生的信号。在进行元素光谱分析时，要将分析线波长处的背景信号作为空白来考虑。必须指出，测定方法检出限时，空白信号的标准偏差 σ_b 不是用一份空白测定多次而算得的，而应当用多份空白分别多次平行测定而算得。用单份空白测定的是仪器信号的检测噪声，多份空白才考虑了器皿污染、试剂空白、制样损失等多种因素的波动。实际分析中，$\overline{X_b}$ 和 σ_b 是通过有限测定次数得到的，因此其误差规律不易确定，检出限的误差波动较大。一般认为检出限相差 2~3 倍以内应认为无显著性差异。由此可知，在检出限附近的测定值，尤其是通过 3~5 次平行测定给出的有较显著性波动的值，不能作为定量分析的结果。IUPAC 规定，$\overline{X_b}$ 和 σ_b 应通过足够多的测定次数求出，一般要测定 20 次。英国皇家化学学会分析化学分会分析方法委员会建议测定次数不少于 10 次。K 为与置信度相关的常量，IUPAC 建议 K 取 3 作为检出限计算的标准，其对应的置信度为 99.6%，K 值进一步增加，难以获得更高置信水平。根据 IUPAC 定义，检出限可表示为

$$D_L = (\overline{X_L} - \overline{X_b})/S = K\sigma_b/S \tag{1-4}$$

其中，D_L 为检出限，代表样品的最低浓度 c_L 或质量 Q_L；S 为低浓度区校准曲线的斜率，即分析方法的灵敏度。

1.4.3 动态范围

动态范围也称为方法的线性范围或线性动态范围，是指标准曲线的直线部分所对应的样品浓度(或含量)的范围，即在限定误差能满足预定要求的前提下，在特定方法的测定下限至测定上限之间的浓度范围。这一范围也就是由定量测定下限(LLD)扩展到标准曲线偏离线性响应的浓度范围。通常情况下，将偏离线性 5%的偏差时样品浓度(或含量)认为是线性测定上限(ULD)，将重复测定的空白信号的标准偏差的 10 倍($10\sigma_b$)认为是测定下限。对于线性测定上限以上的高浓度区的非线性现象，通常是由检测器对浓度的非线性响应或化学反应产物产生自吸等造成曲线的非线性(向下弯曲，如图 1-2 所示)。在线性测定下限时，测定结果的相对标准偏差大约是 30%。高于测定下限浓度时，测定结果的相对标准偏差迅

速下降。通常，一种有实用分析价值的分析方法至少有几个数量级的动态线性范围。不同仪器分析的线性范围不同。例如，原子吸收光谱法只有 1～2 个数量级的线性范围；质谱或分子荧光光谱至少有不少于 6 个数量级的线性范围。在动态范围内，测定结果与样品的浓度或质量呈线性关系(满足一元线性方程)，分析方法能够准确地定量测定样品的浓度或量。分析方法中的线性动态范围、检出限、测定下限与测定上限间的关系如图 1-2 及本章二维码所含补充材料中的图 1-2 所示。

1.5 仪器分析法的特点

仪器分析法具有以下优点：

(1) 灵敏度高。仪器分析法的灵敏度比化学分析法高，其检出限一般在 mg/L(μg/g)级，有的甚至达到μg/L(ng/g)级，因而可适用于微量、痕量分析。例如，原子吸收光谱法测定某些元素的绝对灵敏度可达 10^{-14}g。若采取了预富集，其灵敏度可进一步提高。

(2) 取样量少。由于仪器分析法的灵敏度高，因此在分析时样品用量少。化学分析法需用 10^{-4}～10^{-1}g 样品，仪器分析常需用 10^{-8}～10^{-2}g 样品，这样可以缩短样品预处理时间，提高分析速度。

(3) 在低浓度下的分析准确度较高。对含量为 10^{-9}%～10^{-5}%的杂质测定，相对误差低至 1%～10%。

(4) 分析速度快。在对样品经过预处理后，仪器分析法仅需要数秒至十几分钟便可完成分析，这非常适合批量分析成分复杂的混合样品。若仪器配有连续自动进样系统，一次就能分析几十甚至上百个样品。

(5) 可进行无损分析。很多仪器分析法对样品都是非破坏性的，如液相色谱、核磁共振波谱、红外光谱、紫外光谱等分析法，有的方法还能进行表面或微区(直径为微米级)分析。每次分析后，样品可回收再用于其他项目的分析，以此获得更多的样品信息。因此，仪器分析法非常适合用于考古、文物等特殊领域的分析。

(6) 能进行多信息或特殊功能的分析。采用化学分析时，通常一次分析仅能得到一个结果，且只能对样品进行整体定性和定量分析，一般不适合分析样品中各组分的状态和分布。而仪器分析法除了可以对样品进行组分的整体定性和定量分析外，还可以进行结构分析、价态分析、状态分析、微区分析、无损分析，以及酸碱解离常数、配合物配位数和稳定常数、反应速率常数、键常数等诸多物理化学常数的测定。另外，仪器分析法往往一次能提供多种信息。例如，红外光谱分析法一次能给出多个官能团特征吸收峰；核磁共振波谱法一次能提供不同的化学位移和耦合常数；质谱分析法一次能提供多种碎片离子特征峰；光电子能谱则可同时显示多种元素内层电子结合能的特征峰等。仪器分析法的这一特点非常适合于样品成分所含官能团及结构排列分析或固体表面的形态分析。

(7) 专一性强。例如，单晶 X 射线衍射仪可专用于测定晶体结构，离子选择性电极可测指定离子的浓度等。

(8) 自动化程度高。随着自动化技术和计算机技术的快速发展，分析仪器自动化程度越来越高，仪器操作也越来越简便，并可即时、在线远程分析和控制生产过程，或进行自动分析监测与控制。

仪器分析法的不足主要体现在：①除了电解分析法和库仑分析法外，一般都需要用标准物质进行校准，容易出现系统误差，而很多标准物质的浓度都需要用化学分析法来标定；②部分仪器设备体积庞大，所占空间大；③部分仪器价格较昂贵，维护成本高，对环境要求高，需要有专人管理和维修。

1.6 仪器分析法的发展趋势

科技发展的进步和生产需求的提高对分析化学，尤其是对仪器分析提出了新的要求和挑战，同时也带来了新的机遇。近年来，大量新材料、新方法和新的信息化技术的出现，如原子和分子层级的现代化学研究，基因层次的生物学研究，特种功能材料研究，纳米级的精密机械和网络通信技术、大数据、人工智能的发展等，使仪器分析法发生了根本性的变革，并呈现出以下发展趋势：

(1) 分析对象向单颗粒、单细胞、单原子方向发展。例如，将电位法与显微图像相结合的检测平台有望成为单细胞和毒素检测的微创动态分析工具(详见第 10 章)。再如，冷冻电子显微镜的分辨率目前可达 1.2 Å，达到了真正的单个原子水平，为结构生物学中在原子尺度下研究生物体提供了有利的技术工具(详见 5.5.3 小节)。

(2) 分析方法向原位、实时在线监测方向发展。例如，电化学原位液体核磁共振技术具有分辨率高的特点，是电化学过程中动态结构表征、电化学反应产物解析和阐明机理的一种重要手段和方法。再如，电化学发光显微成像技术除具有电化学分析法的优点外，还具有分析通量高和可视化等特点，是研究电极的表面状态、电流密度分布以及化学修饰电极的活性位点分布等性质非常有效的表面分析技术，在材料表界面研究和生物活体分析等领域具有诱人的应用前景(详见 13.4.4 节)。

(3) 分析仪器向高性能如高分辨、高灵敏度(达原子级、分子级水平)和低检测限等方向发展，以适应日益复杂的应用需求。例如，电位生物传感器与场效应晶体管结合而制成的生物耦合场效应晶体管具有大的线性范围和非常高的灵敏度 [nmol/L(10^{-9}mol/L)[4] 至 amol/L(10^{-18}mol/L)]，并且易于小型化(详见第 10 章)。再如，采用嵌套毛细管电喷雾电离源的微型质谱的检测限可低至 1ng/mL(详见 17.3.1 小节)。

(4) 随着新材料、网络通信技术、大数据、人工智能的发展，仪器分析将在实时分析、运算、模型预测、数据共享、实时在线远程质量控制、远程协助等方面向微型化、智能化和多维化方向发展。例如，传统的光谱仪需要庞大的机械和光学部件，占用较大的实验空间。近年来，微型光谱仪以其体积小、质量轻、功能齐全而受到广泛关注。例如，研究人员通过将光谱仪的主要部件集成到硅晶圆芯片上，制成了用于航天器的微型化波导傅里叶变换光谱仪，以研究行星和恒星光谱并确定它们的化学组成和其他物理性质[5]。当集成在芯片上的光谱仪内置基于互补金属氧化物半导体(CMOS)的毫米波发射器和接收器后，便成为一种航天器上用于原位气相成分检测的微型气相光谱仪[6]，如图 1-4 所示。最近，还出现了一种用超薄的新型二维半导体材料制造的微型光谱仪[7-8]，其尺寸小到可以放在人类的头发末端，因而可以集成在微芯片上。这种微型光谱仪还可以集成人工智能芯片，形成尺寸只有一颗葡萄大小的微型智能光谱仪。微型光谱仪还可以直接集成到智能手机或无人机等便携式设备中，让这些便携设备的相机成为高光谱相机，用以记录和检查可见波长的信息，并允许进行红外成像和检测。而微型近红外光谱仪芯片与机器人和无人机结合的塑料分选设备已用于废塑料种类的快速鉴别，以便更有效地对废塑料进行再利用。这种仪器甚至可以实现完全无人的智能化分析。例如，从取样到数据处理完全由机器人操作，并可以全天候工作，显著提高了分析效率(详见 8.2 节)。再如，在电化学生物传感器研究领域，小型化的柔性生物传感器和可穿戴电化学传感器等为电位生物传感的开发应用提供了新思路(详见第 10 章)。而由便携式微/纳米电极阵列传感器和小型化的可穿戴智能设备所形成的智能传感与护理点系统的结合，为个人健康和健康跟踪提供了可靠、非侵入性、小型化、移动和廉价的生化物连续监测(详见 13.2 节)。在仪器分析的多维化发展方面，气相色谱技术已从传统的一维色谱发展到全二维气相色谱，甚至目前的全三维气相色谱。其中，三维气相色谱图能从多个时间维度上提供更多关于样品色谱峰的信息，并具有更大的峰容量和更快的分离速度(详见 15.5 节)。

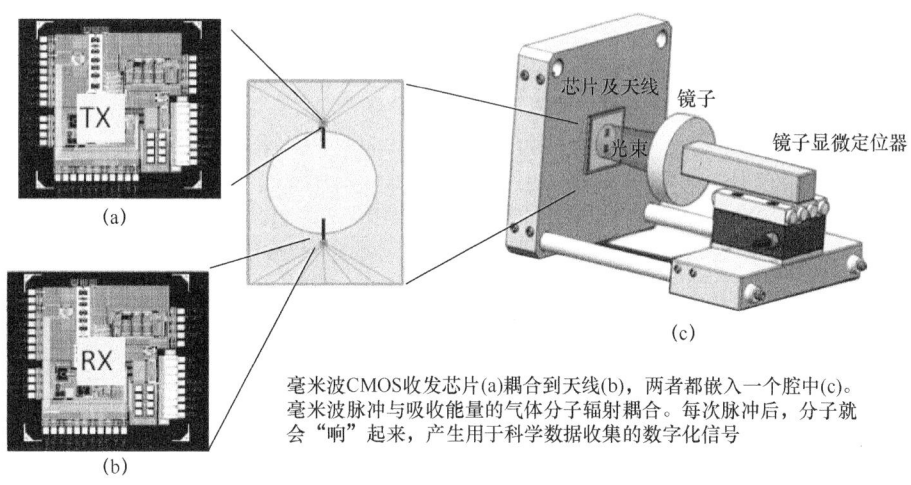

毫米波CMOS收发芯片(a)耦合到天线(b)，两者都嵌入一个腔中(c)。毫米波脉冲与吸收能量的气体分子辐射耦合。每次脉冲后，分子就会"响"起来，产生用于科学数据收集的数字化信号

图 1-4　航天器上用于原位气相成分检测的微型气相光谱仪组成示意图

【挑战性问题】

2020 年 12 月 17 日，我国发射的"嫦娥五号"返回器携带 1731g 月壤样品(图 1-5)在内蒙古着陆。我国是继美国和苏联之后第三个从月球携带月壤样品返回地球的国家。月壤中含有大量无机物和有机物。例如，氦-3 是月壤成分之一，也是核聚变反应的最理想原材料，不会产生辐射。也许人类社会的下一次工业革命就隐藏在这些月壤中。因此，对月壤成分的研究将使人类了解以前所不知晓但又急切想了解的月球表面的境况，包括月壤、水分和生物。随着研究的展开，月球的神秘面纱必将慢慢被揭开，月球来自何方、如何形成、是否有生物、是否适合人类居住和未来的移民等问题也将得到解答。若"嫦娥五号"采集的样品中不仅有月壤，还有月球上的空气(月气)，可以采取哪些仪器分析方法获取月壤及月气的成分及含量？这些仪器分析方法的原理是什么？

图 1-5 "嫦娥五号"与月壤样品

【一般性问题】
1. 简述化学分析与仪器分析、分析仪器与仪器分析的区别与联系。
2. 简述精密度与准确度、检出限与灵敏度、检出限与定量限之间的关系。

参 考 文 献

[1] Jensen W B. Remembering qualitative analysis: the 175th anniversary of Fresenius' textbook: part Ⅰ. Educación Química, 2017, 28(4): 217-224.
[2] IUPAC. Commission on spectrochemical and other optical procedures for analysis-nomenclature, symbols, units and their usage in spectrochemical analysis. 2. Data interpretation. Pure and Applied Chemistry, 1976, 45(2): 99-103.
[3] 中华人民共和国国家质量监督检验检疫总局，中国国家标准化管理委员会. 统计学词汇及符号. 第 1 部分：一般统计术语与用于概率的术语: GB/T 3358.1—2009. 北京：中国标准出版社, 2010.
[4] Nishitani S, Sakata T. Polymeric nanofilter biointerface for potentiometric small-biomolecule recognition. ACS Applied Materials & Interfaces, 2019, 11(5): 5561-5569.
[5] Aslam S. Spectrometer-on-a-chip. Cutting Edge, 2012, 8: 4.
[6] High Speed Integrated Circuits and Systems Lab. Spectrometer on a chip. (2020-09-10)[2021-01-15]. https://www.ece.ucdavis.edu/hsics/spectrometer-on-a-chip-2/.
[7] Yang Z, Albrow-Owen T, Cai W, et al. Miniaturization of optical spectrometers. Science, 2021, 371(6528): eabe0722.
[8] Thomson L. New Ultra-Small Spectrometer Can Be Placed on a Microchip. (2022-10-210)[2023-01-12]. https://www.azooptics.com/News.aspx?newsID=28054.

第一篇 光谱分析法

　　光谱分析法简称光谱法，是利用光谱学原理和实验方法确定物质结构和化学成分的分析方法。光谱分析法可分为原子光谱和分子光谱两大类，光谱的产生主要包含三个过程：①能源提供能量；②能量与被测物质相互作用；③产生被检测信号。

第 2 章 光谱分析法导论

光谱法的研究起源于 17 世纪。1666 年,英国物理学家牛顿(Isaac Newton,1643—1727)通过棱镜将太阳光分散成红、橙、黄、绿、蓝、靛、紫七种颜色的光,形成一道彩虹,这个光学色散实验就是光谱法的起源(图 2-1)。

图 2-1 牛顿和他的光学色散实验

光谱法开创了分析化学的新纪元,是近代仪器分析方法中常用的分析方法,具有灵敏、快速、准确等特点,不仅可以提供物质的量的信息,还可以提供物质的结构信息,被广泛应用于地质、冶金、石油、化工、生物化学、环境保护等诸多领域。

2.1 光 谱 分 区

光谱即光学频谱,是按照波长(或频率)顺序排列的电磁辐射,如图 2-2 所示。

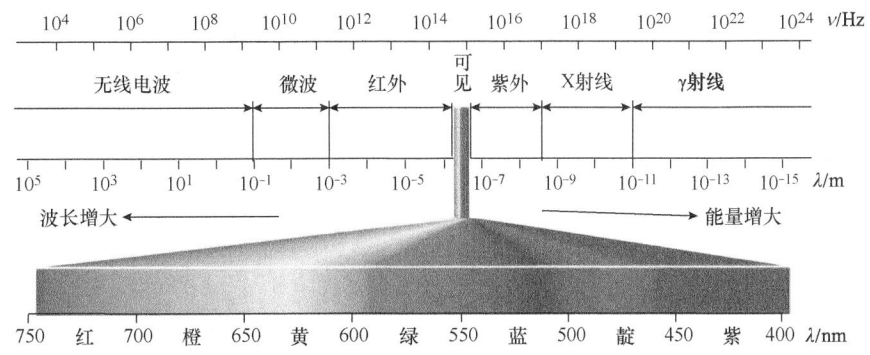

原子/分子跃迁类型:无线电波——核自旋跃迁;微波——分子转动和电子自旋跃迁;红外——分子振动和振动能级跃迁;可见——价电子跃迁;紫外——价电子跃迁;X射线——核层电子跃迁;γ射线——核跃迁

图 2-2 光谱区的划分

图2-2中，紫外线、可见光和红外线统称为光学光谱。一般地，光谱仅指光学光谱。不同光谱区的光谱其产生的机理也不相同。例如，红外光谱是由分子的转动和振动能级跃迁产生的，近紫外光谱及可见光谱是由原子及分子的价电子或成键电子能级跃迁产生的。

2.2 光谱的产生

2.2.1 原子光谱的产生

通常，物质中的原子或离子都处于最低的能级状态，即原子基态(或称稳定态，能量为E_0)。基态原子或离子在受到外界能量(如热能、电能、化学能、辐射能等)的作用下，其外层电子吸收能量后跃迁到较高能级上，此能级称为原子激发态(能量为E_j)，这个跃迁过程称为激发。这种不同能级之间的能量转移过程称为跃迁。经典物理学中，电子在原子能级间的跃迁分为原子外层价电子能级跃迁和原子内层电子能级跃迁两种。按量子力学理论，原子对光的吸收或发射过程都是量子化的。当原子中的电子从原子基态跃迁至原子激发态时，或从原子激发态跃迁回到原子基态时，所吸收(此时$E_j > E_0$)或发射(此时$E_0 > E_j$)的能量(E_P)等于产生能级跃迁的两个能级E_2与E_1之间的能量差(ΔE)，即

$$E_P = h\nu = \Delta E = |E_2 - E_1| \tag{2-1}$$

其中，h为普朗克(Planck)常量；ν为辐射频率。量子力学认为，电子在能级之间的跃迁不是随意发生的，而是只在那些符合选择定则的两个能级之间发生。这与原子的本性有关，由原子的性质特征所决定。因此，原子光谱可作为元素定性分析的依据。原子的电子发生能级跃迁时，测量和记录原子吸收或发射的辐射能量强度与相应波长就得到原子的吸收或发射光谱。由于能级是量子化的，因此理论上光谱中各波长是不连续的，原子光谱也因此是线状光谱(图2-3)，光谱中的每种波长成分只占据一个位置，形成一条谱带，对应于原子从一个能级跃迁至另一能级。

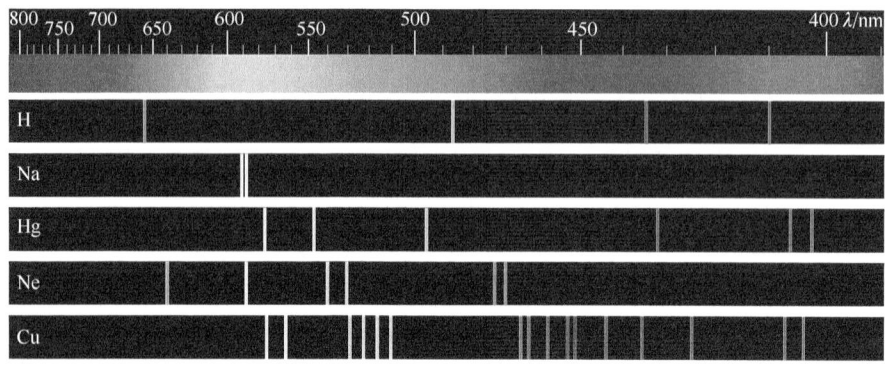

图2-3 原子光谱中的线状光谱

2.2.2 分子光谱的产生

由经典物理学可知，分子的运动较为复杂，包括分子围绕其质量重心的转动、分子中原子间的相对运动(振动)及分子中的电子相对原子核的运动等。分子的每种运动状态都对应一定的能量，分子的总能量(E_{sum})可表示为式(2-2)。

$$E_{sum} = E_0 + E_m + E_r + E_v + E_e \tag{2-2}$$

其中，E_0为分子零点能(zero-point energy)。零点能指振动量子数为零的能量，其值为$hv/2$且不随分子的运动而改变。零点能说明分子即使在无限接近 0K 时，其振动也不停息。这是一种量子效应，是测不准原理的一种表现。E_m为分子平动能，是连续变化的。分子平动时不产生偶极矩的变化，因此不产生光谱。E_r为分子转动能。E_v为分子振动能。E_e为分子电子能。量子力学中，E_r、E_v和E_e是不连续的，即量子化的，其变化会产生光谱。

具有不同能量的分子处于不同的能级，且分子的能级结构具有层次性。不同分子能级结构的特征主要表现在能级结构层次的能量间距。例如，价电子的两相邻电子能级间的能量差较大($\Delta E = 1\sim20\text{eV}$)，与紫外-可见光的光子能量相适应；两相邻振动能级间的能量差较小($\Delta E = 0.05\sim1\text{eV}$)，与中红外区的光子能量相适应；两相邻转动能级间的能量差最小($\Delta E < 0.05\text{eV}$)，与远红外区的光子能量相适应。分子的能级数和能量值取决于分子的本性和状态，即取决于每种分子的特征能级结构。图 2-4 为双原子分子的能级示意图。

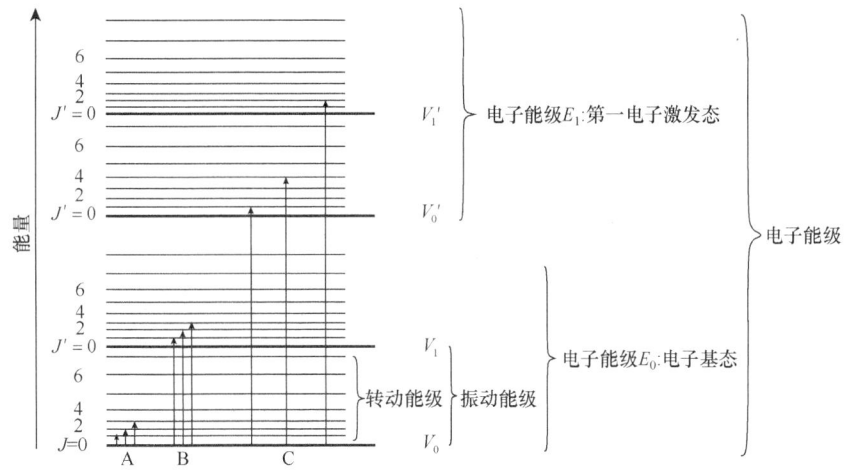

图 2-4 分子中的电子能级、振动能级和转动能级关系示意图
A: 纯转动能级跃迁(远红外); B: 振动-转动能级跃迁(中红外和近红外); C: 振动-转动-电子能级跃迁(可见和紫外)

图 2-4 中E_0、E_1表示不同能量的电子能级。在每个电子能级中，因振动能量不同又分为振动量子数为 0、1、2、3、…的若干个振动能级。在同一振动能级中，还因转动能量不同而分为转动量子数为 0、1、2、3、…的若干个转动能级。处于基态的分子吸收外界能量(如热能、电能、化学能、辐射能等)后，其外层电子受到激发，引起电子能量从基态跃迁到激发态。根据吸收能量大小不同，这种跃迁会引起分子转动、振动或电子能量的能级跃迁，同时伴随着光子的吸收($E_j > E_0$)或发射($E_0 > E_j$)，且其能量(E_P)等于产生能级跃迁的两个能级(E_0 与 E_j)之间的能量差(ΔE):

$$E_P = h\nu = |E_j - E_0| = \Delta E = \Delta E_r + \Delta E_v + \Delta E_e \qquad (2\text{-}3)$$

其中，ΔE_r、ΔE_v 和 ΔE_e 分别为分子发生转动、振动和电子能级跃迁时的能量变化。

与原子吸收或发射光子的过程一样，分子吸收或发射光子的过程也是量子化的，且电子能量的跃迁也只发生在符合选择定则的两个分子能级之间。这与分子的本性有关，由分子的性质特征所决定。不同物质的组成和结构不同，其分子的运动具有的能量状态也不同，其特征分子光谱也不同。因此，可以根据物质的特征分子光谱研究其组成和结构。

测量和记录分子的外层价电子发生能级跃迁时所吸收或发射的辐射能量强度与相应波长，可以得到分子的吸收或发射光谱。基于这种分子外层电子的不同能级跃迁产生的辐射吸收而建立起来的紫外-可见光谱法反映了价电子的能量状态信息，可给出物质的化学性质信息，用于定量和定性分析。基于分子价键电子振动能级跃迁的红外光谱法反映了价键电子的特性等结构信息，可用于定性和定量分析。其中，定性分析主要提供分子的特征基团信息，是红外光谱法的主要应用。红外光谱法虽然也能应用于定量分析，但其定量分析的准确度与精密度往往不如紫外-可见光谱法，因而应用偏少。另外，基于转动能级跃迁的红外光谱法，由于所产生的转动光谱在远红外区，因此反映的是分子大小、键长、折合质量等分子特性信息。

由于分子的基态、激发态比原子的要复杂得多，且分子的电子能级上叠加了许多振动能级，在振动能级上又叠加了许多转动能级，因此在特定条件下，紫外-可见光谱能反映振动能级的精细结构，红外光谱能反映转动能级的精细结构。虽然分子的外层电子能量在从一个电子能级向另一个电子能级跃迁时，既可以跃迁到这个电子能级的不同振动能级，也可以跃迁到不同的转动能级，且理论上分子光谱依然是由一条条不连续的谱线组成，但由于分子光谱中谱线的扩展，以至于形成的分子光谱是带状光谱(图 2-5)。引起分子谱线扩展的原因主要有两个：一是存在测不准原理、相对论效应以及各能级间能量差非常小，导致在电子能级跃迁过程中产生的光子的能量存在一定的离散，因此产生的谱带也非常多，光谱间距非常小，易重叠；二是目前的色散元件还很难将分子光谱中的谱带完全分开，导致谱线扩展。

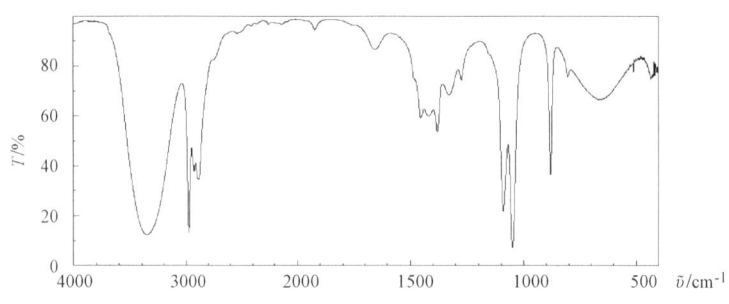

图 2-5　分子光谱中的带状光谱

2.3　光谱法分类

光谱法有多种分类方法。例如，按物质能级跃迁不同分为吸收光谱法和发射光谱法；按发射或吸收辐射线的波长不同分为 γ 射线、X 射线、紫外-可见光谱法、红外光谱法、微波波谱法以及电子自旋共振波谱法、核磁共振波谱法等;按物质能级跃迁类型不同分为电子光谱、振动光谱及转动光谱等。其他分类方法还有如按样品对辐射吸收的检测方法的差别(在明背景下检测吸收暗线或在暗背景下检测共振明线)可分为吸收光谱法与共振波谱法两类;按样品粒子的类型可分为原子光谱法、分子光谱法及核磁共振波谱法等。

2.4 光谱分析仪

不同光谱仪器结构不同,但一般都包含信号发生、检测、处理和信号显示等四大系统。信号发生系统包括光源、单色器和样品,其作用是产生负载样品结构和组成信息的分析光。光源提供作用光。单色器将作用光或分析光色散为单色光。信号检测系统主要是光电检测器,用于将光信号转变为电信号。信号处理系统处理含样品结构和组成信息的电信号。信号显示系统用于显示样品的结构和组成信息。不同类型光谱仪主要的硬件差别在于信号发生系统不同。

根据仪器工作原理不同,光谱仪可分为色散型和傅里叶变换型两类。色散型光谱仪利用色散元件把复合光(作用光或分析光)色散为具有一定带宽的单色光,再由检测器测定其强度,或连续扫描得到分析光的光谱,并对负载信息的光谱进行解析。傅里叶变换型光谱仪使用迈克尔逊干涉仪将从光源发出的光利用分振幅法产生双光束干涉,进而产生干涉光,再通过计算机对干涉光进行傅里叶变换,将其转化为频率域表达的样品光谱并进行解释。通过光谱仪获得的光谱含有样品的定性和定量信息。根据光谱图形、峰的波长位置等可进行定性和结构分析;根据光谱强度可进行定量分析。

【挑战性问题】

自供电的光电检测器无需外部电源,能够满足下一代纳米器件使用的小尺寸、轻质量和低功耗的要求,是目前深入研究的一种光电检测器。与传统的光电导体相比,由p-p、n-n、p-n或肖特基结(Schottky junction)组成的自供电光电检测器可以形成内置场,有利于光生载流子的分离,响应速度快。然而其宽带检测能力,特别是在红外范围的检测能力有限。虽然传统的窄带隙半导体如InSb和InAs等是实现红外光探测的良好候选材料,但因很难找到与之匹配的Ⅱ型异质结,因而其在光导红外光电检测器上的应用很有限。另外,虽然基于拓扑绝缘体的肖特基结光电检测器显示了高达太赫兹范围的宽带光电探测能力,但其制造过程复杂。一种基于CdS纳米棒阵列/还原氧化石墨烯薄膜异质结的高性能自供电紫外-可见-近红外光电检测器制作简单,能检测从紫外至红外区域(365~1450nm)。图2-6为这

图2-6 基于CdS纳米棒阵列/还原氧化石墨烯薄膜异质结的自供电光电检测器制作流程图[1]

种光电检测器的制作流程示意图，请根据所引用文献对此图进行解读，并对此检测器的性能进行分析。

【一般性问题】
1. 简述光的干涉与光的衍射。
2. 简述光谱产生的条件。
3. 简述光谱仪的类型及各类型的特点及应用。

参 考 文 献

[1] Yu X X, Yin H, Li H X, et al. A novel high-performance self-powered UV-vis-NIR photodetector based on a CdS nanorod array/reduced graphene oxide film heterojunction and its piezo-phototronic regulation. Journal of Materials Chemistry C, 2018, 6 (3): 630-636.

第3章 原子发射光谱法

原子发射光谱法(atomic emission spectrometry，AES)是根据元素原子或离子受热能或电能激发后回到基态时所发射的特征电磁辐射而进行分析的方法，是光谱分析法中产生与发展最早的一种。原子发射光谱法包括三个主要过程：①由光源提供能量使样品蒸发形成气态原子，并进一步使气态原子激发，激发态原子回到基态的过程中产生辐射；②所产生的辐射(复合光)经单色器分解成按波长顺序排列的辐射(谱线)；③激发态原子回到基态所产生的辐射经检测器检测得到谱线的波长和强度。原子发射谱线的波长因分析元素原子的能级结构不同而不同，由此可实现元素的定性分析。而激发态元素原子辐射时的强度因元素原子浓度不同而不同，由此可定量测定元素。

3.1 基本理论

原子光谱只涉及原子核外层电子的跃迁，与内层电子无关。当处于基态的原子或离子吸收外界能量(如热能、电能、化学能和辐射能等)后，其外层电子会跃迁到较高能级的激发态。处于激发态的原子或离子很不稳定，在极短的时间内(约 10^{-8}s)，其外层电子便跃迁回基态或其他较低的能态并释放出多余的能量。相应的能量变化 ΔE 一般为 1~20eV，波长范围为 100~1000nm。原子光谱可观测到宽度约 1×10^{-3}nm，所以原子光谱也称为锐线光谱或线光谱。释放能量的方式既可以是与其他粒子碰撞进行能量传递(称为无辐射跃迁)，也可以是以一定波长的电磁波形式辐射出去，且辐射能量及辐射线的波长(或频率)符合选择定则，即满足式(2-2)。

原子或离子中某一外层电子由基态激发到高能级所需能量称为激发能。由激发态向基态跃迁所发射的谱线称为共振线。由第一激发态向基态跃迁发射的谱线称为第一共振线，此共振线具有最小的激发能，最易被激发，为元素的最强谱线。离子中外层电子的激发能与其电离能高低无关。

3.1.1 原子的壳层结构

原子是由原子核与绕核运动的电子所组成的。每个电子的运动状态可用主量子数 n、角量子数 l、磁量子数 m_l 和自旋量子数 m_s 四个量子数来描述。主量子数 n 决定了电子的主要能量 E。角量子数 l 决定了电子绕核运动的角动量。电子在原子核库仑场中的一个平面上绕核运动，一般是沿椭圆轨道的二自由度运动。这里所说的轨道，在量子力学上是指电子出现概率大的空间区域。对于一定的主量子数 n，这个空间区域可有 n 个具有相同半长轴、不同半短轴的轨道。当不考虑相对论效应时，这 n 个轨道的能量是相同(简并)的。这些具有不同角量子数的各种形状的椭圆轨道若受到外电磁场或多电子原子内电子间的相互作用的影响时,因其能量受到的影响不同而有差别,进而使简并轨道能级产生分裂。其中,角量子数 l 最小的、最扁的椭圆轨道的能量最低。磁量子数 m_l 决定了电子绕核运动的角动量沿磁场方向的分量。所有半长轴相同的、在空间取向不同的椭圆轨道,在有外电磁场作用下能量不同。能量大小不仅与 n 和 l 有关,也与 m_l 有关。自旋量子数 m_s 决定了自旋角动量沿磁场方向的分量。电子自旋在空间的取向只有两个,一个顺磁场,另一个反磁场,因此自旋角动量在磁场方向上有两个分量。

电子运动状态与其能量相关。主量子数 n 决定了电子的主要能量。半长轴相同的各种轨道电子具有相同的 n,可以认为电子分布在同一壳层上。按主量子数不同,原子可分为许多壳层,$n = 1、2、3、4、\cdots$ 的壳层,分别称为第一、第二、第三、第四、……壳层,代表电子离原子核由近及远,用符号 K、L、M、N、… 代表相应各个壳层。角量子数 l 决定了各椭圆轨道的形状,不同椭圆轨道有不同的能量。因此,又可以将具有同一主量子数 n 的每一壳层按不同的角量子数 l 分为 n 个支壳层,分别用符号 s、p、d、f、g、… 表示。原子中的电子遵循一定的规律填充到各壳层中。电子首先填充到量子数最小的量子态。当电子填满同一主量子数的壳层,就完成一个闭合壳层,形成稳定的结构。剩下的电子再填充新的壳层。这样便构成了原子的壳层结构。周期表中同族元素具有类似的壳层结构。

3.1.2 光谱项

核外电子之间的相互作用包括电子轨道之间、电子自旋运动之间以及轨道运动与自旋运动之间的相互作用等,因此原子的核外电子排布并不能准确地表征原子的能量状态,而应以由 n、L、S、J 四个量子数为参数的光谱项来表征,即

$$n^{2S+1}L_J \tag{3-1}$$

其中,n 为主量子数;L 为总角量子数,其值为外层价电子角量子数 l 的矢量和,即

$$L = \sum_i l_i \tag{3-2}$$

式(3-2)中,两个价电子耦合所得的总角量子数 L 与单个价电子的角量子数 l_1、l_2 的关系为:$L = (l_1 + l_2)$、$(l_1 + l_2 - 1)$、$(l_1 + l_2 - 2)$、$\cdots$、$|l_1 - l_2|$,取值为:$L = 0、1、2、3、\cdots$,相应的符号为 S、P、D、F、…。

式(3-1)中,S 为总自旋量子数。多个价电子总自旋量子数是各价电子自旋量子数 m_s 的矢量和,即 $S = \sum_i m_{s,i}$。S 值可取 0、$\pm 1/2$、± 1、$\pm 3/2$、± 2、$\cdots$。

式(3-1)中,J 为内量子数,是由于轨道运动与自旋运动的相互作用,即轨道磁矩与自旋磁矩的相互影响而得。J 是原子中各价电子组合得到的总角量子数 L 与总自旋量子数 S 的矢量和,即

$$J = L + S \tag{3-3}$$

其求法为:$J = (L + S)$, $(L + S - 1)$, $(L + S - 2)$, $\cdots$, $|L - S|$。其中,若 $L \geqslant S$,则 J 值从 $J = L + S$ 到 $L - S$,可有 $(2S + 1)$ 个值;若 $L < S$,则 J 值从 $J = S + L$ 到 $S - L$,可有 $(2L + 1)$ 个值。

由于原子谱线是由外层电子在两个能级之间跃迁产生的,故原子能级可用光谱项符号

表示。例如，钠原子基态的电子结构是 1s²2s²2p⁶3s¹。对闭合壳层，$L=0$，$S=0$，因此钠原子态由 3s¹ 光学电子决定。$L=0$，$S=1/2$，光谱项为 3^2S。J 只有一个取向，$J=1/2$，故只有一个光谱支项 $3^2S_{1/2}$。钠原子第一激发态的光学电子是 3p¹，$L=1$，$S=1/2$，$2S+1=2$，$J=1/2$ 和 3/2，故有 $3^2P_{1/2}$ 与 $3^2P_{3/2}$ 两个光谱支项。钠原子最强的钠 D 线为双重线，用光谱项表示为：Na 589.59nm $3^2S_{1/2} \to 3^2P_{3/2}$(钠 D₁ 线)，Na 588.99nm $3^2S_{1/2} \to 3^2P_{3/2}$(钠 D₂ 线)。又如，镁原子基态的电子组态是 3s²，$L=0$，$S=0$，$2S+1=1$，$J=0$，只有一个光谱支项 3^1S_0。镁原子第一激发态的电子组态是 3s¹3p¹。由于 $L=1$，$S=0$ 和 1，$2S+1=1$ 或 3，有 3^1P 与 3^3P 两个光谱项。由于 L 与 S 相互作用，每个光谱项有 $(2S+1)$ 个不同 J 值，即 $(2S+1)$ 个光谱支项。对 3^1P，J 只有一个值 $(J=1)$，故只有光谱支项 3^1P_1，是单重态；对 3^3P，J 有 3 个值 $(J=2,1,0)$，故有三个光谱支项 3^3P_2、3^3P_1 与 3^3P_0，是三重态(也称三线态)，且这三个光谱支项的能量稍有不同$(3^3P_2 > 3^3P_1 > 3^3P_0)$。由表 3-1 可见，当 $L \geq S$ 时，$(2S+1)$ 代表光谱项中光谱支项的数目，称为光谱项的多重性。当 $L<S$ 时，每一个光谱项只有 $(2L+1)$ 个光谱支项，但 $(2S+1)$ 仍称为多重性，所以光谱项多重性的定义是 $(2S+1)$，不一定代表光谱支项的数目。

表 3-1 镁原子的光谱项

原子	价电子组态	n	L	S	光谱项	J	光谱支项	多重性
基态 Mg	3s²	3	0	0	3^1S	0	3^1S_0	单重态
激发态 Mg	3s¹3p¹	3	1	1	3^3P	2	3^3P_2	三重态
						1	3^3P_1	
						0	3^3P_0	
				0	3^1P	1	3^1P_1	单重态

3.1.3 原子能级与能级图

如前所述，原子的能量状态可用光谱项表示。原子中所有可能存在状态的光谱项——能级及能级跃迁可用图解的形式表示，此图称为能级图。图中纵坐标表示能量 E，基态原子的能量 $E=0$，横坐标表示实际存在的光谱项。图 3-1 为钠原子能级图，图中的水平线表示实际存在的能级，能级的高低用一系列水平线表示。相邻两能级的能量差与主量子数平方(n^2)成反比，n 越大，能级排布越密。当 $n \to \infty$ 时，原子处于电离状态，这时体系的能量相当于电离能。因为电离了的电子可以具有任意动能，因此当 $n \to \infty$ 时，能级图中出现一个连续的区域。能级图中的纵坐标表示能量标度，其左边用电子伏特标度，右边用波数标度。各能级之间的垂直距离表示跃迁时以电磁辐射形式释放的能量大小。某时刻一个原子只发射一条谱线。处于不同激发态的原子，其发射的谱线不同。

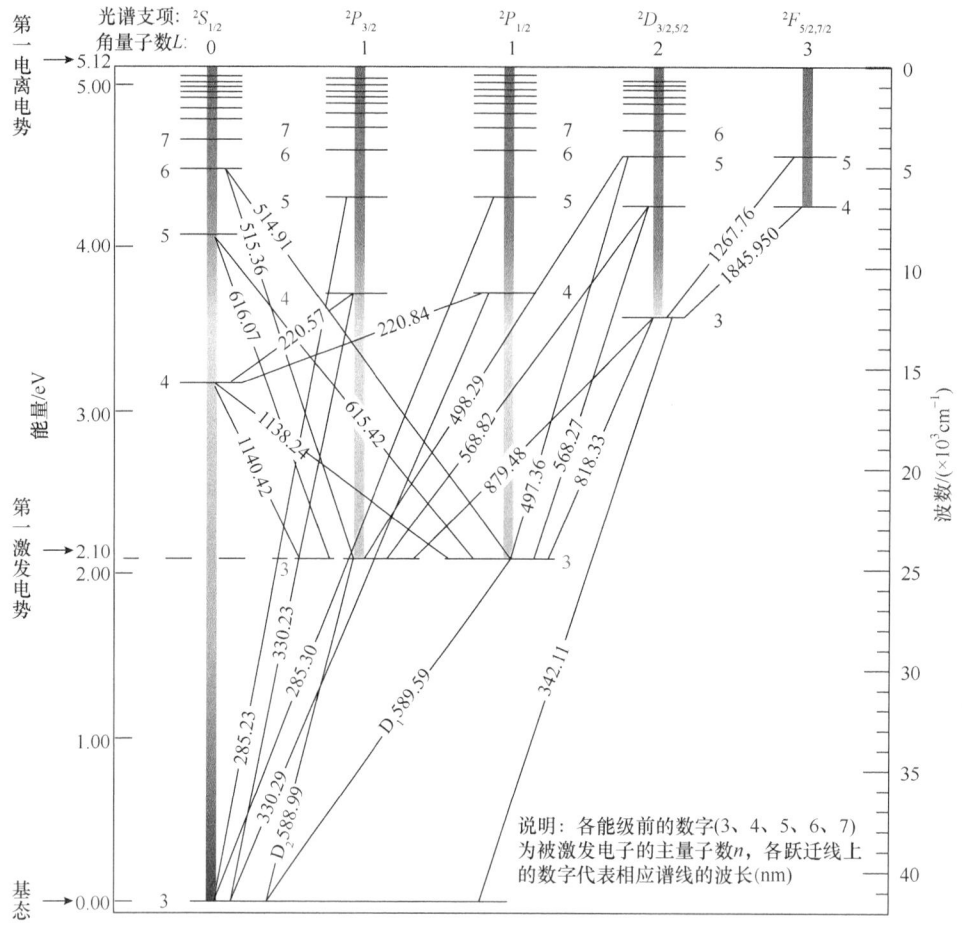

图 3-1 钠原子能级图

应该指出的是，并不是原子内所有能级之间的跃迁都是可以发生的，实际发生的跃迁是有限制的，即必须服从光谱选择定则。对于 L-S 耦合，光谱选择定则是：

(1) $\Delta n = 0$ 或任意正整数，即跃迁时主量子数 n 的改变不受限制。

(2) $\Delta L = \pm 1$，即跃迁只发生在 S 与 P 之间、P 与 S 或 D 之间、D 与 P 或 F 之间等。

(3) $\Delta S = 0$，即跃迁只发生在单重态(也称单线态)与单重态，或三重态与三重态之间等。

(4) $\Delta J = 0, \pm 1$。但当 $J = 0$ 时，$\Delta J = 0$ 的跃迁是禁阻的。也有个别例外的情况，这种不符合光谱选择定则的谱线称为禁阻跃迁线。一般情况下，此类谱线产生的概率小，谱线的强度也很弱。如前面所谈到的钠双线是钠的外层电子在两个能级跃迁允许的能级之间跃迁产生的，即处于第一激发态的电子(原子态光谱项 $3^2P_{1/2}$ 与 $3^2P_{3/2}$)与处于基态的电子(原子态光谱项 $3^2S_{1/2}$)之间的跃迁。钠原子第二激发态的电子组态是 3d，相应的原子态为 $3^2D_{3/2}$ 与 $3^2D_{5/2}$。当电子在 3p 与 3d 之间跃迁时，有 4 种可能的跃迁：$3^2P_{1/2} \rightarrow 3^2D_{5/2}$、$3^2P_{1/2} \rightarrow 3^2D_{3/2}$、$3^2P_{3/2} \rightarrow 3^2D_{5/2}$ 与 $3^2P_{3/2} \rightarrow 3^2D_{3/2}$。但实际只能观察到后三种跃迁，第一种跃迁 $3^2P_{1/2} \rightarrow 3^2D_{5/2}$ 的 $\Delta J = 2$，是跃迁禁阻，无法被观察到。

在原子内部，电子的轨道运动与自旋运动的相互作用，使同一光谱项中各光谱支项的能级有所不同。每一个光谱支项又包含(2J+1)个可能的量子态。在没有外加磁场时，J相同的各种量子态的能量是简并的。当有外加磁场时，由于原子磁矩与外加磁场的相互作用，简并能级分裂为(2J+1)个能级，一条光谱线在外加磁场作用下分裂为(2J+1)条谱线。这种在外磁场中原子光谱线发生分裂且偏振的现象称为塞曼效应(Zeeman effect)。分裂产生的子能级个数称为统计权重，用g表示(g = 2J+1)，它决定了多重态中各谱线的强度比。塞曼效应会导致谱线变宽。由于不同元素的原子能级结构不同，能级跃迁所产生的谱线因而也具有不同的波长特征。根据这种波长特征便可以确定元素的种类，这就是原子发射光谱定性分析的依据。

3.1.4 原子谱线的强度

1. 谱线强度的表示

光谱谱线的强度是光谱定量分析的基础。设原子的外层电子在i、j两个能级之间跃迁，并发射特征谱线，谱线强度用$I_{i,j}$表示

$$I_{i,j} = N_i A_{i,j} h\nu_{i,j} \tag{3-4}$$

其中，N_i为单位体积内处于高能级i的原子数，即激发态原子密度；$A_{i,j}$为每个原子的外层电子单位时间内在i、j两个能级间发生跃迁的概率；$\nu_{i,j}$为发射谱线的频率。热力学平衡时，分配在各激发态原子数N_i和基态原子数N_0遵循麦克斯韦-玻尔兹曼(Maxwell-Boltzmann)分布定律

$$N_i / N_0 = e^{-E_i/kT} g_i / g_0 \tag{3-5}$$

其中，g_i和g_0分别为单位体积内处于激发态和基态的原子数统计权重；E_i为激发能；T为激发温度；k为玻尔兹曼常量。由式(3-5)可以算出，在一般光源温度(5000K)下，大多数元素某一激发态原子与基态原子的密度比值在10^{-4}数量级。可见，等离子体光源中激发态原子密度很小，基态原子的密度N_0与气态原子的总密度N_M几乎相等，故式(3-5)可以写成

$$N_i / N_M = e^{-E_i/kT} g_i / g_0 \tag{3-6}$$

由于光源等离子体中不仅存在气态原子 M，还存在因高温电离的气态离子 M^+和未解离的气态分子 MX，其解离度β和电离度x可表示为式(3-7)。

$$\beta = N_M / (N_{MX} + N_M), \quad x = N_{M^+} / (N_M + N_{M^+}) \tag{3-7}$$

等离子体中分析元素的总原子数N_t应为N_M、N_{M^+}和未解离N_{MX}之和，即

$$N_t = N_M + N_{M^+} + N_{MX} \tag{3-8}$$

由式(3-7)和式(3-8)得

$$N_M / N_t = (1-x)\beta / [1-(1-x)\beta] \tag{3-9}$$

将式(3-6)、式(3-9)代入式(3-4)可得

$$I_{i,j} = A_{i,j}h\nu_{i,j}N_t e^{-E_i/kT}g_i(1-x)\beta / \{[1-(1-x)\beta]g_0\} \quad (3\text{-}10)$$

当蒸发过程达到平衡时，等离子体中分析元素总原子数 N_t 与样品浓度 c 满足

$$N_t = \alpha\tau c^q \quad (3\text{-}11)$$

其中，α 为样品蒸发的速率常数，其值与样品沸点、蒸发温度及蒸发时的物理化学过程有关；τ 为气态样品在等离子体中的平均停留时间，其值与光源性质、温度及粒子质量有关；q 为与样品蒸发时发生的化学反应有关的常量。若样品蒸发时无化学反应发生，则 $q = 1$，此时 $N_t = \alpha\tau c$。将此关系式代入式(3-10)得

$$I_{i,j} = cA_{i,j}h\nu_{i,j}\alpha\tau e^{-E_i/kT}g_i(1-x)\beta / \{[1-(1-x)\beta]g_0\} \quad (3\text{-}12)$$

可见，谱线强度既取决于样品浓度 c，又与原子和离子的固有属性，如跃迁概率 $A_{i,j}$、辐射频率 ν、激发电位 E_i 及激发态与基态原子数的统计权重 g_i 和 g_0 等有关。此外，光源温度 T 及与之有关的样品蒸发速率 α、停留时间 τ、解离度 β 和电离度 x 均对谱线强度产生影响。对一定的样品，当光源温度恒定时，式(3-12)中除浓度项外，其余各项均可视为常量，用 a 表示。此时式(3-12)可写为：$I = ac$。若考虑到等离子体光源中心部位原子发射的光子通过温度较低的外层时，产生被外层基态原子吸收的自吸效应，则有

$$I = ac^b \quad (3\text{-}13)$$

式(3-13)称为赛伯-罗马金公式。其中，b 为自吸系数，其值随浓度 c 的增加而减小。当浓度很小而无自吸时，$b = 1$。在一定条件下，a 和 b 为常量。对式(3-13)两边取对数有

$$\lg I = b\lg c + \lg a \quad (3\text{-}14)$$

可见，谱线强度 I 的对数与浓度 c 的对数呈线性关系，此即原子发射光谱定量分析依据。

2. 谱线强度影响因素

(1) 跃迁概率 $A_{i,j}$：指单位时间内每个原子的外层电子在 i、j 两个能级之间发生的跃迁占所有可能发生的跃迁的概率。$A_{i,j}$ 与谱线的强度 $I_{i,j}$ 成正比。光谱线中最强的谱线是电子在跃迁概率最大的能级之间的跃迁所产生的谱线。这种跃迁一般发生在最低激发态和基态之间，辐射产生第一共振线称为主共振线。各激发态直接向基态跃迁时，辐射所产生的谱线统称为共振线。共振线跃迁概率大时，跃迁辐射产生的谱线一般较强。各激发态能级之间的跃迁概率较小时，跃迁辐射产生的谱线一般较弱。

(2) 激发能：对于给定元素，当基态原子总数 N_0 和气体温度 T 固定时，该元素的激发能(E_i)越低，处于 E_i 的原子数 N_i 就越多，跃迁时辐射所产生的谱线越强。实验证明，绝大多数激发能较低的元素的谱线都比较强。因此，激发能较低的共振线一般都是较强谱线。

(3) 统计权重：单位体积内处于激发态与基态的原子数的统计权重之比值 g_i/g_0 与谱线强度 I 成正比。

(4) 激发温度：谱线强度 I 随激发温度 T 的升高而升高。但温度升高，电离的原子数也增多，相应的原子数减少，导致原子谱线强度减弱，离子的谱线强度增大。

(5) 基态原子数：谱线强度 I 与基态原子数 N_0 成正比，而 N_0 与样品中该元素浓度 c 成正比。因此，一定条件下谱线强度 I 与分析元素浓度 c 成正比。

3.1.5 谱线自吸与自蚀

传统电弧光源的弧焰[图 3-2(a)]具有一定的厚度，且温度分布不均匀。弧焰中低能态原子可吸收同类高能态原子发射出来的光而产生吸收光谱，这种现象称为谱线自吸(self-absorption)。弧焰的弧层越厚、弧焰中分析元素的原子浓度越大，自吸现象越严重，谱线强度也越弱。由于发射谱线的宽度比吸收谱线的宽度大，因此谱线中心的吸收程度要比边缘部分大，使谱线呈现中间弱两边强的特点。当自吸现象非常严重时，谱线中心的辐射将被完全吸收，谱线中心两侧出现双线，这种现象称为自蚀(self-reversal)[图 3-2 (b)]。现代原子发射光谱仪所用等离子体光源的外表面电流密度大而内部小[这种效应称为趋肤效应(skin effect)]，其内部形成环状结构的中心通道。样品通过此中心通道进入等离子体产生发射光谱时，样品对等离子体的稳定性影响小，能有效消除谱线自吸现象。

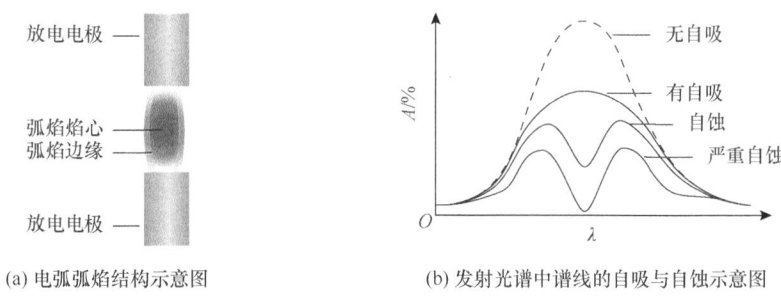

(a) 电弧弧焰结构示意图　　(b) 发射光谱中谱线的自吸与自蚀示意图

图 3-2　电弧的弧焰结构示意图和发射光谱中谱线的自吸与自蚀示意图

3.1.6 分析线与灵敏线

光谱分析时通常选择共振线作为分析线，该谱线灵敏度高、选择性强，是确定某一元素是否存在的依据。但分析线也常受到其他元素谱线的干扰。因此，光谱分析中不能根据某一条谱线来判断某元素是否存在，而是要检出与该元素匹配且不受干扰的两条以上的最后线或灵敏线作为判断依据。灵敏线是指元素激发能低、光谱强度大的谱线，多是共振线。最后线是指当样品中某元素的含量逐渐减少时，最后仍能观察到的几条谱线。最后线也是该元素的灵敏线。

3.2　仪器组成

早期的原子发射光谱仪有火焰光谱仪和摄谱仪等。现代光谱仪中有采用光电倍增管作为检测器的多道直读光谱仪和单道扫描光谱仪，以及采用电荷转移器件作为检测器，能实现分析光谱全谱直读的全谱直读光谱仪。全谱直读光谱仪中以分析液体样品的电感耦合等离子体光谱仪和分析固体样品的火花直读光谱仪应用最为广泛，这里主要介绍电感耦合等离子体原子发射光谱仪。

电感耦合等离子体原子发射光谱仪主要由进样系统、光源系统、分光系统、检测系统等组成(图 3-3)。工作时,试液经雾化器雾化后进入光源系统原子化并受高温等离子体激发,随后处于激发态的各元素原子回到基态时发出相应特征光,这些光经光学系统中的阶梯光栅分光后在水平方向上产生一次色散,再经棱镜后在垂直方向上进行二次色散,最后经平面反射镜反射进入检测器进行检测。

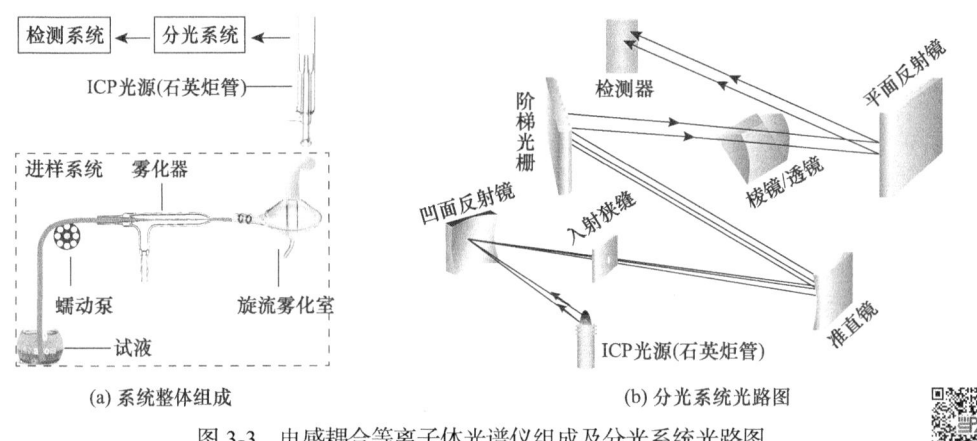

图 3-3 电感耦合等离子体光谱仪组成及分光系统光路图

3.2.1 进样系统

进样系统包括蠕动泵、雾化器和旋流雾化室等(图 3-4)。

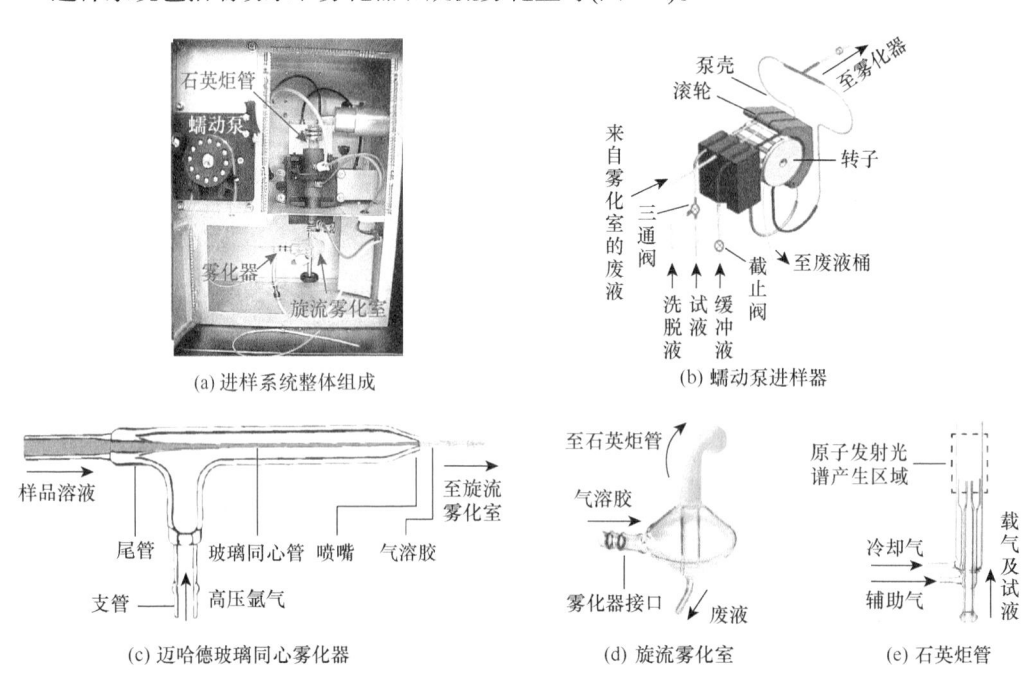

图 3-4 进样系统主要部件结构示意图

蠕动泵在转子驱动下,利用滚轮和泵壳夹挤进样软管驱动试液向前移动,试液的移动在管内形成负压,使试液持续向前移动,从而实现连续进样。雾化器和旋流雾化室由玻璃或石英、聚四氟乙烯等材料制作。雾化器中常用的是一种具有双流体结构的玻璃同心雾化器,该雾化器具有支管和尾管两个通道。载气通过支管通道进入雾化器,在尾管形成负压,在负压的作用下,试液通过尾管通道被高压载气载入毛细管,在毛细管端口以雾滴形式喷出形成气溶胶。气溶胶以切线方向喷入雾化室并向下盘旋行进。气溶胶中的雾滴因离心力作用被抛向器壁。其中,抛向器壁的大雾滴由底部的废液管排出,而小雾滴在高压气流作用下进入石英炬管。

3.2.2 光源系统

1. 电感耦合等离子体光源

光谱学中的等离子体是指电离度大于 0.1%的气体。电感耦合等离子体原子发射光谱仪所用的等离子体的产生装置如图 3-5 所示。该装置主要由以下四个部分构成。

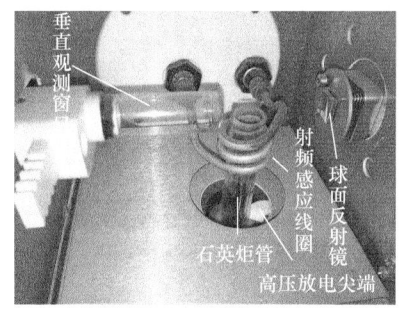
(a) 电感耦合等离子体形成装置

(b) 等离子体实拍图

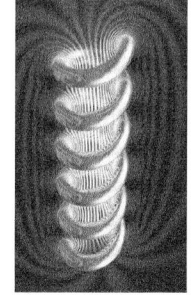
(c) 感应线圈产生高频磁场

图 3-5 电感耦合等离子体形成装置、等离子体实拍图及特斯拉感应线圈产生高频磁场的示意图

(1) 射频(radio frequency,RF)发生器:为负载线圈[特斯拉(Tesla)感应线圈]提供高频电流。

(2) 电感耦合等离子体石英炬管:由三层同心石英管组成。

(3) 供气系统:一般使用氩气(纯度 > 99.99%)而非氮气或空气作为工作气体。这是因为氩气产生的等离子体光源稳定性高、所需高频功率较低,且其光谱背景较低。工作时,石英炬管[图 3-4(e)]外管切向通入 Ar(冷却气)冷却石英炬管,并使等离子体离开外层石英炬管内壁,以免烧蚀石英炬管。采用切向进气是利用其离心作用在石英炬管中心产生低气压通道,以利于进样。中间管通入 Ar(辅助气)形成并维持等离子体,且提高火焰高度、保护内管。中心管(内管)通入 Ar (载气),以将气溶胶样品载入等离子体。

(4) 高频特斯拉线圈:产生高能量的高频磁场[图 3-5 (c)],并通过耦合作用将能量传递给等离子体。

电感耦合等离子体形成装置中,等离子体形成后样品在其中发生的变化过程以及等离子体不同区域和温度分布如图 3-6 所示。

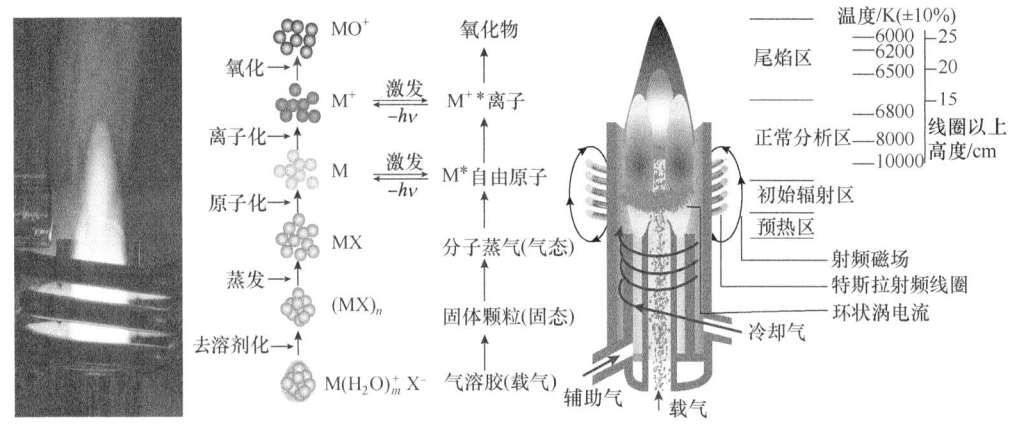

图 3-6 样品在等离子体中发生的变化过程以及等离子体区域、温度分布示意图

2. 电弧及电火花光源

以电弧、电火花为激发光源的原子发射光谱法可实现对固体样品中某些金属元素的直接分析，是地质、冶金及机械制造工艺控制分析的主要分析方法。

电弧光源分为直流电弧光源和交流电弧光源。直流电弧光源以直流电作为激发能源，电压 150～380V，电流 5～30A。两支石墨作为电极。样品放置在一支电极(下电极)的凹槽内。电极通电后电极尖端被烧热而点燃电弧。交流电弧光源是一种通过高频高压引火、低频低压燃弧的光源。在两个电极间施加高频高压电流可不断地击穿电极间的气体，产生电离并维持导电。此时，低频低压交流电就能不断地流过两电极，维持电弧的燃烧。

电火花光源由电极间不连续的气体放电产生，其放电是一种电容放电。该光源分两类：

(1) 采用 12kV 和较小电容量的高压电火花光源。它通过高压对电容充电到电极间隙被击穿，形成电容对间隙放电。不断重复这个充放电过程，就能维持连续的电火花放电。这种光源放电时间短、通过分析间隙的电流密度大、弧焰瞬间温度高(可达 1×10^4K 以上)，可激发电离电位高的元素。由于电火花是以间歇方式进行工作的，因此平均电流密度并不高，电极头温度较低，且弧焰半径较小。另外，这种光源具有很好的稳定性和再现性，谱线自吸收也比较小，因此可用于易熔金属合金样品及高含量元素定量分析。

(2) 采用较低电压及较大电容的低压电火花光源。与高压电火花光源不同，低压电火花光源的产生装置采用直流电充电，但由于储存于电容器内的电压较低，不足以击穿分析间隙，因此它除了充放电线路外，还有一个引火装置。由于电容容量大，电容放电时释放的能量大，因而这种光源可以激发许多激发电位很高的元素。例如，当电容增大至数千微法(μF)时，即能激发出钢中氢、氧、氮等气体的谱线。

3.2.3 分光系统

目前，原子发射光谱仪普遍采用的分光系统是光栅，这是一种利用单缝衍射和多缝干涉原理使复合光分光的光学器件。此类器件是在一块平面或凹面的玻璃或其他材料上喷涂薄铝层后，再在其上刻上大量相互平行、等宽、等间距的狭缝制成的。

1. 光栅的色散作用

单缝衍射决定各级光谱线的相对强度,多缝干涉决定光谱线的空间位置。光栅色散是单缝衍射和多缝干涉二者共同作用的结果,它满足光栅方程,即布拉格方程。该方程由1915年诺贝尔物理学奖得主威廉·亨利·布拉格(父)和威廉·劳伦斯·布拉格(子)两位英国物理学家提出:

$$d(\sin\varphi \pm \sin\theta) = n\lambda \tag{3-15}$$

其中,φ为入射角,即入射光和光栅平面法线夹角;θ为衍射角,即衍射光和光栅平面法线夹角;d为光栅常数或称光栅周期,即光栅相邻两刻痕间距;λ为入射光波长;$n(n = \pm 1, \pm 2, \cdots)$为光谱级次。当角$\varphi$和$\theta$在法线同侧时,式(3-15)取正值;当角$\varphi$和$\theta$在法线异侧时,式(3-15)取负值。可见,若入射光为单色光且入射角φ一定时,在不同衍射角θ方向将形成单色光不同级次的主极大(图3-7)。若入射光是一束平行复合光且入射角φ和光栅常数d一定时,不同波长的光将在不同衍射方向θ上形成各自的衍射主极大,即原有复合光经衍射光栅作用后,将分解成在不同θ角方向、具有单一波长的若干光束,这就是光栅的色散作用。

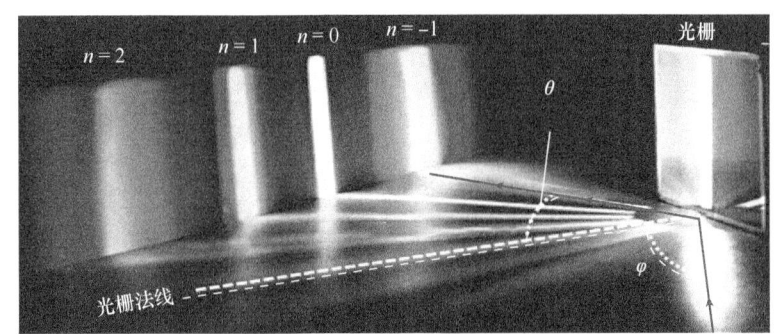

(a) 光栅光谱现象

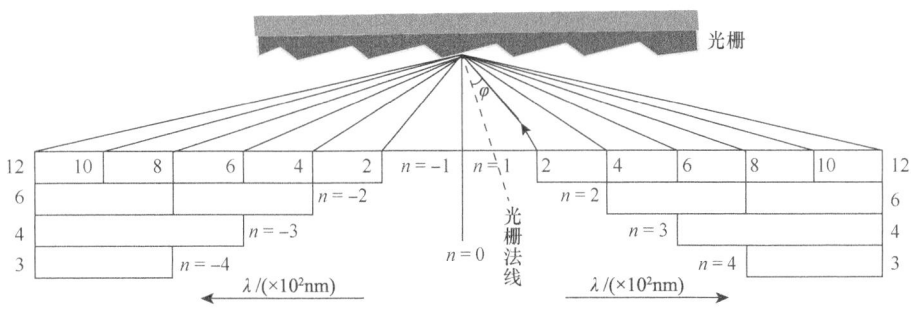

(b) 光栅光谱现象中的光谱级数示意图

图3-7 光栅光谱现象及光谱级数

2. 光栅的光学特性

光栅作为分光系统的分光器件,其光学特性有角色散率、分辨率和闪耀特性三个指标。

1) 角色散率

光栅角色散率A_λ可由光栅方程[式(3-15)]求θ对λ的微分求得

$$A_\lambda = \mathrm{d}\theta/\mathrm{d}\lambda = n/(d\cos\theta) \tag{3-16}$$

由此可知，光栅的角色散率的特点是：

(1) A_λ 正比于级次 n。对于给定的波长间隔 $\Delta\lambda$，若 θ 较小，$\cos\theta$ 值变化小，则第二级光谱的角度宽约为第一级光谱的 2 倍，第三级光谱的角度宽约为第一级光谱的 3 倍等。

(2) A_λ 与光栅常数 d 成反比。数学上，可以通过减小 d 来增大一级光谱的角色散率。实际上，对于一个给定波长 λ，由于 φ 和 θ 都不能大于 90°，所以对于一级光谱，$d > \lambda/2$。若 d 比 λ 小得多，那么光栅的作用就像反射镜一样，将入射光反射回去，而不是将其分光。因此，不可能通过无限减小 d 值的方法来增大光栅的角色散率。

(3) A_λ 反比于 $\cos\theta$。对同级光谱而言，在光栅法线方向($\theta = 0$)处的角色散率最小。离法线越远，角色散率越大。但在光栅法线附近，$\cos\theta \approx 1$，角色散率几乎与衍射角 θ(也就是与波长)无关，此时 $\mathrm{d}\theta/\mathrm{d}\lambda \approx n/d$，即在同一级光谱中，角色散率基本上不随波长的改变而改变，此时的分光是均匀色散，所得光谱称为匀排光谱。对于给定 d，角色散率与光谱级次 n 近似为一种线性关系，因此可用内插法测量在光栅法线附近光谱中的波长，这是光栅光谱与棱镜光谱相比的一个显著优点。光栅线色散率 L_λ 与角色散率 A_λ 的关系为

$$L_\lambda = \mathrm{d}l/\mathrm{d}\lambda = f\mathrm{d}\theta/\mathrm{d}\lambda = fn/(d\cos\theta) \tag{3-17}$$

其中，f 为物镜焦距。实践中常用倒线色散率，即焦面上每毫米内所容纳波长数表示

$$1/L_\lambda = \mathrm{d}\lambda/\mathrm{d}l = \mathrm{d}\lambda/(f\mathrm{d}\theta) = d\cos\theta/(fn) \tag{3-18}$$

当 $\theta < 20°$ 时，$\cos\theta \approx 1$，倒线色散率近似为常量 $d\cdot(fn)^{-1}$，这将大大简化光栅的设计。

2) 分辨率

光栅分辨率(R)是指具有相同强度的两条单色光谱线可以被分辨开的最小波长间隔。根据瑞利准则，当一条谱线的衍射最大强度(主极大)落在另一条谱线的衍射第一最小强度(第一极小)位置上时，则认为这两条谱线是可分辨的(图 3-8)。此时，两条谱线总轮廓最低处的强度约为最大处强度的 81%。

依据瑞利准则，可导出光栅理论分辨率 R 为

$$R = \lambda/\Delta\lambda \tag{3-19}$$

其中，λ 为两条谱线的平均波长；$\Delta\lambda$ 为根据瑞利准则恰能分辨的两条谱线的波长差。

可以计算，在法线附近入射时，若衍射光栅中第 n 级衍射主极大的中心位置(设衍射角为 θ)到该主极大旁的第一极小的角距离为 $\Delta\theta$，则有

$$\Delta\theta = \lambda/(Nd\cos\theta) \tag{3-20}$$

其中，N 为光栅刻线总数。由于在衍射角 θ 一定时，θ 是 λ 的函数，因此由角宽度决定的波长间隔 $\Delta\lambda$ 可表示为

$$\Delta\lambda = \Delta\theta\mathrm{d}\lambda/\mathrm{d}\theta \tag{3-21}$$

将式(3-16)及式(3-20)代入式(3-21)得

$$\Delta\lambda = \lambda/nN \tag{3-22}$$

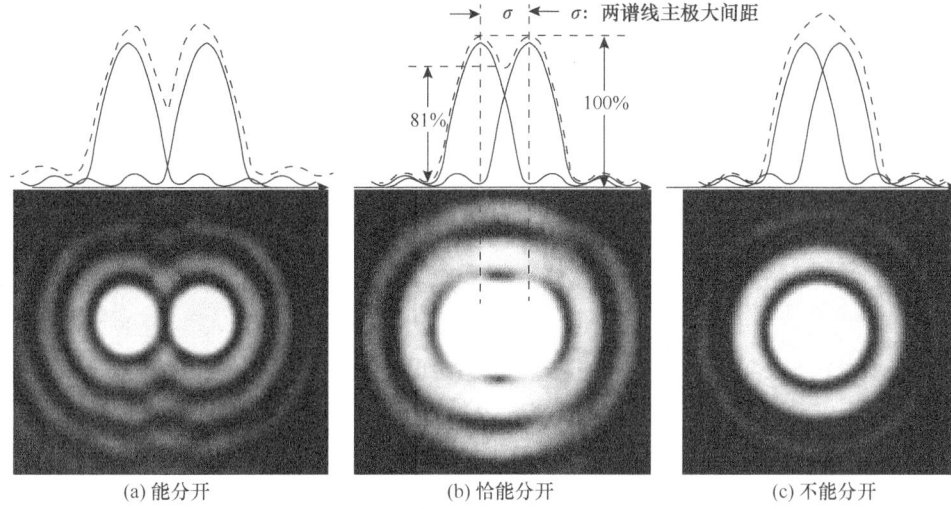

图 3-8 瑞利准则示意图

此时，式(3-19)可表示为

$$R = \lambda / \Delta\lambda = nN \tag{3-23}$$

由此可知，似乎只要在一定宽度内增加刻线数 N，就可以无限增大分辨率 R，但实际并非如此。从光栅方程[式(3-15)]可知，由于 n 与 N 并非独立变量，当 N 增加时，d 变小，因此 n 值下降。若用 W 代表光栅刻线表面的宽度，则有

$$d = W/N \tag{3-24}$$

此时，式(3-15)变为

$$n = W(\sin\varphi \pm \sin\theta)/N\lambda \tag{3-25}$$

将式(3-25)代入式(3-23)得

$$R = W(\sin\varphi \pm \sin\theta)/\lambda \tag{3-26}$$

由此可知，分辨率 R 与光栅刻线表面的宽度 W、波长 λ 及入射角 φ 和衍射角 θ 有关，而与总刻线 N 无关。因此，若想提高分辨率 R，可采用刻线宽度大的光栅，并使其在大的入射角和衍射角下工作。由于 $(\sin\varphi \pm \sin\theta)_{\max} = 2$，因此有

$$R_{\max} = 2W/\lambda \tag{3-27}$$

在光栅衍射方向上，光栅孔径 $d_2 = W\cos\theta = Nd\cos\theta$，因此式(3-23)可表示为

$$R = \lambda/\Delta\lambda = d_2 n/(d\cos\theta) = d_2 \mathrm{d}\theta/\mathrm{d}\lambda \tag{3-28}$$

此即分辨率 R 的通式，它对平面光栅是正确的。对凹面光栅而言，当光栅宽度小于最佳值时也是成立的。通常，凹面光栅的分辨率是光栅宽度的函数。上述讨论中未涉及光栅质量、成像系统的像差等因素对光栅分辨率的影响，故式(3-23)为光栅的理论分辨率。

3. 几种典型的光栅

1) 平面衍射光栅

平面衍射光栅是一种刻划面或复制面为平面的衍射光栅，分透射式和反射式两种(图 3-9)。

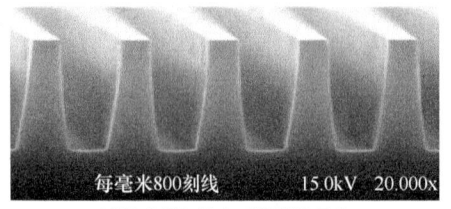
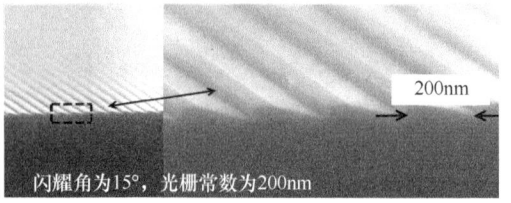
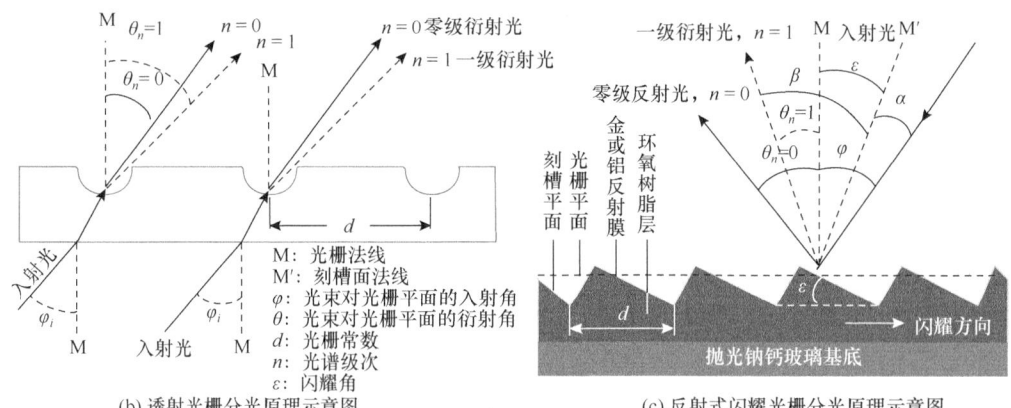

图 3-9　透射式[1]与反射式光栅[2]及其分光原理示意图

透射式光栅是通过在一块平整的玻璃上刻出一系列等宽、等间距的刻痕而制成的。刻痕处相当于毛玻璃，部分光不透过，两条刻痕之间则相当于一条狭缝，可以透光。该类光栅的优点是结构简单、成本低、易制作、使用方便，缺点是入射光的大部分能量都集中在没有色散的零级光谱上，其余大部分的能量又分散到各衍射光谱的主极大上，因而谱线往往很弱。对一些强度较弱的谱线，如低压汞灯 491.6nm 的青绿色谱线不易观察和测量，这使得光栅的实用价值受限。

反射式平面衍射光栅是通过在一块光洁的平面玻璃上刻画出一系列平行、呈锯齿形状的斜槽而制成的。这些平行的斜槽在每毫米光栅上可分布几百条、几千条甚至上万条，且每条斜槽的小反射面与光栅平面成一定角度，这样，原来与无分光的零级主极大衍射方向重合的单缝衍射中的中央主极大的衍射方向将发生改变，其衍射方向将移到由刻痕形状(斜槽反射平面)决定的反射光方向，从而使入射光经过斜槽后的衍射与反射重合，产生干涉现象，结果使反射光方向的光谱变强，这样便可集中入射光的大部分光强度到所需要的衍射级次上。这种干涉现象称为闪耀，具有这种闪耀特性的光栅称为反射式或定向式闪耀光栅，是一种应用广泛的色散元件，也是各种光谱仪的核心器件，其优点是可使工作范围的谱线亮度远高于其他级次的谱线亮度，有利于测量微弱光的谱线。闪耀光栅有两条法线[图 3-9(c)]，一条为光栅平面法线 M，角 φ 和角 θ 为光束对光栅平面的入射角和衍射角；另一条法线为斜槽反射平面法线 M′，角 α 和角 β 为光束对斜槽反射平面的入射角和衍射角。斜槽反射平面与光栅表面的夹角 ε 称为闪耀角。闪耀光栅所产生的衍射图形仍由光栅方程式(3-15)决定，因此零级光谱仍在 $\theta = -\varphi$ 方向。但闪耀光栅衍射图形的最大值在 $\beta = -\alpha$ 方向，与零级光谱所在的 $\theta = -\varphi$ 方向不再重合，即光强最大值从零级光谱转移到某一级光谱上了。当入射光垂直于闪耀光栅平面时，$\alpha = \varepsilon$。由于闪耀光栅衍射的最大光强在 $\beta = -\alpha$ 方向，因此在 $\beta = -\varepsilon$ 处衍射谱线具有最大的辐射强度。在闪耀方向上，强度最大的 n 级光谱的光波长称为闪耀波长，记为 $\lambda_{b(n)}$。在闪耀存在的情况下，光栅方程式(3-15)可表示为

$$2d \sin \varepsilon = n\lambda_{b(n)} \tag{3-29}$$

可见，闪耀角 ε 越小，闪耀波长 $\lambda_{b(n)}$ 越短。

2) 凹面光栅

平面光栅的衍射条纹需要用透镜聚焦方能观察到。若将光栅表面做成一个凹球面(也可以是非球面)，并在凹球面上刻有等距离的沟槽，则此时的光栅称为凹面光栅(图 3-10)。若将凹面光栅的凹面与一个圆相切放置，且此圆的直径等于该凹面光栅的曲率半径，则位于该圆周上的光源(即狭缝)和水平焦点将处于该圆上，该圆也称为罗兰(H. A. Rowland, 1848—1901，美国物理学家)圆。凹面光栅是一种反射式衍射光栅，它不仅起到色散分光的作用，同时还具有将光线聚焦于出射狭缝的聚焦作用，因而它不需要聚焦物镜便能起到准直系统和成像系统的作用，简化了系统结构，这样不仅可以降低单色器的成本，而且还可避免聚焦物镜采光时的光损失，增强单色器出射光的能量，使探测波长小于 195nm 的远紫外成为可能。

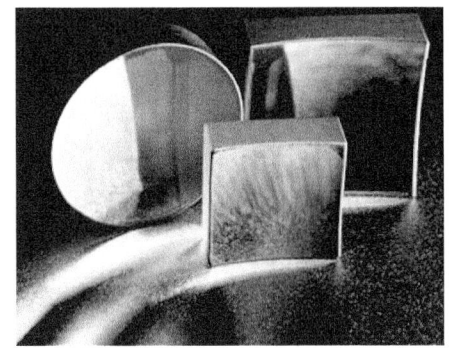

(a) 三种不同规格的凹面光栅实物图

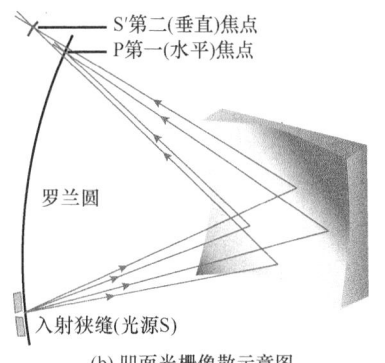

(b) 凹面光栅像散示意图

S：光源(狭缝)
S′：像(谱线)
G：凹面光栅
d′：光栅表面刻槽间距
d：d′在光栅圆截面所对应的弦上沿光栅方向上的投影
R：凹面光栅曲率半径，亦为罗兰圆直径
R_1, R_2：光源(狭缝)和像(谱线)分别到凹面光栅中心的距离

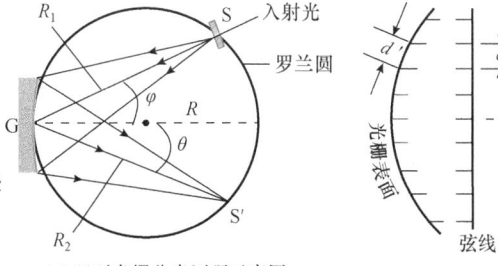

(c) 凹面光栅分光原理示意图

图 3-10　凹面光栅及其分光原理示意图

对于凹面光栅，光栅方程式(3-15)仍适用，此时光栅常数为光栅表面刻槽间距 d' 在光栅圆截面所对应的弦上沿光栅方向上的投影 d。罗兰指出，弧长 d' 是不等距的，但其在弦上的投影 d 是等距的。与球面反射镜成像一样，对于点光源(即用发散光束照明光栅)，凹面光栅分别将其成像为一垂直线像 P(水平焦点)和一水平线像 S'(垂直焦点)，此现象称为凹面光栅的像散。可以证明，在满足罗兰刻线规则的情况下，在凹球面光栅的主截面内，垂直线像的成像条件为

$$\cos^2\varphi / R_1 + \cos^2\theta / R_2 = (\cos\varphi + \cos\theta)/R \tag{3-30}$$

其中，R_1、R_2 为光源(狭缝)和像(谱线)分别到凹面光栅中心的距离；R 为凹面光栅曲率半径；φ、θ 分别为入射角和衍射角。要使式(3-30)成立，须满足：$R_1 = R\cos\varphi$，$R_2 = R\cos\theta$。这正好是一个圆的极坐标方程，此圆即罗兰圆。

3) 中阶梯光栅

由光栅方程式(3-15)可知，可观察到的最高光谱级次 n 受条件限制

$$n\lambda/d = |\sin\varphi \pm \sin\theta| \leq 2 \tag{3-31}$$

也就是最高可用光谱级次 $n_{\max} \leq 2d/\lambda$。在提高光栅分辨率时，普通光栅通常采用提高光栅的刻线密度，但这样会导致相邻两刻痕间距 d 值很小，限制了最高可观测到的光谱级次。例如，一块 1200 线/mm 光栅，当 $\lambda = 500$nm 时，$n_{\max} \leq 3.3$，即第 4 级光谱就看不到了。通常，平面衍射光栅只能用 1~3 级光谱，远紫外光区最高用到第 4 级光谱，此时可用光谱范围已经很窄了。当用 1 级光谱时，$d \geq \lambda/2$，即光栅刻线密度不能无限增加。当 d 比 λ 小得多时，光栅由衍射作用转为反射作用，不能产生色散。另外，由式(3-26)及光栅刻线总数 $N = W/d$ 也可知，光栅理论分辨率的最大值 $R_{\max} = 2Nd/\lambda$。例如，对入射波长 $\lambda = 300$nm 的光，一块 150mm 宽的光栅，无论其表面的刻痕密度是多少，其分辨率都不能超过 10^6。目前，提高光谱仪分辨率的有效途径是采用中阶梯光栅(echelle grating)分光系统。

中阶梯光栅是一种经精密刻制后在光栅表面形成阶梯状刻线的反射式阶梯光栅，其光栅常数 d(微米级)介于阶梯光栅(毫米级)和衍射光栅(亚纳米级)之间。它与平面闪耀光栅没有本质的不同，光栅方程式(3-15)同样适用于它，区别在于：

(1) 中阶梯光栅每一阶梯的宽度是其自身高度的几倍。

(2) 阶梯间距是被色散的光波长的 10~200 倍，闪耀角大，因而可采用大衍射角的高级次光谱(几十至二百多级)，且每毫米刻线数少(一般为几十条至 200 条，通常约 75 条)。

(3) 中阶梯光栅的刻槽深度为数微米，光栅刻线宽度可达 10cm，在大的入射角(60°~70°)下，使用高级次光谱得到大的角色散率和高的分辨率。通常，中阶梯光栅多在 $\varphi = \theta$ 条件下使用，此时，由光栅方程式(3-15)可得

$$n = 2d\sin\theta/\lambda \tag{3-32}$$

又因为 $N = W/d$，因此中阶梯光栅的分辨率 R 为

$$R = \lambda/\Delta\lambda = nN = 2Nd\sin\theta/\lambda = 2W\sin\theta/\lambda \tag{3-33}$$

可见，采用高光谱级次、大衍射角及较宽光栅宽度，可以获得很高的分辨率。

在入射光与衍射光之间夹角很小时，中阶梯光栅的线色散率 L_λ 可用式(3-17)计算。普通光栅是通过增大式(3-17)中的焦距 f 提高线色散率，而中阶梯光栅是通过增大式(3-17)中的闪耀角

$\theta(60°\sim70°)$和利用高光谱级次 $n(40\sim120$ 级)来提高线色散率的。实际使用时，通常使用的是中阶梯光栅的高级次光谱。但由于每级光谱覆盖波长范围较窄，因此只有近百级光谱组合方能覆盖从紫外至近红外的光区，这也导致光谱级的重叠现象十分严重。为此，常采用二维色散技术(图 3-11)，即利用交叉色散的原理使谱线色散方向和谱级散开方向正交，在焦面上形成一个二维色散图像。这种二维色散图像形成的最简单有效的方式是先用一个低色散光栅或棱镜在垂直于中阶梯方向先将各级次光谱垂直色散开，再用一个中阶梯光栅在水平方向将同一级光谱内的各波长辐射水平色散。这样，中阶梯光栅光谱仪得到的是二维色散光谱图，且图像占据焦面面积小，非常适宜采用电视摄像管检测谱线。图 3-11 中，垂直光谱方向，自下而上光谱级次增加；水平光谱方向，是色散的各波长谱线。中阶梯光栅具有大色散、高分辨、高光强、波长范围宽的特点，在其与面阵列式固体检测器结合后，二维色散技术可实现多谱线同时测定，因而是现代光谱仪常采用的光学分光技术。

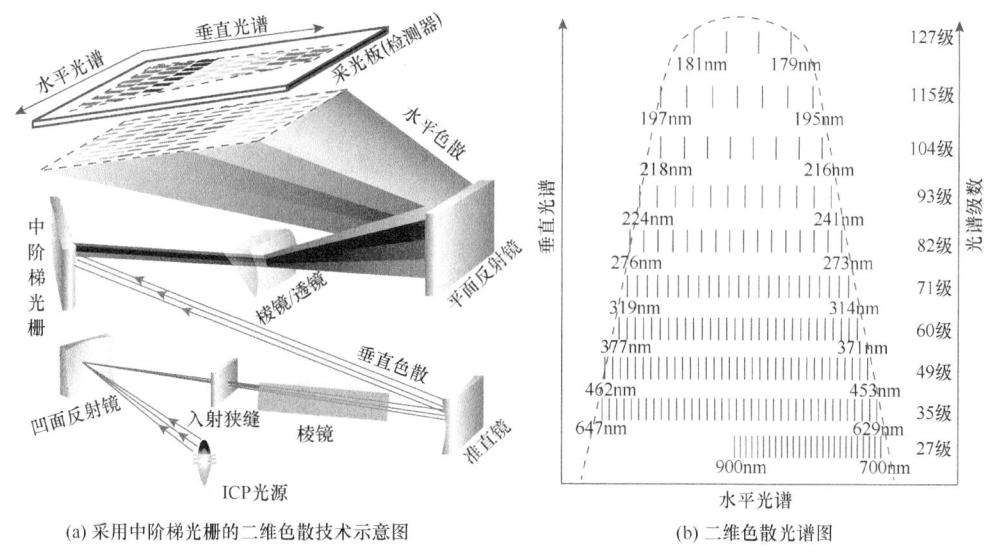

(a) 采用中阶梯光栅的二维色散技术示意图　　(b) 二维色散光谱图

图 3-11　采用中阶梯光栅的二维色散技术光路图及光谱图

3.2.4　检测系统

现代原子发射光谱仪常用光电倍增管或电荷转移器件等光电转换器件作为检测器。

1. 光电倍增管

光电倍增管(photomultiplier tube，PMT)是将微弱光信号转换成电信号的真空电子器件，由光电发射阴极(光阴极)和聚焦电极、电子倍增极及电子收集极(阳极)等组成。光电倍增管按入射光接收方式可分为端窗式和侧窗式两种(图 3-12)。端窗式从玻璃壳顶部接收入射光，侧窗式从玻璃壳侧面接收入射光。光电倍增管的工作原理是：当光照射到光阴极时，光阴极向真空中激发出光电子。这些光电子被外电场(或磁场)加速后聚焦于第一次极。这些冲击次极的光电子能使次极释放更多的光电子，释放的光电子再被聚焦在第二次极。这样，一般经十次以上倍增，光电子数量的放大倍数可达到 $10^8\sim10^{10}$，进而形成放大了的光电流，且光电流和入射光子数成正比，整个过程时间约 10^{-8}s。

光电倍增管虽然可作为原子发射光谱仪的检测器，但每次测量只能测定一条谱线强度，或者测量一个波长的背景强度，而不能同时测量多条谱线及背景强度。因此，要完成对整个光谱区域波长强度的测量，光电倍增管必须进行分时测量，所需要的时间也较长，误差也会增加。另外，光电倍增管还需要精密的光谱扫描机械装置(如正弦机构)与分光系统配合使用，导致整个仪器结构复杂、体积庞大且易损坏。而电荷转移器件则能有效地克服上述缺点，因此被广泛地用于原子发射光谱仪检测器。

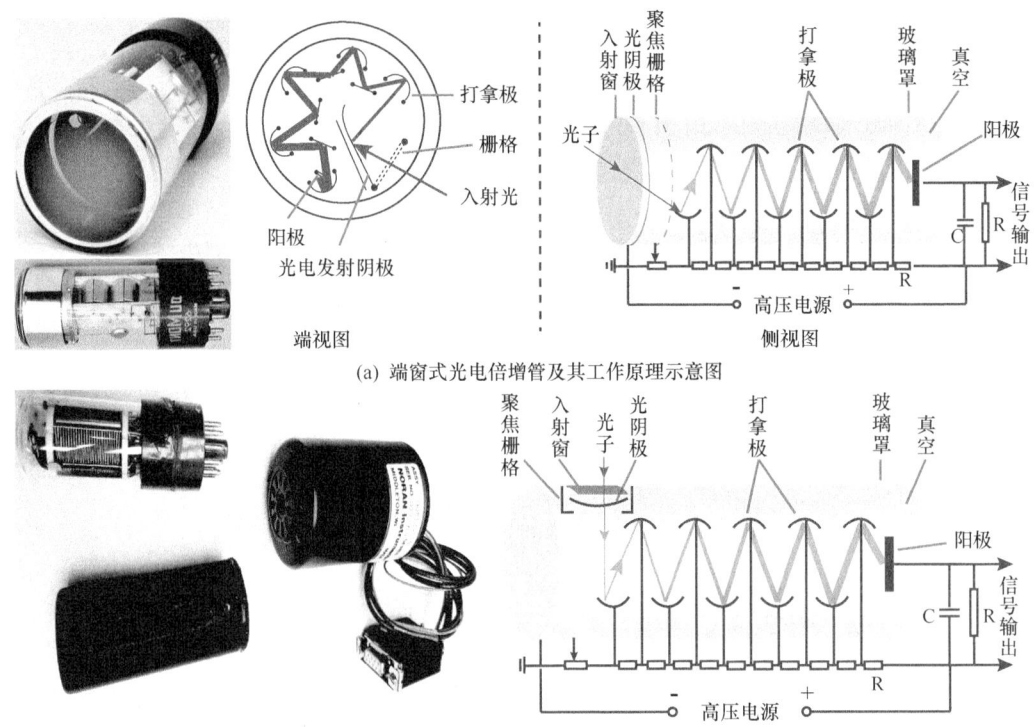

图 3-12　端窗式和侧窗式光电倍增管及其工作原理示意图

2. 电荷转移器件

电荷转移器件是一种以半导体硅片为基材，由光敏元件制成的多元阵列集成电路式焦平面器件。当入射光照射到电荷转移器件的某个检测单元的光敏区时，光敏元件产生一定量的光生电荷。这些光生电荷在被读出测量之前，需要完成电荷的收集与转移。根据电荷转移形式不同，电荷转移器件可分电荷注入器件(charge injection device，CID)、电荷耦合器件(charge coupled device，CCD)和互补金属氧化物半导体(complementary metal oxide semiconductor，CMOS)器件三种，其基本单元都是金属-氧化物-半导体(metal-oxide-semiconductor，MOS)电容器(图 3-13)。这种电容器是在半导体 p 型或 n 型掺杂硅片(p-Si 或 n-Si)上，采用热氧化法形成厚度为 100~150nm 的 SiO_2 薄膜，再在此薄膜上按一定层次蒸镀一层金属铝或高掺杂的多晶硅作为电极(称为栅极或控制极)而制成。由于 SiO_2 氧化层薄膜是绝缘体，因此硅片与栅极便形成一个 MOS 电容器，可以存储电荷。当入射光照射到 MOS 电容器时，产生一定量的光生电荷和空穴，且光生电荷数量与光照强度成比例。此时若在栅极上施加正向或负向电压，p-Si 或 n-Si 中的多数载流子(此时是电子或空穴)便会受到排斥而远离栅极，并在靠近 SiO$_2$ 的 Si 表面处形成一个耗尽区。在一定条件下，所加负向或正向电压越大，耗尽层就越深，p-Si 或 n-Si 表面吸收少数载流子的"势"(表面势 U_s)也就越大，MOS 电容器所能收集容纳的少数载流子电荷的量就越大。这里，可以用表面势阱(简称势阱)这一形象比喻来说明 MOS 电容器在负向或正向电压作用下收集存储(信号)电荷(电荷包)的能力。在测量由 MOS 电容器产生的光生电荷时，需要先将电荷转移出去。当相邻两个栅极有电位差时，势阱下的电荷因电场作用而转移到另一栅极，这就是电荷耦合。改变栅极电位可以使被收集的电荷从一个栅极转移到另一个栅极。因此，多个 MOS 电容器构成的器件具有产生、收集和转移光生电荷的功能。

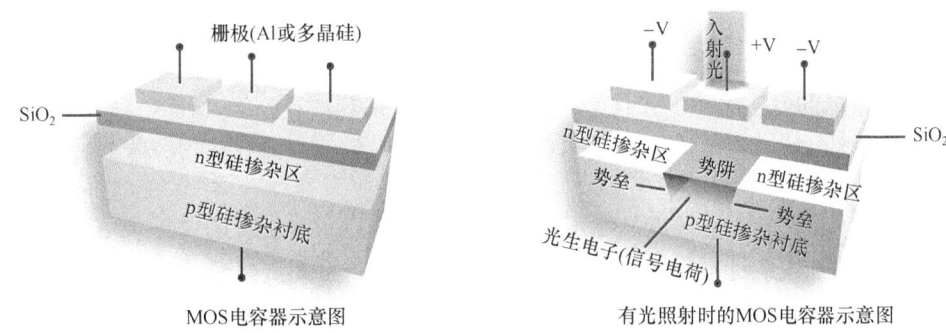

图 3-13 MOS 电容器结构示意图

电荷转移器件作为光谱仪检测器的优点主要体现在：①一次曝光可以摄取很宽波段范围内的光谱，可以进行多元素同时测量；②在记录谱线的同时，可以记录光谱背景并且可以很方便地将其从光谱中扣除；③在测量分析线的同时能测量内标线，属于真正的实时内标法；④分析效率明显要比其他类型检测器高。

3.3 定性与定量分析

3.3.1 定性与半定量分析

现代光谱仪的光谱软件中都存有庞大的谱线库，可以利用元素的特征谱线进行快速定性分析，利用谱线强度进行半定量分析。关于定性和半定量分析，这里不作详细介绍。

3.3.2 定量分析

1. 标准曲线法

标准曲线法也称外标法或直接比较法，是一种简便、快速的定量分析方法。由赛伯-罗马金公式[式(3-13)]可知，当试液中元素含量不是特别高时，自吸系数 $b \approx 1$，此时谱线强度与浓度呈线性关系。因此，分析时可配制 3～5 个系列浓度的标液，并选择在合适的分析条件下激发样品，便可由仪器记录并绘制标准曲线(也称校准曲线或工作曲线)。实际分析中，要求标准曲线是一条通过原点的直线，且其相关系数达到 0.999 及以上。根据标准曲线和分析元素谱线强度，可测得分析元素的含量。由于电感耦合等离子体光源自吸收比较低，标准曲线线性、重复性都很好，因此对于分析元素浓度较低的试液，可以采取两点法绘制标准曲线，即用一份标液和一份空白溶液校准仪器，然后进行试液分析。当分析元素浓度较高、谱线自吸收效应较大时，可以用对数坐标来绘制 lg$I$-lg$c$ 标准曲线，以此提高样品浓度的线性检测范围和标准曲线的线性度。

2. 标准加入法

由于标准曲线法不能消除基体(基体指溶液中除待测组分外的其他成分的总体)效应的影响，因此在配制标准样品的基体时，若不易找到不含分析元素的物质，一般采用标准加入法。标准加入法又称直线外推法或标准增量法，是一种广泛使用、检验仪器准确度的测试方法。这种方法可以消除基体效应的影响，广泛适用于样品成分复杂、配制标液比较麻烦、基体干扰严重或无法进行基体匹配、样品组成未知或不完全确定、样品量小或样品中分析元素含量低的分析项目。采用标准加入法时，必须满足：

(1) 试液中分析元素的浓度在其允许的最大范围内必须与信号呈线性关系，且标准曲线通过坐标原点。

(2) 试液中干扰物质的浓度始终保持恒定。

(3) 试液中加入的标准物质浓度应与样品稀释后分析元素规格量的浓度相当，两者产生的信号相同。而且第二份中加入分析元素的浓度应是该元素检出限的 20 倍。

分析时，先对试液进行半定量分析，了解试液中分析元素的大致含量。然后在几份含有相同浓度(c_x)分析元素的试液中，依次按比例加入一定量浓度(c_0)分析元素的不同量标液。在同一实验条件下获取这些溶液的发射光谱，得到试液中分析元素的谱线强度。当分析元素含量低时，自吸系数 $b \approx 1$，此时谱线强度与分析元素浓度呈线性关系：

$$I = I_x + I_i = a(c_x + c_i), \quad c_i = (i-1)c_0 \tag{3-34}$$

其中，i 为含有相同浓度(c_x)分析元素的试液份数，i = 1,2,3,···；c_i 为在第 i 份试液中加入的标液中分析元素的含量；I_x 为浓度为 c_x 的分析元素的分析线强度；I_i 为标液中浓度为 c_i 的分析元素的分析线强度；I 为加入标液后，第 i 份试液的分析线强度。因 c_x 是常量，c_i 是自变量，I 是因变量，故式(3-34)是一个斜率为 a 的一次函数。当 $I = 0$ 时，有 $c_x = -c_i$。根据式(3-34)可绘制 I-c_i 标准曲线，曲线与横坐标的交点至坐标原点的距离即为分析元素的含量 c_x(图 3-14)。

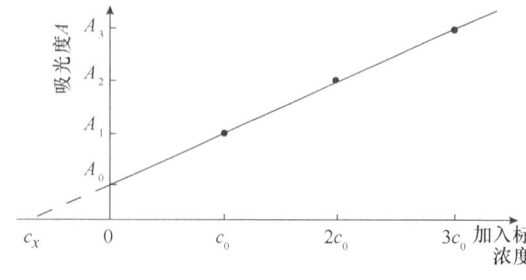

测定次数	1	2	3	4
浓度	c_x	$c_x + c_0$	$c_x + 2c_0$	$c_x + 3c_0$
吸光度	A_0	A_1	A_2	A_3

图 3-14　由标准加入法绘制的标准曲线

采用标准加入法应注意：

(1) 测定结果与标液的加入量相差越大，分析结果越不可靠。加入量越小，$I\text{-}c_i$线的斜率越小。加入量越大，$I\text{-}c_i$线的斜率越大。两种情况下的分析结果都不可靠。

(2) 标液的加入量与试液中分析元素的实际含量越接近，测定结果越可靠，这要求先通过半定量分析来配制$c_0 \approx c_x$的标液。

(3) 应至少采用四个点绘制$I\text{-}c_i$线以得到较为准确的外推结果，且该线是一条直线。

3. 内标法

内标法是在试液和标液中加入含相同浓度某一元素的溶液，从分析元素中选一条谱线作为分析线，再从内标元素中选一条谱线作为内标线，并以此组成分析线对，利用分析线对强度比值与分析元素浓度关系绘制标准曲线，并以此进行样品分析的方法。若以I_0、c_0表示内标线强度和内标元素浓度，以I_x、c_x表示分析线强度和分析元素浓度，以R表示分析线强度与内标线强度的比值，根据式(3-13)有

$$R = I_x / I_0 = a_x c_x^{b_x} / a_0 c_0^{b_0} \tag{3-35}$$

低浓度试液和内标溶液中，自吸系数b_x和b_0均约为1，且a_x和a_0均为定值。当c_0一定时

$$R = I_x / I_0 = a_x c_x / a_0 c_0 = a c_x \left(其中 a = a_x / a_0 c_0\right) \tag{3-36}$$

其中，a为常量。对式(3-36)两边取对数得

$$\lg R = \lg(I_x / I_0) = \lg c_x + \lg a \tag{3-37}$$

式(3-37)即为内标法定量分析的基本数学关系式。分析时，取3个或3个以上含有不同浓度分析元素的标液，加一定量的内标溶液后进行光谱测试，以$\lg R$对$\lg c_x$作图可绘制标准曲线(此时c_x为标液中分析元素浓度)。再在相同条件下，测定并计算待测试液中分析元素的$\lg R$值，由此可由标准曲线求得试液中分析元素的$\lg c_x$值(此时c_x为试液中分析元素浓度)。

内标法抵消了因分析条件波动引起的谱线强度波动，特别是对于基体效应较大的样品，采用内标法将有助于改善分析的准确度。内标元素既可以是基体元素，也可以是标液和试液中没有的外加元素，但其含量必须固定。在电弧或电火花光源原子发射光谱分析中广泛采用内标法来提高测定的准确度，而电感耦合等离子体光源稳定性好、基体效应小，所以通常以其为光源的原子发射光谱分析不采用内标法。

3.4 特点及应用

原子发射光谱是原子的光学电子在原子内能级之间跃迁产生的线状光谱，反映的是原子及其离子的性质，与原子或离子来源的分子状态无关，因此原子发射光谱只能用来确定物质的元素组成与含量，不能给出物质分子的有关信息。此外，常见的非金属元素，如氧、氮、卤素等的谱线在远紫外区，目前一般原子发射光谱仪尚无法检测。

原子发射光谱法具有以下优点:

(1) 样品用量少、灵敏度高,适用于测定低含量元素。原子发射光谱法的样品用量通常只需几至几十毫克。当以电弧和电火花为光源时,大多数元素检出限为 0.1～1μg/g。当以电感耦合等离子体为光源时,大多数元素检出限为 1×10^{-3}～1×10^{-5}μg/mL。若对样品进行浓缩或富集处理,则其相对灵敏度可达 0.1～10ng/g,绝对灵敏度可达 1×10^{-11}g。

(2) 选择性好。对于样品中化学性质相近的元素(如铌与钽、锆与铪等),尤其是稀土元素,传统化学分析方法只能测其元素总量而难以分别进行测量,而原子发射光谱法可以通过每种元素的特征谱线及其强度进行多元素的快速定性和定量分析。

(3) 分析速度快。原子发射光谱法通常无需对溶液样品进行处理,即可直接进行多元素同时分析,且在 1min 内可同时测定水中 48 种元素的含量,灵敏度可达 ng/g 级。而传统化学分析法在分析溶液样品时,常有样品处理复杂、费时费力、灵敏度低等缺点。

(4) 微量分析准确度高。光谱分析的准确度随分析元素含量的不同而异。当分析元素的含量大于 1%时,原子发射光谱法分析的相对误差仅为 5%～20%;当分析元素的含量小于 0.1%时,其准确度优于化学分析法,且含量越低,优越性越突出。因此,原子发射光谱法非常适用于微量及痕量元素分析。

(5) 精密度高、线性范围宽。电弧和电火花光谱分析的精密度在 ±10%左右,线性范围约为 2 个数量级。电感耦合等离子体原子发射光谱分析的精密度为 ±1%左右,线性范围可达 6 个数量级,因此可分析元素的含量范围更宽。

(6) 分析对象广。除周期表中一些难以激发的非金属元素外,可分析 70 多种金属和类金属元素。

原子发射光谱法具有以下不足:

(1) 对一些非金属元素如硒、硫、碲和卤素等的灵敏度低,一般很难进行定性和定量分析。

(2) 只能提供样品中元素的组成和含量信息,而不能提供样品中各组分的结构信息。解决方法是借助其他分析方法,如质谱法等。

(3) 光谱仪价格昂贵,仪器运行和维护费用高。

原子发射光谱分析法广泛用于化学、材料科学、矿山工程技术、冶金工程技术、药物、环境和生物医学等领域。例如在药物分析中,原子发射光谱可用于碱金属盐、透析液和输液中碱金属的定量分析,也可用于检测某些药品原料中的锂、钠和钾。在生物医学中,原子发射光谱可用于生物液体中金属的检测、大脑中金属(铜)的检测或母乳中钠盐的估计等。近年来,研究原子发射光谱分析法中粒子通过等离子体时的行为,以及等离子体如何影响电离和基质干扰方面已经取得了稳步进展。结合雾化电感耦合等离子体质谱法(ICP-MS)单粒子的分析有望获得关于纳米粒子组成的有用信息。另外,一些新的技术,如环境解吸电离、使用各种改性源和液体电极(如下面挑战性问题 1 中的电极)等离子体等有望成为未来原子发射光谱仪低成本、微型化系统的一部分,进而拓展原子发射光谱仪的应用范围。

【挑战性问题】

1. 盐矿作为一种天然矿物资源,由于其含有许多有用的成分,如 K、Ca、Na 和 Mg 等,常用作工业、农业和医药的原材料。然而在开采和加工之前,需要测定盐矿中金属的含量。虽然常见的分析方法如原子吸收光谱法、电感耦合等离子体原子发射光谱法和电感耦合等离子体质谱法等可用于测定各种实际样品中的金属含量，然而这些方法通常需要高温、高真空、高功率输入，甚至惰性/特殊气体等。此外，电感耦合等离子体很难引入高盐度溶液。因为盐度负载可能导致信号抑制、光谱干扰、等离子体不稳定，甚至雾化器阻塞。这些缺点限制了上述方法仅限于实验室使用，并不满足现场部署或实时监控的要求。因此有必要开发一种简单、方便、便携的分析技术。图 3-15 为一种小型化液体阴极辉光放电原子发射光谱仪高灵敏度测定盐矿样品中的钾、钙、钠和镁的工作原理图，根据所引用文献对此仪器工作原理进行解读，并评价此方法的分析性能和优缺点。

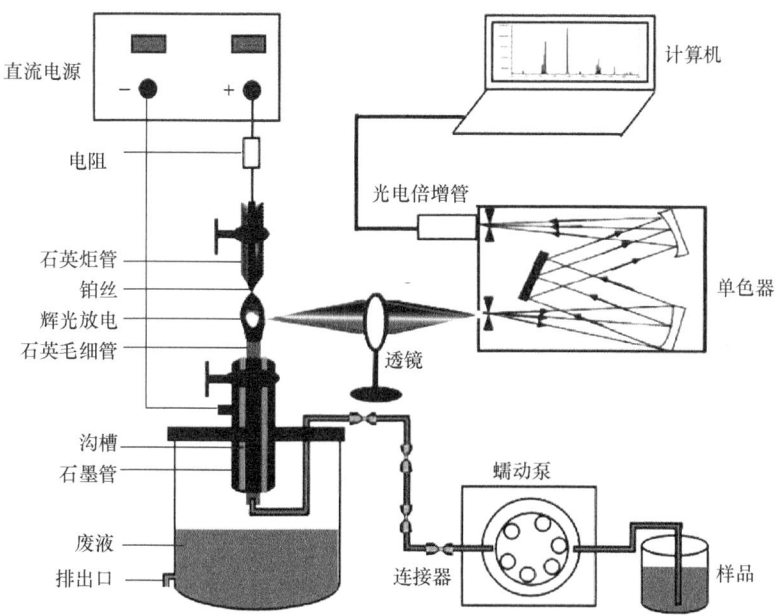

图 3-15　小型化液体阴极辉光放电原子发射光谱法工作原理图[3]

2. 查阅资料，试按本章钠原子能级图样式画出镁、锌、铝和氦原子的能级图。

【一般性问题】

1. 光谱定量分析的依据是什么？
2. 解释什么是元素的共振线、灵敏线、分析线、最后线以及它们之间的关系。
3. 在光谱定量分析中，什么是内标法？光谱定量分析时为什么要采用内标法？为什么一般情况下电感耦合等离子体光谱分析中不采用内标法？
4. 电感耦合等离子体光源有哪些优点？电感耦合等离子体光谱法具有哪些优点？

参 考 文 献

[1] Laboratory P G. Transmission Diffraction Gratings. (2018-01-20)[2020-10-30]. https://www. plymouthgrating. com/product/transmission-diffraction-gratings/.

[2] Izentis L L C. Blazed Reflection Gratings. (2016-06-08)[2020-10-31]. http://www.izentis.com/products/diffraction-gratings/blazed-reflection-gratings/.

[3] Yu J, Zhang Z, Lu Q, et al. High-sensitivity determination of K, Ca, Na, and Mg in salt mines samples by atomic emission spectrometry with a miniaturized liquid cathode glow discharge. Journal of Analytical Methods in Chemistry, 2017, 2017: 7105831.

第4章 原子吸收与原子荧光光谱法

原子吸收光谱法(atomic absorption spectroscopy，AAS)，又称原子吸收分光光度法，是基于蒸气相中分析元素的基态原子对其特征谱线的吸收强度而建立起来的一种元素定量分析方法。前面介绍的原子发射光谱法测量的是受激原子发射光的强度，而原子吸收光谱法测量的是被基态原子吸收的光强度。这种被原子吸收的光波长通常在电磁波谱的可见光或紫外光区。另外，原子光谱中，由于火焰原子吸收光谱仪与原子荧光光谱仪在结构上有很多相同之处，因此原子荧光光谱法也放在本章中一起介绍。

4.1 原子吸收光谱法

4.1.1 基本理论

1. 原子吸收光谱的产生

原子吸收光谱产生的基本原理是：试样经火焰或电热原子化后形成基态原子蒸气。这些基态原子吸收来自光源(如分析元素空心阴极灯)辐射出来的特征谱线，并使其强度减弱。而且，这种减弱程度(吸光度)在一定范围内与分析元素的含量成正比，从而实现定量分析。这里，蒸气相中分析元素的基态与激发态的原子数比例关系仍服从麦克斯韦-玻尔兹曼分布定律[式(3-5)]。通常，样品原子化温度小于 3000K，大多数元素的共振线都低于 600nm，激发态与基态的原子数量之比小于千分之一，因此可认为基态原子数等于总原子数。即使原子化温度达到 5000K，绝大多数原子仍处于基态，因此可认为光谱的辐射吸收值正比于基态原子数，这也是原子吸收光谱法具有高灵敏度的原因之一。

2. 谱线轮廓与谱线变宽

1) 谱线轮廓

原子吸收光谱的谱线并不是严格几何意义上的线(几何线无宽度)，而是占据相当窄的频率或波长范围，即有一定的宽度。当一束频率为 ν、强度为 $I_{0\nu}$ 的平行光通过密度均匀且厚度为 L 的原子蒸气时，其透射光强度 I_ν 服从吸收定律

$$I_\nu = I_{0\nu} \mathrm{e}^{-K_\nu L} \tag{4-1}$$

其中，K_ν 为基态原子对频率为 ν 的光的吸收系数。不同元素原子吸收不同频率的光。若以透过光强度 I_ν 对吸收光频率 ν 作图[图 4-1(a)]，则在频率 ν_0 处透过光强度最小，即吸收最大。若在各种频率 ν 下测定吸收系数 K_ν 并以之对 ν 作图，所得曲线形状为光谱的吸收轮廓图[图 4-1(b)]。图中，谱线轮廓以谱线中心波长和半宽度来表征。中心波长由原子能级决定。半宽度($\Delta\nu$)是指在极大吸收系数一半处，吸收光谱线轮廓上两点之间的频率差或

波长差,其数量级为 $10^{-3}\sim 10^{-2}$nm(折合成波长)。

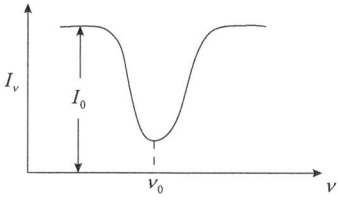
(a) 透过光强度 I_ν 对吸收光频率 ν 的曲线

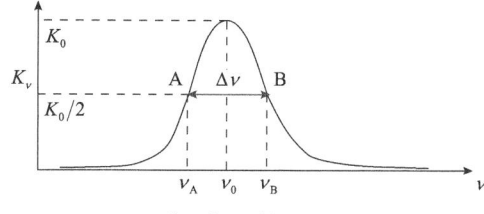
(b) 吸收系数 K_ν 对频率 ν 的曲线

图 4-1 原子吸收光谱轮廓图

2) 谱线变宽

原子吸收谱线变宽可用 $\Delta\nu$ 和 K_ν 的变化来描述,其产生的因素主要有:

(1) 自然宽度:这是一种谱线本身固有的宽度,与外界因素无关,因此称为自然宽度($\Delta\nu_N$)。它是根据量子力学的测不准原理提出的,由原子本性决定。测不准原理反映了微观粒子运动的基本规律,即一个微观粒子的某些物理共轭量(如位置和动量,或方位角与动量矩,还有时间和能量等),不可能同时具有确定的数值,其中一个量越确定,另一个量的不确定程度就越大。测量一对共轭量的误差的乘积必然大于常数 $h/2\pi$。任何能级的能量都具有不确定性,这种能量的不确定性即谱线的自然宽度,可用 ΔE 表示为

$$\Delta E = h/2\pi\tau \tag{4-2}$$

其中,τ 为激发态原子的平均寿命。可见,不同谱线的自然宽度 ΔE 不仅不同,而且与 τ 有关。τ 越大,寿命越长,ΔE 越小,谱线越窄;τ 越小,寿命越短,ΔE 越大,谱线越宽。由于激发态原子在自发衰减和俄歇过程中存在能量不准确性(ΔE),其激发态寿命也相应地存在不准确性。短寿命过程有大的能量不确定性和宽发射。而且,由于自然宽度(一般在 10^{-5}nm 数量级)为物质本性而与仪器等因素无关,且比由光谱仪产生的宽度小得多,因此这种自然宽度只有极高分辨率仪器才能测出,在实际应用中常可忽略。

(2) 多普勒变宽:这是一种由外界因素引起的谱线变宽。速度为 v 的原子发出波长为 λ 的光,若原子的运动方向离开观测者,则在观测者看来,原子的运动频率为$(c-v)/\lambda$,较静止时原子发出的光的频率(c/λ)低,谱线红移。反之,若此原子向着观测者运动,则其运动频率为$(c+v)/\lambda$,较静止时原子发出的光的频率高,谱线蓝移。对于火焰和石墨炉原子吸收池,气态原子处于无序热运动中。相对于检测器(观测者)而言,即使每个原子发出相同频率的单色光,但因各种原子的运动分量不同,检测器接收的光的频率仍略有不同,从而引起谱线变宽,即多普勒变宽(Doppler broadening,$\Delta\nu_D$)。可见,多普勒宽度是由原子在空间无规则热运动所致,所以又称热变宽,并可表示为

$$\Delta\nu_D = 2\nu_0\sqrt{2RT\ln 2/M}/c = 7.16\times 10^{-7}\nu_0\sqrt{T/M} \tag{4-3}$$

其中,R 为摩尔气体常量;c 为光速;M 为原子量;T 为热力学温度;ν_0 为谱线中心频率。可见,多普勒宽度与元素的原子量、温度和谱线频率有关。由于 $\Delta\nu_D$ 与 $T^{1/2}$ 成正比,因此一定温度范围内,温度的微小变化对谱线宽度影响有限。但若分析元素的原子量越小,温度越高,则多普勒宽度越大(多普勒变宽时,谱线中心频率无位移,只是两侧对称变宽,但

K_ν 值减小)。火焰原子化吸收光谱法中,多普勒变宽是谱线变宽的主要因素,其 $\Delta \nu_D$ 可达 10^{-3}nm 数量级。

(3) 压力变宽:这是一种由蒸气中的吸光原子与其他原子或分子相互碰撞而引起的谱线变宽,所以又称碰撞变宽。其存在会引起吸收峰中心频率 ν_0 偏移,使吸收峰变得不对称,辐射线与吸收线中心错位,影响原子吸收光谱法的灵敏度。压力变宽可分为霍尔兹马克变宽(Holtsmark broadening,$\Delta \nu_H$)与洛伦兹变宽(Lorentz broadening,$\Delta \nu_L$)。由于基态原子稳定,其寿命可视为无限长,因此对常用的共振吸收线而言,谱线宽度仅与激发态原子的平均寿命有关。由测不准原理可知,激发态原子的平均寿命越长,谱线宽度越窄。同种原子之间的相互碰撞导致激发态原子平均寿命缩短,引起谱线变宽。这种激发态原子与同种元素的基态原子相互碰撞引起的变宽称为霍尔兹马克变宽,又称共振变宽。通常,分析元素的原子蒸气压小于 0.1Pa 时,共振变宽效应可以忽略。而当原子吸收区的原子浓度足够高(如蒸气压力达到 10Pa)时,共振变宽效应明显,不可忽略。可见,原子吸收光谱法适合测定低浓度样品。分析元素原子与其他粒子(如外来气体原子、离子或分子)碰撞引起的变宽称为洛伦兹变宽,并可表示为

$$\Delta \nu_L = 2 N_A A_c p \sqrt{\frac{2}{\pi k T}\left(\frac{1}{A_r}+\frac{1}{M_r}\right)} \tag{4-4}$$

其中,N_A 为阿伏伽德罗常量;A_c 为吸光原子与其他粒子碰撞截面积;p 为原子蒸气压;A_r 为其他粒子的原子量;M_r 为吸光原子的原子量;k 为玻尔兹曼常量。可见,洛伦兹变宽随原子区内原子蒸气压力的升高而加剧,谱线变宽程度随温度升高而下降。在 2000~3000K 温度范围内,洛伦兹宽度与多普勒宽度有相同的数量级(10^{-3}nm 数量级)。

(4) 自吸变宽:这是一种由自吸效应引起的谱线变宽。由光源(如空心阴极灯)发射的共振线被灯内原子蒸气中同种基态原子吸收,从而产生与发射光谱类似的吸收现象,使谱线的半宽度变大。当灯电流越大,电极温度越高时,从灯阴极溅射出的原子越多,基态原子也越多,自吸现象越严重,谱线变宽越明显。

(5) 场致变宽:这是一种由外界电场、离子或带电粒子形成的电场及磁场作用而导致的谱线变宽。若将光源置于磁场中,原来表现为一条的谱线会分裂为两条或两条以上的谱线(满足 $2J+1$ 条,其中,J 为光谱线符号中的内量子数)。这就是前面谈到的塞曼效应。当磁场影响小、分裂线的频率差较小、仪器的分辨率有限时,光谱表现为一条谱线。若将光源置于电场中时,也能产生谱线分裂现象。当电场不是十分强时也导致谱线变宽,这种变宽称为斯塔克变宽(Stark broadening,变宽达 1×10^{-10} 数量级),即在外电场作用下,原子或分子的能级和光谱发生分裂(这种现象称为斯塔克效应)。

通常条件下,吸收线的轮廓主要受多普勒变宽和洛伦兹变宽的影响。

3. 原子吸收光谱的测量

1) 积分吸收测量法

积分吸收是指在原子吸收线轮廓内,吸收系数对频率的积分值。此积分值相当于图 4-1 (b) 中原子吸收线轮廓下所包围的整个面积,代表原子蒸气层中的基态原子吸收共振线的全部能量。原子吸收线轮廓是同种基态原子在吸收其共振辐射时被展开了的吸收带,其上各点

与相同的能级跃迁相连。一定条件下,积分吸收与气态原子中吸收辐射的基态原子数成正比,即

$$\int K_\nu \mathrm{d}\nu = \pi e^2 f N_0 / (mc) \tag{4-5}$$

其中,K_ν为基态原子对频率为ν的光的吸收系数;e为电子电荷;m为电子质量;c为光速;N_0为单位体积原子蒸气中吸收辐射的基态原子数,即基态原子密度;f为振子强度,代表每个原子中能够吸收或发射特定频率光的平均电子数。一定条件下,f可视为一定值。在原子化器内所形成的平衡体系中,单位体积内基态原子密度N_0与试液浓度c成正比。对于给定元素,在一定条件下,$\pi e^2 f/(mc)$为常量,因此有

$$\int K_\nu \mathrm{d}\nu = Kc \tag{4-6}$$

其中,K为将各项常数合并后的新常数。可见,一定条件下,基态原子蒸气的积分吸收与试液中分析元素的浓度成正比。因此,若能准确测量出积分吸收就可以求出试液浓度。若原子吸收光谱仪采用连续光源,则一般的分光系统获得的光谱通带为0.2nm,而原子线的半宽度为10^{-3}nm[图4-2(a)],因此要在相对较强的入射光背景下测量入射光被吸收后仅有0.5%的光强变化,这要求仪器灵敏度极高。然而,由于原子吸收线的半宽度很小,因此在设定波长为400nm时,相邻波长相差至少应为1×10^{-4}nm。由式(3-19)可知,相应的单色器分辨率R至少为4×10^6,这在制造技术上难以实现,这也是19世纪初原子吸收光谱法提出后长期不能应用的原因。

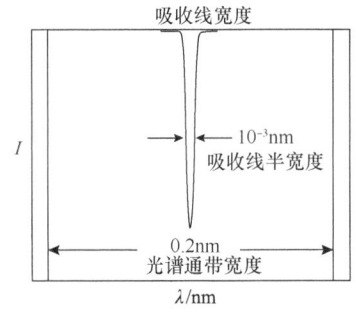
(a) 光谱通带宽度与吸收线半宽度对比示意图

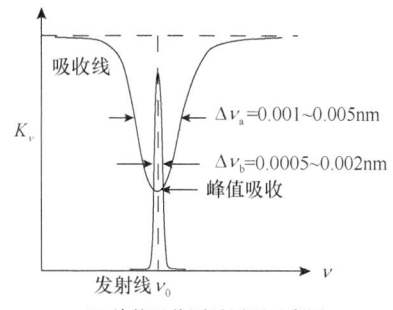
(b) 峰值吸收测量原理示意图

图4-2 光谱通带宽度与吸收线半宽度对比示意图和峰值吸收测量原理示意图

2) 峰值吸收测量法

峰值吸收是指基态原子蒸气对入射光中心频率线的吸收,其大小以峰值吸收系数K_0表示。在火焰温度不高且比较稳定时,基态原子蒸气的峰值吸收与试液中分析元素的浓度成正比。因此,可以用峰值吸收替代积分吸收进行定量分析,这也间接地解决了积分吸收不能实际应用的难题。影响原子吸收线轮廓的主要因素是多普勒变宽。若仅考虑原子热运动,则吸收线的轮廓仅取决于多普勒变宽,吸收系数K_ν为

$$K_\nu = K_0 \mathrm{e}^{-\left[2(\nu-\nu_0)\sqrt{\ln 2}/\Delta\nu_\mathrm{D}\right]^2} \tag{4-7}$$

将吸收系数K_ν对频率ν积分得

$$\int_0^\infty K_\nu \mathrm{d}\nu = K_0 \Delta \nu_D \sqrt{\pi/\ln 2}/2 \tag{4-8}$$

将式(4-5)代入得

$$K_0 = 2\pi e^2 f N_0 \sqrt{\ln 2/\pi}/(\Delta \nu_D mc) \tag{4-9}$$

可见，峰值吸收系数 K_0 与基态原子数 N_0 成正比。只要能测出 K_0，就可求出 N_0。当锐线光源中心频率与分析元素原子吸收线的中心频率相同时，在 $\Delta \nu$ 很窄的范围内，发射线的轮廓近似于一个宽度很小的矩形，在此发射线范围内各波长的吸收系数 K_ν 都近似等于峰值吸收系数 K_0，即可用峰值吸收系数 K_0 代替吸收系数 K_ν [图 4-2 (b)]。

4.1.2 仪器组成

原子吸收光谱仪主要由光源、原子化器、单色器、检测器和数据处理系统等组成，其工作原理是：试液经过雾化后进入原子化器。在原子化器的高温或化学反应作用下，试液变成原子蒸气。当光源辐射出分析元素的特征光通过分析元素原子蒸气时，产生光的吸收。被吸收后的特征光进入光栅分光系统与其他谱线分开后，再进入检测器产生光电信号，最后经数据处理系统形成吸收光谱。目前，原子吸收光谱仪可分为不同类型：若按原子化器不同，原子吸收光谱仪分为火焰和非火焰两种；若按光路系统不同，原子吸收光谱仪分为单光束型和双光束型两种，如图 4-3 所示。

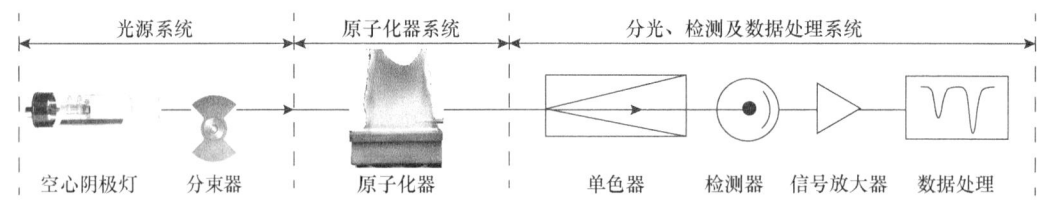

(a) 单光束型原子吸收光谱仪基本结构单元示意图

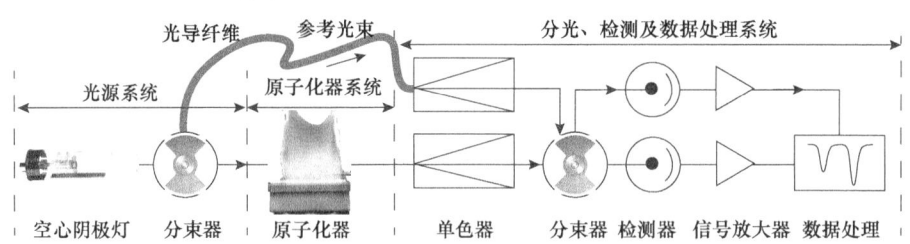

(b) 实时双光束型原子吸收光谱仪基本结构单元示意图

图 4-3 原子吸收光谱仪基本结构单元示意图

1. 光源

1) 锐线光源

原子吸收光谱仪所用光源为锐线光源，用以发射分析元素的特征共振辐射，且应具有发射的共振辐射的半宽度要明显小于吸收线的半宽度、辐射强度大、背景低(低于特征共振辐射强度的 1%)、稳定性好(30min 内漂移不超过 1%)、噪声小于 0.1%和使用寿命长等特点。空心阴极灯(hollow cathode lamp, HCL)是满足上述要求的锐线光源，它由分析元素材料制成空心阴极和一个用钛、锆、钽或其他材料制作的阳极组成(图 4-4)。阴极和阳极封闭在带有光学石英窗口的硬质密封耐热派热克斯(Pyrex)玻璃管内，管内充有 260～1300Pa 的惰性气体(氖气或氩气)，其作用是产生阳离子以撞击阴极，使阴极产生原子溅射以激发原子发射特征锐线光谱。云母屏蔽片的作用是使放电限制在阴极腔内，同时使阴极定位。空心阴极灯常用脉冲供电，这样既改善放电特性，又使有用的原子吸收信号与原子化器的直流发射信号区分开，这种供电方式称为光源调制。工作时，空心阴极灯应选择合适的工作电流。灯电流过小，放电不稳定。灯电流过大，溅射作用增加，原子蒸气密度增大，谱线变宽甚至引起自吸，导致测定灵敏度降低，灯寿命缩短。空心阴极灯的工作电流一般在几至几十毫安，阴极温度并不高，多普勒变宽效应不明显，自吸现象少。另外，灯内气体压力很低，洛伦茨压力变宽也可忽略。因此正常工作条件下，由空心阴极灯发出的谱线是半宽度很窄的特征锐线。

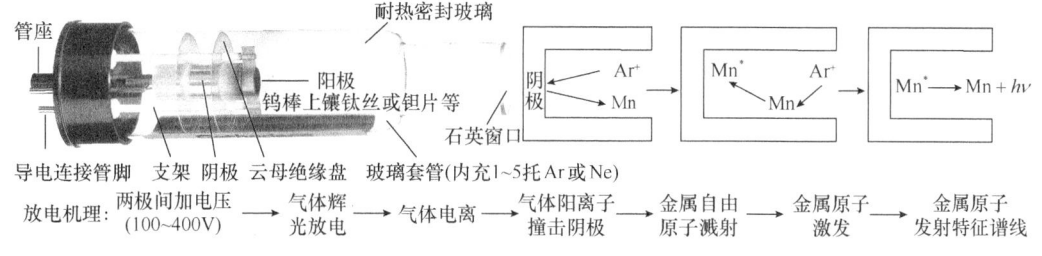

图 4-4 空心阴极灯及其工作原理

空心阴极灯的工作原理是：当在两极之间施加几百伏电压时，由阴极产生的电子在电场作用下飞向阳极，途中与载气原子碰撞并使之电离产生二次电子，导致电子与正离子数目增加，以便维持放电。空心阴极灯的放电是一种不依赖外界电离条件，仅由外加电压作用即可维持的低压辉光放电。放电产生的正离子在电场中获得动能，若此动能大到足以使金属阴极表面的原子克服晶格能，则当正离子撞击阴极表面时，就可以将原子从晶格中溅射出来。此外，阴极通电受热也将导致阴极表面元素的热蒸发。溅射与蒸发出来的原子进入空腔内与电子、原子和离子等发生碰撞后激发。在受激原子从激发态返回基态的过程中发射特征谱线。

空心阴极灯分为单元素或多元素灯。单元素灯的阴极由单一金属制成，在多元素分析时需要更换元素灯，操作不便。多元素灯的阴极由合金、金属化合物或将多种金属粉末按一定比例混合、压制和烧结而成，能同时发射 2～7 种元素的特征谱线(如 7 元素灯能分析的元素为 Al、Ca、Cu、Fe、Mg、Si 和 Zn)，提高了实验的便利性。多元素空心阴极灯的缺点也很明显：若多元素中某一元素原子的溅射速率较低，其表面就会被溅射速率高的元素原子所覆盖，溅射速率低的元素共振线的强度就会减弱。另外，组合的元素越多，灯辐射的强度越低，使用寿命越短。多元素灯还存在谱线相互干扰及元素共存问题。有些元素如 As 与 Hg 不能同时存在于同一阴极。此外，许多元素因为在紫外区发光强度低，也不能制作多元素空心阴极灯。

2) 连续光源

多元素空心阴极灯虽可以同时测定多种元素，但依然是锐线光源，可测定的元素种类还是很有限。而由高聚焦短弧氙灯产生的连续光源可测定元素周期表中 67 种金属元素，甚至更多元素(如放射性元素)，实现了多元素顺序分析。高聚焦短弧氙灯(图 4-5)是一种气体放电光源，灯内充有高压氙气，在高频高电压激发下形成高聚焦弧光放电，辐射出 189～900nm(紫外到近红外)的强连续光谱。从此连续光谱中可任选一条谱线进行分析，因而可得到非常丰富的光谱信息。与锐线光源相比，连续光源具有灵敏度高、选择性强和干扰少等优点，同时还避免了元素灯的更换，提高了分析速度。另外，由于连续光源在启动后即能达到最大功率输出，元素灯不需要预热，节约了分析时间。

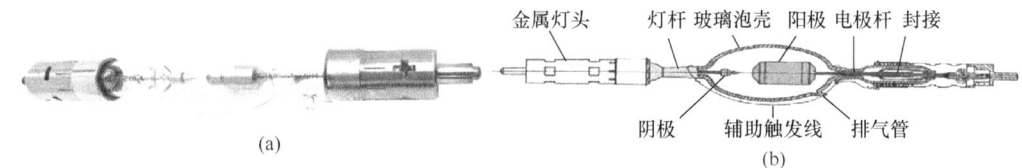

图 4-5　高聚焦短弧氙灯(a)及其结构示意图(b)

2. 原子化器

原子化器的功能是使试样干燥、蒸发和原子化。原子吸收光谱分析中，分析元素原子化是整个分析过程的关键。原子化器最常用的方法有火焰和非火焰两种。

1) 火焰原子化器

这是原子吸收光谱中最早使用且至今仍在广泛使用的原子化器。试液引入火焰后的原子化过程包括两个阶段(图 4-6)：首先是将试液变成细小雾滴的雾化阶段，其次是雾滴在吸收高温火焰的能量后形成基态原子的原子化阶段。

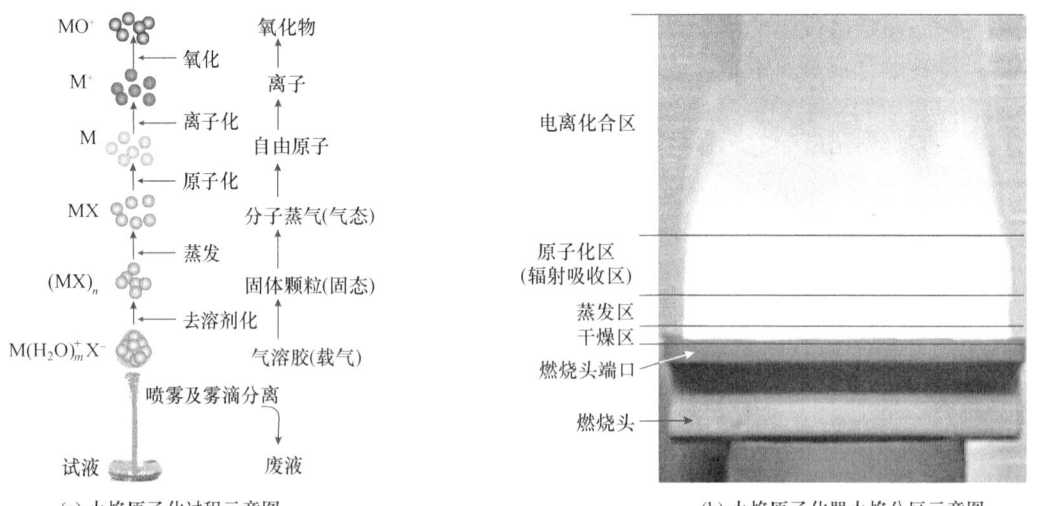

(a) 火焰原子化过程示意图　　　　(b) 火焰原子化器火焰分区示意图

图 4-6　火焰原子化过程及火焰分区示意图

根据燃烧气体和助燃气体的混合方式及试液的输入方式不同，火焰原子化器可分为全消耗型原子化器和预混合型火焰原子化器两种。目前常用的是预混合型火焰原子化器(图 4-7)，它主要由雾化器、预混合室和燃烧头等组成，其工作原理是利用空气将试液载入雾化器喷嘴并与撞击球作用，在雾化室形成气溶胶。在燃烧气体与助燃气体形成的混合气流的作用下喷入燃烧头，产生预混合型火焰或层流火焰。

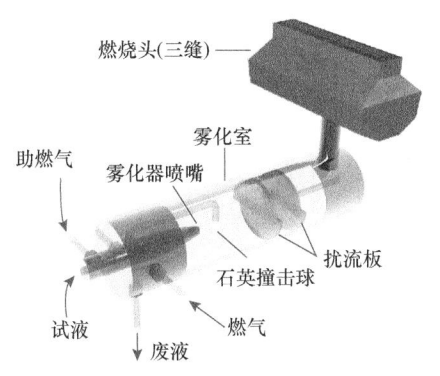
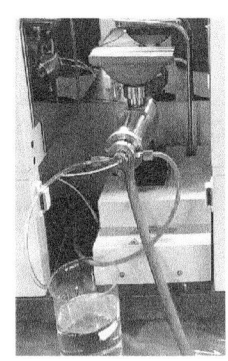

(a) 预混合型火焰原子化器结构示意图　　(b) 预混合型火焰原子化器实物图

图 4-7　预混合型火焰原子化器

预混合型火焰原子化器的优点主要体现在：①混合气的流动形态均匀、火焰燃烧稳定。试液雾化后产生的气溶胶分散度高，这样不仅测定重复性好，而且还避免了大量样品难溶杂质进入火焰，降低了火焰背景噪声；②火焰宽、有效吸收光程长，对大多数元素有较高灵敏度；③操作简便、重现性好、应用广泛。

预混合型火焰原子化器的不足主要有：①一般不能直接分析固体样品且原子化效率低（＜30%）、对有些元素灵敏度不够高。②检测限比非火焰原子化器高。基态原子在火焰中停留的时间短，不利于对光的吸收，而大量载气的使用稀释了样品，降低了原子蒸气浓度，限制了其灵敏度和检测限。③某些金属原子易被助燃气或火焰周围空气氧化生成难熔氧化物或发生某些化学反应，同时也会减小火焰中原子蒸气的密度。④对高盐试液，雾室壁内易产生盐沉积形成记忆效应，燃烧缝隙也易堵塞形成断焰。⑤易回火，存在安全隐患。

2) 非火焰原子化器

这类原子化器的工作原理是利用电热、阴极溅射、等离子体或激光等方法使试样中的分析元素形成基态自由原子。非火焰原子化器有电热原子化器和化学原子化器等，其中电热原子化器(图 4-8)最为常用，它主要由加热电源、保护气控制系统和管状石墨炉等组成。

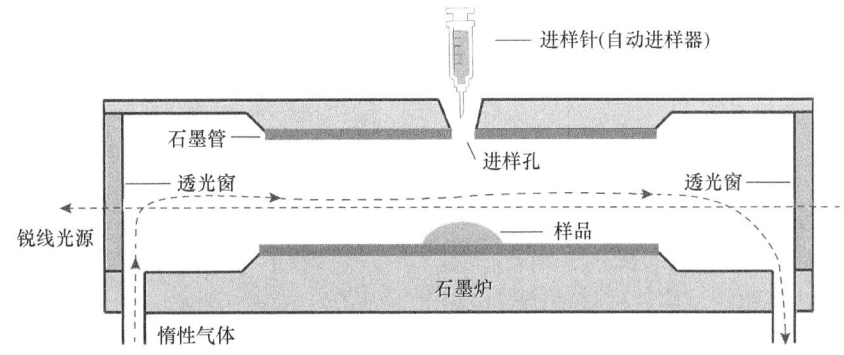

图 4-8　石墨炉原子化器组成示意图

石墨炉两端是外接大电流的金属电极，这两个金属电极中间紧密装配着石墨电极。石墨电极又称石墨锥，用以通过大电流对石墨管加热。石墨管被石墨电极罩住，其中央向上开有直径 1.5～2.0mm 的小孔，用于注入试液。管状石墨炉按加热方式不同分为纵向和横向两种。纵向加热石墨管的加热方向(电流方向)沿光轴方向，即与光轴平行。横向加热石墨管的加热方向与光轴垂直(图 4-9)。

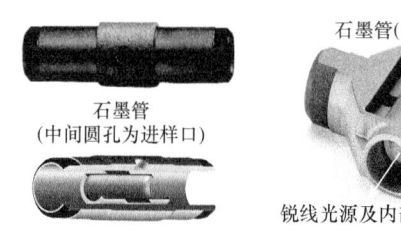
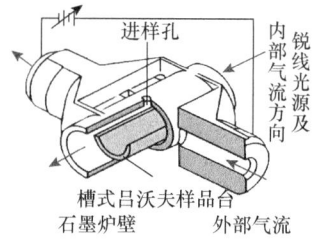

(a) 纵向加热石墨管结构图　　　(b) 横向石墨炉原子化器及其结构示意图和电路图

图 4-9　纵向和横向加热石墨管结构示意图

与火焰原子化器相比，石墨炉原子化器的主要优点有：

(1) 原子化效率高、绝对灵敏度高。由于试样在石墨管内全部蒸发并参与吸收，且试样是在惰性气氛下于强还原介质内进行原子化，有利于难熔氧化物的分解和自由原子的形成，因此试样的原子化效率高。原子蒸气在石墨管内的平均停留时间长(约 1s 或更长)，自由原子积聚浓度较高，因此石墨炉原子化器的绝对灵敏度很高，可达 10^{-12}～10^{-14}g，比火焰法高几个数量级。

(2) 原子化升温过程可调，因此可降低噪声、减少干扰、提高选择性。通过采用控制程序，调节电流大小控制温度(最高温度可达 3000℃)，可选择性蒸发除去试样中某些成分、改变基体组成，有利于消除基体和其他组分干扰。这样，对于能在低温蒸发的干扰元素，可先调至适当温度将其分馏除去，然后升温至分析元素的原子化温度，并使温度不太高，从而使分析元素的激发、电离和其他化学反应等干扰降低到最低限度。

(3) 利于易氧化元素的测定。由于采用惰性气体除氧技术，石墨管本身由碳组成，试样处于强还原状态中，因此利于易氧化元素的分析测定。

(4) 试样用量少，液体样品(1～50μL)、固体样品(20～40μg)都可以直接测定。

石墨炉原子化器的主要不足有：

(1) 精密度和稳定性较差，相对标准偏差为 5%～10%。这与石墨管状态不稳定密切相关。

(2) 基体干扰严重、光散射干扰大、信号噪声大。由于样品基体蒸发和石墨管自身氧化都会产生分子吸收光谱干扰，石墨管管壁在高温下也会辐射连续光谱，因此背景干扰较大，一般都要进行背景校正。

(3) 装置复杂、操作较繁琐、运行和维护难度大。仪器要求配备有低电压高电流的电源、冷却水、石墨管、惰性气体或高纯度氩气等设备。

(4) 分析速度慢、可检测元素少、存在记忆效应。在分析难熔化合物时，石墨管的记忆效应会随着分析次数的增加而显著增加，影响后续分析测定。

3. 单色器及检测系统

原子吸收光谱仪的单色器由入射狭缝和出射狭缝、反射镜和色散元件等组成，其作用是将所需共振吸收线分离。目前，原子吸收光谱仪所用色散元件多使用3.2.3节所介绍的光栅，这里不再赘述。早期原子吸收光谱仪的检测器是光电倍增管，目前大多是与原子发射光谱法相同的CCD、CID或CMOS等电荷转移器件，这里也不再介绍。

4.1.3 定量分析

当在原子吸收线中心频率附近一定频率范围$\Delta \nu$内测量原子吸收光谱时，通过原子蒸气相的入射光的强度I_0可表示为

$$I_0 = \int_0^{\Delta \nu} I_{0\nu} \mathrm{d}\nu \tag{4-10}$$

结合式(4-1)可知，透射光的强度I可表示为

$$I = \int_0^{\Delta \nu} I_\nu \mathrm{d}\nu = \int_0^{\Delta \nu} I_{0\nu} \mathrm{e}^{-K_\nu L} \mathrm{d}\nu \tag{4-11}$$

在用峰值吸收系数K_0替代吸收系数K_ν后，根据吸收定律，吸光度A为

$$A = \lg \frac{I_0}{I} = \lg \frac{\int_0^{\Delta \nu} I_{0\nu} \mathrm{d}\nu}{\int_0^{\Delta \nu} I_{0\nu} \mathrm{e}^{-K_\nu L} \mathrm{d}\nu} = \lg \frac{\int_0^{\Delta \nu} I_{0\nu} \mathrm{d}\nu}{\mathrm{e}^{-K_0 L} \int_0^{\Delta \nu} I_{0\nu} \mathrm{d}\nu} = 0.434 K_0 L \tag{4-12}$$

将式(4-9)代入得

$$A = 0.868 \pi \mathrm{e}^2 f N_0 L \sqrt{\ln 2 / \pi} / (\Delta \nu_\mathrm{D} mc) \tag{4-13}$$

通常条件下，原子蒸气相中基态原子数N_0近似等于总原子数N。实际工作中，要求测定的并不是蒸气相中的原子浓度，而是被测样品中某元素的含量。在给定的实验条件下，且分析元素的含量c与蒸气相中原子浓度N之间保持稳定的比例关系时，有

$$N = \alpha c \tag{4-14}$$

其中，α为与实验条件有关的比例常数。因此，式(4-13)可以写为

$$A = 0.868 \pi \mathrm{e}^2 f \alpha c L \sqrt{\ln 2 / \pi} / (\Delta \nu_\mathrm{D} mc) \tag{4-15}$$

当实验条件一定时，各有关参数为常量，式(4-15)可以简写为

$$A = Kc \tag{4-16}$$

其中，K为与实验条件有关的常量。式(4-16)即为原子吸收光谱法定量分析的依据。在利用原子吸收光谱法定量分析时，常有以下两种方法。

(1) 标准曲线法：配制一组浓度合适的标液，在最佳测定条件下按浓度由低到高依次测定其吸光度，然后以吸光度为纵坐标、标液浓度为横坐标绘制吸光度(A)-浓度(c)曲线，即为标准曲线或工作曲线。再在相同条件下测定试液吸光度，则可在标准曲线上以内插法求出分析元素浓度。这种方法简便、快速，适于组成较简单的大批量样品分析。为保证分析准确度，测定时应注意：①标液与试液的基体要相似，以消除基体效应，标液浓度范围大小应以获得合适的吸光度读数为准且应将试液中分析元素的

浓度包括在内；②测量过程中要用空白溶液校正零点漂移；③由于燃气和助燃气流量变化会引起标准曲线斜率变化，因此每次分析都应重新绘制标准曲线。

(2) 标准加入法：取 A、B 两份体积相等的试液，向 B 中加入一定量分析元素标液，然后将两份试液稀释到相同体积后分别测定其吸光度。若稀释后最终的 A 试液中分析元素的浓度为 c_x，其吸光度为 A_x；B 试液中分析元素浓度为 c_s，其吸光度为 A_{x+s}，则

$$A_x = Kc_x, \quad A_{x+s} = K(c_x + c_s) \tag{4-17}$$

由此可求得稀释后最终的 A 试液中分析元素的浓度：

$$c_x = A_x c_s / (A_{x+s} - A_x) \tag{4-18}$$

实际工作中常采用作图法来求 c_x，即吸取试液四份以上，第一份不加分析元素标液，从第二份开始，依次按比例加入不同量待测组分标液，用溶剂稀释至同一体积。若稀释后未加入标液的试液(第一份试液)中分析元素浓度为 c_x，则其他试液中加标液后的分析元素浓度分别为($c_x + c_s$)、($c_x + 2c_s$)、($c_x + 4c_s$)。以空白为参比，在相同测量条件下分别测量各试液的吸光度(分别记为 A_x、A_{x+s}、A_{x+2s}、A_{x+4s})。最后以吸光度为横坐标、分析元素加入量为纵坐标绘出标准曲线，并将其外推至浓度轴，则在浓度轴上的截距即为稀释后最终试液中分析元素的浓度 c_x(图 3-14)。

4.1.4 干扰及其抑制方法

1. 基体干扰

基体干扰是指样品中共存组分对分析元素信号的影响。这种影响只有在基体与待测组分共存时才表现出来，它在性质上可以是物理干扰，也可以是化学或光谱干扰，不具有加和性。石墨炉原子吸收光谱法中的主要干扰是基体干扰。在分析地质、生物样品等基体组成复杂的样品中的痕量元素时，基体干扰十分显著。消除基体干扰的一种方法通常是加入基体改进剂，使基体转化为易挥发化合物，而分析元素形成较稳定化合物以防止分析元素基态原子在灰化阶段损失。另一种消除方法是使基体形成难解离化合物，并降低分析元素的原子化温度。另外，程序升温也是消除基体干扰的一种常用方法。在样品干燥和灰化阶段的升温方式选择斜坡式升温，在不损失分析元素含量的前提下尽可能提高灰化温度。对于复杂样品则可采用多阶梯斜坡式升温，灰化温度选择在刚好低于分析元素光谱线出现时的温度，以使基体尽可能地完全挥发或分解。火焰原子吸收光谱法中消除基体干扰的方法可以是在标液中加入纯基体(基体量不高时改用标准加入法)，或用电解、沉淀分离，或用离子交换萃取分析元素，使分析元素与基体分离。

2. 非光谱干扰

非光谱干扰主要有以下几种。

1) 物理干扰

物理干扰指样品在转移、蒸发和原子化过程中，因样品物理特性(如黏度、表面张力、密度和蒸气压等)的变化而引起的原子吸收强度下降的效应。物理干扰是非选择性干扰，对样品中各元素的影响基本是相似的。抑制物理干扰的方法有：①配制与试样组成相似的标

样；②若不知道或无法匹配样品组成,可用标准加入法或稀释法；③分析元素浓度较高时,可采用稀释方法；④优化分析条件如进样量、调整撞击小球位置以产生更多细雾等。

2) 化学干扰

化学干扰指样品溶液在转化为自由基态原子的过程中,分析元素与其他组分之间的化学作用引起的干扰效应。这种效应若提高了原子吸收信号则称为正效应,反之则称为负效应。化学干扰是一种选择性干扰,也是原子吸收光谱分析中的主要干扰,其主要来源有三种：①分析元素与共存元素之间形成了热力学稳定的化合物,使参与吸收的基态原子数减少；②基态原子与火焰的燃烧产物形成了氧化物、氢氧化物或氧化物离子等,导致参与吸收的基态原子数减少；③基体与分析元素形成易挥发化合物,使参与吸收的基态原子数减少,灵敏度降低。抑制化学干扰的方法有：

(1) 提高火焰温度或采用富燃火焰改变火焰气氛。

(2) 加入释放剂,使分析元素从与干扰元素形成的化合物中释放出来,而释放剂与干扰元素生成更稳定或更难挥发的化合物。

(3) 加入保护剂,与分析元素或干扰元素反应生成稳定配合物。

(4) 在石墨炉原子化中加入基体改进剂,提高试样的灰化温度或降低其原子化温度。

3) 电离干扰

电离干扰指试样原子化后产生的原子在高温下电离成离子,使基态原子的浓度降低,从而引起原子吸收信号降低的效应。抑制电离干扰最有效的方法是在试液中加入含有过量的、电离电位低于分析元素的其他元素(通常为碱金属元素)的试剂(称为消电离剂)。由于加入的试剂在火焰中强烈电离,产生大量电子,从而抑制了分析元素基态原子的电离。通常加入试剂元素的电离电位越低,其加入的量可以越少。加入量太大会影响吸收信号和产生杂散光。适宜的加入量由实验确定。另外,利用强还原性富燃火焰也可抑制电离干扰。

3. 光谱干扰

光谱干扰是因分析元素吸收线与其他吸收线或辐射不能完全分开而产生的干扰,其主要来源是光源和原子化器,也与共存元素有关。光谱干扰包括谱线干扰和背景干扰两种。

1) 谱线干扰

谱线干扰有以下三种：

(1) 吸收线重叠干扰。当共存元素与分析元素吸收波长接近时,两谱线重叠,使测定结果偏高。这时应预先分离干扰元素或另选其他无干扰的分析线进行测定。

(2) 光谱通带内非吸收线干扰。这些非吸收线可能是分析元素的其他共振线与非共振线,也可能是光源中所含杂质的发射线。消除这种干扰的方法可以是减小狭缝,使光谱通带小到可以分开这种干扰,或者是减小灯电流,降低灯内干扰元素的发光强度。

(3) 原子化器内直流发射干扰。消除这种干扰的方法可以是对光源进行机械调制,或者是对空心阴极灯采用脉冲供电。

2) 背景干扰

背景干扰指在原子化过程中,因分子吸收和光散射作用而产生的干扰。这种干扰使光谱吸收值增大而产生正误差。石墨炉原子化法的背景干扰比火焰原子化法严重。抑制背景干扰的方法有连续光源校正法、邻近非吸收线校正法和塞曼效应背景校正法等。

(1) 连续光源校正法：指先用空心阴极灯发出的锐线光通过原子化器，测量分析元素和背景吸收的总吸光度，再用氘灯(紫外区)或碘钨灯、氙灯(可见区)发出的连续光通过原子化器，在同一波长测出背景吸收(这时由样品原子蒸气产生的原子吸收可以忽略不计)，并从总吸光度中减去的方法。由于商品仪器多采用氘灯作为连续光源扣除背景，故此法常称为氘灯扣背景法，其优点是灵敏度损失小、校正效果好。但由于连续光源测定的是整个光谱通带内的平均背景，与分析线处的真实背景有差异，因而影响校正能力。另外，空心阴极灯是溅射放电灯，氘灯是气体放电灯，两者放电性质、能量分布、光斑大小各不相同，调整光路平衡比较困难，也影响校正能力。而且氘灯能量较弱，需较宽的光谱通带，共存元素的吸收线有可能落入通带范围内吸收氘灯辐射而造成干扰。

(2) 邻近非吸收线校正法：指先用分析线测量分析元素吸收和背景吸收的总吸光度，再在分析元素吸收线附近另选一条不被分析元素吸收的谱线(称为邻近非吸收线)测量试液的吸光度(此时产生的吸收即为背景吸收)，最后从总吸光度中减去邻近非吸收线吸光度的方法。邻近非吸收线可用同种或不同元素的非吸收线。选用不同元素的非吸收线时，样品中不得含有该种元素。邻近非吸收线波长与分析波长越相近，背景扣除越有效。但由于背景吸收随波长而改变，因此非吸收线校正背景法的准确度较差，只适用于分析线附近背景分布比较均匀的情况。

(3) 塞曼效应背景校正法：指先用磁场将吸收线分裂为具有不同偏振方向的成分，再用这些偏振成分区别分析元素吸收和背景吸收的背景校正法。此校正方法分为吸收线调制法和光源调制法。吸收线调制法也称反向塞曼效应背景校正法，它在原子化器上施加磁场，利用原子化器内原子蒸气中的原子的核外层电子的能量简并能级在强磁场作用下产生塞曼分裂，从而实现背景校正。所施加磁场有恒定磁场和可变磁场两种。图 4-10 为恒定磁场调制方式，它在原子化器上施加垂直于光束方向的恒定磁场。

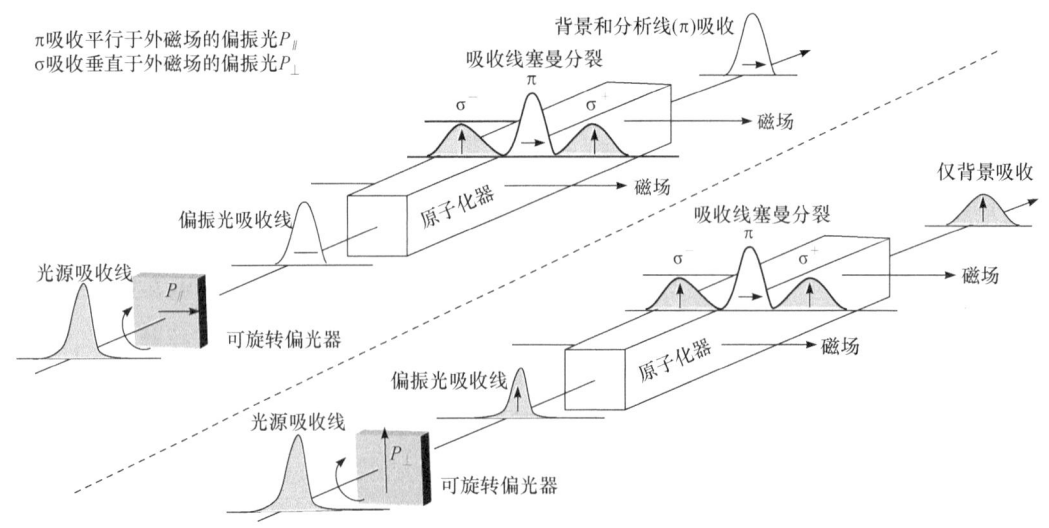

图 4-10 恒定磁场调制塞曼效应背景校正示意图

在磁场作用下，吸收线分裂为 π 和 σ± 成分(图 4-11)。π 成分平行于磁场方向，中心线与原来吸收线波长相同；σ± 成分垂直于磁场方向，波长偏离原来吸收线波长。光源共振发射线通过起偏器后变为偏振光，当起偏器旋转时，某时刻平行于磁场方向的偏振光 $P_{//}$ 通过原子化器，吸收线 π 成分和背景产生吸收，测得原子吸收和背景吸收的总吸光度。另一时刻垂直于磁场的偏振光 $P_{\perp}$ 通过原子化器，由于原子吸收的 σ± 成分非常微弱且只吸收 $P_{\perp}$，因此可以忽略。但背景吸收不受磁场影响，因此测得的吸收可以认为是中心波长附近的背景吸光度。利用两次测定吸光度之差，便可得到校正背景吸收之后的净原子吸收吸光度。

可变磁场调制方式是在原子化器上加一个仅在原子化阶段被激磁的磁电磁铁。偏振器是固定的，其作用是去掉平行于磁场方向的 π 成分偏振光，只让垂直于磁场方向的 σ± 成分偏振光通过原子蒸气。零磁场时测得的是吸收线和背景吸收的总吸光度。激磁时，通过的垂直于磁场的偏振光只产生背景吸收，测得背景吸收的吸光度。两次测定吸光度之差，便是校正了背景吸收之后的净原子吸收的吸光度。塞曼效应背景校正法适合全波段元素分析的背景校正，操作简单、扣背景能力强、测定结果稳定可靠。其不足之处在于分析灵敏度有所下降、当个别元素谱线分裂不好以及高浓度测定时，标准曲线出现反转，产生双值曲线等。

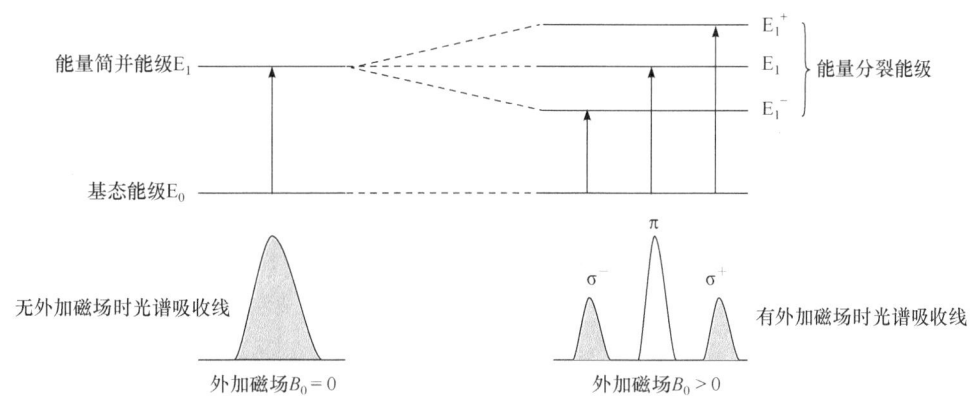

图 4-11 光谱线在外磁场中出现分裂的塞曼效应示意图

光源调制法也称正向塞曼效应背景校正法，它是将强磁场加在光源上，使共振发射线发生塞曼分裂，产生偏振方向不同的 π 成分和 σ 成分，从而实现背景干扰抑制。

需要说明的是，由于各种消除干扰方法能力有限，因此单凭一种方法往往不能完全消除干扰，而是需要采取多种消除干扰的方法以达到消除干扰的目的。

4.1.5 特点及应用

原子吸收光谱法具有以下优点：

(1) 检出限低、灵敏度高，适用于测定痕量和超痕量元素。由于测定的是基态原子的吸收光谱，而基态原子占原子总数的 99% 以上，因此方法灵敏度高。火焰原子吸收光谱法的检出限可达到 ppb(10^{-9})级，石墨炉原子吸收光谱法则可达到 $10^{-10} \sim 10^{-14}$ g。

(2) 精密度高。火焰原子吸收光谱法测定中等和高含量元素的相对标准偏差小于1%,有些仪器的相对标准偏差甚至可控制在0.1%～0.5%。

(3) 选择性好。由于基态原子吸收为窄频吸收,吸收线比发射线少且谱线简单,因此其谱线干扰主要来自化学干扰和基体干扰,而由谱线重叠引起的光谱干扰较少。

(4) 用样量少。火焰原子吸收光谱法的进样量一般为36mL/min,石墨炉原子吸收光谱法的进样量为530μL,固体进样量为数毫克。

原子吸收光谱法的不足主要有:

(1) 标准曲线线性范围较窄,一般在一个数量级范围。由于低浓度基体效应、高浓度自吸效应以及当灯电流升高时的自吸变宽和热变宽的影响,导致出现谱线轮廓变宽、测量灵敏度下降、标准曲线线性变差等现象。

(2) 由于原子化温度较低,因此一些易于形成稳定化合物的元素的原子化效率低、检出能力差以及化学干扰严重。非火焰石墨炉原子化器虽然原子化效率高、检出率低,但重现性和准确度较差,其测量精度一般为3%～5%。

原子吸收光谱法不仅可以测定金属元素,也可以间接测定非金属元素和有机化合物。它可测定的元素有70多种,加上间接测量元素,总量可达百余种,广泛用于环保、材料、临床、医药、食品、冶金、地质、法医、交通和能源等领域。例如,原子吸收光谱法用于跟踪试样在加速老化实验后组成的变化。而原子吸收光谱法与X射线荧光分析法的结合已用于检查各种金属合金,包括欧洲中世纪黄铜制品、玻璃样品(埃及、文艺复兴时期威尼斯和中世纪苏格兰大教堂玻璃)以及确定金属表面腐蚀结壳的成分等[1]。

4.2 原子荧光光谱法

原子荧光光谱法(atomic fluorescence spectrometry,AFS),是指利用光能激发产生的原子荧光谱线的波长和强度进行物质的定性和定量分析的方法,是一种属于光致激发的原子发射光谱法。

4.2.1 基本理论

1. 原子荧光光谱的产生

原子荧光光谱的产生包含激发和发射两个阶段。第一阶段:高强度单色光源提供能量使待测物原子周围的电子在吸收特定波长光辐射能量后被激发到更高的能级。第二阶段:处于激发态的原子很不稳定,在极短时间(约10^{-8}s)内自发地释放能量返回到基态。若这种能量以辐射的形式释放出来,则所发射特征波长的光称为原子荧光。可见,原子荧光属于光致发光,即二次发光。其产生既有原子吸收过程,又有原子发射过程,是两种过程的综合效果。当激发光源停止辐射后,荧光立即消失。原子荧光中最主要的分析线是荧光强度大的共振线,此时,激发光的波长与荧光的波长相同,其特点是激发线与荧光线的高低能级(激发态和基态能量)分别相同。

2. 荧光猝灭

处于激发态的原子若与其他分子、原子或电子发生非弹性碰撞，发生能量损失的非辐射去激过程，则会导致原子荧光强度减弱或完全灭失，此现象称为荧光猝灭。猝灭程度取决于原子化器内的气氛。由于氩气气氛中原子荧光猝灭较弱，因此一般用氩气作载气。

原子荧光猝灭有下列几种情况。

(1) 与自由原子碰撞：

$$M^* + X \longrightarrow M + X + \Delta H \tag{4-19}$$

M^* 为激发态原子，M 和 X 为中性原子，ΔH 为热能。

(2) 与分子碰撞：

$$M^* + AB \longrightarrow M + AB + \Delta H \tag{4-20}$$

这是造成原子荧光猝灭的主要原因，其中，AB 是猝灭分子，如火焰燃烧的产物。

(3) 与电子碰撞：

$$M^* + e^- \longrightarrow M + e^{-\prime} \tag{4-21}$$

此反应主要发生在离子焰中，$e^{-\prime}$ 为高速电子。

(4) 与自由原子碰撞：

$$M^* + X \longrightarrow M^{\circledast} + X \tag{4-22}$$

M^* 与 $M^{\circledast}$ 为原子 M 的不同激发态。

(5) 与分子碰撞后，形成不同的激发态：

$$M^* + AB \longrightarrow M^{\circledast} + AB \tag{4-23}$$

(6) 化学猝灭反应：

$$M^* + AB \longrightarrow M + A\bullet + B\bullet \tag{4-24}$$

AB 为火焰中存在的分子，A•、B• 为相对稳定的自由基。

3. 荧光量子产率

荧光量子产率又称荧光效率，是激发态原子发射荧光的光子数与基态原子吸收激发光的光子数之比，反映了物质发射荧光的能力，常以 Φ 表示。

$$\Phi = 发射的光子数 / 吸收的光子数 \tag{4-25}$$

4.2.2 仪器组成

按照单色器的不同，原子荧光光谱仪分为色散型和非色散型两类，其基本结构与原子吸收光谱仪十分相似。所不同的是，为了消除透射光对荧光测量的干扰，荧光光谱仪的光源被置于与分光系统(或与检测系统)相互垂直的位置。

1. 光源

激发光源可用连续光源与锐线光源。连续光源常用弧灯，锐线光源多用高强度空心阴极灯、无极放电灯、激光等。原子荧光光谱仪所使用的空心阴极灯与原子吸收光谱仪的略有不同，其阴极到光窗的距离更短，且其供电方式(图 4-12)也不同。

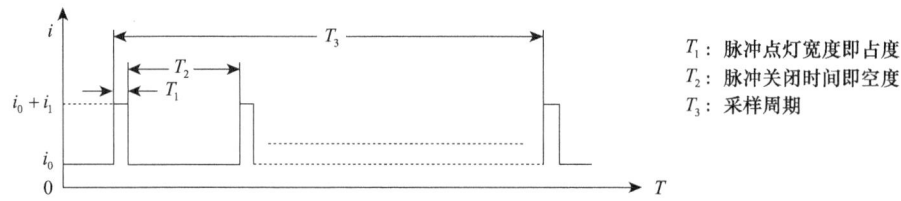

图 4-12　空心阴极灯大电流脉冲供电方式示意图

原子荧光的测量灵敏度随光强的增加而增加。为提高灵敏度，原子荧光光谱仪采用了大电流低占空比脉冲供电的方式点亮空心阴极灯，其特点是：不测量时，空心阴极灯仅维持一个很小的电流 i_0。测量时，空心阴极灯会以较低占空比脉冲点亮，但单次点亮的电流 i_1 很高，使其瞬时发射很强的特征光用以激发荧光，这样既能得到较高的光强，又可以使空心阴极灯在较低的平均电流下工作而延长寿命。阴极到光窗的短间距也与检测光路相匹配。其他光源中，无极放电灯产生的辐射强度比空心阴极灯大 1～2 个数量级。激光光源具有高强度、窄带宽等特点，是原子荧光分析极佳的激发光源。由于原子荧光是二次发光，且产生的谱线比较简单。因此，受吸收谱线分布和轮廓的影响并不显著，这样在以连续光源作光源时，就不必用高色散率的单色仪作为分光系统。

2. 原子化器

原子荧光光谱仪可以用的原子化器有火焰原子化器、石墨炉原子化器、电热原子化器和氢化物发生原子化器等。其中，氢化物发生原子化器是目前原子荧光光谱仪中广泛使用的原子化器，它采用硼氢化物-酸($NaBH_4/KBH_4$-H^+)等还原体系将分析元素还原为气态氢化物，再利用载气将该氢化物带入特殊设计的石英炉原子化器中原子化，这种原子化方法称为氢化物发生法，而基于此的原子荧光光谱法称为氢化物发生-原子荧光光谱法(hydride generation atomic fluorescence spectrometry，HG-AFS)。氢化物发生法主要有间断法(手动)、连续流动法、流动注射法、断续流动法(间歇泵)和顺序注射法等。其中，连续流动法最为常用，其工作原理如图 4-13 所示。

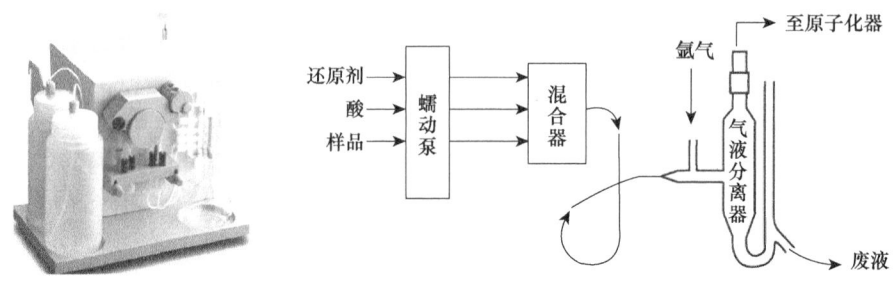

图 4-13　连续流动氢化物发生器及其工作原理示意图

分析时，酸化后的样品及硼氢化钠溶液均以不同的流速泵入混合器中反应，反应产生的气液混合物经气液分离器分离，废液被排出，含有氢化物的气体被泵入原子化器中原子化。这种方法可得到连续信号，但样品和试剂消耗量都较大，常规测量中较少采用，多用于联用测量中。

由于硼氢化物-酸还原体系具有还原速度快、操作简便、反应条件温和、可对目标分析物分离富集、灵敏度高(对砷、硒的检出限可达 10^{-8}g)、基体干扰和化学干扰小、易于与在线分离富集技术和检测方法联用等优点，该体系适用于样品中含量低、含难挥发元素 (如砷、锑、铋、锗、锡、铅、硒和碲等)以及有剧毒的物质的检测及形态分析方面的分析应用。另外，该分析法还具有多元素同时分析的测定能力，当与其他分析方法(如液相色谱法和离子色谱法)联用时还可用于某些元素(如砷、锑等)的形态分析。但该体系也存在易受基体溶液中的过渡金属离子干扰、硼氢化物溶液不稳定(须当天配制)、氢化反应需要特定的酸度、一些元素(如铅、锡等)氢化物发生的酸度条件较苛刻等缺点，这在一定程度上限制了其应用。

3. 分光系统及检测器

分光系统方面，由于原子荧光谱线少、光谱简单，故不需要高分辨单色器(如光栅)，而用滤光器(干涉滤光片或宽带的光学滤光片)来分离分析线和邻近谱线，以降低背景影响。检测器方面，色散型原子荧光光谱仪多采用光电倍增管，非色散型多采用日盲光电倍增管。日盲光电倍增管的光阴极为 Cs-Te 材料，它对 160～280nm 波长的辐射有很高的灵敏度，但对大于 320nm 波长的辐射不太灵敏。另外，由于原子荧光信号强度比原子发射和原子吸收的信号更弱，而且还要考虑杂散光等干扰，因此除了选择高灵敏的检测器外，原子荧光光谱仪常用锁相放大器(lock-in amplifier)以降低噪声，提高信噪比。

4.2.3 定量分析

1. 定量分析基础

原子荧光的荧光强度 F 正比于基态原子对某一频率激发光的吸收强度 I_a，即

$$F = \Phi I_a \tag{4-26}$$

由于受光激发的原子可发射共振荧光、非共振荧光，或无辐射跃迁至低能级，所以量子效率 Φ 一般小于 1。若激发光源稳定，入射光是平行而均匀的光束，且自吸可忽略不计，则单位长度内数量为 N_0 的基态原子对光的吸收强度 I_a 可通过吸收定律求得

$$A = \lg(I_a/I_0) = \varepsilon L N_0 \tag{4-27}$$

由此有

$$I_a = I_0 A \left(1 - e^{-\varepsilon L N_0}\right) \tag{4-28}$$

其中，A 为检测系统可观察到的荧光辐射有效面积；I_0 为入射光强度；L 为吸收光程；ε 为峰值吸收系数。将式(4-28)代入式(4-26)，可得

$$F = \Phi I_0 A \left(1 - e^{-\varepsilon L N_0}\right) \tag{4-29}$$

展开式(4-29)得

$$F = \Phi I_0 A \left[\varepsilon L N_0 - \frac{(\varepsilon L N_0)^2}{2!} + \frac{(\varepsilon L N_0)^3}{3!} - \frac{(\varepsilon L N_0)^4}{4!} + \cdots \right] \quad (4\text{-}30)$$

原子蒸气浓度低时，N_0 很小，中括号中第二项及更高项可忽略，式(4-30)可简化为

$$F = \Phi I_0 A \varepsilon L N_0 \quad (4\text{-}31)$$

当操作条件一定时，除 N_0 外其他均为常量，而 N_0 与样品中分析元素的浓度 c 成正比，若令 $K = \Phi I_0 A \varepsilon L$，则

$$F = Kc \quad (4\text{-}32)$$

此即为原子荧光定量分析的基础。

2. 定量分析方法

原子荧光定量分析一般采用标准曲线法和标准加入法。标准曲线法适用于测定大批量样品，是常用的定量分析方法。分析时，在相同实验条件下依次测定标准系列溶液的原子荧光相对强度 F，绘制浓度 c 与 F 关系的标准曲线。然后在相同条件下测定试液的原子荧光相对强度，由标准曲线上查得试液的浓度并根据称取样品质量和处理方法计算出样品中分析元素的相对含量。当样品基体复杂而无法配制与基体组成相同或相近的标液时，可采用标准加入法，即从同一试液中取等体积两份分别置于容量瓶 A 和 B 中，再单独向 B 中加入一定量标液，A 和 B 分别定容为相同体积。在相同条件下测定 A 试液和 B 试液的相对荧光强度，则样品中分析元素含量的计算式可表示为

$$c_x = \Delta c F_x / (F_s - F_x) \quad (4\text{-}33)$$

其中，F_s 为加入标液后 B 试液的原子荧光强度；F_x 为 A 试液的原子荧光强度；Δc 为加入标液后 B 试液中分析元素浓度的增加量，可根据实际操作进行计算，为已知值。然后根据取样量和具体操作计算样品中分析元素的含量。

4.2.4 特点及应用

原子荧光光谱法的优点主要有：①检出限较低，灵敏度高。现已有 20 多种元素的检出限低于原子吸收光谱法，特别是对于 Cd、Zn 等元素有相当低的检出限(Cd 为 0.001ng/mL、Zn 为 0.04ng/mL)。由于原子荧光的辐射强度与激发光源成比例，采用高强度光源可进一步降低检出限。②谱线比较简单、干扰较少，多元素分析的能力优于原子吸收光谱法。③由于原子荧光的发射没有方向，比较容易制作多道仪器，实现多元素同时测定。④分析标准曲线线性范围宽，可达 3~7 个数量级。⑤方法精密度类似于原子吸收光谱法，优于原子发射光谱法。

原子荧光光谱法的主要不足是对有些元素的分析灵敏度差和线性范围窄，导致分析元素种类有限。另外，分析中存在荧光弱、荧光猝灭效应、散射光的干扰较大以及测定复杂基体样品比较困难等问题，这在一定程度上也限制了原子荧光光谱法的应用。因此，在光谱应用领域，原子荧光光谱法不如原子发射光谱法和原子吸收光谱法应用广泛，但其诸多

优点仍然得到广泛认同,使得它在卫生防疫、药品检验、食品卫生检验、环境监测、食品质量监测、农产品与饲料监测等领域有一定的应用,且一些元素的原子荧光光谱法已成为国家标准方法。例如,由于原子荧光光谱法对与人类健康相关的部分元素具有特殊的敏感性,如对汞的检测可以在 ppt(万亿分之一)范围内进行,因此原子荧光光谱法已被用于环境水样等样品中的汞含量测定。再如,原子荧光光谱法与 CdS 量子点的偶联可用于样品中靶向 DNA 的定量分析,这在早期癌症检测和肿瘤生物标志物鉴定中具有诱人的前景。原子荧光光谱法的高灵敏度使其也可应用于人发中镉和铅含量的检测(检测限分别低至 0.05ppm 和 3ppm),这是法医学和毒理学中的有效分析手段。原子荧光光谱法的另一个重要应用是研究样品中元素的形态。元素(如汞和砷)的形态决定了这些金属的化合物是有毒的还是(相对)良性的。例如,环境中的无机砷是有毒的,对人类、动物和环境健康有害。有机砷化合物相对无害,在许多环境样品和食物中都有发现。因此,了解样本中这些所含元素物种的分布对于安全性评估至关重要。将样品前处理技术与高效液相色谱法和原子荧光光谱法结合可以实现样品中砷的形态分析。

【挑战性问题】

锰是人类和其他动物体内的基本元素,它在神经系统、大脑功能和骨骼生长中起重要作用,同时也影响酶的反应。锰元素缺失可能会导致一些不良的影响,如生殖性能差、后代先天性畸形、生长迟缓、骨骼功能异常和耐糖量受损等。而人体中锰元素过量,则可能出现抑郁效应、睡眠过多、幻觉、神经紊乱、肝脏过度分泌和 DNA 突变等。人体可以从多种含锰食物如茶叶、谷物、大米、大豆、鸡蛋、坚果和谷物等中摄取锰元素。因此,食品样品中锰含量的测定是一个非常重要的问题。图 4-14 为一种开槽石英管固相萃取原子吸收光谱法测定核桃中锰含量的流程示意图,请根据所引用文献说明图中所述光谱法的原理,并将此方法的分析性能与文献中提到的其他分析方法进行比较。

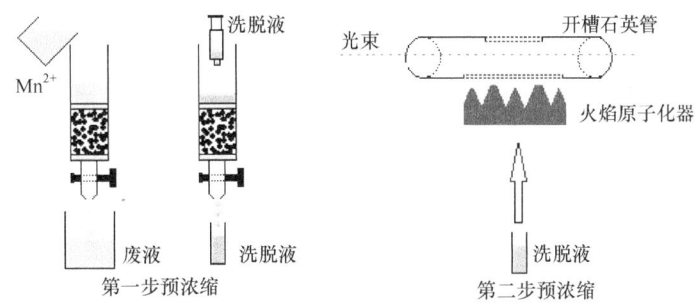

图 4-14　开槽石英管固相萃取原子吸收光谱法测定核桃中锰含量的流程示意图[2]

【一般性问题】

1. 简述原子吸收光谱法的基本原理,比较原子发射光谱法和原子吸收光谱法的异同点及优缺点。
2. 简述发射线和吸收线的轮廓对原子吸收光谱法的影响。
3. 影响原子吸收谱线宽度的因素有哪些?其中最主要的因素是什么?
4. 为什么通常不用原子吸收光谱法进行物质的定性分析?

5. 简述原子吸收光谱法中选择分析线的原则。

6. 简述火焰原子吸收光谱法的绝对灵敏度比石墨炉原子吸收光谱法低的原因。

7. 简述原子荧光光谱法的原理及特点。

8. 原子吸收光谱法，若产生下述干扰，如何采取措施来抑制干扰？

(1) 光源强度变化引起的基线漂移；

(2) 火焰发射的辐射进入检测器；

(3) 分析元素与样品中共存的元素的吸收线重叠。

9. 已知 Ca 的灵敏度是 0.004μg/mL/1%(产生 1%光谱吸收时元素的浓度)，某土壤中钙的含量约为 0.01%。若用原子吸收光谱法测定钙，其最适宜的测定浓度是多少？若制成 25mL 溶液应称取多少克样品较合适？

参 考 文 献

[1] Gibson L T. Archaeometry and Antique Analysis. Metallic and Ceramic Objects//Worsfold P, Townshend A, Poole C. Encyclopedia of Analytical Science. 2nd ed. Oxford: Elsevier, 2005: 117-123.

[2] Bitirmis B, Trak D, Arslan Y, et al. A novel method using solid-phase extraction with slotted quartz tube atomic absorption spectrometry for the determination of manganese in walnut samples. Analytical Sciences, 2016, 32 (6): 667-671.

第5章　X射线光谱法及电子显微镜法

X射线波长范围(0.01~10nm)介于紫外线和γ射线之间,是高能电子的减速运动或原子内层轨道电子跃迁而产生的高能量短波电磁辐射。它与物质的相互作用原理如图5-1所示,其中,以X射线为辐射源的分析方法称为X射线分析法(X-ray analysis),主要包括X射线荧光法(X-ray fluorescence,XRF)、X射线衍射法(X-ray diffractometry,XRD)和X射线光电子能谱法(X-ray photoelectron spectroscopy,XPS)等。由于电子显微镜中的透射电子显微镜、扫描电子显微镜和冷冻电子显微镜采用电子束作为光源,所检测对象是电子、光子或X射线,因此也将它们放在本章介绍。有关电子显微镜的其他技术介绍可扫描本章二维码查看。

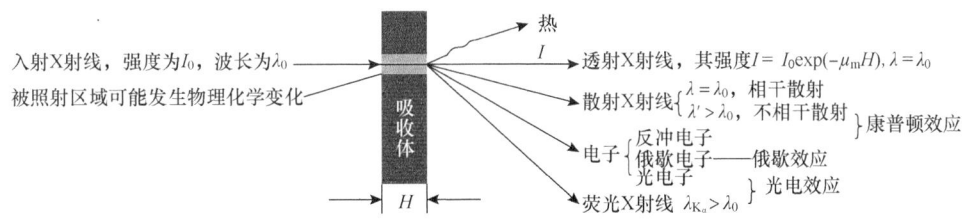

图 5-1　X射线与物质的相互作用原理图
H为吸收体厚度,其对X射线的吸收系数为μ_m

5.1　X射线荧光法

X射线荧光法是指用X射线照射样品,样品发射特征X射线荧光,然后以此荧光进行元素组成分析的快速无损分析方法。

5.1.1　基本理论

X射线(初级X射线)照射固体物质时,一部分X射线透过晶体(产生热能),另一部分发生散射、衍射和吸收,剩下的X射线激发样品中原子或分子的内层电子。原子次外层电子自发地从高能态跃迁到低能态并辐射次级(二级)X射线,即样品元素的特征X射线荧光。这种跃迁也可以是非辐射跃迁,发射俄歇电子或光电子,如图5-2所示。

分析时,通常并不将样品置于X射线管靶区,而是采用从X射线管或同位素源发射出来的X射线来激发样品,利用产生的特征X射线进行分析。

5.1.2　仪器组成及工作原理

X射线荧光光谱仪通过测量分析元素的X射线荧光的波长和强度,进而实现对物质的化学组成成分分析。它主要有波长色散型、能量色散型和偏光束能量色散型三种光谱仪。

波长色散型 X 射线荧光光谱仪主要由 X 射线源、准直器(索拉狭缝)、分光晶体、检测器等组成(图 5-3),其工作原理是:由 X 射线管产生的初级 X 射线激发样品产生各种波长的 X 射线荧光,其中一部分荧光通过准直器变为平行光,经分光晶体(晶体由于具有周期性的点阵结构,可作天然光漏)对 X 射线荧光进行色散,再由检测器和记录装置将 X 射线荧光信号转换为脉冲电信号,分别记录和测定各种分析线的波长及强度以进行定性和定量分析。

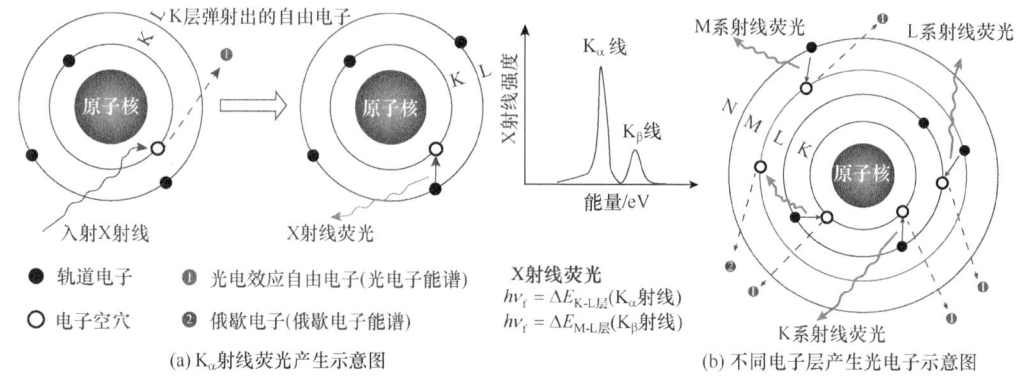

图 5-2　X 射线荧光产生示意图

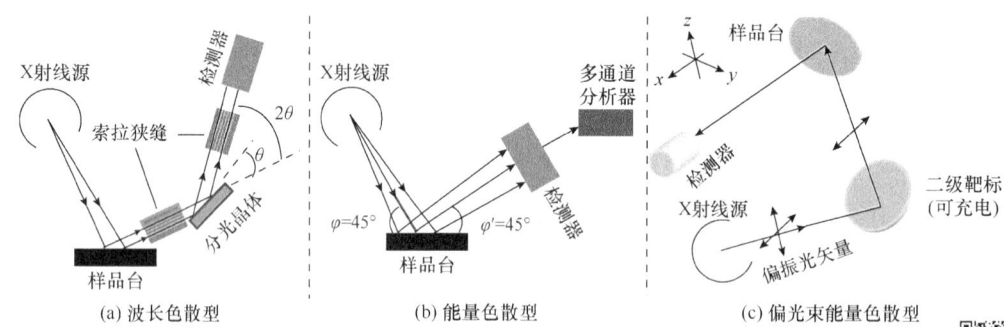

图 5-3　波长色散型、能量色散型和偏光束能量色散型 X 射线荧光光谱仪组成示意图[1]

能量色散型与波长色散型两种 X 射线荧光光谱仪的主要区别在于能量色散型 X 射线荧光光谱仪不用分光晶体,而直接用检测器测量元素不同能量的特征 X 射线,得到的是荧光强度随 X 射线光能的变化曲线,即荧光光谱图。理论上,只要计数检测器采集数据速度足够快,由样品产生的不同能量的全部 X 射线荧光都将被检测。但实际上,由于计数器受采集速率限制而不能完成所有数据的采集。19 世纪 70 年代中期还产生了所谓的二级运行方式,即将分析元素的标样(称为二级靶标)置于激发光源和样品之间,当激发光源辐射到二级靶标时,便产生分析元素的特征 X 射线荧光,再以此特征 X 射线荧光为辐射源辐射到样品上,使样品产生可检测的特征 X 射线荧光,这样便可减少样品中共存元素的基体干扰,提高分析灵敏度和检测限。这种分析方式的优点还在于其更换二级靶标要比更换 X 射线管上的一级靶标更容易。

偏光束能量色散型 X 射线荧光光谱仪采用的也是二级运行方式,并且在二级靶标和样品之间加上偏光镜。当更换二级靶标时,会产生某一指定范围内的不同特征 X 射线荧光。此特征 X 射线荧光经偏光镜分光后辐射到样品上,便可完成对样品中不同元素的分析。

1. X射线发生系统

X射线发生器用于产生X射线，它主要由高压控制系统和X射线管(图5-4)组成。X射线管处于高真空度状态，管内有灯丝(作阴极)和靶(作阳极，由Cu、Fe、Co等金属制成)。由灯丝变压器提供一定的电流将灯丝加热至白热，从热阴极发射出电子并在阴阳极间的几万伏高压电场下加速后，电子高速轰击阳极靶面。这些电子约99%的动能变为热能，约1%的动能变为X射线辐射能。产生辐射的电子中的大部分经过多次碰撞产生多次辐射，逐步丧失其全部能量而停止运动。多次辐射中各光子能量不同，于是形成了连续的、有不同波长的X射线，即连续X射线。

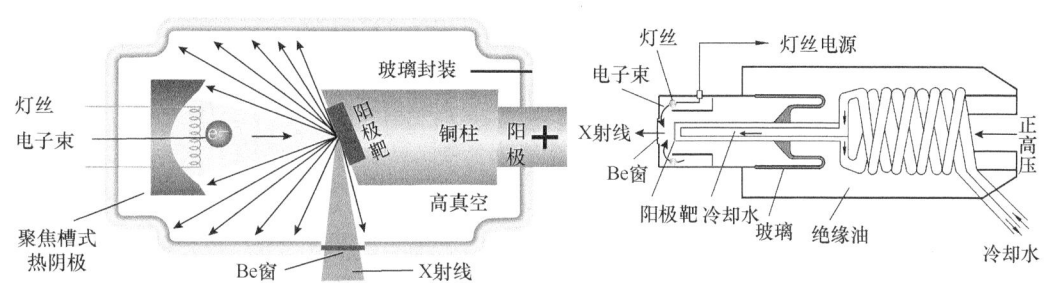

(a) 侧窗型X射线管及其工作原理示意图　　(b) 端窗型X射线管及其工作原理示意图

图5-4　侧窗型和端窗型X射线管结构示意图

当施加在X射线管上的高压增加到一定临界值(激发电压)时，高速运动的电子的动能就足以激发靶原子内层的电子形成空轨道(空穴)，使原子处于不稳定激发态。这时，外层电子跃迁至低能级内层轨道填补空穴，同时以光辐射的形式释放出多余的能量，产生某些具有一定波长、强度很大的线状光谱。这些线状光谱取决于靶材原子，与入射电子的能量无关，反映了靶材元素的性质，所以又称特征X射线，如图5-5 (b)所示。若K层电子被激发，所有外层电子都有可能跃迁到K层空穴，辐射出K系特征X射线。其中，由L、M或N层电子跃迁到K层空穴产生的X射线分别称为K_α(常用线)、K_β或K_γ射线。

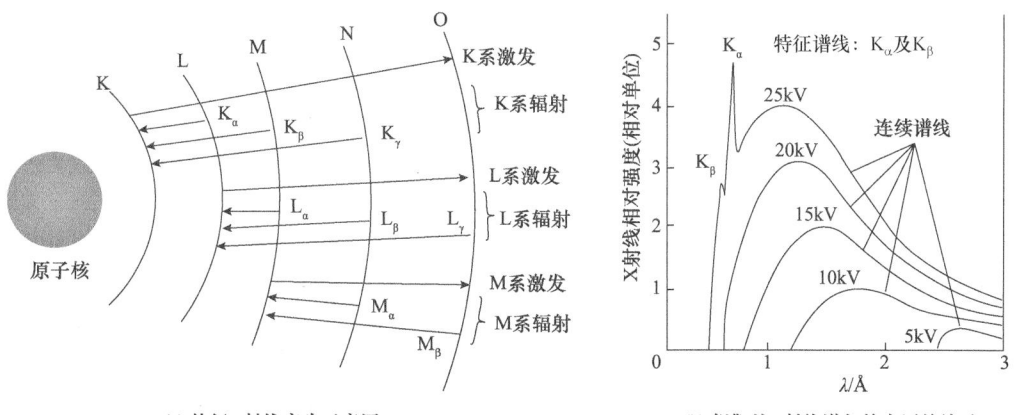

(a) 特征X射线产生示意图　　(b) 钼靶的X射线谱与管电压的关系

图5-5　特征X射线产生示意图及钼靶的X射线谱与管电压的关系

2. 分光系统

分光系统由入射狭缝、分光晶体、晶体旋转机构、样品室和真空系统等组成，其作用是将受激样品产生的二次 X 射线(X 射线荧光)经入射狭缝准直后，投射到分光晶体上。为了能检测从 ^{4}Be～^{92}U 的所有元素谱线，须用不同晶面间距的分光晶体。测定不同元素时，由计算机控制晶体旋转机构自动变换晶体和检测角，使各元素不同波长的 X 射线按布拉格定律分别发生衍射而分开，经色散产生荧光光谱。

3. 检测系统

检测系统由出射狭缝、检测器、放大器、脉冲高度分析器等组成。检测器从不同的 2θ 角度上对 X 射线荧光进行扫描和检测，并将检测到的 X 射线光子转换为电脉冲输出。脉冲信号经放大电路放大后，由脉冲高度分析器滤除 λ 的高次线、噪声、背景，最后由计数器、记录仪等读出和显示。

X 射线荧光光谱仪常用的检测器是流气正比计数器(flow proportional counter，FPC)和闪烁计数器(scintillation counter，SC)，如图 5-6 所示。

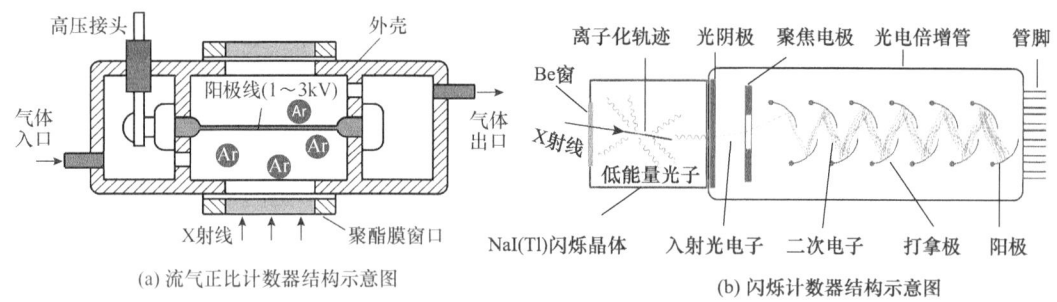

(a) 流气正比计数器结构示意图　　(b) 闪烁计数器结构示意图

图 5-6　流气正比计数器及闪烁计数器结构示意图

流气正比计数器由金属圆筒负极、金属铂丝芯线正极组成，用于轻元素检测。筒内充氩-甲烷混合气(90% Ar + 10% CH$_4$)，圆筒上有用于透 X 射线的窗口。当衍射线光子经出射狭缝由窗口进入计数器后，光子使氩原子电离。在电场作用下，氩离子移向正极并使其他氩原子电离。如此反复便可产生雪崩式放大作用，使瞬时电流突然增加，高压降低而产生脉冲输出。一定条件下，脉冲幅度和入射 X 射线光子能量成正比。

闪烁计数器由闪烁晶体(通常是铊激活的 NaI 晶体)和光电倍增管组成，用于重元素的检测。当 X 射线光子射入时，闪烁晶体产生可见光并被光电倍增管放大后转换成脉冲信号。脉冲信号的高度与入射光子能量成正比。不同波长的 X 射线光子在检测器中产生的脉冲信号高度不同。脉冲高度分析器处于检测器末端，用于甄别 X 射线光子能量，其作用是将波长为 λ 的倍频信号(高次线)去除(图 5-7)。通过设定脉冲信号高度通过的阈值范围，让相应于波长为 λ 的 X 射线光子的脉冲信号通过分析器进入计数器单元，而高于或低于该范围的脉冲信号则不能，这样就只需测量 λ 的一级谱线，而其高次谱线都被滤掉了。

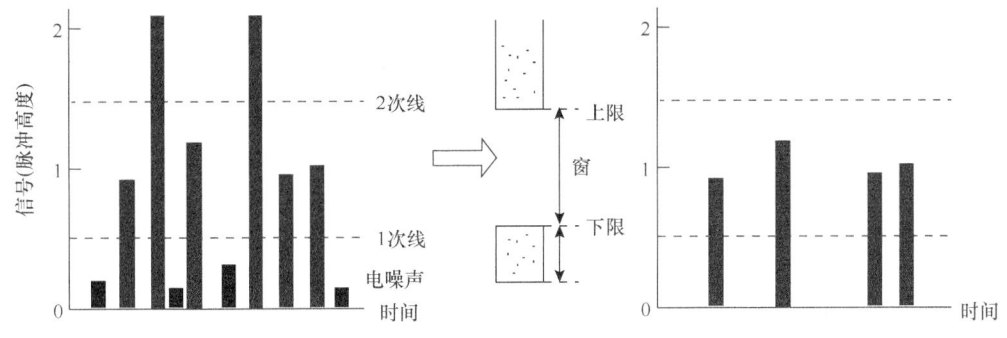

图 5-7 脉冲高度分析器工作原理示意图

5.1.3 定性与定量分析

1. 定性分析

元素特征 X 射线的波长 λ 与原子序数 Z 之间满足莫塞莱(Henry Moseley, 1887—1915, 英国物理学家)定律:

$$\sqrt{1/\lambda} = K/(Z-S) \tag{5-1}$$

其中, K、S 为常量。可见, 只要测出特征 X 射线的波长 λ, 即可知道产生该波长的元素, 这就是 X 射线荧光光谱定性分析的依据。分析时, 可通过计算机自动识别谱线, 给出定性结果。但有时因某些元素含量低或存在元素间的谱线干扰, 仍需人工鉴别。

2. 定量分析

实验条件一定时, 元素 i 的 X 射线荧光强度 I_i 与样品中该元素的质量分数 ω_i 成正比, 即

$$I_i = K\omega_i \tag{5-2}$$

其中, K 为与入射 X 射线强度和分析元素 i 对入射线的吸收系数有关的常量。该式并未考虑共存元素对分析元素 i 的影响。实际上, 样品中共存元素的影响, 如荧光吸收效应或增强效应往往不可忽略。定量分析时可采用外标法、内标法、稀释法、标准加入法、经验系数法和基本参数法等来校正共存元素的影响。在采用内标法和标准加入法等方法时, 标样的制作十分费时和困难, 尤其是在基体效应复杂和基体元素变化范围较大的情况下, 要得出准确的分析结果比较困难。为了提高定量分析的精度, 常用数学处理方法, 如基本参数法。这是 X 射线荧光分析中一种方便有效的定量方法, 它是在考虑各元素之间的吸收和增强效应的基础上, 用标样或纯物质计算出分析元素 X 射线荧光的理论强度, 并测定标样或纯物质中分析元素的 X 射线荧光的强度, 将实测强度与理论强度比较, 求出元素灵敏度系数。测未知样品时, 先测定样品的 X 射线荧光强度, 根据实测强度和灵敏度系数设定初始浓度值, 由该浓度值计算理论强度, 再将测定强度与理论强度比较, 使两者达到某一预定精度。用基本参数法定量样品时, 要测定和计算样品中所有元素, 并考虑这些元素间的相互干扰效应, 因此计算量大。该方法的理论很早就被提出来了, 但直到 20 世纪 80 年代高性能电子计算机普及后才得以应用。基本参数法实现了无标样

下的定量分析。当分析元素含量大于1%时,其相对标准偏差可小于1%;当含量小于1%时,其相对标准偏差较大。

5.1.4 特点及应用

X射线荧光法的优点主要有:①样品前处理简单,也不受形状和大小限制,固体和液体样品都可以直接测定。不仅可分析块状样品,也可对多层镀膜的各层镀膜分别进行成分和膜厚分析。对某些难溶样品,如陶瓷、难溶氧化物和矿物等的分析也特别方便。②谱线简单、光谱干扰少、可分析元素范围广。除了H、He、Li、Be外,可对周期表中从 $^4Be\sim^{92}U$ 的所有元素直接测定。③标准曲线线性范围宽。同一实验条件下,从几 ppm(10^{-6})至几乎纯样都能分析。④操作快速方便,短时间内能同时完成多种元素分析。

X射线荧光法的不足主要有基体效应比较严重、灵敏度低(通常情况下比光学光谱法低至少两个数量级,但非金属元素例外)、仪器复杂且价格高及轻元素分析困难等。

X射线荧光法的上述优点使其广泛应用于钢铁、有色冶金、地质、材料、石油化工、电子、农业、环境保护和医疗等领域。例如,在医疗领域,X射线荧光法在牙科和医学标本中常用于牙齿中微量元素检测、龋齿评估和金属修复体的快速分析等。图5-8显示了口腔种植体与镀钛螺钉接触时口腔黏膜的元素分布图像。其中,硫分布图像[图5-8 (a)和(c)]显示了样品的外部形状。Ti分布图像[图5-8 (b)和 (d)]显示了Ti在这些标本中的定位。图5-8 (b)中,Ti局限在区域内,说明存在由Ti组成的类粒子材料。通过X射线吸收精细结构分析,确定这些Ti颗粒为种植手术产生的金属Ti磨耗碎片。而在图5-8 (d)中,Ti在部分试样中分布均匀。用X射线荧光法测定了钛的化学状态为钛矿型TiO_2(锐钛矿)。这些TiO_2可能是Ti腐蚀溶解到周围的组织中被氧化后固定在组织中。

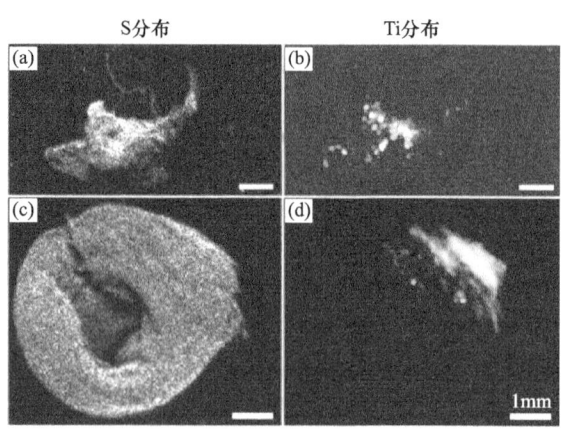

图5-8 口腔黏膜与种植体的纯钛覆盖螺钉接触时的S和Ti分布图像[2]

5.2 X射线衍射法

X射线衍射法是利用X射线在晶体物质中的衍射效应进行物质结构分析的技术。X射线与物质的电子相互作用时会产生不同程度的衍射现象,衍射图案取决于所用的X射线的波长和物体的结构。物质的组成、晶型、分子内成键方式、分子构型和构象等决定了该物质产生的衍射图谱。

5.2.1 基本理论

晶体的原子或分子按一定规律在三维空间内重复地排列形成周期性列阵，即空间点阵，其点阵结构可视为相互平行且等距离的原子平面。通常，晶体的点阵周期与 X 射线的波长属于同一个数量级。当一束能量较小、波长较长的 X 射线照射到晶体表面上与原子中束缚较紧的电子相遇并发生弹性碰撞时，这些电子将随 X 射线电磁场而发生周期性振动，形成新的电磁波波源并发射出相干散射波。此散射波与 X 射线频率和相位相同，只是方向发生改变。原子散射 X 射线的能力与其核外电子数有关。原子序数越大，相干散射作用越大，原子散射 X 射线的能力越强。这种相干散射现象是 X 射线在晶体中产生衍射现象的基础。同一平面内的两个相干散射波沿同一方向传播时会相互干涉。若它们之间的相位差是波长的整数倍，则散射波强度被增强，否则被削弱，甚至完全抵消。这种由于大量原子相干散射波的相互干涉叠加而产生的强度加强的 X 射线光束称为 X 射线的衍射线。这种衍射的实质是受 X 射线照射的晶体中所有原子(包括内部原子)的反射线干涉加强的结果。如图 5-9 所示，当一束波长为 λ 的 X 射线以某个角度 θ 照射到晶体晶面时，将在每一个空间点阵处产生一系列相干散射波，并以同样的角度反射出去。当相邻两个晶面的散射线间的光程差是入射 X 射线波长 λ 的整数倍时，X 射线的强度会相互增强，出现衍射现象。据此，布拉格于 1913 年导出了著名的 X 射线衍射方程式，即布拉格衍射方程式

$$2d\sin\theta = n\lambda, \quad n = 0,1,2,3,\cdots \tag{5-3}$$

此即 X 射线衍射分析的基础。其中，d 为晶面间距；θ 为晶面与入射线或反射线的夹角；λ 为 X 射线的波长；n 为衍射级数；$2d\sin\theta$ 为光程差。晶体对 X 射线的衍射现象是有选择性的，只有当 λ、θ 和 d 三者之间满足布拉格方程时，X 射线衍射才能发生。能够被晶体衍射的 X 射线的波长必须小于反射的晶面间距的 2 倍。此外，当 X 射线的波长一定时，晶体中能够参加反射的晶面数也是有限的，只有晶面间距大于 $\lambda/2$ 的晶面才能发生衍射。

布拉格方程将晶体的周期性特点 d、X 射线的本质 λ 与衍射规律 θ 结合起来。在晶体结构分析中，若已知 λ 及实验中的测定角 θ，计算 d 就可以确定晶体的周期结构。此外，应用已知 d 的晶体来测量 θ 角，计算出特征 X 射线的波长，进而在已有资料中查得样品中所含元素，可实现定性分析。布拉格衍射方程式解决了 X 射线衍射的方向问题，说明了产生 X 射线衍射的必要条件，但并不能反映 X 射线衍射强度与衍射角之间的关系。晶体的

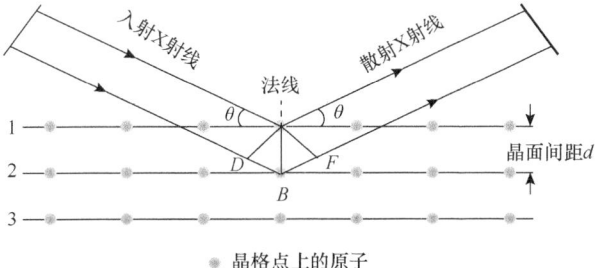

图 5-9 晶体对 X 射线的衍射作用示意图

衍射花样是一种能反映这种关系的曲线。通过衍射花样,可以获得晶体类型和取向等结构信息。晶体能否产生衍射花样取决于 X 射线衍射的强度。而 X 射线衍射强度取决于晶胞中原子的排列方式和原子的种类,受结构因子、温度因子、多重因子和角因子等的影响。当 X 射线衍射强度为零或很小时,将不会产生衍射花样。以 X 射线作用的对象由小到大,即从电子 → 原子 → 单晶胞 → 单晶体 → 多晶体分别加以讨论,就可推导出 X 射线作用于一般多晶体的相对强度计算公式。详细的推导过程和有关计算公式在这里不做叙述。

5.2.2 仪器组成及工作原理

X 射线衍射仪主要有粉末衍射仪和四圆单晶衍射仪两类(图 5-10),主要由 X 射线管、测角仪和检测器等组成,其中,X 射线管和检测器与 X 射线荧光光谱仪的相同。

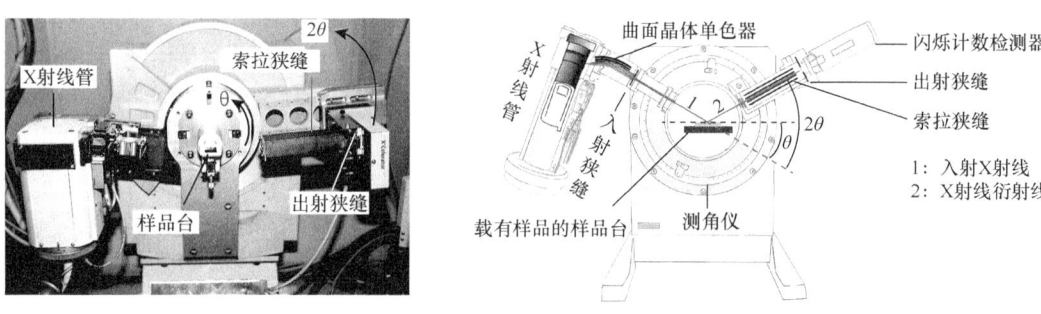

(a) X 射线粉末衍射仪主要部件及工作原理示意图

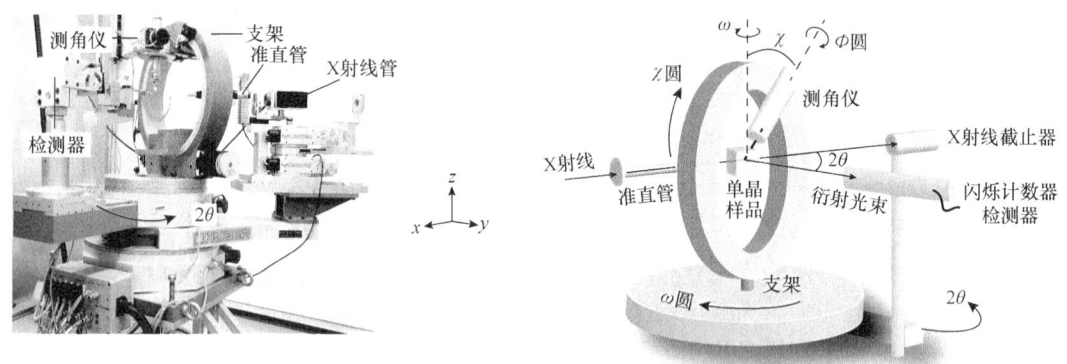

(b) X 射线四圆单晶衍射仪主要结构及工作原理示意图

图 5-10　X 射线粉末衍射仪和四圆单晶衍射仪主要结构及工作原理示意图

1. 多晶粉末衍射仪

多晶粉末衍射仪也称粉末衍射仪,主要由 X 射线源、测角仪(测量角度 2θ 的装置)、X 射线探测器(测量 X 射线强度的计数装置)、X 射线系统控制装置(包括数据采集系统、电气系统和保护系统等)组成,其结构与工作原理如图 5-10(a)所示。

从 X 射线管发出的 X 射线是重叠在连续谱上的特征 X 射线谱。这些特征 X 射线谱并非单一波长,而是由 K_α 线、K_β 线及其他辐射线组成,其中,K_α 线常作为单色 X 射线源。单色 K_α 线可经测角仪中的单色器对 X 射线源进行单色而产生。测角仪包括测角器、曲面晶体单色器或滤色片、样品架、狭缝等,是衍射仪的核心。曲面晶体单色器或滤色片对 X 射线单色后产生的 $K_α$ 线聚焦于入射狭缝上。测角仪的内外圆可分别绕中心转动,通过圆周运动改变入射角。试样制成很细粉末后,经压缩置于金属样品架上。金属样品架位于测角仪圆的中心并围绕垂直于样品架平面的轴进行旋转,以便晶粒的不同晶面接受不同角度的 $K_α$ 线照射。调节单色器使 X 射线满足布拉格方程的条件,从而产生衍射 X 射线。索拉(Soller)狭缝[3]由一系列很薄的平行金属板组成,可防止入射 X 射线($K_α$ 线)与衍射 X 射线在衍射仪内部产生离散,从而将衍射 X 射线聚焦于出射狭缝上,以便被检测器捕获。检测器采用闪烁计数检测器,这种检测器通常适用于扫描速率 $ω$(检测器旋转速率) < 2°/min 的粉末衍射仪。若要缩短分析时间,可采用位敏检测器,它可在 1~2min 内给出衍射图。

粉末衍射仪适用于分析多晶样品,如粉末、多晶体金属或者高聚物块状材料等,可以直接获得高质量、衍射角范围很宽的衍射数据。衍射数据的吸收校正也相对简单,但粉末衍射仪只能提供一维图像。如果需要分析单晶样品,并获取 X 射线衍射的三维数据,就需要采用 X 射线单晶衍射仪。

2. X 射线单晶衍射仪

X 射线单晶衍射仪具有四圆单晶衍射仪的欧拉(Eulerian)衍射几何结构,它由加工精度极高且旋转轴交于一点的 $Φ$、$χ$、$ω$ 和 $2θ$ 四个圆组成,如图 5-10(b)所示。$Φ$ 圆是测角仪顶部围绕放置晶体的轴自转的圆,其旋转角称为 $Φ$ 角;测角仪固定于 $Φ$ 轴上,$Φ$ 轴随 $χ$ 圆旋转。$χ$ 圆是放置测角仪且垂直 $ω$ 圆的圆,其轴位于水平方位,旋转角称为 $χ$ 角,在衍射仪中此角固定为 54.7°。$ω$ 圆是带动与之垂直的 $χ$ 圆转动的圆,其旋转角称为 $ω$ 角。$2θ$ 圆是与 $ω$ 圆同轴且带动检测器转动的圆,用于测量 $θ$ 角,并收集衍射强度数据。$Φ$ 圆和 $χ$ 圆的作用是调节晶体的取向,使晶体的某一组点阵面转到适当位置。$ω$ 圆和 $2θ$ 圆是旋转晶体到能使该点阵面产生衍射的位置,并使衍射线进入探测器接收范围。

仪器工作时,将单晶试样(尺寸一般为 0.1~0.6mm)固定于细玻璃纤维上,并安装于测角仪底端位于 $Φ$、$χ$、$ω$ 和 $2θ$ 四圆旋转轴相交处,经定位后对准 X 射线。此 X 射线为单色器单色后的 $K_α$ 线。当 $K_α$ 线辐射单晶试样时,仪器控制系统通过笛卡尔坐标系与四个圆的角度关系计算出每个衍射点的 $Φ$、$χ$、$ω$ 及 $2θ$ 值,最后使四个圆都达到准确位置,以使晶体样品定向在布拉格反射线的衍射位置上,最后通过探测器检测到所有衍射点的衍射角和强度。

四圆单晶衍射仪能够从单晶样品中获得布拉格衍射强度的三维数据,克服了粉末衍射仪只能提供一维图像的不足。它不仅可以测定晶胞大小、形状以及衍射强度,还可以借助电子密度函数从获得的结构振幅和相角中计算出晶体的电子密度图。通过电子密度图修正模拟的分子模型,最终得到晶胞中每个原子的坐标。

5.2.3 特点及应用

X 射线衍射法具有不损伤样品、无污染、快捷、测量精度高、能得到有关晶体完整性的大量信息等优点,是研究物质的物相、晶体结构和成分组成必不可少的工具。其不足在于要求样品为均相和单相材料,必须有无机化合物的标准谱图,样品必须被磨成粉末状,混合材料的检测限约为样品的 2%，非等距晶体系统的模式索引对于单元晶胞测定过于复杂以及在高角度"反射"时，可能会出现严重峰重叠现象等。

X 射线衍射法应用广泛，其中最广泛也是最重要的应用是鉴定未知晶体材料(如矿物、无机化合物)、测定材料结构、晶格畸变、晶粒大小、晶体取向、晶体织构、晶体内应力和结晶度，另外还可以进行固溶体分析、相变研究、电畴或磁畴结构等分析。X 射线衍射法有助于对合金和金属间化合物结构的深入了解，也使晶体中杂质的定量测定成为可能。这对地质学、环境科学、材料科学、工程学和生物学的研究至关重要。

5.3 X 射线光电子能谱法

X 射线光电子能谱法是指以 X 射线为激发源，通过对光电离过程发射出光电子的能量及其相关特征的测量而建立起来的一种分析方法。该方法用于各种金属、合金、半导体、薄膜等固体样品的研究中，以获取原子内壳层及价带中各占据轨道电子结合能和电离能的精确数值，从而得到固体样品表面所含的元素种类、化学组成以及有关的电子结构等重要信息。

5.3.1 基本理论

1. 光电效应

原子内层电子在 X 射线作用下发生电离成为自由电子(光电子)的现象称为光电效应。原子中不同能级上的电子具有不同的结合能。电子结合能是指电子克服原子核束缚和周围电子的作用到达费米能级所需要的能量。费米能级(Fermi level)是指绝对零度时，固体能带中充满电子的最高能级。当具有一定能量 $h\nu$ 的 X 射线光子照射原子时，光子与原子的轨道电子相互作用并将能量全部传输给轨道上受束缚的电子使其电离。若光子的能量大于电子的结合能则会导致电子脱离能级束缚而从原子中发射出去成为自由电子(图 5-2)，剩余能量则转化为该电子的动能，原子则成为激发态的离子。因此，光子的一部分能量用于克服轨道电子结合能(E_b)，其余能量成为发射光电子的动能(E_k)，即

$$E_k = h\nu - E_b - W_s \tag{5-4}$$

其中，W_s 为电子逸出功(功函数)，即电子由费米能级跃迁到自由电子能级所需要的能量。功函数主要由能谱仪的材料和状态决定，与样品无关。同一台能谱仪，功函数基本上是个常量(平均值为 3~4eV)，可通过标样对仪器进行标定求得。由于每种元素的电子结构都是特定的，所有结合能小于光子能量的电子在光电子能谱图中都将表现出其特征结构，因此知道了 E_b 即可判定元素的种类。此外，只有从样品表层发出的光电子才能从固体中逸出并被检测器检测到，因此电子结合能反映了样品的表面化学成分。基于 X 射线光电子能谱法的固体表面化学成分分析方法又称化学分析光电子能谱法。

2. 电子弛豫

轨道上的光电子从内层激发后留下一个空位，此时电离态的原子不稳定，原子中

其余电子受原子核的静电引力会产生变化，外层电子将向内层跃迁，电子分布将会重新调整。在此过程中将会发射 X 射线荧光或俄歇电子(Auger electron)，如图 5-2 所示。这种重新调整的过程即为电子弛豫。电子弛豫过程和内层电子的发射过程相当，且会对电子结合能产生影响。当内层产生空穴后，原子中其他电子将很快向带正电的空穴弛豫，并对发射的电子产生加速，最终导致实际测得的结合能要小于中性原子中的电子结合能。

3. 化学位移与终态效应

不同元素所处化学环境不同，其电子结合能也会有微小的差别。这种因化学环境不同而引起的电子结合能的微小差别称为化学位移，其大小可以确定元素所处的状态。当元素价态增加时，电子受原子核库仑引力增强，电子结合能增加。当外层电子密度减小时，电子屏蔽作用减弱，内层电子结合能也增加，反之则减小。因此，化学位移的测定和分析是确定元素化合价和存在形式的重要依据，也是 X 射线光电子能谱分析中的重要内容。

实际分析中，非导体的表面荷电效应、固体的热效应、自由分子的压力效应、凝聚态物质的固态效应等都可能会影响化学位移的测定。图 5-11(a)为 Au 与 Au_2O_3(Au 86%)粉末中 Au 的 X 射线光电子能谱化学位移图[4]。

由图可见，当 Au 被氧化成 Au_2O_3 后，其结合能增加了约 1.8eV。这说明内层电子结合能随氧化态增高而增加，化学位移变大。这是由于元素氧化态的改变引起价电子层密度的改变，从而改变价电子层对内层电子的屏蔽效应，导致内层电子结合能的改变。另外，当周围原子的电负性改变时，外层电子的屏蔽作用随周围原子的电负性增强而减弱，内层电子的结合能增加[图 5-11(b)]。电子结合能也与体系终态密切相关。由电离过程中引起的各种激发而产生的不同体系终态对电子结合能的影响称为终态效应。化学位移和终态效应可提供材料表面丰富的物理和化学信息，常用来识别元素的化学态，推知原子结合状态和电子分布状态等，给出体系的结构信息。

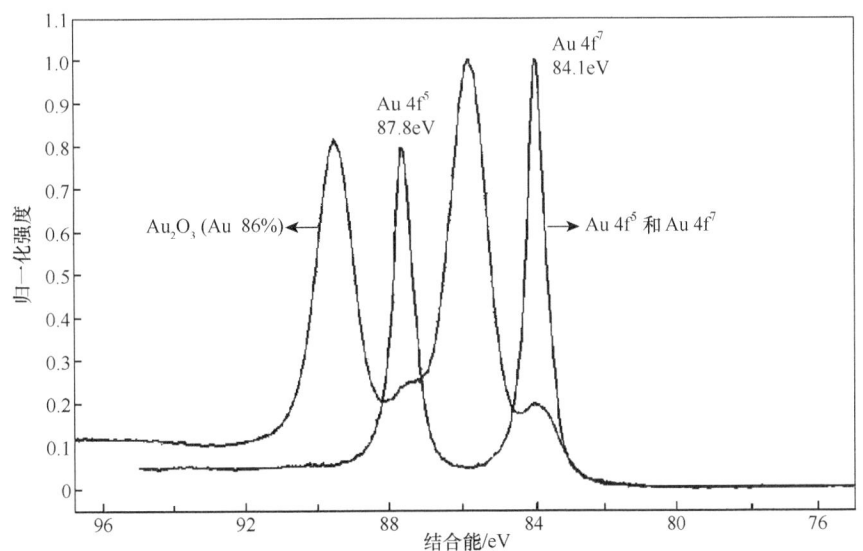

(a) Au 与 Au_2O_3(Au 86%)粉末中 Au 的 X 射线光电子能谱化学位移图

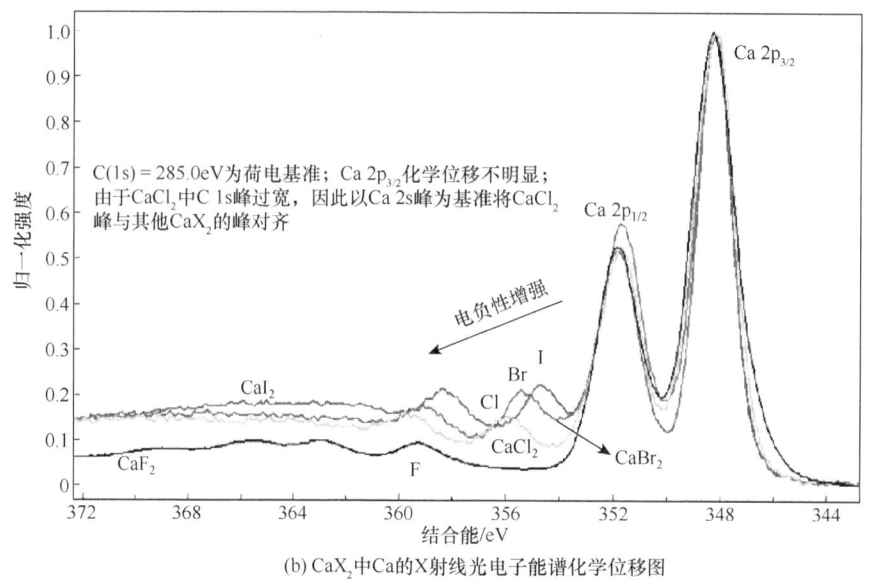

(b) CaX_2中Ca的X射线光电子能谱化学位移图

图 5-11 元素所处化学环境不同引起的光电子谱线的化学位移

5.3.2 X射线光电子能谱图

X射线光电子能谱图是以电子动能或结合能(单位：eV)为横坐标，以检测器单位时间内接收到的光电子数(counts per second，CPS)——相对光电子强度为纵坐标所作的图。图中通常采用被激发电子所在能级来标示光电子，如图 5-12 所示。通常，结合能比动能更能反映电子的轨道能级结构。这是因为光电子的能量因激发源的不同而不同(主要是光电子的动能不同)，而电子结合能是原子激发后的终态能量与激发前的初态能量的差值，与激发光源的能量无关。

从X射线光电子能谱图中一般可以观察到几种类型的谱峰(或称谱线)，如光电子线、俄歇线、卫星线、能量损失线、鬼线、振激线或振离线等。这些谱的峰强度具有一定的规律性。通常主量子数 n 小的电子层的峰比主量子数大的峰强，相同电子层则角量子数 l 大的峰强。n 和 l 都相同时，则 j 大的峰强。有些谱峰属于基本峰，总能观察到。而另一些则由样品的物理和化学性质决定，因样品不同而异。

(1) 光电子线：每种元素都有特征光电子线。能谱中表征样品内层电子结合能的一系列光电子谱线称为元素的特征峰。谱图中强度最大、峰宽最小、对称性最好的光电子线称为主线，是元素定性分析的基础，如图 5-12 中 Ti、N、O 元素和基片 Al 的光电子主峰线。光电子线的峰宽取决于样品本体信号、X射线源的能量和线宽等因素。通常，高结合能的光电子线比低结合能的光电子线宽，绝缘体的光电子线比导体宽。

(2) 俄歇线：X射线光电子能谱中通常会同时出现光电子线和俄歇线。俄歇线一般有 KLL、LMM、MNN 和 NOO 四个系列，其存在会干扰谱图。光电子的结合能与原子状态有关，与入射电子的能量无关，即与激发源能量无关；俄歇电子的动能仅与原子本身的轨道能级有关，也与激发源无关。因而同一样品的X射线光电子能谱若以动能为横坐标，俄歇线的位置不会因X射线激发源的改变而变动；若以结合能为横坐标，光电子线的位置不会因X射线激发源的改变而变动。据此，可采用 Mg/Al 双阳极即利用换靶来区分光电子线与俄歇线(图 5-13)，这也是 X 射线光电子能谱仪采用 Mg/Al 两种光源的原因之一。

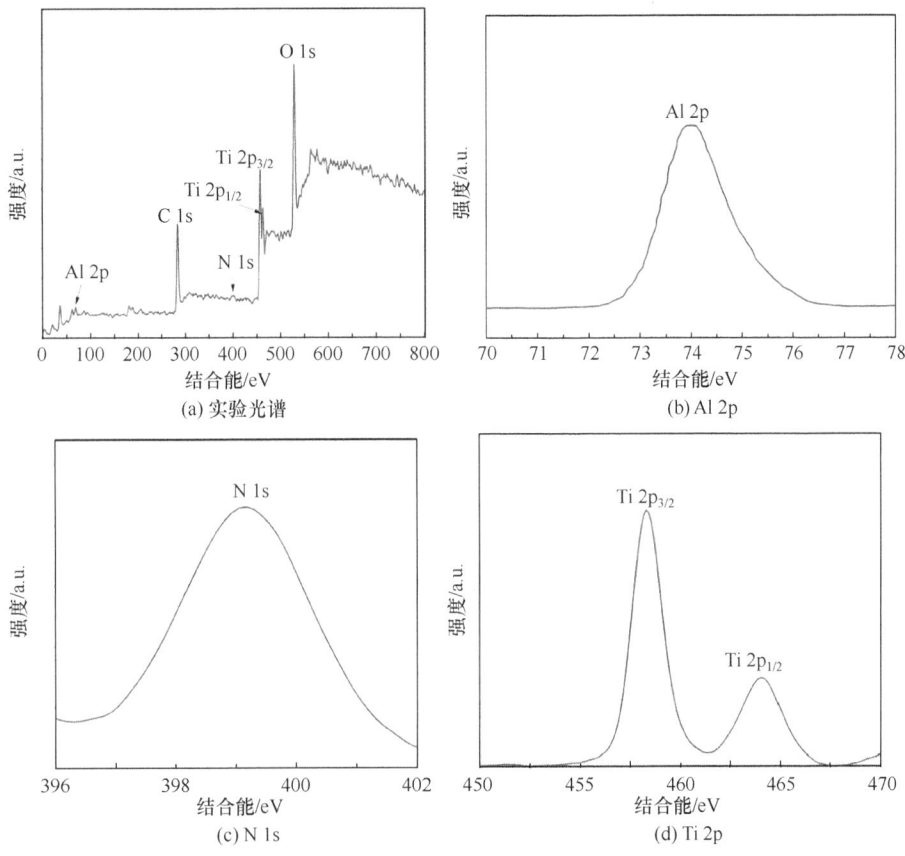

图 5-12 2% Al/N 掺杂 TiO₂ 纳米颗粒 X 射线光电子能谱图[5]

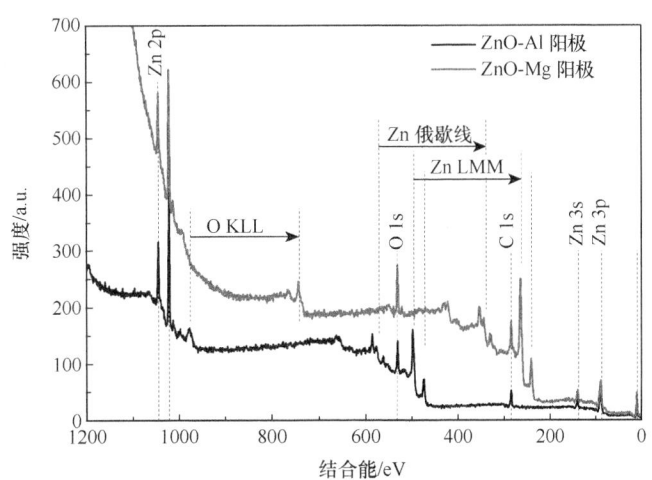

图 5-13 采用 Mg/Al 双阳极的 ZnO 粉末 X 射线光电子能谱区分的光电子峰和俄歇峰[6]

(3) 卫星线：照射样品的单色 X 射线不完全是单色，常规 Mg/Al 阳极靶的 $K_{\alpha1,2}$ 里混杂了 $K_{\alpha3,4,5,6}$ 和 K_β 线，它们分别是阳极材料原子中的 L_2、L_3 和 M 能级电子向 K 层跃迁产生的 X 射线荧光，这些射线统称为卫星线(satellite lines)。图 5-14 为 Fe^{3+} 和 Cu^{2+} 的卫星线。

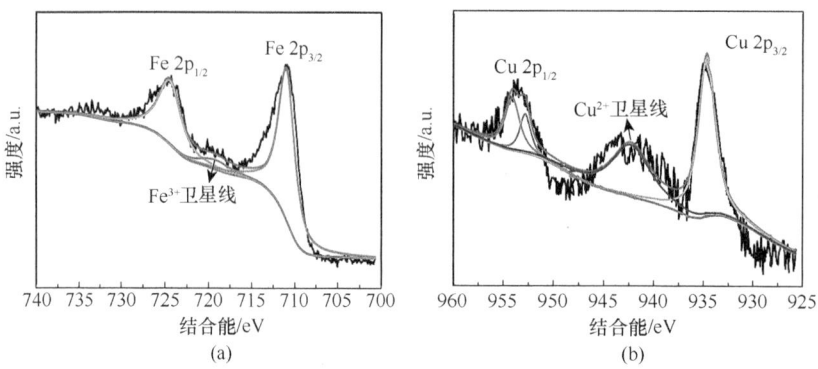

图 5-14 $CuFe_2O_4$ 纳米颗粒的 X 射线光电子能谱图中的卫星线[7]

(4) 能量损失线：光电子在逸出样品表面过程中，与其他电子发生非弹性碰撞导致能量损失，在谱图的低动能端出现的伴峰称为能量损失线(图 5-15)，其强度取决于样品的特性和光电子的动能。

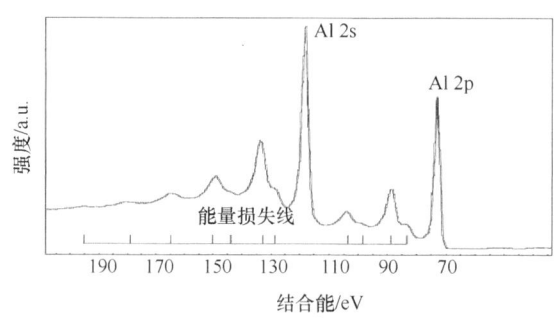

图 5-15 纯金属铝的 X 射线光电子能谱图中的能量损失线[8]

(5) 鬼线：指 X 射线光电子能谱图中出现的一些难以解释的谱线。它可能是由不纯或被污染的 X 射线源的阳极材料所产生，也可能是由 X 射线窗口材料所产生。

(6) 振激线和振离线：原子在电离过程中除了产生弛豫现象外，还会出现诸如多重分裂、电子的振激和振离等激发状态。在光电发射过程中，内层电子被激发后形成空位，导致原子中心电位发生突变引起价层电子的跃迁。若价层电子跃迁到更高能级的束缚态则称为电子的振激，由此产生的谱峰称为振激峰；若价层电子跃迁到非束缚的连续状态成了自由电子则称为电子的振离，由此产生的谱峰称为振离峰。无论是振激还是振离均需消耗能量，导致最初的光电子动能下降。振离峰以平滑连续谱的形式出现在光电子主峰低动能一端。振激峰也出现在低动能端，一般比主峰高几电子伏特，并且一条光电子线可能有几条振激伴线。这些复杂现象的出现与体系的电子结构密切相关，在 X 射线光电子能谱图上则表现为除存在正常光电子主峰外，还会出现若干伴峰。

(7) 多重分裂：当原子的价壳层有未成对的自旋电子时，光致电离所形成的内层空位将与之发生耦合，使体系出现不止一个终态，表现在 X 射线光电子能谱图上即为谱线分裂。

5.3.3 仪器组成及工作原理

X 射线光电子能谱仪由激发源、样品室、电子能量分析器和检测器等组成(图 5-16)。

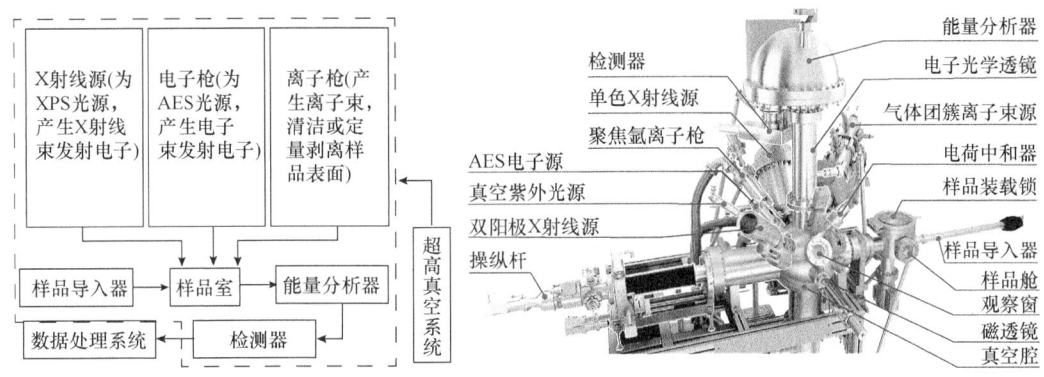

图 5-16　XPS/AES 能谱仪结构组成示意图

(1) 激发源：常用 Al 或 Mg 靶作为 X 射线源(与 X 射线荧光光谱仪相同)，其能量分别为 1486.6eV 和 1253.6eV，用以激发元素各壳层电子。

(2) 真空系统：由机械泵、分子涡轮泵、离子溅射泵和钛升华泵等多级泵构成，以满足仪器的高真空要求，如检测体系的真空度为 1.33×10^{-6}Pa。

(3) 样品室：用以对样品进行加热、冷却、蒸镀、刻蚀和激发。它处于 X 射线源和电子能量分析器的入口狭缝处，以便发射的电子以最大效率进入能谱仪的分析器。对于固体样品，一般可直接进行分析。对于粉末样品，则需要采用压片法将其制成薄片或用黏胶带把样品固定在样品台上。样品室常用的进样方式是将样品附在探头或进样杆上，再将探头或进样杆插到样品室内。该进样方式需要在恢复大气条件下更换样品，工作时间较长，但换样过程中污染的可能性较小。另一种进样方式是采用具有真空闭锁或插入闭锁功能的快速进样室。快速进样室的体积一般很小，以便能在 5~10min 内达到 10^{-3}Pa 的高真空。该进样方式通常用于常规分析，其特点是样品室在导入样品的过程中始终保持真空状态，避免了进样时重复放气和抽真空的操作，换样速度较快。

(4) 离子枪：是一种以某一特定元素 (如 Ar 或 C_{60})产生的离子束对样品表面进行清洁或定量剥离的离子源。常用的离子枪有 Ar 离子枪和 C_{60} 离子枪。Ar 离子枪[图 5-17(a)]又分固定式和扫描式两种。固定式 Ar 离子枪仅用于清洁样品表面，而不能进行扫描剥离，对样品表面刻蚀的均匀性较差；扫描式 Ar 离子枪用 0.5~5keV 扫描电压对样品进行深度分析。由于 Ar 离子对样品穿透性强，Ar 离子枪在对高分子样品表面进行清洁处理时，可能改变样品表面及亚表面的化学状态。在对样品进行定量剥离时，较难控制剥离深度。而 C_{60} 离子枪则因 C_{60} 分子半径大、能量密度小，在对高分子材料样品进行表面清洁和刻蚀处理时，不会造成表面化学键的断裂，从而达到定量剥离的效果。离子枪的离子束直径为 1~10mm，增加离子束直径可减小离子束的坑边效应(crater edge effect)。离子束的溅射速率为 0.1~50nm/min，它不仅与离子束的能量和束流密度有关，还与溅射材料的性质有关。离子束的溅射还原可改变元素的存在状态，如高价态的氧化物可被还原成低价态的氧化物，因此深度剖析时应注意溅射还原效应的影响。

(5) 电子能量分析器：一种测量电子能量分布的装置，用以探测由样品发射出的电子的相对能量强度。该分析器必须在低于 $1.33×10^{-3}$Pa 高真空下工作，且须用磁导率高的金属材料屏蔽外界杂散磁场干扰。常用的能量分析器是静电场式能量分析器，有半球形、扇形和筒镜三种。半球形能量分析器[图 5-17 (b)]由两个同心半球面组成，其外球面施加负电位，内球面施加正电位。通过改变两球面间的电位差，使不同能量的电子依次通过分析器后到达检测器而被捕获检测。这种能量分析器的分辨率较高，但分析速度受到限制。筒镜能量分析器[图 5-17(c)]是一个同轴圆筒，外筒接负压，内筒接地，两筒之间形成静电场，特定能量的电子通过光阑聚焦到电子检测器上，从而获得电子动能与强度的关系谱。该分析器能为俄歇电子能谱提供较高的灵敏度，主要用于俄歇电子能谱分析，但其收集电子的面积很小，能量分辨率较低，且分析器的能量校正依赖于样品表面的放置位置，难以提供 X 射线光电子能谱的化学态信息，因此不完全适合 X 射线光电子能谱分析。

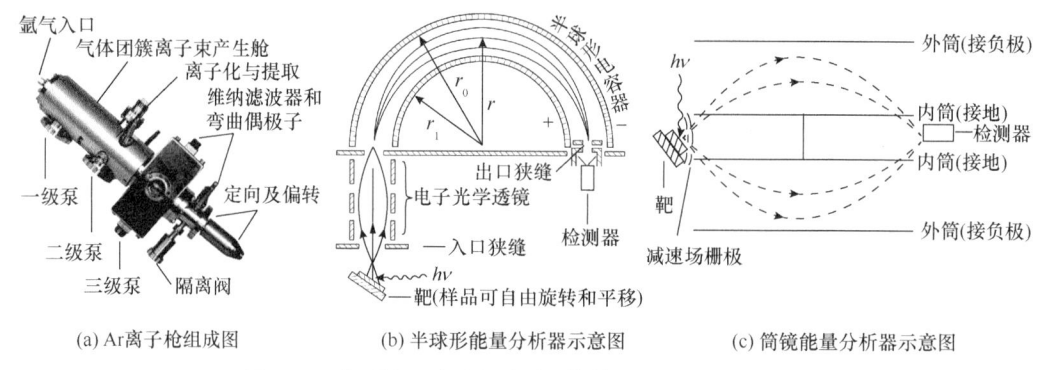

(a) Ar离子枪组成图　　(b) 半球形能量分析器示意图　　(c) 筒镜能量分析器示意图

图 5-17　离子枪组成及半球形、筒镜能量分析器示意图

(6) 检测器：由于分析中被检测的电流非常小(10^{-11}～10^{-8}A)，而且需要记录到达检测器的电子数，因此检测器多为脉冲计数电子倍增器。该类检测器有单通道和多通道(通道板)两种。单通道电子倍增器的一端为收集器，另一端为金属阳极，两端之间加有电压，中间有玻璃管相连，管壁涂有特殊材料，能够产生倍增的二次电子。当一个电子入射到收集器内表面时能发射出许多的二次电子，这些二次电子被加速后与管壁碰撞又能发射更多的二次电子(一般每个电子最终会产生约 10^8 个二次电子)。单通道电子倍增器能够探测到的计数率约为 $3×10^6$计数/s。多通道电子倍增器也称位敏检测器，是一块圆形多通道板，板上有多排相当于单通道检测器的小孔。这种由多个单通道检测器阵列构成的大面积通道检测器，能够提高数据采集能力，减少采集时间，且能够探测和采集二维数据，计数率可达 $1×10^7$计数/s。

5.3.4　定性与定量分析

1. 定性分析

每种元素都有其特征的能级分布和电子结合能，对应于 X 射线光电子能谱图中的特征谱线。利用这些特征谱线的位置可鉴定元素。若使用 Al 或 Mg 的 $K_α$ 源进行激发，可对元素周期表中除 H 和 He 以外的所有元素进行鉴定。图 5-18 为用 Al $K_α$ 线照射月球土壤的 X 射线光电子能谱图,从中可以清晰地鉴别出两份月球土壤(编号 10084 和 62231)的主要成分。

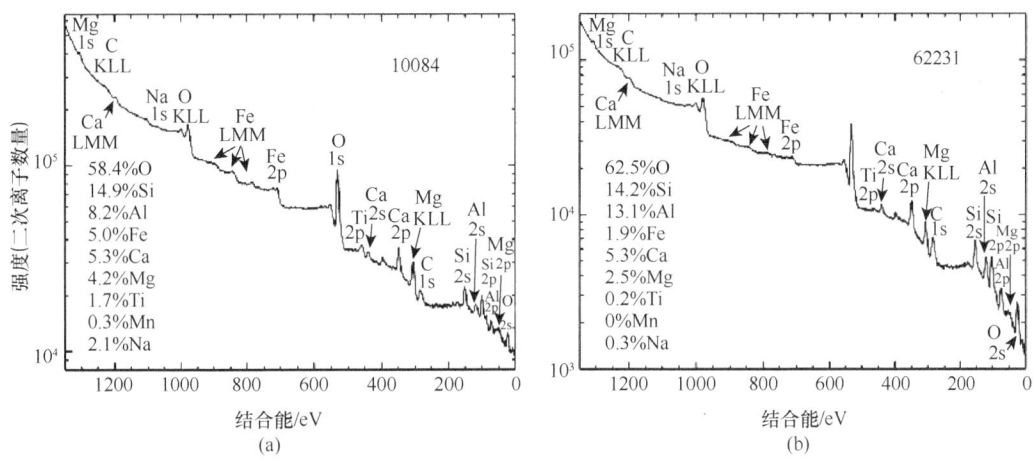

图 5-18　用 Al K$_\alpha$ 线照射成熟月母土壤(a)和月球高地土壤(b)的 XPS 能谱图[9]

除了可以根据测得的电子结合能确定样品的化学成分外,X 射线光电子能谱最重要的应用在于根据化学位移的大小可以确定元素所处的状态,即可以确定元素的化合价和存在形式,因此可以用化学位移来鉴定化合物结构。元素化学环境的变化不仅会产生化学位移,而且还会使一些元素光电子谱线的双峰间距发生变化,这也是判定化学状态的重要依据之一。另外,元素化学状态的变化有时也会引起谱峰半高宽的变化、俄歇线的位移变化等。当光电子主峰位移不明显时,有时可通过俄歇线的位移来帮助识别。在实际分析中,一般采用俄歇线的参数 α 作为化学位移量来研究元素化学状态的变化规律。参数 α 定义为最锐的俄歇线与光电子主峰的动能差。在表面分析中,如果用离子枪轰击材料表面,以离子束剥离作为剥离手段,在轰击的同时进行连续 X 射线光电子能谱分析即可得到从样品表层到深层的元素浓度分布。通过 X 射线光电子能谱的深度分析技术测定物质的表层(约 10nm),可以获得物质表层的构成元素和化学结合状态等方面的信息,以此解析基板表层附着物和金属薄膜等的氧化状态、计算自然氧化膜厚度、评价金属材料的腐蚀等。另外,在深度分析中通过改变光电子的出射角度,可以采用非破坏性的方法得到深度方向的信息,而减小光电子的出射角度,可以提高超表层分析的灵敏度。

2. 定量分析

由于光电子信号强度与样品表面单位体积的原子数成正比,故通过测量光电子信号的强度可以确定产生光电子的元素在样品表面的浓度。分析时,一般选取最强峰的面积或强度作为定量计算的基础,采用灵敏度因子法计算。由于影响相对灵敏度因子法的因素多,因此 X 射线光电子能谱仅能进行元素的半定量分析。需要说明的是,X 射线光电子能谱是一种表面分析技术,仅能反映样品表面以下 2~5nm 深度的相对原子百分含量信息,不能反映体相组成,样品表面的 C、O 污染以及吸附物的存在会影响定量分析结果的准确性。另外,该技术作为一种常量分析技术,其灵敏度约为 0.1%,不适合痕量分析。

5.3.5 特点及应用

X 射线光电子能谱法的特点主要有：①可直接测量价层电子及内层电子轨道能级，获得样品的"原子指纹"，提供化学键的相关信息。相邻元素同种能级的谱线间距远，相互干扰较少，元素定性能力强。②灵敏度高、样品用量少。样品分析深度约 2nm，样品量可少至 10^{-8}g，绝对灵敏度可达 10^{-18}g，对所有元素的灵敏度具有相同的数量级。③既可定性分析，又可半定量分析。既可测定元素的种类及其化学结合状态和价态，又可测定出该元素的相对浓度及其不同化学结合状态和价态的相对浓度。

X 射线光电子能谱法的特点使其应用领域十分广泛，可以分析除 H 和 He 以外的所有元素。该方法不仅可以对固体样品的元素成分进行定性、半定量及价态分析，而且可以对样品表面的组成及其化学状态进行分析，广泛应用于元素分析、多相研究、化合物结构鉴定及富集法微量元素分析等领域。例如，X 射线光电子能谱法可用于研究燃料电池和电解槽中阳极和阴极所用催化剂的化学性质及其降解特性，提供易于量化的化学信息跟踪电极内催化剂表面化学变化的演化过程，这非常有利于理解不同类型的化学成分在电化学反应和降解变化中所起的作用。

5.4 俄歇电子能谱法

俄歇电子能谱法(Auger electron spectroscopy, AES)是一种利用高能、精细聚焦的电子束作为激发源激发样品表面进行特异性分析的技术。样品表面被电子束激发的原子若发生弛豫，将导致"俄歇"电子的发射。发射的俄歇电子的动能具有样品顶部 3～10nm 内元素的特征。

5.4.1 基本理论

1. 俄歇效应与俄歇电子

当具有一定能量的电子束(一次电子)射到固体表面时，原子对电子产生弹性散射和非弹性散射。非弹性散射使电子和原子之间发生了能量转移，发出 X 射线荧光以及二次电子(图 5-2)。这种二次电子是受激发原子的外层电子跃迁至较低能级时，所释放出的能量被其他外层电子吸收后，逃逸离开原子层而向外发射所产生的。此时原子呈双电离态。产生二次电子的这一系列现象称为俄歇效应，而逃逸出来的电子称为俄歇电子。俄歇效应产生的过程是一个受激离子的无辐射重新组合过程，它受电离壳层中的空穴及其周围电子云相互作用的静电效应的控制，没有严格的选择定则。俄歇电子的发射通常有 3 个能级参与(至少涉及 2 个能级)。因此，只有 K 层电子的氢原子和氦原子不能产生俄歇电子，铍是检出俄歇电子的最轻元素。俄歇电子用原子中出现空穴的能级符号次序表示。由于俄歇电子的产生涉及始态和终态 3 个空穴，故俄歇线一般用 3 个电子轨道符号表示，如图 5-2 中的俄歇电子可标记为 KLM。根据初态空穴所在的主壳层能级的不同，俄歇过程可分为不同的系列，如 K 系列、L 系列、M 系列等。同一系列中又可按参与俄歇过程的电子所涉及的主壳层的不同分为不同的群，如 K 系列包含 KLL、KLM、KMM 等俄歇电子群。每一群又由间隔很近的若干条谱线组成，如 KLL 群包括 KL_IL_I、KL_IL_{II}、KL_IL_{III}、

KL$_{II}$L$_{II}$、KL$_{II}$L$_{III}$等谱线。俄歇线由多组间隔很近的峰组成。在所有俄歇线中，K系列最简单，L、M系列要复杂得多。这是因为产生原始空穴的能级有较多的子壳层，即俄歇跃迁发生之前，原子初态在L和M系列可有其他俄歇跃迁发生，使原子变成多重电离状态。发射俄歇电子后原子处于双重电离状态，俄歇电子的能量与原子的终态有关，而终态能量又取决于终态两个空穴的能级位置和它们之间的耦合形式。一个俄歇电子群所包含的谱线条数取决于两个终态空穴可以构成的能量状态数。例如，KLL俄歇电子群L-S耦合有5条谱线，j-j耦合有6条谱线，中间耦合有9条谱线。

2. 俄歇电子的能量

俄歇电子的能量是俄歇电子能谱中识别元素的依据。原子序数为Z的WXY俄歇电子的能量的计算通式是

$$E_{WXY} = E_W - E_X - (E_Y + \Delta) - \phi \tag{5-5}$$

其中，E_{WXY}为原子序数为Z的原子，其W轨道空穴被X轨道电子填充得到的俄歇电子Y的能量；$E_W - E_X$为X轨道电子填充W轨道空穴时释放出的能量；$(E_Y + \Delta)$为Y轨道电子电离时所需要的能量；Δ为有效核电荷补偿数，其值一般为1/2～1/3eV；ϕ为仪器功函数。E_{WXY}可根据Z和$Z+1$原子的Y轨道电子单重电离能(由X射线和光电子能量表查得)估算出。只要测得俄歇电子的能量，就可对照俄歇电子能量表确定样品表面的成分。元素的俄歇电子能量通常可以从标准手册和数据库直接查到，不需要进行复杂的理论计算。俄歇电子的能量只与电子在物质中所处的能级(相关轨道的电子结合能)及仪器的功函数ϕ有关，而与激发源能量无关。因此，要在俄歇电子能谱中识别俄歇线与光电子线，可采用更换X射线源(更换阳极靶)来区别。

3. 俄歇电子能谱

如前所述，俄歇电子的能量具有特征性，可用于定性分析。俄歇电子的能量只与俄歇过程中原子所处能级状态有关，而与激发源的能量无关。对于原子序数为3～14的元素，最显著的俄歇线由KLL跃迁形成。而对于原子序数为14～40的元素，则由LMM跃迁形成。原子化学环境的改变(称为化学效应)能引起俄歇电子能谱的变化。这种化学效应主要有：

(1) 电荷转移。原子发生电荷转移(如价态变化)时会引起原子内壳层能级移动，导致俄歇线产生化学位移。实验中测得的俄歇线位移可以小于1eV，也可以大于20eV。化学位移可用来鉴别不同化学环境的同种原子。

(2) 价电子谱。价电子谱直接反映了价电子的变化。价电子谱的变化不仅有能量的位移，而且有新化学键(或带结构)形成时的电子重排，这些都会导致能谱图形状的改变。

(3) 等离子激发。不同的化学环境造成不同的等离子激发，并伴有能量损失，其结果会产生一些附加等离子伴峰。例如，纯镁谱的低能端出现一群小峰，而氧化镁谱中却没有。因此，根据化学环境所提供的信息，可以对表面物质的状态进行分析。

5.4.2 仪器组成及工作原理

俄歇电子能谱法与X射线光电子能谱法都是表面分析技术，两者的仪器组成与工作原

理相似(图 5-16)，其区别主要在于俄歇电子能谱仪使用电子枪产生的电子束发射电子，而 X 射线光电子能谱仪使用 X 射线束发射电子。俄歇电子能谱仪工作时，电子枪以较小角度轰击样品以获得高强度信号，再同步或间歇使用溅射离子枪可以获得样品的深度纵断面组成。整个分析过程必须在高真空系统中进行，否则溅射得到的新表面又会被残余气体覆盖，甚至发生反应。

俄歇电子能谱仪常用的电子枪有热发射电子枪和场发射电子枪两种(图 5-19)。

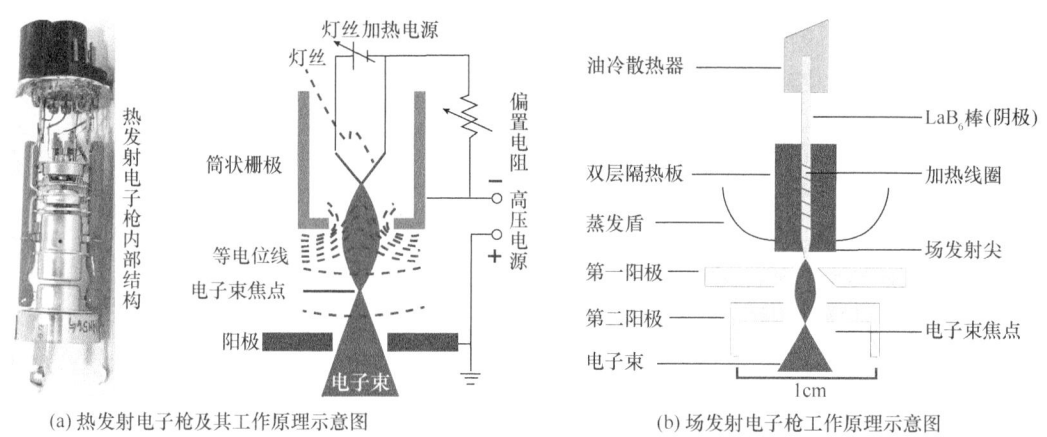

图 5-19　热发射电子枪和场发射电子枪工作原理示意图

热发射电子枪常用的是热发射三极电子枪，它由阴极、阳极和栅极组成，阴极为钨丝或六硼化镧(LaB_6)材料。加热时，阴极金属丝升温至 2000℃以上，产生电子热发射现象。电子在阴极和阳极之间的高电压作用下加速从电子枪中射出形成电子束。场发射电子枪是在强电场作用下，利用大电场梯度使阴极中的电子直接克服势垒而离开阴极(称为隧道效应)从而发射电子形成电子束。其阴极发射材料呈尖点形状以获得最好的电子通量和束径(电子束斑直径)以产生能量均一度高的电子。两种类型的电子枪都使用静电透镜来操纵电子束发射、校准、聚焦和扫描(偏转板)。电子枪发射的电子束具有亮度高、束径小、稳定性高等特点。经典钨灯丝电子枪可达到 1μm 的最小束径，LaB_6 和场发射枪可得到 20nm 直径的最小束斑，但束能必须达到 20～30keV。高亮度 LaB_6 和场发射电子枪价格高，常应用于高分辨电镜中的高分辨成像和微区成分分析。

俄歇电子能谱仪常用的电子能量分析器、检测器与 X 射线光电子能谱仪的相同。

5.4.3　特点及应用

俄歇电子能谱法的优点主要有：①分析区域小(≤50nm)，既可以进行点分析和高分辨横向分布分析，也可以进行薄膜和表面深度(0.5～10nm)分布分析，是一种标准的表面分析技术；②分析对象广，适用于除 H 和 He 以外的所有元素分析；③可靠性高、重复性好、空间分辨率高，分析速度也比 X 射线光电子能谱法快，可快速测定样品表面元素浓度或跟踪样品表面某些组成的快速变化。俄歇电子能谱法的不足主要体现在进行元素深度分析时需配合离子束剥离技术，另外，其定量分析精度也不够高。

俄歇电子能谱法的特点使其在材料研究领域具有广泛的应用，是材料表面元素定性、半定量分析、元素深度分布分析和微区分析的重要手段。例如：

(1) 在定性分析方面，将样品俄歇峰能量和已知的各元素的俄歇跃迁能量加以对照，可以确定元素种类。另外，俄歇电子能谱具有特征能量、强度、峰位移、谱线宽和线型等五个特征量，依此可获得样品的化学组成、覆盖度、化学键中的电荷转移、电子态密度和表面键中的电子能级等表面性质。由于弛豫和极化对空穴的屏蔽，原子的初态和终态价电子在俄歇电子能谱和X射线光电子能谱中的分布是不同的。两种能谱中的化学位移都可解释为初态效应和弛豫的混合效应。由于外原子弛豫，俄歇电子能谱化学位移的范围比X射线光电子能谱大。但俄歇电子能谱的化学位移比较复杂，较难给出直观的解释。

(2) 在定量分析方面，依据俄歇峰强度正比于被激发原子的数目，可以对样品中元素含量进行定量分析。但由于影响俄歇峰强度的因素较多，因此实验上常采用相对灵敏度因子法。即以纯Ag标样的主峰(351eV的MNN峰)作为标准，在相同条件下测量纯i元素标样和纯Ag标样的俄歇峰强度$I_{i,\mathrm{WXY}}$和$I_{\mathrm{Ag,MNN}}$，则i元素的相对灵敏度因子S_i为

$$S_i = I_{i,\mathrm{WXY}} / I_{\mathrm{Ag,MNN}} \tag{5-6}$$

相对灵敏度因子S_i是由纯元素的俄歇峰强度比较而得，与样品无关。S_i可通过数据库和手册查阅获得。利用相对灵敏度因子S_i可测出样品表面i元素原子占总原子数的百分数，即原子浓度c_i(%)：

$$c_i = \frac{I_{i,\mathrm{WXY}} / S_i}{\sum_{i=1}^{n} I_{i,\mathrm{WXY}} / S_i} \tag{5-7}$$

这种定量法因其不需要标样而被广泛使用，但其精度不高，误差有时达30%以上，因而是一种半定量分析方法。

(3) 在表面分析方面，俄歇电子能谱法可分析样品表面不同深度的元素组成。例如，图5-20为钴薄膜在干净和氧饱和的Fe(001)表面的俄歇电子能谱图。图5-20 (a)和(b)为钴在干净Fe(001)表面沉积前后的能谱图；图5-20(c)和(d)为氧饱和的Fe(001)-$p(1\times1)$O表面以及在其上面生长钴膜后的能谱图，图中氧的俄歇峰在钴膜沉积后依然存在，说明钴膜沉

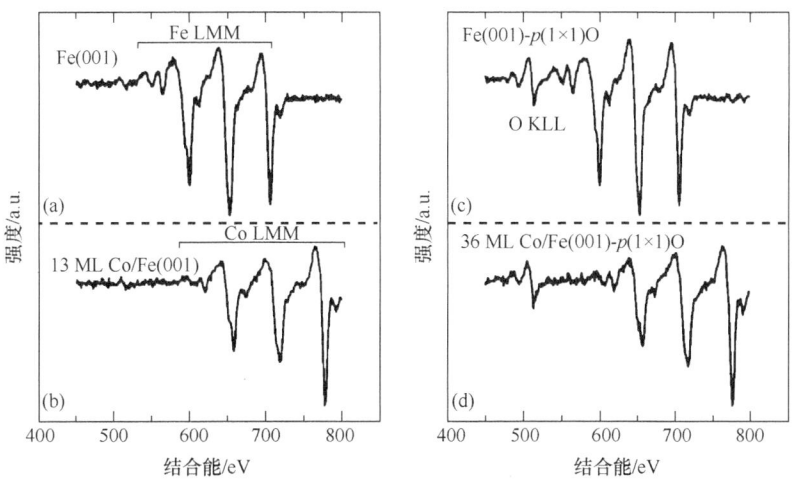

图5-20 钴薄膜在干净和氧饱和的Fe(001)表面的俄歇电子能谱图[10]

积后氧层位于钴膜的上层。由此可假定氧并没有存在于 Co/Fe 界面，而是仅占据了氢的位置，据此便可估算出钴在 Fe(001)-$p(1\times1)$O 表面的吸附能。

5.5 电子显微镜法

5.5.1 透射电子显微镜

透射电子显微镜(transmission electron microscope，TEM)是以高能聚焦电子束为光源对样品进行放大成像的一种显微镜。它使用对电子束透明的薄膜样品，通过透过样品的透射或衍射电子束所形成的图像可以分析样品内部的显微组织结构(分辨率可达 0.1nm)，也可以用来观察晶体结构、结构中的位错和晶界等特征，还可以进行化学分析。

1. 仪器组成

透射电子显微镜由电子光学系统、真空系统和电气系统三大部分组成，其主要结构如图 5-21 所示。其中，真空系统保证电子在整个通道中只与样品发生相互作用，而不与空气分子碰撞。电气系统给电子提供稳定的加速电压以及为电磁透镜供给低压稳流。这两个系统都是电子显微镜的辅助系统。电子光学系统主要由透射电镜镜筒构成，包括照明系统、样品室、成像系统、图像观察和记录系统。这里重点介绍照明系统和成像系统。

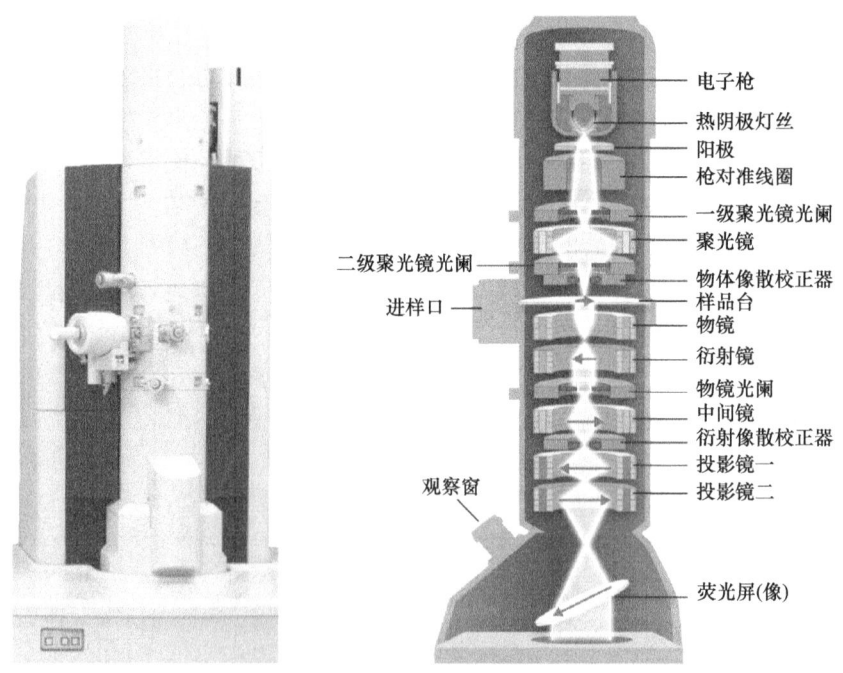

图 5-21 透射电子显微镜及其结构示意图

(1) 照明系统：由电子枪、聚光镜和相应的调节装置组成，其作用是为成像系统提供一束亮度高、相干性好且稳定的照明光源(电子束)。这里所用光源与俄歇电子能谱仪的一样，均为能产生电子束的电子枪，其工作原理如图 5-19 所示。透射电子显微镜的聚光镜一般为双聚光镜(图 5-22)，其作用是会聚由电子枪发射出的电子束，调节照明强度、孔径角和束斑大小。其中，第一聚光镜为短焦距的强激磁透镜，其束斑缩小为 $\frac{1}{50} \sim \frac{1}{10}$ 倍，可将电子枪发射的电子束缩小至 1～5µm，并成像于第二聚光镜的物平面上。第二聚光镜是长焦距弱激磁透镜，它将第一聚光镜会聚的电子束放大 1～2 倍，获得 5～10µm 的电子束斑。双聚光镜既能保证在聚光镜和物镜之间有足够的空间来放置样品和其他装置，又可以调整束斑尺寸，以获得满屏和足够的亮度。

(2) 成像系统：成像系统中使电子束聚焦的装置称为电子透镜。静电场与磁场均能对电子束聚焦，但磁场综合效果优于静电场。由磁场聚焦的透镜(称为电磁透镜)通过调节电磁线圈的激磁电流可以很方便地调节磁场强度，从而调节透镜焦距和放大倍数。现代透射电子显微镜的成像系统基本上由三组电磁透镜(物镜、中间镜和投影镜)和两个金属光阑(物镜光阑和选区光阑)组成，其作用是实现电子束的聚焦成像和放大。成像系统所用透镜数目取决于所需的最大放大倍数。物镜光阑和选区光阑可以限制电子束，从而调制图像的衬度和选择产生衍射图案的图像范围。电磁透镜中的物镜是短焦距强激磁透镜，用以对样品进行成像和放大(放大倍数可达 100～300 倍)。它决定了电镜的分辨本领，是电镜成像质量的关键因素。电磁透镜中的中间镜是长焦距弱激磁透镜，可在 0～20 倍范围进行调节。若把中间镜的物平面和物镜的像平面重合，则在荧光屏上得到一幅放大的显微图像，此即透射电镜成像模式下的显微成像。若把中间镜的物平面和物镜的背焦面重合，则在荧光屏上得到一幅电子的衍射花样，此即透射电镜衍射模式下的衍射成像。电磁透镜中的投影镜的作用是把经中间镜放大的图像或电子衍射花样进一步放大，并投影到荧光屏上。

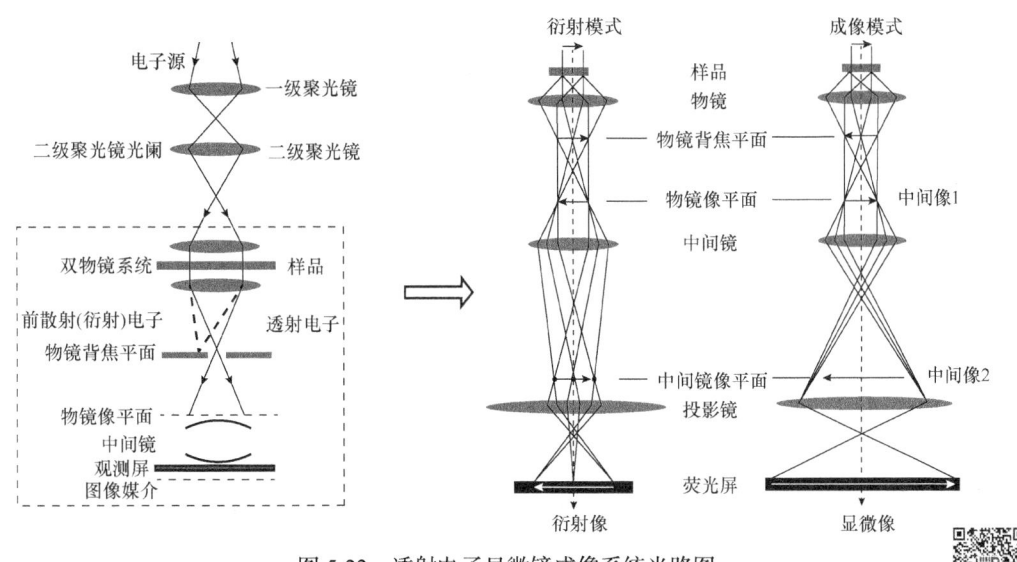

图 5-22 透射电子显微镜成像系统光路图

2. 工作原理

透射电子显微镜的成像原理与光学显微镜类似，不同之处在于透射电子显微镜是以电子束作为光源，以电磁场作透镜以聚焦照明束，其放大倍数最高可达几百万倍。具体地讲，透射电子显微镜的工作原理是：电子枪产生的电子束经过 1~2 级聚光镜会聚后均匀照射样品上某一待观察的微小区域。入射电子与样品相互作用，由于样品很薄，绝大部分电子穿透样品。当电子射线穿透样品时，已带有样品内的相关信息，然后进行放大处理成像，在观察图形的荧光屏上透射出样品的放大投影像。荧光屏把电子强度分布转变成人眼可见的光强分析，于是在荧光屏上显示出与样品形貌、组织、结构相对应的图像。由于不同结构的待测样与入射电子的相互作用不同，这样就可以根据透射电子图像所获得的信息来了解样品内部的显微结构。透射电子图像上的不同区域间会存在明暗程度的差别，这种差别称为像衬度，它是观察各种样品具体图像的基础。像衬度有以下几种：

(1) 散射衬度。由电子枪产生的电子束沿一定方向进入样品并与之发生作用后将改变传播方向，这一现象称为散射。由散射现象而产生的像衬度为散射衬度。元素的原子序数越大、样品越厚，电镜图像显示越暗；反之，电镜图像显示越亮。

(2) 衍射衬度。对于晶体样品，晶体结构、取向不同，使样品表面有不同的衍射效果，从而在样品表面形成一个随衍射位置而异的衍射振幅分布，即衍射衬度。衍射衬度可用来研究晶体缺陷。

(3) 相位衬度。对于极薄样品(如厚度小于 100nm 的样品)，其衍射波振幅极小，非弹性散射可忽略，所以没有衬度。要想产生衬度，就必须引入一个附加相位，使透射波与样品产生的衍射波处于相同或相反的相位位置而产生干涉，引起振幅增加或减少而产生相位衬度。

3. 特点及应用

透射电子显微镜技术具有高分辨率(可达 0.1nm)和高放大倍数(有效放大倍数可达 50 万~120 万倍)的特点。它不仅可以实现电子显微成像，还可以利用选区电子衍射来表征材料的晶体结构。若添加其他配件如 X 射线能谱附件、X 射线波谱附件、电子能量损失谱附件等，还可以获得成分分析图谱。但由于电子易发生散射或被物体吸收而降低穿透力，样品的密度、厚度等都会因此而影响最后的成像质量。这也要求透射电子显微镜分析的样品厚度薄至 50~200nm。透射电子图像能提供材料的几何形貌、粉体的分散状态、颗粒大小(0.2~1000nm)以及粒度分布等信息，反映了材料表面和内部的二维影像，可用于超微结构分析。图 5-23 为从患者身上分离的严重急性呼吸综合征冠状病毒(SARS-CoV-2)的透射

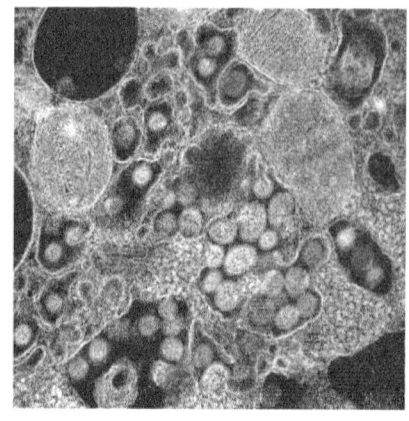

图 5-23　从患者身上分离的严重急性呼吸综合征冠状病毒的透射电子显微镜照片[11]

电子显微镜照片[照片由马里兰州德特里克堡的 NIAID 综合研究设施(IRF)捕获和色彩增强]，从照片里可清楚地看见该冠状病毒的形貌(照片中的红色颗粒)。

5.5.2 扫描电子显微镜

透射电子显微镜的放大倍数虽然比光学显微镜提高了近千倍，但在使用上仍然存在严重的限制，如它主要用于观察材料的外形轮廓，而对材料表面形貌的表达不够充分。扫描电子显微镜(scanning electron microscope，SEM)的出现则能很好地解决这一问题。这是一种利用聚焦的电子束来呈现高分辨率三维图像的显微分析技术。其形成的图像能提供样品的形貌、形态和组成等信息，实现对样品的表面形貌、微区成分、相结构等方面的同步分析。图 5-24 为从患者身上分离的严重急性呼吸综合征冠状病毒 2 型(浅白色颗粒)后的凋零细胞(深灰色不规则体)的扫描电子显微镜照片[照片由马里兰州德特里克堡的 NIAID 综合研究设施捕获和色彩增强]，从照片中可清楚地看见整个细胞表面都布满了新型冠状病毒。

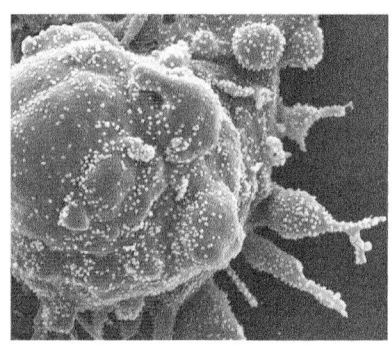

图 5-24　从患者身上分离的严重急性呼吸综合征冠状病毒 2 型后的凋零细胞的扫描电子显微镜照片[11]

1. 仪器组成

扫描电子显微镜由电子光学系统、扫描系统、信号收集系统、图像显示和记录系统、真空系统及电源系统等组成(图 5-25)。下面仅对前三个系统进行简单介绍。

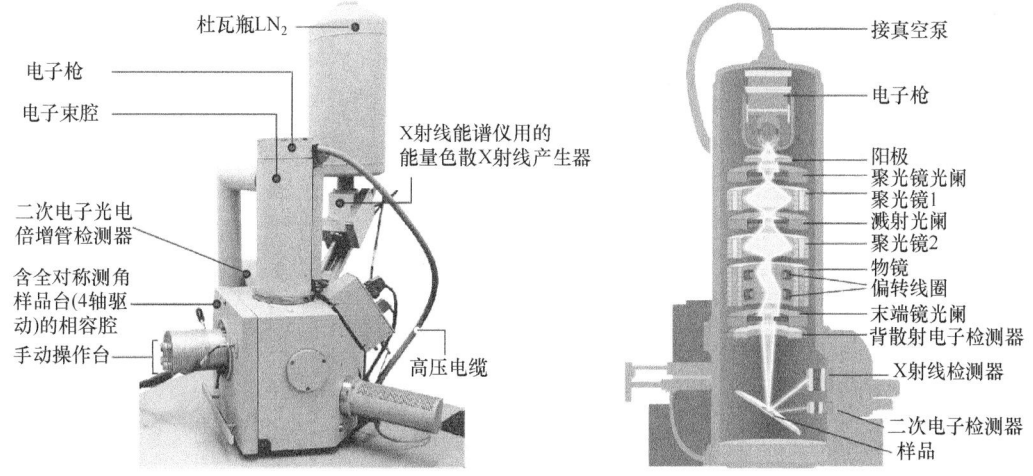

图 5-25　扫描电子显微镜及其结构示意图

(1) 电子光学系统：与透射电子显微镜的光学系统类似，不同之处主要体现在以下两点：①扫描电子显微镜电子枪的加速电压要低一些。一般低分辨扫描电子显微镜采用钨热阴极电子枪，这是因为钨灯丝价格较为便宜，对真空度要求不高。但钨灯丝热电子发射效率低，发射源直径较大，在样品表面上的电子束径为 5～7nm，因此分辨率受到很大的限制。目前，高档扫描电子显微镜采用的是 LaB_6(或 CeB_6)或场发射电子枪。LaB_6(或 CeB_6)可使仪器分辨率达到 2nm，场发射电子枪可使仪器分辨率达到 0.5nm，但这种电子枪对真空度的要求很高。②扫描电子显微镜中的电磁透镜的作用是缩小电子枪的束径，使束斑直径从原来约 50μm 缩小至 5～200nm。扫描电子显微镜一般有三个聚光镜，前两个是强透镜，用来缩小电子束光斑尺寸；第三个聚光镜也称为物镜(会聚镜)，它除了有会聚功能外，还能使电子束聚焦到样品表面(其下方放置样品)，因而具有较长的焦距。

(2) 扫描系统：电磁透镜中的物镜上装有能使电子束发生偏转的扫描线圈，以实现对样品表面有规则的扫描，同时，阴极射线显像管内电子束在荧光屏上做同步扫描。扫描线圈的电流大小控制扫描电子显微镜的放大倍数。其电流越小，电子束偏转越小，电子束在样品上移动的距离也越小，放大倍数越大。线圈扫描的方式有光栅扫描和角光栅扫描两种。表面形貌分析时采用光栅扫描，电子通道花样分析时采用角光栅扫描。

(3) 信号收集系统：其作用是对电子束与样品发生作用所产生的物理信号进行检测捕获、放大转换，并形成调制图像和其他可以分析的信号。不同的物理信号需要由不同的检测器进行检测。二次电子、背散电子和透射电子采用电子检测器(通常为闪烁计数器)来检测，而 X 射线则采用 X 射线检测器[一般采用分光晶体或 Si(Li)探头]进行检测。

2. 工作原理

扫描电子显微镜利用一束极细的电子束在样品表面逐点扫描，从而激发出某种可观测的信号。其具体工作原理是：由电子枪发射的电子束由加速电压加速和电磁透镜聚焦后，会聚成几纳米大小束斑的电子束聚焦到样品表面。电子束在样品表面按顺序逐行扫描，激发样品表面产生各种物理信号，如二次电子、背散射电子、吸收电子、X 射线、俄歇电子等。这些信号的强度与样品的表面特征(形貌、成分、结构等)密切相关，可以用不同的探测器分别对其进行检测、放大后传递至显示器上，并以此来同步调制显示器的亮度，进而构建出样品表面形貌和结构信息的像。由于扫描线圈的电流和显示器偏转线圈的电流同步，即同一电信号同时控制两束电子束做同步扫描，因此样品表面上电子束的位置与显像管荧光屏上电子束的位置一一对应，这样显像管荧光屏上就形成了一幅与样品表面特征相对应的图像。在成像设备上，传统荧光屏的显像管成像系统已经被现代化的数字化显示成像系统替代，但基本原理依然是逐行扫描、同步显示。在显示性能上，放大倍数是决定扫描电子显微镜性能的一个重要参数。虽然放大倍数可在 20 倍～30 万倍范围内连续可调，但并不是越大越好，而是要受分辨率制约。目前，钨灯丝热发射扫描电子显微镜的放大倍数为 20 倍～20 万倍，场发射扫描电子显微镜的放大倍数为 20 倍～200 万倍。另外，景深也是决定扫描电子显微镜性能的一个重要参数，景深大的图像立体感强。一般情况下，扫描电子显微镜的景深比透射电子显微镜大 10 倍，比光学显微镜大 100 倍。工作距离长、物镜光阑小、放大倍数低可以获得景深大的图像。

3. 特点及应用

扫描电子显微镜具有诸多特点，如：①放大倍数范围在20倍~30万倍连续可调，可实现对样品从宏观到微观层面的连续观察和分析；②景深大、成像富有立体感，可获得材料表面三维立体图像信息，可直接观察各种样品表面凹凸不平的细微结构；③样品室空间大，可直接分析块状或粉末状、导电或不导电样品，且制样简单，只需将样品稍加处理(如清洗)即可；④通过添加其他配件还可对仪器功能进行升级，如配上能谱仪或波谱仪可做表面成分分析，配上背散射电子衍射仪还可进行表层晶体学位向分析。

扫描电子显微镜基于样品表面所产生的物理信号不同，可得到不同的成像谱，从而可实现多领域应用(表5-1)。

表 5-1 扫描电子显微成像谱及其应用

信号	显微成像方式	应用
二次电子	二次电子成像(secondary electron image，SEI)	表面形貌
背散射电子	背散射电子成像(backscattered electron image，BEI)	原子序数对比
X射线	能量色散谱(energy dispersive spectrum，EDS)	元素分析
X射线	波长色散谱(wavelength dispersive spectrum，WDS)	高解析元素分析
衍射电子、前向散射电子	电子反向散射衍射图(electron backscatter diffraction pattern，EBDP)	晶体位向分析
光子(紫外~近红外)	阴极发光(cathodoluminescence，CL)	半导体及绝缘体缺陷或杂质分析

在材料科学领域，扫描电子显微镜用于材料科学的研究、质量控制和失效分析。事实上，几乎所有的材料科学产业，从航空航天、化学到电子和能源利用，都是在扫描电子显微镜的帮助下才有可能实现。例如，在探索纳米线用作气体传感器的研究中，扫描电子显微镜在表征纳米线和帮助理解气体传感行为方面至关重要。在半导体检测领域，扫描电子显微镜产生的高分辨率三维图像提供了半导体成分的快速、准确测量和精确的形貌信息。另外，在几乎所有的晶圆制造过程中，扫描电子显微镜都是重要的质量控制工具之一。在生物科学领域，扫描电子显微镜可以用于从昆虫和动物组织到细菌和病毒等方面的研究，包括测量气候变化对物种的影响、识别新细菌和强毒株、疫苗接种试验、揭示新物种和遗传学领域的研究等。即使在艺术领域，扫描电子显微镜都有一定的应用，由其产生的显微图像已经被用于创造数字艺术品，创造了一系列令人惊叹的多样性景观，如图5-26所示。

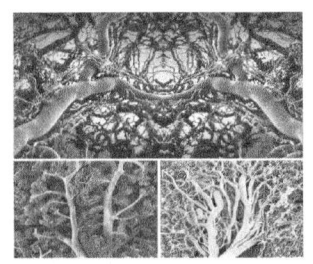
由扫描电子显微镜拍摄的人体静脉、毛细血管和动脉的特写镜头。这些人体内的血管看起来像涂有鲜艳颜色的奇异树木

覆盖着花粉颗粒(圆形)的蜜蜂腿部的彩色扫描电子显微镜照片。浓密的毛发包裹着花粉，这些花粉可能被蜜蜂刷到花的柱头上，给花授粉

图 5-26 由 SEM 三维图像创造的数字艺术品(经着色处理)人体血管[12]和覆盖花粉的蜜蜂腿[13]

5.5.3 冷冻电子显微镜

光学显微镜是最早出现的显微技术，但受其分辨率限制而不能观察微小生物的结构。要提高分辨率就要缩短光源波长到原子尺度。虽然目前最新的 X 射线技术可探测厚度小于 10nm[14]的样品，但 X 射线技术需要高质量的蛋白质单晶样品，且蛋白质如膜蛋白等的结晶异常困难，其结晶过程会导致蛋白质完全脱离生理状态。虽然核磁共振技术也能对蛋白质样品进行分析，但它要求样品颗粒足够小，且通常需要将蛋白质制成溶液，对样品分子量大小也有限制。所以核磁共振技术在解析超大复合物(如病毒)或难溶蛋白质时就显得束手无策，而冷冻电子显微镜技术的出现很好地解决了这些难题。

冷冻电子显微镜(cryo-electron microscopy，Cryo-EM)简称冷冻电镜，是一种利用冷冻固定术在低温下使用电子显微镜观察样品的显微技术，是结构生物学中一种确定大分子三维结构的重要手段。它既可大到解析核糖体等细胞器，又可小到解析血红蛋白的小颗粒物质；既可解析分子质量不足 100kDa 的小分子蛋白，又可解析分子质量高达 12 个数量级的巨大生物样品；更重要的是，它还能解析难以结晶且不溶于水的膜蛋白等生物样品。20 世纪 90 年代，随着冷冻传输装置、场发射电子枪以及 CDD 成像装置的出现，出现了单颗粒冷冻电镜技术，它将电镜分辨率提升至原子级水平。研究人员采用单电子计数探测器，以近原子分辨率(3.4Å)确定了在疼痛和热知觉中起中心作用的一种膜蛋白 TRPV1 的结构(图 5-27)。这项工作不用结晶，利用单颗粒技术实现了可以与 X 射线晶体学相媲美的分辨率，标志着冷冻电镜正式跨入"原子分辨率"时代。近年来，得益于单颗粒冷冻电镜硬件和数据处理软件方面的重大突破，冷冻电镜技术的分辨率可达 1.2Å[15]，达到了真正的单个原子水平。冷冻电镜技术的发明，让人类以原子级的分辨率观察到了接近生理状态下的生物大分子，为人类在原子尺度下研究生物体提供了有利的技术工具。如今，冷冻电镜技术与 X 射线晶体学和核磁共振技术共同构成了结构生物学中的高分辨率研究技术。可以预见，冷冻电镜技术将在蛋白质结构解析、有针对性的药物开发，以及在原子层面研究生物活性起源等方面发挥重要作用。

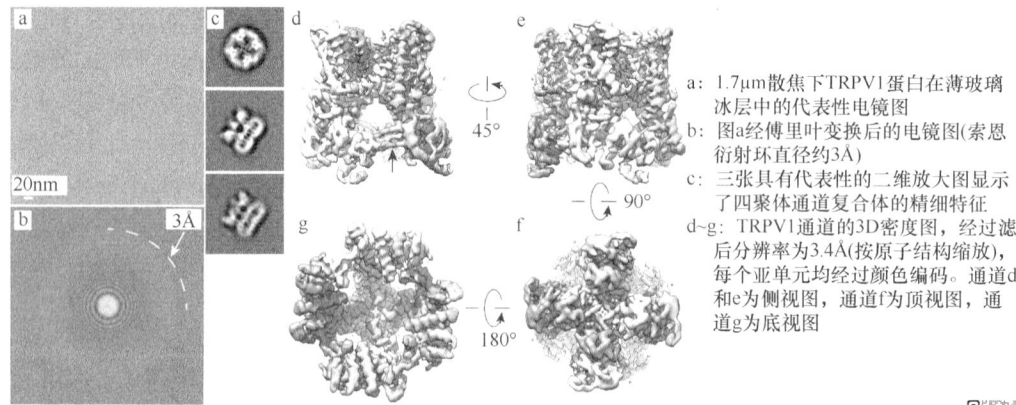

a：1.7μm 散焦下 TRPV1 蛋白在薄玻璃冰层中的代表性电镜图
b：图a经傅里叶变换后的电镜图(索恩衍射环直径约3Å)
c：三张具有代表性的二维放大图显示了四聚体通道复合体的精细特征
d~g：TRPV1 通道的 3D 密度图，经过滤后分辨率为 3.4Å(按原子结构缩放)，每个亚单元均经过颜色编码。通道d和e为侧视图，通道f为顶视图，通道g为底视图

图 5-27　膜蛋白 TRPV1 的单颗粒冷冻电镜三维重构图[16]

1. 冷冻电镜分类

冷冻电镜分为冷冻透射电镜、冷冻扫描电镜、冷冻蚀刻电镜三种。通常所讲的冷冻电

镜是指冷冻透射电镜。

(1) 冷冻透射电镜 (Cryo-TEM)：它在普通透射电镜基础上加装了样品冷冻设备，以将样品冷却到液氮温度(77K)，从而降低电子束对样品的损伤、减小样品的形变，以得到更加真实的样品形貌。它常用于观测对温度敏感的蛋白、生物切片等样品，其优点主要有：①加速电压高，电子能穿透厚样品；②透镜多，光学性能好；③样品台稳定；④全自动操作，包括自动换液氮、自动换样品、自动维持清洁等。

(2) 冷冻扫描电镜 (Cryo-SEM)：它在普通扫描电镜上加装冷冻传输系统和冷冻样品台装置，以使水在低温状态下呈玻璃态，减少冰晶的产生，因而不需要对样品进行干燥处理就可以直接观察液体、半液体样品，最大限度地减少了常规干燥过程对高度含水样品的影响。该技术具有防止样品水分丢失、制样快、样品可以重复使用等优点，在胶体、有机高分子、生物等样品的微观结构表征中发挥着重要作用。但是冷冻扫描电镜只适用于观察浓度较高的溶液或悬浊液样品，对于浓度很稀的样品，由于扫描电镜只能观察到溶液表面一层的结构，所以很难观察到样品，此时需要用冷冻透射电镜进行观察。

(3) 冷冻蚀刻电镜 (Cryo-etching TEM)：这是一种将断裂和复型相结合的透射电镜样品制备技术，也称冷冻断裂或冷冻复型。它可以显示细胞和组织微细结构的立体构象，主要用于细胞生物学等领域的显微结构研究。其工作原理是将样品置于干冰或液氮中冰冻(<170℃)，然后用冷刀劈开，在真空中将温度回升到-100℃使断裂面的冰升华，以暴露出断面结构，称为蚀刻。蚀刻后，向断面以45°角喷涂一层蒸气铂，再以90°角喷涂一层碳，加强反差和强度。然后用次氯酸钠溶液消化样品，把碳和铂的膜剥下来，此膜即为复膜(replica films)。复膜显示出了样品蚀刻面的形态，在电镜下得到的影像即代表样品断裂面处的结构。该技术的优点有：①通过冷冻样品可使其微细结构接近于活体状态；②样品经冷冻断裂蚀刻后，能够观察到不同劈裂面的微细结构，进而可研究细胞内的膜性结构及内含物结构；③冷冻蚀刻的样品经铂、碳喷镀制备的复型膜具有很强的立体感且能耐受电子束轰击和长期保存的优点。其缺点主要有：①冷冻可造成样品的人为损伤；②断裂面多产生在样品结构最脆弱的部位而无法有目的地选择。

2. 工作原理

冷冻电镜技术包括样品冷冻、成像和三维重构等多项技术，其工作流程如图5-28所示。

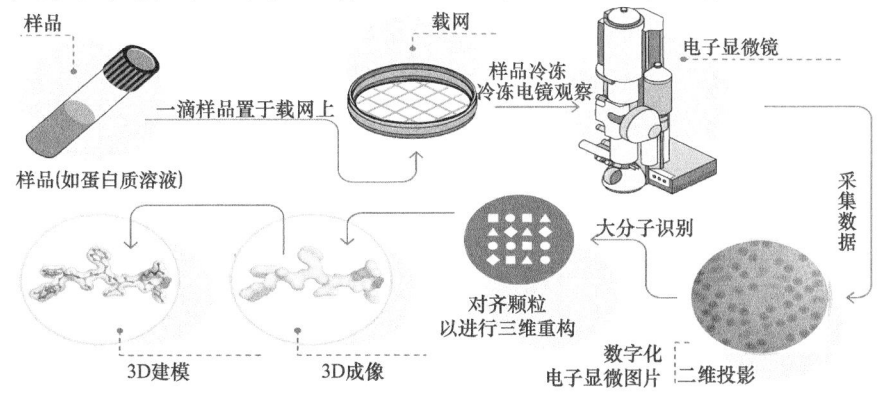

图5-28 冷冻电镜技术工作流程示意图

(1) 样品冷冻：生物样品通常都含有水。水在常压下从 273K 开始结晶(考虑到过冷水的作用，水从 231K 开始结晶)，这会破坏样品的组织结构。当温度低于重结晶温度 165K(-108℃)时，水的结晶过程停止。当水从常温急速冷冻至 165K 时，水会变成玻璃态而不产生结晶。样品冷冻的目的就是使液态样品中的水在低温下呈现玻璃态，这样既能将样品在液相的状态固定，又避免了水结晶引起样品结构的破坏。样品经冷冻后由冷冻传输系统转移到冷冻样品台。样品冷冻操作流程如图 5-29 所示。

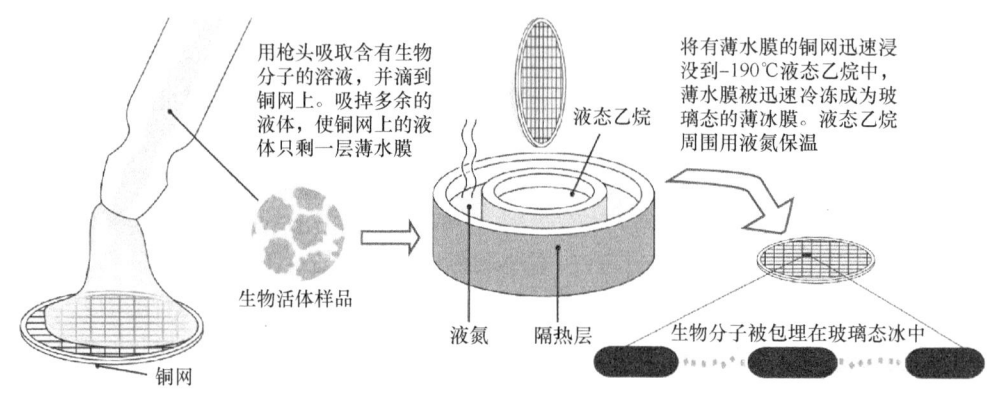

图 5-29　样品冷冻操作流程示意图

(2) 冷冻成像：以冷冻透射电镜为例。在透射电镜成像中，从电子枪发射的高度相干的电子束经一系列电磁透镜聚焦后穿透被玻璃态水包裹的样品，再通过磁透镜系统将样品的三维电势密度分布函数沿着电子束的传播方向投影至与传播方向垂直的二维平面上，再经聚焦并放大后成像。最后，利用三维重构技术对样品在不同角度的二维图像进行三维重构，从而获得物体的三维结构图像。

(3) 三维重构：电镜图像的三维重构是指由样品(单颗粒)的一个或多个投影图得到样品中各组成部分之间的三维关系。目前，利用电子显微图像进行三维重构有若干种不同的计算方法，其中傅里叶变换方法是目前国际上使用最广泛的一种。这种方法的理论依据是中心截面定理，即空间三维密度分布(函数)在一个平面上的投影的傅里叶变换等于垂直于观察方向的三维傅里叶变换的中心截面(函数)，截面和投影的关系遵循傅里叶变换。而一个函数傅里叶变换后的逆傅里叶变换，等价于原来的函数。该原理所涉及的数学知识复杂，将此原理应用于电镜图像可描述为：一个三维物体的电镜图像的傅里叶变换等于该三维物体的傅里叶变换通过物体中心并垂直于摄像方向的截面。对一个物体(如蛋白质、病毒、细胞器、细胞)从不同方向所摄取的 n 个电镜图像做傅里叶变换，所得到的 2D 傅里叶变换图像的集合构成傅里叶空间，即该物体三维结构的三维傅里叶变换。对此三维傅里叶变换做逆傅里叶变换就恢复原物体的三维结构，如图 5-30 所示。

3. 冷冻电镜结构解析

冷冻电镜结构解析方法包括下面三种技术。

(1) 电子晶体学：该技术利用电镜对生物大分子在一维、二维乃至三维空间形成的高度有序重复排列的结构(晶体)成像或者收集衍射图样，进而解析这些生物大分子的结构。其适合解析的样品分子质量范围为 10~500kDa，最高分辨率约 0.19nm。该技术与 X 射线晶体学的类似之处在于均需获得高度有序的生物大分子的周期性排列，不同之处在于电镜除了可以获得晶体的电子衍射图像外，还可以通过获得晶体的图像进行结构解析。

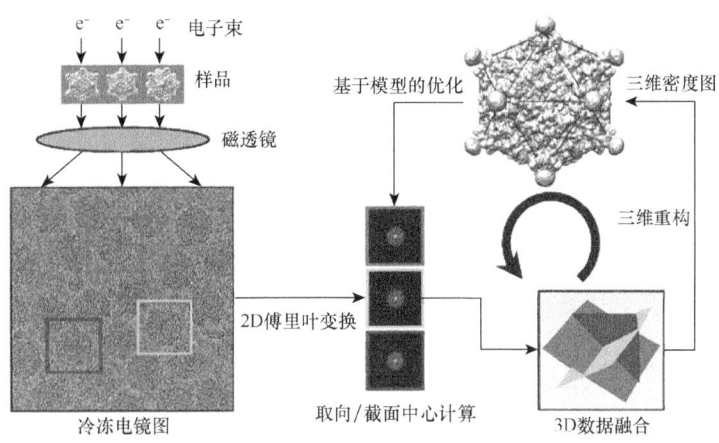

图 5-30　二十面体病毒的冷冻电镜成像和数据处理示意图[17]

(2) 单颗粒技术：该技术基于分子结构同一性的假设，是对分散分布的生物大分子分别成像，再对多个图像进行统计分析，并通过对齐、加权平均等图像操作手段提高信噪比，进一步确认二维图像之间的空间投影关系后经过三维重构获得生物大分子三维结构的方法。其适合解析的样品分子质量范围为 80~50MDa，最高分辨率约 0.3nm。

(3) 电子断层重构：该技术通过在显微镜内倾转样品从而收集样品多角度的电子显微图像，再根据倾转几何关系对这些图像重构。该技术主要应用于细胞、亚细胞器及无固定结构的生物大分子复合物。其适合解析的样品分子质量范围为小于 800kDa，最高分辨率约 2nm。

4. 特点及应用

作为结构生物学领域当前最前沿的成像技术之一，冷冻电镜技术可直接观察液体、半液体及对电子束敏感的样品，并可将生物大分子复合体的结构解析能力拓展至原子级分辨率水平。该技术将生物分子"冻起来"，实现对某个生物大分子复合体的多个构象状态的同时观察、解析以及深入理解目标体系在配体(如药物小分子)作用下的高分辨率动态结构变化空间。这在小分子药物及疫苗的研发中显露出巨大的潜力，也是其他技术无法达到的。另外，冷冻电子断层重构技术已成为架构在结构生物学与细胞生物学之间的重要桥梁，且必将为生物医药研究带来革命性的进步，对生命化学的理解和药物学的发展也会产生决定性的影响。例如，2016 年，拉丁美洲暴发严重的寨卡(Zika)疫情，研究者利用低温冷冻电镜技术成功观测到寨卡病毒的结构(9Å)[18]，这是传统电镜无法做到的。2019 年，新型冠状病毒感染疫情暴发。次年 2 月 15 日，研究人员对新型冠状病毒的 S 蛋白进行了近原子结构分析[19]，合成并纯化了新型冠状病毒 S 蛋白的膜外部分。随后用冷冻电镜获得纯化 S 蛋白的 3207 张照片，经过三维重构，最终获得分辨率为 3.5Å 的 S 蛋白三聚体结构。与 SARS

病毒的结构比较，新型冠状病毒的 S 蛋白结合人体 ACE2(宿主细胞受体血管紧张素转化酶2)的亲和力要远高于严重急性呼吸综合征冠状病毒(SARS-CoV)的 S 蛋白，这就解释了为什么新型冠状病毒的传染性要比 SARS 病毒强得多。研究人员还利用冷冻电镜技术解析了严重急性呼吸综合征冠状病毒 S 蛋白与中和抗体 4A8 复合物的结构(图 5-31)，为靶向 S 蛋白N 端结构域的药物设计和治疗策略提供了基础。

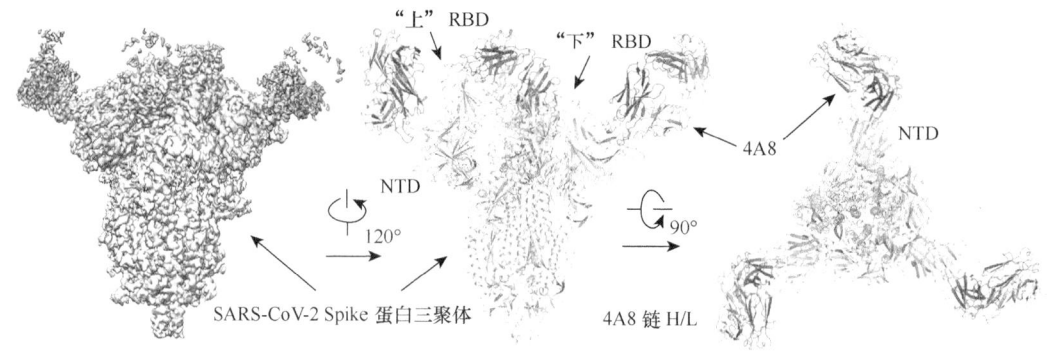

图 5-31　严重急性呼吸综合征冠状病毒 S 蛋白与单克隆抗体 4A8 结合的复合物的冷冻电镜图[20]
左侧图中的彩色区域为复合物的冷冻电镜图，右侧两张图为整个结构的垂直视图

另外，冷冻电镜技术可以保持含水纳米材料结构的优势从而获得清晰的实验结果，因此该技术在分析化学、材料化学中也有广泛应用。例如，利用冷冻电镜技术在获得酿酒酵母剪接体组装过程中的一个高达 3.8Å 分辨率的关键复合物 U4/U6.U5 tri-snRNP 的基础上，再利用交联质谱技术对剪接体复合物组成蛋白的分子间相互作用进行分析，为进一步理解剪接体的激活及前体信使 RNA 剪接反应的催化机制提供了重要分子基础[21]，这是冷冻电镜技术联合其他技术进行研究的鲜明范例。再如，锂活泼的性质让多种探究技术无法在保持它正常结构的条件下获得有用的信息，而利用冷冻电镜技术可获得锂枝晶原子分辨率级别的结构图像[22]，这将有助于人们理解高能电池的失效机制。

【挑战性问题】

1. 金属泡沫(metal foam)是一类特殊的多孔材料，具有独特的物理、机械、热学、电学和声学性能，如低密度、高比表面积等。目前，316L 不锈钢(SS316L)泡沫因其优异的力学性能、生物相容性和耐腐蚀性能而被认为是生物医学应用中极具吸引力的金属材料之一(如 SS316L 泡沫已被用于心血管支架植入、修复，矫形骨固定植入和牙科正畸金属丝)。图 5-32 为按铁镍合金(Fe_3Ni_2)烧结流程得到 SS316L 泡沫的 X 射线衍射图，请根据所引用文献对此谱图进行解读，并结合文献中所给出的 X 射线能量色散谱(energy diffraction X-ray，EDX)对 SS316L 泡沫中铁和氧的含量进行说明。

2. 光电化学(photoelectrochemical，PEC)分解水作为一种有前景的可再生能源补充和环境保护策略已受到广泛关注。高效分解水的关键是开发一种电荷转移快、吸收光谱宽、稳定性好的半导体光电阳极。这其中，大多数铋基光电极(Bi-based photoelectrodes)具有合适的带隙，可以有效地促进水分解出氢。此种电极可通过一种简易方法在电衬底原位生长二元金属氧化物 Bi_2MoO_6，再经 CdS 修饰后得到 Bi_2MoO_6 & CdS 复合薄膜。这种膜作光电阳极展示了良好的光电效率，其 X 射线光电子能谱图如图 5-33 所示。请根据所引用文献对此谱图进行解读，说明这种薄膜的化学组成和元素的价电子结构状态。

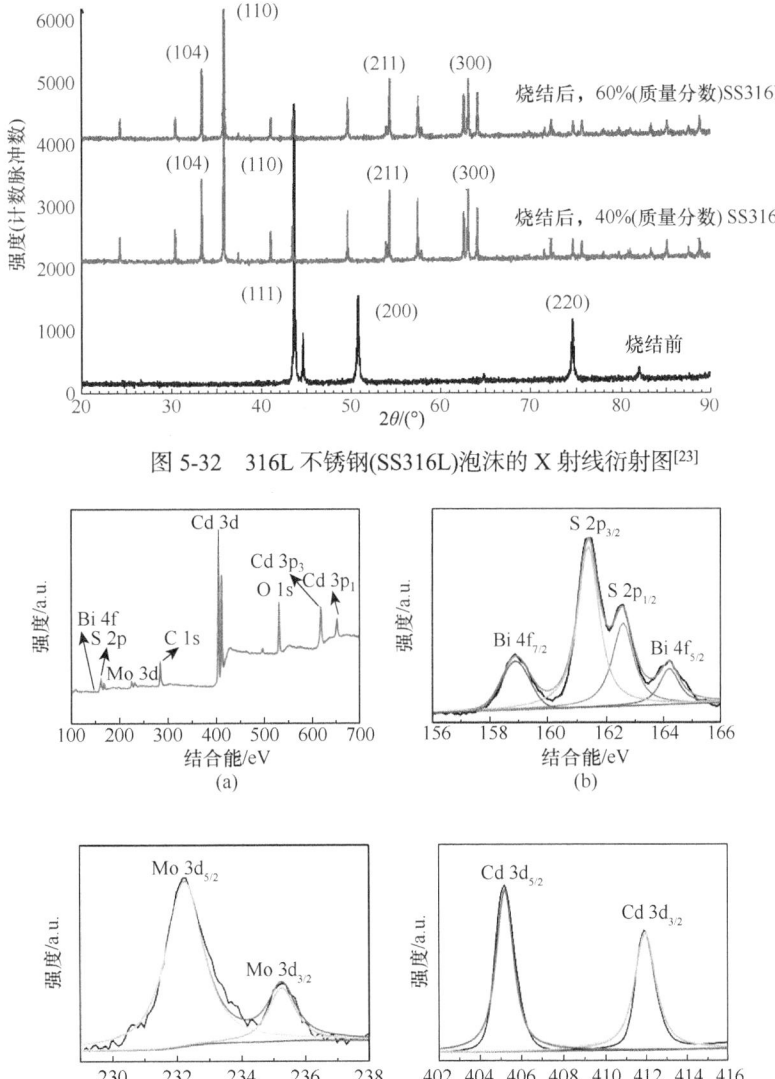

图 5-32　316L 不锈钢(SS316L)泡沫的 X 射线衍射图[23]

图 5-33　Bi₂MoO₆ & CdS 复合光电阳极的 X 射线光电子能谱图[24]

3. 目前，单颗粒冷冻电镜技术正逐渐成为结构生物学领域的一种主导而非互补技术，并以前所未有的方式深刻地改变并引领结构生物学的重大新发现。请查阅文献，以图文并茂的形式说明：①单颗粒冷冻电镜三维重构的方法；②单颗粒冷冻电镜解析结构的一般流程。

【一般性问题】
1. 什么是连续 X 射线与特征 X 射线？它们是如何产生的？
2. 简述 X 射线荧光法的基本原理，为什么能用它来进行元素的定性和定量分析？

3. 简述 X 射线衍射法和 X 射线光电子能谱法的基本原理。

4. 试从工作原理、仪器结构和应用三方面对色散型与能量型 X 射线荧光光谱仪进行比较。

5. 在下列情况时，应选用哪种 X 射线光谱法进行分析？

(1) 区别 FeO、Fe_2O_3 和 Fe_3O_4；

(2) 矿石中各元素的定性分析；

(3) 油画中颜料组分(钛白)的判断；

(4) Ni-Cu 合金中主成分的定量分析；

(5) 未知有机化合物的结构。

6. 简述透射电子显微镜、扫描电子显微镜和冷冻电子显微镜的基本原理。

参 考 文 献

[1] Marguí E, Hidalgo M, Queralt I. XRF spectrometry for trace element analysis of vegetation samples. Spectroscopy Europe, 2007, 19: 13-17.

[2] Uo M, Wada T, Sugiyama T. Applications of X-ray fluorescence analysis (XRF) to dental and medical specimens. Japanese Dental Science Review, 2015, 51 (1): 2-9.

[3] Soller W. A new precision X-ray spectrometer. Physical Review, 1924, 24 (2): 158-167.

[4] The XPS Library.Chemical State Spectra-OVERLAYS (Ag-Zr). (2019-01-10)[2022-09-10]. https://xpslibrary.com/ chemical-state-spectra-overlays/.

[5] Sahu D K, Dhonde M, Murty V V S. Novel synergistic combination of Al/N Co-doped TiO_2 nanoparticles for highly efficient dye-sensitized solar cells. Solar Energy, 2018, 173: 551-557.

[6] European action towards leading centre for innovative materials. XPS spectra from ZnO powder sample acquired by Al-Kα and Mg-Kα sources to distinguish between XPS and Auger peaks. (2012-06-15) [2021-09-12]. http://www.eagle-regpot.eu/EAgLE-Equipment_XPS.html.

[7] Yu Z, Wei T, Xu K, et al. Catalytic decomposition action of hollow $CuFe_2O_4$ nanospheres on RDX and FOX-7. RSC Advances, 2015, 5 (92): 75630-75635.

[8] Thermo Fisher Scientific Inc. Aluminium metal exhibits energy loss features with a significant intensity. (2013-05-09)[2021-10-20]. https://www.thermofisher.cn/cn/zh/home/materials-science/learning-center/periodic-table/other-metal/aluminium.html.

[9] Dukes C A, Baragiola R A. The lunar surface-exosphere connection: Measurement of secondary-ions from Apollo soils. Icarus, 2015, 255: 51-57.

[10] Riva M, Picone A, Giannotti D, et al. Mesoscopic organization of cobalt thin films on clean and oxygen-saturated Fe(001) surfaces. Physical Review B, 2015, 92(11): 115434.

[11] Sagar Aryal. Electron microscopy (SEM and TEM) images of SARS-CoV-2. (2022-04-12)[2022-10-21]. https://microbenotes.com/electron-microscopy-images-of-sars-cov-2/.

[12] Art of Tech. The SEM turns out extreme close-ups of veins, capillaries and arteries. (2011-06-12) [2022-09-22]. https://gajitz.com/look-closer-stunning-up-close-electron-microscope-art/.

[13] Conde-Boytel R, Erickson E H, Carlson S D. Scanning electron microscopy of the honeybee, *Apis mellifera* L. (Hymenoptera: Apidae) pretarsus. International Journal of Insect Morphology and Embryology, 1989, 18 (1): 59-69.

[14] Shabbir B, Liu J, Krishnamurthi V, et al. Soft X-ray detectors based on SnS nanosheets for the water window region. Advanced Functional Materials, 2021, 5(38): 1-8.

[15] Bai X C. Seeing atoms by single-particle Cryo-EM. Trends in Biochemical Sciences, 2021, 46 (4): 253-254.

[16] Liao M, Cao E, Julius D, et al. Structure of the TRPV1 ion channel determined by electron cryo-microscopy. Nature, 2013, 504 (7478): 107-112.

[17] Zhu B, Cheng L, Liu H. Computing methods for icosahedral and symmetry-mismatch reconstruction of viruses by cryo-electron microscopy. Chinese Physics B, 2018, 27 (5): 056802.

[18] Prasad V M, Miller A S, Klose T, et al. Structure of the immature Zika virus at 9 Å resolution. Nature Structural & Molecular Biology, 2017, 24 (2): 184-186.

[19] Wrapp D, Wang N, Corbett K S, et al. Cryo-EM structure of the 2019-nCoV spike in the prefusion conformation. Science, 2020, 367 (6483): 1260-1263.

[20] Chi X, Yan R, Zhang J, et al. A neutralizing human antibody binds to the N-terminal domain of the spike protein of SARS-CoV-2. Science, 2020, 369 (6504): 650-655.

[21] Wan R, Yan C, Bai R, et al. The 3.8 Å structure of the U4/U6.U5 tri-snRNP: Insights into spliceosome assembly and catalysis. Science, 2016, 351 (6272): 466-475.

[22] Li Y, Li Y, Pei A, et al. Atomic structure of sensitive battery materials and interfaces revealed by cryo-electron microscopy. Science, 2017, 358 (6362): 506-510.

[23] Rosip N, Ahmad S, Jamaludin K, et al. Production of 316L stainless steel (SS316L) foam via slurry method. Journal of Mechanical Engineering and Sciences, 2013, 5: 707-712.

[24] Yang H, Jin Z, Hu H, et al. Fabrication and behaviors of CdS on Bi_2MoO_6 thin film photoanodes. RSC Advance, 2017, 7: 10774-10781.

第 6 章　紫外-可见光谱法与圆二色谱法

紫外-可见光谱法(ultraviolet-visible spectroscopy，UV-vis)或称紫外-可见分光光度法，是一种利用溶液中物质分子在波长 200~780nm 范围内的电磁波吸收特性进行分析的方法。该方法属于分子吸收光谱法，其光谱的产生主要源自物质分子价电子在吸收辐射后产生能级间的跃迁，因而也是一种研究物质电子光谱的分析方法。

圆二色光谱法(circular dichroism spectroscopy，CD spectroscopy)简称圆二色谱法，是一种通过测量光学活性(手性)物质中左右圆偏振光的吸收差异来研究物质构型和构象的旋光光谱法，也是一种特殊的吸收光谱法——差光谱法(difference spectroscopy)。它与紫外-可见光谱均属于吸收光谱，且谱带范围一致，即只有具有紫外-可见吸收的手性化合物才可能具有圆二色谱的特征。因此，本章将这两种光谱法放在一起进行介绍。

6.1　紫外-可见光谱法

6.1.1　基本理论

1. 紫外-可见光谱的产生

紫外-可见光通过透明物质的过程中，当光子的能量等于物质分子外层电子(价电子)能级的能量差($\Delta E_{电子}=h\nu$)时，则此光子的能量被电子吸收，电子由基态跃迁到激发态。物质对光的吸收特征可用吸收曲线来描述。若以波长 λ 为横坐标、吸光度 A 为纵坐标作图，则可以得到 λ-A 曲线，即紫外-可见光谱或紫外-可见吸收曲线，如图 6-1 所示。

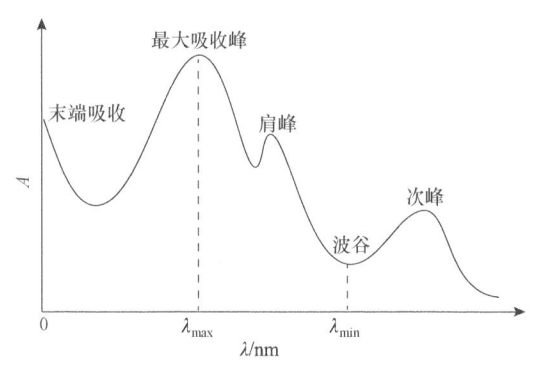

(a) 紫外-可见吸收光谱谱图说明

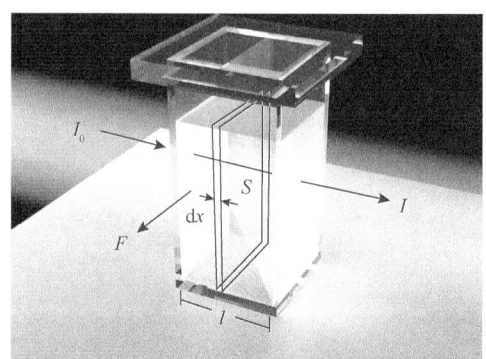

(b) 辐射吸收示意图

图 6-1　紫外-可见光谱及紫外-可见吸收示意图

吸收曲线中，物质在某一波长处对光有最强吸收的峰称为最大吸收峰，对应的波长称为最大吸收波长(λ_{max})。低于最高吸收峰的峰称为次峰。吸收峰旁边的小曲折称为肩峰。曲线中的低谷称为波谷,其所对应的波长称为最小吸收波长($\lambda_{\min}$)。在吸收曲线波长最短的一端,吸收强度相当大,但不成峰形的部分,称为末端吸收。同一物质的浓度不同时,吸收曲线形状相同,$\lambda_{\max}$ 不变,只是吸光度不同。物质不同,其分子结构不同,则吸收光谱曲线不同,$\lambda_{\max}$ 不同,所以可根据吸收曲线对物质进行定性分析。用最大吸收峰或次峰所对应的波长为入射光,测定待测物质的吸光度,根据光吸收定律可对物质进行定量分析。

2. 光的吸收定律

以截面为 S 的平行光束垂直通过均匀介质的吸收情况[图 6-1 (b)]来讨论。先考察在吸收介质中,吸收层厚度为 dx 的小体积元内的吸收情况。光强为 I_x 的光束通过吸收层 dx 后减弱了 dI_x,$-$dI_x/I_x 表示吸收率。根据量子理论,光束强度可以看作是单位时间内流过光子的总数。因此,$-$dI_x/I_x 可以看作是光束通过吸收介质时,每个光子被物质分子吸收的平均概率。从另一方面看,只有在近似分子尺寸的范围内,物质分子与光子相互碰撞时才有可能捕获光子。由于 dx 无限小,在小体积元内吸光的分子截面积 dS 与总辐照截面积 S 之比 dS/S 可以视为物质分子捕获光子的概率。因此,有

$$-\mathrm{d}I_x / I_x = \mathrm{d}S / S \tag{6-1}$$

若吸收介质内含有多种吸光分子,每一种吸光分子都要对光吸收做出贡献,总吸收截面积就等于各吸光分子的吸收截面积之和

$$\mathrm{d}S = \sum_{i=1}^{m} a_i \mathrm{d}n_i \tag{6-2}$$

其中,a_i 为第 i 种吸光分子对指定频率光子的吸收截面积;dn_i 为第 i 种吸光分子的数目;m 为能吸光的分子的种类数。根据式(6-1)和式(6-2)有

$$-\mathrm{d}I_x / I_x = \sum_{i=1}^{m} a_i \mathrm{d}n_i / S \tag{6-3}$$

当光束通过厚度为 b 的吸收层时,产生的总吸光度等于在全部吸收层内吸收的总和,对式(6-3)积分有

$$\ln(I_0 / I) = \sum_{i=1}^{m} a_i n_i / S \tag{6-4}$$

结合吸光度 A 的定义有

$$A = \lg(I_0 / I) = 0.4343 \sum_{i=1}^{m} a_i n_i / S = 0.4343 \sum_{i=1}^{m} a_i b n_i / V \tag{6-5}$$

在体积为 V 的介质内,分子数目为 n_i 的第 i 种吸光分子的浓度 c_i 为

$$c_i = n_i / N_A V \tag{6-6}$$

其中,N_A 为阿伏伽德罗常量。由此,式(6-5)可写为

$$A = \lg(I_0 / I) = 0.4343 \sum_{i=1}^{m} N_A a_i b n_i / N_A V = \sum_{i=1}^{m} \varepsilon_i b c_i \tag{6-7}$$

其中,ε_i 为第 i 种吸光物质的摩尔吸收系数[L/(mol·cm)]。若用透过率(transmission,T)表示透射光强 I 与入射光强 I_0 的比值,则有

$$A = \lg(I_0/I) = -\lg T \tag{6-8}$$

式(6-7)与式(6-8)即为光的吸收定律，也称为朗伯-比尔吸收定律。此定律有一定的适用范围，其成立有一定的前提条件：①入射光为平行单色光且垂直照射介质表面；②吸光物质为均匀非散射体系；③吸光质点之间无相互作用，辐射与物质之间的作用仅限于光吸收，无荧光和光化学等现象发生。式(6-7)表明，总吸光度 A 等于吸收介质内各吸光物质吸光度之和，此即吸光度的加和性，也是测定混合组分分光光度的基础(假定混合组分间无相互作用)。当吸收介质内只有一种吸光物质存在时，式(6-7)简化为

$$A = \varepsilon bc \tag{6-9}$$

若浓度 c 以质量浓度表示，式(6-9)可以写成

$$A = abc \tag{6-10}$$

其中，a 为吸收系数[L/(g·cm)]。若吸光物质的摩尔质量为 M，则有

$$a = \varepsilon / M \tag{6-11}$$

根据朗伯-比尔定律，溶液的吸光度与其浓度呈线性关系，工作曲线是直线。但在实际中经常出现标准曲线弯曲(偏离朗伯-比尔定律)的现象，这将引起较大的测定误差。造成此现象的原因有很多，包括物理和化学的因素。物理因素主要是仪器系统如入射光的单色性不好等，化学因素主要是溶液本身化学性质的变化等。

3. 常用术语

(1) 生色团与助色团：生色团也称发色团，是指分子中含有能吸收紫外-可见光的官能团，包括孤立生色团和共轭生色团，其结构特征是都含有 π 电子，如一个或几个不饱和键 —C=C—、—C=O 和—N=O 等。孤立生色团又称非共轭生色团，它们大多只能吸收短波长的光。其中，只含有孤对 n 电子的 N、O、S 和卤素等基团会发生 $n \rightarrow \pi^*$ 跃迁(属禁阻跃迁)，产生较弱的吸收带。共轭生色团是最常见的生色团。例如，芳香族化合物为环状共轭体系，能产生几个吸收谱带，且具有精细结构。助色团本身在 200nm 以上不产生吸收，但与生色团相连时，能改变分子的吸收位置和增加吸收强度，即增强生色团的生色能力。一般助色团为具有孤对电子的基团，如—OH、—NH$_2$、—SH 等，其特点是都含有 n 电子。当助色团与生色团相连时，由于 n 电子与 π 电子的 p-π 共轭效应导致 $\pi \rightarrow \pi^*$ 跃迁能量降低，生色团的吸收波长向长波移动且颜色加深。

(2) 红移和蓝移、增色效应和减色效应：由于取代基的作用或溶剂效应，导致生色团的吸收峰向长波方向移动的现象称为向红移动，简称红移。反之，吸收峰向短波方向移动的现象称为蓝移(或紫移)。凡因助色团的作用使生色团产生红移的，生色团的吸收强度一般都有所增加，这种作用称为增色效应。反之，使吸收带强度降低的称为减色效应。

(3) 强带和弱带：化合物的紫外-可见光谱中，凡 $\varepsilon_{max} \geqslant 10^3$ L/(mol·cm)的吸收峰称为强带；凡 $\varepsilon_{max} < 10^3$ L/(mol·cm)的吸收峰称为弱带。

(4) R 带、K 带、B 带和 E 带：R 带(源自德文 Radikal)是指由含有杂原子生色团(如—C=O、—N=N—和—NO$_2$ 等)的 $n \rightarrow \pi^*$ 跃迁所产生的吸收带。K 带(源自德文 Konjugation)是指在共轭体系中由 $\pi \rightarrow \pi^*$ 跃迁产生的强吸收带，如 C=C—C=C $\rightarrow$ C$^+$—C=C—C$^-$、C=C—C=O $\rightarrow$ C$^+$—C=C—O$^-$。其产生相当于整个共轭键的基态向极性激发态跃迁。K 带是紫

外-可见光谱法中应用最多的吸收带,其 λ_{max} 的位置及强度与共轭体系中的双键数目、位置及取代基的种类有关,其波长随共轭体系的增长而发生红移,吸收强度也随之增加,而 R 带则不然。据此,可区分 K 带与 R 带,并判断共轭体系的存在情况。B 带(源自 Benzenoid)是指由芳香族化合物的 $\pi \rightarrow \pi^*$ 跃迁产生的精细结构吸收带。B 带是芳香族化合物的特征吸收,但在极性溶剂中时精细结构消失或变得不明显。E 带(源自 Ethylenic)是指由芳香族化合物烯键 π 电子的 $\pi \rightarrow \pi^*$ 跃迁产生的吸收带,也是芳香族化合物的特征吸收,可分为 E_1 带和 E_2 带。表 6-1 列出了对吸收带的划分,落在 200~780nm 的紫外-可见光区的吸收常用于有机化合物的结构解析以及定量分析。

表 6-1 紫外-可见光谱法中吸收带的划分

吸收带	特征	$\varepsilon_{max}/[L/(mol \cdot cm)]$	跃迁类型
远紫外区	远紫外区测定	—	$\sigma \rightarrow \sigma^*$
端吸收	紫外区短波长端至远紫外区的强吸收	—	$n \rightarrow \sigma^*$
E_1 (180~184nm)	芳香环的双键吸收	>200	$\pi \rightarrow \pi^*$
K(220~250nm)、E_2(200~204nm)	共轭多烯、C≡C—C=O 等的吸收	>10000	
B(230~270nm)	含芳环化合物的吸收,有的具有精细结构	>100	
R(200~400nm)	—C=O、—N=N—和—NO_2 等含 n 电子基团的吸收	<100	$n \rightarrow \pi^*$

4. 分子中价电子的跃迁类型

根据分子轨道理论,与有机物分子紫外-可见光谱有关的价电子主要有三种:形成单键的 σ 电子、形成双键的 π 电子以及未共享(或称为非键的)的 n 电子。各种电子的能级高低次序为 $\sigma^* > \pi^* > n > \pi > \sigma$。当分子吸收可见光或紫外光后,分子中的价电子跃迁到激发态,其主要跃迁方式有 $\sigma \rightarrow \sigma^*$、$n \rightarrow \sigma^*$、$\pi \rightarrow \pi^*$ 和 $n \rightarrow \pi^*$ 等跃迁,各种跃迁所需能量高低次序为:$\sigma \rightarrow \sigma^*$ 跃迁 > $n \rightarrow \sigma^*$ 跃迁 ≥ $\pi \rightarrow \pi^*$ 跃迁 > $n \rightarrow \pi^*$ 跃迁。

(1) $\sigma \rightarrow \sigma^*$ 跃迁:由单键构成的有机化合物如饱和烃类能产生 $\sigma \rightarrow \sigma^*$ 跃迁,但所需能量大,吸收峰位于远紫外区或真空紫外区,其最大吸收波长 $\lambda_{max} < 200nm$。由于这些成键 σ 电子在近紫外和可见光区不产生吸收,故常用饱和烃类化合物作为紫外-可见光谱分析时的溶剂(如正己烷、正庚烷等)。一般紫外-可见光谱仪不能用来研究远紫外吸收光谱。

(2) $n \rightarrow \sigma^*$ 跃迁:含有未共享电子对的取代基都可能发生 $n \rightarrow \sigma^*$ 跃迁,因此含有 S、N、O、Cl、Br、I 等杂原子基团(如—NH_2、—OH、—SH、—X 等)的饱和烃衍生物都会出现一个由 $n \rightarrow \sigma^*$ 跃迁产生的吸收谱带。$n \rightarrow \sigma^*$ 跃迁也是一种高能量跃迁,产生的吸收谱带大多落在远紫外区,其最大吸收波长 $\lambda_{max} = 150~250nm$。由于跃迁所需能量与 n 电子所属原子的性质有关,因此杂原子的电负性越小,电子越易被激发,激发波长越长。由 $n \rightarrow \sigma^*$ 跃迁产生的吸收谱带有时也落在近紫外区,如碘代烷的最大吸收波长 $\lambda_{max} = 260nm$。

(3) $\pi \rightarrow \pi^*$ 跃迁:凡含有双键或三键的不饱和有机化合物都能产生 $\pi \rightarrow \pi^*$ 跃迁。这种跃迁所需能量较少,并且随双键共轭程度增加,跃迁所需能量逐渐减少,吸收波长红移,λ_{max} 和 ε_{max} 均增加。例如,单个双键的最大吸收波长 λ_{max} 一般为 150~200nm,乙烯的 $\lambda_{max} = 185nm$。

含共轭双键的分子，如丁二烯的 λ_{max} = 217nm，己三烯的 λ_{max} = 258nm。

(4) n → π*跃迁：凡含有杂原子的双键不饱和有机化合物都能产生 n → π*跃迁。这种跃迁所需能量最低，所产生的吸收峰在 200~800nm，属于弱吸收。π → π*跃迁和 n → π*跃迁所产生的吸收谱带的区别是，π → π*跃迁的跃迁概率大，是强吸收带，而 n → π*跃迁的跃迁概率小，是弱吸收带，一般 ε_{max} < 500L/(mol·cm)。许多化合物既有 π 电子又有 n 电子，在光辐射作用下，既有 π → π*跃迁又有 n → π*跃迁。例如，—COOR 基团，π → π*跃迁的 λ_{max} = 165nm，ε_{max} = 4000L/(mol·cm)；而 n → π*跃迁的 λ_{max} = 205nm，ε_{max} = 50L/(mol·cm)。π → π*跃迁和 n → π*跃迁都要求有机化合物分子中含有能提供 π 轨道的不饱和基团。

(5) 电荷转移跃迁：某些分子同时具有电子给体和电子受体。当外来辐射照射这些分子时，电子由给体转移到受体的跃迁称为电荷转移跃迁，由此产生的吸收光谱称为电荷转移吸收光谱。电荷转移跃迁实质上是一个内氧化还原过程，可表示为：$D \cdots A \xrightarrow{hv} D^+ — A^-$，其中，D 与 A 分别代表电子给体与电子受体。

5. 影响紫外-可见光谱的主要因素

分子的紫外-可见光谱主要取决于分子中价电子的能级跃迁，但分子内部的结构和外部环境等因素对吸收谱带都有影响，具体表现为谱带位移、谱带强度的变化、谱带精细结构的出现或消失等。这些影响紫外-可见光谱的因素主要有

(1) 共轭效应：当化合物分子中含两个或两个以上不饱和键形成的共轭体系时，最高占据分子轨道(HOMO)能级升高，最低未占分子轨道(LUMO)能级降低，π 电子的运动范围增大，电子离域到多个原子之间引起 π 轨道的能量降低，π → π*跃迁的能级差 ΔE 减小，同时跃迁概率增大，吸收光谱产生红移，ε 增大，这一现象称为生色团的共轭效应。共轭不饱和键数目越多，红移现象越显著，吸收强度越强。

(2) 取代基效应：当分子中存在给电子基或吸电子基时，分子的电子光谱吸收带会发生改变。在光的作用下，有机化合物都有发生极化而转变为激发态的趋向。当共轭双键的两端有容易使电子流动的基团(给电子基或吸电子基)时，极化现象显著增加。给电子基为含有未共用电子对原子的基团，如—NH$_2$、—OH 和—SH 等。这些基团中，未共用电子对的流动性很大，能与共轭体系中的 π 电子相互作用，引起永久性的电荷转移而形成 p-π 共轭，降低了参与共轭的电子的能量，λ_{max} 红移。那些易吸引电子而使电子容易流动的吸电子基团，如—NO$_2$、—C=O 和—C=NH 等，也能引起 π 电子的永久性转移，λ_{max} 红移，π 电子流动性增加，吸收强度增加。当给电子基与吸电子基同时存在时，产生分子内电荷转移吸收，λ_{max} 红移，ε_{max} 增加。给电子基的给电子能力顺序为

—N(C$_2$H$_5$)$_2$ > —N(CH$_3$)$_2$ > —NH$_2$ > —OH > —OCH$_3$ >
—NHCOCH$_3$ > —OCOCH$_3$ > —CH$_2$CH$_2$COOH > —H

吸电子基的吸引电子强度顺序为

—N$^+$(CH$_3$)$_3$ > —NO$_2$ > —SO$_3$H > —CHO > —COO$^-$ >
—COOH > —COOCH$_3$ > —Cl > —Br > —I

(3) 空间结构效应：分子的空间位阻、构象、跨环共轭等因素均会导致吸收光谱的红移或蓝移并常伴有增色或减色。其中，空间位阻效应是指由分子中基团的非键斥力

引起生色团或助色团之间共轭程度的改变,进而引起分子的电子光谱吸收带发生改变的现象。共轭体系中各生色因子应处于同一平面才能达到有效的共轭。若生色团之间、生色团与助色团之间太拥挤,就会相互排斥于同一平面之外,使共轭程度降低。空间位阻效应的存在能引起光谱吸收波长 λ_{max} 蓝移,ε_{max} 降低,且分子中取代基越大,分子共平面性越差,分子原有共轭体系破坏越严重,λ_{max} 蓝移程度增加,且 ε_{max} 降低越明显。顺反异构效应是指分子中因双键或环上取代基在空间排列不同而形成顺反异构体,进而引起分子的电子光谱吸收带发生改变的现象。互为顺反异构的化合物,其紫外光谱有明显差别,一般地,反式异构体电子离域范围较大,键的张力较小,$\pi \rightarrow \pi^*$ 跃迁位于长波端,吸收强度也较大。跨环效应是指在化合物分子(尤其是具有环状体系的分子)中,当两个非共轭生色团处于有利于其电子轨道间发生相互重叠作用的空间位置时,分子显示出类似共轭体系的光谱特性,从而引起分子的电子光谱吸收带发生改变的现象。由跨环效应产生的光谱既非两个孤立生色团光谱的加和,也不同于两个生色团共轭后的光谱。在有些分子中,羰基或烯键通过跨环共轭,可以产生中等强度的 $\pi \rightarrow \pi^*$ 跃迁吸收带。

(4) 溶剂效应:当溶剂极性不同时也会引起分子吸收光谱的红移或蓝移现象。一般地,对于化合物的紫外-可见光谱而言,极性溶剂的影响大于非极性溶剂。在非极性溶剂中测得的吸收光谱较接近于化合物在气态时的吸收光谱,可以呈现出孤立分子的精细结构。另外,质子性溶剂容易与吸光分子形成氢键。在 $n \rightarrow \pi^*$ 跃迁中,基态 n 电子与极性溶剂形成氢键,降低了基态能量,使激发态与基态之间的能量差变大,导致吸收带 λ_{max} 蓝移。而在 $\pi \rightarrow \pi^*$ 跃迁中,激发态极性大于基态,当使用极性大的溶剂时,由于溶剂与溶质的相互作用,激发态 π^* 轨道比基态 π 轨道的能量下降更多,因而能量差减小,导致吸收带 λ_{max} 红移。

6.1.2 仪器组成

紫外-可见光谱仪由光源、单色器、吸收池、检测器以及数据处理系统等部分组成(图 6-2),其工作原理是:由光源钨灯(可见区光源)或氘灯(紫外区光源)发出的光经滤光片滤光后,经入射狭缝进入凹面光栅产生分光。分光后的光束通过出射狭缝到达平面镜 1,经旋转镜交替变向通过凹面镜 1、参比池、凹面镜 2、平面镜 2 和样品池,最后分别经凹面镜和平面镜反射后进入检测器检测,得到的电信号经数据处理后形成紫外-可见光谱图。

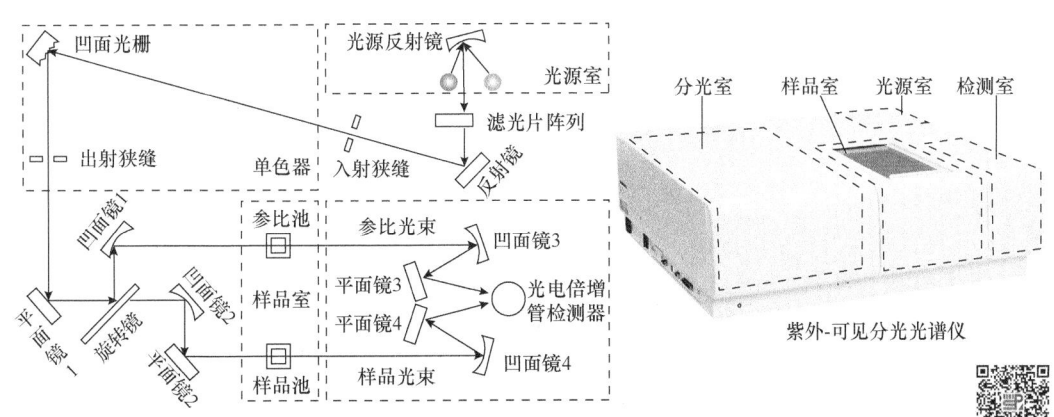

图 6-2 双光束紫外-可见光谱仪内部主要结构示意图及光路图

1. 光源

紫外-可见光谱仪常用的光源有热辐射光源和气体放电光源。热辐射光源利用固体灯丝材料高温放热产生的辐射作为光源,如钨灯、卤钨灯均在可见区使用。气体放电光源一般为氢灯或氘灯,能在低压直流电条件下由氢或氘气放电产生连续辐射,在紫外区使用。气体放电光源虽然能提供低至160nm的辐射,但石英窗口材料使短波辐射的透过受到限制(石英和熔融石英的截止波长分别约为200nm和185nm),当大于360nm时,氢的发射谱线叠加于连续光谱之上,不宜使用。

2. 分光系统及检测器

紫外-可见光谱仪常用的分光系统由入射狭缝、准直镜、色散元件、物镜和出射狭缝构成。其中,最常用的色散元件是前面章节中所介绍的光栅。

紫外-可见光谱仪常用的检测器是光电二极管阵列检测器(photodiode array detector, DAD),其光谱响应范围是190~1100nm。它是在晶体硅上紧密排列了一系列光电二极管(>15000个/mm^2),每个二极管都与其邻近的二极管绝缘,且都联结到一个共同的n型层上。当光电二极管阵列表面被电子束扫描时,每个p型柱被充电到电子束的电位,起一个充电电容器的作用。当光子打到n型表面后形成空穴,空穴向p区移动,沿入射辐射光路上的几个电容器放电。当电子束再次扫到这些电容器时,又使其充电。充电电流随后被放大作为信号。这种检测器的每个二极管相当于一个单色器的出口狭缝。二极管越多,检测器的分辨率越高。一个二极管通常对应接受光谱上一个纳米谱带宽的单色光。

6.1.3 定性与定量分析

1. 定性分析

紫外-可见光谱的形状、吸收峰的数目、最大吸收波长的位置和相应的摩尔吸收系数可用于有机化合物定性分析。通常,相同结构的化合物的紫外-可见光谱相同。但是反过来,吸收光谱相同并不一定意味着化合物结构相同。因此,利用紫外-可见光谱法定性时,需要联合化学分析法、红外、质谱、核磁等分析方法,并利用下述规律来分析:

(1) 若200~400nm区间无吸收峰,则化合物应无共轭双键存在,或为饱和有机化合物。

(2) 若270~350nm区间有很弱的吸收峰[ε_{max} = 10~100L/(mol·cm)],并且在200nm以上无其他吸收峰,则该化合物含有带孤对电子的未共轭的发色团(如C=O、C=C—O、C=C—N等),其弱峰是由n→π*跃迁引起的。

(3) 若有吸收峰出现在可见区,则该化合物结构中可能具有长链共轭体系或稠环芳香发色团。若化合物有颜色,则至少有4~5个相互共轭的发色团(主要指双键),但某些含氮化合物及碘仿等除外。

(4) 若长波吸收峰强度ε_{max}在10000~20000L/(mol·cm)之间时,则化合物有α,β-不饱和酮或共轭烯烃结构。若长波吸收峰大于250nm,且ε_{max}在1000~10000L/(mol·cm)之间时,则该化合物通常具有芳香结构。峰的精细结构是芳环的特征吸收。但当芳环被取代后共轭体系延长时,ε_{max}可大于10000L/(mol·cm)。

2. 定量分析

紫外-可见光谱用于定量分析的方法主要有单组分定量法、多组分定量法、差示分光光度法和导数分光光度法等。这里仅介绍前两种方法。

1) 单组分定量法

单组分定量分析常采用标准曲线法。当样品组成比较复杂、难以制备组成匹配的标样时用标准加入法。制作标准曲线时，实验点浓度所跨范围要尽可能宽，并使未知样品的浓度位于曲线的中央部分，实验点用最小二乘法拟合，以保证标准曲线具有良好的精度。

2) 多组分定量法

根据吸光度加和性原理，对于两种或两种以上吸光组分的混合物的定量分析，可不需分离而直接测定。吸收峰的相互干扰可分为以下三种情况(图 6-3)：

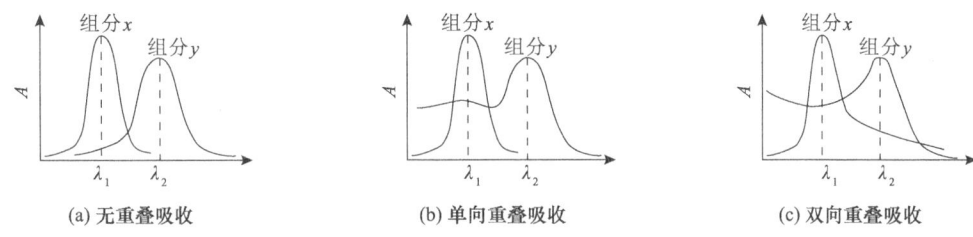

图 6-3 多组分吸收的吸收光谱重叠情况

(1) 吸收光谱无重叠[图 6-3 (a)]：混合物中组分 x 上的吸收峰无干扰，即在 λ_1 处，组分 y 无吸收，而在 λ_2 处，组分 x 无吸收。因此，可按单组分的测定方法分别在 λ_1 和 λ_2 处测得组分 x 和 y 的浓度。

(2) 吸收光谱单向重叠[图 6-3 (b)]：在 λ_1 处测定组分 x，组分 y 有干扰，在 λ_2 处测定组分 y，组分 x 无干扰，因此可先在 λ_2 处测定组分 y 的吸光度 $A_{\lambda_2}^{y}$，此时

$$A_{\lambda_2}^{y} = \varepsilon_{\lambda_2}^{y} c_y b \tag{6-12}$$

其中，$\varepsilon_{\lambda_2}^{y}$ 为组分 y 在 λ_2 处的摩尔吸收系数，可由组分 y 的标液求得；b 为吸收池的厚度。由式(6-12)可求组分 y 的浓度 c_y，然后在 λ_1 处测定组分 x 和组分 y 的吸光度 $A_{\lambda_1}^{x+y}$，此时

$$A_{\lambda_1}^{x+y} = A_{\lambda_1}^{x} + A_{\lambda_1}^{y} = \varepsilon_{\lambda_1}^{x} c_x b + \varepsilon_{\lambda_1}^{y} c_y b \tag{6-13}$$

其中，$\varepsilon_{\lambda_1}^{x}$ 和 $\varepsilon_{\lambda_1}^{y}$ 分别为组分 x 和 y 在 λ_1 处的摩尔吸收系数，可由各自的标液求得。将由式 (6-12)求出的 c_y 代入即可求出组分 x 的浓度 c_x。

(3) 吸收光谱双向重叠[图 6-3 (c)]：组分 x、y 的吸收光谱互相重叠，同样由吸光度加和性原则，在 λ_1 和 λ_2 处分别测得总的吸光度 $A_{\lambda_1}^{x+y}$ 和 $A_{\lambda_2}^{x+y}$，此时

$$A_{\lambda_1}^{x+y} = A_{\lambda_1}^{x} + A_{\lambda_1}^{y} = \varepsilon_{\lambda_1}^{x} c_x b + \varepsilon_{\lambda_1}^{y} c_y b, \quad A_{\lambda_2}^{x+y} = A_{\lambda_2}^{x} + A_{\lambda_2}^{y} = \varepsilon_{\lambda_2}^{x} c_x b + \varepsilon_{\lambda_2}^{y} c_y b \tag{6-14}$$

其中，$\varepsilon_{\lambda_1}^{x}$、$\varepsilon_{\lambda_2}^{x}$、$\varepsilon_{\lambda_1}^{y}$ 和 $\varepsilon_{\lambda_2}^{y}$ 分别为组分 x 和 y 在 λ_1 和 λ_2 处的摩尔吸收系数，它们同样可由各自的标液求得。因此，通过解方程求得组分 x 和 y 的浓度 c_x 和 c_y。显然，有 n 个组分的混合物也可用此法建立 n 个方程组，进而求得各自组分的含量。但随着组分增多，实验结

果误差会增大，准确度也会降低。

6.1.4 特点及应用

紫外-可见光谱法的优点主要有：①与经典化学分析法相比，所能测的试液浓度下限达 $10^{-6} \sim 10^{-5}$ mol/L，相对误差为 2%～5%，检测准确度比较高、灵敏度高、检出限低，适用于微量组分的测定，但不适用于中、高组分的测定；②选择性好，一般可在多组分共存的溶液中直接测定待测组分；③样品用量少(<2mg)，测定时间短，如光电二极管阵列检测系统可在 0.1s 内采集紫外-可见全谱(190～1100nm)；④仪器操作简单、价格便宜等。紫外-可见光谱法的不足主要体现在：①由于很多化合物在紫外-可见区没有或只有弱吸收，紫外-可见光谱一般也比较简单，特征性不强，因此紫外-可见光谱定性能力远不如红外光谱强；②不能鉴定结构相似的化合物，如某化合物的生色基团相同，分子结构不同，但其紫外-可见吸收光谱却无明显差别。

紫外-可见光谱法的定量分析能力要优于其定性分析能力，主要应用于以下几个方面：

(1) 化合物鉴定。把样品光谱图与其标准光谱图进行比较可判别是否为同一化合物。若它们的吸收光谱曲线完全等同(λ_{max} 及相应的 ε_{max} 均相同)，则可以认为是同一物质。目前，大多数光谱仪所配套的光谱分析软件配备了标准谱库用于光谱比较。另外，还可以利用光谱数据库软件以及一些在线光谱数据库进行查询。

(2) 纯度检查。若有机化合物在紫外-可见光区没有明显的吸收峰，而杂质却有较强的吸收，则可利用紫外-可见光谱检验化合物的纯度。

(3) 化合物骨架结构推断。利用紫外-可见光谱可以推导有机化合物的分子骨架中是否含有共轭结构体系，如 C=C—C=C、苯环等。

(4) 立体化学研究。化合物顺式异构体的共平面性被空间位阻破坏，其最大吸收波长小于反式异构体。因此，通过紫外-可见光谱可以区分顺式和反式异构体。

(5) 物理化学常数的测定，如电离常数、化学平衡常数 (酸碱平衡、互变异构平衡和配合物形成等) 等的测定。

(6) 反应动力学测量。通过反应物或产物在恒定波长下的吸收可监测化合物化学反应进程(浓度随时间变化)。

(7) 定量分析。在质量保证/质量控制、分析研究和政府监管实验室中，紫外-可见光谱定量分析是常用的技术手段。

6.2 圆二色谱法

圆二色谱法是一种基于光学活性手性分子左右圆偏振光差分吸收的吸收光谱方法。由于光学活性手性分子将优先吸收一个方向的圆偏振光，因此可以测量和量化左右圆偏振光的吸收差异。根据用于产生圆偏振光的光源不同，圆二色谱可分为用于研究蛋白质二级结构的远紫外圆二色谱、用于研究蛋白质三级结构的近紫外圆二色谱和用于监测金属离子蛋白质相互作用的可见光圆二色谱等三类。

6.2.1 基本原理

1. 光学活性与偏振光

1) 光学活性

自然界中，从小分子到 DNA 分子、蛋白质和多糖等生物大分子都具有手性。手性是实物和其镜像不能重叠的现象。手性分子以对映体的形式存在，与其相关的一个有趣现象是它们旋转偏振光平面的能力，这就是手性分子的光学活性，即旋光性。只有含有手性结构的分子才具有光学活性。研究手性化合物的方法有 X 射线单晶衍射法、核磁共振波谱法、旋光法和圆二色谱法等。其中，X 射线单晶衍射是确定蛋白质构象最准确的方法。但对结构复杂、柔性的生物大分子蛋白质来说，该方法很难得到所需的晶体结构信息。二维、多维核磁共振技术能测出溶液状态下较小蛋白质的构象，可是对分子质量较大的蛋白质的计算处理非常复杂。而圆二色谱法用于确定分子的光学异构和二级结构，是为数不多的结构评估方法之一，可以作为许多传统分析技术的替代和放大，具有数据收集快速和使用方便等优点。

2) 偏振光

光是一种电磁波，其电场或磁场振动方向与光的传播方向垂直，即光波中的电振动矢量 E 和磁振动矢量 H 都与传播速度 v 垂直。在普通光中，光波可以在垂直于其传播方向的平面上的任何方向振动。因此，光波的传播方向就是电磁波的传播方向。振动方向对于传播方向的不对称性称为偏振，它是横波区别于其他纵波的一个最明显的标志，只有横波才有偏振现象。光波是横波，是具有偏振性的偏振光。通常，由光源发出的光波，其光波矢量的振动在垂直于光的传播方向上做无规则取向。但从统计平均来说，在空间所有可能的方向上，光波矢量的分布可看作是机会均等的，它们的总和与光的传播方向是对称的，即光矢量具有轴对称性，且光矢量分布均匀、各方向振动的振幅相同，这种光称为自然光。当自然光通过一个由方解石制成的尼科耳棱镜时，只有振动方向和棱镜晶轴平行的光才能通过，所得到的光只在一个平面上振动。这种只在一个平面上振动的光称为平面偏振光(又称线偏振光)，如图 6-4 所示。

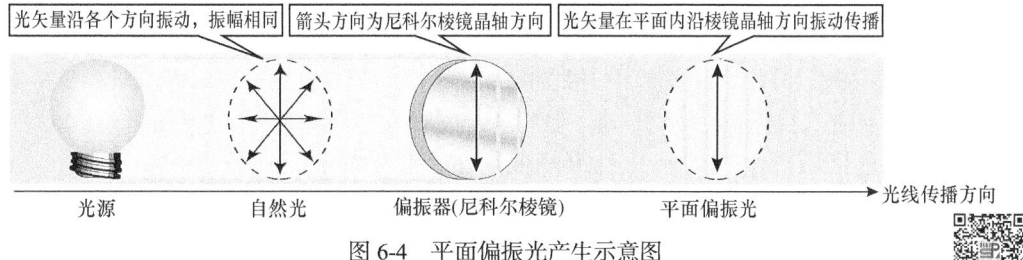

图 6-4 平面偏振光产生示意图

平面偏振光可分解为振幅和频率相同但旋转方向相反的两圆偏振光，其中电矢量以顺时针方向旋转的称为右旋圆偏振光，以逆时针方向旋转的称为左旋圆偏振光。两束振幅、频率相同，而旋转方向相反的偏振光可以合成为一束平面偏振光。若两束偏振光的振幅(强度)不同，则合成一束椭圆偏振光。因此，当平面偏振光通过具有旋光活性的介质时，由于介质中同一种旋光活性分子存在手性不同的两种构型，它们对平面偏振光所分解成的右旋圆偏振光

(E_R)和左旋圆偏振光(E_L)的吸收不同($\varepsilon_L \neq \varepsilon_R$),出射时电场矢量的振幅不同,再次合成的偏振光不是圆偏振光,而是椭圆偏振光,如图 6-5 所示。

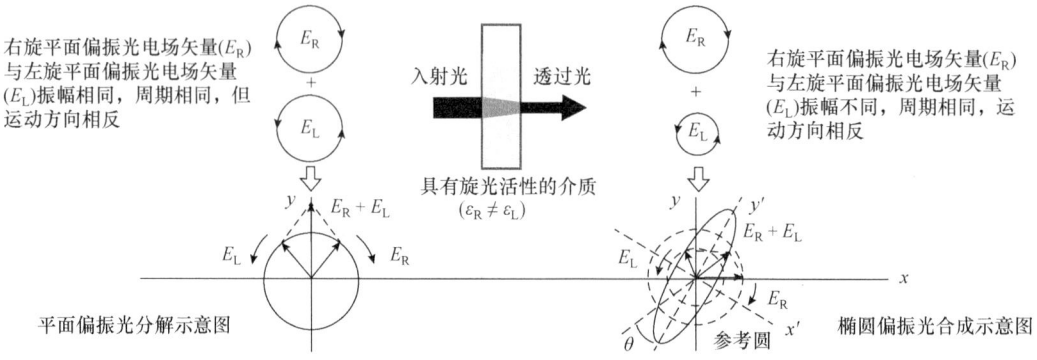

图 6-5 椭圆偏振光产生示意图

2. 圆二色性

左旋和右旋圆偏振光在通过手性介质时吸收系数差 $\Delta\varepsilon = \varepsilon_L - \varepsilon_R$ 称为手性物质的圆二色性(circular dichroism,CD),常用椭圆度 θ 或吸收系数差 $\Delta\varepsilon$ 表示。θ 是平面偏振光离开样品池的角度[毫度(mdeg)],其表示式及其与 $\Delta\varepsilon$ 的关系为

$$\theta = \arctan\left[\left|E_L - E_R\right|/(E_L + E_R)\right], \quad \Delta\varepsilon = \theta/32982c \tag{6-15}$$

其中,椭圆偏振光的椭圆度 θ 值由圆二色谱仪测定;E 为振动能量;c 为待测样品的摩尔浓度(mol/L)。理论上,非手性分子没有圆二色信号。然而当非手性分子进入手性环境时,由于手性环境的影响,就会在紫外-可见吸收区间产生非手性分子的圆二色信号,这种现象称为诱导圆二色。此处的手性环境既包括具有手性的生物大分子如 DNA、蛋白质和多糖分子等,也包括如环糊精分子、杯芳烃分子和直链淀粉等。另外,手性传递作用也会产生诱导圆二色信号,如手性分子通过共价键或非共价键等方式与非手性物质作用也会使非手性物质产生诱导圆二色信号。

3. 圆二色谱与科顿效应

圆二色谱图是以波长为横坐标,以椭圆度 θ 或吸收系数差 $\Delta\varepsilon$ 为纵坐标的谱图。图 6-6 为不同浓度核苷酸三磷酸腺苷(ATP)和一种含硼酸基团的聚噻吩衍生物(L)以及此两者混合物的圆二色谱图。图中的圆二色谱峰值出现正或负值的现象称为科顿效应(Cotton effect)。其中,正峰称为正科顿效应,负峰称为负科顿效应。理论上可以证明:当生色团的跃迁电偶极矩与磁偶极矩方向相同,即跃迁时电荷沿右手螺旋途径运动时,出现正的科顿效应,反之则出现负的科顿效应。圆二色谱反映了光与分子之间的能量交换,只有在出现紫外-可见吸收峰的情况下才可能出现圆二色谱的吸收峰,即科顿效应。正负科顿效应的意义在于:①科顿效应的正负与特定的发色团及其所处的环境相关;②科顿效应包含手性化合物结构方面的信息;③结合一定的理论可以对手性对映体的绝对构型进行判定。

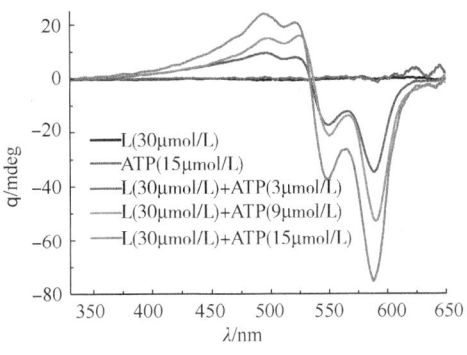

图 6-6 圆二色谱图示例[1]

6.2.2 仪器组成

圆二色谱仪主要由光源、起偏器、调制解调器、样品池和检测器等组成(图 6-7),整个仪器处于氮气保护中。圆二色谱仪的光源一般为氙灯,起偏器为尼科耳棱镜(天然方解石)或罗雄棱镜(结晶状石英),用以产生平面偏振光。调制解调器施加有几万赫兹的高频交变电压,用以将单色的平面偏振光以相同频率交替地变化为左旋、右旋圆偏振光。检测器为光电倍增管。工作时,由氙灯产生的光通过单色器后变为单色光,经过起偏器后变为平面偏振光。平面偏振光经过光电调制器分为左、右圆偏振光,再经过具有光学活性的样品。样品对左右圆偏振光的吸收不同而合成椭圆偏振光,表现出圆二色性,在检查器上表现出圆二色谱图。

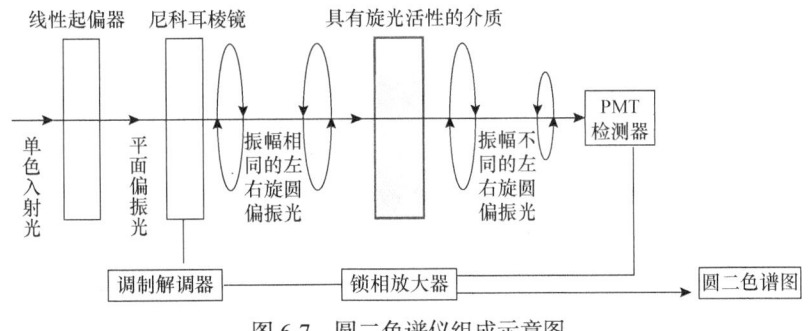

图 6-7 圆二色谱仪组成示意图

6.2.3 特点及应用

圆二色谱具有样品量少、样品纯度要求低、样品分子质量范围宽、仪器操作简单快速和较准确等特点,广泛应用在化学、生物、材料和药学等领域。例如,在生物领域,圆二色谱是研究蛋白质结构的重要工具,它可以让蛋白质处在较接近其生理状态的溶液中进行构象测定,且对构象变化灵敏。它可以提供关于蛋白质二级、三级和更高级结构的信息,且蛋白质的更高级结构信息对于生物制药应用中的蛋白质表征特别重要。图 6-8 显示了 5 种多肽和蛋白质的 4 种二级结构对应的圆二色谱图[2]。蛋白质的二级结构指的是蛋白质主链的构象,有 α 螺旋、β 折叠、β 转角和无规卷曲等 4 种常见的空间形态。蛋白质的圆二色性是蛋白质的酰胺键(肽键)的相互作用引起的。酰胺键的吸收范围在 190～250nm,所以常用此波长范围来测量蛋白质的圆二色谱。蛋白质的二级结构的不同，使得其相邻酰胺键的相互作用不同，表现为不同的圆二色谱特征。α螺旋形态由于其手性特征明显，其圆二色信号最强。

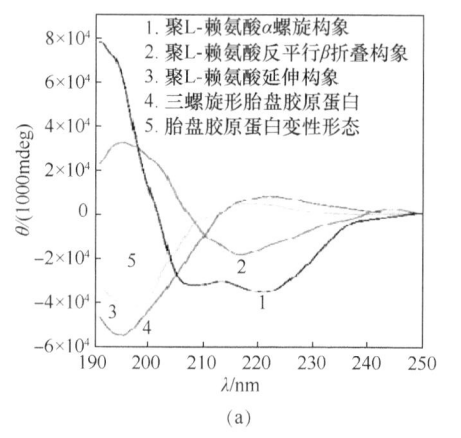 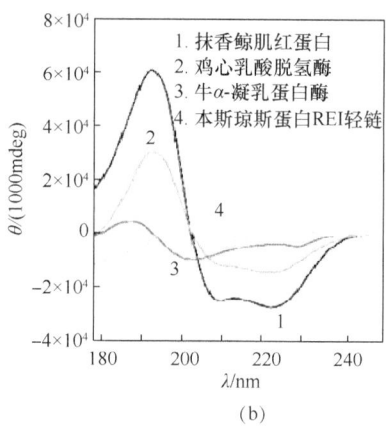

图 6-8　5 种多肽(a)和蛋白质的 4 种二级结构(b)的圆二色谱图

圆二色谱在药物研发工作中也是一种重要的测试手段。例如，青蒿素是我国特有的抗疟药，具有扭曲的过氧键结构，运用圆二色谱技术可以定量测定其含量。用圆二色谱定量分析时的精度与定量峰的选择有关。对于具有相似生色团的混合物，只要其中一种化合物是非手性的，就可以不必分离而直接进行定量分析。

【挑战性问题】

圆二色谱定量分析时，试样必须不受吸光干扰。然而在真实的样本中，背景吸收是不可避免的。试样和标样(单变量或多变量校准模型建立于其上)之间的基质差异将导致圆二色谱定量结果的系统误差。一种基于背景校正的定量圆二色谱校正策略可有效地减少由基质吸收引起的系统误差。图 6-9 为这种校正策略流程示意图，请根据所引用文献对此校正策略进行解读，并对采用此校正策略的圆二色谱定量分析性能进行分析。

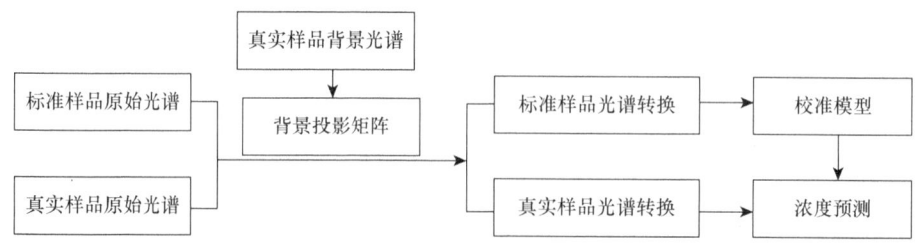

图 6-9　一种基于背景校正的定量圆二色谱校正策略流程图[3]

【一般性问题】

1. 有机化合物的电子跃迁主要类型及其光谱范围是什么？哪些类型的跃迁能够应用于紫外-可见光谱法？

2. 在有机化合物的鉴定及结构推测上，紫外-可见光谱法所提供的信息具有什么特点？

3. 在紫外-可见光谱法中为什么用吸光度-浓度(A-c)曲线作标准曲线，而不用透过率-浓度(T-c)曲线作标准曲线进行定量分析？

4. 简述圆二色谱的原理及特点。

5. 某化合物在己烷中的 λ_{max} = 305nm，在乙醇中的 λ_{max} = 307nm。则该吸收是由 n → π^* 跃迁还是 π → π^* 跃迁引起的？如何区别 n → π^* 跃迁和 π → π^* 跃迁类型？

6. 已知某有机物的组成为 $C_4H_8O_{10}$，将 95mg 该物质溶于浓度为 95%的乙醇中配成 100mL 溶液，在光程长为 1cm 的样品池中，测其吸光度为 0.23。已知其最大 λ_{max} = 293nm，试判断该有机物的可能结构。

7. 已知 25℃下，在 0.01mol/L 的 HCl 溶液中，浓度为 c_0 的未解离的 2-硝基-4-氯苯酚在 427nm 处的吸光度为 0.062；在 0.01mol/L 的 NaOH 溶液中，完全解离后的 2-硝基-4-氯苯酚在 427nm 处的吸光度为 0.855；而在 pH 为 6.22 的缓冲溶液中，2-硝基-4-氯苯酚在 427nm 处的吸光度为 0.356。试计算 2-硝基-4-氯苯酚在水中的解离常数。

参 考 文 献

[1] Liu L, Zhao L, Cheng D, et al. Highly selective fluorescence sensing and imaging of ATP using a boronic acid groups-bearing polythiophene derivate. Polymers, 2019, 11 (7): 1139.

[2] Greenfield N J. Using circular dichroism spectra to estimate protein secondary structure. Nature Protocols, 2006, 1 (6): 2876-2890.

[3] Zuo Q, Xiong S, Chen Z P, et al. A novel calibration strategy based on background correction for quantitative circular dichroism spectroscopy. Talanta, 2017, 174: 320-324.

第 7 章　分子发光分析法

物质分子的外层电子吸收一定能量后其能级由基态跃迁到激发态。激发态的分子并不稳定，它将经多种能量衰减途径返回至基态。这种能量衰减途径包括辐射和非辐射跃迁。当激发态分子以辐射跃迁途径衰减时产生的光辐射称为分子发光,以此建立的分析方法称为分子发光分析法。物质因吸收光能受激而发光，称为光致发光。光致发光根据发光机理和过程的不同又可分为荧光[fluorescence, 图 7-1 (a)]和磷光(phosphorescence)。物质因吸收电能激发而发光称为电致发光(electroluminescence)。物质因化学反应或由生物体(经由体内的化学反应)释放出来的能量激发而发光则分别称为化学发光(chemiluminescence)或生物发光(bioluminescence)。

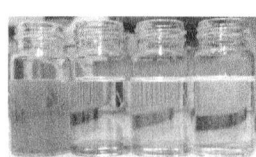
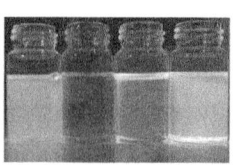

向均含有双(2,4,5-三氯水杨酸正戊酯)草酸酯和邻二甲酸二丁酯的四种溶液中加入不同荧光染料后在自然光(左图)和紫外光(右图)照射时所产生的现象。从右图中可以明显看到光致荧光现象。

(a) 光致荧光现象

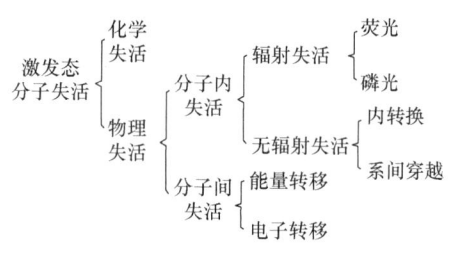

(b) 激发态分子失活的类型

图 7-1　光致荧光现象及激发态分子失活的类型

7.1　分子荧光分析法

用某一波长的入射光从一个方向照射到含荧光体的溶液，荧光体分子被激发，随后产生向各个方向的辐射，此即荧光。荧光分析法(fluorimetry)又称荧光光谱法(fluorescence spectroscopy)或荧光光度法(spectrofluorometry)，是以荧光光谱的形状和荧光峰对应的波长进行定性分析，以荧光强度与分析物浓度之间的线性关系为依据进行定量分析的分子光谱分析法。

7.1.1　基本理论

1. 分子荧光与磷光的产生

激发态分子从第一激发单重态 S_1(有时是 S_2 或 S_3，但很少)回到基态 S_0 时所产生的光辐射称为荧光。荧光是一种光致发光的冷发光现象，其能量为 $h\nu_2$(表 7-1)。由于荧光是相同多重态间的跃迁，跃迁概率较大、速度快，跃迁速率常数 k_f 为 $10^6 \sim 10^9 s^{-1}$，因此荧光又称瞬态荧光(transient fluorescence)。

表 7-1 激发态分子发生的物理过程

物理过程	过程说明
$S_0 + h\nu_1 \xrightarrow{k_a} S_1^*$	基态分子吸收一定频率(ν_1)的光子受激发
$S_1^* \longrightarrow S_1 + 热$	振动弛豫(第一激发单重态分子辐射热量降到第一单重态)
$S_1 \xrightarrow{k_f} S_0 + h\nu_2$	第一单重态分子辐射一定频率(ν_2)的光子返回基态,产生荧光
$S_2 \longrightarrow S_1 + 热$	内部转换(第二单重态分子辐射热量降到第一单重态)
$S_1 \xrightarrow{k_{isc}} T_1^*$	系间穿越(第一单重态分子能量转移到第一激发单线三重态分子)
$T_1^* \longrightarrow T_1 + 热$	振动弛豫(第一激发单线三重态分子辐射热量降到第一单线三重态)
$T_1 \xrightarrow{k_p} S_0 + h\nu_3$	第一单线三重态分子辐射一定频率(ν_3)的光子返回基态,产生磷光
$S_1 \longrightarrow S_0 + 热,\ T_1 \longrightarrow S_0 + 热$	外部转换(第一单重态或第一单线三重态分子辐射热量降到基态)
$T_1 + T_1 \xrightarrow{k_q} S_0 + S_1$	T-T 湮灭
$S_0 + S_1 \xrightarrow{k_{df}} 2S_0 + h\nu_4$	T-T 湮灭延迟荧光
$T_1 + \Delta E \xrightarrow{k_{isc}} S_1 \xrightarrow{k_f} S_0 + h\nu_5$	热活化延迟荧光

*:分子的振动激发态,其中,比 S_1 或 T_1 高的激发态没有列出;
注:k 为各过程的速率常数,下标与相应过程的英文字母缩写相对应。

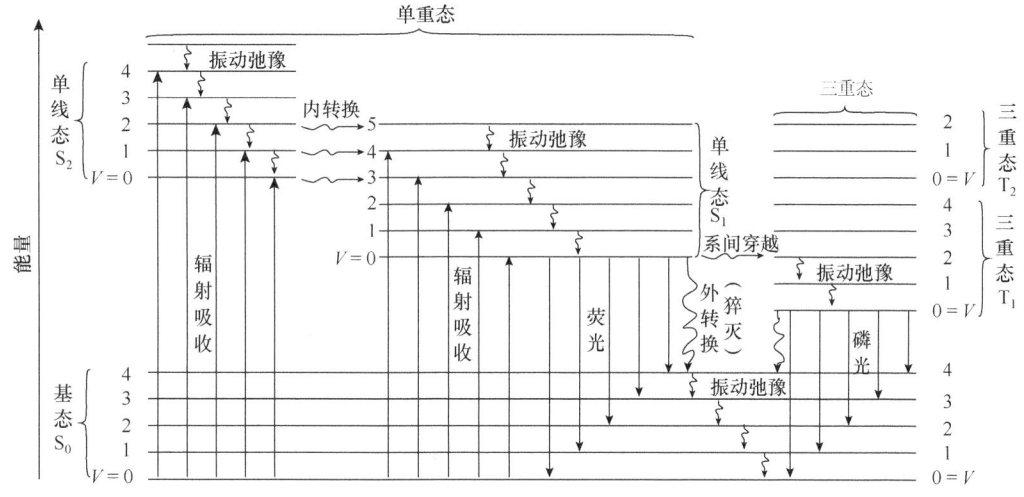

图 7-2 分子吸收和发射能量过程的 Jabłoński 能级图

分子选择性地吸收光能后从基态转变为激发态。但从基态 S_0 到第一激发三重态 T_1 的直接跃迁概率很小,几乎观察不到,因为这一跃迁伴随着分子多重态的改变,属禁阻跃迁。而从 $S_0 \rightarrow S_1$ 或从 $S_0 \rightarrow S_2$ 或 S_0 至更高的单重态(S_3,S_4,…)的跃迁是可以发生的,只是这类跃迁对应的波长逐渐变长,即 $\lambda_1 > \lambda_2 > \lambda_3 \cdots$。但这些能级的寿命($10^{-10} \sim 10^{-7}$s)比较短,尤其是在溶液或在固体中,它们很快($10^{-13} \sim 10^{-1}$s)就降落到激发单重态的最低能级 S_1。在这一过程中,能级比较高的激发态分子通过与邻近的分子相互碰撞把一小部分增长的能量分散给周围环境。这种能量降落转变得极快,它在任何辐射过程或化学变化发生以前就早已完成。因此,在绝大多数情况下,S_1激发态的最低振动能级是唯一重要的激发单重态,处于该能级的分子能发生不同的物理过程和化学变化。表 7-1 分别示意和说明了激发态分子从最低激发态 S_1 或 T_1 经辐射回到基态的物理和化学变化过程。

2. 激发态分子的失活

处于激发态的分子并不稳定,常以辐射或非辐射跃迁方式返回基态,此即激发态分子的失活(deactivation)。辐射和非辐射过程一般用波兰物理学家 Aleksander Jabłoński (1898—1980)提出的能级图图 7-2[1]来描述。分子激发多重态的失活过程有非辐射失活、辐射失活和分子间能量转移三种方式。前两者是分子内的能量失活过程,分子间能量转移属于分子间的失活过程。无论分子间物理失活和化学反应有没有发生,分子内物理失活总是要发生的。由图 7-2 可见,辐射失活主要通过荧光或磷光发生,而非辐射失活主要通过以下几种途径发生。

(1) 振动弛豫(vibration relaxation, VR):同一电子能级中存在不同振动能级间的跃迁。被激发到高能级上的分子将其过剩的能量以振动能的形式失去,对应着从高振动能级向低振动能级跃迁。由振动弛豫产生的失活相当于分子间发生碰撞,碰撞时以红外线即热能的形式将能量传递给溶剂分子。振动失活时间为 $10^{-12} \sim 10^{-9}$s。

(2) 内转换(intersystem crossing, ISC):振动失活发生在多重态相同的电子能级间,如 $S_2 \to S_1$、$T_2 \to T_1$ 能级间进行的无辐射跃迁,振动失活时间在 10^{-13}s 以内。

(3) 外转换(external conversion, EC):激发态分子与溶剂或其他溶质分子碰撞引起能量的非辐射跃迁。从最低激发单重态或三重态非辐射地回到基态的过程就可能包括了外转换。当降低温度或提高溶液黏度时,激发态分子与溶剂或其他溶质分子碰撞减少,荧光强度将增加。

(4) 系间穿越:不同多重态间有重叠的转动能级间存在非辐射失活过程,如 $S_1 \to T_1$。由于系间穿越伴随激发态分子电子自旋方向的改变,因此不如内转换容易,一般需 10^{-6}s。

3. 分子荧光的参数

(1) 荧光效率:荧光的产生包含分子的激发和发射两个过程。因此,物质分子产生荧光必须同时具备两个条件:①必须有强的紫外-可见吸收,即物质分子具有电子吸收光谱的特征结构;②必须具备较高的荧光效率。荧光效率可表示为式(4-25),它表示物质发射荧光的本领,其值越大,荧光体(包括荧光官能团、荧光分子和荧光分子聚集体等)产生的荧光越强。受激分子在回到基态的过程中,若没有其他去活化过程与发射荧光过程相竞争,那么在这一段时间内,所有激发态分子都将以发射荧光的方式回到基态。此时,体系的荧光量子效率等于 1。但事实上任何物质的荧光效率都不可能等于 1,而是为 0~1。例如,罗丹明 B、蒽、菲及萘在乙醇中的荧光效率分别为 0.97、0.30、0.10 及 0.12。实践中,只有当荧光效率为 0.1~1 时才有分析价值。通过荧光效率可揭示影响荧光体系的各种内部和外部因素。内部因素包括如分子中电子的跃迁类型和分子的内部结构等,外部因素包括溶剂的类型、温度、黏度等。

(2) 荧光强度：荧光强度的计算公式与原子荧光的相同，即 $F = Kc$。实践中，用某一波长下的荧光强度来表示某种物质的荧光量，所表示的是相对强度，单位为任意单位。荧光强度随着样品浓度的升高而逐渐变大。但当荧光强度逐渐增大到一定值后，不会再随样品浓度的升高而增大，反而会随着样品浓度的升高而降低，即产生荧光猝灭。另外，溶液内部还存在内滤效应，即当荧光体浓度较大或荧光体与其他吸光物质共存于溶液中时，荧光体或其他吸光物质会吸收激发光或发射光，从而导致荧光减弱。内滤效应会导致荧光强度与浓度之间的线性关系偏离，甚至造成光谱形状的畸变。

(3) 荧光寿命：激发态分子 M^* 的发光衰减速率符合一级动力学反应：

$$d[M^*]/dt = -k[M^*] \tag{7-1}$$

其中，一阶导数 $d[M^*]/dt$ 为反应速率；$[M^*]$ 为 t 时刻 M^* 的浓度；t 为反应时间；k 为一级动力学反应速率常数，且 $k > 0$；负号表示反应物 M^* 的浓度在衰减。对式(7-1)积分有

$$[M^*] = [M_0^*]e^{-kt} \tag{7-2}$$

定义荧光寿命 τ 为激发态分子浓度 $[M^*]$ 降低到其初始浓度 $[M_0^*]$ 的 $1/e$ 所经历的时间，

$$\ln[M^*] = \ln[M_0^*] - t/\tau \tag{7-3}$$

一定浓度范围内，$[M^*]$ 正比于荧光强度 F，因此荧光强度 F 的衰减可表示为

$$\ln F = \ln F_0 - t/\tau \tag{7-4}$$

以 $\ln F$ 对 t 作图，得斜率为 $1/\tau$ 的直线，由此可计算荧光寿命 τ。当发光是激发态分子回到基态的唯一失活过程时，发光强度降低为零所需要的时间称为该激发态分子的自然发光寿命，用 τ_0 表示。其辐射速率常数以 k_f 表示，且 $\tau_0 = 1/k_f$，τ_0 与吸收强度的近似关系式为

$$\tau_0 \approx 10^{-4} g/\varepsilon_{\max} \tag{7-5}$$

其中，g 为发生跃迁的电子多重态。单重态时，$g = 1$；三重态时，$g = 3$。从式(7-5)可估算激发态的辐射寿命。若一般有机化合物 $g = 1$ 的 $\pi \to \pi^*$ 跃迁的 $\varepsilon_{\max} = 10^4$，则荧光寿命约为 10^{-8} s。而单重态(自旋反平行)向三重态(自旋平行)的吸收跃迁是禁阻跃迁，$\varepsilon_{\max}$ 很小，因此 $g = 3$ 的三重态的辐射跃迁产生的辐射(磷光)的自然寿命很长(有的可以长达秒级)。发光寿命是荧光体的一个特征参数，不仅用于定性鉴定，而且可以利用其差别进行时间分辨荧光(或磷光)分析。

(4) 相对荧光效率：测量量子产率的方法有绝对法和相对法。绝对法是用积分球直接测定荧光体量子产率，但由于荧光的非单色性、各向的不均匀性和二级发射等原因，荧光量子产率直接测定的重复性往往较差。实验中若采用相对法测定荧光体的量子产率就比较简单，具体方法是：在同样条件下测量荧光体和已知量子产率的参比荧光体[如 0.05mol/L 硫酸-硫酸奎宁溶液($\Phi_s = 0.55$)等]的校正荧光(或磷光)光谱的积分发光强度 F 及其在该激发波长下的吸光度 A，就可以按下式求得待测荧光体的量子产率 Φ_x：

$$\Phi_x = \Phi_s F_x A_s / F_s A_x \tag{7-6}$$

其中，下标 x 和 s 分别表示待测及参比荧光体。

4. 分子荧光光谱的类型

荧光和磷光均属于光致发光,都涉及激发光(荧光体吸收光)和发射光(荧光体发射光),因而也都具有激发光谱和发射光谱。图 7-3 分别是室温下蒽和菲的乙醇溶液的激发光谱、荧光光谱和磷光光谱及能级跃迁。

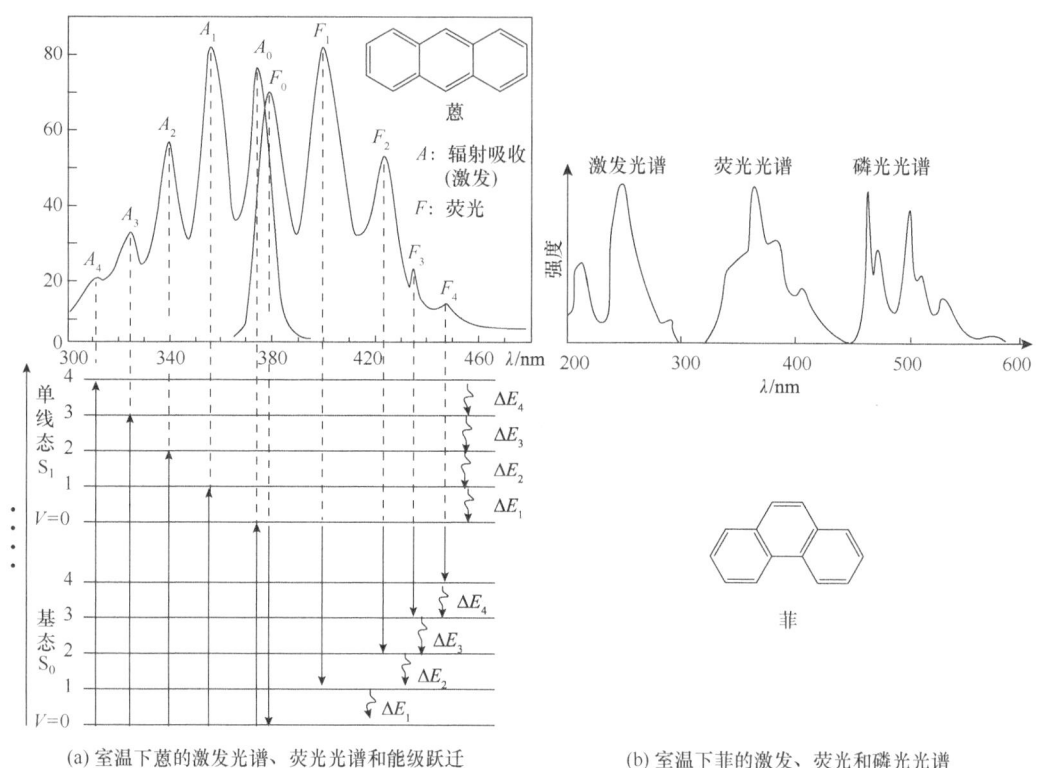

(a) 室温下蒽的激发光谱、荧光光谱和能级跃迁　　　　(b) 室温下菲的激发、荧光和磷光光谱

图 7-3　室温下蒽[2]和菲[3]的激发、荧光和磷光光谱及能级跃迁

激发光谱和发射光谱都是荧光物质的特征光谱,通常用来鉴别荧光物质,而且还是选择测定波长的依据,是荧光和磷光定性定量分析的基础。两种光谱中,发射光谱又称荧光光谱,它是将激发单色器固定在某一波长,测定荧光物质在不同荧光(发射)波长下的荧光强度,以荧光波长(λ_{em})为横坐标,荧光强度为纵坐标作图而获得的光谱曲线($F - \lambda_{em}$ 曲线)。它表示了在所发射的荧光中各波长的相对强度分布,提供了激发和发射光谱、峰位、峰强度、量子产率、荧光寿命和荧光偏振度等信息,是定性和定量分析的基础。分析时,一般选最强荧光强度的波长 $\lambda_{em(max)}$ 为测定波长,以提高方法灵敏度。激发光谱是将发射单色器固定在某一波长,测定荧光物质在不同激发波长入射光下的荧光强度,并以激发波长(λ_{ex})为横坐标,荧光强度为纵坐标作图而获得的光谱曲线($F - \lambda_{ex}$ 曲线)。激发光谱表示了由不同激发波长的辐射引起物质发射某一波长荧光的相对效率,反映了在某一固定的发射波长下所测量的荧光强度对激发波长的依赖关系。激发光谱相当于荧光物质的表观吸收光谱,其形状与吸收光谱极为相似。分析时,一般选择能产生最强荧光强度的激发波长 $\lambda_{ex(max)}$ 为测定波长,以提高分析方法的灵敏度。

由图 7-3 可见，传统的荧光发射或激发光谱只是在某一个激发或发射波长下扫描所得的二维谱图。事实上，荧光强度与激发光的波长和所测量的发射光的波长有关，是激发波长和发射波长两者的函数，所以传统的荧光发射光谱或激发光谱并不能完整地描述物质的荧光特征。而三维荧光光谱法却能够同时获得荧光强度与激发波长、发射波长或其他变量(如时间、相角等)等同时变化的信息。在数学处理上，若将物质的荧光强度数据用矩阵形式表示，该矩阵的行和列对应不同的激发光波长和发射光波长，则每个矩阵元分别为在激发光波长激发下发射光波长的荧光强度，称为激发发射矩阵。基于激发发射矩阵而生成的荧光强度随激发波长和发射波长变化关系的矩阵光谱称为三维荧光光谱(图 7-4)，也称为总发光光谱图。

三维荧光光谱形象化表示方式有两种，即等距三维投影图和等高线图。等距三维投影图是三维显示的空间曲线光谱图，它是一种以发射波长(X 轴)、激发波长(Y 轴)和荧光强度(Z 轴)为三维坐标，从而获得的三维荧光立体图[图 7-4 (a)]。这种立体图收集了荧光体的总荧光数据，是一系列荧光激发光谱和发射光谱的数据集合。图中所示荧光强度、峰位置、主峰陡度及其走向角度等特征参数全面展现样品的荧光信息，是识别荧光体样品的依据。等高线图又称等强度指纹图，是二维显示的等强度线光谱图，它是一种将三维荧光立体图中各荧光强度相同的点用线连接后，投影到发射波长对激发波长的二维平面上而形成的二维曲线图[图 7-4 (b)]。该图由一系列闭合曲线组成，其中心最小闭合曲线的位置对应于三维立体图的峰位置。闭合曲线的疏密与立体图中峰的陡度有关，形状与立体图中峰的形状和走向角度有关。由于等高线投影图闭合曲线的形状、位置等特点与荧光体的光谱特性和含量相关，具有指纹性，因而又称为"荧光指纹"。利用指纹图谱可以对荧光体进行分类和鉴别的分析。等高线投影图是三维立体图降维显示的结果，解决了立体图中多峰遮蔽不易观察的问题，集中体现了荧光体成分和组分方面的微观特征，清晰地揭示了谱图的微细结构，表达了荧光体较为完整的荧光信息，因而在实践中比三维立体图更具有意义和应用价值。

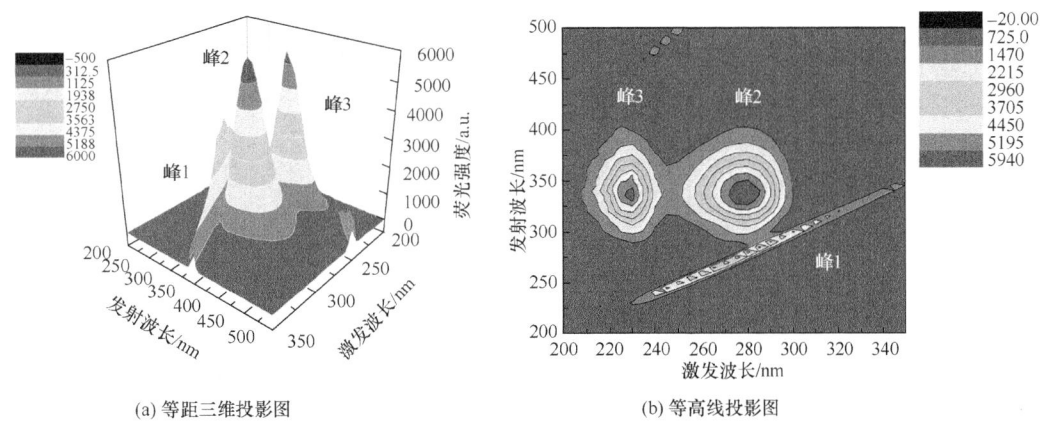

(a) 等距三维投影图　　　　　　　　(b) 等高线投影图

图 7-4　典型的三维荧光光谱[4]

5. 分子荧光光谱的基本特征

(1) 斯托克斯位移：1852年，斯托克斯(George Gabriel Stokes，1819—1903，英国科学家)在研究光致发光光谱时首次发现[5]，溶液荧光光谱的荧光发射波长总是大于吸收波长。这种波长位移现象称为斯托克斯位移(Stokes shift)，它说明了分子在激发与发射之间存在一定的能量损失，在光谱中表现为荧光光谱较吸收光谱红移。产生斯托克斯位移的原因有：①由于振动弛豫及内转移的无辐射跃迁，激发态分子能量迅速衰变到 S_1 电子激发态的最低振动能级，这是产生斯托克斯位移的主要原因；②分子发射荧光时，分子从激发态 S_1 最低振动能级跃迁到基态 S_0 的各振动能级，再从基态的不同振动能级发生振动弛豫至最低振动能级，也造成能量的损失；③溶剂效应、激发分子可能发生的某些反应、受激分子的极性或形状改变也可加大斯托克斯位移。

实践中，发射波长与激发波长的差 $\Delta\lambda$ ($\Delta\lambda = \lambda_{em}^{max} - \lambda_{ex}^{max}$)称为斯托克斯位移。由于波数 $\tilde{\upsilon} = 1/\lambda$，因此斯托克斯位移也可用波数差 $\Delta\tilde{\upsilon}$ 表示：$\Delta\tilde{\upsilon} = \left(1/\lambda_{ex}^{max} - 1/\lambda_{em}^{max}\right) \times 10^7 \text{cm}^{-1}$。由于激发态的质子化作用，在激发波长不变时，发射波长因酸度不同而异。例如，5-羟基吲哚在295nm激发下，在 pH = 7 时，λ_{em}^{max} = 330nm。在强酸中，λ_{em}^{max} = 550nm，斯托克斯位移 $\Delta\lambda$ 由 35nm 增大到 55nm。这说明在荧光发生的过程中，除了吸收和发射存在能量变化外，在激发态电离过程中也存在能量消耗。若斯托克斯位移 $\Delta\lambda$ 较小，荧光光谱的纯度常受到溶剂的影响。例如，图 7-5 中的硫酸奎宁溶液用 320nm 或 350nm 激发时，其 λ_{em}^{max} 均为 448nm。其溶剂(0.1mol/L H$_2$SO$_4$)用 320nm 及 350nm 分别激发，其拉曼散射光谱的峰位分别为 360nm 和 400nm。因此，当用 350mm 激发硫酸奎宁时，硫酸奎宁荧光光谱的斯托克斯位移较小($\Delta\lambda$ = 98nm)，受到溶剂的拉曼散射(400nm)干扰大。当用 320nm 激发时，硫酸奎宁荧光光谱的斯托克斯位移较大($\Delta\lambda$ = 128nm)，受溶剂的拉曼散射(360nm)干扰小。所以，若荧光光谱的斯托克斯位移小时，宁可不用 λ_{em}^{max}，而用短于 λ_{em}^{max} 波长作激发光源。这是因为荧光 λ_{em}^{max} 不随激发光波长而变，而拉曼散射峰位随激发光波长而变。

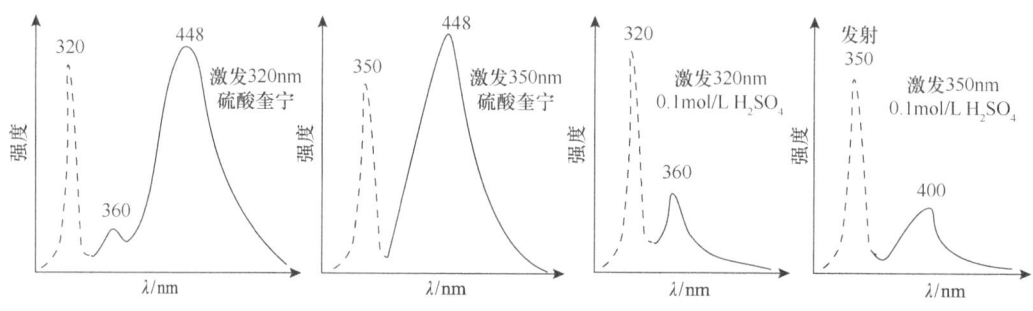

(a) 硫酸奎宁及其溶剂在不同波长激发下的荧光光谱　　(b) 0.1mol/L H$_2$SO$_4$ 在不同波长下的拉曼散射光谱

图 7-5　硫酸奎宁及其溶剂在不同波长激发下的荧光及拉曼散射光谱

(2) 光谱形状及对称性关系：由于荧光发射是激发态分子由第一激发单重态的最低振动能级跃迁至基态各振动能级所产生，所以无论激发光的能量多大、分子被激发到哪种激发态，激发态分子都将迅速发生振动弛豫及内转换损失部分能量后，跃迁至第一激发单重态的最低振动能级。荧光发射光谱也因此只有一个发射带，且其形状和荧光效率均与激发波长无关。稀溶液中，由于荧光量子效率也与激发波长无关，因此用不同发射波长绘制的激发光谱的形状不变，只是光谱强度不同，即激发光谱形状与发射波长无关。

由于荧光吸收光谱的各个谱带间隔与激发态振动能级的能量差对应，荧光的发射谱带间隔与基态的振动能级的能量差相等，因此当激发态与基态的振动能级间隔类似时，吸收光谱与荧光光谱应呈镜像对称。实际中，因存在测量仪器或环境的因素，使得在绝大多数情况下"表观"激发光谱与吸收光谱两者的形状有所差别。只有在校正仪器因素后，两者才非常近似。若进一步校正环境因素后，两者的光谱形状才相同(图 7-3)。

7.1.2 仪器组成

荧光光谱仪与紫外-可见光谱仪均由光源、单色器、样品室、检测器及数据处理系统等组成(图 7-6)。所不同的是，荧光光谱仪的单色器被置于与激发光(入射光)垂直的方向，这样有助于减少激发光的干扰。

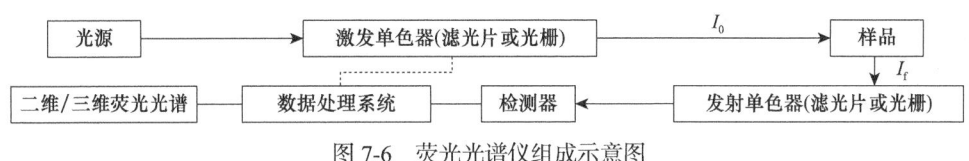

图 7-6 荧光光谱仪组成示意图

1. 光源

荧光光谱仪可用光源有氙灯(含连续式和脉冲式氙灯)、汞灯、氙-汞弧灯和激光光源等。其中，氙灯是常用光源，其光谱宽，通过单色仪及狭缝可从其光谱中选出一定波长的光作为激发源。相比之下，固定波长的激光光源的单色性虽好，但其波长调节性差，不太适合作为荧光光谱仪的光源，因此被超连续激发光源替代。超连续激发光源是一种新型光源，它被形象地称为白光激光，同时具有普通光源(自发辐射光)的宽光谱特性和单色激光光源的方向性、高空间相干性、高亮度等特征。超连续激发光源强度高和波谱范围宽的特点，使其可作为测量稳态荧光和荧光寿命的光源。若配合高灵敏度检测器，还可解决荧光信号弱(特别是近红外光谱区)的检测问题。

2. 单色器及检测器

大多数荧光光谱仪采用光栅作为单色器，以汞灯或白炽灯为光源的荧光光谱仪采用两个滤光片作为单色器。第一个滤光片用来选择所需要的激发光波长；第二个滤光片用来过滤各种杂散光和杂质所发出的荧光。用滤光片作单色器时，以干涉滤光片的性能最好，它具有半宽度窄、透射比高和耐超强光源长期照射等优点。荧光分析法中，测量的误差主要来自单色器的杂散光和试液的散射光。为消除或减少这些误差来源，往往可以通过附加滤光片以弥补单色器的不足。

荧光光谱仪的检测器大多数是光电倍增管，少数仪器如稳态/瞬态荧光光谱仪，既可以采用光电倍增管检测器，又可以采用 CCD 或光电二极管检测器(如 InGaAs 或 InSb 检测器)。

7.1.3 定量分析

荧光分析法定量的依据与原子荧光分析法的相同,即 $F = Kc$。该式只有在溶液为稀溶液时才成立,此时荧光强度与荧光体的浓度呈线性关系。一定浓度范围内,荧光定量分析可采用标准曲线法和对照品比较法。

标准曲线法的分析流程与原子荧光分析法的相同,这里不再赘述。需要说明的是,标液和试液严格意义上的荧光强度都应是扣除空白溶液荧光强度后的强度。但对实际较复杂体系很难获得真实的空白溶液。此时若样品中基体和杂质的干扰不能通过光谱的方法加以消除,就必须采用化学或物理分离的方法加以消除干扰,有时还可以通过在试液中加入能猝灭样品荧光的猝灭剂,从而获得一种非常接近于真实空白的空白溶液。

若荧光分析的标准曲线经过原点,就可在其线性范围内用对照品比较法进行定量测定。实验时,取已知量对照品配制成浓度在线性范围内的对照品溶液(浓度为 c_s)。然后测量对照品溶液的荧光强度(F_s),同样条件下再测定试液的荧光强度(F_x)。这里,对照品溶液和试液的荧光强度均需要用空白溶液的荧光强度进行校正。相同条件下,若空白溶液的荧光强度为 F_0,则待测试液中荧光体的浓度 c_x 可由式(7-7)求出。

$$c_x / c_s = (F_x - F_0) / (F_s - F_0) \tag{7-7}$$

7.1.4 特点及应用

荧光分析法具有以下特点:

(1) 灵敏度高。这是其最大特点,其灵敏度比分光光度法的高 2~3 个数量级。对某些微量物质的分析可以检测到 10^{-10}g 数量级(如污水中的银和汞等)。

(2) 选择性强。物质对光的吸收具有普遍性,但分子吸收光后并非都有发光现象。对于那些有发光现象的物质,其光的吸收波长和发射波长也不同,因此可通过调节激发波长和发射波长来达到选择性测定的目的。若某几种物质的发射光谱相似,可以根据激发光谱的差异将它们进行区分。若它们的吸收光谱相同,则可以根据发射光谱将它们进行区分。而分光光谱法只能得到待测物质的特征吸收光谱,所以其选择性就没有荧光分析法强。

(3) 样品量小、操作简单、分析速度快、线性范围宽。

(4) 不受光散射的影响,发光参数多,可以确定待测物荧光强度、衰减时间和成分浓度,提供的信息量大。

(5) 由于能产生分子发光的体系有限,因此其应用范围不如吸收光谱法广,但若采用荧光探针技术或间接荧光测定方法则可大大拓展其应用范围。

荧光分析法作为一种生物和生物化学的非侵入性技术,因其固有的灵敏度、特异性和时间分辨率而被广泛用于数百种有机物,如酶和辅酶、农药和毒药、氨基酸、蛋白质和核酸等的荧光分析,以及量化不同化学、生物化学和生物过程的荧光分子参数。实际应用中,对很多在紫外线的照射下所发荧光并不强或不发荧光的有机化合物(如脂肪族有机化合物),可使用某些有机试剂使其生成在紫外线照射下能发射强荧光的产物,从而间接测定待测物的荧光。这种间接荧光测定方法也广泛应用于那些在紫外线照射下不能直接发射荧光无机元素的测定。例如,用荧光分析法分析溶液中的铅时,可利用 Pb^{2+} 与 Cl^- 易生成铅氯配合物。在短波紫外光 270nm 激发下,该铅氯配合物发射峰值波长为 480nm 的蓝色荧光,利用此特性可用标准曲线法测定溶液中 Pb^{2+}的含量(该法的浓度检测范围为 0.1~0.6μg/mL)。另外,时间分辨荧光分析法(time-resolved fluorescence,TRF)的出现进一步拓展了荧光分析法的应用范围。例如,在石油生产的油藏监测中,时间分辨荧光可以消除原油中有机污染物引起的荧光背景噪声。利用稀土配合物有较长荧光寿命的特性,一种包含稀土元素配合物和有机染料的荧光 SiO$_2$ 纳米颗粒新型智能示踪剂可用于油藏的原位实时光学检测。图 7-7 为利用时间分辨荧光法测定荧光 SiO$_2$ 纳米颗粒在含有 5%原油的合成海水中的 200ppm 溶液的发射光谱[6]。可见,在标准荧光测量的情况下(没有延迟时间),来自原油化合物的荧光完全掩盖了来自稀土铽(terbium)配合物或有机染料的信号;而在时间分辨模式下(延迟 0.1ms),显示的是铽的经典发射光谱。

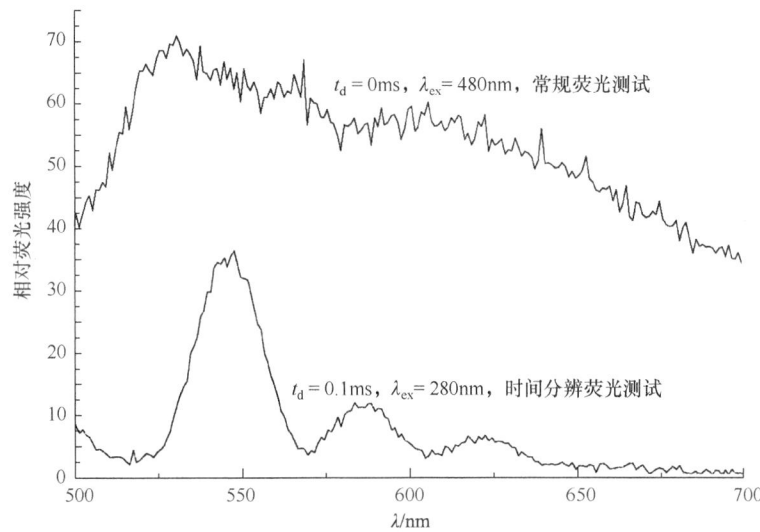

图 7-7 时间分辨荧光法在油藏原位实时光学检测中的应用

7.2 分子磷光分析法

7.2.1 基本理论

磷光分析法(phosphorimetry)是一种以分子磷光光谱进行定性和定量分析的方法。磷光与荧光在很多方面相似,但其产生所涉及的能量变化过程要比荧光的多(图 7-1)。荧光是分子外层电子的能级从单重激发态的最低振动能级 S$_1$ 跃迁到单重基态 S$_0$ 的各振动能级时产生的辐射。而磷光是分子外层电子的能量从 S$_1$ 能级经系间穿越后降低至三重激发态的最低振动能级 T$_1$,然后再从 T$_1$ 跃迁到 S$_0$ 各振动能级所产生的辐射。由于内转换及外转换概率大且与磷光发射过程竞争,因此室温下不易观察到磷光。但在固体基质或保护性介质存在下,将磷光分子的三重激发态固定以减少无辐射失活,可以在室温溶液中观察到磷光,即室温磷光,这是室温下不同多重性状态之间辐射跃迁的结果。

室温磷光分析法中的固体基质有滤纸、薄层等,液体基质有表面活性剂胶束溶液、环糊精溶液、胶态微晶悬浊液等。根据基质不同，室温磷光分析法可分为固体基质室温磷光法、胶束增稳室温磷光法和环糊精诱导室温磷光法等。另外，由于三重激发态寿命比单重激发态的长，因而激发态分子与溶剂分子或溶质分子碰撞(外转换过程)而失去激发能的概率大。当体系温度降低时，外转换程度降低，磷光强度增强，此即低温磷光。一般来说，若溶液温度降至液氮温度(77K)，大多数具有共轭体系的环状化合物都会发出明亮的磷光。

7.2.2 仪器组成

磷光光谱仪的基本组成与荧光光谱仪类似，因此若样品只发磷光，可在荧光光谱仪上直接测定。若样品在发磷光时发射荧光，干扰磷光测定，可以借助荧光和磷光寿命的差别，在荧光光谱仪上配上适当的附件(如磷光镜)将荧光隔离开后进行磷光测定。更好的方法是利用荧光和磷光寿命的差别，采用时间分辨磷光法来实现溶液磷光的测定。通过借助具有脉冲光源和门控检测技术的时间分辨荧光光谱仪，选择仪器参数中的延迟时间 t_d(光源脉冲结束至磷光测定开始的时间)和门时间 t_g(检测器观测磷光时间)，可以测定光源脉冲停止后溶液的磷光发射(图 7-8)。

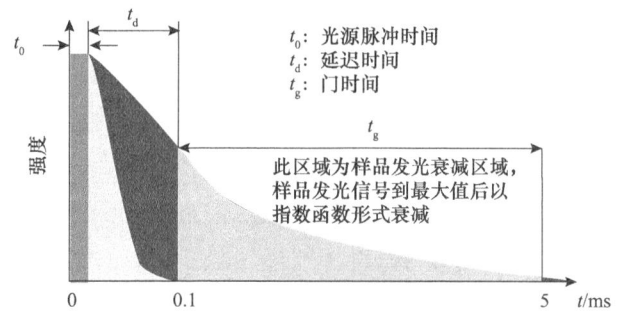

图 7-8 时间分辨磷光法测量原理示意图

7.2.3 特点及应用

与荧光相比，磷光的特点主要有：①磷光寿命长。虽然磷光的产生伴随自旋多重态的改变，系间穿越概率小，但三重激发态寿命比单重激发态的长，因此磷光发光寿命比荧光长，其平均寿命为 $10^{-4} \sim 10$s，而荧光的平均寿命约为 10^{-8}s，所以在激发光消失后，还可以在一定时间内观察到磷光。②磷光辐射的波长比荧光长，即分子的 T_1 能级比 S_1 能级的能量低。③磷光寿命和辐射强度对于重原子和顺磁性物质敏感。④磷光强度受体系温度影响明显。

由于能产生磷光的物质很少，有些磷光分析如低温磷光分析还需要在液氮低温下进行，因此磷光分析法最初在应用上远不及荧光分析法普遍。随着室温磷光分析法、胶束磷光分析法等的出现，磷光分析在药物临床及环保方面的应用也日渐扩大，并与荧光分析法相互补充，发挥各自优势。例如，磷光分析法广泛用于药物分析、生物液中痕量药品的分析和吲哚衍生物、多环芳烃的分析。结合气相色谱法，磷光分析法还可用于石油馏分中含氮和含硫的芳香族化合物的分析。采用时间分辨磷光法，可在多环芳烃存在下检测杂环化合物。另外，随着具有时间分辨功能的稳态/瞬态荧光光谱仪的出现，也进一步扩大了磷光分析的应用范围。

7.3 化学发光分析法

化学发光是指由化学反应提供能量以激发物质产生光辐射的现象。按发光方式不同，化学发光分为直接发光和间接发光。按反应体系不同，化学发光又可分为气相化学发光和液相化学发光。按发光强弱不同，发光效率大于 0.001%的化学发光称为强化学发光，发光效率为 $1.0\times10^{-6}\%\sim1.0\times10^{-3}\%$ 的化学发光称为弱化学发光，发光效率小于 $1.0\times10^{-6}\%$ 的化学发光称为超微弱化学发光。生命系统中也有化学发光，称为生物发光，如萤火虫、某些细菌或真菌、原生动物以及甲壳动物等所发射的光。上述不同的化学发光现象在红外、紫外或可见光区均可观察到。基于化学发光现象的分析方法称为化学发光分析法。

7.3.1 基本理论

化学发光所需激发能由化学反应所提供。化学发光反应中，某种反应产物分子的电子被激发而形成激发态分子，当激发态分子跃迁回基态时，会以辐射的形式将能量释放出来。这一过程可表示为

$$A + B \longrightarrow C^* + D \quad \text{化学反应形成激发态分子} \tag{7-8}$$

$$C^* \longrightarrow C + h\nu \quad \text{直接化学发光} \tag{7-9}$$

$$C^* + E \longrightarrow C + M^*,\ M^* \longrightarrow M + h\nu \quad \text{间接化学发光(M 为荧光物质)} \tag{7-10}$$

化学发光反应均包含激发和发光两个步骤。能够产生化学发光必须具备：①化学发光反应必须快速地释放足够的激发能。根据 $\Delta E = h\nu$ 计算，在可见光区观察到化学发光需要 170~300kJ/mol 激发能，与许多氧化还原反应所提供的能量相当，因此大多数化学发光反应为氧化还原反应。②反应途径有利于激发态产物的形成。对于有机分子的液相化学发光来说，容易生成激发态产物的通常是芳香族化合物和羰基化合物。③激发态分子能够以辐射跃迁的方式返回基态，或能够将其能量转移给其分子并使该分子激发。受激分子以辐射光子的形式回到基态，而不是以热的形式消耗能量。

化学发光反应的化学发光效率 $\varPhi_{CL}$（又称化学发光的总量子产率）定义为

$$\varPhi_{CL} = \text{发光的分子数}/\text{参加反应的分子数} = \varPhi_r\varPhi_f \tag{7-11}$$

其中，$\varPhi_r$ 为化学反应效率；$\varPhi_f$ 为激发态分子的发光效率，且有

$$\varPhi_r = \text{激发态分子数}/\text{参加反应的分子数},\ \varPhi_f = \text{发光的分子数}/\text{激发态分子数} \tag{7-12}$$

化学反应效率 $\varPhi_r$ 主要取决于发光所依赖的化学反应本身。而激发态分子的发光效率 $\varPhi_f$ 的影响因素与荧光效率的影响因素相同，即同时受到发光物质本身的结构和性质的影响，还受到外部环境的影响。生物发光具有最高的化学发光效率，而非生物体的化学发光效率很少超过 0.01，常用的鲁米诺反应的化学发光效率也仅为 0.01~0.5。

化学发光强度 I_{CL} 以单位时间内发射的光子数来表示，其值为

$$I_{CL} = \varPhi_{CL}\mathrm{d}c/\mathrm{d}t \tag{7-13}$$

其中，$\mathrm{d}c/\mathrm{d}t$ 为分析物的化学反应速率。若反应符合一级动力学，化学反应发光强度的积分

值与反应物浓度成正比

$$I_{CL} = \int I_{CL} dt = \Phi_{CL} \int \frac{dc}{dt} dt = \Phi_{CL} c \tag{7-14}$$

可见，发光总强度与分析物浓度成正比。因此，可根据已知时间内的总发光强度进行化学反应的定量分析。

7.3.2 仪器组成

化学发光不需要外激发光源，不存在杂散光和散射光等背景干扰，检测的是整个光谱范围内的发光总量。因此，仪器不需要复杂的分光和光强度测量装置，而只需要干涉滤光片和光电倍增管即可进行光强度的测量。常见的化学发光仪有静态注射式和流动注射式两类(图 7-9)。样品与试剂在样品室中混合并随即发生化学发光反应，由此产生的光子数被检测器检测，最后由信号采集系统输出。

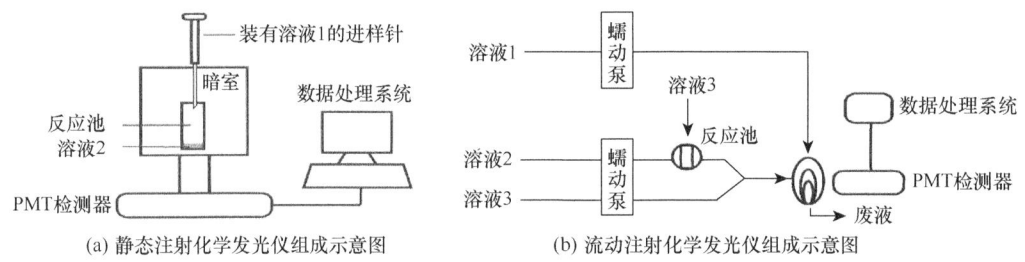

(a) 静态注射化学发光仪组成示意图　　(b) 流动注射化学发光仪组成示意图

图 7-9　化学发光仪组成示意图

7.3.3 特点及应用

化学发光分析法具有灵敏度高(高达 ng/mL)、线性范围宽、设备简单、分析速度快且易实现自动化等优点，但该法可利用的理想发光体系不多，无机物质测定的选择性有待进一步提高。化学发光分析法可以测定数十种元素、大量无机和有机化合物，广泛应用于生物科学、食品科学、药物检验、临床及免疫分析及环境检测等领域。例如，液相化学发光分析中常用的是鲁米诺-过氧化氢发光体系。碱性条件下，鲁米诺首先被过氧化氢或碘等氧化剂氧化，产生最大波长为 425nm(水溶液)的光辐射，其发光原理为

$$\tag{7-15}$$

此反应速率很慢，但能被许多金属离子催化加速。一定的浓度范围内，其发光强度与金属离子浓度呈良好的线性关系，故可用于痕量金属离子的测定，如 Cu^{2+}、Mn^{2+}、Cr^{3+}、Co^{3+}、V(V)、Fe(II、III)和 Ru(IV)等金属离子，检出限均在 $0.01\mu g/mL$ 以下。其中，Cr^{3+}、Co^{3+} 的检出限低于 $10^{-12}g/mL$。此外，Hg^{2+}、Ce(IV)、Ti(IV)等金属离子和 CN^-、S^{2-} 等非金属离子对鲁米诺-过氧化氢体系的化学发光具有抑制作用，据此也可对这些离子进行测定。再如，机体中的超氧阴离子 $\cdot O_2^-$ 自由基能直接与鲁米诺作用产生化学发光而被检测，且灵敏度高。有机体中的超氧化物歧化酶(superoxide dismutase, SOD)能促使 $\cdot O_2^-$ 歧化为 O_2 和 H_2O_2，进而清

除·O_2^-。利用 SOD 可以使鲁米诺与·O_2^-之间的化学反应发光受到抑制的特点，可间接测定 SOD 的含量。除液相体系中的化学发光外，气相中 O_3 氧化 NO 或乙烯，原子氧氧化 SO_2、NO 或 CO 等产生的化学发光属于气相化学发光，如

$$NO + O_3 \longrightarrow NO_2^* + O_2 \longrightarrow NO_2 + h\nu \tag{7-16}$$

此外，某些物质如氮的氧化物、挥发性硫化物等可以从火焰的化学反应中吸收化学能而被激发，从而产生火焰化学发光，这也属于气相化学发光。气相化学发光一般用于环境监测，包括 O_3、NO、NO_2、H_2S、SO_2 和 CO_2 等气体的检测，如汽车尾气中 NO_2 的监测，其检出限可达到 1ng/mL。

【挑战性问题】

在全球经济的发展中，农业生产安全一直是人们高度关注的问题。为了将有害成分在整个农业生产产业链中的风险降到最低，必须有一个从种植到生产再到环境管理的整个安全检查过程。荧光传感作为一种有前途的、强大的筛选工具被广泛应用于离子、有毒气体、生物分子等检测。然而，传统的荧光探针往往存在聚集诱导猝灭效应而限制了其实际应用。相反，聚集诱导发光则可以很好地解决荧光猝灭的问题，并在农业安全分析方面显示出巨大的潜力。图 7-10 为二萘嵌苯聚集诱导猝灭现象和六苯基噻咯聚集诱导发光源及聚集诱导发光产生机理示意图，请根据所引用文献对此图进行解读，并对文献中其他基于聚集诱导发光源的新型农业产业链荧光监测工具的研究进展进行综述。

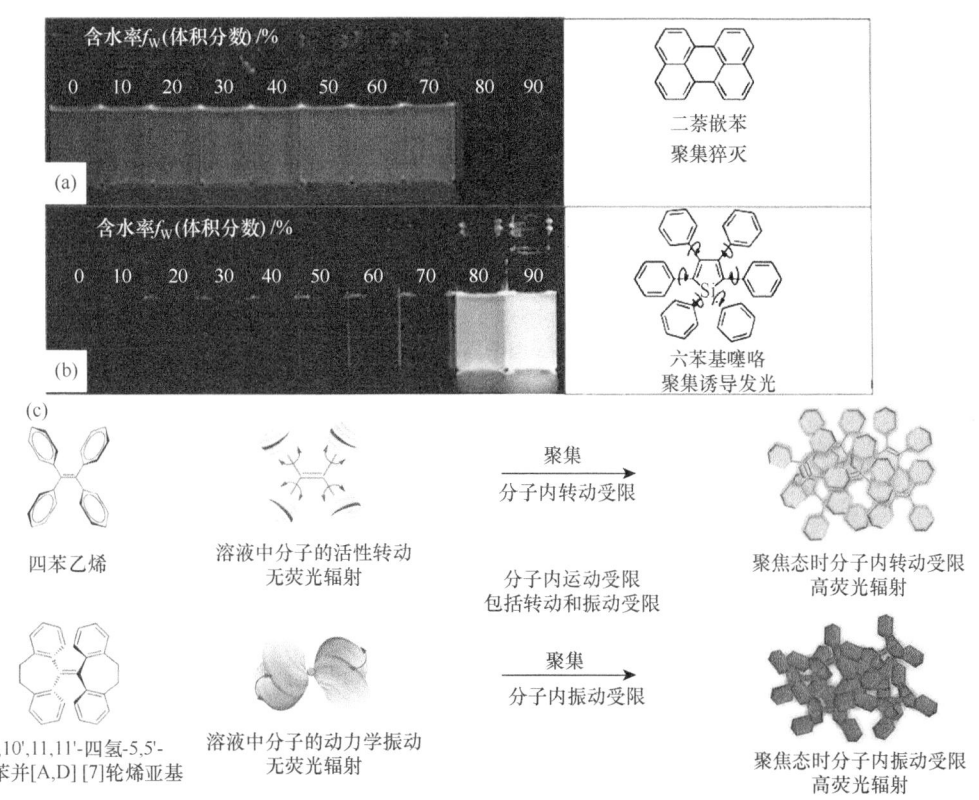

图 7-10 聚集诱导猝灭现象和聚集诱导发光源及聚集诱导发光产生机理示意图[7]

【一般性问题】

1. 荧光产生的条件是什么？什么是荧光效率？具有哪些分子结构的物质有较高的荧光效率？

2. 解释激发光谱和发射光谱。分析时，激发光谱和发射光谱的波长选择原则是什么？

3. 什么是斯托克斯位移？荧光光谱中产生斯托克斯位移的原因是什么？

4. 比较吸光光度法和荧光分析法的异同，并说明为什么荧光法的检出能力优于吸光光度法。

5. 试从原理和应用上比较荧光、磷光及化学发光的异同。

6. 用荧光法测定复方炔诺酮片中炔雌醇的含量时，取药 20 片研细后溶于无水乙醇中，稀释至 250.00mL，过滤后取滤液 5.00mL 稀释至 10.00mL。取此稀释定容的溶液在激发波长 λ_{ex} = 285nm 和发射波长 λ_{em} = 307nm 处测量其荧光强度在 58.5～71.5 之间。已知在相同条件下测得浓度为 1.40μg/mL 炔雌醇标准的乙醇溶液的荧光强度为 65，则每片合格药片中炔雌醇的质量(单位：μg)在什么范围内？

参 考 文 献

[1] Lakowicz J R. Principles of Fluorescence Spectroscopy. 3rd ed. New York: Springer, 2006.

[2] Jabłoński A. Efficiency of anti-Stokes fluorescence in dyes. Nature, 1933, 131 (3319): 839-840.

[3] Byron C M, Werner T C. Experiments in synchronous fluorescence spectroscopy for the undergraduate instrumental chemistry course. Journal of Chemical Education, 1991, 68 (5): 433-436.

[4] Chen Z, Xu H, Zhu Y, et al. Understanding the fate of an anesthetic, nalorphine upon interaction with human serum albumin: A photophysical and mass-spectroscopy approach. RSC Advances, 2014, 4: 25410.

[5] Stokes G G. On the change of refrangibility of light. Abstracts of the Papers Communicated to the Royal Society of London, 1850, 6: 195-200.

[6] Agenet N, Perriat P, Brichart T, et al. Fluorescent Nanobeads: A First Step toward Intelligent Water Tracers. Noordwijk, Netherlands: Society of Petroleum Engineers - SPE International Oilfield Nanotechnology Conference, 2012.

[7] Chen M, Xiang S, Lv P, et al. A novel fluorescence tool for monitoring agricultural industry chain based on AIEgens. Chemical Research in Chinese Universities, 2021, 37 (1): 38-51.

第 8 章　红外、近红外吸收光谱法及拉曼光谱法

8.1　红外吸收光谱法

红外光谱法(infrared spectroscopy)是研究红外光子如何通过吸收、发射或反射与物质相互作用的分析方法。通常所说的红外光谱是指中红外区(光波长范围为 2.5～25μm)的光谱。红外吸收光谱法(infrared absorption spectroscopy)是一种研究当红外光通过样品时，测量被样品吸收的红外辐射量的红外光谱法。当分子化学键吸收特定频率的光后，会引起分子振动能级跃迁而产生分子的振动光谱，同时还不可避免地引起分子转动能级跃迁产生分子转动光谱，故红外吸收光谱又称振-转光谱。通常所说的红外光谱即红外吸收光谱

8.1.1　基本原理

1. 红外光谱的产生

极性分子就整体而言是呈电中性的，但由于构成分子的各原子电负性不同，分子呈不同的极性。分子中两个分隔一段距离、电量相等、正负相反的电荷称为偶极子。分子极性的大小常用偶极矩 μ 的大小来衡量。设分子正负电中心的电荷分别为 $+q$ 和 $-q$，正负电荷中心距离为 d[图 8-1 (a)]，则 $\mu = qd$。

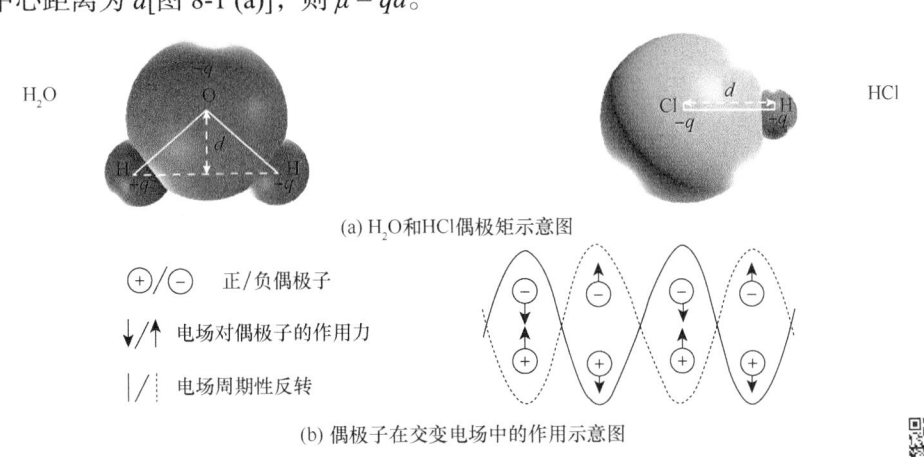

(a) H_2O 和 HCl 偶极矩示意图

⊕/⊖　正/负偶极子

↓/↑　电场对偶极子的作用力

|/|　电场周期性反转

(b) 偶极子在交变电场中的作用示意图

图 8-1　H_2O 和 HCl 偶极矩及偶极子在交变电场中的作用示意图

由于分子中的原子以平衡点为中心做周期性的振动，则 d 以同样的频率发生变化，μ 也因此发生相应的改变，且其变化频率具有确定值。当偶极子处于某电磁场中而此时电场做周期性反转，偶极子将经受交替的作用力而使偶极矩增加或减小[图 8-1 (b)]。若电磁辐射的频率与分子偶极矩变化频率相匹配，分子将与辐射发生相互作用(振动耦合)而使分子振动能增加，振幅也随之增大。分子能量增大使分子的振动能级由基态跃迁到能量

较高的激发态。但并非所有的振动都产生红外吸收,只有发生偶极矩变化($\Delta\mu \neq 0$)的振动才能引起红外吸收。能产生红外吸收的分子称为红外活性分子。反之,$\Delta\mu = 0$ 而不能产生红外吸收的分子称为非红外活性分子。必须明确的是,分子振动时发生偶极矩变化即表明分子具有红外活性,而与分子是否具有永久偶极矩无关。因此,单质和对称性好的分子的对称伸缩振动无偶极矩变化,不产生红外活性,但 CO_2 除了对称伸缩振动无偶极矩变化外,其余三种振动均具有红外活性(图 8-8)。红外活性分子发生振动时,由于不同振动方式的分子有不同的能量,因此分子的能级可分为若干不同的振动能级,同一振动能级又包含若干转动能级。红外光谱就是由于物质分子吸收红外光能量后,引起分子中振动和转动能级跃迁而产生的。可见,物质分子吸收红外光必须满足两个条件:①红外辐射光子的能量与分子振动能级跃迁所需能量相同,即辐射光子提供的能量与振动能级某一激发态与基态的能量差相等,满足式(2-1);②辐射与物质间有相互耦合作用,即分子瞬时偶极矩有变化(偶极矩无变化的振动出现在拉曼光谱中),即红外跃迁是通过分子振动所导致分子偶极矩变化和电磁辐射相互作用而发生的。

2. 红外光谱图

红外光谱图通常以光波长(λ)或波数($\bar{\sigma}$)为横坐标,以红外光通过样品的透过率($T\%$)或吸光度(A)为纵坐标而绘制的 $T\%$-$\bar{\sigma}$ 或 A-$\bar{\sigma}$ 曲线表示。曲线中峰的形状有宽峰、肩峰、尖峰和双峰等类型,如图 8-2 所示。波数是波长的倒数。若波长以 μm 为单位,则波数和波长之间的关系为 $\bar{\sigma}=10^4/\lambda$,它表示每厘米波长中波的数目($cm^{-1}$)。

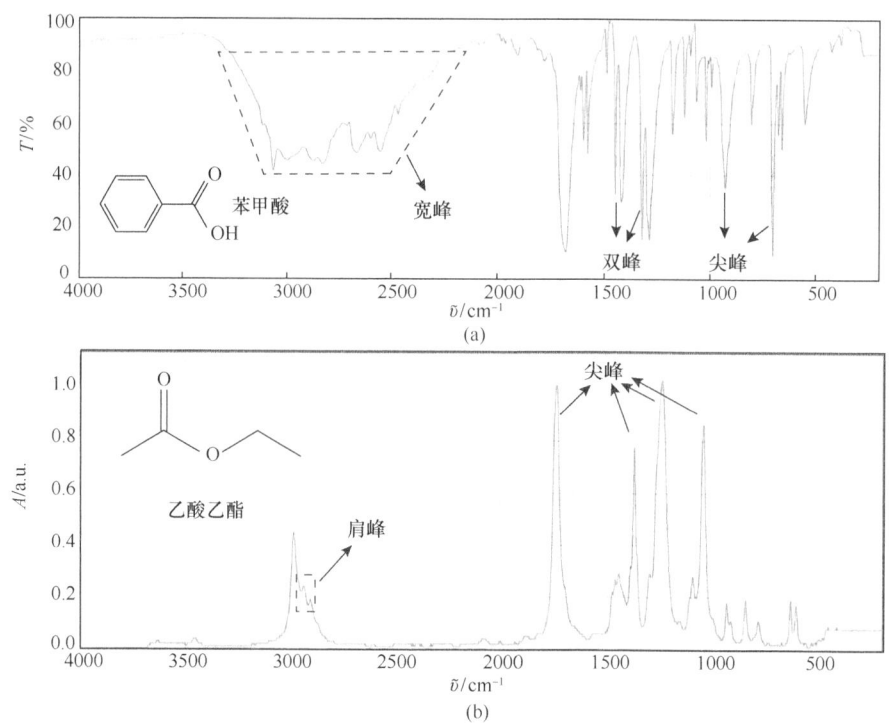

图 8-2 红外光谱图示例

红外光谱中吸收峰的强度可以用吸光度(A)或透光率(T)表示，且遵守朗伯-比尔定律。红外光谱中波谷越深，T 越小，吸光度越大，吸收强度越强。红外吸收谱带的强度比紫外光谱的强度低约 2~3 个数量级。由于红外光谱能量较弱及样品制备技术难以标准化，因此红外光谱中只有少数官能团能像紫外光谱一样用摩尔系数 ε 表示峰的强弱，而大多数峰的吸收强度一般定性地用极强(vs)、强(s)、中强(m)、弱(w)和极弱(vw)等表示，如表 8-1 所示。

表 8-1 红外光谱中峰的吸收强度的定性表示

峰强表示符号	vs	s	m	w	vw
峰强度	极强峰	强峰	中强峰	弱峰	极弱峰
ε 范围/[L/(mol·cm)]	>100	20~100	10~20	1~10	<1

3. 红外区域的划分

红外光谱波段在可见光区和微波光区之间(为 12800~10 cm^{-1} 或 0.78~1000 μm)。根据实验技术及应用不同，红外光区可分为近红外、中红外和远红外三个光谱区。

1) 近红外光区

近红外光区又称泛频区，位于可见光区到中红外光区之间，波数范围为 12800~4000 cm^{-1}。该区的吸收带主要是由低能电子跃迁、含氢基团(如 O—H、N—H、C—H)伸缩振动的倍频及合频吸收产生。由此可定性地得到样品中有机分子含氢基团的特征信息。与基频相比较，倍频和组合频的峰强度减弱约两个数量级，摩尔吸光系数较小，主要用于某些物质的定量分析，这是近红外光谱最重要的用途。例如，O—H 伸缩振动的第一泛频吸收带出现在 7100 cm^{-1}(1.4 μm)，由此可定量测定样品(如甘油、肼、有机膜及发烟硝酸等)中的水，也可定量测定酚、醇、有机酸等。羰基伸缩振动的第一泛频吸收带出现在 3300~3600 cm^{-1}(2.8~3.0 μm)，由此可测定酯、酮和羧酸，其测量准确度及精密度与紫外-可见光谱相当。另外，还可以基于漫反射测定未处理的固体和液体样品，或者通过吸收测定气体样品。由于该区谱带宽、重叠严重、摩尔吸光系数较低、吸收信号弱(检测限约为 0.1%)、光谱解析复杂(近红外光谱中与成分含量相关的信息很难被直接提取出来并给予合理的光谱解析)，因而该区虽然发现较早，但其分析价值一直未受到足够的重视。随着计算机与化学计量学的发展，该区作为一段独立且有特征信息的光谱区得到了越来越多的重视和发展。基于此区的近红外光谱技术(参见 8.2 节)具有样品分析方便、快速、高效、准确、成本较低、不破坏样品、不消耗化学试剂和不污染环境等优点，因而也受到越来越多人的青睐。

2) 中红外光区

中红外光区又称基本振动-转动区，波数范围为 4000~200 cm^{-1}。该区的吸收主要由分子的振动和转动能级跃迁引起，是绝大多数有机化合物和无机离子的基频吸收带出现的区域。由于基频振动是红外光谱中吸收最强的振动，因此该区最适于进行物质结构和定性分析，通常所说的红外光谱区即特指该区。在该光区内，特别是在 4000~

670cm^{-1}(2.5～15μm)范围内,由于中红外光谱最为成熟、简单,且已积累了大量数据资料,因此该区是研究应用最多的区域。傅里叶变换技术出现后,中红外光谱区可应用于表面显微分析,如通过衰减全发射、漫反射以及光声测定法等对固体样品进行分析。

3) 远红外光区

远红外光区又称转动区,波数范围为 200～10cm^{-1}。由于许多气体小分子的纯转动光谱出现于该区,故该区光谱能提供如 H_2O、O_3、HCl 和 AsH_3 等具有永久偶极矩气体分子的转动光谱信息。但在考虑分子中键的振动时,如果参与振动的最小原子的原子量大或键的力常数小时,则其振动也出现在该区。例如,无机化合物中重原子之间的振动、所有的金属氧化物、硫化物、氯化物、溴化物、碘化物,特别是金属配合物配位键的伸缩振动和弯曲振动都在该区有特征吸收。该区特别适合研究无机化合物和气体小分子。无机固体物质在该区的红外光谱分析可提供晶格能及半导体材料的跃迁能量。对仅由轻原子组成的分子,若它们的骨架弯曲模式除氢原子外还包含两个以上的其他原子,则其振动吸收也出现在该区,如苯的衍生物通常在该光区出现几个特征吸收峰。由于该光区能量弱,因此早期对其研究较少。随着具有高信噪比输出的傅里叶变换光谱仪的出现,在很大程度上解决了这个问题,使得基于该区的研究又受到了较多的注意。

以上关于红外区域的划分并没有严格的界线。近红外区出现倍频峰和合频峰,中红外区出现的振动频率主要是基频频率和指纹频率,但倍频峰和合频峰也会在中红外区域出现。气体分子的转动光谱和氧化物的光谱主要出现在中红外区的低频区和远红外区。

4. 红外光谱常用术语

1) 基频峰、倍频峰、合频峰和泛频峰

基频峰指分子振动能级从基态($\nu = 0$)跃迁到第一激发态($\nu = 1$)时所产生的吸收峰。

倍频峰是指分子振动能级从基态跃迁到第二激发态($\nu = 2$)、第三激发态($\nu = 3$)…所产生的吸收峰。其中,$\Delta \nu = 2\nu, 3\nu \cdots$的跃迁称为二倍频峰、三倍频峰……。由于相邻能级差不完全相等,所以倍频峰的频率不严格地等于基频峰频率的整数倍。一级倍频峰($\nu = 2$)大约在基频峰位置的 2 倍处,二级倍频峰($\nu = 3$)大约在基频峰位置的 3 倍处。倍频峰一般都很弱,一般一级倍频峰的强度仅是基频峰的 1/10～1/100,因此一般只有一级倍频峰(从 $\nu = 0$ 到 $\nu = 2$ 的跃迁)具有实际意义。在近红外区可以观察到倍频峰,而观察不到基频峰。在中红外光区,倍频峰的重要性远不及基频峰。

合频峰又称组频峰,是指由两个或两个以上的基频,或基频与倍频的结合产生的吸收峰。合频峰又分为和频峰和差频峰。和频峰是由两个基频相加而得到的吸收峰,出现在两个基频之和附近。差频峰是由两个或两个以上的基频,或基频与倍频的差而产生的吸收峰。例如,两个基频分别为 Xcm^{-1} 和 Ycm^{-1},其和频峰出现在$(X + Y)$cm^{-1}附近,差频峰出现在$(X - Y)$cm^{-1}附近。和频产生的原因是一个光子同时激发两种基频跃迁。和频振动在谐振子中是禁阻的,在非谐振子中才会出现。也正因如此,和频峰的频率一定小于两个基频之和,且和频峰是弱峰。在中红外区,和频峰不如基频峰那么重要。当样品厚度大时,在光谱中会出现许多和频峰。

泛频峰是倍频峰及合频峰的总称,一般较弱,除二倍频峰可以观察到以外,其他一般观察不到。泛频峰的存在使光谱变得复杂，但增加了光谱的特征性，如取代苯的泛频峰。

基频、倍频和合频的产生可用图 8-3 来说明。设分子有三个简正振动，其振动量子数分别用 V_1、V_2、V_3 表示。从能级(000)到能级(100)的跃迁为 a，即 V_2、V_3 保持不变，V_1 从 0 改变到 1，此跃迁产生与 V_1 相对应的简正振动的基频吸收；与此类似，从能级(000)到能级(200)的跃迁 b 产生与 V_1 所对应的简正振动的倍频吸收；从能级(000)到能级(101)的跃迁 c，同时有振动量子数 V_1 和 V_2 的变化，此跃迁产生合频吸收。

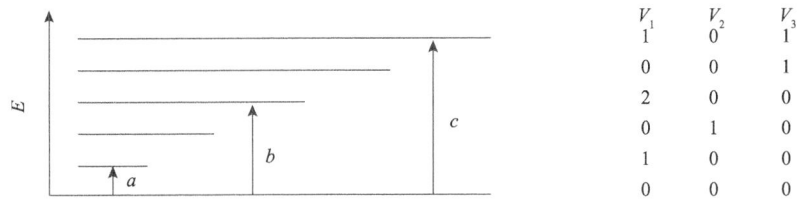

图 8-3 基频、倍频与合频产生示意图

2) 特征峰与特征区

红外光谱中，分子的每种红外活性振动都相应地产生一个吸收峰，分子其他部分对此吸收位置影响较小。而且，不同化合物中同一类型化学键形成的基团的红外光谱吸收峰位置大致相同。这种光谱特征是鉴定各种基团(官能团)是否存在的判断依据，是红外光谱定性分析的基础。通常把这种能用于鉴定原子团存在并有较高强度的吸收峰称为特征峰，其对应的频率称为特征频率(或称基团频率)。特征频率一般是分子振动能级由基态跃迁到第一激发态时产生的。例如，C—OH 基团除在 3700～3600cm^{-1} 有 O—H 的伸缩振动峰外，还应在 1450～1300cm^{-1} 和 1160～1000cm^{-1} 分别有 O—H 的面内弯曲振动峰和 C—O 的伸缩振动峰。后两个峰的出现进一步证明了 C—OH 基团的存在。

分子中各基团特征频率的位置和强度取决于其振动形式和所处的化学环境。常见的基团在波数 4000～400cm^{-1} 范围内都有各自的特征吸收，其中波数为 4000～1330cm^{-1} 的区间习惯上称为特征频率区或基团频率区，简称特征区。特征区的吸收峰较疏，易辨认，各种化合物中官能团的特征频率一般均位于该区域，且在此区域内振动频率较高，受分子其余部分影响较小，因而有明显的特征性，可作为官能团定性的主要依据，特征区因此又称为官能团区。按波数范围不同，特征区可分为三个区域：

(1) X—H 伸缩振动区，波数范围为 4000～2500cm^{-1}，X 可以是 O、N、C 或 S 等原子。

(2) 三键和累积双键伸缩振动区，波数范围为 2500～1900cm^{-1}。该区红外谱带较少，主要包括—C≡C、—C≡N 等三键的伸缩振动峰，以及—C=C=C、—C=C=O 等累积双键的不对称性伸缩振动峰。

(3) 双键伸缩振动区，波数范围为 1900～1200cm^{-1}，主要包括 C=O、C=C 伸缩振动峰和苯的衍生物的泛频峰。实际工作中，为了便于红外光谱解析，还可根据化学键的性质，结合波数、力常数和折合质量之间的关系，将特征区划分为九个重要区段(相关介绍请扫描本章首页二维码查看)，并据此可推测化合物的吸收特征，或根据红外光谱特征，初步推测化合物中可能存在的基团。

3) 相关峰与指纹区

一个基团除了有特征峰外，通常还有很多其他振动形式的吸收峰。习惯上将这些相互依存又可以相互佐证的吸收峰称为相关峰，它是用特征峰来确定化合物是否存在某种官能团时的旁证。有时特征峰太弱或与其他峰重叠而不能观测到，此时就需要找出主要的相关峰才能认定基团的存在。如图 8-7 所示，—CH_3 的各相关峰在基团鉴别中发挥着重要作用。

有机物中 C—X(X = C、N、O)单键在红外吸收峰中主要是单键的伸缩振动峰及各种弯曲振动峰，出现在 1300～600cm^{-1} 区域。由于不同 C—X 单键的键强差别不大，原子量又相近，互相影响较大，加之各种弯曲振动能级差小，所以它们在这一区域的峰特别密集，且不同分子有不同的特征峰，犹如人的指纹，故该区又称为指纹区。该区在光谱解析中的作用是用来查找相关峰，以进一步确定官能团的存在。另外，依据该区中大量密集多变的吸收峰的整体状态，推断化合物分子的具体特征，并与标准图谱或对照品图谱进行比较。指纹区出现的频率有特征频率和指纹频率。特征频率吸收强，易鉴别。指纹频率吸收弱，指认难。指纹频率不是某个基团的振动频率，而是整个分子或分子的一部分振动产生的振动频率。分子在该区的振动与整个分子的结构有关。当分子结构稍有不同时，该区的吸收就有细微的差异。指纹频率没有特征性，但对特定分子是特征的。因此，指纹频率可用于整个分子的表征，但是不能企图将全部指纹频率进行辨认。该区在指认结构类似的化合物时可以作为化合物存在某种基团的旁证。

5. 双原子分子的振动

经典力学中，双原子分子的运动可近似地看成用弹簧连接着质量分别为 m_1 和 m_2 的钢体球形 A、B 两原子的运动[图 8-4 (a)]。

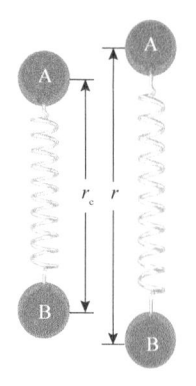
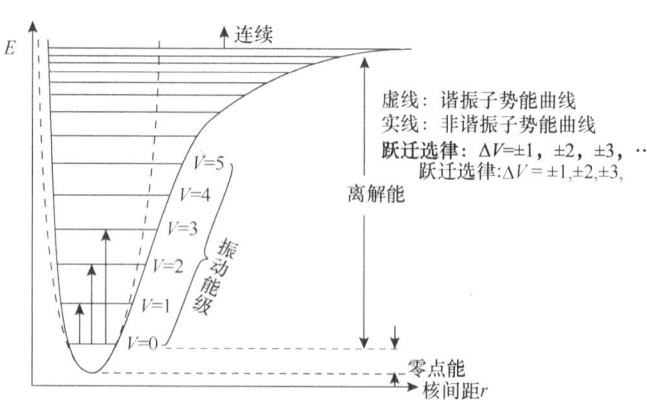

(a) 双原子分子伸缩振动示意图　　(b) 非谐振子(双原子分子)势能曲线与振动能级

图 8-4　双原子分子伸缩振动示意图与双原子分子振子的势能曲线与振动能级

弹簧(无质量)的长度 r_e 是分子化学键的长度。由经典力学的胡克定律(Hooke's law)可导出双原子分子基本振动频率，即基频的计算公式：

$$\nu = \sqrt{k/\mu}/2\pi \text{ 或 } \tilde{\upsilon} = 1/\lambda = \nu/c = \sqrt{k/\mu}/2\pi c \tag{8-1}$$

其中，μ 为原子折合质量(g)，且 $\mu = m_1 \cdot m_2/(m_1 + m_2)$；$c$ 为光速(2.998×10^{10}cm/s)；ν 为谐振子振动频率；k 为化学键力常数，定义为将两原子由平衡位置伸长单位长度时的恢复力(N/cm)。若知道了化学键力常数 k，就可以根据式(8-1)估算振动频率 ν。反之，由振动光谱的振动频率 ν 也可以根据式(8-1)求出化学键力常数 k。式(8-1)表明，化学键的振动频率取决于化学键两端原子的折合质量和化学键力常数 k，即取决于分子的结构特征。化学键的键力越强(化学键力常数 k 越大)、原子折合质量越小，化学键的振动频率越高，吸收峰将出现在高波数区(短波长区)。反之，吸收峰将出现在低波数区(即长波长区)。一般来说，双键和三键的化学键力常数分别是单键的 2 倍和 3 倍。

低能量时，原子间的伸缩振动可视为沿轴线方向的简谐振动，因此可以把 A、B 双原子称为谐振子。A、B 双原子的振动势能 U 与原子间的距离 r 及其平衡距离 r_e 间的关系为

$$U = k(r - r_e)^2/2 \tag{8-2}$$

其中，r 和 r_e 分别为原子间的瞬时距离和平衡距离(平衡键长，Å)。当 $r = r_e$ 时，$U = 0$；当 $r \neq r_e$ 时，$U > 0$。振动过程中势能的变化可用谐振子势能曲线描述[图 8-4 (b)中的实线]。当 A、B 两原子距平衡位置最远时，分子的振动能 E_v 转化为分子的势能 U，即

$$E_v = U = (V + 1/2)h\nu \tag{8-3}$$

其中，V 为振动量子数，$V = 0,1,2,\cdots$。可见，当振动量子数 $V = 0$ 时，体系能量仍不为零，它是 $V = 0$ 到曲线最低点间的距离所相当的能量，此能量称为零点能。

由经典力学方法讨论谐振子模型得出的结论虽然较圆满地解释了振动光谱的强吸收峰(基频峰)，而对一些弱吸收峰却不能给予解释。其原因是具有波动性的微观粒子(原子、电子等)在经典力学中被当作经典粒子来描述。实际上，由于存在分子间及分子内各原子间的相互作用、相邻振动能级差不相等、振动能级跃迁伴随着转动能级的跃迁等因素影响，真实分子中原子的振动是非谐振子振动。为此应按量子力学的观点来考虑分子中原子的振动，即分子吸收红外光后产生的振动与转动能级间的跃迁要满足一定的量子化条件(选律)。式(8-3)表明，谐振子粒子的能量并不像经典力学那样可以取任意的、连续变化的数值，而是一些分立的、不连续的能量，这就是所谓的能量量子化。对于双原子分子的振动，无论分子中键的性质如何，其原子的振动都属于非谐振子振动。其振动过程中位能的变化可用非谐振子势能曲线来描述。由图 8-4 (b)可知：

(1) 谐振子与非谐振子的势能曲线不完全相同。谐振子的振动能级是等距的，而非谐振子的振动能级只在最低几个能级是近似等距的。随着能级的增高，能级间隔越来越小，与谐振子结果偏差越来越大。因此，作为非谐振子的真实分子中的原子核间的振动只有在振幅非常小时，才可以大致认为是简谐振动，可以用谐振子模型来描述实际位能。

(2) 振幅较大($V \geqslant 3$)时，非谐振子振动势能曲线显著偏离谐振子振动势能曲线(实线的左侧，实际势能曲线高于谐振子势能。实线的右侧，实际势能曲线低于谐振子势能)，原子核间的振动已是非谐振动。产生这种变化的原因是当两原子间距离较近时，核间存

在库仑斥力(与恢复力同方向),因而使两原子间势能增大;当两原子间距离较远时,核引力趋于零。若原子核间距离再增加至最终使两原子完全离开,分子就解离了。这时势能与原子核间的距离变化无关,势能曲线趋于常数[图8-4(b)中实线]。

(3) 在非谐振子振动势能的高势能区,相邻振动量子数能级的势能间距变小,$\Delta V \neq \pm 1$ 的跃迁成为可能。

6. 多原子分子的振动

多原子分子可视为双原子分子的集合,从而可将多原子分子的振动分解为多个简单的基本振动,即简正振动。这种振动是最简单、最基本的振动。分子做简正振动时,其质心保持不变,整体不转动,每个原子都在其平衡位置附近做简谐振动,其振动频率和相位都相同,即每个原子都在同一瞬间通过其平衡位置,而且同时达到其最大位移值。利用谐振子或非谐振子对简正振动加以研究,可以实现对多原子分子的振动形式及能级做定性描述,对红外光谱中出现的基频峰数目有一个初步了解,并能对吸收峰进行归属。例如,有机化合物分子中的C=O、OH等基团就可以看作是分子中一些相对独立的结构单元,即视作双原子分子进行研究。值得注意的是,由于组成多原子分子的原子较多,且各原子的排布情况不同,导致分子的振动比较复杂,因而其振动光谱也相当复杂。同时,光谱因为有这种复杂性而能提供大量有关分子结构的信息。

1) 简正振动的基本形式

多原子分子的振动不仅包括双原子分子沿其核-核(键轴方向)的伸缩振动,还有键角发生变化的各种可能的弯曲振动,如图8-5所示。

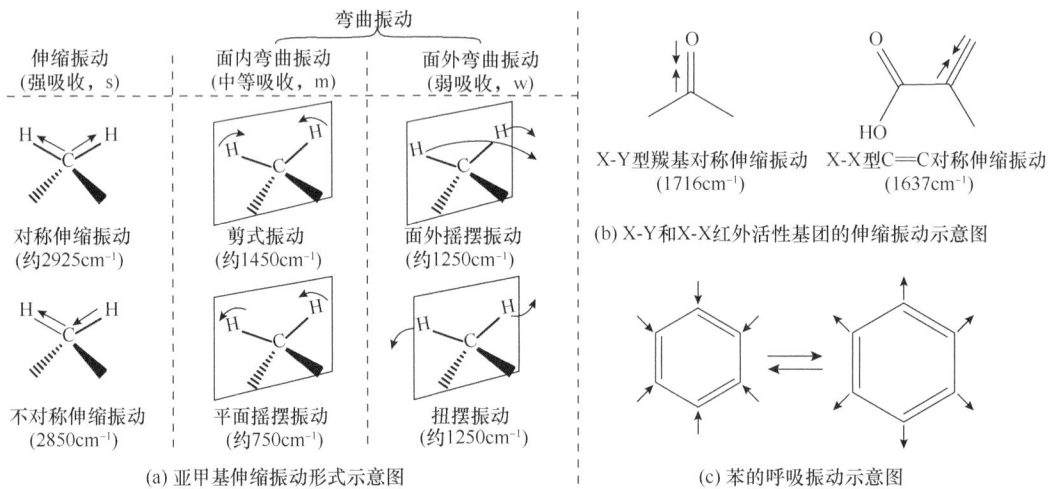

图8-5 简正振动的基本形式

因此,一般将振动形式分为两类:伸缩振动和弯曲振动。伸缩振动又可分为对称伸缩振动和不对称伸缩振动(或称反对称伸缩振动),弯曲振动又可分为面内弯曲振动和面外弯曲振动。

分子化学键的各种红外活性振动形式的符号表示如表8-2所示。

表 8-2　各种红外活性振动形式及其符号表示

振动类型		振动形式
伸缩振动	对称伸缩振动 ν_s	
	不对称伸缩振动 ν_{as}	
弯曲振动	面内弯曲振动 β	剪式振动 δ
		面内摇摆振动 ρ
	面外弯曲振动 γ	扭曲振动 τ
		面外摇摆振动 ω
	变形振动 δ	对称变形振动 δ_s
		不对称变形振动 δ_{as}

由于弯曲振动的力常数比伸缩振动的小，因此同一基团的弯曲振动都在其伸缩振动的低频端出现。弯曲振动对环境变化较为敏感，同一弯曲振动因环境结构的改变往往可以在较宽的波段范围内出现。各种振动形式所需要的能量高低顺序及伸缩振动和弯曲振动所出现的频率区域的相对位置大致如图 8-6 所示。

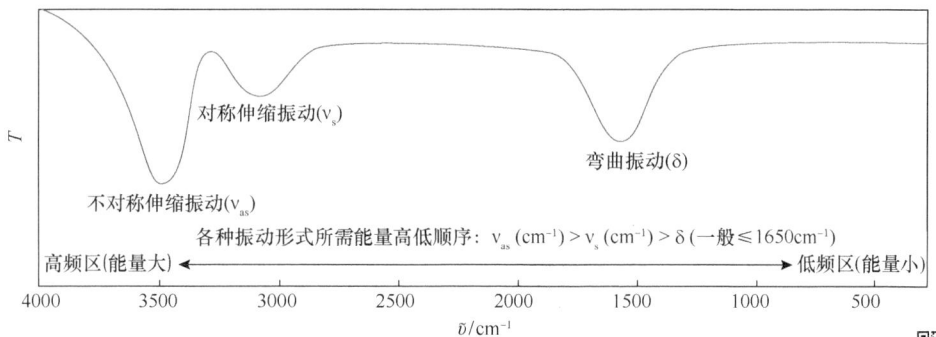

图 8-6　伸缩振动和弯曲振动所出现的频率区域

图 8-7 为红外光谱图反映了正己烷中 C—H 的各种振动光谱峰出现的频率区域。

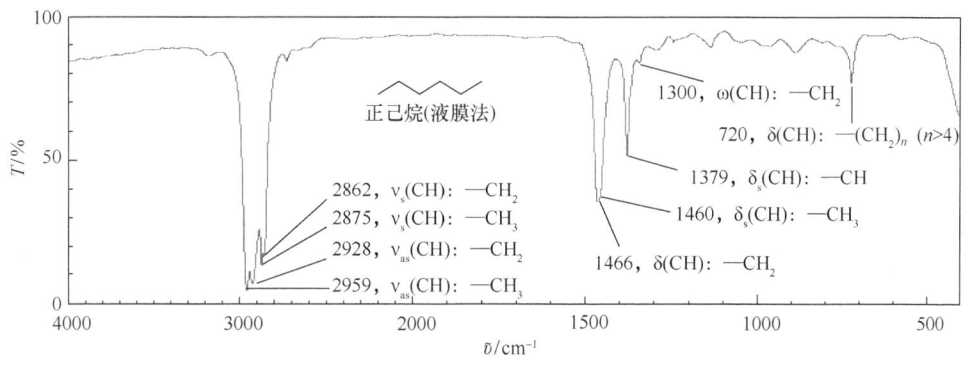

图 8-7　正己烷的红外光谱图

2) 简正振动的理论数

简正振动的运动状态可以用空间自由度(空间三维坐标)来表示。体系中的每一质点(原子)都具有三个空间自由度,分子中任何一个复杂振动都可以看成是这些简正振动的线性组合。这里的自由度是指定空间中组成分子的所有原子的空间坐标总数。例如,单原子在空间只需三个坐标 x、y、z 即可决定其位置,因此它有三个自由度。若此原子被限制在某平面中运动,它就只有两个自由度。分子的总自由度等于确定分子中各原子在空间的位置所需坐标的总数。很明显,在空间确定一个原子的位置,需要 3 个坐标(x、y 和 z)。当分子由 n 个原子组成时,则自由度(或坐标)的总数应该等于分子的平动、转动和振动自由度的总和,即 $3n$ = 平动自由度+转动自由度+振动自由度。分子的质心可沿 x、y 和 z 三个坐标方向平移,所以分子的平动自由度等于3(图 8-8)。

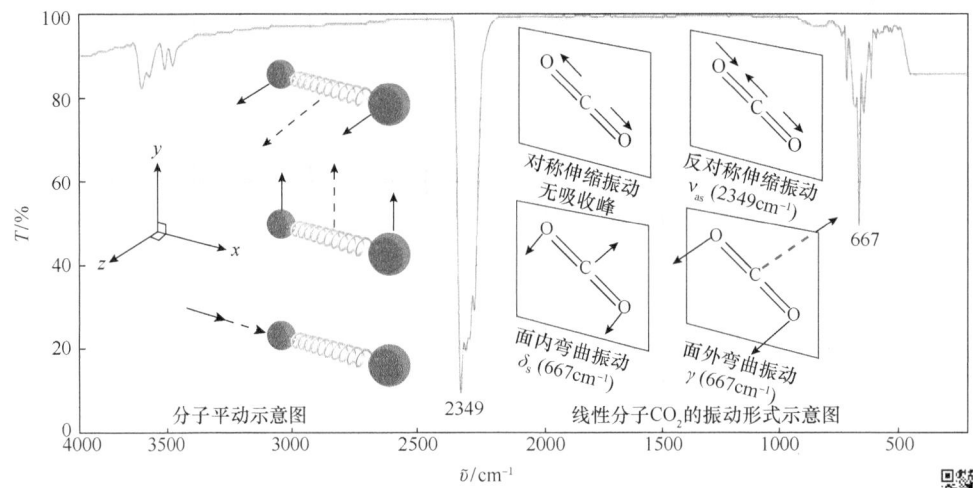

图 8-8 分子平动、线性分子 CO_2 的振动形式示意图及其红外光谱

转动自由度是由原子围绕着一个通过其质心的轴转动引起的。只有原子在空间的位置发生改变的转动才能形成一个自由度。不能用平动和转动计算的其他所有的自由度是振动自由度。对于线形分子绕 x、y 和 z 轴的转动,若绕 y 和 z 轴转动引起原子的位置改变,则 y 和 z 轴各形成一个转动自由度。分子绕 x 轴转动,由于原子的位置没有改变,因此 x 轴不能形成转动自由度。这样,线形分子的振动自由度为 $3n-(3+2)=3n-5$,其中,n 为分子中的原子总数。对于非线形分子(如 H_2O)绕 x、y 和 z 轴的转动,由于转动均改变了原子的位置,因此每个轴的转动都能形成转动自由度,非线形分子的振动自由度为 $3n-6$。

3) 红外光谱实际峰数

理论上,多原子分子中每个简正振动自由度在红外光谱上都应产生一个基频吸收带。例如,三原子的非线形分子 H_2O 有三个振动自由度,其红外光谱图中对应出现三个吸收峰,分别为 $3650cm^{-1}$、$1595cm^{-1}$、$3750cm^{-1}$;苯的红外光谱上也应出现 $3\times12-6=30$ 个峰。但实际上,绝大多数化合物在红外光谱图上出现的峰数远小于理论上计算的简正振动数。如图 8-8 所示,理论上计算线形分子 CO_2 的基本振动数为 $3n-5=4$,但红外光谱图上只出现 $667cm^{-1}$ 和 $2349cm^{-1}$ 两个基频吸收峰。这是因为 CO_2 的对称伸缩振动偶极矩变化为零，不产生红外吸收。而面内和面外弯曲振动的吸收频率完全一样，发生了简并。通常，红外光谱的实际峰数量少于简正振动数量的主要原因是：

(1) 分子振动没有引起分子偶极矩变化，不产生红外吸收，此振动为非红外活性振动。
(2) 结构对称性分子，其部分键的振动频率相同，产生简并吸收峰。
(3) 吸收峰有时不在中红外区域。
(4) 强宽峰往往覆盖与其频率相近、弱而窄的吸收峰。
(5) 某些振动吸收强度太弱或振动吸收频率十分接近，仪器不能检测或不能分辨。
(6) 某些振动的吸收频率超出了仪器的检测范围。

红外峰数量也有多于简正振动数量的情况，如：

(1) 倍频峰。势能曲线中振动量子数 $V=0$ 至 $V=1$ 的能级跃迁只产生基频峰。而振动量子数 $V=0$ 至 $V=2$、3 和 4 的能级跃迁还会产生倍频峰，导致吸收峰数目增加。

(2) 组合频峰。组合频峰也能使吸收峰数目增加。一般倍频峰和合频峰(统称泛频峰)强度很弱，不易辨认。不过苯的泛频峰特征性很强，可用于鉴别苯环上的取代基位置，其泛频峰出现在 2000～1667cm^{-1} 区间。

(3) 振动耦合。分子中两个基团相邻且其振动基频相差不大时会产生峰的分裂，形成两个峰，此现象称为振动耦合。由此产生的两个吸收频率称为耦合频率。耦合频率会偏离基频，其中一个移向高频，另一个移向低频。例如，异丙基—CH(CH$_3$)$_2$ 的两个 CH$_3$ 相互振动耦合引起 CH$_3$ 在 1380cm^{-1} 处的对称弯曲振动峰分裂为强度差不多的两个峰，它们分别出现在 1385～1380cm^{-1} 及 1375～1365cm^{-1} 处，此现象有助于异丙基定性分析。由此可见，振动耦合使某些振动吸收的位置发生了变化，虽然这给功能团的鉴定带来不便，但红外光谱也因此成为确认某一特定化合物的有效手段。

(4) 费米共振。当倍频或组合频与某基频相差不大时，弱的倍频峰或组频峰的吸收强度常被大大强化，且往往分裂为两个峰。这种因倍频峰或组频峰与基频峰之间的耦合而产生的吸收带或发生峰的分裂现象称为费米共振(Fermi resonance)。例如，由于醛基—CHO 中 C—H 伸缩振动频率(2830～2965cm^{-1})与其 C—H 弯曲振动(1390cm^{-1})的倍频耦合发生费米共振，结果导致弱的倍频峰(弯曲振动峰)分裂为两个中等强度的双峰，分别出现在 2840cm^{-1} 和 2760cm^{-1} 附近，这成了醛基的特征峰。费米共振是一种普遍现象，它不仅存在于红外光谱中，还存在于拉曼光谱中。含氢基团无论产生振动耦合还是费米共振现象，均可以通过氘代鉴别。当含氢基团被氘代后，其折合质量的改变会使吸收频率发生变化，此时氘代前的耦合或费米共振条件不再满足，相应的吸收峰频率和形状会发生较大的变化。

8.1.2 仪器组成

早期红外光谱仪以棱镜 (第一代光谱仪)或光栅(第二代光谱仪)为单色器，现代红外光谱仪(第三代光谱仪)均以傅里叶干涉调频分光器为单色器。前两代属于色散型红外光谱仪，而第三代属于干涉型光谱仪。相比而言，傅里叶变换红外光谱仪具有灵敏度高、检出限低、测量精度高、重现性好、扫描速率快以及测定光谱范围宽等优点而被广泛使用，其工作原理如图 8-9 所示。

· 138 ·　仪器分析

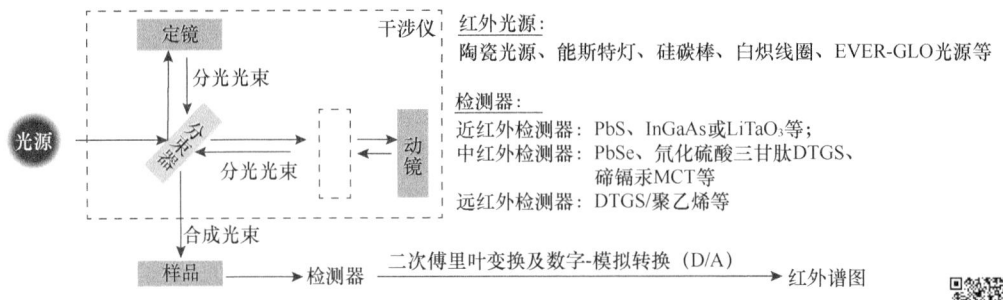

图 8-9　傅里叶变换红外光谱仪工作原理示意图

红外光谱仪根据光路系统不同可分为单光束和双光束两类，它们均由光源、分光系统、检测器和数据处理系统等组成。单光束傅里叶变换红外光谱仪的结构组成及光路图如图 8-10 所示。由光源发出的红外光束被球面镜反射后，在光阑处汇聚。光束通过光阑后，被准直镜反射后成平行光，然后以 30°入射角进入干涉仪产生干涉。干涉形成的光束经平面镜反射而照射到聚光镜。聚光镜具有自动对准功能，可以始终实现最高的干涉效率。光束通过此聚光镜后透过样品，再经聚光镜汇聚于检测器，得到带有样品信息的干涉信号。这些信号难以进行光谱解析，需先经放大器放大后，再由计算机进行傅里叶余弦变换，最后经数字-模拟转换(D/A)及波数分析器扫描记录，便得到了以波长或波数为函数的样品的红外光谱图。相比单光束型光谱仪，双光束傅里叶变换红外光谱仪的光源发出的光交替快速通过参比和样品，这样在动镜移动的每一个位置可以同时获得参比和样品的光谱信息，因而可以消除光源和检测器的信号漂移。

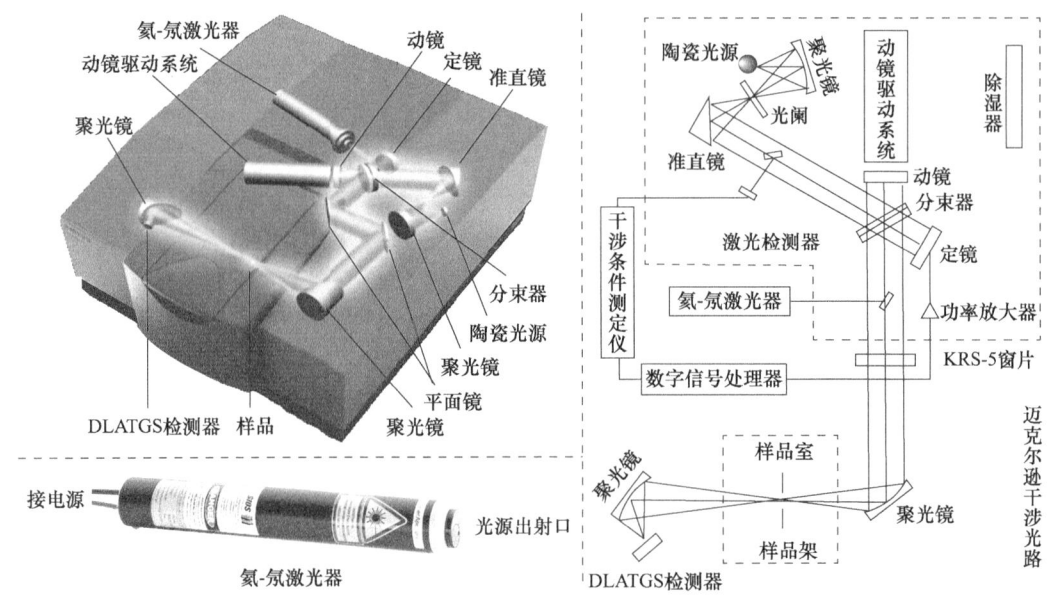

图 8-10　单光束傅里叶变换红外光谱仪的结构组成及光路图

1. 光源及分束器

红外光谱仪的光源通常为白炽线圈、硅碳棒、高压汞灯、钨灯或陶瓷光源等。一般近红外光谱仪的光源为钨灯，中红外使用的是陶瓷光源，650~50cm^{-1}区间的远红外光谱仪也可以使用中红外光源。但中红外光源在50~10cm^{-1}区间的能量非常低，且固体和液体的远红外光谱主要集中在650~50cm^{-1}区间，因此若需要检测50~10cm^{-1}区间的远红外光谱，则必须使用高压汞灯光源，否则仪器没有必要配备高压汞灯光源。分束器(beam splitter)是可将一束光分成两束或多束光的光学装置，它是大多数干涉仪的重要部件，通常由金属膜或介质膜构成。中红外干涉仪中的分束器主要由KBr材料制成；近红外分束器一般以石英和CaF_2为材料；远红外干涉仪中的分束器一般由Mylar膜和网格固体材料制成。

2. 分光系统

傅里叶变换红外光谱仪的分光系统是干涉仪，也是光谱仪的"心脏"，其性能好坏决定了光谱仪的最高分辨率和其他性能指标。常用干涉仪是迈克尔逊干涉仪(Michelson interferometer)，它按动镜移动速度不同分为快扫描型和慢扫描型。快扫描型干涉仪为一般的傅里叶变换红外光谱仪所采用，慢扫描型干涉仪主要用于高分辨光谱的测定。迈克尔逊干涉仪主要包括相互垂直的固定反射镜与动镜、与定镜和动镜成一定角度(30°、45°或60°)的分束器及动镜驱动系统等，其工作原理如图8-11所示。进入干涉仪的光被分束器(Ge镀层的KBr半透膜)分为两束光，一束光经反射到达定镜，另一束光经透射到达动镜。两束光分别经定镜和动镜反射再回到分束器，并在分束器发生干涉现象。动镜以一恒定速度v_m做直线运动，因而经分束器分束后的两束光形成光程差δ，产生干涉现象，得到干涉图。光程差$\delta = 2d$，d是动镜到原点的距离与定镜与原点的距离之差。由于光程是一来一回，所以光程差应为$2d$。若$\delta = 0$，即动镜到原点的距离与定镜到原点的距离相同，则无相位差，光束发生相互干涉并增强，是相长干涉；若$d = \lambda/4$，$\delta = \lambda/2$时，相位差为$\lambda/2$，相位正好相反，光束发生相互干涉并减弱，是相消干涉。因此，当$\delta = n\lambda$时，光束发生相互干涉并增强；当$\delta = (n + 1/2)\lambda$时，光束发生相互干涉并减弱，其中，$n$为整数。由此，动镜的规律性移动产生可以预测的周期性信号。

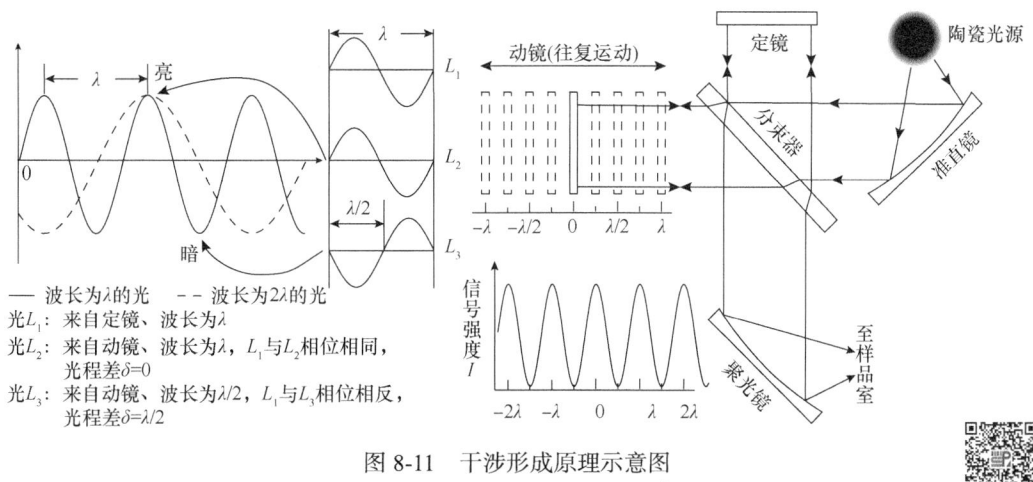

图8-11 干涉形成原理示意图

由于动镜移动速度v_m一定，光程差与时间有关。设动镜移动$\lambda/2$距离需时$t(s)$，则

$$v_m t = \lambda / 2 \tag{8-4}$$

调制频率 f 为

$$f = 1/t = 2v_m / \lambda = 2v_m \nu / c \tag{8-5}$$

其中，ν 为光源频率。若 $v_m = 1.5\text{cm/s}$，则 $f = 10^{-10}\nu$，即调制后的频率大大降低。经干涉仪得到的干涉信号是时间的函数，为时域谱。时域谱通过傅里叶变换得到随频率变化的频域谱(图 8-12)。

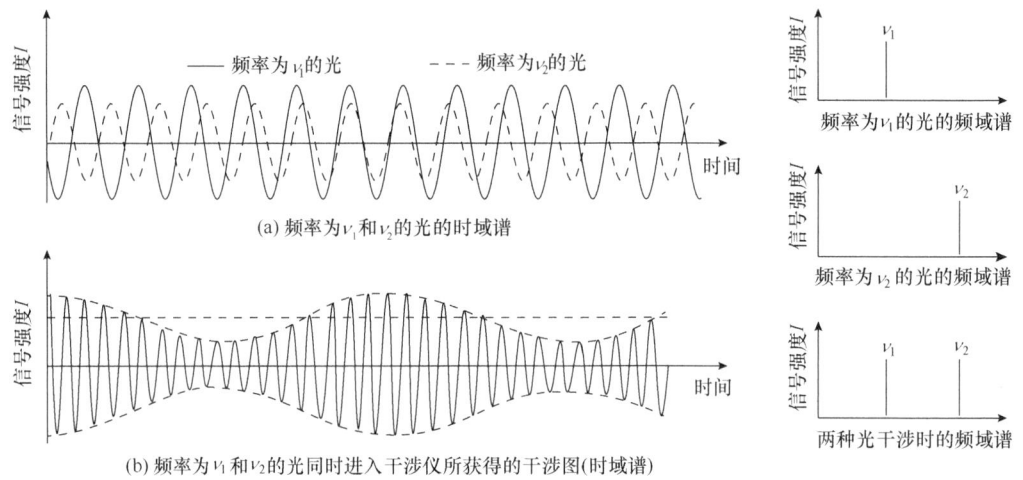

图 8-12 两种单色光分别或一起通过干涉仪形成的干涉图

当入射光波数为 $\tilde{\nu}_1$ 或 $\tilde{\nu}_2$ 的单色光通过干涉仪后，可得到图 8-12 (a)所示的干涉图。其数学表达式为

$$I(\delta) = \left[I(\tilde{\nu})\cos 2\pi f t \right] / 2 \tag{8-6}$$

其中，$I(\delta)$ 为相干光强度，是光程差 δ 和时间 t 的函数；$I(\tilde{\nu})$ 为入射光强度，是光源的频域函数。由于光被分束器分为两束，故要除以 2。若考虑分束器分光并非绝对均等，检测器的响应为与仪器参数有关的光源强度函数，即光源的光谱分布 $B(\tilde{\nu})$ 也与频率有关，则式(8-6)变为

$$I(\delta) = B(\tilde{\nu})\cos 2\pi f t \tag{8-7}$$

$B(\tilde{\nu})$ 与 $I(\tilde{\nu})$ 等有关。将 $f = 2v_m$，$v_m = \delta/2t$ 代入式(8-7)，则

$$I(\delta) = B(\tilde{\nu})\cos 2\pi \delta \tilde{\nu} \tag{8-8}$$

可见，干涉信号强度 $I(\delta)$ 是光程差 δ 和入射光波数 $\tilde{\nu}$ 的函数。当波数分别为 $\tilde{\nu}_1$ 和 $\tilde{\nu}_2$ 的两束光一起进入干涉仪时，得到如图 8-12 (b)所示的两种单色光的加合图，其干涉结果为

$$I(\delta) = B_1(\tilde{\nu})\cos 2\pi \delta \tilde{\nu}_1 + B_2(\tilde{\nu})\cos 2\pi \delta \tilde{\nu}_2 \tag{8-9}$$

由于红外连续光(复合光)的干涉图是各单色光干涉图加合的结果，因此干涉图中任何一点的总光强是各个波长干涉光强的总和，即需要对整个波段进行积分

$$I(\delta) = \int_{-\infty}^{+\infty} B(\tilde{v}) \cos 2\pi\delta\tilde{v} d\tilde{v} \tag{8-10}$$

式(8-10)即为傅里叶变换关系式,它表明了检测器检测到的干涉信号(干涉图)的光强分布 $I(\delta)$ 是入射光的光谱图分布 $B(\tilde{v})$ 的余弦变换(傅里叶变换),即迈克尔逊干涉仪进行了一次傅里叶变换,将时域谱变成了频域谱。

若入射光为连续波长的复合光时,通过干涉仪后可得到如图 8-13 (a)所示的干涉图。

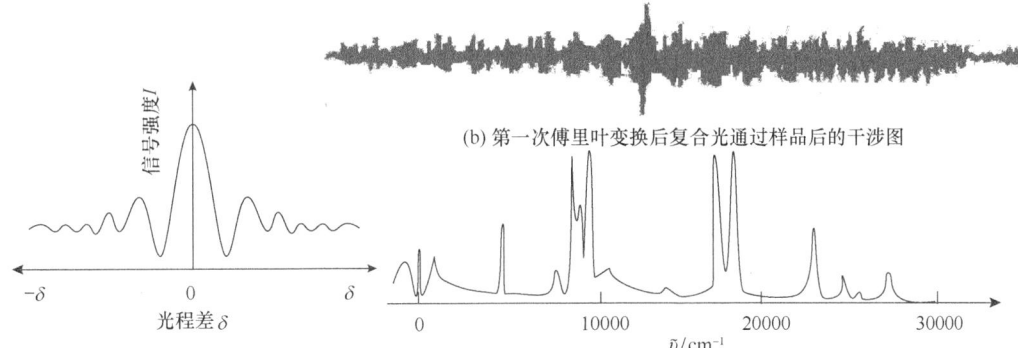

(a) 第一次傅里叶变换后的复合光干涉图　(c) 第二次傅里叶变换(反向傅里叶变换)后复合光通过样品后的红外光谱图

图 8-13　复合光的干涉图及复合光通过样品后的干涉图和红外光谱图

从图 8-13 (a)可知,光程差为零时,干涉图有极大值。这是因为复合光中的任一波长的单色光在该处均为相长干涉且相位相同,因此复合光在光程差为零时干涉图光强有最大值。反之,偏离零光程差的位置,总的干涉光强度则迅速下降。当由复合光形成的干涉光通过样品时,由于样品吸收了某些波长的光的能量,图 8-13 (a)中所示复合光的干涉图强度曲线会发生变化,形成图 8-13 (b)中所示的干涉图。计算机光谱软件将变化了的干涉图进行快速反向傅里叶变换,就形成图 8-13 (c)中所示的红外光谱图。反向傅里叶变换的关系式为

$$B(\tilde{v}) = \int_{-\infty}^{+\infty} I(\delta) \cos 2\pi\delta\tilde{v} d\delta \tag{8-11}$$

反向傅里叶变换的结果是从干涉图上的光强分布 $I(\delta)$ 找到了光源强度随频率或波长的分布,得到了样品对不同波数或波长红外吸收的原始光谱图 $B(\tilde{v})$ 的信息。传统的色散型光谱仪是直接测定某个波长下的强度 $B(\tilde{v})$,而傅里叶变换红外光谱仪检测器检测到的是干涉图 $I(\delta)$,通过对干涉图进行傅里叶变换而得到光谱图 $B(\tilde{v})$。将样品单光束光谱图 $B_S(\tilde{v})$ 与参比单光束光谱图 $B_R(\tilde{v})$ 进行比较,即得到透射光谱图。

$$T(\tilde{v}) = \frac{B_S(\tilde{v})}{B_R(\tilde{v})} \times 100\% \tag{8-12}$$

其中,$T(\tilde{v})$ 为样品对波数是 $\tilde{v}$ 的光的透过率。

迈克尔逊干涉仪中,动镜的位置及速度是通过氦氖激光器产生的光束在迈克尔逊干涉仪中与激光光束(波长为 632.8nm)自身形成的干涉图来控制的。这一干涉图被调制成了

余弦曲线，此余弦的频率除了作为基础频率来准确测定光程差，并以此实时地校准动镜的位置及速度外，还被用来识别在哪一个激光干涉图的波数点来实现对通过样品的光源干涉图进行采样。当余弦波过零点时，动镜移动激光半波长(316.4nm)，并通过触发器触发检测器对通过样品的光源干涉图采样，如图 8-14 所示。

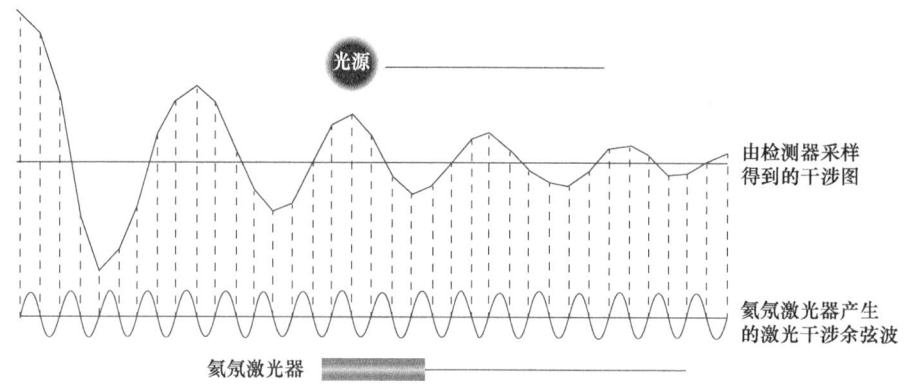

图 8-14　基于氦氖激光器产生的激光干涉图实现对样品干涉图数字化采样示意图

图 8-14 底部波形图为由氦氖激光器产生的激光干涉余弦波，图中每一条垂线对应一个采样点。可见，在很短的时间内，动镜只需要移动几毫米，便可完成上千次采样，进而获得一系列采样点，最后经计算机处理后便得到数字化干涉图。这正是傅里叶变换红外光谱仪分析速度非常快的原因。

3. 检测器

红外光谱仪所用检测器主要有热检测器(如热电偶等)和光电导检测器[如硫酸三甘酞(TGS)、氘化 L-α 丙氨酸硫酸三甘肽 (DLaTGS) 或 PbS 等]两类。由于目前还没有一种检测器能够检测整个红外波段，因此测量不同波段的红外光谱需要使用不同的检测器。测定近红外光谱通常使用 PbS 检测器，除此之外，还可以使用灵敏度更高的 Ge、InSb、InGaAs 等检测器。测定中红外光谱使用的检测器是低灵敏度氘化硫酸三甘肽(DTGS)检测器和高灵敏度碲镉汞(MCT)检测器。测定远红外光谱使用的检测器是用于 650~50cm^{-1} 的氘化硫酸三甘肽，以及用于 1000~2cm^{-1} 且对热辐射非常敏感的热辐射检测器。

8.1.3　定性与定量分析

1. 定性分析

1) 已知物的鉴定

红外光谱吸收峰具有特征性，加之指纹区各不相同，可用于鉴定、鉴别化合物以及区分晶型、异构体。因此，国内外药典广泛使用红外光谱鉴别药物，区分晶型和异构体。当化合物为已知，仅需鉴定是否为某化合物时，常用红外光谱法进行鉴定。其中常采用的红外光谱法有标准谱图对比法和对照品对比法。标准谱图对比法将样品谱图与标准谱图或文献上的谱图进行比较，若两张谱图中各吸收峰的位置和形状完全相同，峰的相对强度也相同，则可以认为样品是该种标准物质。若两张谱图不一样，或峰位不一致，则说明两者不是同一化合物或样品中含杂质。使用标准图谱对比法时应注意：①同一物质的红外光谱图因测定条件(如测定方法、样品状态、浓度和仪器分辨率等)不同而异；②特征吸收与分子自身结构(如官能团相邻的基团特点)和测定环境(如溶剂类型和浓度)相关；③若样品存在多晶异构体，最好采用溶液法测试红外光谱；④若样品谱图与标准谱图中有一部分不一致，还应考虑杂质的存在。

当不需要知道样品的组分、纯度和含量，只需要知道待测的两个或多个样品是否相同时，可采用对照品比对法，即在相同条件下获取样品和对照品的红外光谱，然后进行谱图对比。若光谱完全相同，说明样品的成分及含量与标样相同。此法虽然可以消除不同仪器和测定条件造成的误差，但前提是必须找到相应的对照品。

2) 未知物的鉴定

一般情况下，红外光谱法定性分析的步骤包括：

(1) 样品提纯。用于红外光谱测量的样品应该是纯样品。因此，试样须先进行分离提纯。分离提纯的手段可以是色谱分离、重结晶、分馏或萃取等。

(2) 样品信息收集。在解析图谱前，应尽可能地了解样品的各种数据及有关资料，如样品的元素成分、分子量、熔点、沸点、折光率和旋光度等。样品信息收集得越多，越有利于分析样品。例如，元素分析数据可提供构成化合物的元素种类、不同元素原子的组成比例，可得到化合物的实验式。再由分子量求得化合物的分子式，从分子式可计算得到化合物的不饱和度 Ω，从而可以估计分子结构中是否含有双键、三键或芳香环等。不饱和度 Ω 是表示有机分子中碳原子的不饱和程度，其计算公式为

$$\Omega = 1 + n_4 + (n_3 - n_1)/2 \tag{8-13}$$

其中，n_4、n_3 和 n_1 分别为分子中所含的四价、三价和一价元素原子的数目。需要说明的是，二价原子如 S、O 等不参加式(8-13)的计算。Ω 的不同计算值对应的含义是：当 $\Omega = 0$ 时，表示分子是饱和的链状烃或不含双键的衍生物；当 $\Omega = 1$ 时，表示分子中可能有一个双键或一个脂环；当 $\Omega = 2$ 时，表示分子中可能有两个双键或两个脂环，也可能有一个三键；当 $\Omega = 4$ 时，表示分子中可能有一个苯环等。

(3) 制样并通过红外光谱仪获取红外光谱图。

(4) 谱图解析。一般先依据典型有机基团在红外光谱图中出现的波数区域，在特征区内通过查找特征峰是否存在来确定某官能团是否存在，从而初步确定化合物的类型。然后在指纹区内查找某官能团的相关吸收峰，进一步确定该官能团的存在。对于简单化合物的红外光谱，一般可以通过一、两组相关峰即可确定未知物的分子结构。对于复杂化合物的光谱，在肯定某官能团存在的情况下，要防止孤立解析。若解析得知化合物是芳香族化合物，则还应定出苯环取代位置。

(5) 与标准谱图对照。初步解析后，查对样品的标准图谱进行确认。

(6) 联机检索。目前网络上已有很多红外光谱图的数据库供检索。若解析困难，可在进行粗略解析后，结合标准图谱和其他图谱(UV、NMR、MS 等)进行综合图谱解析。

2. 定量分析

红外光谱定量分析的依据仍是朗伯-比尔定律。虽然傅里叶变换红外光谱比色散型红外光谱在定量分析方面的精密度和准确度高，但相比于其他定量分析方法(如紫外-可见吸收光谱法等)，其定量分析性能仍然较弱。这主要是因为：①红外谱图复杂，相邻峰重叠多，难以找到合适的检测峰；②红外谱图的峰形窄；③光谱仪光源强度低，检测器灵敏度低；④红外测定时吸收池厚度不易确定，利用参比池也难以消除吸收池和溶剂等带来的影响。因此，除特殊情况外，一般情况下不用红外光谱进行定量分析。例如，紫外光谱法不能用于异构体的定量，但异构体的红外光谱在指纹区有明显差异，此时宜用红外光谱定量分析。

8.1.4 特点及应用

红外光谱法的优点主要有：①研究对象广泛，除了单原子分子及同核的双原子分子外，几乎所有的化合物都有红外吸收；②是一种非破坏性分析方法，可用于气态、液态和固态样品的分析；③能提供的信息量大且具有特征性，被誉为"分子指纹"，是结构分析中常用的分析方法；④除了可进行定性和定量分析外，还能通过红外光谱计算化合物中原子间的力、键长、键角等物理常数；⑤样品用量少，可减少到微克级；⑥分析速度快，灵敏度高(色散型仪器除外)；⑦可与色谱等其他仪器联用。

红外光谱法的不足主要有：①样品不能含水；②对某些物质不适用，如非红外活性物质、红外光谱相同的左右旋光物质、红外光谱相似的长链正烷烃类等；③复杂化合物的光谱极复杂，往往需与其他方法结合才能做出准确的结构判断。

红外光谱法作为一种简单可靠的测量、质量控制和动态测量技术，在生命科学(细胞、组织、微生物)、材料科学(碳和纳米技术、半导体、催化剂)、化学科学(化学医药、聚合物、化学物质)、地球科学(地质学、宝石学)和分析科学(艺术、取证、污染物)等方面被广泛应用。例如，红外光谱法可用来监测反应进程。通过对随机取出的部分反应混合物的红外光谱进行监测，观察反应物的特征吸收带的消失速率和/或产物的特征吸收带出现的速率，以此便可了解化学反应的进程。另外，红外光谱丰富的附件及与其他技术如色谱、显微等技术的联用，进一步扩展了其应用范围，使其成为现代分析中的一种重要手段。例如，傅里叶变换红外显微镜能扫描化学成分均匀的样品表面，可应用于胆结石和泌尿结石成分的临床分析研究。

8.2 近红外吸收光谱法

基于可见光区和中红外光区之间的近红外光谱区(780~2526nm)建立起来的吸收光谱法称为近红外光谱法(near infrared spectroscopy，NIRS)。

8.2.1 基本理论

由于近红外光谱区与有机分子中含 H 基团(如 CH、NH、OH)的各级振动倍频与合频吸收区一致，所以几乎所有的含 H 有机物都能适用于近红外光谱分析。但由于倍频和合频跃迁概率低、摩尔吸光系数小,因此谱带重叠严重,而化学计量学的出现很好地解决了这一问题。化学计量学是一门通过统计学或数学方法将化学体系的测量值与体系的状态之间建立联系的学科。通过利用化学计量学中的多元校正方法,可以将近红外光谱中的众多变量结合起来共同反映目标组分的性质,从而解决了近红外光谱中峰重叠的问题。例如,尽管甲醇分子中的化学键相对较少,但在近红外光谱中却拥有丰富的化学键振动信息。采用化学计量学对甲醇的近红外光谱进行模拟,可得到20余个倍频和组合频的吸收峰(图8-15),模拟谱图与实验得到的光谱有较好的吻合性[1]。

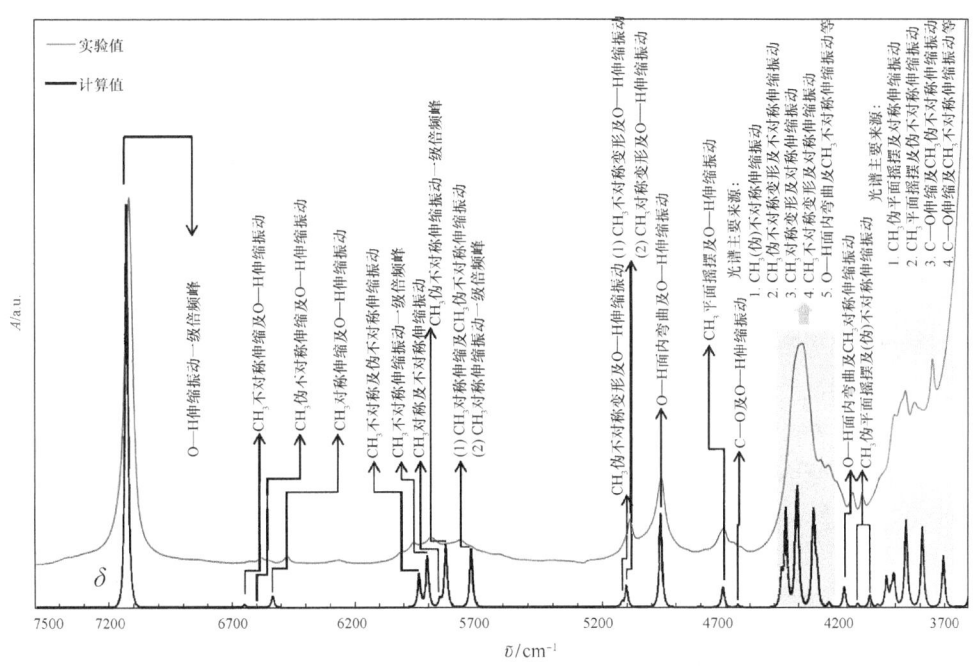

图8-15　低浓度甲醇(0.005mol/L)的实验近红外光谱图与模拟计算谱图的谱带归属

采用化学计量学还可以计算得到分子间氢键、分子内氢键、溶剂效应等对近红外光谱特征吸收峰频率和强度的影响。更为重要的是,通过化学计量学可以指导多元定量和定性模型的建立,进一步阐明近红外光谱进行定量和定性的依据,为近红外光谱分析技术提供可靠的方法学基础。化学计量学的发展促使多组分分析中多元信息处理理论和技术日益成熟,使近红外光谱分析技术不断发展并得以广泛应用。因此,近红外光谱分析技术实际是光谱测量技术、计算机技术、化学计量学技术与基础测试技术的有机结合,它采用化学计量学技术将近红外光谱所反映的样品基团、组成或物态信息,与由标准或认可的参比方法测得的组成或性质数据联系起来建立校正模型,然后在此基础上通过对未知样品光谱的测定实现快速预测样品组成或性质的间接分析。

8.2.2　仪器组成

近红外光谱仪在仪器结构上与(中)红外光谱仪一样,均由光源、分光系统、样品室、检测器、数据处理系统等构成,只是两者对部分硬件的参数与性能要求不同。近红外光谱仪的光源一般是光强度大、稳定性好的卤钨灯、发光二极管或激光发射二极管等。而分光系统和样品室与(中)红外光谱仪相同,依然是目前普遍采用的傅里叶变换分光系统。检测器的材料则根据所检测波长范围不同而异。例如,短波区域多采用硅,长波区域多采用 PbS、InGaAs 或 LiTaO$_3$ 等。其中,InGaAs 的响应速度快、信噪比和灵敏度高,但响应范围相对较窄,价格也较贵。PbS 响应范围较宽(1000～3300nm),价格便宜,但其响应呈现较严重的非线性。在仪器尺寸上,近年来近红外光谱仪正向便携式、微型化和智能化方向发展。微型近红外光谱仪芯片与机器人和无人机的结合越来越紧密。例如,目前已有商品化的塑料分选设备将机器人手臂与光谱仪结合用于废塑料种类的快速鉴别,以便更有效地对废塑料进行再利用。近红外光谱微型仪器与机器人的结合甚至可以实现完全无人的智能化分析实验室:从取样到数据的报出完全由机器人操作,并可以全天候工作,显著提高分析效率。而当今 5G 技术、人工智能、大数据等技术的不断发展,都将推动近红外光谱仪无论从成本、性能还是应用场景上产生重大的变革。

8.2.3 定性与定量分析

近红外光谱的分析过程是通过已知的数据建立近红外光谱定量或定性分析模型,然后采用该模型预测未知样品。这一过程分为两部分(图 8-16):一是建模。通过将样品的性质变化和其对应的近红外光谱变化直接关联,从而建立两者之间的定量或定性关系。由于描述这些关系需要很多参数,因此这种关系又称为模型。模型的确立过程即为建模。对一种样品可使用同样的建模方法建立多种性质的校正模型。校正模型建立后还需要检验和优化模型的稳定性。二是预测,即应用数学模型和未知样品的近红外光谱预测未知样品中有关组分的含量或性质。在未知样品分析应用中,近红外光谱分析技术使用已有模型可在几秒时间内测量一张近红外光谱,并可同时预测多种(如十几种)性质。

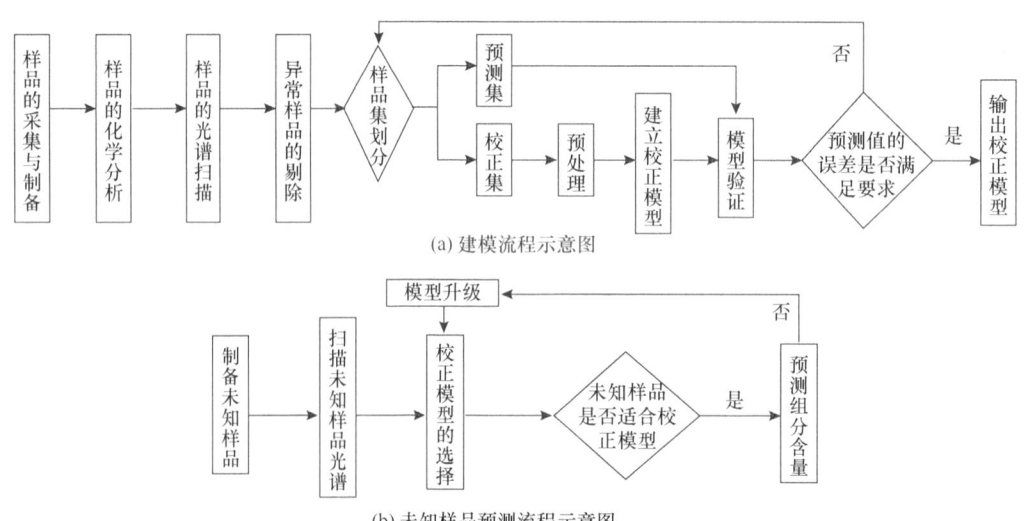

(a) 建模流程示意图

(b) 未知样品预测流程示意图

图 8-16 近红外光谱分析技术工作流程示意图

1) 光谱建模

建立校正模型前，应先收集建模用训练样品集。样品集应能涵盖待分析样品的范围。在所测的浓度或性质范围内，样品最好呈均匀分布，以便后续在使用校正模型测量一定浓度范围内的试样时都可以获得同样精度的结果。试样所覆盖范围的大小根据实际需要确定。覆盖范围越大，校正模型适用面越宽，但分析精度就可能变差；覆盖范围越小，分析结果的精度就相对较高，但校正模型适用面会变窄。

建立校正模型的流程如图 8-16 (a) 所示。首先选取一定数量的样品，采用标准化学方法测量出它们的组分浓度化学值(又称为标准值)，并选用光谱仪测量出它们的近红外光谱信号。再运用各种定性分析方法(如聚类等)剔除异常试样后，把这些试样分为校正集和预测集。通过校正集的光谱信号(需经过预处理)和浓度值(也需经过预处理)的关系，利用各种多元校正方法，如多元线性回归、主成分回归、偏最小二乘法、人工神经网络和卷积神经网络等建立校正模型。然后进一步通过预测集的光谱信号(需经过校正集光谱信号相同的预处理方法)和建立的校正模型预测出对应的组分浓度化学值来检验校正模型。若预测误差在允许范围内，就输出校正模型。否则，重新划分校正集和预测集以便再次建立校正模型，直到校正模型满足要求为止。

2) 预测

试样组分浓度预测流程如图 8-16 (b) 所示。首先在相同条件下测量试样近红外光谱信号，并采用建模时相同的预处理算法。其次选择适当的校正模型，并进行模型适应度检验。最后根据该模型和试样的近红外光谱信号预测试样组分浓度值。

8.2.4 特点及应用

近红外光谱分析法具有专属性高、操作简单快速、无损、消耗溶剂少和绿色环保等优点，广泛应用于农业、食品、石化和制药等领域，并在一些领域取得了规模化的应用成效。例如，在谷物分析方面，目前全球约 90%的小麦贸易是基于整粒谷物近红外分析仪检测蛋白质含量进行的。加拿大农业采用近红外光谱技术后(主要是对农作物的管理)，稻米的产量每公顷提高约 0.6t，小麦的产量提高约 1.1t，小麦蛋白质含量提高约 1%[2-3]。在石化行业，在线近红外光谱已广泛应用于炼油企业。从原油调和、原油加工(原油蒸馏、催化裂化、催化重整和烷基化等)到成品油(汽油、柴油和润滑油)调和的整个生产环节，在线近红外光谱分析技术可为实时控制和优化系统提供原料、中间产物和最终产品物化性质等方面的信息，为装置的平稳操作和优化生产提供准确的分析数据，与优化控制系统结合，为石化企业带来了可观的经济和社会效益[4]。在线近红外光谱分析也成为现代智能化炼厂的标志性技术之一。在制药领域，以近红外光谱为代表的现代过程分析技术可对制药过程的关键质量参数进行监控，以改进成品的质量并降低药品的制造成本[5]。近红外光谱在欧美的一些大型制药企业也得到了广泛推崇，取得了很好的应用效果。

8.3 拉曼光谱法

拉曼光谱法(Raman spectroscopy)是一种研究来自样品表面的非弹性散射光的频率与

分子结构之间关系的光谱分析方法。该方法利用光子对共价结合分子的非弹性散射来识别官能团、结晶度以及应力和应变,所产生的拉曼光谱实际上是物质分子的振动和转动光谱,反映了物质的指纹性信息。

8.3.1 基本理论

1. 拉曼光谱的产生

一定频率的激发光照射透明样品时,其中的一部分入射光与样品分子发生弹性碰撞,由此产生的散射光频率和入射光频率 ν_0 相等,这种散射称为瑞利散射。这是一种弹性散射,它只是光子传播方向发生改变而未发生能量交换,不携带样品的任何信息。还有一部分入射光与样品分子发生非弹性碰撞,且发生了能量交换,光子将一部分能量传递给样品分子或从样品分子获得一部分能量,因而改变了光的频率。这种因非弹性碰撞导致光子能量变化,从而引起散射光和激发光频率不同的散射称为拉曼散射,它能使样品分子极化率发生变化,负载有样品信息,其相应的谱线称为拉曼散射线(拉曼线),它们对称分布在频率为 ν_0 的瑞利散射线两侧,其中频率较小的成分 $(\nu_0-\nu_1)$ 称为斯托克斯线,频率较大的成分 $(\nu_0+\nu_1)$ 称为反斯托克斯线,如图8-17所示。瑞利散射线两侧距瑞利散射线最近的谱线(拉曼位移小)称为小拉曼光谱或布里渊散射(Brillouin scattering),瑞利散射线两侧距瑞利散射线最远的谱线(拉曼位移大)称为大拉曼光谱。小拉曼光谱与分子的转动能级有关,大拉曼光谱与分子振动-转动能级有关,反映了分子的转动和振动信息。由于室温下基态的最低振动能级的分子数目最多,与光子作用后返回同一振动能级的分子也最多,所以上述散射出现的概率大小顺序为:瑞利散射 > 斯托克斯线 > 反斯托克斯线。瑞利散射强度与拉曼光谱强度分别只有入射光强度的0.1%和1%。反斯托克斯线的强度随温度升高有所增加。

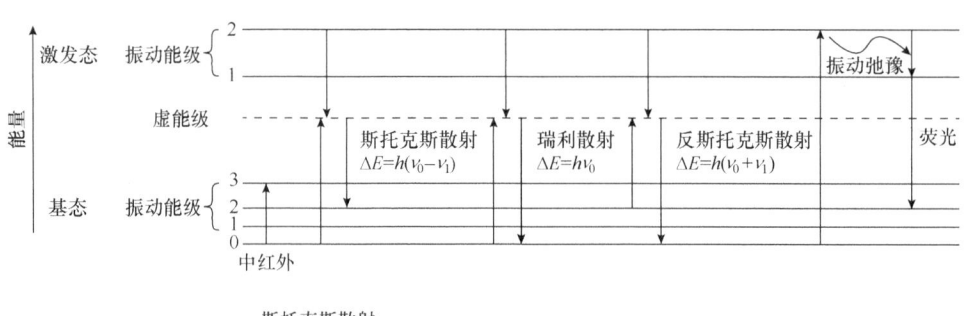

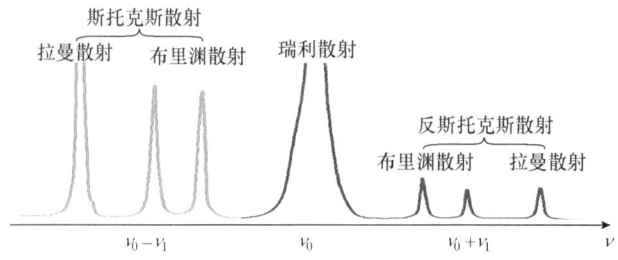

图 8-17 拉曼光谱能级及频率分布示意图

2. 拉曼光谱图与拉曼活性

拉曼光谱图是以散射光强度为纵坐标，拉曼位移(波数)为横坐标作图得到的图谱。通常，斯托克斯线比反斯托克斯线强度大得多，故拉曼光谱分析中通常只记录斯托克斯线，并将入射光频率作为零，由此得到的拉曼光谱图类似于红外光谱图，如图8-18所示。

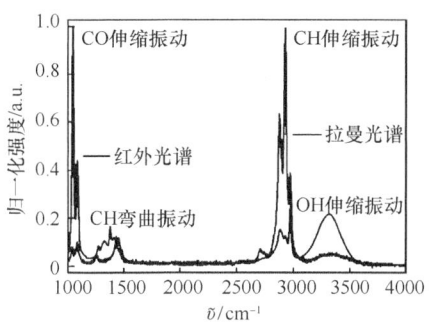

图 8-18　乙醇的红外光谱与拉曼光谱图[6]

拉曼光谱图中的每个拉曼峰代表了在相应拉曼散射光波长下的拉曼峰强度，对应于一种特定的分子键振动，其中既包括单一的化学键，如 C—C、C=C、N—O、C—H 等，也包括由数个化学键组成的基团的振动，如苯环的呼吸振动、多聚物长链的振动以及晶格振动等。因此，拉曼光谱中包含了很多有用的信息，也拓展了其应用范围，如图 8-19 所示。

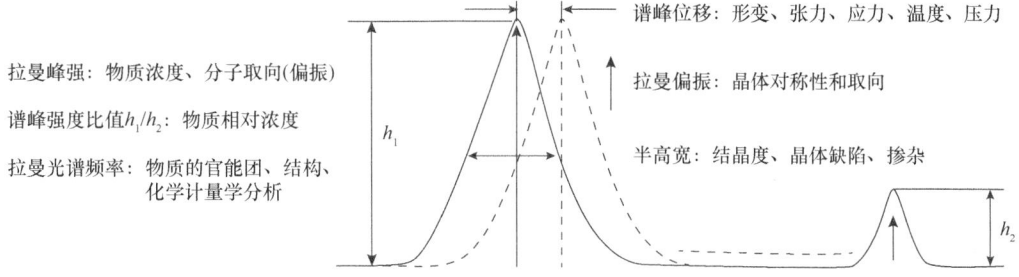

图 8-19　拉曼光谱中谱峰所包含的样品信息及其研究应用价值

拉曼光谱的产生是分子发生非弹性散射的结果，说明分子具有拉曼活性。分子是否具有拉曼活性，取决于分子运动时某一固定方向上的极化率是否改变。凡分子极化率随分子振动而改变的分子就具有拉曼活性。对于全对称振动模式的分子，在激发光子作用下会发生分子极化(变形)，具有拉曼活性，且活性很强。而对于离子键化合物，由于没有发生分子变形，故没有拉曼活性。判断分子是否具有拉曼活性或红外活性的规则是：

(1) 相互排斥规则。凡具有对称中心的分子，若其分子振动具有拉曼活性，则其对红外光谱就是非活性的。反之，若分子振动具有红外活性，则对拉曼光谱就是非活性的。

(2) 相互允许规则。凡是没有对称中心的分子，其分子振动对红外和拉曼光谱都是活性的(一些罕见的点群和氧的分子除外)。

(3) 相互禁阻规则。少数分子的振动对红外和拉曼光谱都是非活性的。例如，乙烯分子的扭曲振动既无偶极矩变化，也无极化率改变，在红外和拉曼光谱中均得不到它的谱峰。

3. 拉曼光谱与红外光谱的关系

拉曼光谱和红外光谱都属于分子振动光谱，都是研究分子结构的有力手段。两者在光谱图上虽有相似外观，但两者的光谱产生机理和光谱应用却明显不同。

从光谱图上看，分子中某一基团的红外光谱峰的位置和拉曼光谱峰的位置是相同的。红外光谱图的横坐标的单位可以用波数表示基团的吸收频率。拉曼光谱图的横坐标的单位虽然也是用波数表示，但表示的是拉曼位移，其值是入射光波数与拉曼散射光波数之差。显然，斯托克斯散射的位移波数是正值，而反斯托克斯散射的位移波数是负值。如图 8-17 所示，斯托克斯位移谱带和反斯托克斯位移谱带的位置在零波数位置是完全对称的。当不同波长的入射光照射样品时，拉曼检测器检测到的拉曼散射光的波长是不相同的，但对于同一物质，拉曼位移取决于分子振动和转动能级的变化而与入射光频率无关。另外，前面也谈到，红外吸收弱或无吸收的官能团在拉曼光谱中均有强峰。反之，拉曼光谱中谱峰弱的分子则红外吸收强。

从产生机理看，红外光谱是由分子对红外光的吸收产生的，其吸收光强度由分子偶极矩决定，适用于研究伴有偶极矩变化的分子的不对称性振动和不同原子间的极性键振动。拉曼光谱是由分子对入射光(激光)的散射产生的，散射光强度由分子极化率决定，适用于研究伴有极化率变化的分子对称性振动和同原子的非极性键振动。红外光谱测定的是样品的透射光谱，反映了分子中基团的振动信息；拉曼光谱测定的是样品的发射光谱，反映了分子中骨架的振动信息。

从光谱应用看，拉曼光谱一次可以覆盖 4000~40cm^{-1} 波数区间，可对有机物及无机物进行分析。若要让红外光谱覆盖相同区间，则必须改变光谱仪的光栅、分束器、滤波器和检测器。拉曼光谱可测水溶液，而红外光谱不行。红外光谱定性解析中的三要素(吸收频率、强度和峰形)对拉曼光解析也适用，但拉曼光谱中还有退偏振比(depolarization ratio，也称去偏振度，用符号 ρ 表示)。通过测定退偏振比可以确定分子振动的对称性：若 $\rho < 0.75$，则可以认为拉曼散射光为线偏振，分子的振动是全对称的；若 $\rho = 0.75$，则可以认为拉曼散射光为圆偏振，分子的振动则是非对称的。这表明振动对称性越高，退偏振比越小。表 8-3 是拉曼光谱和红外光谱的简单比较。

表 8-3　红外光谱法和拉曼光谱法的比较

	红外光谱法	拉曼光谱法
产生机理	分子偶极矩变化	分子极化率变化
光谱特点	光谱范围：4000~400cm^{-1} 光谱信息：分子基团的振动 光谱类型：吸收光谱	光谱范围：4000~40cm^{-1} 光谱信息：分子骨架的振动 光谱类型：发射光谱
样品要求	水不能作为溶剂，不能用玻璃容器测定，固体样品需要研磨制成 KBr 压片	水可作为溶剂，样品可盛于玻璃瓶、毛细管等容器中直接测定，固体样品可直接测定

8.3.2 仪器组成

拉曼光谱仪分为色散型和傅里叶变换型两类。色散型拉曼光谱仪常采用光栅作为分光系统。但光栅分辨率受限制，光谱波数的重现性和精度差。另外，狭缝也限制了光通量，光谱信噪比不高。数据则采用逐点扫描，单道记录，因此为了得到一张高质量的谱图，数据采集所需时间长。而傅里叶变换激光拉曼光谱仪的出现则解决了这些问题。傅里叶变换拉曼光谱仪主要由激光光源、样品室、迈克尔逊干涉仪、光学过滤系统、信号检测及数据处理系统组成，如图 8-20 所示。

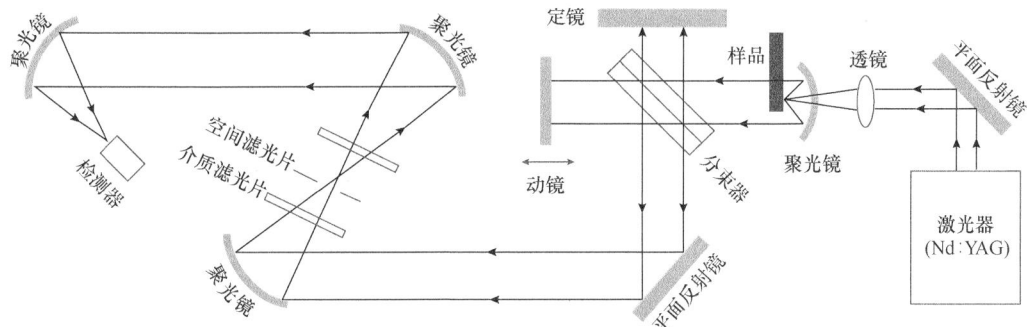

图 8-20 傅里叶变换激光拉曼光谱仪光路图

傅里叶变换拉曼光谱仪与色散型拉曼光谱仪的不同之处在于：①采用波长为 1064nm 的 Nd:YAG 激光代替了通常的可见激光，以便调整和校正仪器；②采用迈克尔逊干涉仪代替光栅单色器；③采用介质膜滤光片来降低干涉仪内瑞利散射光的相对水平，这种滤光片可置于样品光路和干涉仪之间；④采用对近红外有灵敏效应的 Ge 二极管和 InGaAs 探测器。通过对检测信号进行傅里叶变换，获得拉曼位移及拉曼光强度。

8.3.3 定性与定量分析

如前所述，拉曼散射光频率会随入射光频率而变化，但两者之差(即拉曼位移 $\Delta \nu = |\nu_0 - \nu_s|$)却基本上不随入射光频率而变化，而是与样品分子的振动和转动能级有关。分子中不同的化学键或基态有不同的振动方式，决定了其能级间的能量变化也不相同，与之对应的拉曼位移是特征的。这是拉曼光谱进行分子结构定性分析的理论基础。拉曼谱线强度与入射光强度和样品分子浓度成正比，这是拉曼光谱定量分析的理论依据。通过搜索并找到与样品相匹配的拉曼光谱数据可用于定性分析。定性分析时应注意：

(1) 同种分子的非极性键 S—S、C—C、C=C、N=N 和 C≡C 的伸缩振动产生强的拉曼谱带。谱带强度：单键 < 双键 < 三键。

(2) 红外光谱中，由 C≡N、C=S、S—H 伸缩振动产生的谱带一般较弱或强度可变，而在拉曼光谱中它们则是强谱带。

(3) 环状化合物在拉曼光谱中有一个很强的谱带，是环的全对称(呼吸)振动的特征谱。环的振动频率由环的大小决定。

(4) 在拉曼光谱中，X=Y=Z、C=N=C、O=C=O 这类键的对称伸缩振动是强谱带，红外光谱与此相反。

(5) 醇和烷烃的拉曼光谱相似，这是因为C—O与C—C的键力常数或键强度相近，而且羟基和甲基质量数仅相差2。另外，与C—H和N—H谱带比较，OH拉曼谱带较弱。

8.3.4 特点及应用

拉曼光谱法的优点主要有：

(1) 对样品损害小。通常情况下，拉曼光谱是一种非破坏性和非侵入性技术，特别适合于考古、文物鉴定等分析应用。

(2) 操作简单、无需样品处理。样品可直接通过光纤探头或者通过玻璃、石英和光纤测量，这使其成为处理化学品和危险材料时非常安全的技术，同时也减少了样品处理过程中产生的误差。

(3) 分析速度快。通常几秒就可以完成一次分析，且能同时覆盖4000~40 cm^{-1}区间。

(4) 拉曼光谱没有水的强吸收现象，非常适合用于红外光谱不能分析的含水样品，包括溶液、生物组织和细胞等。水分子的拉曼散射截面非常小，其拉曼散射强度也比其他分子弱很多。此外，水分子的拉曼光谱也非常简单，只有为数不多的几个拉曼峰，对于溶解物质的拉曼峰干扰甚小。在大多数情况下，即便水分子在数量上占优，溶质的拉曼峰强度也比水的拉曼峰强很多。

(5) 拉曼光谱峰清晰尖锐，适合定量研究、数据库搜索以及运用差异分析进行定性研究。在化学结构分析中，独立的拉曼区间的强度和官能团的数量相关。

(6) 可分析的范围广，几乎所有包含分子键的物质都可以用于拉曼光谱分析，即固体、粉末、软膏、液体、胶体和气体都可以使用拉曼光谱进行分析。

拉曼光谱法的不足主要有：

(1) 拉曼散射信号比荧光信号平均小2~3个数量级，因此可能被荧光信号所掩盖。

(2) 不同振动峰重叠和拉曼散射强度容易受光学系统参数等因素的影响。

(3) 金属和纯离子化合物由于它们的晶格排列而不显示分子振动，因而也不能被拉曼光谱表征。气体样品不能用普通的台式装置来表征，而需要特殊的仪器。

(4) 在进行傅里叶变换光谱分析时，常出现曲线的非线性问题。

(5) 由于深色样品能吸收大部分激光而受热，可能导致分子结构的变化，甚至引起样品燃烧，因此在分析这类样品时有一定困难。

拉曼光谱的上述优点使其成为一种广泛使用的分析工具，其分析对象包含高分子材料、生物材料等各种物质，其应用范围包含从理论研究到机场安检等各种场景。由于拉曼光谱反映了材料中存在的化学键，是样品具有特异性的指纹谱，因此拉曼光谱法可以分析化学成分并检测样品中成分的变化。拉曼光谱与成像系统的结合可以生成基于样品的多条拉曼光谱的拉曼显微图像，以展示样品的不同化学成分、相与形态以及结晶度的分布。图8-21是活体HeLa细胞(宫颈癌细胞的细胞系)的拉曼显微图像及相关拉曼光谱[7]。图8-21 (a)为细胞色素c的分布，显示了线粒体的分布(即细胞的动力装置)。图8-21 (b)为蛋白质β片段，表示细胞蛋白质浓度。图8-21 (c)为碳氢键，表示细胞内脂质分子的分布(可以用来描述代谢活动)。图8-21 (d)为前三者图片的叠加，通过此图可以测量细胞及其细胞核的形态，从而能够检测细胞类型和状态。图8-21 (e)为从活HeLa细胞胞质获得的典型拉曼光谱，它提供了关于细胞分子组成的详细信息。

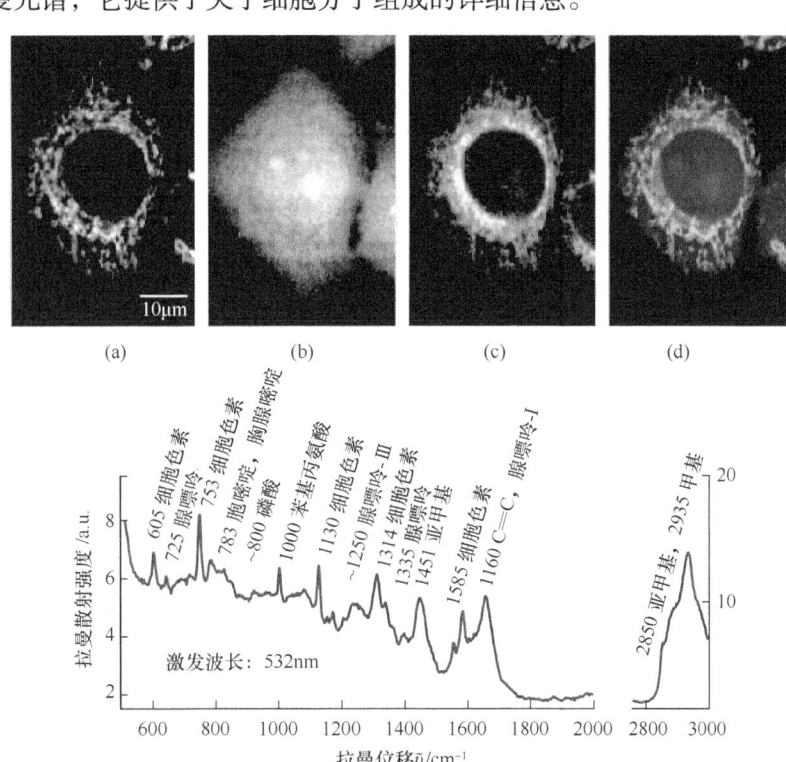

图 8-21 活体 HeLa 细胞(宫颈癌细胞的细胞系)的拉曼显微图像及相关拉曼光谱

拉曼光谱还有多种增强技术，并可以与多种表征技术联用，如共振拉曼光谱技术、表面增强拉曼光谱技术和显微拉曼光谱等，这都极大地扩展了拉曼光谱的应用范围。

(1) 共振拉曼光谱(resonant Raman spectroscopy，RRS)：是一种拉曼增强技术，其所用激光激发频率与待测分子的某个电子吸收峰接近或重合，电子跃迁和分子振动耦合使分子的某个或几个特征拉曼谱带强度明显增强($10^4 \sim 10^6$ 倍)。此时可观察到正常拉曼效应中难以出现的、其强度可与基频相比拟的泛频及组合频振动光谱，即共振拉曼光谱。这种光谱可选择性地测定样品中的某一物质，还可以不加处理地得到人体体液的拉曼谱图、研究发色团的局部结构特征、得到有关分子对称性的信息等，具有灵敏度高(结合表面增强技术，灵敏度可达到单分子检测)的特点，可用于低浓度和微量样品检测，尤其是生物大分子样品的检测。

(2) 表面增强拉曼光谱(surface-enhanced Raman spectroscopy，SERS)：1973 年，弗莱斯德(Martin Fleischmann，1927—2012，英国化学家)等在粗糙的银电极表面吸附的吡啶中观察到了极强的拉曼散射信号[8]，即表面增强拉曼。随后的研究表明，这种表面增强拉曼效应能增强拉曼散射信号 10^6 倍，其增强机理包括化学和物理两方面。化学方面，由于分子与基底存在电荷转移，导致分子中正、负电荷分离，分子极化率增大，拉曼效应增强。物理方面，金属纳米颗粒局域表面等离子体共振使电极表面局域电场显著增强，其增强因子可达 10^8 以上。表面增强拉曼克服了拉曼光谱灵敏度低的缺点，可以获得更丰富的结构信息，被广泛用于表面研究，吸附界面表面状态研究，生物大/小分子的界面取向及构型、构象研究，结构分析等，还可以用于活体成像等。

(3) 显微拉曼光谱：是一种拉曼光谱与显微分析相结合的应用技术，它通过显微镜将入射激光聚焦到样品上实现逐点扫描，从而获得样品表面高分辨率三维图像，精确获得所照微区有关样品的化学成分、晶体结构、分子相互作用以及分子取向等各种拉曼光谱信息。该技术广泛应用于肿瘤检测、文物考古分析、公安与法学样品无损分析、鉴定参与界面过程的分子物种、研究界面物种的取向、确定表面膜组成和厚度等方面的研究。

(4) 拉曼光谱联用：将拉曼光谱与其他技术联用可提高拉曼光谱灵敏度。例如，傅里叶变换表面增强共振拉曼光谱将近红外傅里叶变换拉曼光谱与表面增强拉曼光谱结合起来，可有效避免样品荧光的干扰，扩大表面增强拉曼基体的应用范围。该技术在研究核脂两亲分子膜的分子识别等研究中可获得其他方法难以获得的拉曼信号。此外，一种利用液芯光纤的特殊性质制成的液芯光纤共振拉曼光谱的联用技术在光纤内产生共振拉曼效应，能提高拉曼光谱强度 $10^9 \sim 10^{10}$ 倍，是研究液体中少量分子结构、溶剂对分子结构影响、超痕量分析等的有效方法。拉曼光谱也可与色谱、电泳等技术联用以充分发挥各部分技术功能，有助于定量分析、工业过程分析、质量控制等应用。另外，拉曼光谱仪还可与其他多种微区分析仪联用，如与扫描电镜联用、与原子力显微镜/近场光学显微镜联用、与红外光谱仪联用和与激光扫描共聚焦显微镜联用等，这些联用技术实现了微区的原位检测，从而可以获得更为丰富的样品信息，拓展了拉曼光谱技术的应用范围。

【挑战性问题】

碳循环是地球上最重要的物质循环系统之一，它对 CO_2 增长和全球变暖的反映是未来气候变化预测的重要基础。在自然循环中，碳以每年 100 亿 t 的速度在大气、海洋和陆地生物圈之间转移。近年来，全球 CO_2 监测数据主要来源于卫星(如温室气体观测卫星、大气图扫描成像吸收光谱仪、中国 CO_2 观测卫星、轨道碳观测站 2 号等)从地面全碳量观测网络和一些机载飞行试验中得到的数据。但现有的地面观测系统和卫星观测系统都不能对小的"热点"地区提供足够的分辨率，以实现监测污染源的 CO_2 排放量。而一种基于加权函数修正差分光学吸收光谱(weighting function modified differential optical absorption spectroscopy, WFM-DOAS)算法的 CO_2 红外遥感系统则可解决上述问题。图 8-22 为 CO_2 红外遥感系统组成示意图，请根据所引用文献阐明加权函数修正差

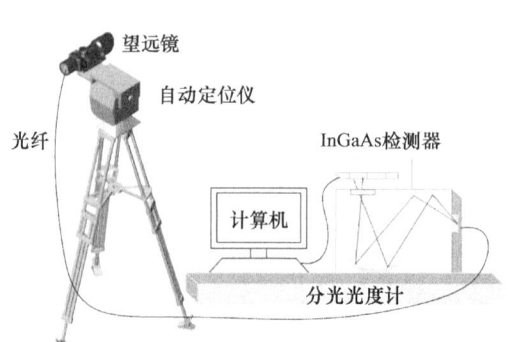

图 8-22 CO_2 红外遥感系统组成示意图[9]

分光学吸收光谱的理论依据和 CO_2 红外遥感系统工作原理，并分析此系统的监测性能。

【一般性问题】

1. 红外吸收产生的条件是什么？是否所有的分子振动都会产生红外光谱？为什么？

2. 对下列名词进行解释：

特征峰、振动自由度、费米共振、耦合效应、简谐振动、简正振动、红外活性振动、基频峰、倍频峰、合频峰、和频峰、差频峰、泛频峰、指纹区

3. 什么是特征频率？其作用是什么？影响特征频率的主要因素有哪些？

4. 试求乙烷、乙烯和乙炔三种分子的振动自由度。

5. 试比较下列四种物质在 CCl_4 中 $\nu_{C=O}$ 的大小，并说明原因。当选用丙酮作为溶剂时，对哪种物质的 $\nu_{C=O}$ 影响最大？

A	B	C	D
$RCONH_2$	$RCOCH_3$	$RCOOCH_3$	$RCOSCH_3$

6. 简述红外光谱与拉曼光谱及红外光谱与近红外光谱的异同。

7. 线形 N_2O 气体的红外光谱如图 8-23 所示，它有三个强吸收峰，分别位于 $2242cm^{-1}$、$1306cm^{-1}$ 和 $590cm^{-1}$ 处。在 $2594cm^{-1}$ 和 $2820cm^{-1}$ 处有一系列弱峰。试推导线形 N_2O 气体分子的结构式，说明理由并指出各峰的归属。

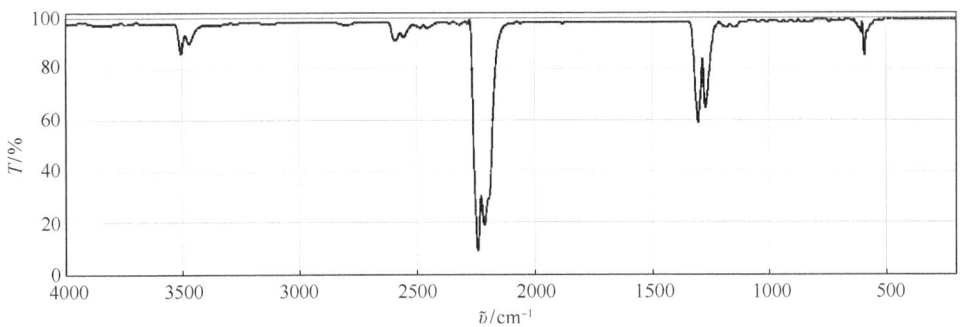

图 8-23 线形 N_2O 气体分子的红外光谱图

参 考 文 献

[1] Beć K B, Futami Y, Wójcik M J, et al. A spectroscopic and theoretical study in the near-infrared region of low concentration aliphatic alcohols. Physical Chemistry Chemical Physics, 2016, 18 (19): 13666-13682.

[2] Batten G D, Blakeney A B, Ciavarella S, et al. NIR helps raise crop yields and grain quality. NIR News, 2000, 11 (6): 7-9.

[3] Montes J M, Paul C. Near infrared spectroscopy on agricultural harvesters: technical aspects. NIR News, 2008, 19 (1): 10-12.

[4] Chung H. Applications of near-infrared spectroscopy in refineries and important issues to address. Applied Spectroscopy Reviews, 2007, 42 (3): 251-285.

[5] Jamrógiewicz M. Application of the near-infrared spectroscopy in the pharmaceutical technology. Journal of Pharmaceutical and Biomedical Analysis, 2012, 66: 1-10.

[6] Kiefer J. Recent advances in the characterization of gaseous and liquid fuels by vibrational spectroscopy. Energies, 2015, 8 (4): 3165-3197.

[7] Palonpon A F, Ando J, Yamakoshi H, et al. Raman and SERS microscopy for molecular imaging of live cells. Nature Protocols, 2013, 8 (4): 677-692.

[8] Fleischmann M, Hendra P J, McQuillan A J. Raman spectra of pyridine adsorbed at a silver electrode. Chemical Physics Letters, 1974, 26 (2): 163-166.

[9] Wang R W, Xie P H, Xu J, et al. Novel infrared differential optical absorption spectroscopy remote sensing system to measure carbon dioxide emission. Chinese Physics B, 2019, 28 (1): 013301.

第 9 章 核磁共振波谱法

原子核处于磁场中并受到相应频率(兆赫数量级的射频)的电磁波辐射作用时,若辐射能量恰好等于原子核相邻两能级之间的能量差,该原子核对此辐射能量就会产生共振吸收而从低能级跃迁至高能级,从而产生共振跃迁现象,此即核磁共振(nuclear magnetic resonance,NMR)。以核磁共振信号强度对辐射频率(或磁场强度)所作的图即核磁共振波谱(NMR spectrum),这种光谱与红外光谱和紫外-可见光谱一样,都是物质与电磁波相互作用产生的现象,属于吸收光谱范畴。利用核磁共振波谱进行物质定性(包括构型和构象)及定量分析的方法即核磁共振波谱法(NMR spectroscopy),它与紫外-可见光谱、红外光谱和质谱一起被称为"分析四谱"。

9.1 基 本 理 论

9.1.1 原子核的基本属性

1. 原子核的自旋和自旋角动量

实验表明,大多数原子核都在绕其轴做自旋运动。量子力学中用自旋量子数 I 描述原子核的运动状态。自旋量子数 I 的值又与核的质量数和核所带电荷数有关,即与核中的质子数和中子数有关,如表 9-1 所示。

表 9-1 原子核的自旋量子数

质量数	质子数	中子数	自旋量子数 I	原子核示例
偶数	偶数	偶数	0	$^{12}_{6}C$、$^{16}_{8}O$、$^{32}_{16}S$
	奇数	奇数	$n/2(n=2,4,6,\cdots)$	$^{2}_{1}H$、$^{14}_{7}N$
奇数	偶数	奇数	$n/2(n=1,3,5,\cdots)$	$^{13}_{6}C$、$^{17}_{8}O$
	奇数	偶数		$^{1}_{1}H$、$^{11}_{5}B$、$^{15}_{7}N$、$^{19}_{9}F$、$^{31}_{15}P$、$^{35}_{17}Cl$、$^{70}_{35}Br$、$^{81}_{35}Br$、$^{127}_{53}I$

由表 9-1 可知,原子核按自旋量子数可分为三类:

(1) 自旋量子数 $I=0$ 的原子核,其中子数 N 和质子数 Z 均为偶数,故质量数 $A=N+Z=$ 偶数。这种核的自旋量子数为 0,即没有自旋现象,如 $^{12}_{6}C$、$^{16}_{8}O$ 和 $^{32}_{16}S$ 等。凡是自旋量子数 $I=0$ 的核称为非磁性核,这种核不能用核磁共振波谱法进行测定;反之,$I\neq 0$ 的核则称为磁性核,这种核可以用核磁共振波谱法进行测定。

(2) $I=$ 整数$(1,2,3,\cdots)$的原子核,其中子数、质子数均为奇数,故 $A=N+Z=$ 偶数,如 $^{2}_{1}H$ 和 $^{14}_{7}N$ 等核,自旋量子数不为 0,是磁性核。

(3) I = 半整数(1/2, 3/2, 5/2, …)的原子核，其中子数与质子数中有一个为偶数，另一个为奇数，故 $A = N + Z$ = 奇数，如 $_1^1H$、$_6^{13}C$、$_7^{15}N$、$_8^{17}O$、$_9^{19}F$ 和 $_5^{11}B$ 等核，自旋量子数不为 0，有核自旋现象。显然，上述三类原子核中只有第二类和第三类原子核是核磁共振波谱法研究的对象。其中 I = 1/2 的原子核的核电荷呈球形，均匀分布于核表面，原子核电四极矩 Q 为零(Q 表征核电荷分布偏离球对称的程度，核为球形时，$Q = 0$)，核磁共振的谱线窄，最宜于核磁共振检测。目前，研究和应用最多的是 $_1^1H$ 和 $_6^{13}C$ 核磁共振波谱。

与宏观物体旋转时产生角动量(或称动力矩)一样，原子核自旋时也产生角动量。同时，原子核还有"轨道"运动，相应地有轨道角动量。所有这些角动量的总和就是原子核的自旋角动量(用 $\boldsymbol{P}$ 表示)。角动量 $\boldsymbol{P}$ 的大小与自旋量子数 I 的关系为

$$\boldsymbol{P} = h\sqrt{I(I+1)}/2\pi = \hbar\sqrt{I(I+1)}, \text{ 其中} \hbar = h/2\pi \tag{9-1}$$

自旋角动量 $\boldsymbol{P}$ 是一个矢量，它在直角坐标系 z 轴上的分量 $\boldsymbol{P}_z$ 满足

$$\boldsymbol{P}_z = hm/2\pi = \hbar m \tag{9-2}$$

其中，m 为原子核的磁量子数，其值取决于自旋量子数 I，可取 $I, I-1, I-2, \cdots, -I$，共 $(2I+1)$ 个不连续的值，这说明 $\boldsymbol{P}$ 是空间方向量子化的。

2. 原子核的磁性和磁矩

带正电荷的原子核的自旋运动会引起电荷运动[图 9-1 (a)]，它等价于一个通电的线圈，因而产生磁场，因此自旋核相当于一个小磁体[图 9-1 (b)]，因而是一个磁偶极子，其磁性可用核磁矩 $\boldsymbol{\mu}$ 描述，由右手定则可判断磁场的方向[图 9-1 (c)]。

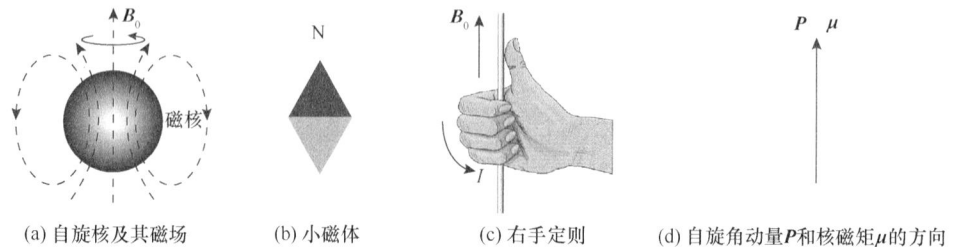

(a) 自旋核及其磁场　　(b) 小磁体　　(c) 右手定则　　(d) 自旋角动量$\boldsymbol{P}$和核磁矩$\boldsymbol{\mu}$的方向

图 9-1　自旋角动量 $\boldsymbol{P}$ 和核磁矩 $\boldsymbol{\mu}$ 的形成与方向的判断

$\boldsymbol{\mu}$ 也是一个矢量，其方向与 $\boldsymbol{P}$ 的方向重合[图 9-1 (d)]，$\boldsymbol{\mu}$ 与 $\boldsymbol{P}$ 的矢量关系为

$$\boldsymbol{\mu} = g_N e \boldsymbol{P}/2m_p = g_N e\hbar\sqrt{I(I+1)}/2m_p = g_N \mu_N \sqrt{I(I+1)} \tag{9-3}$$

其中，g_N 为 g 因子或朗德因子，是一个与核种类有关的因数，可由实验测得；e 为核电荷数；m_p 为核的质量；μ_N 为核磁子，是一个物理常量，常作为核磁矩 $\boldsymbol{\mu}$ 的单位，其值为

$$\mu_N = e\hbar/2m_p = 5.05095 \times 10^{-27} \text{J/T} \tag{9-4}$$

与自旋角动量 $\boldsymbol{P}$ 一样，核磁矩 $\boldsymbol{\mu}$ 也是空间方向量子化的，它在 z 轴上的分量 $\boldsymbol{\mu}_z$ 也只

能取一些不连续的值

$$\mu_z = g_N \mu_N m \tag{9-5}$$

由式(9-1)和式(9-3)可知，自旋量子数 $I = 0$ 的核，如 ^{12}C、^{16}O 和 ^{32}S 等，自旋角动量 $P = 0$，磁矩 $\mu = 0$，是没有自旋角动量也没有磁矩的核，因而不会产生核磁共振现象。$I \neq 0$ 的核，因为有自旋角动量，也有核磁矩，因而能产生核磁共振现象。

3. 原子核的磁旋比

由式(9-3)可知，原子核磁矩 μ 和自旋角动量 P 之比为一常量，即

$$\gamma = \mu / P = e g_N / 2 m_p = g_N \mu_N / \hbar \tag{9-6}$$

其中，γ 为磁旋比，与核的质量、所带电荷以及朗德因子有关，是原子核的基本属性之一。γ 值越大，核的磁性越强，在核磁共振中越易被检测，这对核磁共振研究特别有用。

9.1.2 原子核的共振

若 $I \neq 0$ 的磁核处于外磁场 B_0 中，在 B_0 的作用下，磁核将产生原子核的进动、量子化取向和能级分裂现象。

1. 原子核的进动

原子核的进动是用经典力学方法对自旋核进行的形象描述。当磁核处于一个均匀的外磁场 B_0 中，且磁矩 μ 的方向与磁场 B_0 的方向不平行(μ 和 B_0 的夹角为 θ)时，μ 将受到一个力矩 L 的作用，L 与 μ 的关系用矢量表示为

$$L = \mu \times B_0 = \mu B_0 \sin \theta \tag{9-7}$$

磁场的力矩使磁核围绕外磁场方向做旋转运动，同时仍然保持本身的自旋，这种运动方式称为进动或拉莫尔进动(Larmor precession)。它与陀螺在地球引力作用下的运动以及地球在太阳引力作用下的运动方式相似(图 9-2)。

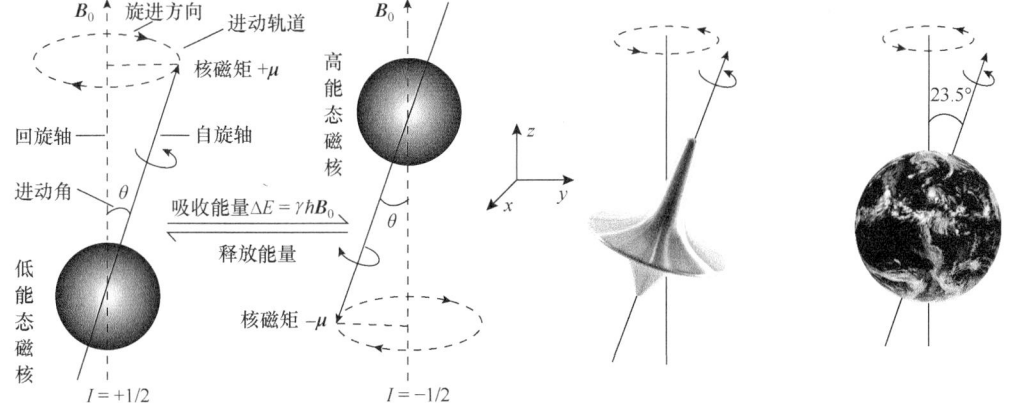

(a) $I = 1/2$ 磁核在外磁场中的进动　　(b) 陀螺在地球引力下的进动　　(c) 地球在太阳引力下的进动

图 9-2　原子核的进动现象

原子核的进动圆频率 ω 与外磁场 $\boldsymbol{B}_0$ 的关系可用拉莫尔方程说明

$$\omega = \gamma B_0 = 2\pi \nu_0 \tag{9-8}$$

其中，γ 为磁旋比[单位：rad/(T·s)，rad 代表 radians 表示弧度；T 为磁场强度单位；s 为时间单位秒]；ν_0 为原子核进动频率。因此，原子核进动频率也可以表示为

$$\nu_0 = \gamma B_0 / 2\pi \tag{9-9}$$

对于指定核，磁旋比 γ 为定值，进动频率 ν_0 与外磁场强度 $\boldsymbol{B}_0$ 成正比。在同一外磁场 $\boldsymbol{B}_0$ 下，不同核因 γ 值不同有不同的进动频率。不同取向的磁核，其进动方向相反。$m = 1/2$ 的核进动方向为逆时针，$m = -1/2$ 的核进动方向为顺时针[图 9-2 (a)]。

2. 核磁矩的空间量子化

当磁核处于图 9-2 (a)所示的情况时，磁核将产生一个附加能量 ΔE

$$\Delta E = -\boldsymbol{\mu} \times \boldsymbol{B}_0 = -\mu B_0 \cos\theta = -\mu_z B_0 = -g_N \mu_N m B_0 = -\mu_N A \tag{9-10}$$

其中，$A = g_N m B_0$，称为裂距。

与小磁针在磁场中的定向排列类似，自旋核在外磁场中也会定向排列(取向)。只不过核的取向只能取一些特定的方向，其量子数取决于磁量子数 m 的值[$m = I, I-1, I-2, \cdots, -I$，共 $(2I+1)$ 个不连续的值]。例如，对于 ^{1}H 和 ^{13}C 等 $I = 1/2$ 的核，只有两种取向，$m = \pm 1/2$；对于 $I = 1$ 的核，有三种取向，即 $m = 0, \pm 1$；对于 $I = 3/2$ 的核，有四种取向，即 $m = \pm 1/2, \pm 3/2$[图 9-3 (a)]。这种核磁矩在外磁场空间取向量子化的现象称为空间量子化。

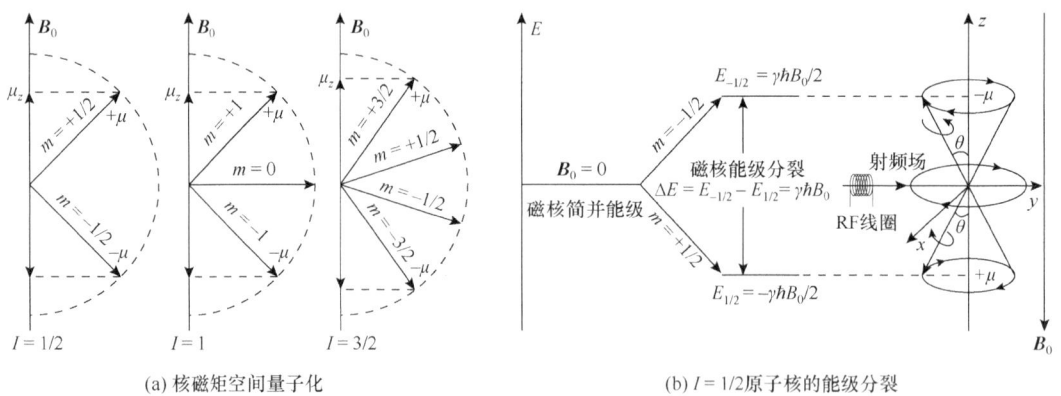

(a) 核磁矩空间量子化　　　　(b) $I = 1/2$ 原子核的能级分裂

图 9-3　核磁矩空间量子化和原子核的能级分裂示意图

3. 原子核的能级分裂

若无外磁场存在($\boldsymbol{B}_0 = 0$)，由于核的无序排列，不同自旋方向的核无能级差别，磁核能级简并。只有在外磁场作用下，核磁矩才按一定方向排列。例如，$I = 1/2$ 核的核磁矩有两种取向，即当其取向为 $m = 1/2$ 顺磁场，$\boldsymbol{\mu}$ 和 $\boldsymbol{B}_0$ 方向一致时，原子核的能量低，根据式(9-6)和式(9-10)，其能量为

$$E_{1/2} = -g_N\mu_N B_0/2 = -\gamma\hbar B_0/2 \tag{9-11}$$

当其取向为 $m = -1/2$ 逆磁场，μ 和 B_0 方向相反时，原子核的能量高，其能量为

$$E_{-1/2} = g_N\mu_N B_0/2 = \gamma\hbar B_0/2 \tag{9-12}$$

由上两式可以看出，磁核的两种不同取向代表了两个不同的能级，$m = 1/2$ 时，核处于低能级；$m = -1/2$ 时，核处于高能级。它们之间的能级差为

$$\Delta E = E_{-1/2} - E_{1/2} = g_N\mu_N B_0 = \gamma\hbar B_0 \tag{9-13}$$

可见，当外磁场 $B_0 \neq 0$ 时，原来简并的能级分裂成 $(2I + 1)$ 个不同能级，且外磁场越大，不同能级间的能量间隔 (ΔE) 越大[图 9-3 (b)]。

4. 核磁共振的条件

当外界电磁波(RF 射频脉冲场)的能量正好等于磁核相邻能级间的能量差 ΔE，即电磁波的能量 $h\nu_0$ 等于裂距 A 时，磁核就能吸收电磁波的能量从较低能级跃迁到较高能级，即由一种取向(如 $I = 1/2$)变为另一种取向(如 $I = -1/2$)，这种跃迁现象称为核磁共振现象。$I = 1/2$ 的核磁共振现象如图 9-2 (a)所示，其中，磁核所吸收的电磁波频率 ν_0 为

$$\nu_0 = \Delta E/h = \gamma B_0/2\pi = \gamma\hbar B_0 \tag{9-14}$$

例如，$\gamma_{^1H} = 26.753\times 10^7/(T\cdot s)$，$\gamma_{^{13}C} = 6.721\times 10^7/(T\cdot s)$，$^1H$ 和 ^{13}C 在 $B_0 = 2.35T$ 中的吸收频率分别为

$$\nu_0^{^1H} = 26.753\times 10^7 \times 2.35T/2\pi = 100\text{MHz}，同理\ \nu_0^{^{13}C} = 25\text{MHz} \tag{9-15}$$

此频率属于射频(无线电波)区。检测电磁波(射频)被吸收的情况就可得到核磁共振波谱。最常用的核磁共振波谱是氢谱(^1H NMR)和碳谱(^{13}C NMR)。核磁共振现象产生的过程可描述为：磁核在外磁场中做拉莫尔进动，若外界电磁波(RF 射频脉冲场)的频率正好等于磁核进动频率，那么磁核就能吸收这一频率电磁波的能量而产生核磁共振现象。可见，核磁共振产生的必要条件是：①原子核必须是磁核(或称自旋核)；②磁核需要处于外加静磁场中，且其自旋能级在外磁场作用下分裂为不同能级；③需要有电磁辐射(RF 射频脉冲场)激励磁核。只有核自旋能级能量差与电磁辐射能量相同(即 $\Delta E = h\nu_0$)时，磁核才能共振吸收电磁辐射而产生能级跃迁，此即核磁共振的选择性。由于磁核能级的能量差很小，因此共振吸收的电磁辐射波长较长(处于射频辐射光区)。

5. 核磁共振的宏观现象

上面讨论了单原子核(如 ^1H 核)的磁性及其在磁场中的运动规律。但实际上核磁共振研究的是大量原子核的磁性及其在磁场中的运动规律。对此，布洛赫(Felix Bloch, 1905—1983，瑞士籍美国物理学家，1952 年诺贝尔物理学奖获得者)提出了原子核磁化强度矢量概念来描述原子核系统的宏观特性[1]：一群原子核(原子核系统)处于外磁场 B_0 中(设 B_0 沿 z 轴方向)，磁场对磁矩发生了定向作用，即每一个核磁矩都要围绕磁场方向产生拉莫尔进动，单位体积样品分子内各个核磁矩的矢量和称为磁化强度矢量，用 M 表示

$$M = \sum_{i=1}^{N} \boldsymbol{\mu}_i \tag{9-16}$$

M 用来描述一群原子核(原子核系统)被磁化的程度。虽然核磁矩的进动频率与外磁场强度 $\boldsymbol{B}_0$ 有关，但外磁场强度 $\boldsymbol{B}_0$ 并不能确定每一个核磁矩的进动相位。对一群原子核而言，核磁矩的进动相位是杂乱无章的，但根据统计规律，原子核系统相位分布的磁矩的矢量和是均匀的。对于自旋量子数 $I = 1/2$ 的 ^{1}H 核来讲，外磁场 $\boldsymbol{B}_0$ 是沿 z 轴方向的，也是 M 的方向(图 9-4)。处于低能态的原子核其进动轴与 $\boldsymbol{B}_0$ 同向，核磁矩矢量和是 $\boldsymbol{M}_+$；而处于高能态的原子核其进动轴与 $\boldsymbol{B}_0$ 反向，核磁矩矢量和是 $\boldsymbol{M}_-$。由于原子核在两个能级上的分布服从玻尔兹曼分布，处于低能态的核总是多于高能态的核，所以 $\boldsymbol{M}_+ > \boldsymbol{M}_-$，且有

$$M = M_+ + M_- \tag{9-17}$$

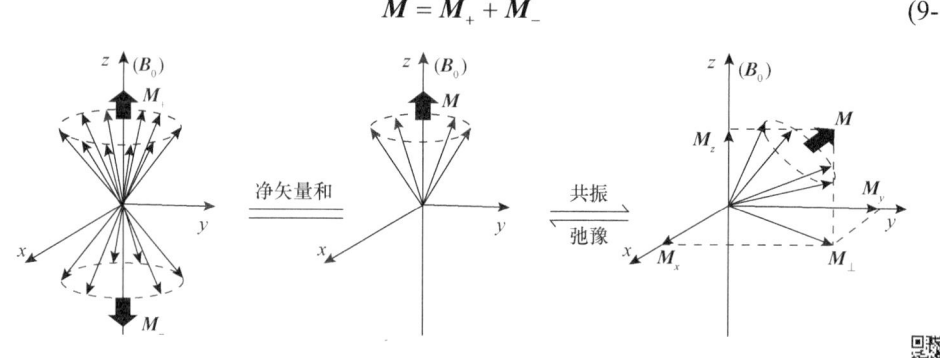

图 9-4 共振前后 $I = 1/2$ 的 ^{1}H 核 M 及其变化示意图

外磁场 $\boldsymbol{B}_0$ 中的原子核系统在 M 处于平衡态时，其纵向分量 $M_z = M_0$，横向分量 $M_\perp = 0$。当在垂直于 $\boldsymbol{B}_0$ 方向上施加一个 RF 射频脉冲场，且 RF 频率满足拉莫尔公式时，部分自旋核将产生共振吸收而处于激发态，即核的 M 就全偏离平衡态。此时 $M_z \neq M_0$，$M_\perp \neq 0$；当停止 RF 照射后，处于激发态的自旋核在回到低能级的过程中将发射 RF 电磁波，即原子核系统从不平衡状态向平衡态恢复，此过程即为弛豫过程，如图 9-4 所示。在实验中观察到的核磁共振信号实际上是 $M_\perp$ 的两个分量 $M_{\perp x} = \boldsymbol{u}$(色散信号)和 $M_{\perp y} = \boldsymbol{v}$(吸收信号)。

9.1.3 化学位移

1. 化学位移的定义

如前所述，原子核的共振频率只与核的磁旋比 γ 及外磁场 $\boldsymbol{B}_0$ 有关。若当 $\boldsymbol{B}_0 = 1.4092\mathrm{T}$ 时，^{1}H 的共振频率为 60MHz，^{13}C 的共振频率为 15.1MHz，即在一定条件下(如 $\boldsymbol{B}_0$ 一定)，化合物中所有的 ^{1}H 或 ^{13}C 同时发生共振，都只产生一条谱线。实际上，同种原子核的不同原子由于处于分子中的不同部位，因而有不同的共振频率，谱图上会出现多个吸收峰。也就是说，核磁共振的频率不完全取决于原子核本身，还与原子核在分子中所处的化学环境有关。在前面的介绍中，原子核被当作孤立的粒子即裸露的核来处理，没有考虑原子核外电子，也没有考虑原子核在化合物分子中所处的具体

环境等因素。当原子核处于外磁场 B_0 中时，其核外电子云受 B_0 的诱导产生一个方向与 B_0 相反、大小与 B_0 成正比的诱导磁场。这一诱导磁场使原子核实际受到的外磁场强度减小，即核外电子对原子核有屏蔽效应[图 9-5 (a)]。此时，为了使氢核发生共振，必须增加外加磁场的磁感应强度以抵消电子云的屏蔽作用。如图 9-5 (b)所示，左边共振峰是裸露的核(实际不存在)共振吸收峰，共振时的磁感应强度为 B_1。右边共振峰是被电子云屏蔽的原子核，共振时的磁感应强度为 B_2，$B_2 > B_1$。核外电子对核的屏蔽作用以屏蔽常数 σ 表示，且有

$$B = B_0(1 - \sigma) \tag{9-18}$$

其中，B 为原子核实际受到的外加磁感应强度。可见，原子核在外磁场 B_0 中的实际共振频率不再由式(9-14)决定，而应该将其修正为

$$\nu_0 = \gamma B_0 (1 - \sigma) / 2\pi \tag{9-19}$$

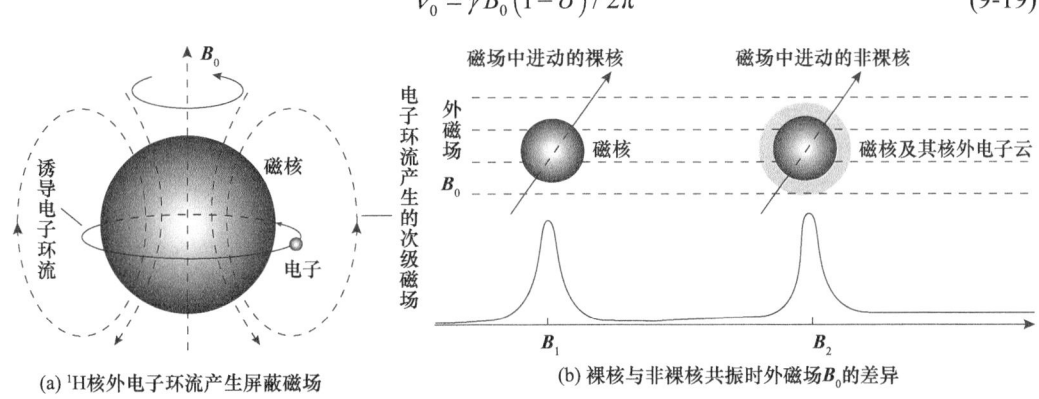

图 9-5 核外电子对核的屏蔽效应示意图

显然，原子核核外电子云密度越大，原子核受到的屏蔽作用就越大。当 B_0 一定时，磁核的共振频率 ν_0 (进动频率)越小，核磁共振峰(共振吸收峰)出现在核磁共振谱图的低频端(右端)，反之则出现在高频端(左端)。若 ν_0 一定，则 σ 大的磁核需要在较大的 B_0 下共振，共振峰出现在高场(右端)，反之则出现在低场(左端)。另外，不同同位素的屏蔽常数 σ 相差很大，但 σ 均远小于 1。σ 和原子核所处的化学环境有关，可表示为

$$\sigma = \sigma_d + \sigma_p + \sigma_a + \sigma_s \tag{9-20}$$

其中，σ_d 反映了抗磁屏蔽的大小。以氢原子为例，氢核外的 s 电子在外加磁场的感应下产生对抗磁场，使原子核实际所受磁场的作用稍有降低，故此屏蔽称为抗磁屏蔽；σ_p 反映了顺磁屏蔽的大小。原子周围化学键的存在，使原子核的核外电子运动受阻，即电子云呈现非球形。这种非球形对称的电子云所产生的磁场和抗磁效应相反，故称为顺磁屏蔽。因 s 电子是球形对称的，所以它对顺磁屏蔽项无贡献，而 p、d 电子则对顺磁屏蔽有贡献。σ_a 表示相邻基团磁各向异性的影响。σ_s 表示溶剂、介质的影响。对于所有的同位素，σ_d、σ_p 的作用大于 σ_a、σ_s。对于 ^{1}H，σ_d 起主要作用，但对所有其他的同位素，σ_p 起主要作用。式(9-19)及式(9-20)表明，同种原子核由于所处分子中的部

位不同，即化学环境不同，核外电子云密度有差异，则其核受到的屏蔽大小也就不同，由此引起共振频率有差异，在谱图上共振吸收峰出现的位置也不同。原子核外电子云屏蔽效应引起核磁共振的磁感应强度或共振频率的移动即吸收峰位置变化的现象称为化学位移。因此，同类的核实际测得的共振频率可以反映出其受到电子云屏蔽的情况，即其所处的化学环境。据此可以把核磁共振波谱与化合物的结构联系起来，如图9-6所示的乙醇的氢谱。

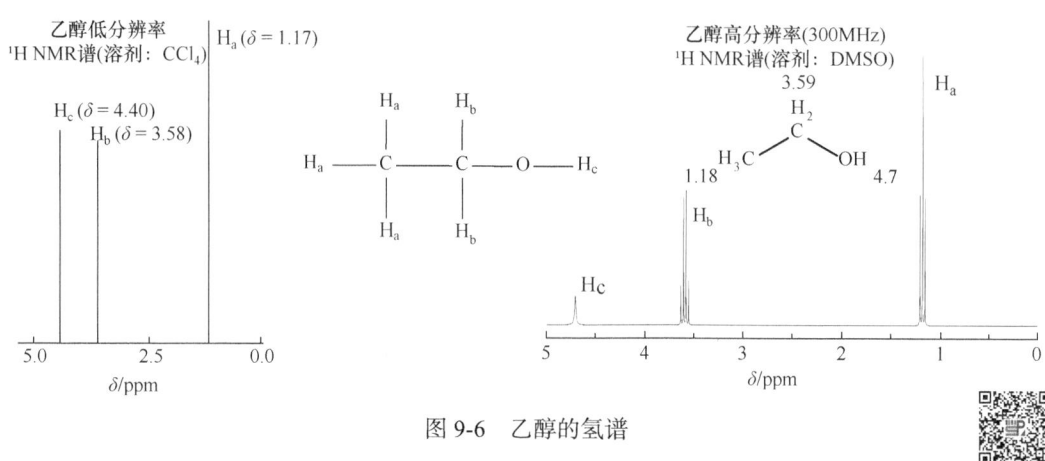

图9-6 乙醇的氢谱

乙醇的6个质子在没有磁屏蔽作用时应该只出现一个吸收峰，而实际上图9-6中的低分辨氢谱有三个吸收峰，其原因是：乙醇分子中H_c与电负性强的氧原子相连，使H_c的电子云密度比H_b、H_a都小，受到的磁屏蔽作用也小。在进行磁场扫描时，H_c首先在低场处出现核磁共振峰。H_b受到电负性强的氧的影响较H_c小，但比H_a大，使H_b的核磁共振峰出现在比H_c磁场稍强处。H_a受到氧的影响最小，所以其核磁共振峰出现在最高场。从低场到高场三个吸收峰的面积比或强度比为1∶2∶3，这与分子中—OH、—CH_2、—CH_3基团中的质子数相对应。可见，磁屏蔽效应能反映出氢原子在分子中所处的部位，且吸收峰的相对强度与对应的质子数成正比，这些信息都与分子结构相关。另外，图9-6中的高分辨氢谱还出现了H_a和H_b的核磁共振峰的分裂。可见，分子中质子周围基团性质不同，质子的共振频率就不同，即产生化学位移。质子受到相邻基团质子的自旋状态影响将产生吸收峰分裂，谱线数增加，这是由原子核的自旋耦合引起峰的分裂，即自旋-自旋分裂。

2. 化学位移的表示方法

如前所述，同一分子中不同类型的氢核在不同化学环境所受的屏蔽作用不同，其共振吸收频率会出现差异，但这种差异很小，难以精确测定其绝对值。例如，在100MHz仪器(^1H的共振频率为100MHz)中，处于不同化学环境的^1H因屏蔽作用引起的共振频率差别为0~1500Hz，仅为其共振频率的百万分之十几。分析中常采用标准物质为基准测定样品和标准物质的共振频率之差。由式(9-19)可知，磁场强度不同，同一种化学环境氢核的核共振频率不同。若用磁场强度或频率表示化学位移，则使用不同型号(不同照射频率)仪器所得的化学位移值不同。例如,1,2,2-三氯丙烷有两种化学环境不同的 ^1H,在氢谱中出现两个吸收峰(图 9-7)。其中,H_a 受电负性大的 Cl 原子影响较 H_b 大,其核外电子云密度较小,即受到的屏蔽作用较小,故 H_a 共振吸收频率比 H_b 的大。60MHz 核磁共振谱图中,H_b 与标准物质的吸收峰相距 134Hz,H_a 与标准物质的吸收峰相距 240Hz,而在 100MHz 仪器测定其核磁共振波谱图,对应的数据为 223Hz 和 400Hz。

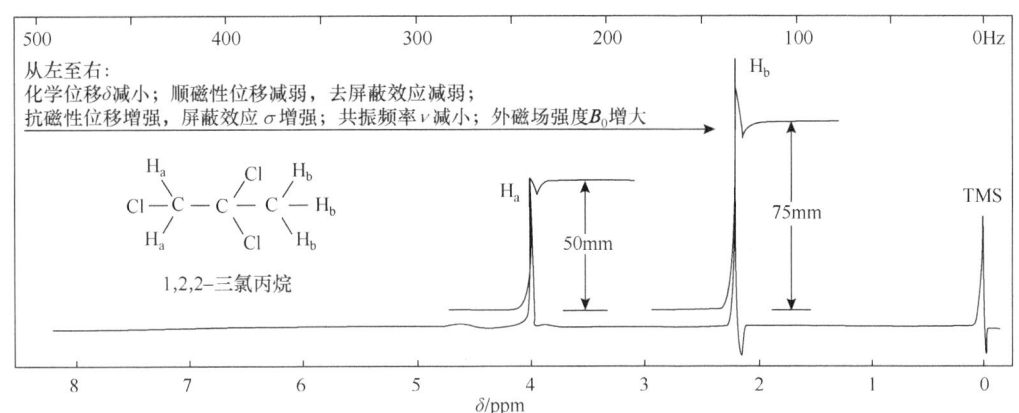

图 9-7 1,2,2-三氯丙烷的 60MHz ^1H NMR 谱

为了解决不同照射频率下产生不同化学位移的问题,常用位移常数 δ 表示化学位移

$$\delta = (\nu_x - \nu_s) \times 10^6 / \nu_s \approx \Delta\nu \times 10^6 / \nu_0 \tag{9-21}$$

其中,δ 为相对值,其量纲为一,它与仪器所用的照射频率无关,即用不同电磁波频率的仪器所测定的 δ 值均相同;ν_x 和 ν_s 分别为样品与标准物的磁核共振频率;$\Delta\nu$ 为样品与标准物中磁核的共振频率差,即样品峰与标准物峰之间的差值;因为 $\Delta\nu$ 的数值相对于 ν_s 来说是很小的值,而 ν_s 与仪器的振荡器频率非常接近,故 ν_s 常可用射频振荡器频率 ν_0 代替。由于 ν_x 和 ν_s 的数值都很大(MHz 级),但它们的差值却很小(通常不过几十至几千赫兹),因此位移常数 δ 的值非常小,一般在百万分之几的数量级。为了便于读写,常在 δ 相对值上乘以 10^6。式(9-21)适合于固定外磁场强度 B_0 而改变射频频率的扫频式仪器。对于固定射频频率改变外磁场强度的扫场式仪器,化学位移 δ 定义为

$$\delta = (B_x - B_s) \times 10^6 / B_s \tag{9-22}$$

其中,B_x 和 B_s 分别为样品和标准物中的磁核产生共振吸收时的外磁场强度。例如,1,2,2-三氯丙烷氢谱中 CH_3 的化学位移若用 δ 值表示,则在 60MHz 仪器上测定时

$$\delta = 134 \times 10^6 / (60 \times 10^6) = 2.23 \tag{9-23}$$

在 100MHz 仪器上测定时

$$\delta = 223 \times 10^6 / (100 \times 10^6) = 2.23 \tag{9-24}$$

可见,用 δ 值表示化学位移时,物质在不同型号的仪器上所测得的 δ 值是相同的。测定化学位移时常用的标准物质是结构对称的四甲基硅烷[$(CH_3)_4Si$,TMS],其四个甲基有相

同的化学环境，因此它在氢谱和碳谱中都是单峰。另外，其质子的屏蔽常数较其他有机化合物的大，因而能产生强烈的屏蔽，共振时所需要的外加磁场强度最大，δ 值最小，其峰不会与其他化合物的峰重叠。在氢谱和碳谱中规定 $\delta_{TMS}=0$，其他氢核的 δ 值一般都在 δ_{TMS} 左侧。四甲基硅烷呈化学惰性，一般不会与样品发生化学反应，且较易溶于有机溶剂，沸点也较低(27℃)，因此样品易回收。但四甲基硅烷是非极性溶剂，不溶于水。对于强极性样品，必须用重水作溶剂。实验时要用如 2,2-二甲基-2-硅戊烷-5-磺酸钠[(CH$_3$)$_2$SiCH$_2$CH$_2$CH$_2$SO$_3$Na，DSS]、叔丁醇或丙醇等其他标准物。这些标准物在氢谱和碳谱中都出现一个以上的吸收峰，使用时应注意与样品吸收峰的区别。

核磁共振波谱图的横坐标是化学位移 δ，谱的左边 δ 值大，为高频低场，谱的右边 δ 值小，为低频高场。这里的低场和高场是指化学位移的扫描测定方法中外磁场的场强。由于现在多采用磁场恒定的傅里叶核磁共振波谱仪，低场和高场这种表述少有使用。δ 值大的质子，其共振频率大，共振的磁场强度小(^{1}H 核受到的屏蔽作用弱)。反之，δ 值小的质子，其共振频率小，共振的磁场强度大(^{1}H 核受到的屏蔽作用强)。氢谱中质子受到的屏蔽效应、化学位移值以及共振磁场之间的关系可以简单地用图 9-7 表示。

3. 化学位移的测定

测定化学位移 δ 值时，一般是将四甲基硅烷作为内标和样品一起溶解于合适的溶剂中。测定氢谱和碳谱所用的溶剂一般是氘代溶剂，这样可避免溶剂中质子信号干扰测定样品的质子信号。常用的氘代溶剂有氘代氯仿(CDCl$_3$)、氘代丙酮(CD$_3$COCD$_3$)、氘代甲醇(CD$_3$OD)、重水(D$_2$O)等。利用原子核在外磁场 B_0 中的共振频率测定化学位移以获得核磁共振波谱的实验方法共有两种：

(1) 固定磁场强度 B_0，改变射频振荡器照射频率 ν，使其从高频向低频变化。当 ν 正好与分子中某一种化学环境的核的共振频率满足式(9-19)的共振条件时，得到在此 B_0 下的共振吸收频率 ν_0，从而产生吸收信号，在谱图上出现吸收峰。此方法对应于式(9-21)对 δ 的定义，称为扫频。实验中，多采用磁场恒定的傅里叶核磁共振波谱仪利用扫频的方法测定 δ 值。

(2) 固定射频振荡器照射频率 ν，不断改变磁场强度 B_0，使其从低场向高场变化。当 B_0 正好与分子中某一种化学环境的核的共振频率满足式(9-19)的共振条件时，得到在此频率 ν 下产生共振吸收所需要的 B_0，从而产生吸收信号，在谱图上出现吸收峰。此方法对应于式(9-22)对 δ 的定义，称为扫场。

9.1.4 饱和与弛豫过程

1. 饱和

由式(9-13)可知，自旋 ^{1}H 核在外磁场 B_0 中产生进动，其能级分裂为能量差 ΔE 很小的两个能级。若将 N 个 ^{1}H 核置于外磁场 B_0 中，根据玻尔兹曼分布规律，则相邻两个能级上核数的比值为

$$N_1/N_2 = e^{-\Delta E/kT} = e^{-\gamma \hbar B_0/kT} \tag{9-25}$$

其中，N_1 和 N_2 分别为低能级和高能级上的原子数；k 为玻尔兹曼常量；T 为热力学温度。一般处于低能态的核数总要多于高能态的核数，但由于相邻两个能级差很小，N_1 和 N_2 很接近。设 $T = 300\text{K}$，$B_0 = 1.4092\text{T}$(相应于 60MHz 射频仪器的磁感应强度)，由式(9-25)可算出 $N_1/N_2 = 1.0000099$。可见，室温下大约 100 万个 ^{1}H 核中低能态的核数要比高能态的多 10 个左右。此时，若用射频照射处于外磁场 B_0 中的核，低能态 ^{1}H 核会吸收能量由低能级($I = 1/2$)向高能级($I = -1/2$)跃迁，所以就能观察到电磁波的吸收(净吸收)，即观察到核磁共振波谱。但是随着这种能量的吸收，低能态的 ^{1}H 核数目减少，而高能态的 ^{1}H 核数目增加。当高能态和低能态的 ^{1}H 核数目相等，即 $N_1 = N_2$ 时，就不再有净吸收，核磁共振信号消失。这种高能态和低能态的 ^{1}H 核数目相等的状态称为饱和状态。

2. 弛豫

如前所述，处于"饱和状态"的核不再有净吸收而产生共振吸收信号。可见，只有打破这种"饱和状态"，才能再进一步观察到共振信号。在一定环境中，当处于高能态的核通过某种途径把多余的能量传给周围介质而重返低能态时，就打破了这种"饱和状态"，使核磁共振现象在发生后得以保持。这种受激磁核向周围介质释放能量而回到基态的过程就称为弛豫。弛豫分为纵向弛豫和横向弛豫，它们类似于化学反应动力学中的一级反应，其快慢分别用 $1/T_1$ 和 $1/T_2$ 来描述，其中，T_1 和 T_2 分别为纵向和横向弛豫时间。弛豫时间，即达到热动平衡所需的时间，且此时间与核在分子中的环境有关，其值的测定有助于谱线标识，也可用来研究分子的大小、分子(或离子)与溶剂的缔合、分子内的旋转、空间位阻、分子的柔韧性和分子运动的各向异性等。

纵向弛豫也称自旋-晶格弛豫，是自旋核与周围分子(固体的晶格，液体则是周围的同类分子或溶剂分子)交换能量的过程，即体系和环境交换能量的过程。通常把溶剂、添加物或其他种类的核统称为晶格。核周围的分子相当于许多小磁体，这些快速运动的小磁体产生瞬息万变的小磁场(波动磁场)，这些小磁场是许多不同频率的交替磁场之和。当其中某个波动磁场的频率与核自旋产生的磁场的频率一致时，这个自旋核就会与波动磁场发生能量交换，把能量传给周围分子，而核跃迁到低能级，即高能态的自旋核通过能量交换把多余的能量转给晶格而回到低能态。就整个自旋体系来说，纵向弛豫的结果是高能级的核数减少，体系总能量下降。纵向弛豫过程所经历的时间 T_1 越少，纵向弛豫过程的效率越高，越有利于核磁共振信号的测定。

横向弛豫也称自旋-自旋弛豫，是邻近的两个同类磁等价核处在不同能态时，所发生的能量交换过程，这是一个熵的效应。两个进动频率相同、进动取向不同的磁性核，即两个能态不同的相同核在一定距离内会相互交换能量，改变进动方向，这就是自旋-自旋弛豫。这时系统的总能量未变，N_1 和 N_2 的数值也不改变，这对恢复玻尔兹曼平衡没有贡献，但影响核在高能级或低能级的平均停留时间，使横向弛豫时间 T_2 缩短。一般气体和液体的 T_2 是 1s 左右。固体和高黏度样品中，由于磁核的相互位置比较固定，有利于磁核间能量的转移，故 T_2 极小，为 $10^{-4} \sim 10^{-5}$s，即固体中各磁核在单位时间内迅速往返于高能态与低能态之间，其结果是使共振吸收峰的宽度增大、分辨率降低。由于 T_1 远大于 T_2，且能提供更多信息，因此为了减小 T_1，测定核磁共振波谱一般多采用液体样品(固体样品宜配成溶液)，以便提高样品与晶格的能量交换效率。

9.1.5 自旋耦合和自旋分裂

1. 自旋耦合和自旋分裂现象

如前所述，核外电子云对核的屏蔽作用会产生化学位移。实际上，同一分子中磁核间的相互作用也不能忽略。虽然磁核间的这种相互作用小，对化学位移没有影响，但对谱峰的形状有重要影响，如图 9-6 所示的乙醇的氢谱，在较低分辨率时只出现三个峰，分别代表—OH、—CH_2 和—CH_3 基团的 H 产生的吸收信号。在高分辨率时，—CH_2 和—CH_3 的吸收峰分别分裂为四重峰和三重峰。这些峰的分裂是由相邻质子之间相互作用引起的。有机化合物中这种因相邻质子间的相互作用而引起的核磁共振波谱峰分裂的现象称为自旋-自旋耦合，简称自旋耦合。由此出现谱峰增多的现象称为自旋-自旋分裂(裂分)，简称自旋分裂(裂分)。耦合表示质子间的相互作用，是分裂的原因。分裂表示谱线增多，是耦合的结果。以图 9-8 所示化合物的氢谱为例进行讨论。

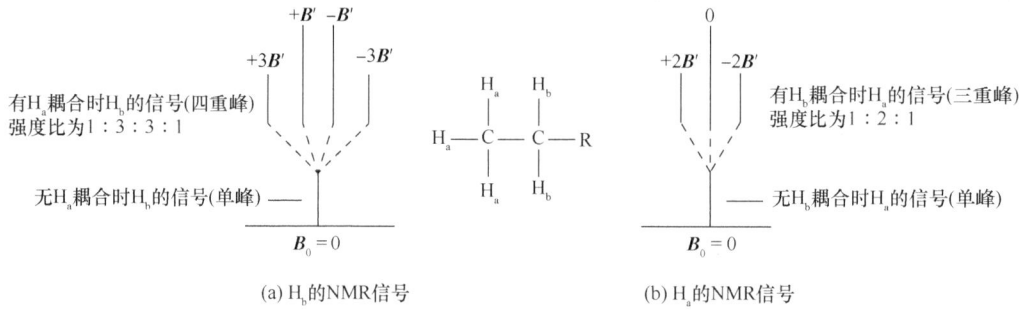

(a) H_b 的NMR信号　　　　(b) H_a 的NMR信号

图 9-8　自旋分裂示意图

图 9-8 所示化合物分子中的质子可分为 H_a 和 H_b 两组。H_b 除了受外磁场 B_0 的作用外，还受到相邻碳甲基上 H_a 的影响。由于质子 H_a 在不断自旋并产生一个小磁矩，对于 H_b 来说，相邻甲基碳原子上的三个 H_a 相当于三个小磁铁，它们通过成键价电子的传递(即耦合作用)对 H_b 产生影响，使 H_b 受到的外磁场 B_0 强度发生改变。由于甲基可以自由旋转，因此甲基中任何一个氢原子 H_a 对 H_b 的耦合作用相同。甲基中的每一个氢有两种取向，即大体与磁场平行或大体与磁场反平行。粗略地讲，这两种取向的概率是相等的，3 个氢就有 8 种可能的取向($2^3 = 8$)，其中任何一种出现的概率都为 1/8。现设甲基上的 3 个氢原子为 H_1、H_2 和 H_3，其核磁矩大体与外磁场方向相同者标注"+"，对 H_b 产生的附加磁场为 $+B'$。反之，甲基氢核磁矩大体与外磁场方向相反者标注"–"，对 H_b 产生附加磁场为 $-B'$。总体而言，这 8 种取向可归纳为表 9-2 所列 4 种分布情况。

表 9-2　甲基上 3 个氢对邻碳上的 H_b 产生的附加磁场

H_b 的取向分类	I			II			III			IV		
甲基上 3 个氢的取向	H_1	H_2	H_3	H_1	H_2	H_3	H_1	H_2	H_3	H_1	H_2	H_3
	+	+	+	+	+	–	+	–	–	–	–	–

续表

H$_b$ 的取向分类	I	II			III			IV
甲基上 3 个氢的取向		+	−	+	−	+	−	
		−	+	+	−	−	+	
H$_b$ 产生的总附加磁场	3B'		B'			−B'		−3B'
甲基上氢取向总概率	1/8		3/8			1/8		1/8

表 9-2 中，将+ + −、+ − +和− + +列在一起，因为它们之中 3 个氢产生的总附加磁场都为+B'。类似地，+ − −、− + −和− − +产生的总附加磁场都为−B'。H$_b$ 应呈现图 9-8(a)所示峰形。图中，坐标 0 处为 H$_b$ 按式(9-19)计算的共振位置，即无自旋耦合时的共振位置。由于相邻甲基上 H$_a$ 的存在，该处已不复存在共振谱线，而是出现了由该谱线分裂的 4 条谱线。图 9-8(a)坐标最左端的谱线对应于 H$_b$ 与甲基上取向为"+++"的三个氢 H$_a$ 发生耦合的分子，这样的分子占总分子数的 1/8。由于甲基上 H$_a$ 产生的附加磁场为+3B'，因此在固定射频电磁波频率的情况下，将外磁场强度 B_0 以从低场到高场以磁感应强度增强的方式扫描时，坐标左端的谱线首先出峰，其余谱线均可按此理分析。同理，在 H$_b$ 的耦合作用下，H$_a$ 在外磁场强度 B_0 不为 0 时，其谱线将由一条分裂为三条[图 9-8(b)]。由此可见：

(1) 受耦合作用而产生的谱线分裂数为 $n+1$，称为 $n+1$ 规律。其中 n 表示产生耦合的原子核($I = 1/2$)的数目。若考虑一般情况，因受自旋量子数为 I 的 n 个原子核耦合，产生的谱线数目为 $2nI+1$，称为 $2nI+1$ 规律。$n+1$ 规律虽是 $2nI+1$ 规律的特例($I = 1/2$)，却使用最频繁。图 9-8 中，对于 H$_b$ 产生耦合的是甲基 H$_a$，甲基 $n = 3$，因此 H$_b$ 的谱线分裂为 4 条。

(2) 每相邻两条谱线间的距离都相等。

(3) 谱线间相对强度(相对峰面积)比为 $(a+b)^n$ 展开式的各项系数(称为杨辉三角)，以表 9-3 中 $n = 5$ 为例。

表 9-3 核磁共振波谱中自旋分裂峰的相对强度(相对峰面积)比值及其峰形

等价质子数 n	二项式展开系数	峰形
0	1	单峰
1	1　　1	二重峰
2	1　　2　　1	三重峰
3	1　　3　　3　　1	四重峰
4	1　　4　　6　　4　　1	五重峰
5	1　　5　　10　　10　　5　　1	六重峰

以图9-8中的例子为例，$n=3$，产生的四重峰的各峰的强度比为1:3:3:1。

2. 耦合常数

谱线分裂所产生的相等裂距称为耦合常数，用J表示，单位为Hz。耦合常数J反映的是两核间作用的强弱，其数值与仪器工作频率和外磁场B_0无关，受外界条件如溶剂、温度变化等的影响较小，是化合物结构的一种属性。J有正负，但在常见的谱图中往往不能确定其符号，其大小和两核在分子中相隔化学键的数目密切相关，故在J的左上方标以两核相距的化学键数目。例如，$^{13}C—^1H$中^{13}C与^1H之间的耦合常数标为^1J，而$^1H—^{12}C—^{12}C—^1H$中两个^1H之间的耦合常数标为^3J。由于自旋耦合是通过成键电子传递的，因此J随化学键数目的增加而迅速下降。两核相隔化学键的数目大于4时，其间难以存在耦合作用。若此时$J \neq 0$，则称为远程耦合或长程耦合。碳谱中^2J以上的耦合即为长程耦合。可见，根据J的大小可以判断相互耦合的核的键的连接关系，并可帮助推断化合物的结构和构象。根据耦合常数J及核磁共振波谱峰可判断相互耦合的磁性核的数目、种类，以及它们在空间所处的相对位置等，有助于推断有机化合物结构。

9.1.6 核磁共振谱图

核磁共振氢谱图是以质子的核磁共振吸收峰的位置为横坐标，以峰的强度为纵坐标的谱图，如图9-7所示。谱图横坐标用化学位移δ表示，TMS信号峰的δ值为零。谱图的左侧是高频低场，右侧是低频高场。大多数化合物的共振吸收δ值都在0~15之间，这也是一般谱图扫描的宽度范围。谱图纵坐标用峰面积表示。目前，脉冲傅里叶变换核磁共振波谱仪均可直接给出峰面积积分值，在谱图上用阶梯式积分曲线表示。积分曲线纵向总高度与分子中的质子总数目成正比，各阶梯的高度比等于各峰所含质子数目之比。此比值可用以推出已知分子式的分子中的各种质子数目，进而可以得到分子的结构片段信息。图9-7是纯样的谱图，左边谱峰积分线高50mm，右边谱峰积分线高75mm，两者比值为2:3，故可知左边谱峰为两个质子，是CH_2；而右边谱峰为三个质子，是CH_3。峰面积及积分线高度可作为核磁共振波谱定量分析的依据，反映某种(官能团)原子核的定量信息。对于混合试样，若其各组分的核磁共振波谱峰可以识别，则由谱峰面积之比就可进行定量分析。其他核的核磁共振波谱峰面积的作用与氢谱类似，但由于弛豫时间长、核欧沃豪斯效应(nuclear Overhauser effect，NOE)等，峰面积有可能和对应的原子核不呈准确的比例关系(如碳谱)，从而影响定量分析。

9.2 仪器组成

核磁共振波谱仪是检测和记录核磁共振现象的仪器。该仪器可按不同分类方法分为多种类型：①按外磁场强度不同而所需的照射频率不同,分为60~1200MHz等多种型号,这些型号是指^1H的共振频率,而不是磁场强度或其他核的共振频率。例如，300MHz核磁共振波谱仪是指^1H共振频率v_0为300MHz(^1H共振频率$v_0 = 42.57708 \times B_0$)，即外磁场强度为 7.0463T 的仪器。②按用途不同，分为波谱仪、成像仪等。③按仪器测定条件不同，可分为窄孔波谱仪和宽孔波谱仪。窄孔波谱仪的谱线宽度可小于 1Hz，属于高分辨核磁共振波谱仪，用于测定有机液体。宽孔波谱仪的谱线宽度达 10Hz，属于低分辨核磁共振波谱仪，用于测定固体或液体。由于高分辨核磁共振波谱仪使用普遍，因此通常所说的核磁共振波谱仪即指高分辨波谱仪。④按射频照射方式及数据采集、处理方式不同，分为连续波核磁共振波谱仪和脉冲傅里叶变换核磁共振波谱仪。连续波核磁共振波谱仪中，射频振荡器产生的射频波按频率大小有顺序地连续照射样品，可得到频率谱；傅里叶变换核磁共振波谱仪中，射频振荡器产生的射频波以窄脉冲方式照射样品，得到的时间谱经傅里叶变换得到频率谱。傅里叶变换核磁共振波谱仪采用脉冲激发，并可以设计多种脉冲序列，完成多种用连续波谱仪根本无法完成的实验，因而被称为"自旋工程"。该类仪器具有检测灵敏度高、(氢谱)样品用量少(可由几十毫克降低至 1mg 甚至更低)、测量时间短、有利于样品的累加测量等优点，是目前常用的核磁共振波谱仪。图 9-9 显示了高分辨傅里叶变换液体核磁共振波谱仪的组成，主要包括磁体、波谱仪和数据处理系统等。其中，磁体为超导磁体，它与波谱仪主体相距较远，以降低磁场对操作人员的影响。波谱仪包括射频(RF)发射器、射频放大器、接收器和探头等部件。

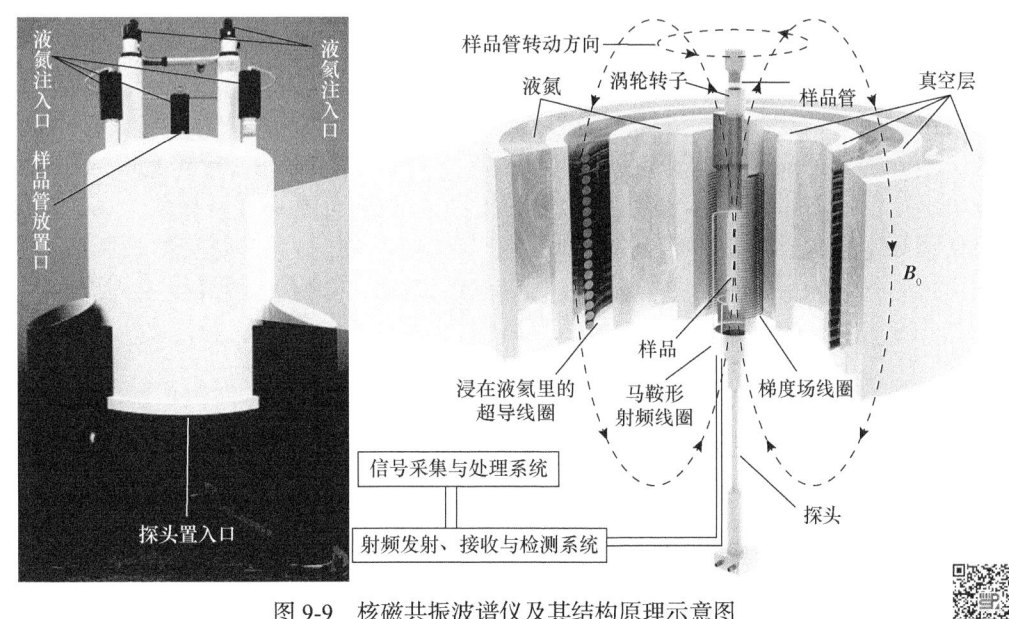

图 9-9　核磁共振波谱仪及其结构原理示意图

仪器的工作原理如图 9-10 所示。在外磁场保持不变时，使用一个强而短的射频脉冲照射样品。这个射频脉冲中包括所有不同化学环境的同类磁核(如 ^1H)的共振频率。这样，在给定的谱宽范围内所有不同化学环境的氢核都被激发跃迁到高能态，随后弛豫并逐步恢复至玻尔兹曼平衡。相应地在感应线圈中可接收到一个随时间衰减的信号，称为自由感应衰减(free induced decay，FID)信号。此信号中包含了各个激发核的时域波谱信号，经快速傅里叶变换后得到频域谱图，即常见的核磁共振波谱。

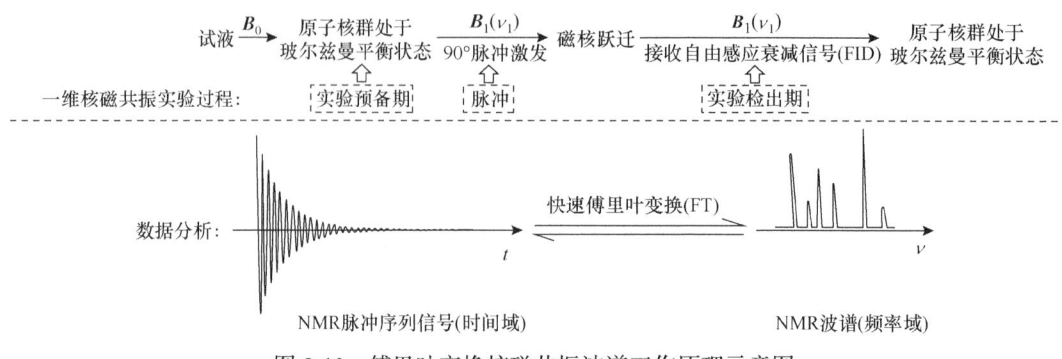

图 9-10 傅里叶变换核磁共振波谱工作原理示意图

9.2.1 磁体的磁场与锁场

目前，200MHz 以上高频谱仪多使用超导磁体。超导磁体由铌-钛或铌-锡合金导线绕成空心螺旋管线圈制成(图 9-9)，并置于超低温的液氦杜瓦瓶中。液氦外围是液氮层，以降低液氦消耗。液氦及液氮均储存于高真空罐体中，以降低蒸发量。当对超导线圈通入电流并达到额定值(即能产生额定磁感应强度的电流值)时，线圈两接头闭合。只要线圈始终浸泡在液氦中，含铌合金在此温度下的超导性能使电流一直维持下去。这一过程称为谱仪安装过程中的升场。若按定时补充液氦和液氮以维持磁体超导状态，磁场将常年保持不变。磁体磁场的稳定性和均匀性能使相同的核无论处于样品的何种位置都给出相同的共振峰。若磁场不均匀，各处的原子核共振频率不同，这将导致谱峰加宽，即分辨率下降。为达到匀场目的，一系列所谓匀场线圈按绕制所提供的函数方式能给出补偿以消除磁场的不均匀性，从而得到窄的线形(图 9-11)。用以匀场的线圈可分为低温和室温两种线圈。低温匀场线圈浸泡在液氦中，升场后进行参数调节，有关参数不再变化，能提供较大的矫正。室温匀场线圈则在放置样品管后进行参数调节。

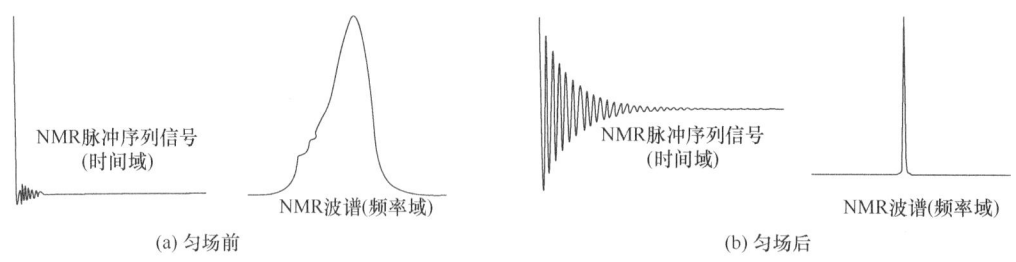

图 9-11 匀场前后峰形变化示意图

核磁共振波谱信号是以频率(或磁感应强度)为横坐标，以垂直于共振频率的轴为对称轴的对称信号。事实上，通过对信号"相位"的调整，可以得到色散信号，即以频率(或磁感应强度)变量为横坐标，以信号强度为纵坐标，以共振频率 ν_0 为反对称中心的信号。为保证磁场稳定，还需要采用锁场装置，如图 9-12 所示。

锁场方法主要有两种，一是外部锁场，即在磁场中的样品管附近放入水或 ^{16}F 的锁场化合物，用水的质子或 ^{16}F 核的核磁共振波谱信号来恒定磁场强度；二是内部锁场，即在样品中加入锁场化合物(一般为 TMS)，用锁场化合物的信号来恒定磁场强度。由于锁场化合物(如

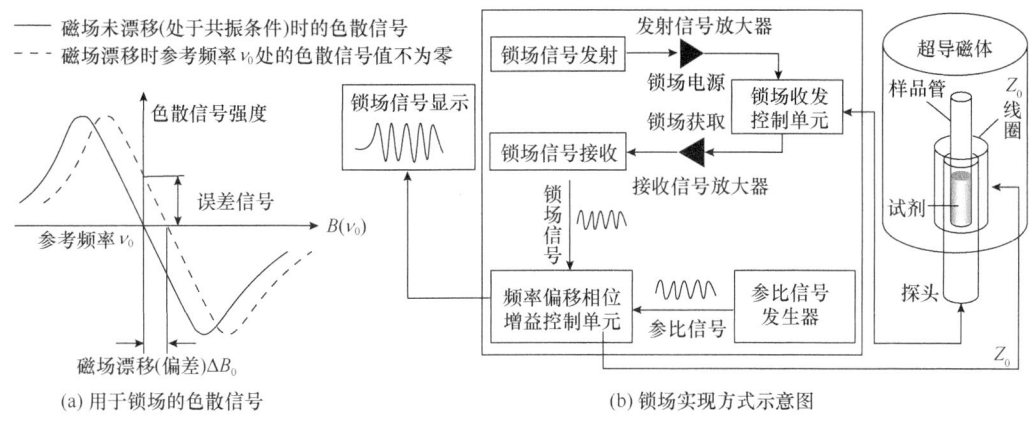

图 9-12 用于锁场的色散信号及锁场实现方式示意图

氘代试剂)的共振频率是已知的,当外加磁场发生扰动时,锁场化合物的共振频率会发生相应改变,这时要通过附加线圈来产生一个微观磁场对外加磁场进行补偿,从而保证外加磁场恒定。简单来说就是通过实时检测锁场化合物的频率来保持场强恒定。锁场的具体实现方式是:通过不间断的测量某一参考信号(如氘信号)的色散信号,并与锁场化合物的标准共振频率进行比较。当磁场未漂移时,色散信号值为零。磁场漂移后,色散信号不为零,产生一个与磁场变化 ΔB_0 成正比的输出电压。该电压被放大后反馈到磁体并通过增加或减少辅助线圈(Z_0)的电流来产生一个方向相反的磁场 $-\Delta B_0$,从而达到矫正的目的。

9.2.2 射频发生器与接收器

射频发射器用于产生一个与外磁场强度相匹配的射频区电磁波,此电磁波激励磁核使其从低能级跃迁至高能级。因此,射频发射器的作用相当于红外或紫外光波谱仪中的光源,它所产生的射频频率是基频,经倍频、调谐及功率放大后反馈给射频发射线圈。由式(9-19)可知,不同的磁核因旋磁比不同而有不同的共振频率。因此,当用同一台仪器测定样品中不同的磁核时,就需要射频发射器产生不同的频率。例如,某仪器的超导磁体产生 7.0463T 的磁场强度,则测定氢谱所用的射频发生器应产生 300MHz 频率的电磁波,测定碳谱则应产生 75.432MHz 频率的电磁波。若测定其他磁核的共振信号,则应配备相应的射频发生器。目前,核磁共振波谱仪大多采用了高度集成的射频脉冲发生器,以实现不同频率的射频场脉冲照射。当射频发射器产生的电磁波的频率 ν 和磁感应强度 B_0 满足式(9-19)时,或者当质子的进动频率与射频辐射频率相匹配时,处于磁场和射频线圈中的磁核就吸收能量而发生共振。这个能量的吸收情况被射频接收线圈接收后产生毫伏级信号,并被射频接收器检出,再经放大后记录下来。所以,核磁共振波谱仪测量的是磁核对电磁辐射的共振吸收,射频接收器相当于共振吸收信号的检测器。

9.2.3 探头及样品管

探头是核磁共振波谱仪的核心部件,其外观呈圆柱形,固定于超导磁体中心,由样品管座、发射线圈、接收线圈、预放大器和变温元件等组成,如图 9-13 所示。样品管由不吸收射频辐射的材料制成,其在探头中的位置位于样品支架上,并处于线圈中心。样品管上部套有涡轮转子旋转装置，当压缩空气从涡轮转子切向通过时，涡轮转子带动样品管一起转动(转速约为 20r/s)，以消除磁场的不均匀性，提高仪器分辨率。样品管外的发射线圈和接收线圈相互垂直、互不干扰，并分别与射频发生器和射频接收器相连。

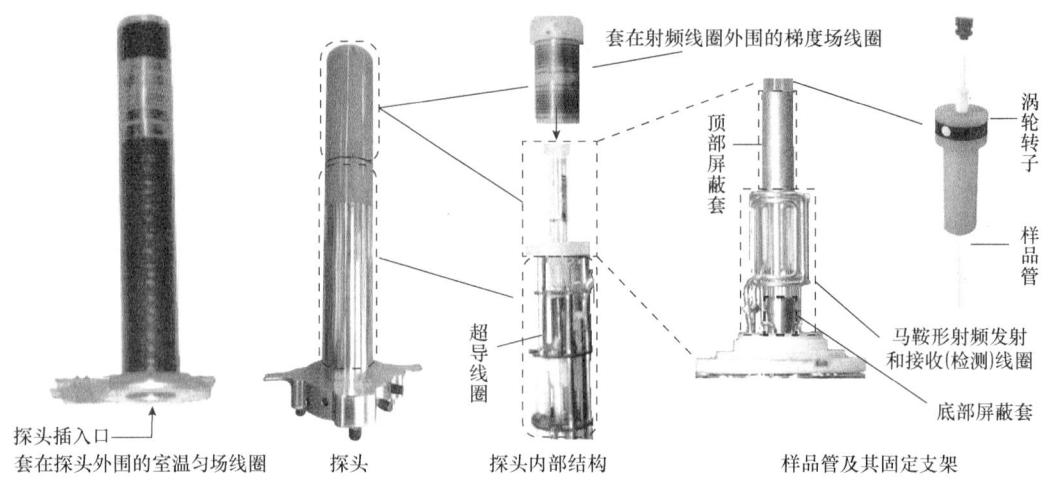

图 9-13 核磁共振波谱仪探头主要结构、射频线圈及样品管空间布局图

探头的种类很多，从产生射频的角度大致可分为两种：一种是产生固定频率的探头，如检测 ^{1}H 和 ^{13}C 的双核探头，以及检测 ^{1}H、^{31}P、^{13}C 和 ^{15}N 的四核探头；另一种为频率连续可调的探头，如高频起于 ^{31}P 共振频率的探头，低频终止于 ^{15}N 或 ^{109}Ag 共振频率的探头。工作时，探头发射能使样品产生核磁共振的射频波脉冲并检测核磁共振信号。目前，液相色谱-核磁共振波谱联用仪及液相色谱-质谱-核磁共振波谱联用仪中使用了一些与联用仪接口匹配的新探头设计，如 U 形玻璃流通池探头、螺线管探头和低温冷却探头等，提升了仪器分析性能，拓宽了仪器的应用范围。

9.3 核磁共振氢谱

9.3.1 核的等价性

核的等价性包括化学等价和磁等价。

化学等价即化学位移等价，它是指分子中两个相同的原子或基团处于相同的化学环境，因而具有相同的 δ 值的现象。一般地，若两个相同基团可通过二次旋转轴互换，则它们无论在何种溶剂中均是化学等价的。若两个相同基团是通过对称面互换的，则它们在非手性溶剂中是化学等价的，在手性溶剂中则不是化学等价的。两相同基团若不能通过以上两种对称操作互换，一般都不是化学等价的。但当存在分子内的快速运动时，也会使化学不等价的基团或质子变成化学等价。例如，因单键的自由旋转，甲基上的三个氢或饱和碳原子上的两个相同基团都是化学等价的。亚甲基(CH_2)或同碳上的两个相同基团情况比较复杂：固定环上 CH_2 的两个氢(直立氢和平伏氢)不是化学等价的，如环己烷或取代环己烷上的 CH_2。与手性碳直接相连的 CH_2 上两个氢不是化学等价的。单键不能快速旋转时，同碳上的两个相同基团可能不是化学等价的，如 N,N-二甲基甲酰胺中的两个甲基因 C—N 键旋转受阻而不等价，谱图上出现两个信号。但是，当温度升高，C—N 键旋转速度足够快时，它们变成化学等价，在谱图上只出现一个谱峰。再如，环己烷上的直立氢和平伏氢之间由于环的快速翻转而使这两个氢成为化学等价的氢。

磁等价是指化合物中两个相同原子核所处的化学环境相同(即化学等价)，且它们对任意的其他核的耦合常数也相同(数值和符号)的现象。例如，乙醇中 CH_3 的三个质子有相同的化学环境(化学等价)，CH_2 的两个质子也是化学等价的。同时，CH_3 的三个质子与 CH_2 每个质子的耦合常数都相等，所以三个质子是磁等价的，同样，CH_2 的两个质子也是磁等价的。而化合物 1,1-二氟乙烯[图 9-14 (a)]则是化学等价而磁不等价的。从分子的对称性很容易看出两个 H 是化学等价的，两个 F 也是化学等价的。但以某一指定的 F 考虑，一个 H 和它是顺式耦合，而另一个 H 和它则是反式耦合，J 不相同，因此两个 H 化学等价而磁不等价。同理，两个 F 也是磁不等价的。由于两个 H 磁不等价，其氢谱线数目超过 10 条。

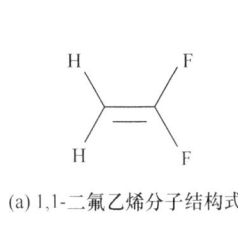

(a) 1,1-二氟乙烯分子结构式

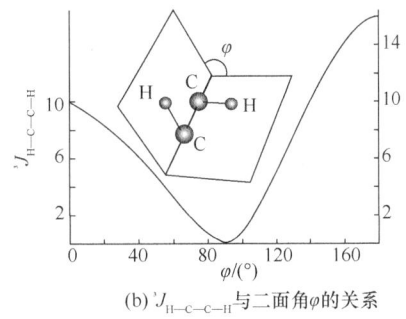

(b) $^3J_{H-C-C-H}$ 与二面角的关系

图 9-14 1,1-二氟乙烯分子结构式及 $^3J_{H-C-C-H}$ 与二面角 φ 的关系

通常，磁核之间的自旋耦合作用主要是由分子中不同氢核之间的自旋耦合引起的。那些磁等价核虽然也有自旋干扰，但不产生峰的裂分。例如，乙烷(CH_3—CH_3)中的六个氢核都是磁等价的，相互之间虽然有自旋干扰，但综合表现为一个单峰。所以只有磁不等价的氢核之间才会因耦合作用而产生峰的裂分。磁不等价氢核的判断方法是：

(1) 化学环境不同的氢核磁不等价。
(2) 同原子上两个不能自由转动的质子磁不等价。
(3) 与不对称碳相连的亚甲基上的两个质子磁不等价。
(4) 构象固定的环上的亚甲基中的两个氢磁不等价。
(5) 单键不能自由旋转时也会产生磁不等价质子，具有双键性质的单键上面的氢(或甲基)也会成为磁不等价质子。
(6) 磁不等价的氢核，相隔三个单键以后不再产生自旋耦合作用。

9.3.2 氢谱中的耦合

氢谱中，根据磁核之间间隔的距离常将耦合分为同碳耦合、邻碳耦合和远程耦合三种。

1. 同碳耦合

连接在同一碳原子上的两个磁不等价质子之间的耦合称为同碳耦合，其耦合常数用 $^2J_{H-H}$ 或 ^2J 表示。总体上同碳质子耦合种类较少。在 sp^3 杂化体系中由于单键能自由旋转，同碳上的质子大多是磁等价的，只有构象固定或其他特殊情况才有同碳耦合发生。在 sp^2 杂化体系中，双键不能自由旋转，同碳质子耦合是常见的。

2. 邻碳耦合

相邻碳原子上的两个质子之间的耦合称为邻碳耦合，其耦合常数用 ^3J 表示。在氢谱中，^3J 是最常见和最重要的一种耦合常数，受下列因素影响。

(1) 二面角 φ：耦合常数和二面角 φ 之间的关系用 Karplus (Martin Karplus, 1930—，美国理论化学家，2013 年诺贝尔化学奖得主) 方程描述

$$^3J = \begin{cases} J_0 \cos^2\theta + C, & 0° < \theta < 90° \\ J_{180} \cos^2\theta + C, & 90° < \theta < 180° \end{cases} \tag{9-26}$$

其中，J_0 与 J_{180} 分别表示 φ 为 0° 和 180° 时的 J 值，且 $J_{180} > J_0$；C 为一常量。方程的图像如图 9-14 (b) 所示。当 φ 为 150°～180° 时，^3J 最大；当 φ 为 0°～30° 时，^3J 也很大；当 φ 为 60°～120° 时，^3J 最小；当 φ 为 90° 时，^3J 约为 0.3Hz。利用实验 J 值和 Karplus 公式可以推测分子结构，这是解决立体化学问题的重要方法之一。例如，对于 $CH_2=CH_2$ 型的邻碳耦合，由于质子处于同一平面，φ 只能是 0°(顺式)或 180°(反式)，而 $^3J_{180} > {}^3J_0$，所以 ^3J(顺式) $< {}^3J$(反式)。

(2) 取代基团的电负性：取代基电负性增加会导致 ^3J 值下降，烯氢的 ^3J 数值下降较快。碳原子的取代基电负性增加时，^3J 减小，如 CH_3CH_3 和 CH_3CH_2Cl 的 ^3J 分别为 8.0 和 7.0。

(3) 键长：^3J 随键长减小而增大。

(4) 键角：^3J 随键角减小而增大。

3. 远程耦合

跨距大于 3 个键的耦合称为远(长)程耦合，其耦合常数比 ^3J 小。一般情况下，这种耦合作用很小，可以忽略。在饱和碳氢键上一般不存在远程耦合。当两个核处于特殊空间位置时，跨越四个或四个以上化学键的耦合作用仍可以检测到。这在烯烃、炔烃和芳香烃中比较普遍，因为 π 电子的流动性大，使耦合作用可以传递到较远的距离。

4. 耦合作用的一般规则

简单的有机分子在较强外磁场中的耦合规则：

(1) 耦合分裂的峰数应用 $n+1$ 规则。磁核峰分裂又称为精细结构，精细结构中峰的数目 N 与相邻磁性核的数目 n 以及核的自旋量子数 I 之间满足 $2nI+1$ 规律：

$$N = 2nI + 1 \tag{9-27}$$

有两组磁不等价原子时，则其多重性同时受两个原子上磁等价核的数目 n 及 n' 的影响，其分裂峰的数目 N 计算式为

$$N = (2nI+1)(2n'I'+1) \tag{9-28}$$

例如，在 $CH_3CH_2CH_2NO_2$ 分子中，与 CH_3 相邻的 CH_2 质子同时受到 CH_3 质子和与其相邻的 CH_2 质子的影响，其质子分裂峰的数目为

$$N = (2\times3\times1/2+1)\times(2\times2\times1/2+1) = 12 \tag{9-29}$$

(2) 若一组氢核 B 同时受 A 和 C 两组氢核的耦合(A、B、C 三组氢核均为磁不等价核)，则 B 峰分裂的小峰数符合式(9-30)，

$$N = (n_A+1)(n_C+1) \tag{9-30}$$

其中，n_A、n_C 分别为氢核 A 和 C 的数目。例如，化合物 $CH_3CH_2CH_2Cl$ 中与 CH_3 相邻的 CH_2 氢核分裂的小峰数 $N = (3+1)\times(2+1) = 12$。

(3) 因耦合而产生的多重峰相对强度比为二项式 $(a+b)^n$ 展开式的各项系数。

(4) 耦合常数 J 值的大小表示了相邻质子间相互作用力的大小，与外磁场强度无关，而与相互作用的两核间距有关。当质子间相隔三个键时，J 值在 1~20Hz，质子间耦合作用比较显著；当质子间相隔四个或四个以上单键时，J 值减小至 1Hz 左右或等于零，质子间耦合作用已很小。

(5) 互相耦合的两组质子，其耦合常数 J 值相等。

(6) 磁等价质子之间也有耦合，但不分裂，谱线仍是单一尖峰。

(7) 从核磁共振谱图可直接读出 δ 和 J。峰组中心位置为 δ，相邻两峰的间距(以 Hz 计)为 J。

9.3.3 氢谱解析

氢谱图能够提供三方面的信息：化学位移值 δ、耦合(包括耦合常数 J 和自旋分裂峰形)及各峰面积之比(积分曲线高度比)。这三方面的信息都与化合物的结构密切相关，氢谱解析就是利用这三方面信息来分析和推测化合物中所含的基团以及基团之间的连接顺序、空间排布等，最后提出分子的可能结构并加以验证。氢谱解析的一般步骤是：

(1) 收集样品的基本信息数据。了解元素分析结果和分子量数据或质谱数据，以获得化合物正确的化学式，并根据式(8-13)计算化合物的不饱和度。

(2) 观察谱图基线是否平整、TMS 峰是否正常、化学位移是否合理、是否有杂质峰、是否有未除尽的溶剂，以及测试中氘代试剂中夹杂的非氘代溶剂产生的峰。

(3) 利用核磁共振波谱软件自动积分计算的曲线高度确定各峰组质子数目。

(4) 根据每一个峰组的 δ 值、质子数目以及峰组分裂的情况推测出对应的结构单元。一般先辨认孤立的、未耦合分裂的基团，即单峰、不同基团的 ^1H 之间距离大于三个单键的基团及一些活泼氢基团，如甲基醚(CH_3OR)、甲基酮(CH_3COR)等甲基上的质子及苯环上的质子，活泼氢如 OH、SH 等，然后再确认耦合的基团。推测时，应根据前

面介绍的核的等价性来判断那些看似化学等价，而实际上化学不等价的质子或基团。

(5) 计算分子剩余的结构单元和不饱和度。分子式减去已确定的所有结构单元的组成原子，差值就是剩余单元的化学组成式。由式(8-13)计算得到的不饱和度减去已确定结构单元的不饱和度，即得剩余结构的不饱和度。

(6) 将结构单元组合成可能的结构式。根据化学位移和耦合关系将各个结构单元连接起来。对于简单的化合物有时只能列出一种结构式，但对于比较复杂的化合物则能列出多种可能的结构，此时应排除与谱图明显不符的结构，以减少下一步的工作量。

(7) 对所有可能的结构进行指认，排除不合理结构。

(8) 借助其他分析法(如紫外或红外光谱、质谱以及核磁共振碳谱等)进一步确认。

9.4 核磁共振碳谱

有机化合物的有些官能团，如羰基、氰基等不含氢但含碳，因此氢谱不能给出这些官能团的直接信息，也很难鉴别含碳较多的有机物(如甾体化合物)中化学环境相近的烷烃氢。由于自旋量子数 $I = 0$ 的核是非磁性核，所以自然界丰富的 ^{12}C ($I = 0$)没有核磁共振信号，而 $I = 1/2$ 的 ^{13}C 核有，只是 ^{13}C 的天然丰度仅为 1.07%，且其磁旋比 γ 仅是 ^1H 的 1/4，相对灵敏度比 H 低，故信号很弱，给检测带来困难。而碳谱可以给出丰富的碳骨架信息，特别适合鉴定含碳较多的有机物，弥补了氢谱的不足。与氢谱相比，碳谱的特点是：

(1) 信号强度低(灵敏度低)。信号灵敏度与被检测核磁旋比 γ 的三次方成正比。相同磁场条件下，碳谱的灵敏度仅相当于氢谱灵敏度的 1/5800，因而碳谱通常要进行长时间的累加测定才能得到高信噪比的谱图。

(2) 化学位移范围宽。氢谱谱线 δ 值为 0~10，少数约为 15，一般不超过 20。而碳谱谱线 δ 值为 0~250，特殊情况下可达 300~350。由于碳谱 δ 值范围较宽，约是氢谱的 20 倍，这极大地减少了不同化学环境的碳原子谱线重叠现象，使碳谱的分辨能力远高于氢谱。因此，对化学环境有微小差异或结构上的细微变化的核也能区别。通常，分子量在 400 以内的有机化合物，氢谱有时出现严重重叠，而碳谱几乎可以分辨不同化学环境的每一个碳原子。

(3) 可检测不与氢相连的碳的共振吸收峰，有助于测定含碳但不含氢基团分子的结构。

(4) 耦合常数大。^{13}C 的天然丰度(1.07%)远小于 ^1H 的天然丰度(99.98%)，^{13}C—^{13}C 之间的耦合概率很小，一般不予考虑。碳原子常与相连的氢原子可以互相耦合，这种 ^{13}C—^1H 耦合常数很大，一般在 125~250MHz，且不影响氢谱，但能使碳谱中的谱峰分裂且相互重叠，难以分辨，信号强度也大大减弱，有时谱峰甚至被淹没于噪声中，导致解谱困难。所以常规的碳谱都是去掉了全部 ^{13}C—^1H 耦合的质子噪声去耦谱，得到各种碳的谱线都是单峰(有关碳谱中常见的去耦技术的介绍请扫描本章首页二维码查看)。

(5) 共振方法多。碳谱中，除了有质子噪声去耦谱外，还可采用其他共振方法获得不同的信息。例如，偏共振去耦谱可获得 ^{13}C—^1H 的耦合信息；门控去耦谱可获得定量信息。因此，碳谱比氢谱信息丰富，结论解析更清楚。

(6) ^{13}C 的自旋-晶格弛豫时间 T_1 明显大于 ^1H 的 T_1。通常 ^1H 的 T_1 为 0.1～1s，而 ^{13}C 的 T_1 为 0.1～100s，且与 ^{13}C 核所处的化学环境密切相关。另外，不同种类的碳原子弛豫时间也相差很大，因此通过测定 ^{13}C 弛豫时间 T_1 可得到更多的分子内结构信息。

(7) 图谱简单。由于碳氢原子间共振频率相差很大，即使是不去耦的碳谱也可用一级图谱解析，且比氢谱解析简单。

(8) ^{13}C 弛豫时间较长，共振峰通常是在非玻尔兹曼平衡条件下观测得到的，且不同基团上碳原子的弛豫时间不同，因此碳谱的峰强度与产生该峰的碳核数目通常不成正比。只有当体系处于玻尔兹曼平衡态时，碳谱峰强度才与产生该峰的共振核数目成正比。

9.4.1 化学位移

与氢谱一样，碳谱的化学位移 δ_C 也是以 TMS 或某种溶剂峰为基准。通常，碳谱(去耦)都是直线形谱线(极少情况下出现钝峰)，没有类似于氢谱的耦合分裂信息，且碳谱峰的高度近似正比于峰面积。因此，碳谱中主要的信息就是化学位移 δ_C 值，它直接反映了碳核周围的基团、电子分布情况，即碳核所受屏蔽作用的大小。δ_C 与碳核所在分子的立体异构、链节运动、序列分布、不同温度下分子内的旋转、构象变化等相关，这对研究分子结构、分子运动、动力学和热力学过程意义重大。δ_C 从高场(低频)到低场(高频)的顺序与那些与碳核相连的氢原子的 δ_H 有一定的对应性，但并非完全相同。例如，饱和碳在较高场，炔碳次之，烯碳和芳碳在较低场，而羰基碳在更低场。

9.4.2 碳谱中的耦合

如前所述，$^{13}C-^1H$ 之间的耦合能导致碳谱分裂，且谱线的分裂数目与氢谱一样，可用 $2nI+1$ 规律计算。谱线之间的裂距便是 $^{13}C—^1H$ 的耦合常数 $^1J_{^{13}C—^1H}$。决定 $^1J_{^{13}C—^1H}$ 的重要因素是 C—H 键的 s 电子成分，且近似有

$$^1J_{^{13}C-^1H} = 5 \times s\% \text{(Hz)} \tag{9-31}$$

其中，$s\%$ 为 C—H 键 s 电子所占的百分数。例如，CH_4(sp^3 杂化，$s\%$ = 25%)中的 ^1J = 125Hz；C_2H_4(sp^2 杂化，$s\%$ = 33.3%)中的 ^1J = 157Hz；C_6H_6(sp^2 杂化，$s\%$ = 33.3%)中的 ^1J = 159Hz；C_2H_2(sp 杂化，$s\%$ = 50%)中的 ^1J = 249Hz。除了 s 电子的成分以外，取代基电负性对 ^1J 也有影响。随取代基电负性的增强，^1J 相应增加，以取代甲烷为例，^1J 可增大 41Hz。$^2J_{CH}$ 的变化范围为 -5～60Hz。$^3J_{CH}$ 在十几赫兹之内。这与取代基有关，也与空间位置有关。Karplus 方程近似成立。有趣的是，在芳香环中，$|^3J| > |^2J|$。除少数情况外，一般 $^4J < 1Hz$。可见，在记录碳谱时，若不对 ^1H 进行去耦，碳谱将出现严重的谱峰重叠现象。常规碳谱是对 ^1H 进行全去耦的碳谱，每一 δ 值的碳原子仅出一条谱线。去耦时，由于存在 NOE，碳谱线的强度视不同的去耦方法而有不同程度的增强。图 9-15 为丙酮的非去耦碳谱和质子噪声去耦碳谱。去耦谱中只有两条谱线，分别是丙酮分子中的甲基碳和羰基碳，非去耦谱中因甲基有三个氢，故分裂为 4 条谱线，裂距为 127.7Hz，因耦合的 C 和 H 之间只

隔一个化学键，故耦合常数可记为 $^1J = 127.7$Hz。羰基没有直接相连的氢，故没有 ^1J，但隔两个键有六个氢，羰基碳与这些氢耦合，谱线分裂为 7 条，裂距为 5.7Hz，其耦合常数记为 $^2J = 5.7$Hz。

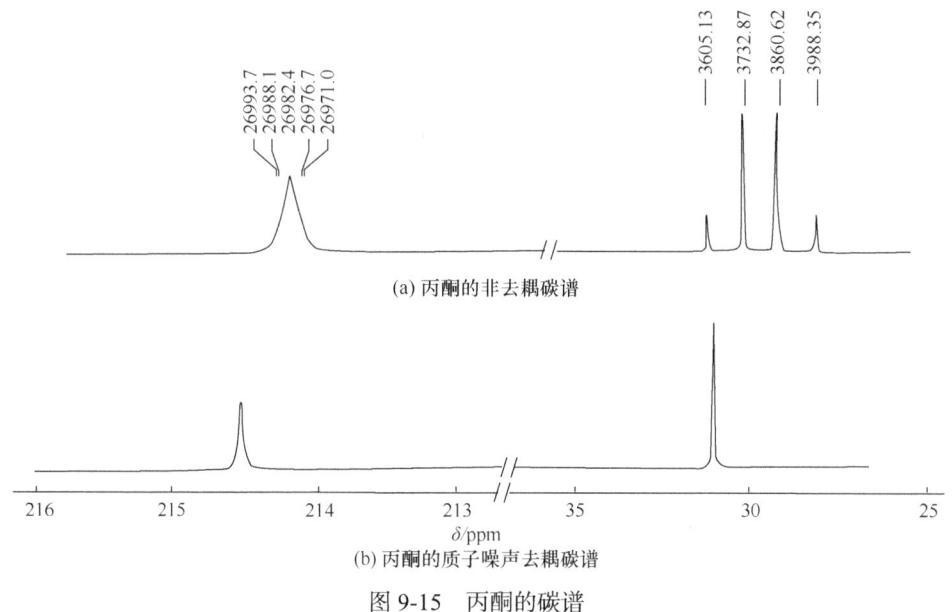

(a) 丙酮的非去耦碳谱

(b) 丙酮的质子噪声去耦碳谱

图 9-15 丙酮的碳谱

9.4.3 碳谱解析

碳谱解析的一般步骤是：

(1) 收集样品基本信息，如分子量、分子式和不饱和度等。根据 IR、UV、MS 和氢谱等所提供的信息初步判断可能存在的特征基团，并与碳谱所得信息相互印证。

(2) 区分谱图中的溶剂峰和杂质峰。与氢谱类似，测定液体碳谱也用氘代试剂作溶剂。除少数不含碳的溶剂如重水(D_2O)等以外，氘代溶剂中的碳原子在碳谱中均有共振吸收峰，并且由于氘代的缘故(氘的自旋量子数 $I = 1$)，这些吸收峰在质子噪声去耦谱中多呈现为多重峰，分裂数符合 $2nI + 1$ 的规律。碳谱中杂质峰一般都较弱。当杂质峰较强而难以确定时，可用反转门控去耦法定量碳谱。碳谱中各峰面积(峰强度)与分子结构中各碳原子数成正比，明显不符合比例关系的峰一般为杂质峰。

(3) 分析化合物结构的对称性。质子噪声去耦碳谱中，每条谱线表示一种类型的碳原子。当谱线数目与分子式中碳原子数目相等时，说明分子没有对称性。反之，说明分子中有某种对称性。但是当化合物复杂，碳原子数目较多时，则应考虑不同类型碳原子 δ_C 值的偶然重合。当谱线数目多于分子式中碳原子数目时，则考虑有异构体存在、溶剂峰、杂质峰、原来分子式不准确或有耦合核 ^{19}F、^{31}P 等存在的可能性。

(4) 按 δ_C 值分区碳原子类型。δ_C 值一般分三个区：①饱和碳原子区($\delta_C < 100$)。饱和碳原子若不直接与杂原子(N、O 和 F 等)相连，其 δ_C 值一般小于 55。②不饱和碳原子区(烯烃和芳烃中，$\delta_C = 65 \sim 160$)。炔碳原子 $\delta_C = 65 \sim 95$，烯碳原子和芳碳原子 $\delta_C = 100 \sim 140$，且当其直接与杂原子相连时，δ_C 值一般会大于 140。③羰基或叠烯区($\delta_C > 150$)。酸、酯

等的羰基碳原子 $\delta_C = 160 \sim 180$，酮和醛的羰基碳原子 $\delta_C > 190$。

(5) 确定碳原子级数。测定化合物无畸变极化转移增强(distortionless enhancement by polarization transfer, DEPT)谱，并参照该化合物的质子噪声去耦碳谱对 DEPT-45、DEPT-90 和 DEPT-135 谱进行分析，由此确定各谱线所属的碳原子级数及与碳相连的氢原子总数。若所推断出的氢原子数小于分子式中的氢原子数，则表明化合物中含有活泼氢，其数目为二者之差。

按上述步骤可大致推断出化合物的结构或按分子结构归属各条谱线。若难以推断，则可参照氢谱及碳谱近似计算法。对于结构复杂的化合物可通过二维核磁共振波谱和一些去耦技术来综合解析化合物结构。有关二维核磁共振波谱的介绍请扫描本章首页二维码查看。

9.5 核磁共振波谱的定量分析

氢谱的灵敏度高、定量性好。氢谱中，峰组面积和其对应的氢原子成正比。这不仅用于结构分析，同样可以用于定量分析，而且不需引入校准因子或绘制校准曲线，因而定量分析中不需要化合物的纯样品作为标样。定量时，虽然在低频的峰面积通常比在高频的(相同氢原子数)稍大，但仍然是一种很好的定量方法，此方法还可以对一些平衡体系中各组分定量，如体系内共存的酮式和烯醇式、顺式和反式。

与氢谱相比，碳谱的分辨率高，不容易发生谱线的重叠。所以混合物中若每一组分都能找到一个不与其他组分重叠的氢谱峰组，就可以用氢谱进行定量，否则，就需要采用碳谱定量。碳谱中若采用特定的脉冲序列减小脉冲倾倒角、增长脉冲之间的间隔，也可以达到较好的定量关系。

9.5.1 内标法

内标法定量准确度高，操作方便，使用最广泛。实验时，选择一个化学惰性、其氢谱为单峰且峰形尖锐不与样品重叠的内标物，将其与样品精确称量后溶解于同一溶剂中，优化脉冲宽度、延迟时间和采样次数等核磁共振实验参数，然后对试液进行 5 次以上实验获取一系列谱图。从谱图中取特征峰和内标物积分曲线高度的平均值进行定量计算，样品中待测成分的质量为

$$m_s = \frac{A_s M_s n_R}{A_R M_R n_s} m_R = \frac{\dfrac{A_s}{n_s} M_s}{\dfrac{A_R}{n_R} M_R} m_R \tag{9-32}$$

其中，下标 s 和 R 分别表示样品和内标；m 和 M 分别为质量和分子量；A 为积分曲线的高度；n 为被积分信号所对应的质子数。

9.5.2 外标法

当样品复杂或其核磁共振波谱较复杂，或难以找到适合的内标物时，可采用外标法。

实验时，准确称取样品和标准化合物后，用合适的溶剂分别配成溶液，分别测核磁共振波谱图，样品中待测成分的质量为

$$m_s = \frac{A_s}{A_R} m_R \tag{9-33}$$

其中，A_s 和 A_R 分别为样品和外标中同一基团的积分曲线的高度。外标法受实验条件影响较大，因此测定的过程中应尽量保持两份溶液的操作条件一致。

9.6 特点及应用

核磁共振波谱法把化合物中最常见的组成元素氢(产生氢谱)或碳(产生碳谱)等视为"生色团"，因而能确定几乎所有常见官能团的环境，其中有些环境是其他光谱或分析法所不能判断的环境，这使得核磁共振波谱法成为定性分析的一种有力工具。此外，该技术也可以用于定量分析、用于了解化学反应的进程、研究反应机理、计算某些化学过程的动力学和热力学的参数。而且在利用内标法或相对比较法定量混合物中某组分时，可无需与该组分的纯品做对照，定量分析方便。核磁共振波谱法的其他优点是：

(1) 试样一般无需分离和添加溶剂，且不会受到破坏，属于无损分析。

(2) 谱图直观性强，碳谱能直接反映出分子的骨架，谱图解释较为容易。谱峰宽度窄，且远小于各信号之间的化学位移差值，因而混合物中不同组分的信号之间重叠少。

(3) 对于确定的核(质子)，核磁共振信号强度与产生该信号的核(质子)的数目成正比，与核的化学性质无关。

(4) 含有多种原子核的共振波谱(除常用的氢谱外，还有碳谱、氟谱、磷谱等)，各种谱之间还可以互相印证，因而应用范围广。

(5) 简易快速、专属性高，可选择性地测定试样中的组分乃至化合物的立体异构。

核磁共振波谱法的不足主要是其定量分析时误差较大，不能用于痕量分析。另外，其仪器昂贵、维护成本高、工作环境也要求苛刻。

在应用方面，核磁共振波谱法作为一种研究有机分子性质的光谱学技术能提供丰富的信息，如：

(1) 磁核的类型，由化学位移来判别，如氢谱中可判定甲基氢、芳氢、烯氢和醛氢等。

(2) 磁核的化学环境，由耦合常数和自旋-自旋分裂来判别，如氢谱中可以判定碳甲基是与亚甲基相连还是与苯环相连。

(3) 各类磁核(如质子)的相对数量，如氢谱中可由峰面积求出各组质子的相对数量。

(4) 核自旋弛豫时间，如碳谱中可通过弛豫时间 T_1 确认碳原子的类型，并用于结构推测，还可用于研究分子的大小、分子运动的各向异性、分子内旋转和空间位阻等。

(5) 核间相对距离，通过核的核欧沃豪斯效应谱(nuclear Overhauser effect spectroscopy, NOESY)，可以测得质子在空间的相对距离，据此确定分子中某些基团的空间相对位置、立体构型及优势构象，对研究分子的立体化学结构具有重要意义。

9.7 固体核磁共振技术简介

前面介绍的核磁共振技术适用于液态样品,对一些不溶解的样品或虽能溶解但溶解后其结构发生变化的样品,就必须在固体状态下测试获取核磁共振谱。固体核磁共振技术(solid state NMR)就是以固态样品为研究对象的核磁共振分析技术,是一种用于确定固体和半固体的化学结构、三维结构和动力学的原子级方法。该技术分静态与魔角旋转核磁共振两类。静态固体核磁共振存在由样品分子取向范围引起的化学位移分布,并且该分布可以宽至 200ppm,因而静态固体核磁共振技术分辨率低,应用受限。而魔角旋转使样品管(转子)在与静磁场 B_0 呈 54.7°方向快速旋转[图 9-16 (a)],将化学位移平均到其各向同性值,因而其谱图分辨率高。

9.7.1 基本理论

如前所述,一个磁核类似于一个小磁体。磁核间通过核磁矩在空间产生的相互作用称为偶极-偶极相互作用或称偶极耦合。偶极耦合会引起核磁共振信号的分裂。由原子核磁矩 μ 在第二个原子核处产生的磁场 B_b 可表示为

$$B_b = K\mu\left[\left(3\cos^2\theta - 1\right)/r^3\right]\left(\mu_0/4\pi\right) \tag{9-34}$$

其中,μ_0 为真空磁导率;K 为常量;r 为两个原子核间距;θ 为原子核间连线与外磁场 B_0 方向的夹角[图 9-16 (a)]。式(9-34)适用于相同共振频率的质子(核)自旋系统。在溶液中,由于分子的快速翻转,角 θ 随时间变化,因此($3\cos^2\theta - 1$)项消失,从而观测不到由偶极耦合产生的谱线分裂。然而在固体样品中,分子运动受限,角 θ 相对固定,因此分子内的偶极耦合作用非常明显,而分子间的偶极耦合作用也很重要。实际上,在固体样品中,磁核受到各种相互作用,这种作用可表示为

$$H = H_B + H_{RF} + H_{CS} + H_Q + H_D + H_J \tag{9-35}$$

其中,H 为哈密顿算符。式(9-35)等式右边前面两项是外加环境对样品的作用,其中,H_B 为核自旋体系与外磁场(B_0)方向的塞曼相互作用(一般为 10^8Hz 数量级,是作用最大项);H_{RF} 为核自旋与射频场的相互作用。等式右边后四项是样品内部的相互作用,其中,H_{CS} 为在外磁场作用下,核外电子云对核的屏蔽(即化学位移各向异性相互作用,一般为 10^3Hz 数量级;H_Q 为核的四极矩的相互作用,对 $I = 1/2$ 核基本无影响;H_D 为核与核之间的直接耦合作用(即偶极-偶极相互作用,数量级为 10^4Hz,是引起固体谱线增宽的主要原因);H_J 为核自旋间的间接耦合作用,即 J 耦合作用(数量级为 $10^1 \sim 10^3$Hz,此项在固体中不重要)。上面所有这些相互作用都会影响核磁共振谱的外观,并提供磁核在其环境中的结构和动力学信息。液体核磁共振谱线窄、分辨率高,这是由于样品分子中存在能使谱线增宽的各种内部相互作用,特别是化学位移各向异性、偶极-偶极相互作用等被液体分子的快速运动平均为零了。但在静态固体核磁共振谱中,则由于化学位移的各向异性、偶极-偶极的相互作用而导致谱线加宽(图 9-19),其中化学位移各向异性是谱线

增宽的主要来源。核外电子的自旋在外磁场中的取向不同,其对核的屏蔽情况也不同。另外,轴对称/不对称样品、单晶粉末样品及多晶等对核的屏蔽情况也各不相同。偶极-偶极的相互作用导致谱线均匀增宽,而化学位移和电四极矩的相互作用导致谱线非均匀增宽。

9.7.2 仪器组成

固体核磁共振波谱仪与液体核磁共振波谱仪两者的主要部件大部分相同,主要区别在于固体核磁共振波谱仪需要比较大的功放功率(1000W),以保证较短的强脉冲(激发谱宽大),而液体核磁共振波谱仪功放功率小(100W),脉冲时间长(激发谱宽小)。另外,两种仪器所用探头也不同。固体核磁共振波谱仪所用探头通常为需要在54.7°魔角高速旋转的专用探头,另外还有与专用探头配套的转子等装置(图9-16)。

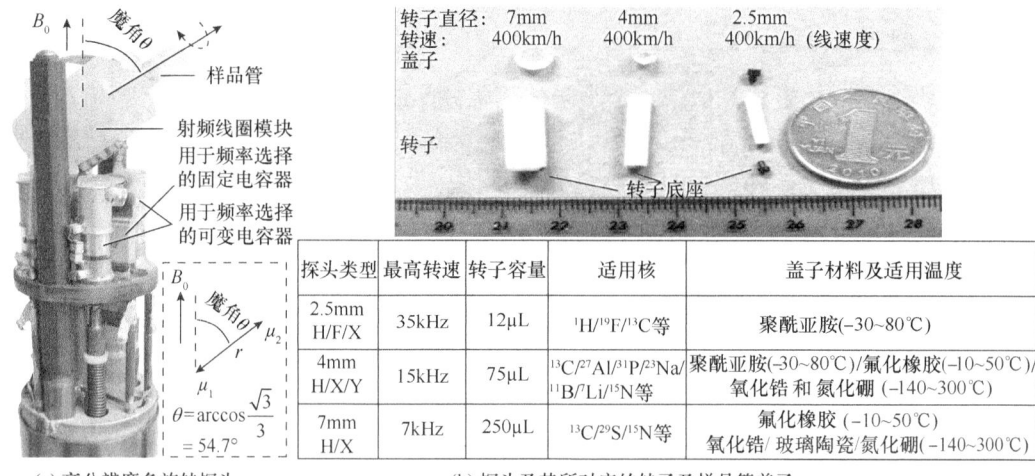

(a) 高分辨魔角旋转探头　　(b) 探头及其所对应的转子及样品管盖子

图 9-16 魔角旋转探头、转子及不同类型转子适用的对象

随着高分辨魔角旋转探头和纳米探头的出现,固体核磁共振波谱仪与液体核磁共振波谱仪两者之间的区别在缩小,一些液体核磁共振波谱的实验方法也能用于固体核磁共振波谱。

9.7.3 高分辨固体核磁共振谱技术

固体核磁共振谱线增宽的主要原因是氢所引起的异核偶极相互作用以及化学位移各向异性相互作用引起的。为了获得与液体核磁共振谱相类似的高分辨核磁共振谱,固体核磁共振常采用魔角旋转(magic-angle spinning,MAS)、偶极去耦(dipolar decoupling,DD)、交叉极化(cross polarization,CP)等技术。

(1) 魔角旋转技术:通过将样品填入转子,并使转子沿魔角方向高速旋转,即可实现谱线窄化目的(图9-19)。这是因为固态样品在核磁中受到的各种相互作用按时间平均的哈密顿量均含有因子$(3\cos^2\theta - 1)$,因此如果将样品沿图9-16所示的$\theta = 54.7°$旋转时,磁核间强的化学位移各向异性、偶极自旋耦合和四极相互作用被平均化,而其他相对较弱的相互作用便成为主要因素，因此有利于得到高分辨固体核磁共振谱。传统上，魔角旋转是通过在按魔角方向安装的定子内旋转圆柱形转子来实现的，因此需要承载气体来稳定转子并用驱动气体来施加扭矩。气体轴承使样品管能够浮起并使之在旋转过程中保持平衡。驱动气通过吹动样品管的锯齿帽而使之沿魔角所在方向进行高速旋转。魔角旋转技术使不同取向的晶位表现出相同的平均取向，从而平均掉偶极哈密顿各向异性的空间部分。这种技术不是去掉偶极耦合，但其转子的高速旋转(几千赫兹旋转频率)解决了化学位移各向异性引起的谱线增宽。目前样品管的旋转频率在1~35 kHz范围内[图 9-16 (b)]，这对于自然丰度比较低的核，如 ^{13}C、^{15}N 等可以有效抑制体系中的同核偶极相互作用，但对于自然丰度很高的核，如 ^{1}H、^{19}F 等，由于体系中的偶极作用强度往往大于 100 kHz，因此很难通过魔角旋转技术有效抑制体系中的同核偶极相互作用来获得高分辨图谱。

(2) 偶极去耦技术：这是一种用于消除 ^{1}H 核对异核 X 的偶极耦合作用，以增强核磁共振信号、使谱峰变窄的去耦技术。魔角旋转技术虽然能有效抑制同核偶极耦合，但这对异核却很难有效。不过后来发展的多种去耦技术，如利用高功率射频脉冲照射样品的去耦技术能较好地解决这一问题。高功率去耦技术的脉冲序列相对简单，与液体核磁去耦碳谱类似，即在对碳核进行激发采样的同时，对氢核进行去耦[图 9-17(a)]。唯一的区别是由于固体中化学位移各向异性的影响，对氢的去耦范围更宽(一般在几十千赫兹范围内)、脉冲更短，探头所需承受的功率更高。实验时，经高功率照射后氢与杂原子间原有的偶极作用消失，谱线强度增加，谱峰变窄，谱图分辨率增加[图 9-17 (b)]。此技术的不足之处在于：①那些能反映原子周围化学环境、原子间的相对距离等信息也一同被抑制了；②由于固体样品中磁核间的偶极作用要远强于液体样品，因此固体核磁共振实验中所采用的去耦功率往往远高于液体核磁共振实验，且易导致样品在照射过程中受热变性；③由于 ^{13}C 核天然丰度低(^{1}H：99.98%，^{13}C：1.07%)，磁旋比 γ 小[^{1}H：26.752×10^{7}/(T·s)，^{13}C：6.7283×10^{7}/(T·s)]，检测灵敏度相对较弱，且 ^{13}C 的自旋-晶格弛豫时间(T_1)也较长，导致采样等待时间 D_1 也很长(一般需大于 $5T_1$)，所以高功率去耦碳谱信号累加效率低且时间长。为了提高稀核(如 ^{13}C)采样效率(即缩短采样时间)，得到高灵敏度谱图，现多采用交叉极化技术进行低丰度核的信号采集。

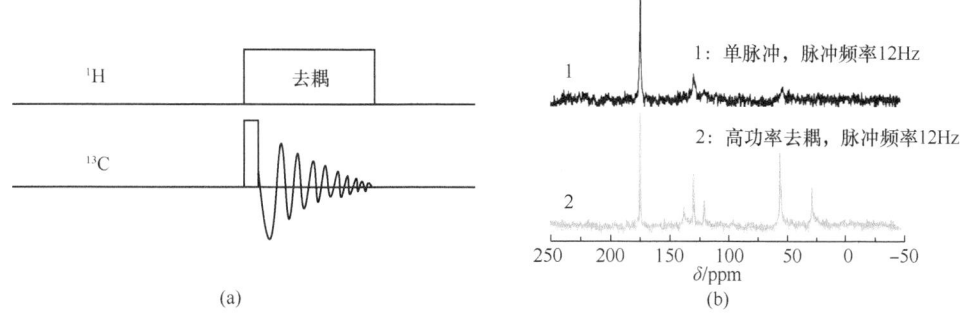

图 9-17　高功率脉冲去耦脉冲序列示意图(a)及单脉冲去耦魔角旋转谱与高功率去耦魔角旋转谱(b)

(3) 交叉极化技术：这是固体核磁共振技术中最重要的一种技术。该技术将 ^{1}H 核的磁化矢量转移到 ^{13}C 或 ^{15}N 等杂核上，从而提高了核磁共振谱信噪比。其实验方法如图 9-18 (a)所示。实验开始时，施加于 ^{1}H 核上的 90° x 脉冲将 ^{1}H 沿 z 方向的初始磁化矢量转变到 $-y$ 方向，这时施加于 ^{1}H 的脉冲磁场的相位迅速由 x 轴转变为 $-y$ 轴。经过此相位转变后，^{1}H 的磁化矢量就被锁定在 $-y$ 轴上。因为此时 ^{1}H 的磁化矢量的方向与外在脉冲静磁场的方向一致，即此时沿 $-y$ 方向的磁场如同外加静磁场所起的作用一样，会使 ^{1}H 的磁化矢量沿脉冲磁场所在的 $-y$ 方向产生能级分裂，使得 ^{1}H 在此坐标系中的 α_H^* 和 β_H^* 的数目分布差 $\Delta N \neq 0$，且 ΔN 很大[图 9-18 (b)]。而此时杂核 X 在 $-y$ 方向的磁化矢量为零，其 α_X^* 和 β_X^* 之间的数目分布相等($\Delta N = 0$)。若此时在杂核 X 上沿 $-y$ 方向也施加脉冲磁场，并满足哈特曼-哈恩条件

$$\gamma_H B_1(^1H) = \gamma_X B_1(^1H) \tag{9-36}$$

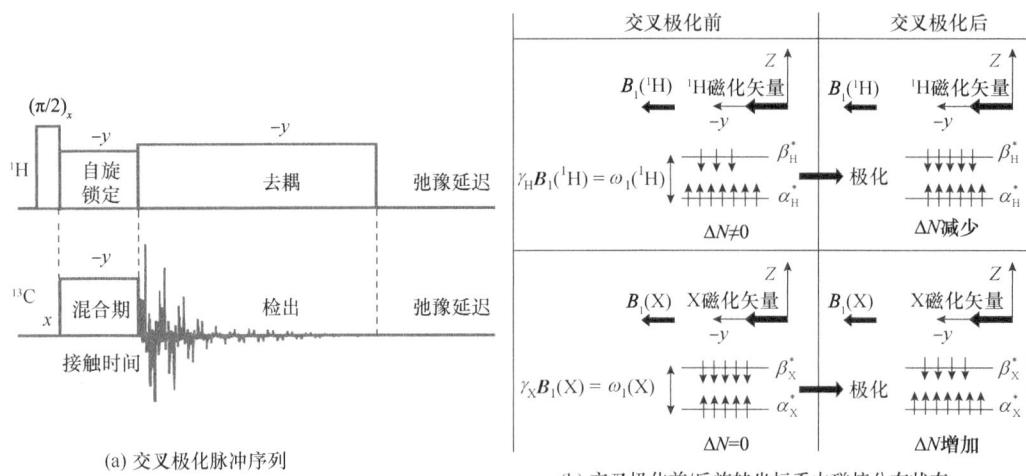

图 9-18　交叉极化脉冲序列及交叉极化前/后旋转坐标系中磁核分布状态

此时，^{1}H 从低能态可吸收来自杂核的偶极相互作用的能量而跃迁到高能态(α_H^* 和 β_H^* 的数目分布差 ΔN 减小)，相应的杂核中的一部分磁核则从高能态回到低能态($\Delta N \neq 0$)，使得原来磁化矢量为零的状态转变为极化状态，即实现了 ^{1}H 核的磁化矢量转移到 ^{13}C 或 ^{15}N 等杂核上，从而达到活化杂核 X 的目的，使杂核在固体核磁共振实验中的灵敏度得到极大提高。在整个交叉极化过程中，^{1}H 核与 X 核之间的偶极作用满足

$$H_{HX} = \sum_{i>k} d_{ik}\left(3\cos^2\theta_{ik} - 1\right)I_{iz}^H I_{kz}^X / 2 \tag{9-37}$$

其中，i 核为 ^{1}H 核；k 核为杂核；d_{ik} 与 θ_{ik} 分别为磁核 i 与磁核 k 的偶极耦合常数与其空间取向的信息，θ_{ik} 为由 i 与 k 所定义的矢量与静磁场(即 z 方向)之间的夹角；I_{iz}^H 与 I_{kz}^X 分别为磁核 i 与 k 沿 z 方向的自旋算符。由式(9-37)可知，^{1}H 核与 X 核之间偶极作用只与 z 方向有关，而与 x-y 平面无关。但交叉极化过程是在 $-y$ 方向完成的，因此在交叉极化前后，总偶极强度保持不变。因此，通过交叉极化过程后，^{1}H 核的磁化矢量减小，而杂核

X 的磁化矢量增加,两种核的磁化矢量变化的幅度与核的种类、交叉极化的动力学过程等多种因素有关。

交叉极化与魔角旋转技术结合的核磁共振波谱技术(CPMAS NMR)可用于检测大量自旋量子数为 1/2 的核,如 ^{29}Si、^{33}S 等。如果样品中不含质子,且不带交叉极化时,仅可获得魔角旋转频谱,如硅酸盐的 ^{29}Si 频谱。图 9-19 是 ^{31}P 静态 NMR 谱与 CPMAS NMR 谱。该光谱的跨度为 $\varOmega$ = 500ppm,对应宽度约为 40000Hz(在 4.7T 时为 ^{31}P)。可见,在应用魔角旋转技术后,静态固体核磁共振中宽谱峰呈现高分辨谱。另外,由于各向同性中心带在不同的魔角旋转频率下处于相同的位置,因此很容易识别出各向同性中心带。

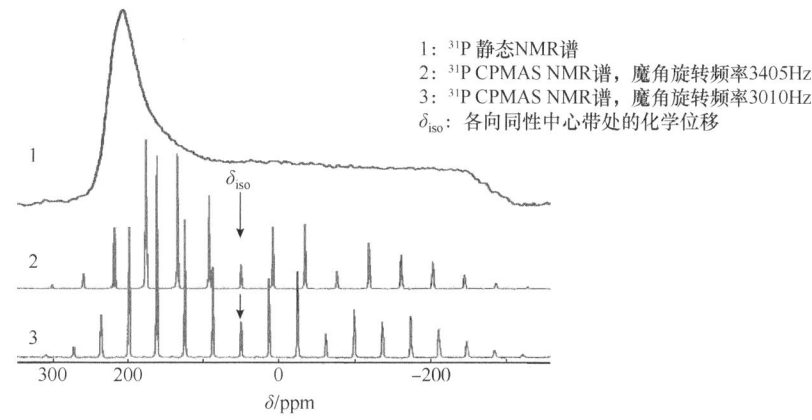

图 9-19 静态 NMR 谱与交叉极化魔角旋转 NMR 谱

9.7.4 特点及应用

相比于液体核磁共振技术,固体核磁共振技术的特点主要有:

(1) 适用样品范围广。固体核磁共振技术能够分析那些液体核磁共振技术难以分析的天然样品,如粉末、糊状物、凝胶、原纤维和薄膜等,所有这些都不一定是晶体,尤其适合分析那些溶解性差或溶解易变质的样品。就所测定磁核的范围而言,固体核磁共振技术不仅能测定自旋量子数为 1/2 的 ^{1}H、^{19}F、^{13}C、^{15}N、^{29}Si、^{31}P 等,还可以测定四极核,如 ^{2}H、^{17}O 等,所以可分析样品范围广泛。

(2) 能获得更丰富的结构信息。固体核磁共振技术不仅能获得液体核磁所测得的化学位移、J 耦合等结构方面的信息,还能测定样品中特定原子间的相对位置(包括原子间距离、取向)等信息,而粉末或膜状样品的这些信息无法通过其他常规手段获取。

(3) 能够对相应的物理过程的动力学进行原位分析,从而有助于全面理解相关过程。

(4) 能够根据所获信息的要求进行脉冲程序的设定,从而有目的、有选择性地抑制不需要的信息而保留所需信息。

(5) 不仅可以定性分析,还可以定量分析。例如,在蛋白质(即使其结构不均匀)位点特异性水平上提供定性和定量的结构信息。

(6) 设备价格高,要求由专人使用和维护。

在应用方面,固体核磁共振技术可用于了解一系列固态材料在晶态和非晶态下的短程有序和动力学，或用于分析吸附在固体材料中的客体分子的原子级结构和动力学并能提供其他分析方法所不能提供的独特的视角。固体核磁共振提供了位点特异性和局部结构信息，因此是探测空间邻近性的一种稳健方法。例如，在蛋白质结构生物学中，X射线衍射和冷冻电子显微镜都可以提供大蛋白质和蛋白质复合物的原子结构。然而，具有动态无序或异构系统的蛋白质不适合采用这些方法，反而特别适合固体核磁共振分析。类似地，在蛋白质折叠结构分析中，蛋白质未折叠和部分折叠状态的内在不均匀性和动态性限制了传统X射线衍射和液体核磁共振技术对其结构进行研究，但固体核磁共振方法通过位点特异性 ^{15}N 和 ^{13}C 标记，结合魔角旋转、质子解耦和多维光谱技术可以获得蛋白质样品的高分辨固体核磁共振光谱，避免了在未折叠和部分折叠状态中遇到的分子运动和构象交换引起的复杂性[2]。

【挑战性问题】

核磁共振光谱作为一种广泛用于阐明分子和材料的基本化学、结构和动力学信息的工具，其局限性在于因核自旋的弱极化所导致的低灵敏度。而动态核极化(dynamic nuclear polarization，DNP)利用电子自旋的强极化可显著提高核磁共振的灵敏度。在动态核极化实验中，一种被称为极化剂的非成对电子自旋源与样品混合在一个富含 ^{1}H 的玻璃基体中。微波以接近极化剂的电子顺磁共振频率进行辐照，可以使极化从电子向周围的 ^{1}H 核自旋转移。常用的极化剂是以氮为中心的氮氧化物或以碳为中心的三丁基自由基，这是由于其稳定性、溶解度、分子几何结构、较长的电子自旋弛豫时间和接近 2.0 的电子自旋 g 因子(与自由电子相匹配)。然而，这些极化剂是外源引入的，不能作为极化源来报道分子和功能材料中顺磁活性位点周围的特定位置。而若引入 ^{1}H DNP[其内源性 V^{4+} 中心(顺磁活性)位于一组具有可调 V^{4+}—^{1}H 距离的氧钒配合物中]，通过研究顺磁金属中心周围的自旋扩散势垒对极化转移和 DNP 累积速率的影响，便可阐明顺磁活性位和辅助因子周围的结构和化学信息。这有利于对极化途径的理解，并将极化剂的种类扩展到过渡金属，从而也形成了一种采用内源性顺磁金属中心进行动态核极化的超精细 DNP 谱学。图 9-20 为顺磁金属中心周围的自旋扩散势垒示意图，请根据所引用文献阐明顺磁金属中心周围的自旋扩散势垒是如何影响极化转移和 DNP 累积速率的。

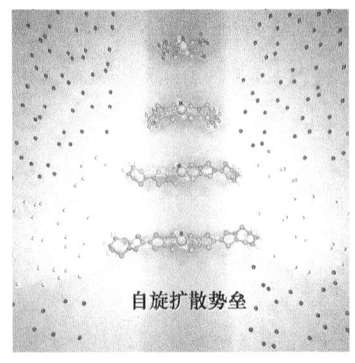

图 9-20　顺磁金属中心周围的自旋扩散势垒示意图[3]

【一般性问题】

1. 产生核磁共振波谱的条件是什么？为什么用氘代试剂作为核磁共振波谱测定的溶剂？

2. 为什么氢谱中活泼氢的δ值变化范围较大且通常不与邻近氢耦合？如何确定样品中是否含有活泼氢？

3. 什么是自旋耦合和自旋分裂？为什么它们在有机物结构鉴定中有重要的作用？

4. 简述核磁共振碳谱(^{13}C NMR)在有机化合物结构分析中的作用。

5. 简述液体核磁共振技术与固体核磁共振技术的异同。

6. 根据下列核磁共振波谱数据，推断化合物 A、B 和 C 的结构式，并说明理由。

化合物/化学式	A/C$_{14}$H$_{14}$	B/C$_3$H$_7$Cl	C/C$_4$H$_8$O$_2$
氢谱特征	δ2.89ppm，单峰，4H δ7.19ppm，单峰，10H	δ1.51ppm，二重峰，6H δ4.11ppm，七重峰，1H	δ1.2ppm，三重峰，3H δ2.3ppm，四重峰，2H δ3.6ppm，单峰，3H

7. 某化合物分子式为 C$_{11}$H$_{14}$O$_3$，其氢谱(90MHz，CDCl$_3$)和碳谱(CDCl$_3$)如图 9-21 所示，由积分曲线知从低频向高频的顺序峰面积比为 3∶4∶2∶2∶1∶2，试推断其结构。

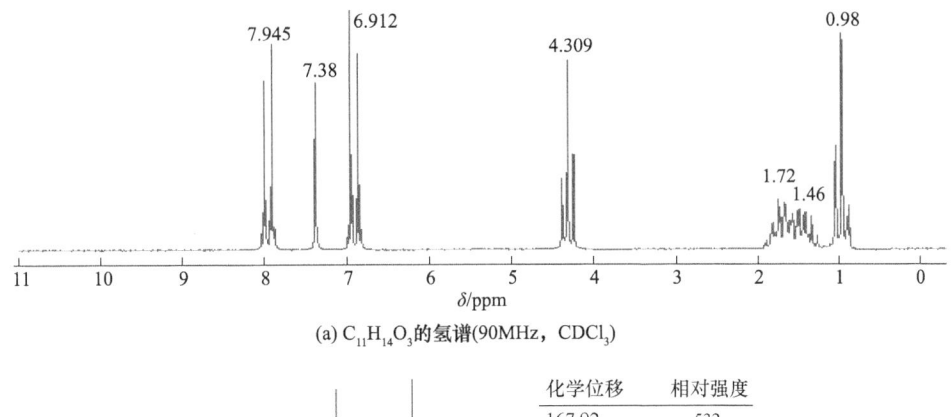

(a) C$_{11}$H$_{14}$O$_3$ 的氢谱(90MHz，CDCl$_3$)

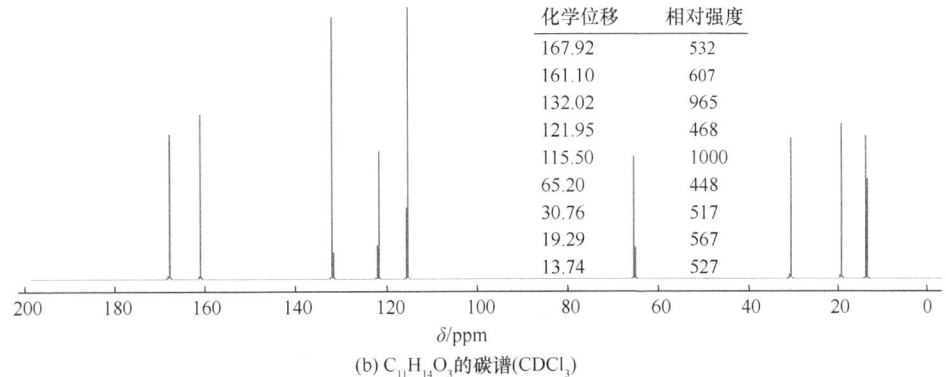

(b) C$_{11}$H$_{14}$O$_3$ 的碳谱(CDCl$_3$)

图 9-21　C$_{11}$H$_{14}$O$_3$ 的氢谱(90MHz，CDCl$_3$)和碳谱(CDCl$_3$)

参 考 文 献

[1] Kaufman A A, Hansen R O, Kleinberg R L K. Chapter 7: Nuclear Magnetism Resonance and Measurements of Magnetic Field//Kaufman A A, Hansen R O, Kleinberg R L K. Methods in Geochemistry and Geophysics. Elsevier, 2008: 255-287.

[2] Hu K N, Tycko R. What can solid state NMR contribute to our understanding of protein folding?. Biophysical Chemistry, 2010, 151 (1-2): 10-21.

[3] Jain S K, Yu C J, Wilson C B, et al. Dynamic nuclear polarization with vanadium(Ⅳ) metal centers. Chemistry, 2021, 7 (2): 421-435.

第二篇　电化学分析法

电化学分析法以试液和适当电极构成化学电池(电解池或原电池)，根据电池电化学参数(如两电极间的电位差、通过电解池的电流或电量、电解质溶液的电阻等)的强度或变化情况对待测组分进行分析的方法。根据分析中所测电化学参数不同，电化学分析法可以分为电导法、电位法、电解法和伏安法。这里仅介绍电位分析法、电解法中的电重量法与库仑分析法、极谱分析法与循环伏安法，并对电化学中的一些新技术进行介绍。

第 10 章 电位分析法

电位分析法(potentiometry)是指利用电极电位与活(浓)度的关系(能斯特方程式)来测定电活性物质的活(浓)度的电化学分析方法。这种方法测量的是指示电极相比于参比电极的电位。指示电极与试液直接接触，其电极电位通常与试液中分析物活度的对数成正比，而参比电极通常通过各种形式的盐桥与试液分离。参比电极和指示电极组成电池：参比电极 ‖ 指示电极，测得的电池电动势 E 满足：

$$E_{电池} = \varphi_{阴} - \varphi_{阳} = \varphi_{指示电极} - \varphi_{参比} \tag{10-1}$$

以此可求出指示电极的电位：

$$\varphi_{指示电极} = E_{电池} + \varphi_{参比} \tag{10-2}$$

也可表达为以参比电极为基准的电位值：

$$\varphi_{指示电极} = E\left(vs.\ \varphi_{参比}\right) \tag{10-3}$$

10.1 参比电极及指示电极

10.1.1 参比电极

参比电极是测量各种电极电位时作为参照比较的电极。将被测定的电极与精确已知电极电位数值的参比电极构成电池，测定此电池电动势数值，就可计算出被测定电极的电极电位。理想的参比电极应具备以下条件：①参比电极上进行的电极反应必须是单一且可逆的反应，即发生单一电极反应时，电极电位能迅速达到热力学平衡电位；②电极电位稳定且重现性好。常用的参比电极有甘汞电极[Hg｜Hg$_2$Cl$_2$(s)｜Cl$^-$(aq)]和 Ag/AgCl 电极。25℃时，饱和甘汞电极(saturated calomel electrode，SCE)对标准氢电极的电位 $\varphi_{SCE} = 0.2438$V，其电极反应为

$$2Hg + 2Cl^- \rightleftharpoons Hg_2Cl_2 + 2e^- \tag{10-4}$$

电极电位为

$$\varphi_{Hg_2Cl_2/Hg} = \varphi_{Hg_2Cl_2/Hg}^{\ominus} - 0.0592\lg\alpha_{Cl^-} \tag{10-5}$$

Ag/AgCl 电极是将银丝镀上一层 AgCl 后浸于一定浓度 KCl 溶液中构成：Ag｜AgCl｜KCl。25℃时，饱和 Ag/AgCl 电极对标准氢电极的电位 $\varphi_{Ag/AgCl} = 0.2000$V。甘汞电极及 Ag/AgCl 电极的电极反应为

$$Ag + Cl^- \rightleftharpoons AgCl + e^- \tag{10-6}$$

10.1.2 指示电极

指示电极是指电极的电位随溶液中待测离子活(浓)度的变化而变化的电极。它和另一对应电极或参比电极组成电池,通过测定电池的电动势或在外加电压的情况下测定流过电解池的电流,即可测得(指示)溶液中某种离子的活(浓)度。可见,指示电极的电位可以用来指示待测物质的活(浓)度。指示电极对被测物质的指示是有选择性的。一种指示电极往往只能指示一种物质的活(浓)度,因此用于电位分析法的指示电极种类很多。常用的指示电极是膜电极。膜电极也称离子选择性电极(ion selective electrode,ISE),是指由对某些离子有响应能力的膜构成的电极。膜电极由于具有选择性好、平衡时间短等特点适合于现场测量,因而成为电位分析法中的常用指示电极。

1. 膜结构及原理

膜电极及其典型结构如图 10-1 所示。其中,图 10-1 (a)为一种典型的带有 USB 接口的铵膜电极(铵离子传感器)及其组成示意图。图 10-1 (b)中的全固态接触的电极制作简单,可倒置使用,便于用于生产过程和监控检测。

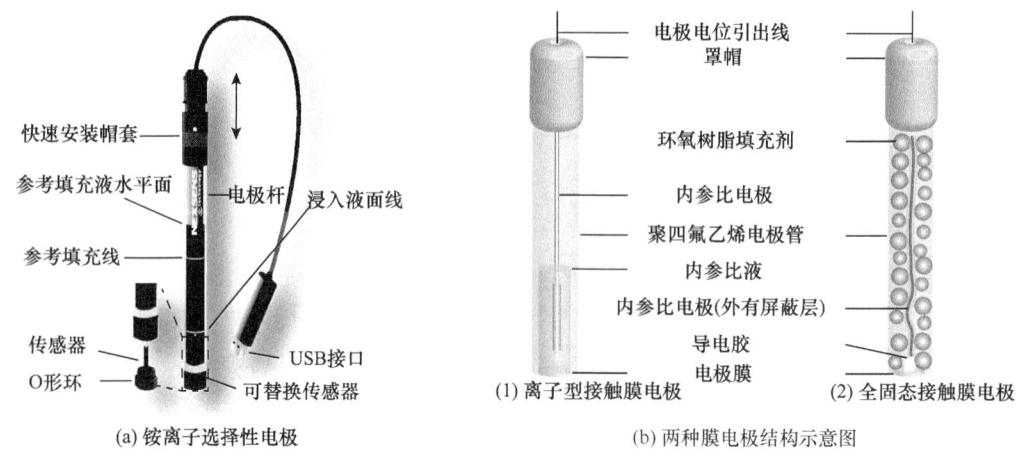

图 10-1 膜电极及其结构示意图

膜电极有一层特殊的敏感膜,它对特定的离子具有选择性响应。当电极和含待测离子的溶液接触时,在电极的敏感膜和溶液的相界面上产生与该离子活度直接有关的膜电位。膜电位是指在可透性膜两边存在不同的离子溶液时,横跨此膜所产生的电位差。这种电位差是由膜的内外两侧所带的电荷差引起的,是膜内扩散电位和膜与电解质溶液形成的内外界面的唐南电位(Donnan potential)的代数和。扩散电位即液接电位。离子通过液-液界面时没有强制性和选择性。扩散电位不仅存在于液-液界面,也存在于固体膜内,在膜电极的膜中可产生扩散电位。为了减少或消除扩散电位,一般在膜电极内部的参比电极和电极膜之间放置有盐桥。对于带负电荷载体的膜(阳离子交换物质)或选择性渗透膜,它能交换阳离子或让被选择的离子通过。当膜与溶液接触时,膜相中游离阳离子的活度比溶液中的高。

膜允许阳离子通过，而不允许阴离子通过。这是一种具有强制性和选择性的扩散，它导致两相界面电荷分布不均匀，从而产生双电层结构，形成了相界电位差，即唐南电位[1]，如图 10-2 (a)所示。

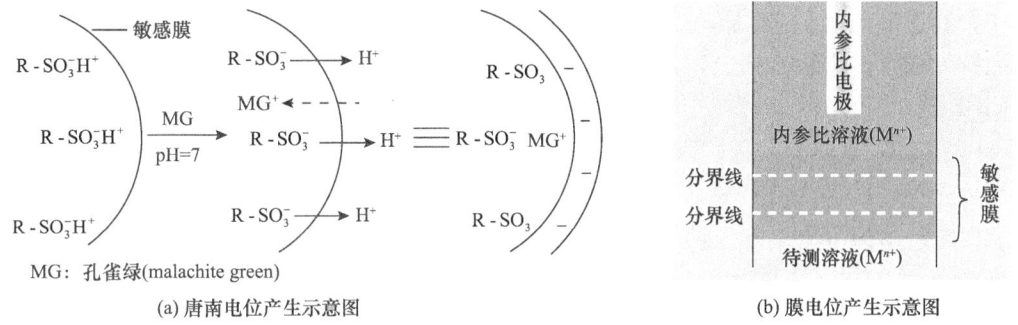

图 10-2 唐南电位与膜电位产生示意图[2]

当带电粒子在半透膜两侧达到平衡时，膜两侧粒子具有不同浓度。这种现象称为唐南平衡，即吉布斯-唐南效应，它又称膜平衡或唐南效应。在膜电极中，膜与溶液两相界面上的电位具有唐南电位的性质。例如，在原电池中以盐桥或多孔隔板使电极室分开处，以及在唐南平衡中，半透膜、玻璃电极膜的两边都有膜电位产生。生物细胞膜的两边也能产生膜电位，这种膜电位是生物电流的一个起因，但与唐南平衡的膜电位不同。生物系统的膜电位不是平衡电位，但可视为稳定态的膜电位。各种类型膜电极的响应机理虽各有特点，但其电极电位的产生原因都是相似的，即源于膜电位的产生。如图 10-2 (b)所示，若敏感膜只对阳离子 M^{n+} 具有选择性响应，当电极浸入含有 M^{n+} 的试液时，在敏感膜与外部试液的相界面上，由于试液中 M^{n+} 活度($\alpha_{M^{n+},外}$)与膜相外表面的 M^{n+} 活度($\alpha'_{M^{n+},外}$)不同，两相之间产生活度差，M^{n+} 由活度大的一侧向活度小的一侧迁移，引起 M^{n+} 扩散。当扩散达到平衡时，形成双电层而产生外唐南电位($\varphi_{D,外}$)。同理，在膜与内参比溶液的相界面上，由于内参比溶液中 M^{n+} 活度($\alpha_{M^{n+},内}$)与膜相内表面的 M^{n+} 活度($\alpha'_{M^{n+},内}$)不同，在膜内表面也会产生内唐南电位($\varphi_{D,内}$)。另外，在膜相内部，膜的内外表面和膜本体的两个界面上还将产生前面所说的扩散电位(事实上，膜内部的扩散电位并无明显的分界线，图中分界线只是为了说明问题)，即 $\varphi_{扩散,内}$ 和 $\varphi_{扩散,外}$，其大小应该相等。根据热力学理论，温度为 T K 时

$$\varphi_{D,外} = K_1 + \frac{RT}{nF}\ln\frac{\alpha_{M^{n+},外}}{\alpha'_{M^{n+},外}}, \quad \varphi_{D,内} = K_2 + \frac{RT}{nF}\ln\frac{\alpha_{M^{n+},内}}{\alpha'_{M^{n+},内}} \tag{10-7}$$

其中，n 为 M^{n+} 离子电荷数；K_1、K_2 分别为由敏感膜外、内表面性质决定的常量。敏感膜内、外表面的性质基本相同，即 $K_1 = K_2$，$\alpha'_{M^{n+},外} = \alpha'_{M^{n+},内}$，且 $\varphi_{D,外} = \varphi_{D,内}$，故膜电位可表示为膜外相界电位 $\varphi_外$ 及膜内相界电位 $\varphi_内$ 之差：

$$\varphi_膜 = \varphi_外 - \varphi_内 = (\varphi_{D,外} + \varphi_{扩散,外}) - (\varphi_{D,内} + \varphi_{扩散,内}) = \frac{RT}{nF}\ln\frac{\alpha_{M^{n+},外}}{\alpha_{M^{n+},内}} \tag{10-8}$$

由于内参比溶液中 M^{n+} 活度不变，$\alpha_{M^{n+},内}$ 是常量，所以式(10-8)可写成

$$\varphi_{膜} = K + \frac{RT}{nF}\ln \alpha_{M^{n+},外} \tag{10-9}$$

其中，K 为由电极本身性质决定的常量。可见，膜电位与试液中 M^{n+} 活度之间的关系符合能斯特方程式。膜电位的产生不是由于电子交换，而是由于待测离子在外部试液和膜相界面之间进行迁移、扩散或交换的结果。膜电极就是一种利用膜电位测定溶液中离子的活度或浓度的电化学传感器，是一种比金属基电极更具有普遍适用性的指示电极。式(10-8)中，若试液的 $\alpha_{M^{n+},外}$ 正好等于内参比溶液的 $\alpha_{M^{n+},内}$，则 $\varphi_{膜}$ 应为零，但实际上此时 $\varphi_{膜}$ 并不等于零，由此产生的电位差称为膜电极的不对称电位，用 $\varphi_{不对称}$ 表示。它是由于膜的内、外表面性质(如表面张力、机械和化学损伤等)的微小差异而产生的。因此，式(10-9)中的 K 项既包括膜相内表面的相界电位-唐南电位，还包括膜的不对称电位。因此，膜电极在实际应用时，应先将电极在适当的溶液中浸泡活化，使其膜相表面稳定，使不对称电位减小并恒定(为 1~30mV)，从而合并于 K 项中。当膜电极中内置参比电极如 Ag/AgCl 电极时，膜电极的电极电位是内参比电极的电位与膜电位之和，即温度为 TK 时，式(10-9)应改写为

$$\varphi_{ISE} = \varphi_{AgCl/Ag} + \varphi_{膜} = K + \frac{RT}{nF}\ln \alpha_{M^{n+}} \tag{10-10}$$

其中，K 为常数项，包括内参比电极电位、膜内相界电位和不对称电位；$\alpha_{M^{n+}}$ 为试液中 M^{n+} 的活度。同理，若敏感膜只对阴离子 R^{n-} 具有选择性响应，由于双电层结构中电荷的符号与阳离子敏感膜的相反，因此相界电位的方向也相反，膜电极的电极电位为

$$\varphi_{ISE} = K - \frac{RT}{nF}\ln \alpha_{R^{n-}} \tag{10-11}$$

其中，$\alpha_{R^{n-}}$ 为试液中阴离子 R^{n-} 的活度。由式(10-11)及式(10-10)可见，当温度等实验条件一定时，膜电极电位与溶液中待测离子活度的对数呈线性关系，这就是膜电极测定离子活度(或浓度)的定量依据。

2. 类型及应用

IUPAC 推荐将膜电极分为原电极和敏化膜电极两类[3]，如图 10-3 所示。

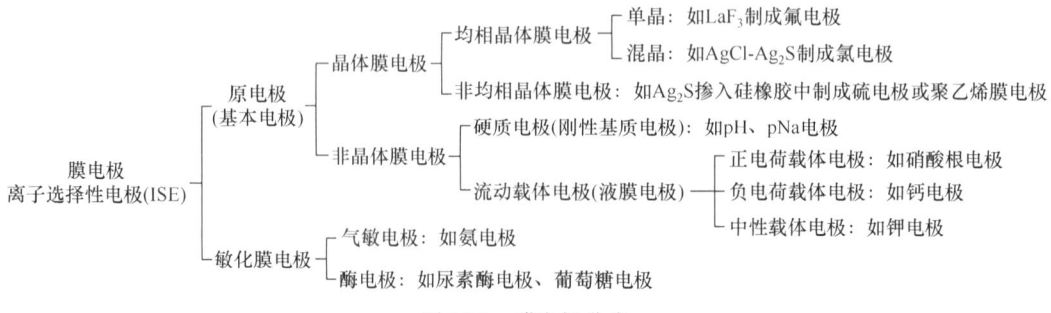

图 10-3　膜电极分类

图 10-3 中，原电极是指敏感膜直接与试液接触的膜电极。敏化膜电极是以原电极为基础，利用复合膜界面敏化反应的一类膜电极。原电极中的硬质电极又称刚性基质电极、玻璃电极，其敏感膜由离子交换型的薄玻璃片或其他刚性基质材料构成。该电极一般由内参比溶液、一价阳离子的氯化物、Ag/AgCl 内参比电极等构成。例如，pH 玻璃电极包括敏感膜、内参比电极(Ag/AgCl)、内充液、导线等，其中，敏感膜是电极的核心部分。玻璃电极对阳离子的选择性与敏感膜成分有关，其敏感膜是具有离子交换作用的薄玻璃。敏感膜成分不同，电极对不同离子的选择性不同，因此改变玻璃膜的组成，可制成对 H^+、K^+、Na^+、Ag^+、Li^+、NH_4^+ 等一价阳离子具有选择性响应的各种玻璃电极。其中，对 H^+ 响应的氢膜电极即 pH 玻璃电极，以之为指示电极的商品化仪器称为酸度计或 pH 计，可用于测定溶液 pH，是最重要、应用最广泛的电极。该类电极分为普通 pH 玻璃电极(又称 pH 单玻璃电极)和 pH 复合玻璃电极(又称 pH 复合电极)。普通 pH 玻璃电极内只有内参比电极[图 10-1 (b)(1)]，因此在测定时，普通 pH 玻璃电极必须与另外的参比电极联合组成原电池。其中，内参比电极一般为 Ag/AgCl 电极，其作用是引出(指示电极)电极电位。外参比电极可为 Ag/AgCl 电极或饱和甘汞电极等，其作用是提供并保持一个相对固定的参比电势。复合 pH 玻璃电极(图 10-4)集成了普通 pH 玻璃电极(含 Ag/AgCl 内参比电极)和外参比电极(一般为 Ag/AgCl 电极)，因此又称为二合一电极。外参比电极与测量溶液相通，并且与测量仪表相连。相比于普通 pH 玻璃电极，复合 pH 玻璃电极使用起来更方便和可靠。

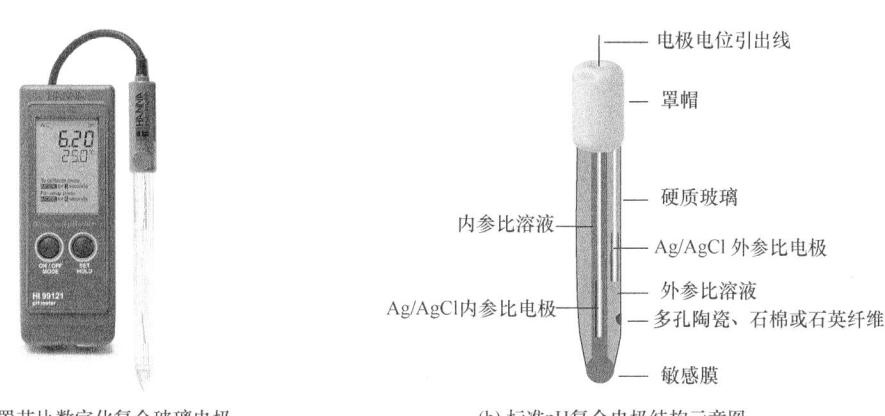

(a) 内置芯片数字化复合玻璃电极　　　　(b) 标准pH复合电极结构示意图

图 10-4　pH 复合电极及其结构示意图

在构成玻璃电极敏感膜的材料中，由于石英玻璃是由纯 SiO_2 组成的一个彼此连接的无限三维网络结构，其中没有可供离子交换用的电荷质点，不能完成电荷传导的任务，因此石英玻璃对氢离子没有响应。然而当在石英玻璃中加入碱金属氧化物(如 Na_2O)后，由于氧化物中的阳离子(如 Na^+)在 SiO_2 网络中占有空穴或间隙位置，从而引起硅氧键断裂形成荷电的硅氧交换点位，此时的玻璃电极便成了敏感膜电极，电极中氧化物阳离子是敏感膜的电荷载体，是电极响应功能的决定因素。当玻璃电极浸泡在水中时，由于硅氧结构与 H^+ 的键合强度远大于它与 Na^+ 的键合强度，在酸性和中性溶液中，氢离子可进入敏感膜内与水化层表面 Na^+ 交换而占据 Na^+ 的点位[图 10-5 (a)]，发生反应

$$Na^+G^- + H^+ \rightleftharpoons Na^+ + H^+G^- \quad (10\text{-}12)$$

其中，G 代表 glass(玻璃)。此交换反应的平衡常数很大。由于 H^+ 取代了 Na^+ 的点位，故在敏感膜表面形成一个厚度为 $10^{-5} \sim 10^{-4}$ mm、结构类似硅酸(—Si—OH)的水合硅胶层(水化层)。因此，当玻璃电极浸泡在水中后，在电极上生成了三层结构，即中间的干玻璃层和两边的水化硅胶层[图 10-5 (b)]。当 pH 玻璃电极浸入含有 H^+ 的试液后，由于试液中的 H^+ 活度($\alpha_{H^+,外}$)与外水合硅胶层表面的 H^+ 活度不同，两相之间产生活度差，引起 H^+ 的扩散，破坏了两相界面附近电荷分布的均匀性，形成双电层，从而产生前面所介绍的相界电位(唐南电位)。同理，在内水合硅胶层表面也会产生相界电位。另外，在内、外水合硅胶层与干玻璃层之间还存在扩散电位。可见，pH 玻璃电极膜电位是由于 H^+ 在溶液和水合硅胶层界面间进行迁移而产生的。25℃时，将 pH 玻璃电极插入含 H^+ 试液，该电极记作：Ag, AgCl(s) | HCl 溶液 | 玻璃膜 | 试液(α_{H^+})，其电极电位为

$$\varphi_{玻璃膜} = K + 0.0592\lg\alpha_{H^+} = K - 0.0592\text{pH}_{试液} \quad (10\text{-}13)$$

其中，K 为常量项，包括内参比电极电位、膜内相界电位和不对称电位。可见，温度一定时，pH 玻璃电极电位与试液 pH 呈线性关系，因而 pH 玻璃电极可用于测定溶液的 pH。

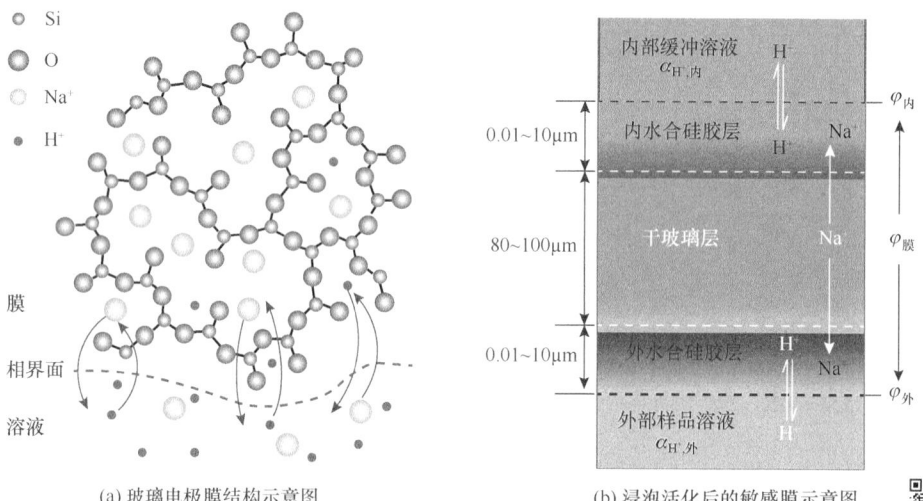

(a) 玻璃电极膜结构示意图　　(b) 浸泡活化后的敏感膜示意图

图 10-5　pH 玻璃电极膜电位的响应机理示意图[4]

若玻璃电极的薄玻璃片中引入 Al_2O_3 或 B_2O_3，则可以增加电极对碱金属的响应能力。碱性范围内，玻璃电极电位由碱金属离子(M^{n+})的活度决定，而与 pH 无关。这种玻璃电极称为 pM 玻璃电极，其中常用的是测定 Na^+ 浓度的 pNa 电极，其结构与 pH 玻璃电极相似。钠玻璃电极的选择性主要取决于玻璃组成。对 Na_2O-Al_2O_3-SiO_2 玻璃膜，改变三组分的相对含量会改变钠玻璃电极的选择性。表 10-1 为几种阳离子玻璃电极的膜组成及其性能。

表 10-1　阳离子玻璃电极的玻璃膜组成

待测离子	膜材料组成(%，摩尔百分数)	近似选择性系数
Li$^+$	15Li$_2$O-25Al$_2$O$_3$-60SiO$_2$	$K_{Li^+,Na^+} = 0.2$，$K_{Li^+,Na^+} < 10^{-3}$
Na$^+$	11Na$_2$O-18Al$_2$O$_3$-71SiO$_2$	$K_{Na^+,K^+} = 3.3 \times 10^{-3}$ (pH=7)，$K_{Na^+,K^+} = 3.6 \times 10^{-4}$ (pH=11)
K$^+$	11Na$_2$O-18Al$_2$O$_3$-71SiO$_2$	$K_{Na^+,K^+} = 1 \times 10^{-3}$
	27Na$_2$O-5Al$_2$O$_3$-68SiO$_2$	$K_{Na^+,K^+} = 5 \times 10^{-2}$
Ag$^+$	28.8Na$_2$O-19.1Al$_2$O$_3$-52.1SiO$_2$	$K_{Ag^+,H^+} = 1 \times 10^{-3}$

3. 电极特性

1) 能斯特响应、线性范围和检测下限

以膜电极电位对响应离子活(浓)度的对数作图，得到电位-活(浓)度校准曲线(图 10-6)。由于电极响应服从能斯特方程，因此膜电极响应又称能斯特响应。校准曲线的线性部分 AB 所对应的离子活(浓)度范围称为线性响应范围，它是电位分析法定量分析的基础。多数电极的响应范围为 $10^{-5} \sim 10^{-1}$ mol/L，个别电极达 10^{-7} mol/L，所以电极测定的灵敏度往往满足不了痕量分析的要求。当采用离子缓冲液时，电极的线性响应范围得以扩展(如银电极可达 10^{-20} mol/L)，此时的电极可用于理论研究。校准曲线的斜率(即能斯特因子)称为响应斜率 S(V/Pa)，也称为级差，表示为

$$S = 2.303RT/nF \quad (10\text{-}14)$$

实际测得的斜率 S' 与能斯特方程的理论斜率 S 往往不相等。实践中常用斜率转换系数 K_{tr}(%)表示膜电极的电位转换能力的大小

$$K_{tr} = \frac{S'}{S} \times 100\% = \frac{nFS'}{2.303RT} \times 100\% \quad (10\text{-}15)$$

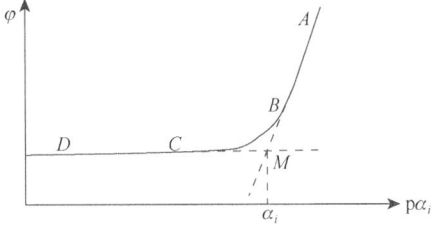

图 10-6　膜电极的校准曲线与检测限示意图

检测限是灵敏度的标志。膜电极的检出限由校准曲线确定，它在实际应用中定义为图 10-6 中 AB 与 CD 延长线的交点 M 所对应的离子活度(浓度)。对于晶体膜电极，其检出限由敏感膜中电极活性物质的溶解度决定，如由 AgCl-Ag$_2$S 组成的氯膜电极，由于 25℃纯水中 AgCl 的 K_{sp} 约为 10^{-10}，因此当溶液中 $\alpha_{Cl^-} < 10^{-5}$ mol/L 时，电极就无法测定。当待测离子的活度(浓度)降低时，由于电极膜物质本身的溶解以及干扰离子的影响等，曲线逐渐弯曲，电极已无明显响应(图 10-6 中 CD 段)。因此，在检测限附近电极电位不稳定，测量结果的准确度较差。

2) 膜电极的选择性

电极对一种主要离子产生响应时，会受到其他离子包括带有相同和相反电荷离子的干

扰。当试液中有共存离子时，膜电位与待测离子i(活度为α_i，电荷为n_i)和共存离子j(活度为α_j，电荷为n_j)的关系为

$$\varphi_{膜} = K \pm \frac{RT}{n_i F}\left(\ln \alpha_i + \sum K_{i,j}\alpha_j^{n_i/n_j}\right) \tag{10-16}$$

其中，当i为阳离子时，式中第二项取正值；i为阴离子时，该项取负值；$K_{i,j}$称为干扰离子j对待测离子i的选择性系数，它表示在相同条件下同一电极对i离子和j离子响应能力之比，即提供相同电位响应时的i离子和j离子的活度之比，即

$$K_{i,j} = \alpha_i / \alpha_j^{n_i/n_j} \tag{10-17}$$

$K_{i,j}$值越小，离子j对待测离子i的干扰越小，电极对待测离子i的选择性越高。实际工作中，一般要求$K_{i,j} < 10^{-3}$。例如，玻璃电极的$K_{H^+, Na^+} = 10^{-11}$，说明此电极对H^+的响应是对Na^+的响应的10^{11}倍。$K_{i,j}$的倒数称为选择比，表示在溶液中干扰离子j的活度α_j和待测离子的活度α_i之比为多大时，膜电极对这两种离子活度的响应电位相等。$K_{i,j}$虽然是一个常量，但是受很多因素影响，且无严格的定量关系，其值可以通过实验来测定。电极的选择性主要取决于电极活性材料的物理化学性质和膜的组成。$K_{i,j}$值并非真实的常量，其值与i离子和j离子的活度和实验条件及测定方法有关，因此不能直接利用$K_{i,j}$的文献值来定量校正干扰离子所引起的电势变化。但它仍为判断一种膜电极在已知杂质存在时的干扰程度的有用指标，可起到参考作用。

10.1.3 化学修饰电极及微/纳米电极

化学修饰电极(chemically modified electrode，CME)是一种由导电或半导体材料制成的电极，其表面涂有特定的单分子、多分子、离子或聚合物薄膜等化学修饰剂。该类电极与传感器耦合，将电极与分析物的交互作用转换为可测量的电化学信号，可用于循环伏安法(cyclic voltammetry，CV)、线性扫描伏安法(linear sweep voltammetry，LSV)等电化学分析(图 10-7)。该类电极的优点是分析所需剂量小、选择性强、干扰少，为研究界面化学、膜生物学、主客体化学开辟了新渠道，拓展了电位分析的应用范围。

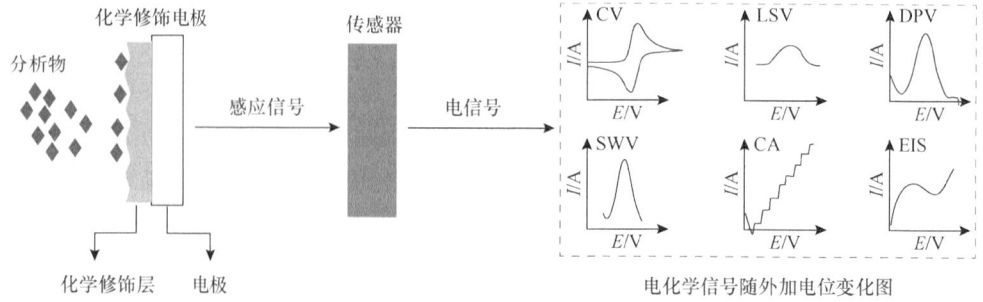

CV：循环伏安法(cyclic voltammetry)　　　　SWV：方波伏安法(square wave voltammetry)
LSV：线性扫描伏安法(linear sweep voltammetry)　　CA：控制电位电解法(controlled potential electrolysis)
DPV：差分脉冲伏安法(differential pulse voltammetry)　　EIS：电化学阻抗谱法(electrochemical impedance spectroscopy)

图 10-7　化学修饰电极工作原理示意图[5]

微/纳米电极是指采用铂丝、碳纤维或敏感膜制作的直径为 100nm~50μm 的电极。微/纳米电极及其阵列传感器比传统尺寸电极有明显优势,如比背景电流低、传质速率快、电压降小、灵敏度高和时间分辨率高等,在生物传感、生物细胞检测、固体电化学及扫描探针显微镜等领域应用广泛。此类电极的具体介绍参见 13.1 节。

10.2 电位测量仪及原理

电位测量仪是将参比电极、指示电极和具有高输入阻抗的电位测量装置构成回路测量电极电位的装置,分为直接电位仪和电位滴定仪两种。仪器中使用高阻抗电压测量仪是因为电位测量必须在尽可能低的电流下完成,否则两个电极的电位会发生变化,从而使结果失真。直接电位仪[图 10-8 (a)]通过测量电池电动势来确定待测离子活(浓)度,如用玻璃电极测定溶液中的 H^+ 活度、用膜电极测定各种阴离子或阳离子的活度等。该电位仪类似于化学滴定装置,其工作原理是利用电极电位在化学计量点附近的突变来代替指示剂的颜色变化而确定终点,样品含量的计算方法也与化学滴定法完全相同。该类电位仪有采用 pH 玻璃电极为指示电极测定酸度的 pH 计,也有采用膜电极为指示电极测定各种离子浓度的离子计等。由于许多电极具有很高的电阻,因此 pH 计和离子计均需要很高的输入阻抗,而且带有温度自动测定与补偿功能。这类仪器经过简单的标定可以直接给出试样酸度或离子浓度。该电位仪简单易用的特点使其广泛用于酸碱、氧化还原等各类滴定反应终点的确定。

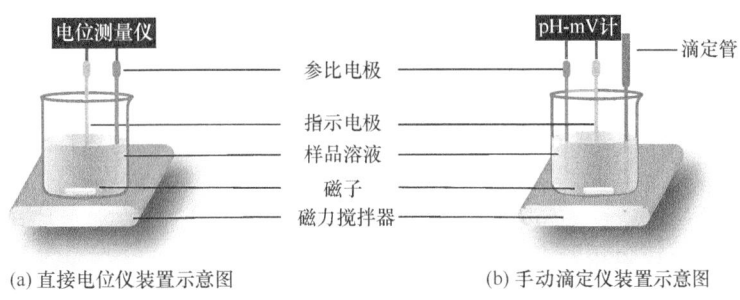

(a) 直接电位仪装置示意图 (b) 手动滴定仪装置示意图

图 10-8 直接电位仪和手动滴定仪装置示意图

电位滴定仪分手动滴定仪和自动滴定仪。手动滴定仪所需仪器为 pH 计或离子计[图 10-8 (b)]。滴定过程中,通过测定电极电位变化绘制滴定曲线。这种仪器操作十分不便,目前已被淘汰。自动滴定仪有自动记录滴定曲线滴定仪和自动终点停止滴定仪两种。自动记录滴定曲线滴定仪的工作原理是在滴定过程中自动绘制滴定体系 pH(或电位值)-滴定体积变化曲线,然后由计算机找出滴定终点,并给出消耗的滴定体积。自动终点停止滴定仪的结构及工作原理如图 10-9 所示,其工作方式是预先设置滴定终点的电位值,当电位值到达预定值后,滴定自动停止。滴定过程中,电极将待测离子浓度转变为电信号,经调制放大器放大后,一路信号送至电表指示出来(或由记录仪记录下来),另一路信号由取样回路取出电位信号和设定的电位值比较,其电位差值送到电位-时间转换器(*E-t* 转换器)作为控制信号。*E-t* 转换器是一个脉冲电压发生器,其作用是产生开通和关闭两种状态的脉冲电压。当 $\Delta E > 0$ 时，E-t 转换器输出脉冲电压加到电磁阀线圈两端，电磁阀开启，滴定正常进行；$\Delta E = 0$ 时，电磁阀自动关闭。图 10-9 (b)中滴液开关的作用是用于设置滴定时电极电位变化的情况，即电极电位是由低到高再经过化学计量点，还是由高到低再经过化学计量点。延迟电路的作用是当滴定到达终点时，电磁阀关闭，但不马上自锁，而是延长一定时间(如 10s)后自锁。在这段时间内，若溶液电位有返回现象，使 $\Delta E > 0$，电磁阀还可以自动打开以补加滴定液。10s 之后，即使有电位返回现象，电磁阀也不再打开。目前，市场上还出现了集成多种滴定方式如预滴定(动态滴定)、空白滴定(等量滴定)、预设终点滴定、恒滴定、手动滴定等多种滴定模式，并且还支持自建专用模式的电位滴定仪，丰富了自动滴定仪的应用范围。

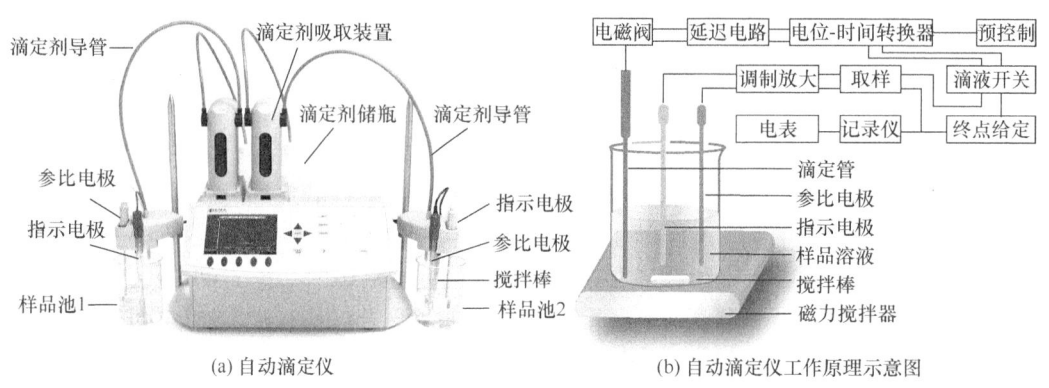

图 10-9　自动滴定仪和自动滴定仪工作原理示意图

10.3　定量分析方法

10.3.1　直接电位法

直接电位法是将指示电极和参比电极浸入试液中组成原电池，通过测量其电动势并根据能斯特方程中电极电位与分析离子活(浓)度的函数关系求出待测组分活(浓)度的方法。该方法选择性好、灵敏度高、简便而快速，可用于溶液 pH 以及其他微量组分阴、阳离子活度的测定等。对于电池：SCE ‖ 膜电极，其电动势对分析离子 x 的响应函数可表示为

$$E = \varphi_{ISE} - \varphi_{SCE} + \varphi_j = \varphi_{ISE}^{\ominus} \pm \frac{RT}{nF} \ln \gamma_x c_x - \varphi_{SCE} + \varphi_j = K \pm S\lg c_x \qquad (10\text{-}18)$$

其中，K、S 为与实验条件及电极响应有关的常量。待测离子为阳离子时，S 取正号；待测离子为阴离子时，S 取负号。由式(10-18)可见，K 值取决于膜电极的薄膜、膜电极不对称电位、参比溶液与试液间的液接电位及离子活度系数 γ。K 在一定条件下虽有定值但却难以计算和测量，此时需要采用标准比较法测定待测离子的活(浓)度。

1. 标准比较法

标准比较法也称直读法，是指能够在离子计上直接读出待测离子活(浓)度的方法，可

分为单标准比较法和双标准比较法。单标准比较法是先选择一个与待测离子活度相近的标液，在相同的测试条件下，用同一对电极分别测定标液和待测试液电池的电动势。在实验要求不高并保证离子活度系数不变的情况下，常用浓度代替活度进行测定。测量时，在标液及待测试液中分别加入等量的总离子强度调节剂，先用标液校正电极和仪器，通过调节定位旋钮，使仪器的读数与标液的浓度一致，随即用校正后的电极测定待测试液，即可从仪器上直接读出待测离子的浓度。目前能提供的膜电极校正用的标准活度溶液，除用于校正 Cl^-、Na^+、Ca^{2+}、F^- 电极用的标准参比溶液 NaCl、KF、$CaCl_2$ 以外，其他离子活度标液尚无标准。在标液及待测试液中分别加入等量的总离子强度调节剂是为了使这两种溶液体系性质保持一致。总离子强度调节缓冲液(total ionic strength adjustment buffer，TISAB)或称离子强度调节液，一般由三种物质组成：①用以保持体系的离子强度较大且相对稳定、使体系活度系数恒定的惰性电解质；②维持体系在适宜 pH 范围内的缓冲液；③消除干扰离子的掩蔽剂或氧化还原剂。需要注意的是，对于不同的膜电极，其离子强度调节液的组成是不同的。例如，测 F^- 所使用的离子强度调节液典型组成：1mol/L NaCl 使溶液保持较大稳定的离子强度；0.25mol/L HAc 和 0.75mol/L NaAc 使溶液 pH 为 5～6；0.001mol/L 柠檬酸钠掩蔽 Fe^{3+}、Al^{3+} 等干扰离子。而测 X^-(Cl^-、Br^-、I^-)所使用离子强度调节液则用 5mol/L $NaNO_3$ 即可。

双标准比较法是通过测量由一对电极分别与试液和两份标液构成的电池的电动势来测定试液中待测离子的活度(浓度)的方法。由两份标液中的待测离子活(浓)度和测量的相应两个电动势，可以确定式(10-18)中电极的响应斜率 S。由于单标准比较法中，电极的响应斜率 S 是按照理论值在离子计或 pH 计中储存的，而双标准比较法电极的响应斜率 S 是通过实验测得的，所以双标准比较法所测待测离子活度值更接近真实值，准确度也更高。

采用标准比较法定量时，校准函数与能斯特响应函数相对应。测定标准样品及未知样品须用同一套电极及电动势测量装置，同时还应使测定的标准试液和未知试液具有相似的体系，这样才能使式(10-18)中的 $\varphi_{ISE}^{\ominus}$、活度系数 γ 及参比电极电位 φ_{SCE} 和液接电位 φ_j 在多次测量中保持不变。

2. 标准曲线法

标准曲线法的分析流程是：配制含有待测离子不同浓度的系列标液，用离子强度调节液调节其离子强度，用选定的膜电极和参比电极构成电池。通过测量一系列标准样品的电动势，作电动势 E 对浓度对数 $\lg c$ 的图或绘制 E-pM 图，即可拟合得到式(10-18)中的 K、S 值及相应的电动势对待测离子响应的校准曲线或校准函数。由式(10-18)可知，在一定浓度范围内，该校准曲线是一条直线。在相同实验条件下，通过测量试液的电动势 E_x，便可通过校准曲线或校准函数求出与 E_x 相对应的浓度 c_x。标准曲线法要求标液与试液有相近的组成和离子强度，否则会因为活度系数 γ 值的变化而引起误差。因此标准曲线法适用于组成简单的样品及游离离子的浓度，其优点是即使响应斜率 S 偏离理论值，也能得到较满意的结果，此外，标准曲线法也适用于批量样品的分析。

3. 标准加入法

当样品组成复杂，或溶液中存在配位剂时，不宜采用标准曲线法对待测离子定量，此时可采用标准加入法定量。标准加入法又称增量法，是一种将标液加入试液中进行测定的方法。分析时，用选定的参比电极和膜电极先测定体积为 V_x、含浓度为 c_x 的待测离子 M^{n+} 的待测试液的电池电动势 E_1。然后向试液中加入浓度为 c_s、体积为 V_s 的待测离子标液，再用同一套电极测量系统测量其电动势 E_2。根据式(10-18)有

$$E_1 = K_1 \pm S_1 \lg c_x, \quad E_2 = K_2 \pm S_2 \lg c_x' \tag{10-19}$$

若加入的体积满足 $V_s \ll V_x$，$c_s \gg c_x$，加入标液后试液体积变化很小，可视为常量，则

$$c_x' = (c_x V_x + c_s V_s)/(V_x + V_s) \approx c_x + c_s V_s / V_x = c_x + \Delta c \tag{10-20}$$

又因待测试液中原来已有大量惰性电解质存在，加入标液前后试液离子强度基本不变，所以 $\gamma_x = \gamma_x'$。两次测量中其他实验条件保持不变，所以 $K_1 = K_2$、$S_1 = S_2$。将式(10-20)代入式(10-18)，并与式(10-19)相减，得

$$\Delta E = E_2 - E_1 = \pm S_1 \lg\left[(c_x + \Delta c)/c_x\right] \tag{10-21}$$

其中，S_1 为实验值。当 S_1 用理论值 S 代替时，$S/n = 2.303RT/nF = 1.985 \times 10^{-4} T/n$，25℃且 $n = 1$ 时，$S = 59.16$ mV。此时，

$$\Delta E n / S = \pm \lg\left[(c_x + \Delta c)/c_x\right] \tag{10-22}$$

解得

$$c_x = \Delta c / \left(10^{\Delta E n / \pm S} - 1\right) \tag{10-23}$$

其中，S 为电极响应斜率。待测离子为阳离子时，S 取正号；待测离子为阴离子时，S 取负号。实验表明，Δc 的最佳范围为 $c_x \sim 4c_x$；一般 V_x 为 100mL，V_s 为 1mL，V_s 最多不超过 10mL。标准加入法的优点是仅需一种标液，操作简便快速，适宜于待测样品成分比较复杂、离子强度比较大的情况。其不足之处是精密度比标准曲线法低。

4. 多次标准加入法

多次标准加入法是一种向体积为 V_x，待测离子浓度为 c_x 的试液中连续多次加入体积为 V_s、浓度为 c_s 的标液，并使 $V_s \ll V_x$，$c_s \gg c_x$ 的方法。这样在连续多次加入过程中，试液组成基本不变，活度系数基本相同。每加入一次标准液，测量一次电动势。该电池电动势可表示为

$$E = K \pm \frac{S}{n} \lg \frac{c_x V_x + c_s V_s}{V_x + V_s} \tag{10-24}$$

式中的 c_x 值可用解析法求得。当加入 m 次等体积 V_s 标液时，将式(10-24)改写成

$$E_i = K \pm \frac{S}{n} \lg \frac{c_x V_x + \sum_{i=0}^{m} c_{s,i} V_s}{V_x + \sum_{i=0}^{m} V_{s,i}} \tag{10-25}$$

用最小二乘法拟合求解，可得出 c_x 值，不过该法必须事先知道电极斜率，或采用空白实验校正斜率。虽然随后提出各种算法，如泰勒级数法、单纯形调优法等以弥补其不足，但由于其算法复杂而难以推广。然而如果将迭代法和一元线性回归法这两种较简单的数学方法结合，再利用计算软件(如 Matlab)可简便、快速、准确地计算出待测离子浓度，并同时得到电极斜率及截距。该方法不仅可应用于多次标准加入法，稍加改进后同样可应用到电位滴定中[6]。此外，还有许多新的算法如外推标准加入法[7]等也成功应用于实践分析测试中。对此感兴趣的读者请查阅相关文献做进一步了解。

5. 直接电位法的准确度

直接电位法中，测量浓度的相对误差主要由电池电动势的测量误差决定。标准曲线法和标准加入法虽然可以抵消大部分因不对称电位、液接电位和活度系数等带来的不确定性，但测量过程中仍有不少可变因素，最终表现为测得电动势的不确定性。通常，这一不确定性在 1mV 数量级。这 1mV 数量级电动势造成的浓度相对误差可由能斯特方程导出：

$$E = K + \frac{RT}{nF} \ln \gamma c \tag{10-26}$$

求导

$$dE = \frac{RT}{nF} \times \frac{dc}{c} \tag{10-27}$$

以有限增量 ΔE、Δc 代替 dE、dc：

$$\Delta E = \frac{RT}{nF} \times \frac{\Delta c}{c} \tag{10-28}$$

25℃时，

$$\frac{\Delta c}{c} = \frac{n}{RT/F} \times \Delta E \approx \frac{n}{0.0256} \times \Delta E = 3900 n \Delta E \tag{10-29}$$

其中，ΔE 为电动势测量误差；$\Delta c/c$ 为浓度相对误差。若 $\Delta E = \pm 1\text{mV}$，则一价离子的浓度相对误差可达 ±4%，二价离子的浓度相对误差高达 ±8%。由上面的计算可知，电位分析法通过测量电势直接计算离子的活度或浓度时，其测定准确度不高且受到离子价态的限制。离子价态增加，误差也成倍增加。

10.3.2 电位滴定法

电位滴定法以滴定过程中指示电极电位的变化来指示滴定终点。它与直接电位法的共同点在于都是测量电极电位，不同的是对电位测量准确性的要求。直接电位法要求电位测量准确性高，而电位滴定法则以测量电位变化为基础，电位测量绝对准确性高低对定量分析结果的影响较小。电位滴定法克服了一般指示剂法确定终点的不足，具有客观性强、准确度高、不受溶液有色或浑浊等限制，易于实现自动化滴定分析等优点，可以用于酸碱、沉淀、配位、氧化还原及非水相等各类滴定。

电位滴定法可用传统的图解法如滴定曲线法、一阶微分曲线法和二阶微分曲线法等来确定滴定终点(参见本章首页二维码补充内容)。目前，采用电位滴定法的滴定仪多采用了前面所说的自动化滴定分析模式，其滴定效率及滴定精度和准确度均明显优于传统的定量分析方法。

10.4 特点及应用

电位分析法的特点主要有：

(1) 不受试液颜色、浑浊或黏度的影响，是一种直接的、非破坏性的分析方法，可应用于无损分析和原位测量。

(2) 灵敏度和准确度高。直接电位法的相对灵敏度可达 $10^{-6}\sim10^{-9}$ 级，甚至可达 10^{-12} 级，因此特别适用于微量和痕量组分测定。而电位滴定法则适用于常量和半微量组分测定。

(3) 选择性好。膜电极对待测离子有一定的选择性，且在多数情况下，溶液中共存离子的干扰很小，因此对组成复杂的样品，往往不需经过分离处理即可直接测定。

(4) 仪器设备简单、操作简便、测定快速。由于在测量过程中得到的是电信号，可连续显示和记录，因而易于实现自动化和连续分析。

电位分析法的上述特点使其作为一种重要的测试手段广泛地应用于化工、地质、冶金、环境保护、海洋探测、宇航、医药卫生和食品分析等各个领域中。其中最常见和最早的应用之一是酸碱度测定，以及用电位滴定法测定电活性物质的浓度。目前，随着膜电极检测限和选择性的提高，新材料、新传感概念(从传统的电位测定法到动态电化学)的引入，以及对膜电极电位响应更深入的理论理解和建模，基于膜电极的电位测定法焕发出新的活力，也推动了离子传感和生物传感应用的创新。此外，随着新的生物受体，如酶、抗体、适体、肽的引入，通过使用膜电极作为强大的电位生物传感器，为广泛的不同目标分子开辟了通用的传感方法。这些结合新材料和新兴技术的电位生物传感器在金属离子、小分子、DNA、蛋白质、细菌和毒性生物传感中获得了广泛应用。例如，环境和工业废水中毒性的测定往往需要快速和低成本的测定法。而根据生物生理反应变化进行各种生物测定的毒性生物传感具有这方面的优势。在各种生物中，细菌具有物种多样性大、生长速度快、成本低等特点，已成为评价水质和污染的试验生物。基于此，一种利用氨氧化细菌(ammonia-oxidizing bacterium, AOB)亚硝基单胞菌作为生物受体和聚合物膜氨选择电极作为检测器检测水中毒性的流动生物传感模式已经得到成功应用[8]。这种传感器中，AOB 细胞被固定在聚醚砜膜上层，以利于分子识别和转导过程单独进行。通过利用这种氨选择膜电极测定氨的消耗率，进而可以评价毒物对 AOB 活性的抑制作用。而利用基因工程微生物制备的微生物生物传感器可以进一步提高生物传感器的灵敏度和选择性。再如，细胞环境中的许多因素对细胞代谢都有影响。如果有一种足够灵敏的测量亚代谢离子的方法，就可以检测或筛选各种化学和物理刺激。而离子选择微电极则可满足这一需求，从而实现化学诱导细胞凋亡过程中细胞内离子变化的监测。而将电位法与显微图像相结合的检测平台有望成为单细胞和毒素检测的微创动态分析工具(图 10-10)。另外，自供电生物传感器、柔性生物传感器和可穿戴电化学传感器等也为电位生物传感的开发应用提供了新的思路。这几类传感器的更多相关介绍请见第 11 章。

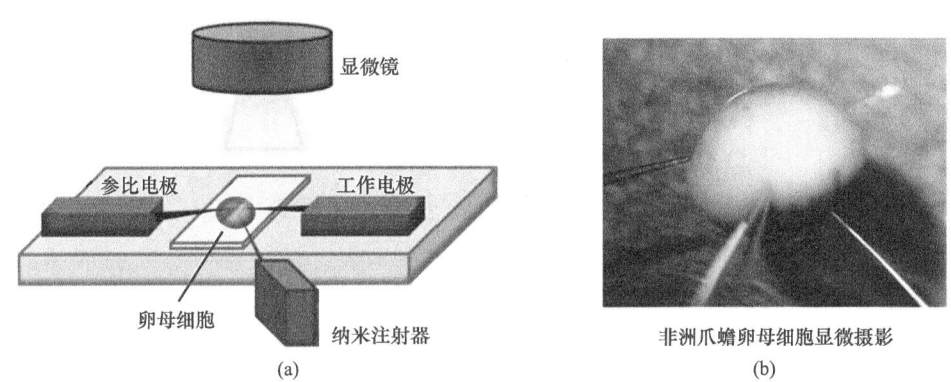

图 10-10 一种将电位法与显微图像相结合的检测平台[9]

【挑战性问题】

一种电位生物传感器与场效应晶体管(field-effect transistors，FETs)结合而制成的生物耦合场效应晶体管(Bio-FETs)，如图 10-11 (a)所示。场效应晶体管的工作原理是栅电极电压的变化导致场效应晶体管电导的变化[图 10-11 (b)]。场效应晶体管与分析物及生物识别元件结合后导致器件的半导体层的电荷分布发生变化，并因此导致整个器件电导的变化[图 10-11 (c)]。例如，通过将酶、肽、DNA 探针和适体结合到栅电极上，利用场效应晶体管电导的变化检测小分子、蛋白质、细菌、脂质、神经递质和酸碱度等[10]。这种生物场效应晶体管具有大的线性范围、非常高的灵敏度[nM(10^{-9}mol/L)[11]至 aM(10^{-18}mol/L)[12]]，易实现小型化且廉价。请根据所引用文献详细阐明此种生物耦合场效应晶体管的工作原理和分析性能，并展望其应用前景。

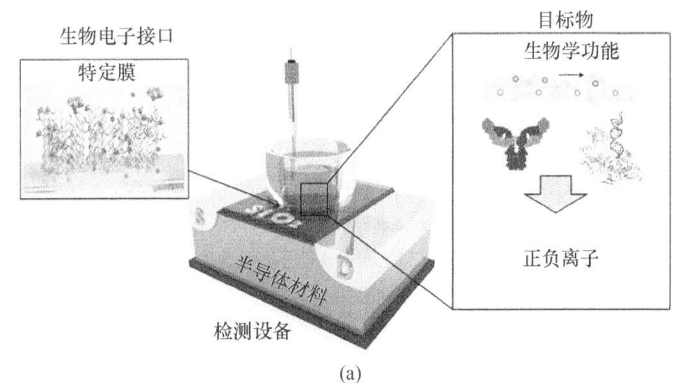

(a)

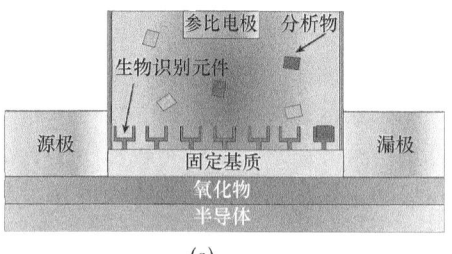

图 10-11　场效应晶体管及生物耦合场效应晶体管工作原理示意图[13]

【一般性问题】

1. 电位分析法的理论依据是什么？
2. 在用 pH 玻璃电极实际测量试液的 pH 时，为什么要选用与试液 pH 接近的 pH 标准缓冲溶液定位？
3. 为什么用普通玻璃电极(Na_2O 玻璃膜)测量 pH > 10 的溶液时会产生"碱差"或"钠差"？
4. 为什么膜电极对待测离子具有选择性？如何估量这种选择性？
5. 在膜电极的测量过程中，通常要用磁力搅拌器搅拌溶液，其目的是什么？
6. 直接电位法的主要误差来源有哪些？应如何减少这种误差？
7. 用电池：玻璃电极 | H^+ (x mol/L) ‖ SCE 测量溶液的 pH。用 pH = 4.00 的缓冲溶液，25℃时测得电池电动势为 0.209V。测量试液的电池电动势为 0.312V，求此未知溶液的 pH。
8. 将玻璃电极浸入 10.00mL 未知溶液时，25℃时测得的电位为 −0.2331V，而后加入 1.00mL 浓度为 $2.00×10^{-2}$mol/L 的标准 Na^+ 溶液，再测其电位为 −0.1846V，计算未知样品中 Na^+ 的浓度。

参 考 文 献

[1] Donnan F G. Theory of membrane equilibrium and membrane potentials in the presence of nondialyzable electrolytes. A contribution to physical-chemical physiology. Zeitschrift Fuer Elektrochemie, 1911, (17): 572-581.

[2] Cuong N M, Ishizaka S, Kitamura N. Donnan electric potential dependence of intraparticle diffusion of malachite green in single cation exchange resin particles: a laser trapping-microspectroscopy study. American Journal of Analytical Chemistry, 2012, 3(3): 7.

[3] Irving H M N H, Freiser H, West T S. 21-Recommendations for nomenclature of ion-selective electrodes. USA: Pure and applied chemistry, 1976.

[4] Yartsev A. The sodium-sensitive electrode in the blood gas analyser. https://derangedphysiology.com/main/cicm-primary-exam/required-reading/body-fluids-and-electrolytes/Chapter%20504/sodium-sensitive-electrode-blood-gas-analyser. 2020.

[5] Boumya W, Taoufik N, Achak M, et al. Chemically modified carbon-based electrodes for the determination of paracetamol in drugs and biological samples. Journal of Pharmaceutical Analysis, 2021, 11 (2): 138-154.

[6] 王志花. 分析化学实验. 武汉：武汉理工大学出版社，2009.

[7] Michałowski T, Kupiec K, Rymanowski M. Numerical analysis of the gran methods a comparative study. Analytica Chimica Acta, 2008, 606 (2): 172-183.

[8] Zhang Q, Ding J, Kou L, et al. A potentiometric flow biosensor based on ammonia-oxidizing bacteria for the detection of toxicity in water. Sensors, 2013, 13 (6): 6936-6945.

[9] Asif M H, Danielsson B, Willander M. ZnO nanostructure-based intracellular sensor. Sensors, 2015, 15(5): 11787-11804.

[10] Liang Y, Guo T, Zhou L, et al. Label-free split aptamer sensor for femtomolar detection of dopamine by means of flexible organic electrochemical transistors. Materials, 2020, 13 (11): 2577.

[11] Nishitani S, Sakata T. Polymeric nanofilter biointerface for potentiometric small-biomolecule recognition. ACS Applied Materials & Interfaces, 2019, 11 (5): 5561-5569.

[12] Nakatsuka N, Yang K A, Abendroth J M, et al. Aptamer-field-effect transistors overcome Debye length limitations for small-molecule sensing. Science, 2018, 362 (6412): 319-324.

[13] Sakata T. Biologically coupled gate field-effect transistors meet in vitro diagnostics. ACS Omega, 2019, 4 (7): 11852-11862.

第 11 章 电重量法与库仑分析法

11.1 电 重 量 法

电重量法(electrogravimetry)又称电沉积法(electrodeposition)，是一种采用两个或三个电极的电解分析法。电解是借助于外电源的作用使电化学池中的电化学反应向着非自发方向进行。发生电化学反应的电化学电池称为电解池。IUPAC 规定，在电化学反应中，发生氧化反应的电极为阳极，发生还原反应的电极为阴极。电重量法所用工作电极对应于伏安法和大多数其他电分析方法中的指示电极。电解时，将恒电流或恒电位施加于预称量的工作电极上，被测定的金属元素以纯金属或金属氧化物的形态全部电沉积在电极上。电解结束后，将工作电极取出、清洗、干燥，并称量，然后根据电极的增重计算被测金属的初始浓度。电重量法分为控制电流电解法和控制电位电解法。

11.1.1 控制电流电解法

1. 装置及原理

控制电流电解法是电重量分析的经典方法，其装置如图 11-1 (a)所示。电解时，外加直流电压通过可变电阻加到工作电极和辅助电极上，此时电极两端的电压比被电解物质的分解电压大，使得电解加速进行。电解过程中，调节可变电阻，逐步加大外加电压。由于可变电阻足够大，其他电阻相比较而言可以忽略不计，因此可认为通过电路中的电流强度是恒定的。随着电解的进行，被电解的待测组分不断析出，其浓度不断减小，电解电流也随之减小。通过在电解过程中不断调节外加电压，可使电解电流基本保持不变，阴极电位则不加控制。一般来说，电解电流越小，析出的镀层越均匀，但所需时间越长。在实际工作中，一般控制电解电流为 0.5~2A。

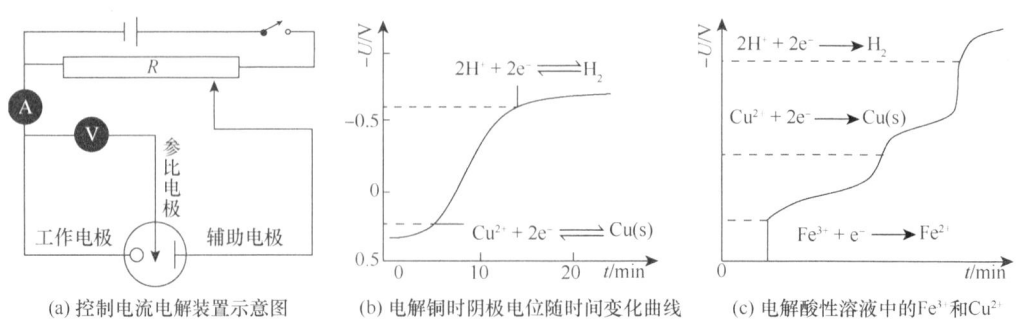

(a) 控制电流电解装置示意图　(b) 电解铜时阴极电位随时间变化曲线　(c) 电解酸性溶液中的 Fe^{3+} 和 Cu^{2+}

图 11-1 控制电流电解装置示意图及阴极电位随时间变化曲线

2. 电位与时间的关系

图 11-1 (b)描述了控制电流电解铜时阴极电位随时间的变化。在此电解过程中,被测金属离子浓度不断下降,阴极电位越来越负,直至发生析出氢气或者析出其他第二种金属的反应。例如,当阴极电位负移至 H^+ 的还原电位时,H^+ 将在电极上还原成 H_2,这对 Cu 的沉积不利。

当溶液中含有两种或两种以上的金属离子时,还原电位较正的金属离子首先在电极上发生反应。随着电解的进行,溶液中先还原的物质的浓度下降,阴极电位变得更负,使得另一物质(还原电位较负者)可在电极上反应时,另一物质就有可能产生干扰。图 11-1 (c) 为室温下电解酸性溶液中的 Fe^{3+} 和 Cu^{2+} 时,阴极的电极电位随时间的变化规律。电解开始时,电位从正向负变化很快。当阴极电位达到 Fe^{3+} 的还原电位时,

$$\varphi_{Fe^{3+}/Fe^{2+}} = \varphi^{\ominus}_{Fe^{3+}/Fe^{2+}} + \frac{0.0592}{n}\lg\frac{c_{Fe^{3+}}}{c_{Fe^{2+}}} \tag{11-1}$$

随着电解的进行,Fe^{3+} 浓度不断降低,Fe^{2+} 浓度不断升高,阴极电位向负方向变化并逐渐趋于平缓,直到出现一个平台阶段。过了这个阶段后,阴极电位又很快地向负方向变化,达到其他离子(如 Cu^{2+} 和 H^+)在阴极上还原的电位后又出现较为平坦的部分。

3. 特点及应用

控制电流电解法的优点主要是仪器装置简单,测定速度较快,方法的相对误差小于 0.2%,准确度较高。但这一准确度在很大程度上取决于沉积物的物理性质。该电解法的缺点主要是选择性差,它一般适用于溶液中只含一种能在电极上沉积的金属离子的情况,或使电位表上在氢以前的金属与氢以后的金属分离的情况。对于两种金属还原电位相差不大的离子,不能用此法分离。

11.1.2 控制电位电解法

1. 装置及原理

这里的控制电位指的是控制阴极电位,其电解装置主要由工作电极、辅助电极(又称对电极)及外加电源组成电解回路,而工作电极和参比电极连接电子伏特计组成工作电极的电位监测回路,如图 11-2 (a)所示。与控制电流电解装置的不同之处在于,控制阴极电位电解装置只有测量及控制阴极电位的设备。电解过程中,随着待测离子浓度减小,电子毫伏计上指示出阴极电位的变化。电解装置依据电位变化及时通过电位电解仪将阴极电位控制在设定的数值,直至电解反应完成。若溶液中存在 A、B 两种金属离子,电解时电流与阴极电位的关系曲线如图 11-2 (b)所示。图中 *a*、*b* 两点分别代表 A、B 两种离子的阴极析出电位。当用恒电流电解分析方法测定其中一种金属,则另一种金属离子也会在电极上沉积形成干扰。若控制电解时的阴极电位,使其负于 *a* 而正于 *b*,如图 11-2 (b)中点 *d* 电位,则 A 离子能在阴极上还原析出而 B 离子不能析出,从而达到分离 A 和 B 两种金属离子的目的。

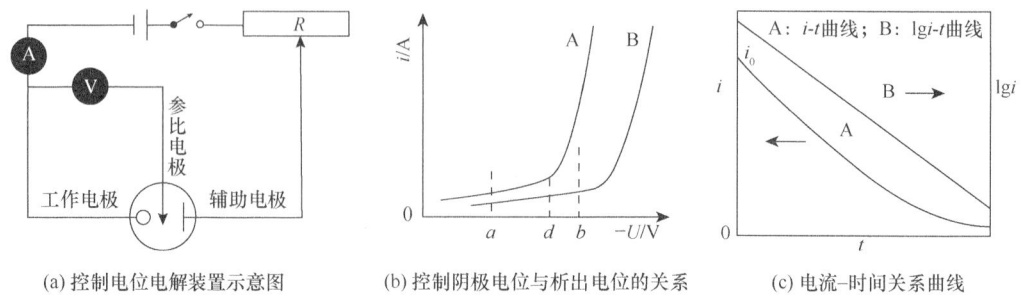

图 11-2 控制电位电解装置示意图、控制阴极电位与析出电位的关系及电流-时间关系曲线

2. 电流与时间的关系

控制电位电解过程中被电解的只有一种物质，由于电解开始时该物质的浓度较高，因此电解电流较大，电解速率较快。随着电解的进行，被电解物质的浓度变小，电解电流也随之变小。当该物质全部电解析出后，电流趋近于零，电解完成。电流与时间的关系如图 11-2 (c)所示，图中曲线显示电解电流 i_t 随时间的增长以负指数关系衰减：

$$i_t = i_0 \times 10^{-kt} \quad (其中，k = 0.43DA/V\delta) \quad (11-2)$$

其中，i_0 为起始电解电流；i_t 为 t 时的电解电流，其值总是与溶液中剩余金属离子的浓度成比例，因此 i_t/i_0 可以衡量沉淀的完全程度，当 $i_t/i_0 = 0.001$ 时，可认为电解完全；k 为常量；A 为电极面积(cm^2)；D 为待测离子的扩散系数(cm^2/s)；V 为电解溶液的体积(mL)；δ 为扩散层厚度(cm)。由式(11-2)可见，在控制电位电解过程中，要快速电解，则 k 值要大，而 k 值与式(11-2)中的 D、A、V 及 δ 各项因素有关。阴极电位虽然不变，但外加电压却随时间下降。因此，需要不断地降低外加电压。

3. 特点及应用

控制阴极电位电解法的最大特点是选择性好、电解时间短，所以其用途比控制电流电解法广泛。只要阴极电位选择得当，就可以使共存金属离子依次先后在阴极上析出，实现分离或分别定量测定。通常，被分离的两种一价金属离子的析出电位差大于 0.35V，或两种二价金属离子的析出电位差大于 0.20V 时，都可以实现分别电解而互不干扰测定。控制电位电解法的一些分离应用如表 11-1 所示。

表 11-1 控制电位电解法的一些分离应用

测定对象	可分离的或不干扰的元素	测定对象	可分离的或不干扰的元素
Ag	Cu	Sb	Pb、Sn
Cu	Bi、Pb、Ni、Cd、Sn、Sb	Sn	Cd、Zn、Mn、Fe
Bi	Pb、Sb、Sn、Cu、Cd、Zn	Pb	Cd、Zn、Ni、Al、Fe、Mn、Sn
Cd	Zn	Ni	Zn、Al、Fe

11.2 库仑分析法

库仑分析法(coulometry)又称电量分析法，是一种根据电解过程中消耗的电量来求样品含量的分析方法。其基本原理与电解分析相似，不同之处在于它是通过测量流过电解池的电量(库仑)来确定在电极上发生反应的物质的含量，而且待测物质不一定需在电极表面沉积，所以也可以说它是电解分析的一种特例。按电解过程中控制参数的不同，库仑分析分为控制电位库仑分析和控制电流库仑分析。控制电位库仑分析是在恒电位电解法的基础上发展起来的，也称恒电位库仑分析。控制电流库仑分析也称恒电流库仑分析。基于电解分析法发展起来的还有微库仑分析法，相关介绍可扫描本章首页二维码查看。

11.2.1 基本理论

电解时，通过电解质溶液的电量与化学反应物的量服从法拉第定律[1]，法拉第定律包括法拉第第一定律和法拉第第二定律，法拉第定律是自然科学中最严格的定律之一，它不受温度、压力、电解质浓度、电极材料和形状、溶剂性质等因素影响。法拉第第一定律指出，发生电极反应的物质的量(或质量)与通过电极的电量成正比，即

$$m = kQ = kIt \tag{11-3}$$

其中，m 为化学反应物的质量(g)；k 为比例常量；Q 为通过电解池的电量(C)；I 为电流(A)；t 为通电时间(s)。法拉第第二定律反映了化学反应的质量或物质的量与反应组分之间的关系，可表述为：串联电解池通入电流后，在各个电解池的两极上发生反应的物质的量相等，析出物质的质量与其摩尔质量成正比，即

$$m = \frac{M}{zF}Q = \frac{M}{zF}It \quad 或 \quad n = \frac{m}{M} = \frac{Q}{zF} = \frac{It}{zF} \tag{11-4}$$

其中，n 为电解析出物的物质的量(mol)；M 为析出物的摩尔质量(g/mol)；z 为电极反应中的电子转移数；F 为法拉第常量(96485C/mol)。由法拉第电解定律可知，若测量出电解过程中消耗的电量就可以测定样品的含量。但前提是通过电解池的电量全部用于电解样品，即在工作电极上除了有测定的电极反应外，不得有其他副反应或次级反应，即电极反应的电流效率必须为100%，这是库仑分析的先决条件。

11.2.2 恒电位库仑分析法

1. 装置及原理

恒电位库仑分析法是指在电解过程中，将工作电极的电位恒定在某一个数值，在极限电流(最大电流值)条件下，以100%的电流效率电解样品，根据样品在电解过程中所消耗的电荷量，依据法拉第定律求样品含量的方法。恒电位库仑分析仪与控制阴极电位电解法类似。在恒电位电解的线路中串联一个能测量流过电解池电荷量的库仑计，就构成了一个恒

电位库仑分析装置[图 11-3 (a)]。电解过程中，电流随时间的增加呈指数衰减。理想情况下电流的这种变化可衰减至零或到背景/残余电流(非法拉第充电)水平，如图 11-3 (b)所示。当电解电流趋近于零时，指示该物质已被电解完全。

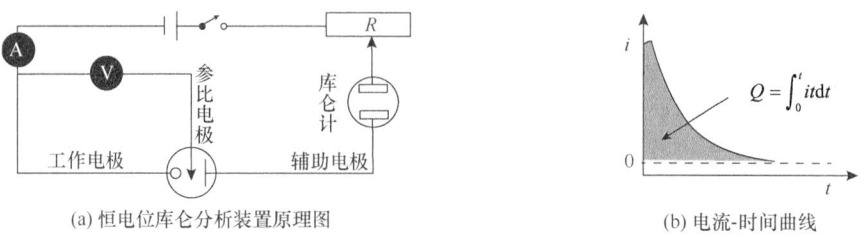

(a) 恒电位库仑分析装置原理图　　　　(b) 电流-时间曲线

图 11-3　恒电位库仑分析装置原理图及电流-时间曲线

2. 电荷量的测定

库仑分析中电荷量的测定可用化学库仑计、电子积分库仑计等测量电量，也可通过记录电流随时间的变化，用作图法求得(相关介绍可扫描本章首页二维码查看)。现代恒电位库仑分析仪多采用积分运算放大器库仑计或数字库仑计测定电量，在电解过程中记录电量-时间(Q-t)曲线，由图 11-3 (b)中的积分式求出所通过的电量。这种库仑计准确度高、精密度好、使用方便，可用于自动控制分析。

3. 恒电位库仑分析法中的新技术

传统的恒电位库仑分析法在批量电解时，为了使待测物完全电解，往往需要较长的电解时间。而通过扩大工作电极的表面积、减小电解溶液的体积，以及施加有效的搅拌或溶液流动保持扩散层(δ)的厚度可有效缩短电解时间。基于此，由恒电位库仑分析法发展出了满足小样本量要求的薄层库仑法和生物传感装置。薄层库仑法(thin-layer coulometry，TLC)允许在一个电化学电池中电解少量的试液。离子选择膜的引入限制了电解过程中引入溶液的量，并可对感兴趣的物质进行选择性测定(图 11-4)。

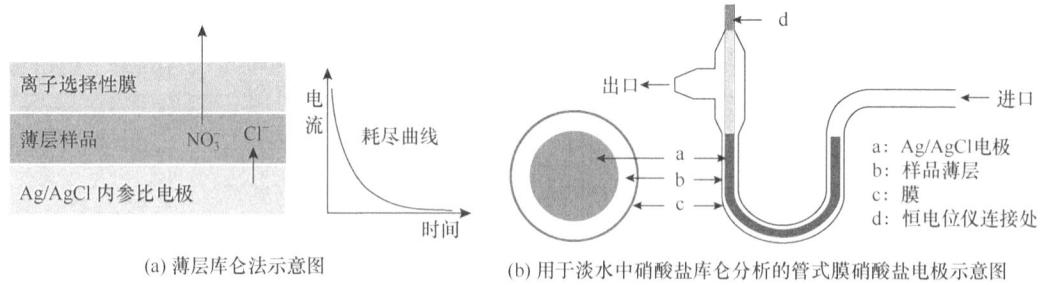

(a) 薄层库仑法示意图　　　(b) 用于淡水中硝酸盐库仑分析的管式膜硝酸盐电极示意图

图 11-4　薄层库仑法示意图及用于淡水中硝酸盐库仑分析的管式膜硝酸盐电极示意图[2]

薄层库仑法是一种高效、快速测定分析物浓度的方法。然而，标准校正和检测极限都受到高背景(非法拉第电流)信号的影响。为此，出现了一种双脉冲技术来补偿干扰效应的薄层耦合双脉冲法(图 11-5)。该方法先对薄层施加第一次激励脉冲以电解样品并完成库仑检测，此时样品离子浓度显著降低，但高浓度干扰离子没有明显耗尽。此时，再对薄层施加相同电位下的第二次激励脉冲,则将只产生与干扰离子相关的电流,以此补偿不期望的干扰贡献。该方法提高了薄层库仑分析中离子选择性膜的检测极限,降低了测量的相对误差,并成功地在小摩尔(μmol/L)尺度上分析了硝酸盐、钾和钙。此外,通过将工作电极从 Ag/AgCl 切换到 Ag/AgI,在电极和膜之间间隔惰性材料,调整外部溶液的组成,该方法还实现了非法拉第充电的高级补偿。这种改进的控制电位库仑技术应用于生物传感器中。而基于护理点和实用目的,需要将小体积样品沉积到传感器设备的工作区域,待测物可以在几分钟内迅速进行彻底电解。基于这种库仑测量技术的商业血糖仪可以通过控制引入到传感器的样品体积来实现批量分析。

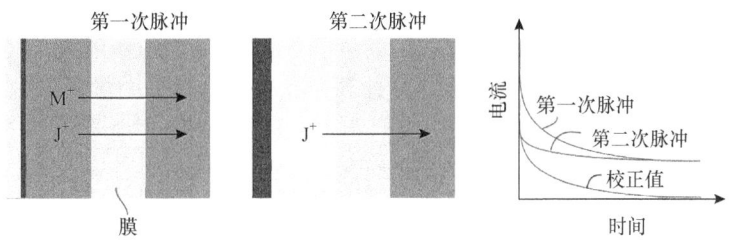

图 11-5　薄层耦合双脉冲法示意图[3]

11.2.3　恒电流库仑分析法

1. 装置及原理

恒电流库仑分析中采用恒定电流[如图 11-6 (a)中的 i_{app},$i_{app}<i_L$ ($t=0$ 时的极限电流)]电解,电解电位随电解时间跨度的变化而变化。图 11-6 (a)中,随电解的进行,电解电位从 E_1 漂移到了 E_6,其中 E_3 到 E_4 之间的漂移最大。当 $i_{app} > i_L$ ($t > 0$)时,电解过程中发生二次(副)反应[图 11-6 (b)]。最终,因电解电位变化,电极的电流效率随着时间的增加而下降到 100%以下[图 11-6 (c)]。

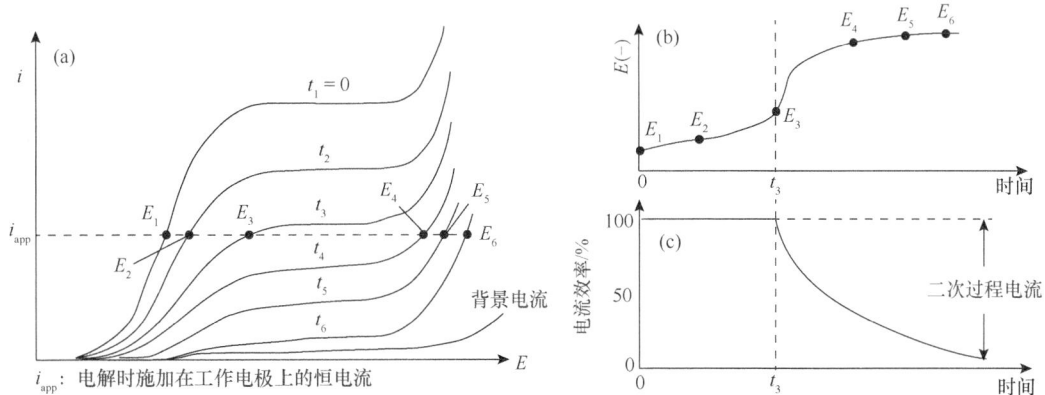

图 11-6　恒电流库仑分析中的电流、电压和电流效率特性[4]
(a) 电解过程中不同时间跨度(从 t_1 增加到 t_6)的电流-电位曲线;(b) 对应图(a)的电位-时间曲线;
(c) 对应图(a)的电流效率-时间曲线

由于电极表面附近的分析物在被彻底电解消耗完全前，很难通过控制电流库仑法防止副反应发生，电解效率也因此低于 100%，从而无法准确测定分析物。不过这可以通过向电解池中加入新电解质(辅助剂)，就可以解决并保持 100%的电流效率问题。以 Fe^{2+}氧化为例，随电解时间增加和电解电位漂移，H_2O 会被氧化(副反应)。如果电解前在系统中加入 Ce^{3+}(辅助剂)，它会在 H_2O 被氧化之前而被氧化成 Ce^{4+}。Ce^{4+}会将系统中剩余的 Fe^{2+}快速氧化成 Fe^{3+}，即发生了由 Fe^{2+}氧化成 Fe^{3+}的净反应。这里的 Ce^{3+} 称为介质或滴定剂，这种分析方法称为库仑滴定法，其基本装置[图 11-7 (a)]包括电解系统和终点指示系统。电解系统提供已知大小的恒电流，产生滴定剂并准确记录电解时间。终点指示系统指示滴定终点以控制电解的结束。电解中由电极反应产生一种与样品发生定量反应的滴定剂。当滴定剂与样品作用完后，再用适当的方法指示终点并立即停止电解。由电解时间 t(s)及电流 i(A)，可按法拉第电解定律($Q = it$)并经简单换算后计算样品中待测离子的含量[图 11-7 (b)]。

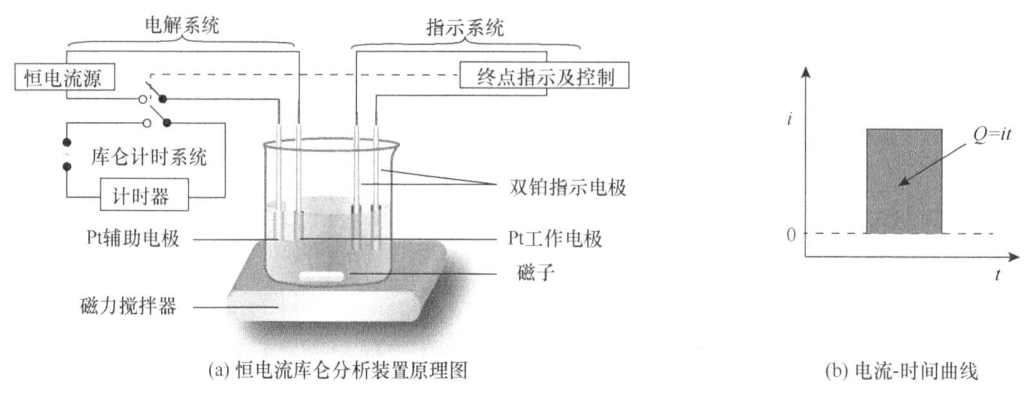

(a) 恒电流库仑分析装置原理图　　　　　　　(b) 电流-时间曲线

图 11-7　恒电流库仑分析装置原理图及电流-时间曲线

库仑滴定用的电解池通常为玻璃池。为了防止电解时可能产生的干扰反应并保证 100%的电流效率，常用多孔材料将工作电极与辅助电极隔开，且玻璃池还要设通 N_2 除 O_2 的通气口。恒流源通常采用电子恒流源，其工作电流根据样品的含量而定，通常为 1～30mA。电解时间由计时器读出，当达到滴定反应化学计量点时，指示电路发出"信号"指示滴定终点，用人工或自动装置切断电解电源，并同时记录时间。在库仑滴定过程中，电解电流的变化、电流效率的下降、滴定终点判断的偏离、时间和电流的测量误差，以及终点和化学计量点不一致等因素都会产生滴定误差。在现代技术条件下，时间和电流均可准确地测量，恒电流控制也可达 0.01%。因此，如何保证恒电流下具有 100%的电流效率和怎样指示滴定终点成为两个关键问题。

2. 库仑滴定指示终点的方法

库仑滴定指示终点的方法有以下三种。

1) 化学指示剂法

这是指示终点最简单的方法，它可省去库仑滴定装置中的指示系统。这种方法灵敏度较低，对于常量的库仑滴定能得到满意的测定结果。化学指示剂法常以淀粉作指示剂，如用恒电流电解 KI 溶液产生的滴定剂碘来测定 As^{3+}时，淀粉就是很好的化学指示剂。选择指示剂应注意：指示剂不能在电极上发生电解反应。另外，指示剂与电生滴定剂的反应必须在样品与电生滴定剂的反应之后，即指示剂与电生滴定剂的反应速率要比电生滴定剂的反应慢。

2) 电位法

库仑滴定中用电位法指示终点与电位滴定法确定终点的方法相似，它通过记录指示电极电位随时间的变化，可求出电位突跃时滴定终点的时间。此法需要选用合适的指示电极来指示终点前后的电位突跃。

3) 双指示电极电流法

此方法又称永停终点法，是在电解池内插入一对铂指示电极，并对电极施加 10~200mV 电压。当达到终点时，电解液中存在的可逆电对发生变化，引起指示电极系统中电流的迅速变化或停止变化。永停终点法常应用于氧化还原体系的库仑滴定，其中应用最广的是以卤素为滴定剂的库仑滴定分析。

11.2.4 特点及应用

与容量法相比，库仑法有一个明显的优势，即碳酸离子的干扰很容易通过向样品中通入惰性气体来消除。库仑法的应用还有很多，如通过卡尔·费歇尔反应测定样品中的含水量、测定金属薄膜的厚度以及用于一些血糖监测仪中等。库仑法中的恒电位库仑分析法是进行彻底电解的一种简单有效的方法，常用于测定铀和钍而不会对样品产生太多干扰，其已被应用于 50 多种元素的测定，如一些难以在电极上沉积的物质(如 Fe^{3+}、As^{3+}等)的测定。此外，该技术还可用于分离材料、测量扩散电流、测定和合成有机化合物。不过在实际应用中，恒电流库仑分析较恒电位库仑分析应用多。

【挑战性问题】

绿色零碳氢能是未来能源发展的重要方向。随着氢能爆发式增长，到 2060 年，我国氢气年需求量预计将达 1.3 亿 t，届时每年需消耗约 11.7 亿 t 电解用纯水。然而，淡水资源紧缺将严重制约"绿氢"技术的发展。海洋是地球上最大的氢矿，向大海要水是未来氢能发展的重要方向。但复杂的海水成分(约 92 种化学元素)导致海水制氢面临诸多难题与挑战。先淡化后制氢，是当前最成熟的海水制氢技术路径，目前已在全球多国开展规模化示范工程项目。但该类技术严重依赖大规模淡化设备，工艺流程复杂且占用大量土地资源，这进一步推高了制氢成本与工程建设难度。虽然从 20 世纪 70 年代开始，科学家进行了大量的海水电解制氢的研究，以破解海水直接电解制氢面临的析氯副反应、钙镁沉淀、催化剂失活等难题，然而一直未有突破性的理论与原理彻底避免海水复杂组分对电解制氢的影响，可规模化的高效稳定海水直接电解制氢原理与技术仍是世界空白。最近，我国科学家从物理力学与电化学相结合的全新思路，破解海水直接电解制氢面临的难题与挑战，从而创造性地开创了海水无淡化原位直接电解制氢新原理与技术。该成果通过将分子扩散、界面相平衡等物理力学过程与电化学反应巧妙结合，建立了相变迁移驱动的海水直接电解制氢理论模型，揭示了微米级气隙通路下界面压力差对海水自发相变传质的影响机制，形成了电化学反应协同海水迁移的动态自调节稳定电解制氢方法，破解了有害腐蚀性这一困扰海水电解制氢领域半个世纪的难题。图 11-8 为典型的海水直接电解制氢系统及海水净化迁移过程机理示意图。请根据所引用文献阐明这一电解系统的工作原理及海水净化迁移过程机理。

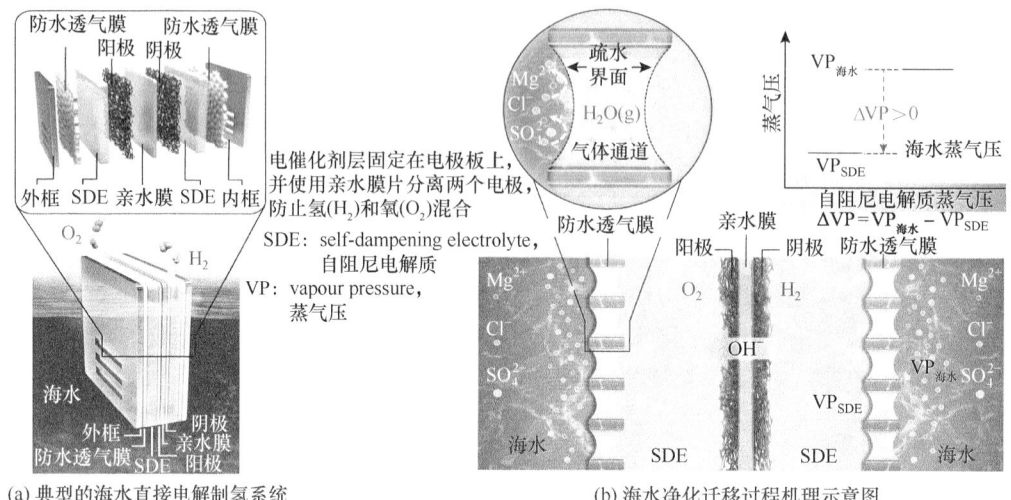

图 11-8 典型的海水直接电解制氢系统及海水净化迁移过程机理示意图[5]

【一般性问题】

1. 名词解释：控制电流电解法、控制电位电解法。
2. 库仑滴定法和普通的容量滴定法的主要区别是什么？
3. 控制电位库仑分析法与库仑滴定法在分析原理上有什么不同？
4. 应用库仑分析法进行定量分析的关键问题是什么？
5. 在库仑分析法中，为什么要使被测样品以 100%的电流效率进行电解？影响电流效率不能达到 100%的主要因素是什么？如何消除或避免这些因素？
6. 在含有 Ag^+ 和 Cu^{2+} 的混合溶液中,若要将 Ag^+ 从 0.05mol/L 的 Cu^{2+} 溶液中分离出来，阴极电位最低需控制为多少？若 Ag^+ 的初始浓度为 0.05mol/L，需要多长时间才能使银沉积完全？设溶液体积为 100mL，电极表面积为 10cm^2，Ag^+ 的扩散系数为 5×10^{-5}cm/s，扩散层厚度为 2×10^{-3}cm，$\varphi^{\ominus}_{Cu^{2+}/Cu}=0.337$V。
7. 用控制电位库仑法测定 In^{3+}，在汞阴极上还原成金属铟析出，初始电流为 150mA，以 $k=0.0058$min^{-1} 的指数方程衰减，20min 后降到接近零。试计算试液中铟[$M_r(In)=114.82$]的质量(mg)。
8. 以适当方法将 0.854g 铁矿样品溶解并使之转化为 Fe^{2+} 后，将此试液在-1.0V(vs. SCE)处，在 Pt 阳极上定量地氧化为 Fe^{3+}，完成此氧化反应所需的电量用碘库仑计测定，此时析出的游离碘以 0.0197mol/L $Na_2S_2O_3$ 标液滴定时消耗 26.30mL。试问：样品中 Fe_2O_3 的质量分数是多少？上述试液若改为以恒电流进行电解氧化，能否根据在反应时所消耗的电量来进行测定？为什么？

参考文献

[1] Faraday M V. Experimental researches in electricity. Sixth series. Philosophical Transactions of the Royal

Society of London, 1834, 124: 55-76.

[2] Sohail M, de Marco R, Lamb K, et al. Thin layer coulometric determination of nitrate in fresh waters. Analytica Chimica Acta, 2012, 744: 39-44.

[3] Grygolowicz-Pawlak E, Numnuam A, Thavarungkul P, et al. Interference compensation for thin layer coulometric ion-selective membrane electrodes by the double pulse technique. Analytical Chemistry, 2012, 84(3): 1327-1335.

[4] Bard A J. Electrochemical methods fundamentals and applications. 2nd ed. New York: John Wiley, 2001.

[5] Xie H, Zhao Z, Liu T, et al. A membrane-based seawater electrolyser for hydrogen generation. Nature, 2022, 612(7941): 673-678.

第 12 章 极谱分析法与循环伏安法

12.1 极谱分析法

极谱分析法简称极谱法(polarography)，是一种测量两个电极之间的电流和电压以确定溶液中溶质的性质和浓度的电解分析法，也是最早发现和最先使用的一种特殊的伏安分析方法。极谱法的两个电极中，一个为工作电极，其电位完全随外加电压的变化而变化，是极化电极；另一个为参比电极，作为判断工作电极电位的标准，其电极电位保持恒定，是去极化电极。极谱法与后面介绍的伏安法的不同之处在于工作电极的差别。极谱法的工作电极为表面周期性或不断更新的液态电极，如滴汞电极等。而伏安法的工作电极是静止的或固体的电极，如悬汞电极、铂电极、石墨电极等。极谱分析时，电解池两电极之间施加逐渐增加的电压，通过记录两电极之间的电流，则可得到一个 S 形的电流-电压曲线。此曲线中的半波电位用于定性分析，扩散电流用于定量分析。

12.1.1 基本理论

1. 伊尔科维奇方程

极谱分析时，滴汞电极(dropping mercury electrode，DME)上进行的氧化还原反应是在电极与溶液的界面上进行的非均相反应，它包含一系列连续的过程：①电活性物质由溶液向电极界面的传质过程；②电活性物质在电极界面双电层中发生吸附或化学转化的前转化过程；③电活性物质与电极间发生电子转移的电化学反应；④电化学反应产物在电极界面上发生化学转化或解吸的后转化过程；⑤反应产物在电极表面形成新相，或向溶液中传递，或向电极内部扩散等过程。滴汞电极表面物质的扩散若是线性扩散，即一维扩散，其扩散过程如图 12-1 (a)所示。

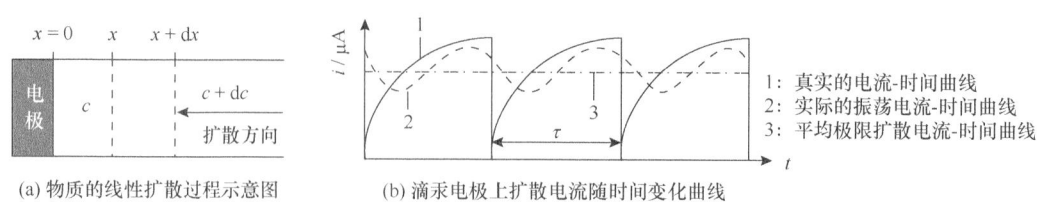

(a) 物质的线性扩散过程示意图　　(b) 滴汞电极上扩散电流随时间变化曲线

图 12-1　物质的线性扩散过程示意图及滴汞电极上扩散电流随时间变化曲线

胡克第一定律指出，单位时间内通过垂直于扩散方向的单位截面积的扩散物质流量(称为扩散通量，用 J 表示)与该截面处的浓度梯度成正比，即浓度梯度越大，扩散通量越大。胡克第二定律指出，非稳态扩散过程中，距离 x 处的物质浓度随时间的变化率等于该处的扩散通量随距离变化率的负值[1-2]。由胡克第一定律、第二定律及法拉第定律[3]可以得到平

面电极上 t 时间的瞬时线性扩散电流为

$$i_d = nFAc\sqrt{\frac{D}{\pi t}} = nFAc\frac{D}{\delta} \tag{12-1}$$

其中，i_d 为滴汞周期内的瞬间扩散电流(μA)；n 为电子转移数；F 为法拉第常量；A 为电极面积(cm^2)；c 为离子浓度(mmol/L)；D 为离子的扩散系数(cm^2/s)；δ 为扩散层的有效厚度，且 $\delta = (\pi Dt)^{1/2}$。

在滴汞电极上的扩散电流还必须考虑两个因素，即汞滴的不断增长和球形的扩散情况。图 12-1 (b)为扩散电流 i_d 随时间 t 的变化曲线，任意时刻滴汞电极上的扩散电流

$$i_d = 708nD^{1/2}m^{2/3}t^{1/6}c \tag{12-2}$$

其中，m 为汞在毛细管中的流量(mg/s)。一个周期内，任意时刻的 i_d 是不同的。当 t 达到最大值 τ(即汞滴从开始生成到滴下所需的时间，称滴下时间或滴汞周期)时，i_d 最大，用 i_τ 表示

$$i_\tau = 708nD^{1/2}m^{2/3}\tau^{1/6}c \tag{12-3}$$

扩散电流的最大值 i_τ 是在每个汞滴长到最大时获得的。当汞滴滴下后，i_d 急速降至零，然后又逐渐上升至最大值。如此反复进行，电流起伏很大，仪器难以跟踪测量。所以极谱分析记录的是在平均电流值附近摆动的锯齿形电流[图 12-1 (b)中曲线 2]，通过测量整个滴汞时间内的平均扩散电流 $\overline{i_d}$[图 12-1(b)中曲线 3]，并根据其与待测浓度的关系可进行定量分析。在整个滴汞时间(t 从 0 到 τ)内的平均扩散电流 $\overline{i_d}$ 为

$$\overline{i_d} = \frac{1}{\tau}\int_0^\tau i_t dt = \frac{1}{\tau}\int_0^\tau 708nD^{1/2}m^{2/3}t^{1/6}c dt = 607nD^{1/2}m^{2/3}\tau^{1/6}c \tag{12-4}$$

此即扩散电流方程式，也称伊尔科维奇方程(Ilkovic equation)，是极谱定量分析的基本关系式[4-5]。测量条件不变时，$607nD^{1/2}m^{2/3}\tau^{1/6}$ 为常量 k，式(12-4)可简化为式(12-8)。

2. 极谱波的形成

极谱波的产生是由于极化电极(滴汞电极)上出现了浓差极化，所以其电流-电位曲线也称为极化曲线，极谱的名称也由此而来。极化电极上浓差极化产生的条件是：①极化电极表面积小，这样电极表面的电流密度很大，单位面积上发生电极反应的离子数量就很多，电极表面被还原离子浓度就易趋近于零；②溶液中被测定物质浓度低，一般不大于 10^{-2}mol/L，其在电极表面的浓度趋近于零；③溶液不需搅拌，有利于电极表面附近建立扩散层。

以极谱法测定 Cd^{2+} 为例。向电解池中加入 1.0×10^{-4}mol/L Cd^{2+} 溶液，然后加入大量 KCl 支持电解质溶液，其浓度比待测离子大 50~100 倍，再加入少量动物胶作为极大抑制剂。电解前，通入氮气或氩气除去电解液中溶解氧气以消除氧波。以滴汞电极为阴极，饱和甘汞电极为阳极，在电解液保持静止的状态下进行电解。电解时，外加电压从小到大逐渐增大，并同时记下不同电压时相应的电解电流值。以电压为横坐标，电流为纵坐标作图，得

到电解过程电流-电压关系曲线，即极谱波或极谱图[图 12-2 (a)]。

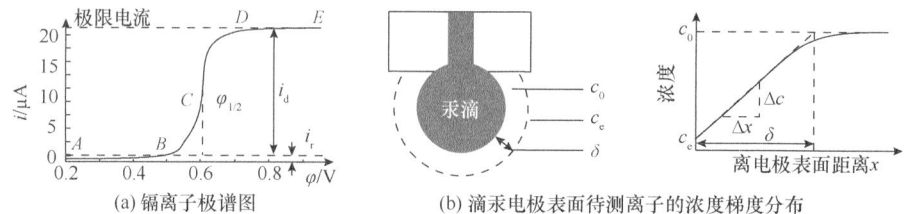

图 12-2　镉离子极谱图及滴汞电极表面待测离子的浓度梯度分布

图 12-2 (a)为一个滴汞周期内形成的一个台阶形锯齿形振荡波，即极谱波，它起源于滴汞电极的周期性滴落而引起电流的起伏波动[图 12-1 (b)]。这种波动显示了滴汞电极表面 Cd^{2+} 浓度的周期性变化。滴汞电极电流一个周期内的变化分三个部分：

(1) 残余电流部分。当外电压尚未达到 Cd^{2+} 分解电压时，滴汞电极电位比析出电位正，这时虽没有检测到电流，但实际上仍有微小电流通过。此微小电流是电解池中的微量杂质和微量氧在滴汞电极上还原产生的电解电流以及滴汞电极充、放电引起的电容电流所致，即图 12-2 (a)中 AB 段曲线，这种电流称为残余电流，用 i_r 表示。

(2) 电流上升部分。当外电压增至 Cd^{2+} 分解电压时，电流随外加电压增加而上升。滴汞电极电位变负到等于 Cd^{2+} 的析出电位时，Cd^{2+} 在滴汞电极上被还原析出金属镉，并与汞生成镉汞齐 Cd (Hg)，此时电解池中开始有 Cd^{2+} 的电解电流流过[图 12-2 (a)中 B 点]。阳极上，甘汞电极中的汞被氧化为 Hg^+，并与溶液中的 Cl^- 生成甘汞(Hg_2Cl_2)。25℃时，滴汞电极电位 φ_{DME} 为

$$\varphi_{DME} = \varphi_{析Cd} = \varphi^{\ominus} + \frac{0.0592}{2}\lg\frac{\left[Cd^{2+}\right]}{\left[Cd(Hg)\right]} \tag{12-5}$$

其中，$[Cd^{2+}]$ 为电极表面 Cd^{2+} 浓度；$[Cd(Hg)]$ 为电极表面镉汞齐中 Cd 的浓度；$\varphi^{\ominus}$ 为汞齐电极的标准电极电势。式(12-5)表明，$[Cd^{2+}]$ 取决于滴汞电极电位。继续加电压，滴汞电极电位变负，Cd^{2+} 迅速被还原，电解电流急剧上升，即图 12-2 (a)中的 BD 段曲线。

(3) 极限电流部分。随着 BD 段的电解电流急剧上升，滴汞电极表面的 Cd^{2+} 浓度随之迅速减小，出现浓差极化现象，这使得溶液中的 Cd^{2+} 向滴汞电极表面扩散。而刚扩散至滴汞表面的 Cd^{2+} 又迅速被还原，产生电解电流。这种由于电活性物质不断向电极表面扩散引起电极反应而产生的电解电流称为扩散电流，即图 12-2 (a)中的 DE 段曲线。由于溶液是静止的(不搅拌)，故滴汞电极表面 Cd^{2+} 浓度小于主体溶液中的 Cd^{2+} 浓度。由于浓度差异的存在，溶液主体中的 Cd^{2+} 将向滴汞电极表面扩散，形成一个厚度 δ 约为 0.05mm 的扩散层[图 12-2 (b)]。若将电极表面离子的浓度做近似线性处理，则

$$\left(\Delta c / \Delta x\right)_{DME表面} = \left(c - c_e\right) / \delta \tag{12-6}$$

其中，c、c_e 分别为主体溶液中待测离子的浓度和电极反应后滴汞电极表面溶液一侧的待测离子浓度；δ 为滴汞电极周围形成的扩散层；$(c - c_e) / \delta$ 即为扩散层中待测离子的浓度

梯度。若忽略Cd^{2+}在电场作用下的迁移运动、热运动等，只考虑Cd^{2+}由溶液本体向滴汞电极表面的扩散运动，那么电流就完全受扩散控制，即

$$i_d = k(c - c_e) \tag{12-7}$$

其中，k为常量。由式(12-7)可知，极谱波上任何一点的电流都受扩散控制。当继续增加外电压，滴汞电极电位负到一定值，电流继续上升达到一个稳定的值后，电流不再随着外电压的增加而升高，此时的电流值称为极限电流i_l。若这个电流完全是由扩散而引起的，这时滴汞电极表面处于完全浓差极化状态，即c_δ趋近于0，由此产生的扩散电流称为极限扩散电流i_d，简称为扩散电流，它是从极限电流i_l中扣除了残余电流i_r后的电解电流值。由此，式(12-7)可写为

$$i_d = i_l - i_r = kc \tag{12-8}$$

可见，扩散电流i_d与样品浓度c成比例。从扩散电流的大小可以求出溶液中可还原离子浓度，这就是极谱定量分析的基本关系式。图12-2中，电解电流等于极限电流一半时的电位称为极谱半波电位($\varphi_{1/2}$)。在体系温度和支持电解质浓度一定时，$\varphi_{1/2}$为定值，与样品浓度无关，$\varphi_{1/2}$可以作为极谱定性分析的依据。

3. 极谱波的类型

极谱波有多种类型。按电极反应可逆性，极谱波可分为可逆波和不可逆波。按电极反应的氧化或还原过程，极谱波还可分为氧化波(也称阳极波)和还原波(也称阴极波)。

1) 可逆极谱波与不可逆极谱波

若电极反应速率比电活性物质从溶液向电极表面扩散的速率大得多，或极谱波上任何一点的电流都受扩散速率控制，或电极反应没有表现出明显的超电位，或任何一电位下电极表面能迅速达到平衡，能斯特方程都完全适用，则称这种极谱波为可逆极谱波，其波形一般很好，如图12-3 (a)中的曲线1所示。

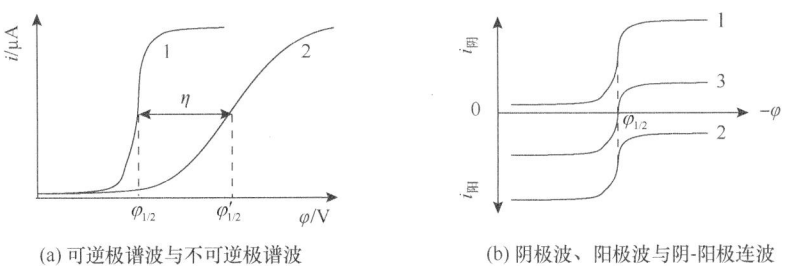

(a) 可逆极谱波与不可逆极谱波　　(b) 阴极波、阳极波与阴-阳极连波

图12-3　极谱波的类型

若电极反应速率相对于电活性物质从溶液向电极表面扩散的速率来说要小得多，或溶液中电活性物质与电极间电子的交换过程比较慢，或极谱波电流不仅受扩散速率控制，还受电极反应速率控制，或电活性物质在电极反应产生电流需要一定的活化能(即要增加额外电压)，表现出明显的超电位等，都不能简单地应用能斯特方程，则称这种波为不可逆极谱波，其波形较差，延伸较长，如图12-3 (a)中的曲线2所示。

一般来说，在不可逆极谱波的起波处(即 $i < i_d/10$ 时的波段)，电流完全受电极反应速率控制。在波的中部区间，电流受电极反应速率和受扩散速率共同控制。在达到极限电流时，电流完全受扩散速率控制，此时电流与浓度成正比，因此不可逆极谱波仍可用于定量分析。但由于其波形延伸过长，不便于测量，且易受其他极谱波干扰，对分析不利，因此实际工作中常用合适的配位剂，使不可逆极谱波变为可逆或近似于可逆极谱波分析。另外，电极过程的可逆性区别也不是绝对的。一般认为，电极反应速率常数大于 2×10^{-2} cm/s 时为可逆，小于 3×10^{-5} cm/s 时为不可逆，电极反应速率常数在两者之间的为准可逆。

2) 还原波(阴极波)与氧化波(阳极波)

还原波是溶液中的氧化态物质在电极上还原时得到的极谱波[图 12-3 (b)曲线 1]。氧化波是溶液中的还原态物质在电极上氧化时得到的极谱波[图 12-3 (b)曲线 2]。当同时存在物质的还原和氧化时，得到极谱波称为综合波或阴-阳极连波[图 12-3 (b)曲线 3]。对可逆波，同一物质在相同体系中，其还原波与氧化波的半波电位相同[图 12-3 (b)曲线 1 和曲线 2]。但对不可逆波而言，由于还原过程的过电位为负，氧化过程的过电位为正，其还原波与氧化波的半波电位不同。例如，电极反应 $Ti^{4+} + e^- \rightleftharpoons Ti^{3+}$ 在饱和酒石酸介质中是可逆波，其还原与氧化波的半波电位都是 -0.42V；而在盐酸介质中是不可逆波，其还原与氧化波的半波电位分别是 -0.81V 和 -0.14V。

12.1.2 仪器组成

经典极谱仪由外加电源、电流计及电解池三部分组成，如图 12-4 (a)所示。

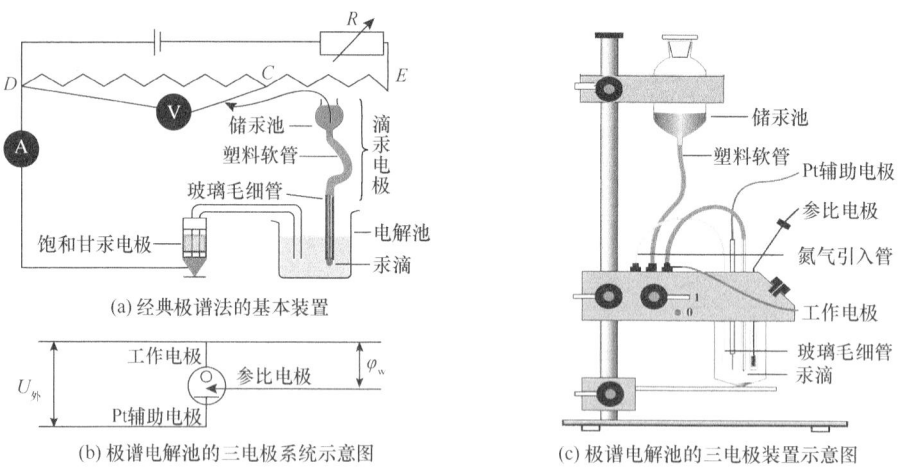

图 12-4 极谱仪组成示意图

图 12-4(a)中，直流电源 E、串联可变电阻 R 和滑线电阻 DE 构成电位计回路。加在两电极之间的电压可通过改变滑线电阻上触点 C 的位置进行调节，并可由伏特计测其数值，电解过程中电流的变化则由串联在电路中的检流计测量。另外，由于电解池中样品离子的浓度一般很低，因此溶液不需搅拌器。电解体系中，滴汞电极为工作电极[图 12-4 (a)]，饱和甘汞电极为参比电极。滴汞电极上端为储汞池，下端接一根厚壁塑料软管，塑料软管下端

接一内径约为 0.05mm 的玻璃毛细管。电解时,汞从毛细管中有规则地滴落(汞滴生长周期 3~5s,流量 1~3mg/s)。为防止汞氧化,滴汞电极电位一般小于+0.4V(vs. SCE)。目前,极谱电解池多采用三电极系统[图 12-4 (b)和 (c)],该系统以面积较小的滴汞电极为阴极(负极),以面积较大的甘汞电极为阳极(正极),另外再引入辅助电极(又称对电极)构成第三电极,以保证在极谱分析时形成稳定的极谱波。外加电压 $U_{外}$ 加在工作电极和辅助电极之间。当 $U_{外}$ 足够大时,回路中通过电解电流,且

$$\varphi_{外} = \varphi_{c} - \varphi_{w} + iR \tag{12-9}$$

其中,φ_c 和 φ_w 分别为辅助电极与工作电极的电位。极谱波实际上是 i 与 φ_w 的关系曲线。其中,i 很容易由 W(工作电极)-C(辅助电极)电解电路得到,困难的是如何准确地测量 φ_w,且不受 φ_c 和 iR 降的影响。为此需将参比电极放置于电解池中,组成 R(参比电极)-W(工作电极)电位监测回路。此回路阻抗很高,流过的电流可以忽略不计。显然,此监测回路可以随时显示出电解过程中工作电极对参比电极的电位 φ_w。现代极谱仪中,通常使 φ_w 以一定速度变化,即等速扫描,并要求 $U_{外}$ 也是同步线性变化。这一过程由运算放大器构成的实际电路实现 φ_w 等速扫描,信号通过辅助电极系统以适当的方式反馈给外加电压扫描器,可达到 $U_{外}$ 同步线性变化的目的。

12.1.3 定性分析

不同物质有不同的还原电位,且此还原电位随物质浓度不同而稍有不同。与此不同的是,当温度和支持电解质浓度一定时,极谱波的半波电位与分析物浓度和所使用仪器(如毛细管、检流计等)的性能无关,而取决于分析物的性质。不同物质具有不同的半波电位,所以,极谱法可以利用半波电位进行定性分析。

12.1.4 定量分析

1) 直接比较法

极谱图上的极限扩散电流即为极谱波高,所以扩散电流 i_d 可由极谱波高 h 来代表,式(12-8)可写成

$$h = Kc \tag{12-10}$$

其中,K 为比例常量;c 为溶液浓度。式(12-10)即直接比较法定量分析的基础。定量分析时,用一个已知浓度(c_s)的标液和未知浓度(c_x)的试液,在完全相同的实验条件下分别作出极谱图,并测出谱图波高 h_s 和 h_x,然后根据式(12-10)可求出 c_x

$$c_x = h_x c_s / h_s \tag{12-11}$$

直接比较法简单易行,适宜单个或少量样品的分析。但这种方法要求标液与试液的基本组成要尽可能一致,并且在相同的实验条件下实验,否则误差较大。

2) 标准曲线法

此法适合分析大量同一类样品,具体方法是配制一系列标液,在相同实验条件下记录极谱波,分别测得波高 h 并绘出波高-浓度(h-c)工作曲线,然后在同一实验条件下,测得未

知溶液的极谱波高 h_x，再由工作曲线求出相应的浓度 c_x。

3) 标准加入法

以 V_x mL 浓度为 c_x 的试液实验绘制极谱图，然后加入浓度为 c_s 的标液 V_s mL，再在相同的条件下实验，并测出加入标液前后极谱图波高 h 和 H。由式(12-10)得

$$h = kc_x, \quad H = K(c_x V_x + c_s V_s)/(V_x + V_s) \tag{12-12}$$

由此有

$$c_x = hc_s V_s / \left[H(V_x + V_s) - hV_x \right] \tag{12-13}$$

应用标准加入法时，因为标液的加入量相比底液而言较少，引起底液浓度的改变可以忽略不计，而且两次极谱测定的条件基本一致，所以标准加入法准确度较高，适用于测定单个或少量样品，也较适用于复杂组分样品的测定。需要说明的是，虽然标液的加入量相对较少，但其加入量也不宜太少，否则波高差值小，测量误差大。加入量也不宜太大，否则引起底液浓度改变，而且不能在同一灵敏度下记录两次测定的极谱波高。

12.1.5 特点及应用

作为一种最早发现和使用的特殊的伏安法，极谱法有许多优点，如：①电极表面可以更新；②电极表面积可以由汞滴的质量计算出来；③分析速度快、汞消耗少、电极干扰小；④能与许多金属形成汞齐而降低这些金属的还原电位；⑤氢在汞上的高过电压使得许多其他金属电极上难以还原沉积的离子能在汞滴上还原；⑥操作简单，装置成本低。当然，极谱法的不足也很明显，如：①对汞的纯度要求非常高；②汞滴的面积随着汞滴大小的变化而不断变化；③汞易被空气氧化而堵塞毛细管；④有汞中毒风险。经典极谱法存在的不足很大程度地限制了其应用。

极谱法在发展中出现了许多新的方法，如单扫描极谱法(示波极谱法)、方波极谱法、脉冲极谱法、溶出伏安法和循环伏安法等。这些方法在信噪比、分辨率和分析速度等方面得到了显著改善，大大扩展了极谱分析的应用范围。原则上，凡是能在滴汞电极上发生氧化还原反应的物质均可用极谱法进行测定。在有利的环境下，极谱法可以检测和测定低至 10^{-6} mol/L 的电活性物质。极谱法可以鉴定大多数化学元素，也可以用来研究溶液中的化学平衡和反应速率，广泛用于分析合金中的痕量金属，包括超纯金属、矿物/冶金、环境分析、食品、饮料和体液、毒理学和临床分析等。

12.2 循环伏安法

伏安分析法(voltammetry)简称伏安法，是以参比电极和小面积工作电极组成电解池电解稀样品溶液，以获得电流-电压或电位-时间曲线来确定电解液中待测组分浓度，从而实现分析测定的电化学分析法。当伏安法中的工作电极为滴汞时，伏安法即为极谱法，是伏安法的特例。一般来说，伏安法是在两个电极之间的电位变化时测量电流的任何技术，包括循环伏安法、线性扫描伏安法和基于此的许多其他方法，如阶梯伏

安法、方波伏安法和快速扫描循环伏安法等。这些伏安法中,当电位激励信号为三角波激励信号时,得到反映电流响应与电位激励信号关系的伏安曲线,以此曲线进行电化学定性和定量分析的方法称为循环伏安法(cyclic voltammetry)。这里仅介绍循环伏安法。

12.2.1 基本理论

1. 循环伏安图与兰德尔斯-舍夫契克方程

根据能斯特方程,对于一般氧化或还原(氧化还原)反应,标准电位与电极/溶液界面上反应物 A 和产物 B 的浓度有关。对于电极反应:$a\mathrm{A} + ne^- \rightleftharpoons b\mathrm{B}$,其电极电位为

$$\varphi = \varphi^{\ominus\prime} - \frac{2.303RT}{nF}\lg\frac{[\mathrm{B}]^b}{[\mathrm{A}]^a} \tag{12-14}$$

其中,φ 为电极电位(V);$\varphi^{\ominus\prime}$ 为条件电极电位(V);R 为摩尔气体常量;T 为热力学温度(K);n 为参与电极反应的电子数;F 为法拉第常量。$[\mathrm{B}]^b/[\mathrm{A}]^a$ 代表产物与反应物的比值,上标为各自的化学计量比。当浓度足够低(<0.1mol/L)时,此比值可以用来代替活度比。标准温度和压力下,式(12-14)可写成

$$\varphi = \varphi^{\ominus\prime} - \frac{0.0592}{n}\lg\frac{[\mathrm{B}]^b}{[\mathrm{A}]^a} \tag{12-15}$$

当电子转移的动力学足够快,使得氧化物质的浓度和还原物质的浓度平衡时,上述电化学反应本质上是可逆的。此时,若对电化学体系施以线性扫描电压[图 12-5 (a)],并以恒定的电压变化速率扫描,当扫描电压达到某设定的终止点电位时,再反向回扫至某一设定的起始点电位,则会得到电流-电压极化曲线,即伏安曲线,也称循环伏安图。由于电压是双向扫描,因此得到的伏安曲线为一个"鸭形"的双向伏安曲线,如图 12-5 (b)所示。

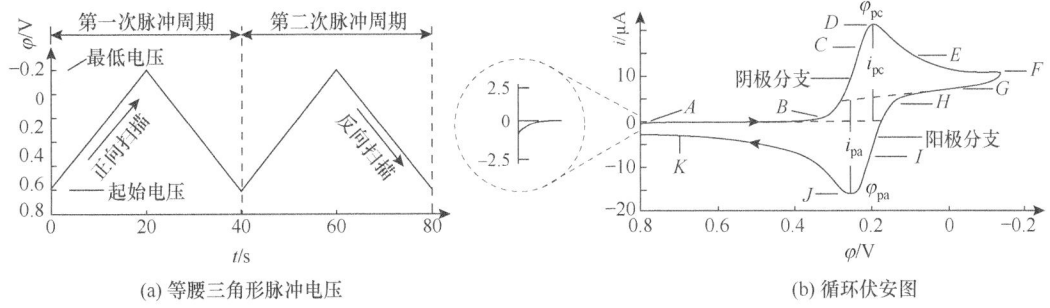

图 12-5 循环伏安法扫描电压和循环伏安图[6]

图 12-5 (b)中,φ_{pc} 和 φ_{pa} 分别为阴极与阳极峰值电位。i_{pc} 和 i_{pa} 分别为阴极与阳极峰值电流。这里 p 代表峰值,a 代表阳极,c 代表阴极。峰电流 i_{p} 可由兰德尔斯-舍夫契克(Randles-Sevcik) 方程描述

$$i_p = 2.69 \times 10^5 A c n^{2/3} D^{1/2} v^{1/2} \tag{12-16}$$

其中，n 为参与电极反应的电子数；A 为电极面积(cm^2)；c 为物质浓度(mol/mL)；D 为扩散系数(cm^2/s)；v 为电压扫描速率 (V/s)。

2. 循环伏安过程

在线性扫描电压范围内，当工作电极电位不断随扫描变负时，电解液中某物质在电极上发生还原的阴极过程，得到图 12-5 (b)上部的 i-φ 曲线(阴极分支)。当外电压反向扫描时，在电极上发生使还原产物重新氧化的阳极过程，得到图 12-5 (b)下部的 i-φ 曲线(阳极分支)。即电压向负电压方向正向扫描(也称前扫)时，氧化态物质在电极上可逆地还原生成还原态物质；电压向正电压方向反向扫描(也称反扫或回扫)时，在电极表面生成的还原态物质则被可逆地氧化为氧化态。通过施加一次三角波电压扫描，便完成了一个氧化还原过程的循环，故将此伏安法称为循环伏安法。由循环伏安法所得极化曲线中出现峰电流的原因和单扫描极谱法完全一样，其氧化波的峰电流也是由于扫描速率较快，在电极表面附近氧化物质的扩散层变厚所致。下面以 6mmol/L $K_3Fe(CN)_6$ 和 1mol/L 的 KNO_3 溶液为电解液时，对电解池两电极施加三角波电压激励后的信号图来说明循环伏安曲线的产生过程。实验用工作电极为抛光的铂电极，参比电极为饱和甘汞电极(SCE)。电压线性变化范围是+ 0.8～- 0.15V(*vs*. SCE)[图 12-5 (a)]。电压从起始电位+0.8V[图 12-5 (b)中的 A 点附近]开始扫描时，产生一个小的阳极电流(负电流)。随着扫描电压继续变负，这一阳极电流迅速衰减至零。此负电流源自于水被氧化成氧而产生的电流。若起始扫描电压从更正的电压(如+0.9V)开始，则这一阳极电流增加得更快，起始电流也更负。扫描电压继续变负到+0.7～+0.4V，没有电解电流产生。这是因为在此电压范围内，没有可被还原或被氧化的电活性物质在电极发生电解反应。扫描电压从大约+0.4V[图 12-5 (b)中的 B 点]继续变负时，在阴极开始产生阴极电流(正电流)。这是因为在阴极上发生了还原反应

$$[Fe(CN)_6]^{3-} + e^- \rightleftharpoons [Fe(CN)_6]^{4-} \tag{12-17}$$

随着反应进行，电极表面的$[Fe(CN)_6]^{3-}$浓度迅速变小，阴极电位变得更负，电解电流(扩散电流)也迅速增加[图 12-5 (b) 中的 BD 曲线段]至峰电流值 i_{pc}[图 12-5 (b) 中的 D 点]。峰电流 i_{pc}由两部分组成，一部分源自电极表面的反应物维持其浓度至能斯特方程平衡浓度时产生的初始电流；另一部分源自反应物产生的扩散控制电流。峰电流 i_{pc} 随着电极表面扩散层不断增加而迅速下降[图 12-5 (b) 中的 DF 曲线段]。在电压前扫至最负值-0.15V[图 12-5 (b) 中的 F 点]后，电压开始回扫。虽然此时扫描电压在向正电压变化，但电解电流依然是阴极还原电流(正电流)。这是因为此时的电极电位依然是能引起$[Fe(CN)_6]^{3-}$离子还原的负值。当回扫电压继续变正，直到不能使溶液中的$[Fe(CN)_6]^{3-}$还原时，阴极电流才变为零。随后，聚集在电极表面附近的$[Fe(CN)_6]^{4-}$开始被氧化成$[Fe(CN)_6]^{3-}$，产生阳极氧化电流(负电流)并达到峰值i_{pa}[图 12-5 (b)中的 J 点]。随着电极表面所有$[Fe(CN)_6]^{4-}$都被氧化，阳极氧化电流逐渐减至最小(绝对值)。

12.2.2 仪器组成

循环伏安仪由三电极体系、电化学池和数据处理系统等组成[图 12-6 (a)]。

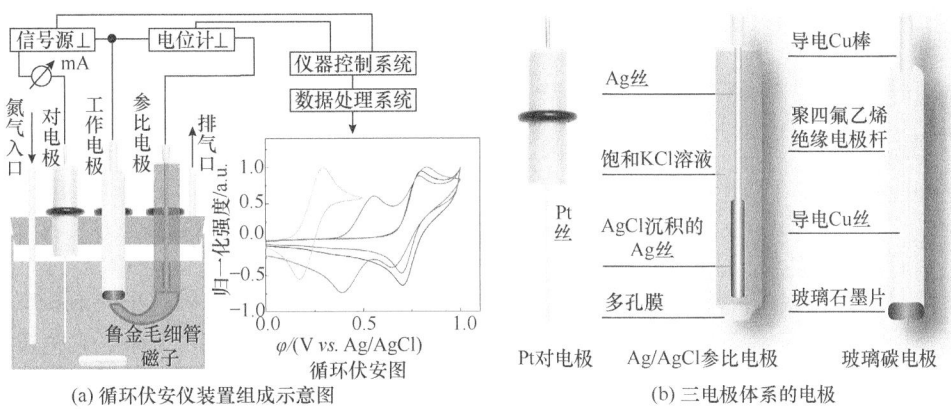

图 12-6 循环伏安仪装置组成示意图及三电极体系电极

1) 三电极体系

电化学分析中,当工作电流非常小时,由工作电极与参比电极可组成二电极体系。工作电极(又称研究电极或极化电极)表面发生待测物的氧化或还原反应,参比电极(又称去极化电极)用于控制电位,并与工作电极组成电流回路。当工作电流较大时,此时会对参比电极产生很大的极化影响,甚至会破坏参比电极。因此,必须采用一个附加电极即辅助电极(或称对电极),与工作电极组成电流回路,用于补偿工作电极电流。由此便构成了由工作电极、参比电极和辅助电极组成的三电极体系[图 12-6 (a)]。图 12-6 (b)为常用的三种电极的组成示意图。其中,工作电极除玻璃碳电极(简称玻碳电极)外,还有金电极和铂电极等,辅助电极常为铂电极,参比电极常为 Ag/AgCl 电极或饱和甘汞电极。测定时,从信号源产生的电流几乎全部从工作电极流到辅助电极,而只有非常微小(可以忽略)的电流会通过参比电极。从图 12-6 (a)可以看出,三电极体系构成了两个回路:一是电解回路(或称极化回路),由辅助电极、工作电极和信号电源构成,用以控制工作电极的极化电压并测量极化电流,保证工作电极上发生氧化还原反应;二是测量回路,由参比电极、工作电极和具有高电阻的电位测量仪器构成。通过此回路的电流非常微小(避免导致参比电极极化,破坏参比电极稳定性),用以测量工作电极相对于参比电极的电势。

2) 电化学池

电化学池是进行电化学测试的容器,其结构和性能直接影响测试结果的准确性。按照工作电极和辅助电极所处位置不同,电化学池可分为单室、双室和三室电化学池(图 12-7)。有时为了除去溶液中的溶解氧以消除氧波,电化学池还需装有脱气(通常是 N_2 或 Ar)装置。为了防止辅助电极和工作电极上的反应产物相互污染,可采用隔膜如烧结玻璃、离子交换膜和磨口玻璃活塞等将这两个电极室隔开[图 12-7 (b)]。此外,为了使每次实验时电极表面恢复初始条件,实验前需用搅拌子搅拌溶液以使溶液浓度均匀,待溶液静置一段时间后再进行实验,以确保实验的准确性和重复性。

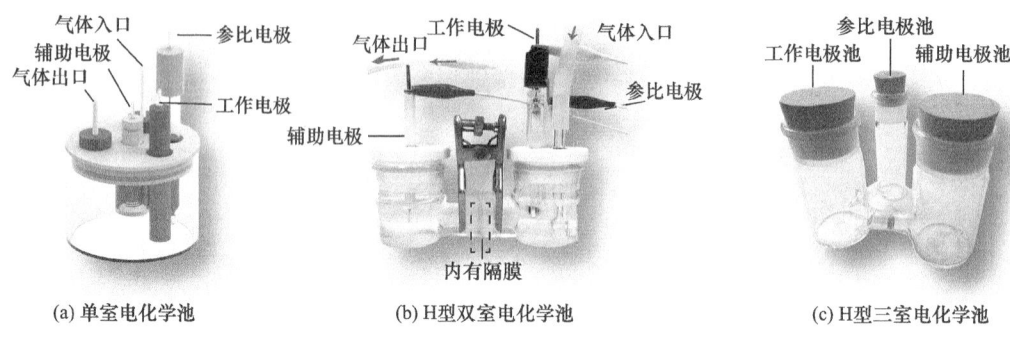

(a) 单室电化学池　　(b) H型双室电化学池　　(c) H型三室电化学池

图 12-7　几种常见的电化学池

当参比电极与工作电极处于不同电解室中时，常用盐桥连通两溶液以消除液接电位。此外，电解体系中常用鲁金毛细管(Luggin capillary)置于盐桥或参比电极末端，并使其管口应尽量靠近工作电极表面。鲁金毛细管也是盐桥的一种，其作用是减小溶液欧姆电压降。由于参比电极的测量回路中几乎没有电流通过，这样可用高阻伏特计测得较准确的电势。对于极稀的或低电导的溶液以及大电流下的极化测量，使用鲁金毛细管仍不能解决问题，这时应采用其他方法来减少溶液欧姆电位降，如采用运算放大器、电桥平衡电路或断电流法来实现对欧姆电阻的补偿。

12.2.3　特点及应用

循环伏安法有着"电化学谱"之称，已经成为许多研究领域中一种重要且广泛使用的电分析技术，通常用于各种氧化还原过程的研究，以确定反应产物的稳定性、氧化还原反应中中间体的存在、电子转移动力学以及反应的可逆性等。

1. 电极过程可逆性判断

可逆、准可逆和不可逆电极过程的循环伏安曲线(极化曲线)如图 12-8 所示。

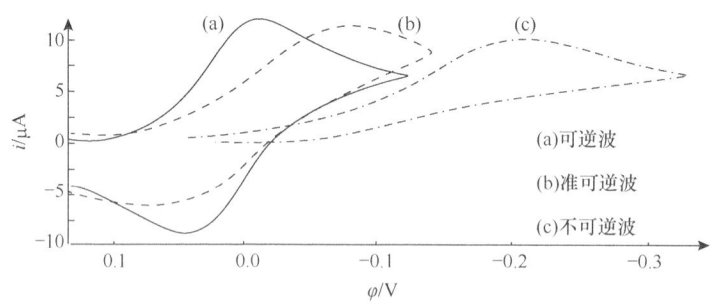

图 12-8　不同可逆程度的循环伏安曲线比较

(1) 可逆电极过程的循环伏安曲线上下对称[图 12-8 (a)]，峰电流 i_{pc} 和 i_{pa} 满足

$$\left| i_{pc} / i_{pa} \right| \approx 1 \tag{12-18}$$

循环伏安图中阴极支和阳极支的峰电位 φ_{pc} 和 φ_{pa} 分别为

$$\varphi_{pc} = \varphi_{1/2} - 1.1RT/nF, \quad \varphi_{pa} = \varphi_{1/2} + 1.1RT/nF \tag{12-19}$$

25℃时,

$$\Delta\varphi_p = \varphi_{pa} - \varphi_{pc} = 2.2RT/nF = 56.5/n \tag{12-20}$$

其中，$\Delta\varphi_p$为峰电位差(mV)，其值与电压循环扫描时的切换电位(图12-5中的F点电位)有关。理论和实验证明，当切换电位较φ_{pc}负100/n mV以上时，$\Delta\varphi_p$将为59/n mV。式(12-18)与式(12-20)即为可逆体系的基本特征。一般来说，由于$\Delta\varphi_p$与实验条件有关，因此当其数值为55～65mV($n=1$)时，即可判断该电极反应为可逆过程。此外，可逆电极过程的峰电位、峰电位差均与电压扫描速率无关，并由此可以求得可逆电极反应的条件电极电位($\varphi^{\ominus\prime}$)为

$$\varphi^{\ominus\prime} = (\varphi_{pa} + \varphi_{pc})/2 \tag{12-21}$$

(2) 对于准可逆电极过程，25℃时，$59/n < \Delta\varphi_p < 120/n$，其循环伏安曲线形状[图12-8 (b)]与可逆程度有关。一般地，$\Delta\varphi_p$越接近$59/n$ mV，循环伏安曲线上下对称程度越好。准可逆波的峰电位随电压扫描速率v的增加而变化，阴极峰电位负向变化，阳极峰电位正向变化。此外，随电极反应性质的不同，峰电流的绝对值之比可大于、等于或小于1，但均与$v^{1/2}$成正比。这是因为准可逆波的峰电流仍受扩散速率控制。

(3) 不可逆电极过程的循环伏安曲线上下不对称[图12-8 (c)]，且$\Delta\varphi_p$比式(12-20)的数值要大很多。电压回扫时，阳极峰电流减小甚至消失。因此，不可逆波一般无回扫峰，但峰电流i_p仍与$v^{1/2}$成正比。不可逆波的峰电位φ_p随电压扫描速率v的变化而变化。当v增加时，φ_p明显变负。根据φ_p与v的关系可以计算准可逆和不可逆电极反应的速率常数k。

2. 研究电极吸附现象

当电极反应的反应物或产物可以在电极表面吸附时，用循环伏安法研究电极吸附现象可以得到清晰的结果，如图12-9所示。当反应物在电极表面发生弱吸附时[图12-9 (a)]，循环伏安曲线的变化不大，只是阴极峰(还原峰)电流略有增加。这是因为此时的阴极峰电流是由电极上吸附反应物的还原和溶液中反应物扩散到电极表面还原两部分组成，因此比单纯扩散过程的峰电流要高一些。随电压扫描速率的增加，扩散电流在总还原电流中所占的比重逐渐减小。在扫描速率足够高的情况下，吸附反应物引起的还原电流变为总电流中的主要成分，i_p不再与$v^{1/2}$成正比，而是与扫描电压U成正比。反之，当扫描速率足够慢，由于吸附反应物很快被消耗，电极上的还原电流主要由溶液中的扩散过程所提供，因而电流具有纯扩散电流的性质，即i_p与$v^{1/2}$成正比。当反应物在电极上吸附时，氧化电流峰基本不变。与此类似，当产物在电极表面发生弱吸附时[图12-9 (b)]，循环伏安曲线的变化也不大，只是阳极峰(氧化峰)电流略有增加，但基本上不影响还原峰。

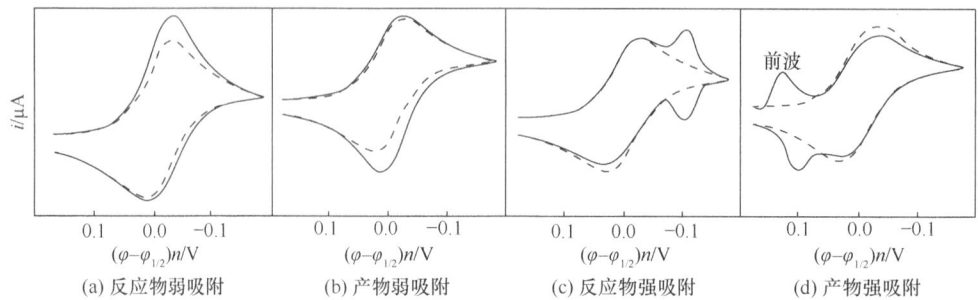

(a) 反应物弱吸附　　(b) 产物弱吸附　　(c) 反应物强吸附　　(d) 产物强吸附

图 12-9　利用循环伏安曲线研究电极表面的吸附现象(虚线为扩散电流)[7]

当电极表面发生强吸附时，反应物或产物的强吸附会在极化曲线上出现第二个峰。当反应物在电极表面发生强吸附时[图 12-9 (c)]，在阴极支上的电势主峰更负处将出现一个附加的电流峰，它相当于吸附物的还原。而在阳极支上，除对应于扩散电流峰出现一个阳极峰外，对应于吸附峰也出现一个阳极峰，后者是还原产物被重新氧化成吸附态而产生的电流。与此类似，当产物在电极表面发生强吸附时[图 12-9 (d)]，在比扩散电流峰电势更正的电势区产生一对附加的吸附电流峰，其电流的大小取决于反应物的浓度、吸附自由能的大小和扫描速率等。

3. 电极反应机理和电极过程动力学研究

例如，西帕米[Xipamide，XIP，5-(氨基磺酰基)-4-氯-N-(2, 6-二甲基苯基)-2-羟基苯甲酰胺]是一种非噻嗪类利尿剂，相比于噻嗪类利尿剂具有更强的利钠作用，起效缓慢但持续作用时间更长。它用于治疗高血压和源自心脏、肝脏或肾脏的水肿。对西帕米的测定方法只有很少的几种，如高效液相色谱、紫外-可见光谱法、荧光光谱法和光密度法等。利用循环伏安法可以对西帕米的电极反应机理和电极过程动力学进行研究。图 12-10 为以玻碳电极为工作电极，电压扫描速率为 240mV/s 时西帕米的循环伏安图和塔费尔(Tafel)图。

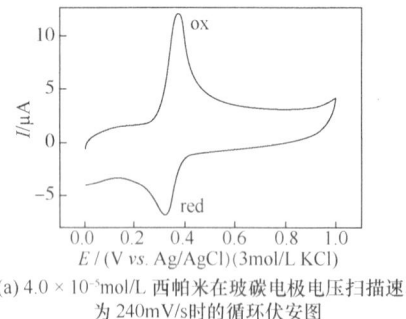

(a) 4.0×10^{-5}mol/L 西帕米在玻碳电极电压扫描速率　　(b) 塔费尔图
为 240mV/s 时的循环伏安图

图 12-10　西帕米的循环伏安图及塔费尔图[8]

图 12-10 (a)中，反向扫描显示了一个阳极峰[阳极峰值电流(I_{pa}) = 12.016μA，阳极峰值电位(E_{pa}) = 0.375V]和阴极峰[阴极峰值电流(I_{pc}) = 6.808μA，阴极峰值电位(E_{pc}) = 0.321V]。参与反应的电子可以用公式 $W_{1/2} = 62.4/\alpha n$ 计算[9]，其中 $W_{1/2}$ 是半峰宽，n 是转移的电子数，α 是电子的转移系数，其值为 0.4~0.6。塔费尔区受西帕米和玻碳电极

之间电子转移动力学的影响。西帕米氧化和还原过程中转移的电子数(α = 0.5)计算为 n = 1.05 和 n = 1.17，这表明在西帕米氧化还原过程中 n = 1。塔费尔图由正过电位的阳极部分和负过电位的阴极部分组成。塔费尔图线性区域的斜率可用于计算 α 值[9]、氧化斜率 = $n(1-\alpha)F/2.3RT$ 和还原斜率 = $-\alpha nF/2.3RT$。在 n = 1 时，氧化和还原过程的 α 值分别为 0.38 和 0.66。α 平均值为 0.52。因此，在氧化还原过程中只使用了一个电子，西帕米显示了可逆的氧化反应，并表明氧化发生在酰胺基氮原子上，在氮原子上产生阳离子自由基，随后是水作为亲核试剂进攻氮原子，生成 4-氯-2-羟基-5-氨磺酰苯甲酸和 2, 6-二甲基苯胺(图 12-11)，这就导致了正向和反向响应的峰值电流和峰值形状的差异。

图 12-11 西帕米在玻碳电极上的反应机理示意图[8]

【挑战性问题】

微小核糖核酸(microribonucleic acid，miRNA)自从被发现以来，其多项功能，特别是在癌症方面的功能已经在世界范围内被研究。由于 miRNA 通过多种遗传机制导致肿瘤发生，因此其在血清或血浆中的表达谱可作为癌症的潜在非侵袭性诊断和预后生物标志物。但 miRNA 作为癌症生物标记物在癌症患者血液中的浓度非常低(83～166zmol/mL，1zmol/mL = 10^{-21}mol/mL)，因而对其检测需要具有高灵敏度的检测方法。在各种检测方法中，免标记电化学检测方法是一种值得关注的方法。例如，以肽核酸探针和 6-羟基-1-已硫醇修饰的微电极阵列芯片为工作电极，通过利用循环伏安法中双电层电容的电位差ΔE评价肽核酸杂交免标记检测 zmol 浓度级 miRNA 的灵敏度就显示出比传统评价方法明显的优势。图 12-12 为微电极阵列芯片的扫描电子显微镜图，图 12-13 (a) 为微电极阵列芯片作工作电极的循环伏安图，图 12-13 (b) 为微电极阵列芯片检测 miRNA 灵敏度评价方法相关图[10]。请根据所引用文献对这些图进行解读，并阐述微电极阵列芯片制作流程和以电位差ΔE评价灵敏度的理论依据。有关微电极阵列芯片的更多介绍见第 13 章。

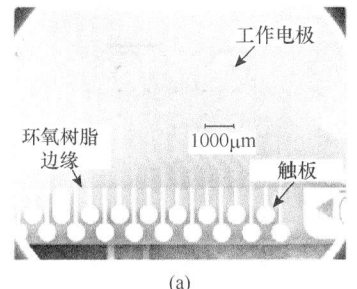
(a)
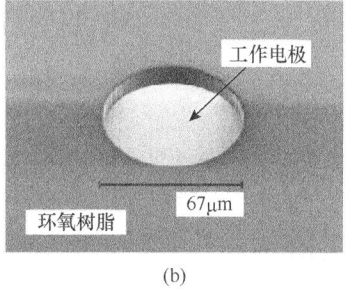
(b)

图 12-12 微电极阵列芯片 SEM 图

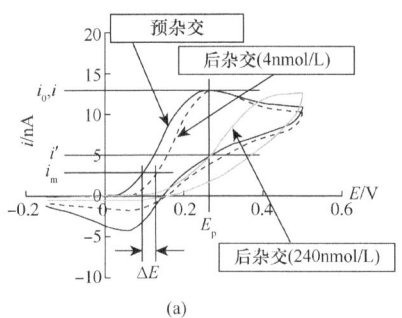 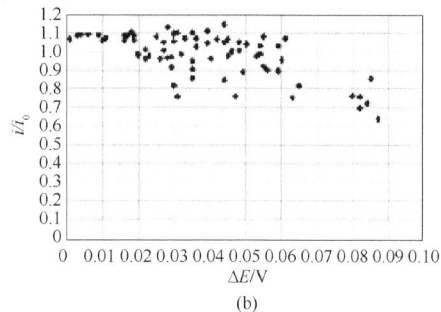

图 12-13 微电极阵列芯片作工作电极的循环伏安图及其检测 miRNA 灵敏度评价方法相关图

【一般性问题】

1. 极谱分析中，产生浓差极化的条件是什么？

2. 极谱分析所用的工作电极的面积应该很小，而参比电极的面积应该很大，为什么？

3. 可逆极谱波与不可逆极谱波有什么根本区别？不可逆极谱波是否能用于定量分析？

4. 什么是充电电流？可以采取哪些方式尽可能地降低或消除充电电流从而提高分析灵敏度？

5. 怎样区分电极过程的可逆性与不可逆性？

6. 在 pH = 4 的乙酸-乙酸盐缓冲溶液中，IO_3^- 还原为 I^- 的极谱波的半波电位为 −0.44V(vs. SCE)，试根据能斯特方程判断此极谱波的可逆性。已知：$\varphi^{\ominus}_{IO_3^-/I^-} = 1.09\text{V}$。

参 考 文 献

[1] Fick A. Ueber Diffusion. Annalen der Physik, 1855, 170(1): 59-86.

[2] Fick A V. On liquid diffusion. The London, Edinburgh, and Dublin Philosophical Magazine and Journal of Science, 1855, 10 (63): 30-39.

[3] Faraday M V. Experimental researches in electricity. Sixth series. Philosophical Transactions of the Royal Society of London, 1834, 124: 55-76.

[4] Ilkovič D. Sur la valeur des courants de diffusion observés dans l'électrolyse à l'aide de l'électrode à gouttes de mercure. Étude polarographique. Journal De Chimie Physique, 1938, 35: 129-135.

[5] Tomeš J. Polarographic studies with the dropping mercury kathode. LXVII. Equation of the polarographic wave in the electrodeposition of hydrogen from strong and weak acids. Collection of Czechoslovak Chemical Communications, 1937, 9: 150-167.

[6] Kissinger P T, Heineman W R. Cyclic voltammetry. Journal of Chemical Education, 1983, 60 (9): 702.

[7] Wopschall R H, Shain I. Effects of adsorption of electroactive species in stationary electrode polarography. Analytical Chemistry, 1967, 39 (13): 1514-1527.

[8] Attia A K, Hendawy H M. Electrochemical characterization of xipamide using cyclic and square wave voltammetry. Research & Reviews in Electrochemistry, 2017, 8 (1): 11.

[9] Bard A J, Faulkner L R. Electrochemical Methods: Fundamentals and Applications. 2nd ed. New York: Wiley, 2001.

[10] Takase S, Miyagawa K, Ikeda H. Label-free detection of zeptomol miRNA via peptide nucleic acid hybridization using novel cyclic voltammetry method. Sensors (Basel, Switzerland), 2020, 20 (3): 836.

第13章 微/纳米电极及电化学分析联用技术简介

近年来,随着各种新材料、新表征手段的不断出现,电化学分析法出现了许多新的理论、研究方法及新的应用。这里仅简单介绍近年来电化学电极方面研究较多的微/纳米电极及其阵列传感器、纳米生物传感器以及电化学分析法与其他分析法联用的技术。

13.1 微/纳米电极

微电极和纳米电极的研究虽然始于20世纪六七十年代,但依然是目前研究的热点之一。这在很大程度上是由于微/纳米电极比传统尺寸电极具有更明显的优势,如比背景电流低、传质速率快、电压降小、灵敏度高和时间分辨率高等。此外,它们能够在小的受限空间中进行电化学实验,且消耗样品量少。例如,在单个囊泡、生物细胞或单个液滴内检测法拉第反应[1],而这些是用传统电极很难甚至不可能完成的。微/纳米电极还具有对样品破坏性小的特点,因而可进行活体测量(如在脑中的间质液中[2])和制作植入装置(如用于葡萄糖测量或药物输送监测[3])。目前,微/纳米电极及其阵列传感器等在生物传感、生物细胞检测、固体电化学及扫描探针显微镜等领域有广泛的研究和应用。

13.1.1 微电极

微电极是采用铂丝、碳纤维或敏感膜制作的直径在50μm以下的电极。而电极的一维尺寸在微米或纳米级(10nm~25μm)的电极为超微电极,包括后面要介绍的纳米电极。超微电极更广泛被接受的定义是指电极尺寸小于其扩散层厚度的电极。微电极种类多,按其制作材料不同可分为微铂、金、银、钨电极以及微碳纤维电极;按电极的形状不同,可分为微圆盘电极、圆环电极、圆柱电极、球形电极以及组合式微电极。

微电极尺寸小,可在生物活体测量中进入单个细胞做无损分析,这对生命科学研究很有价值。例如,神经电刺激是一种正在不断发展的技术,其在诸如帕金森病的神经障碍性治疗中具有有益的效果。通常采用的神经刺激技术中,其采用的元件如大脑内部用以维持大脑与机器之间联系的植入电极,以及与之相连的体外控制器都有电缆相连,而这在大脑活动时会导致炎症。随着时间的推移,这种炎症会恶化并且导致神经组织中的瘢痕形成。但如果采用一种直径为7~8μm或大约为神经元尺寸(17~27μm)的无线缆碳纤维超小电极植入物[4],并利用有机生物光电子的光电效应来激活神经细胞的光刺激,以取代传统的电刺激,则可减轻传统方法造成的损害,为探索神经系统中神经回路提供了新方法(图 13-1)。图 13-1 中的(a)、(b)、(c)和(d)是在活体模拟研究中,围绕超微电极尖端的一个紧密、固定区域的神经细胞在功率为 20mW、波长为 900nm 的双光子光刺激与传统的电刺激效果比较,其中(a)、(b)为由无线轴突电极植入 GCaMP3(图中绿色区域)转基因小鼠中,并在 20mW 和 800nm 下的成像图。图 13-1(d)显示,在光刺激下,植入转基因小鼠组织的无线轴突电极尖端呈现模拟细胞的活动,而且电极尖端离细胞越近,光刺激细胞的效果越明显。但采用图 13-1(b)中的非碳纤维玻璃伪电极和图 13-1(c)中传统电极的电刺激则观察不到这种现象。

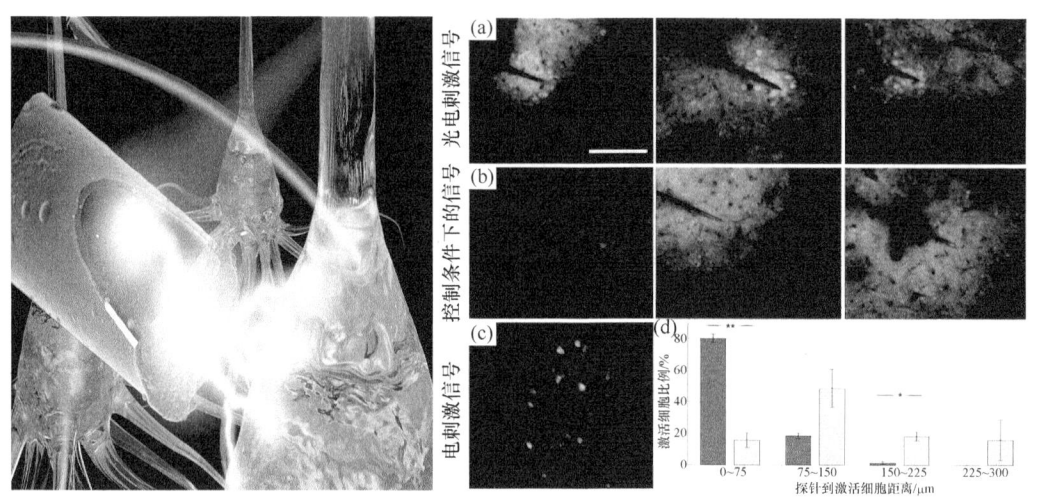

图 13-1　微电极在脑神经细胞刺激方法中的应用

13.1.2　纳米电极

纳米电极是指电极尺寸小于 100nm 的电极。近年来,出现了一些令人兴奋的纳米电极,如碳纤维纳米尖端电极和空腔碳纳米吸管电极等。

1. 碳纤维纳米尖端电极

由碳纤维制成的微/纳米电极已在神经科学研究中广泛用于确定氧消耗、活性氧和氮物种以及体内和体外电化学活性神经递质(neurotransmitter)的分析检测。这类电极在单细胞定量分析、胞吐的定量研究中也有广泛应用。胞吐作用(exocytosis)是神经元之间化学通信的主要手段。分离的神经内分泌细胞是研究胞吐作用的模型系统。这些细胞中最突出的细胞质细胞器是分泌颗粒,其中儿茶酚胺与色粒蛋白、神经肽、腺嘌呤核苷酸和钙形成储存复合物。在胞吐过程中,这些致密的核心颗粒与细胞膜融合,将细胞内物质释放到细胞外空间以传播生物信号。碳纤维微电极可以倾斜成圆盘几何形状,并以"人工突触"的配置直接放置在细胞上,以实现对单个胞吐事件的实时电化学定量分析。碳纤维微电极因此成为电流分析法监测胞吐事件不可或缺的工具。然而,碳纤维微电极并不能对天然细胞内环境中囊泡神经递质的化学选择性进行测量,电极的尺寸也不允许细胞内电化学测量,因而不能通过电流分析法区分细胞内释放的儿茶酚胺。但是尺寸更小的碳纤维纳米电极可以插入单细胞中(图13-2),对胞质溶胶中遇到的单个分泌颗粒进行伏安取样,同时明确排除细胞外环境的干扰。这充分显示了碳纤维纳米电极的优势。

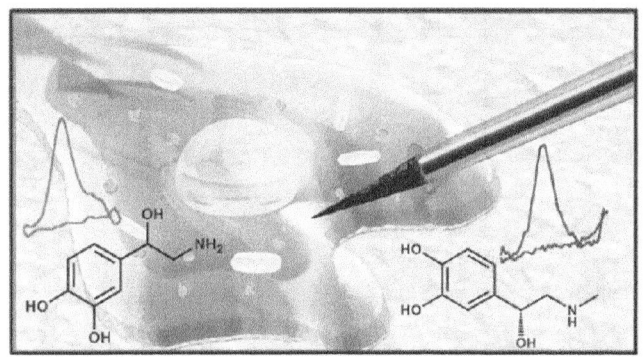

图 13-2 碳纤维纳米电极实时识别囊泡内物质的原理示意图[5]

2. 空腔碳纳米吸管电极

空腔碳纳米吸管电极是指尖端直径为几百纳米的空腔碳纳米管道电极。它由相当于几个吸管半径深度的空腔(也称纳米取样器)或开口管(尺寸基本上无限)几何体组成(图13-3)。空腔碳纳米吸管电极通过电极尖端取样,取样性能取决于空腔的深度,即电极尖端纳米碳的直径相当于电极的空间分辨率。快速扫描循环伏安实验表明,空腔碳纳米吸管电极的空腔或开口管的几何形状在纳米电极内部提供了大的活性炭表面积,使小空腔能捕获并增加局部多巴胺浓度,从而改善电流,但捕获不会减缓时间响应(约为几秒)。电极对多巴胺具有足够的时间分辨率和敏感性。由于增强的电场和多巴胺的氧化还原循环(图13-4),电极对多巴胺的检测具有高选择性(相对于抗坏血酸)。空腔碳纳米吸管电极广泛用于生物分析 (如在单细胞、单个囊泡或单个突触水平上定位检测神经递质)、纳米电化学和扫描探针显微镜等领域。

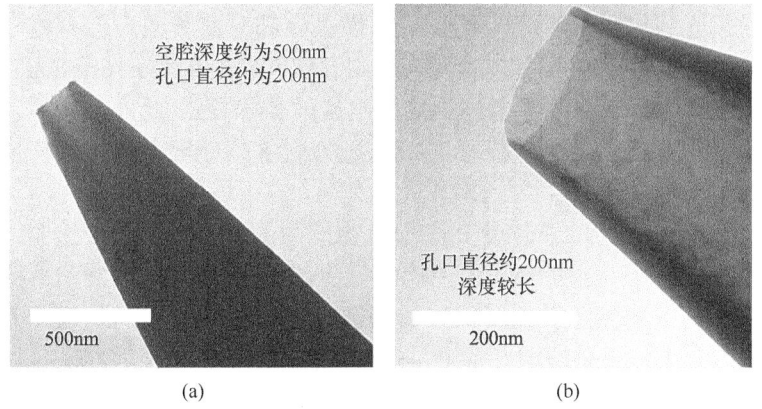

图 13-3 空腔碳纳米吸管电极和开口碳纳米吸管电极透射电镜图[6]

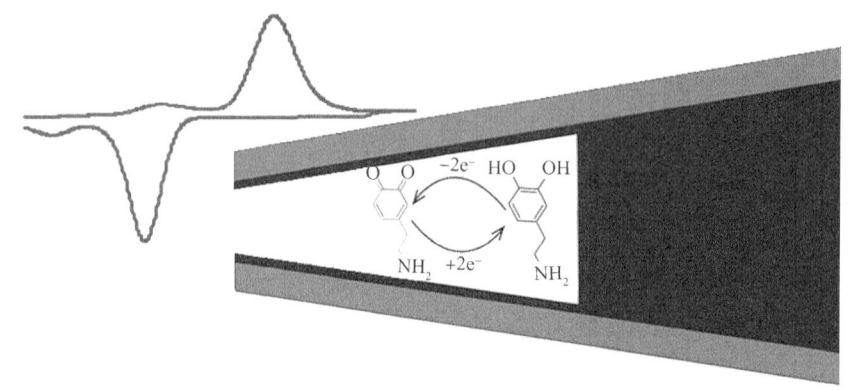

图 13-4 由空腔碳纳米吸管电极捕获的多巴胺的氧化还原循环示意图[6]

13.2 微/纳米电极阵列传感器

近年来,随着微/纳米尺度加工技术的快速发展,微/纳米电极阵列传感器应运而生。与传统电极相比,微/纳米电极阵列表现出独特的电化学特性,如在不同生物级别(细胞、组织或器官等)的生物分析中具有高时空分辨率、高选择性的原位和实时动态监测能力。例如,要在电路水平上理解大脑功能,需要对大量密集分布的神经元进行时间分辨的同时进行测量。为了减少电极对脑组织的显著损伤,需要电极尺寸小于生物基质尺寸。采用非常规的超柔性器件架构与电子束光刻技术相结合,就可以制备用于高密度皮层内记录的、具有密集电极的超柔性电极阵列[7](图 13-5)。阵列中电极(探针)的横截面积小于 10μm², 且多探针植入时允许探针间距为 60μm。实验表明,这种尺寸的电极阵列在以高信噪比记录生理动作电位的同时,不会引起慢性神经元变性等脑组织明显损伤。微/纳米电极阵列可以通过自下而上的制造技术来制备,这其中主要涉及电极材料(金属、碳、陶瓷等)在模板或衬底(硅、玻璃、聚合物、陶瓷等)的顶部、底部或中间夹层结构上的层沉积或生长过程。纳米电极阵列制备的方法包括光刻、纳米压印剥离、聚焦离子束、电子束光刻等。其中,光刻(photolithography)是一种常用技术,它包括表面绝缘技术和通过光致抗蚀剂和光源曝光选择性去除部分薄膜或大部分衬底的微米孔钻孔技术。其他制备技术还有沉积、成膜、烧制、丝网印刷(screen printing,一种用厚膜技术将导电活性物质印制在绝缘基体上制备电极的技术)等。此外,喷墨和 3D 打印技术可在微观尺度上实现复杂的电极图案,已成为制备高分辨率微结构阵列电极的强有力工具。

微/纳米电极阵列独特的特性使其成为生物应用的有效电化学传感器,促进了体外和体内生物传感的研究。近年来,由便携式微/纳米电极阵列传感器和可穿戴智能设备的小型化所产生的智能传感受到了极大的关注,该传感器具有与护理点系统(point-of-care system)相结合的能力。护理点系统是一种医院(或门诊)信息系统,包括床边终端或其他设备,用于在患者接受护理的位置捕获和输入数据。例如,一种面向代谢物连续监测的可佩戴多路生物柔性传感器阵列系统(图 13-6)包括信号调节、处理和传输部分,

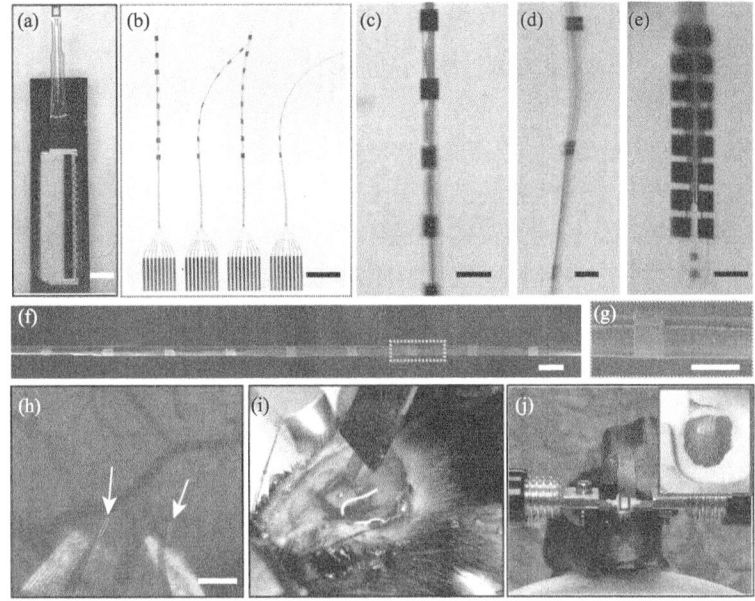

图 13-5 用于高密度皮层内记录的超柔性电极阵列及其植入活体鼠脑实验

可以运行三个分立的电化学电池,用于连续监测人体的葡萄糖、乳酸盐、pH 和温度等,为个人健康和健康跟踪提供可靠、非侵入性、小型化、移动和廉价的生化物连续监测。

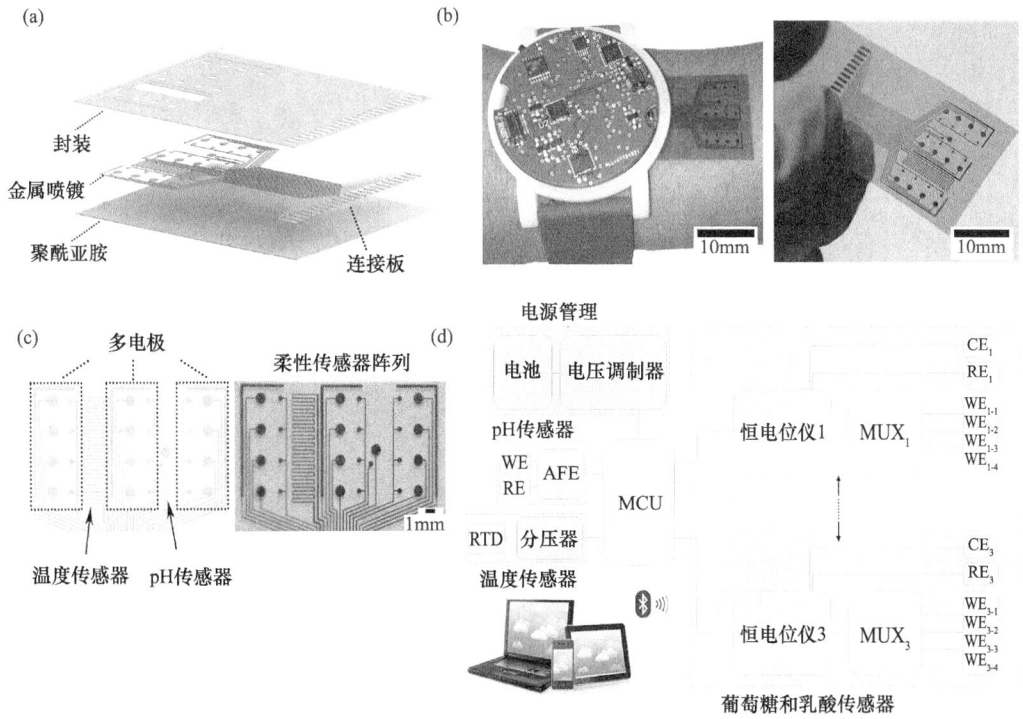

图 13-6 一种面向代谢物连续监测的可佩戴多路生物传感器阵列系统框架示意图[8]

13.3 纳米生物传感器

纳米生物传感器是基于纳米技术和纳米材料(如纳米粒子、纳米管和量子点)的纳米级(10^{-9}m)生物传感器。与传统的生物传感器相比,纳米生物传感器增强的灵敏度、特异性和稳定性等特点为极低浓度分析物的快速检测提供了可能,也促进了其在临床诊断、环境监测、食品分析、法医学和农业监测系统等不同领域的应用。

13.3.1 基于纳米多孔膜的生物传感器

多孔材料具有大量纳米孔和纳米通道,因而具有高表面积与体积比,也有利于与外部试剂发生作用,是制备生物传感的理想材料之一。纳米孔和微通道的区别在于孔的深度。纳米孔的直径为 1~100nm,孔深小于直径。纳米通道的孔深比孔直径大得多。多孔材料的孔径对电化学传感器的性能有很大影响。如果纳米孔阻塞,就会直接影响氧化还原物质在多孔膜表面的浓度,由此产生的伏安信号显著降低。利用这一点,可以通过氧化还原物质对具有生物识别功能化的纳米微孔膜的电化学性能进行监测。例如,纳米多孔阳极氧化铝膜首次用于通过培养的人细胞来原位监测甲状旁腺激素样激素(图 13-7)。如果免疫复合物的形成导致了膜的纳米通道的堵塞,那么就可以在普鲁士蓝纳米粒子伏安氧化的帮助下对膜进行电化学监测[9]。

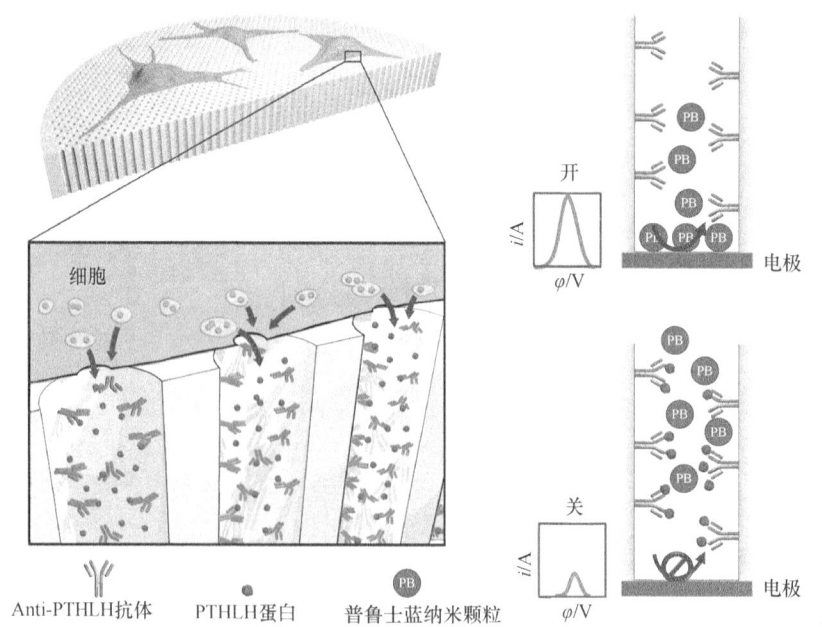

图 13-7 纳米多孔阳极氧化铝膜通过培养的人细胞原位监测甲状旁腺激素样激素示意图

13.3.2 基于纳米结构聚合物的生物传感器

导电聚合物是由大量 π 共轭键组成的一类电活性材料,它不仅具有传统聚合物的特性,还具有金属或半导体的电子特性,能够提高电化学传感器的选择性和灵敏度。而纳米结构的导电聚合物具有更大的比表面积,并减少了质量/电荷传输的途径。这使得纳米结构聚合物成为能源和传感器应用中非常有价值的电活性材料。另外,通过掺杂石墨烯和金属纳米粒子等其他材料,还可以进一步提高导电聚合物的灵敏度和选择性,有时甚至还显示出一定的催化活性。例如,金@石墨烯核壳掺杂到聚(3,4-乙烯二氧噻吩)中形成的导电聚合物(图13-8),表现出对扑热息痛药物更好的电催化活性[10]。

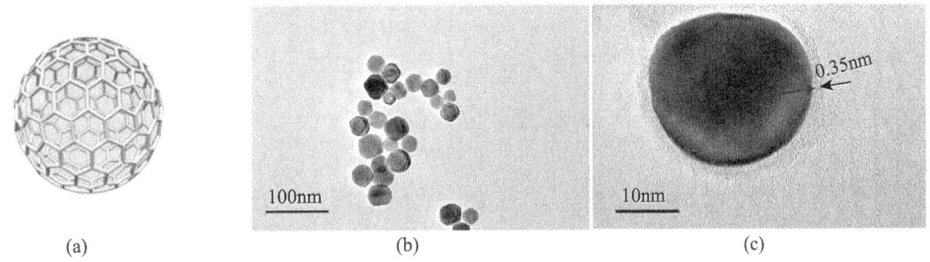

图 13-8　金@石墨烯核壳纳米粒子掺杂导电聚合物结构及其电镜图

13.4　电化学分析联用技术

电化学分析联用技术是将电化学分析方法与其他分析方法联用的分析技术。

13.4.1　电化学原位傅里叶变换红外光谱技术

电化学原位傅里叶变换红外光谱技术是研究电极-电解质界面及电极过程的最有效和最广泛的技术之一。该技术通过电解质或电极表面的电化学响应来研究分子变化和电化学反应过程,实现对电解质或电极表面的研究。图 13-9 所示的是该技术利用薄层反射装置(光学晶体为 CaF$_2$ 或 BaF$_2$)的外部红外反射-吸收光谱来研究电解质和电极表面。或者利用衰减全反射装置(光学晶体为 Ge 或 Si)直接分析电极表面。在真空反射装置中,由于整个红外光束路径都处于真空状态而没有大气干扰,因而可以获得更高的灵敏度和信噪比(尤其在指纹区域)。

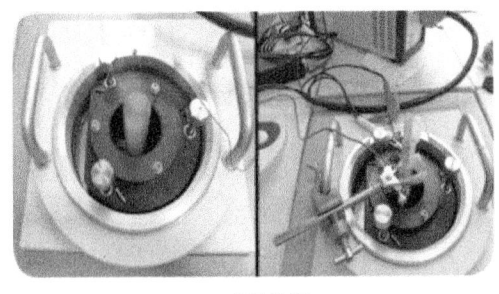

(a) 实验装置

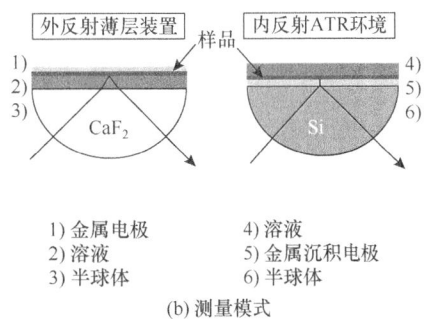

(b) 测量模式

1) 金属电极　　4) 溶液
2) 溶液　　　　5) 金属沉积电极
3) 半球体　　　6) 半球体

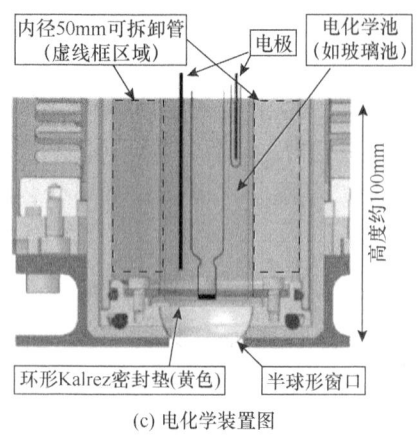
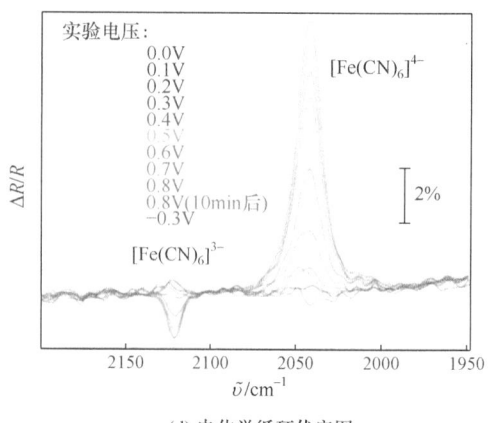

(c) 电化学装置图　　　　　　　　　(d) 电化学循环伏安图

图 13-9　电化学原位傅里叶变换红外光谱装置及电化学循环伏安图[11]

电化学原位傅里叶变换红外光谱技术通过反应过程中形成的物质的红外光谱的峰值频率来实现化学反应的反应物、中间体、产物或副产物的鉴定，推动了电化学反应机理的研究。反应条件如电极电位/电流、恒定电位下的反应时间、电解质组成或电极结构/组成等都会极大地影响红外光谱的峰值频率、波段形状和强度。虽然这会导致光谱识别困难，但这为理解反应机理提供了丰富的信息。若对电极进行化学修饰，改变电极的表面特性，则可以从不同角度研究电催化反应的机理。例如，图 13-10 显示出了用二氧化锡纳米片修饰的钯纳米片(Pd@SnO$_2$纳米片)作甲酸的电氧化复合催化剂显示出比原始的钯纳米片更好的性能[12]。电化学原位衰减全反射的红外光谱结果表明，Pd@SnO$_2$纳米片促进了甲酸盐的形成，同时抑制了一氧化碳中毒物质的积累。密度泛函理论计算进一步表明，二氧化锡修饰的钯(111)表面对二齿甲酸盐的形成、二齿甲酸盐向单齿甲酸盐的转化和碳氢键的断裂具有较低的能垒。可见，对谱学光透电极进行化学修饰制备新型催化剂与电化学原位红外光谱和理论模拟相结合的方法能加深对电化学反应机理的探索和理解。

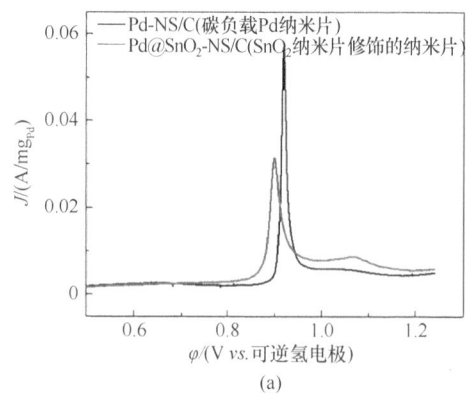
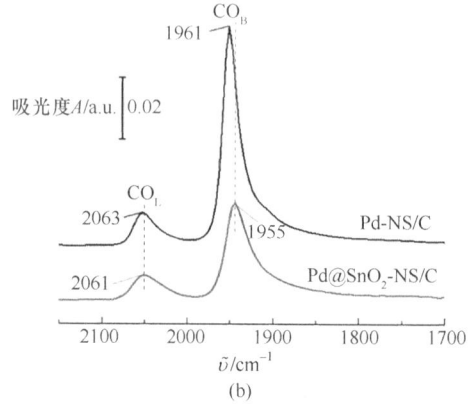

(a)　　　　　　　　　　　　　　　(b)

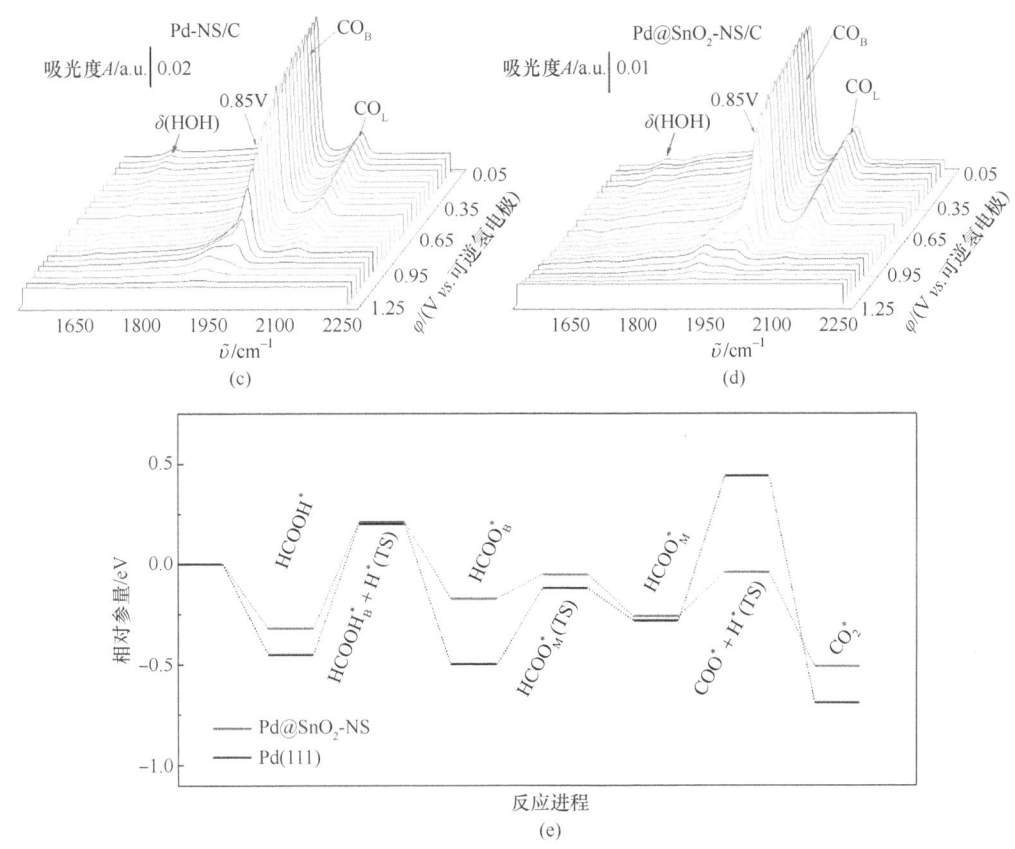

图 13-10　Pd@SnO$_2$纳米片与 Pd 纳米片电催化氧化甲酸的谱学电化学比较及反应机理图

13.4.2　电化学色谱/质谱技术

电化学质谱联用技术是研究氧化和还原过程的一种很有吸引力的方法。在分析技术方面，质谱不仅可以与电化学流动池联用，还可以与高效液相色谱、毛细管电泳等分离技术联用。在分析能力方面，质谱可以根据分子离子质量、质量碎片和同位素模式识别物质，提供有价值的信息。因此，电化学质谱联用是识别电化学反应中的氧化或还原产物并阐明反应机理的一种非常重要的方法。例如，电化学微滴电喷雾质谱联用技术是一种使用显微镜玻璃盖片作为载体，以微滴样品进行电喷雾的电化学质谱联用分析的新技术。该技术采用三电极体系电化学池，并将它安装在玻璃片的一个角(样品角)上，该角位于质谱入口的前端。三电极体系包括铂线圈工作电极、铂板对电极和 Ag/AgCl 参比电极。由于电化学聚合反应主要发生在工作电极周围，因此将工作电极置于质谱入口前 5.3mm 处(图 13-11)。电化学微滴电喷雾质谱联用装置简单易用，缺点是实验的不连续性。实验过程中，液滴中反应物浓度逐渐减小，反应产物浓度逐渐增加，这限制了该方法的通用性。

电化学分析和高效液相色谱-质谱或高效液相色谱-质谱/质谱的联用技术可以通过对电化学池流出液的连续高效液相色谱-质谱分析来获取优化的电化学氧化反应条件，并以此提高反应产率，或获取关于分析物极性的附加信息，避免电离源中的抑制效应。

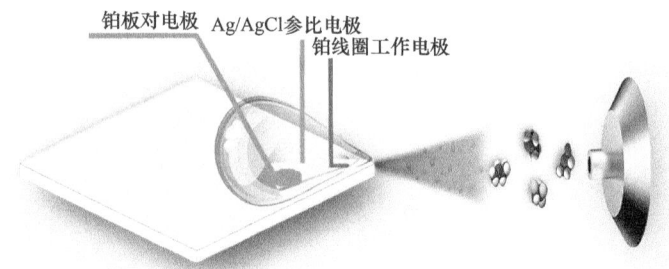

图 13-11　电化学微滴电喷雾质谱联用装置示意图[13]

例如,电化学与液相色谱、电喷雾电离质谱或电感耦合等离子体质谱联用可用于抗癌铂(Ⅳ)前药还原产物的电化学/质谱结构解析与定量[14]。实验中,为了能够表征电化学反应的主要还原产物和副产物,让电化学反应池的流出液进入液相色谱分离后再进入电喷雾质谱或电感耦合等离子体质谱进行检测(图 13-12)。

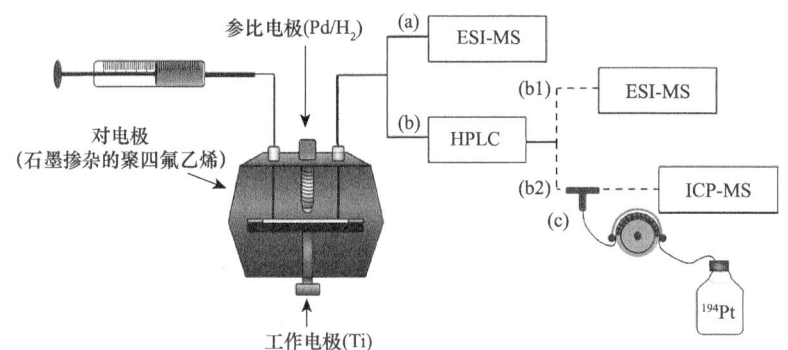

图 13-12　电化学与液相色谱、电喷雾电离质谱或电感耦合等离子体质谱联用技术

另外,还可以使用同位素稀释分析对不同的铂种类进行定量(图13-13),评价铂(Ⅳ)配合物的结构对其还原行为和生成产物或副产物的影响。电化学与液相色谱质谱等技术的联用有助于深入了解具有不同铂(Ⅳ)配合物在还原和配体释放方面的差异。

13.4.3　电化学原位液体核磁共振技术

电化学和原位液体核磁共振的联用技术分辨率高,可以原位准确地获得电化学反应机理和动力学信息,是电化学过程中动态结构表征、电化学反应产物解析和阐明机理的一种重要手段和方法。由于标准核磁共振谱仪的局限性,大多数电化学原位液体核磁共振技术都将电化学池集成到标准核磁共振试管内,并使用扼流圈来减少核磁共振谱仪和恒电位仪之间遇到的干扰。例如,一种由简单材料制作的无干扰原位液体核磁共振电化学池包括了围绕在玻璃毛细管外作为工作电极和对电极的两个铂丝线圈,以及毛细管内作为参比电极的银丝。毛细管插入 5mm 核磁共振管中,并放置在核磁共振线圈上方约 0.5mm 处。上述这些组件都置于核磁共振检测区域上方(图 13-14)。

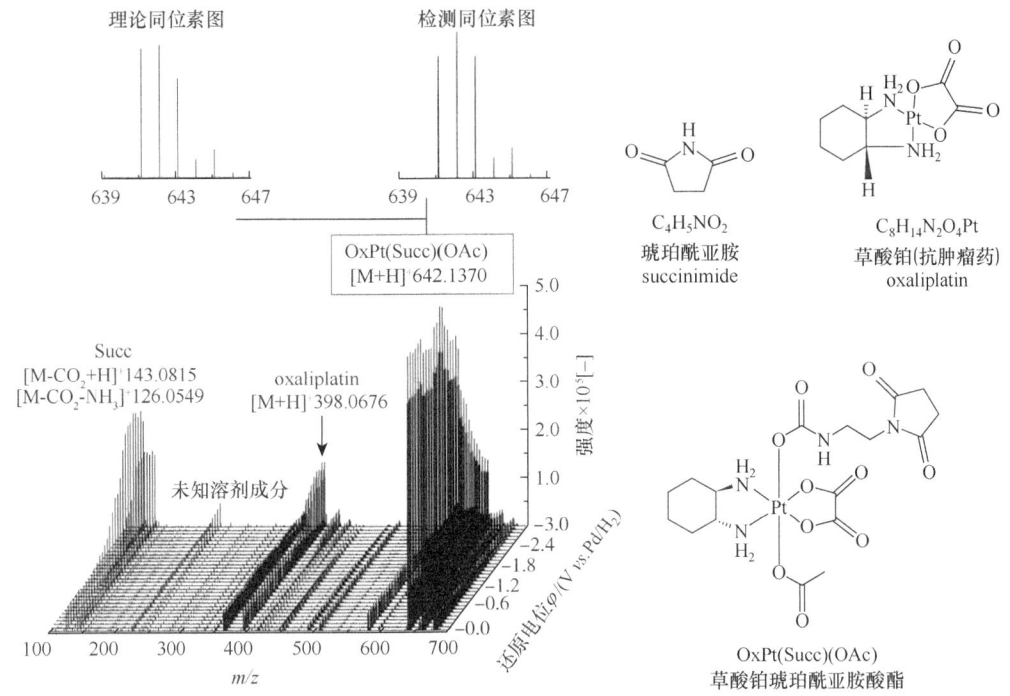

图 13-13　抗癌铂(Ⅳ)前药还原产物的电化学/质谱结构解析与定量分析

在原位电化学-核磁共振反应过程中,磁流体力学效应搅动溶液,使核磁共振检测区域中试剂和产物的浓度均匀化。虽然电化学池中的电极在核磁共振检测区域之外,但在磁流体的力学效应下依然可以实时测量待测物的浓度。在通过对抗坏血酸在溶液中电氧化的原位电化学-核磁共振研究中,这种原位电化学池的磁场将反应速率提高了约 2 倍。

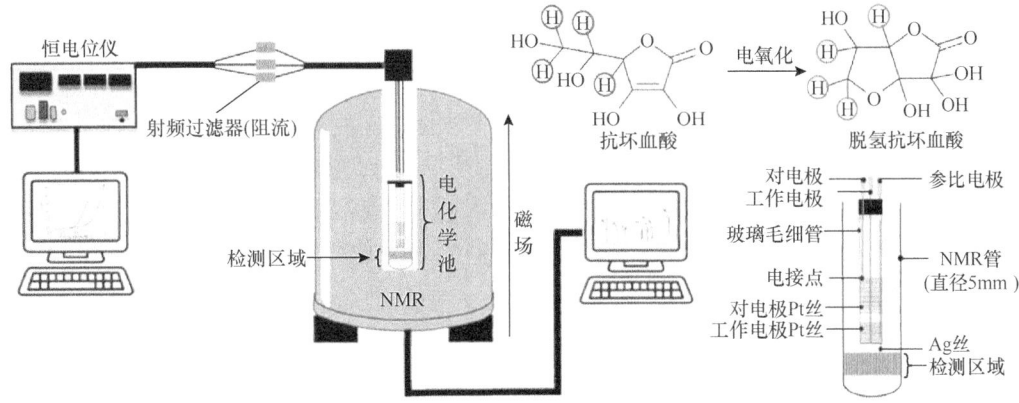

图 13-14　电化学原位液体核磁共振仪主要结构和电化学池构成示意图[15]

13.4.4　电化学发光显微成像技术

电化学发光(electrochemiluminescence,ECL)又称电致化学发光,是指发光探针在电极表面发生电化学反应产生的暗场光辐射。电化学发光分析具有背景低、灵敏度高、时空可控性强、分析速度快、线性范围宽等优势，已成为当前先进的体外检测技术之一，广泛用于生化分析与临床诊断。由于电化学发光强度与电极的表面状态密切相关，而显微成像技术可直接反映电极表面的电化学发光强度的空间分布，因此结合电化学激发和光学读出方式的电化学发光显微成像技术除具有电化学分析法的优点外，还具有分析通量高和可视化等特点，是研究电极的表面状态、电流密度分布以及化学修饰电极的活性位点分布等性质的非常有效的表面分析技术，在材料界面研究和生物活体分析等领域具有诱人的应用前景。例如，单细胞分析可提供有关细胞异质性的重要信息，有助于正确理解细胞行为及生命过程。而电化学发光显微成像技术用于单细胞的成像分析展现了特有的优势。图 13-15 描述了一种基于阻抗变化的局部增强型电化学发光显微成像技术。

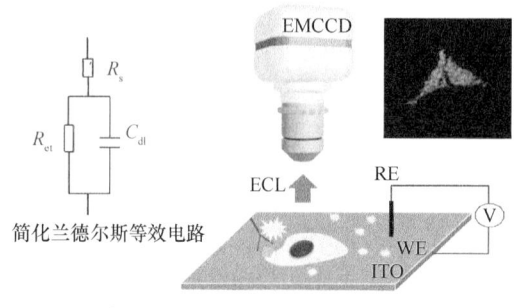

图 13-15　电化学发光电容显微镜示意图及结合抗体前后细胞电化学发光图像[16]

这种成像技术实现了细胞膜表面蛋白的免标记成像。抗体/抗原的特异性结合会引起电极表面局部阻抗增大，导致该区域的电压降(U_{dl})增大。由于 L012(鲁米诺衍生物)的电化学发光强度与 U_{dl} 呈正相关，因此电极表面局部电化学发光信号增强。该技术可实现细胞膜表面癌胚抗原的免标记成像，为免标记免疫分析提供了新策略。

尽管电化学发光显微成像技术展现了其特有的优势，但由于其受到衍射极限的影响而无法得到样品表面更精细的结构信息。不过，一种基于发光径向涨落的超分辨成像技术将电致化学发光与超分辨电化学发光显微镜成像结合，打破了传统衍射极限，实现了单个零维、一维和二维纳米贵金属材料的电化学成像(图 13-16)，获得了材料表面更精细的电催化活性信息。这对于单颗粒和单细胞分析成像具有重要意义，可有效地弥补单颗粒、单细胞电化学分析中的不足，成为单颗粒电化学研究中一种创新性的技术手段。

【挑战性问题】

液体电化学透射电子显微镜技术能够在原子水平上实时捕获材料表面和界面的电化学动态反应，这对于开发下一代电池电极和电催化剂至关重要，这也是全球二氧化碳减排战略的两个关键领域。例如，图 13-17(a)～(d)为液体电化学透射电子显微镜中的样品架上的电化学池结构、电子束通过玻碳电极(工作电极)以及电极表面发生的充放电过程示意图[18]。图 13-17(e)为利用这种技术对钠-氧($Na-O_2$)电池中溶液介导的充放电过程进行监测示意图。可以了解钠-氧电池放电产物超氧化钠(NaO_2)成核/生长的机理。

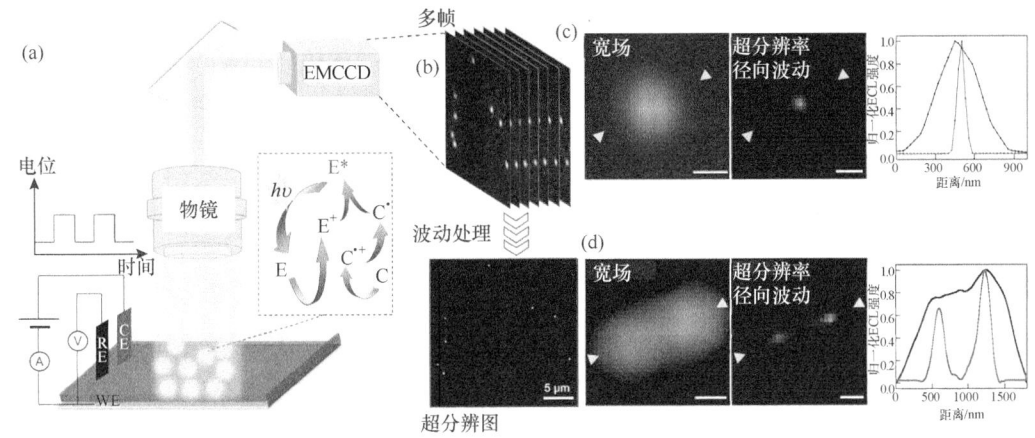

图 13-16 单颗粒超分辨电化学发光显微镜成像示意图[17]

请根据所引用文献介绍液体电化学透射电子显微镜的工作原理,并说明钠-氧电池放电产物过氧化钠成核/生长的机理。

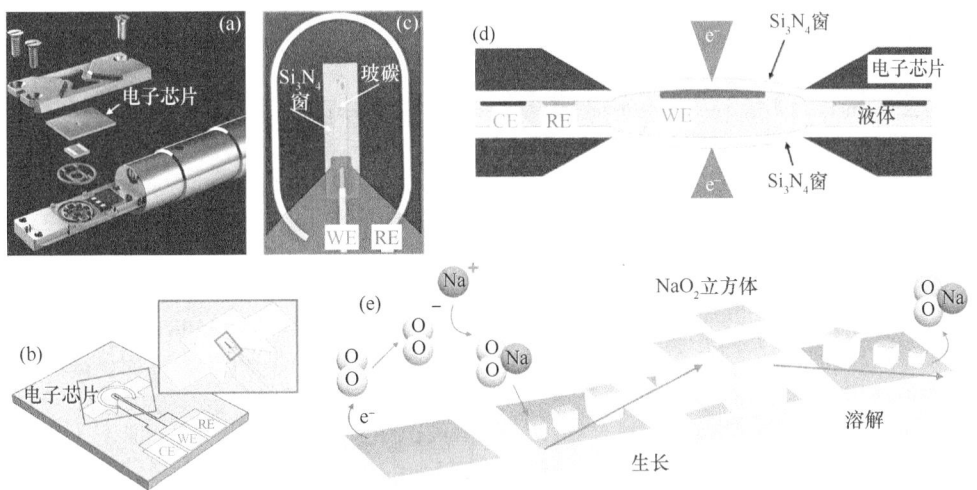

图 13-17 液体电化学透射电子显微镜电化学池结构及电极表面发生的充放电过程示意图

【一般性问题】
1. 什么是微/纳米电极?其特点是什么?
2. 纳米生物传感器有哪些类型?各种类型的特点是什么?
3. 请分别说明本章所介绍的几种电化学联用技术的优缺点。

参 考 文 献

[1] Actis P, Tokar S, Clausmeyer J, et al. Electrochemical nanoprobes for single-cell analysis. ACS Nano, 2014, 8 (1): 875-884.
[2] Chatard C, Meiller A, Marinesco S. Microelectrode biosensors for *in vivo* analysis of brain interstitial fluid. Electroanalysis, 2018, 30 (6): 977-998.

[3] Scholten K, Meng E. A review of implantable biosensors for closed-loop glucose control and other drug delivery applications. International Journal of Pharmaceutics, 2018, 544 (2): 319-334.

[4] Stocking K C, Vazquez A L, Kozai T D Y. Intracortical neural stimulation with untethered, ultrasmall carbon fiber electrodes mediated by the photoelectric effect. IEEE Transactions on Biomedical Engineering, 2019, 66 (8): 2402-2412.

[5] Roberts J G, Mitchell E C, Dunaway L E, et al. Carbon-fiber nanoelectrodes for real-time discrimination of vesicle cargo in the native cellular environment. ACS Nano, 2020, 14 (3): 2917-2926.

[6] Yang C, Hu K, Wang D, et al. Cavity carbon-nanopipette electrodes for dopamine detection. Analytical Chemistry, 2019, 91 (7): 4618-4624.

[7] Wei X, Luan L, Zhao Z, et al. Nanofabricated ultraflexible electrode arrays for high-density intracortical recording. Advanced Science, 2018, 5 (6): 1700625.

[8] Yokus M A, Songkakul T, Pozdin V A, et al. Wearable multiplexed biosensor system toward continuous monitoring of metabolites. Biosensors and Bioelectronics, 2020, 153: 112038.

[9] de la Escosura-Muñiz A, Espinoza-Castañeda M, Chamorro-García A, et al. *In situ* monitoring of PTHLH secretion in neuroblastoma cells cultured onto nanoporous membranes. Biosensors and Bioelectronics, 2018, 107: 62-68.

[10] Li M, Wang W, Chen Z, et al. Electrochemical determination of paracetamol based on Au@graphene core-shell nanoparticles doped conducting polymer PEDOT nanocomposite. Sensors and Actuators B: Chemical, 2018, 260: 778-785.

[11] Tague T. In-situ FT-IR spectroelectrochemistry: experimental setup for the investigation of solutes and electrode surfaces. Spectroscopy-Springfield then Eugene then Duluth, 2015, 30: 48.

[12] Zhou Y W, Chen Y F, Qin X, et al. Boosting electrocatalytic oxidation of formic acid on SnO_2-decorated Pd nanosheets. Journal of Catalysis, 2021, 399: 8-14.

[13] Yu K, Zhang H, He J, et al. *In situ* mass spectrometric screening and studying of the fleeting chain propagation of aniline. Analytical Chemistry, 2018, 90 (12): 7154-7157.

[14] Frensemeier L M, Mayr J, Koellensperger G, et al. Structure elucidation and quantification of the reduction products of anticancer Pt(Ⅳ) prodrugs by electrochemistry/mass spectrometry (EC-MS). Analyst, 2018, 143 (9): 1997-2001.

[15] Silva P F d, Gomes B F, Lobo C M S, et al. Electrochemical NMR spectroscopy: Electrode construction and magnetic sample stirring. Microchemical Journal, 2019, 146: 658-663.

[16] Zhang J, Jin R, Jiang D, et al. Electrochemiluminescence-based capacitance microscopy for label-free imaging of antigens on the cellular plasma membrane. Journal of the American Chemical Society, 2019, 141 (26): 10294-10299.

[17] Chen M M, Xu C H, Zhao W, et al. Super-resolution electrogenerated chemiluminescence microscopy for single-nanocatalyst imaging. Journal of the American Chemical Society, 2021, 143 (44): 18511-18518.

[18] Lutz L, Dachraoui W, Demortière A, et al. Operando monitoring of the solution-mediated discharge and charge processes in a $Na-O_2$ battery using liquid-electrochemical transmission electron microscopy. Nano Letters, 2018, 18 (2): 1280-1289.

第三篇　色谱分析法

　　色谱分析法简称色谱法(chromatography)，是根据混合物中各组分在固定相和流动相中分配系数的差异实现分离的一种物理或物理化学分离分析方法。

第 14 章 色谱分析导论

14.1 色谱法分类

色谱法可从不同角度进行分类。

(1) 按两相状态分类：色谱固定相有液体和固体两类。按固定相类型不同，色谱法分为气-液色谱法、气-固色谱法、液-液色谱法和液-固吸附色谱法。流动相有气体和液体两类。按流动相类型不同，流动相为液体的色谱法称为液相色谱法。流动相为气体的色谱法称为气相色谱法。流动相为超临界流体的色谱法称为超临界流体色谱法。与普通液体或气体不同，超临界流体为超临界温度和临界压力下的液体，兼有气体的低黏度和液体的高密度的性质，而其组分的扩散系数介于气体和液体之间。超临界流体色谱法用于气相色谱不能分析或难以分析的许多沸点高、热稳定性差的物质。

(2) 按固定相形状分类：固定相装在柱中呈柱状的色谱称为柱色谱。固定相呈平板状的色谱称为平板色谱，包括用滤纸作固定液载体的纸色谱、固定相涂在玻璃板或铝箔板等板上的薄层色谱和固定相由高分子薄膜制成的薄膜色谱等，这些都属于液相色谱法范围。

(3) 按分离机理分类：固定相为固体吸附剂，利用各组分在吸附剂上吸附力的不同而具有不同吸附平衡常数，从而将各组分分离的色谱法属于吸附色谱法。固定相为液体，利用各组分在固定相和流动相中的分配系数不同而进行分离的色谱法为分配色谱法。利用离子交换原理进行分离的色谱法为离子交换色谱法。利用分子大小不同而进行分离的色谱法为排阻色谱法，或称凝胶色谱法。此外，还有其他分离机制的色谱法，如毛细管电泳法、毛细管电色谱法、手性色谱法和分子印迹色谱法等。

(4) 按两相极性分类：在液相分配色谱中，若流动相的极性小于固定相的极性，称为正相色谱。若流动相极性大于固定相的极性，则称为反相色谱。

14.2 色 谱 图

色谱分析时，待测物中各组分经色谱柱分离后进入检测器产生电信号。此信号经数据系统处理生成以检测器响应值为纵坐标、以时间为横坐标表示的二维图，即色谱图，如图 14-1 所示。色谱图记录了各组分流出色谱柱的情况，所以又称为色谱流出曲线。曲线中突起部分称为色谱峰或色谱带。正常的色谱峰为对称的高斯正态分布曲线(图 14-1)。以该曲线最高点的横坐标为中心，曲线对称地向两侧快速单调下降。由于电信号(电压或电流)强度与物质浓度成正比，所以流出曲线实际上是浓度-时间曲线。这一曲线包含了丰富的色谱信息，如：①根据色谱峰的数目可以判断样品中所含组分的最少数目，在正常色谱条件下,若色谱图有一个以上的色谱峰,说明样品中含有一种以上的组分,由此可判断样品是否为纯净物;②根据色谱峰的保留值进行定性分析;③依据色谱峰的面积或峰高进行定量分析;④依据色谱峰保留值以及峰宽评价色谱柱的分离效能。

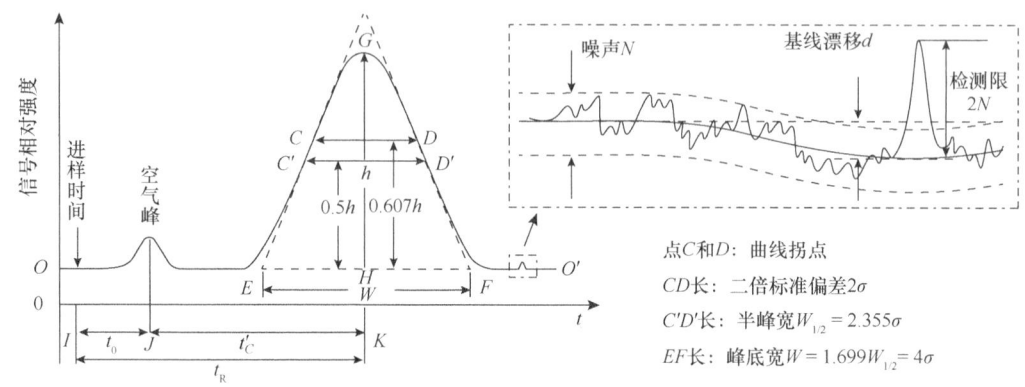

图 14-1　色谱图、检测器噪声、检测限与基线漂移

14.3　色谱相关术语

14.3.1　峰高、峰宽及峰面积

1) 峰高

峰高(h)是指从色谱峰的顶点到基线的垂直距离,其强度可以用电信号的大小(mV 或 mA)等表示。峰高与组分含量有关,是定量依据。

2) 峰宽

峰宽(W)即峰的胖瘦,单位一般为分或秒,用柱效参数(标准偏差、半峰宽、峰宽)描述,表明柱效高低。峰宽有以下三种表示方法。

(1) 标准偏差(σ):当色谱峰呈高斯分布时,曲线两侧拐点(虚线与曲线的切点)之间距离 CD 的一半(图 14-1),即 $0.607h$ 处峰宽的一半即为标准偏差。

(2) 半峰宽($W_{1/2}$):峰高 h 一半处的色谱峰的宽度(图 14-1 中 $C'D'$ 长)称为半峰宽:

$$W_{1/2} = 2\sigma\sqrt{2\ln 2} = 2.355\sigma \tag{14-1}$$

(3) 峰(底)宽(W):通过色谱峰两侧拐点所作的切线与基线交点之间的距离(EF 长)称为峰(底)宽,又称基线宽度:

$$W = 4\sigma = 1.699 W_{1/2} \tag{14-2}$$

3) 峰面积

峰面积(A)是指色谱曲线与基线间所包围的面积,是色谱定量的依据。峰面积一般由色谱软件根据设定的参数自动积分或手动积分求得,或采用公式计算:

$$A_{对称峰} = 1.065 h W_{1/2},\quad A_{非对称峰} = 1.065 h (W_{0.15h} + W_{0.85h})/2 \tag{14-3}$$

其中，$W_{0.15h}$ 和 $W_{0.85h}$ 分别为 0.15×峰高和 0.85×峰高处的峰宽。

14.3.2 基线、噪声与检测限

色谱中的基线是指当没有样品进入色谱仪或虽有样品通过，但其浓度变化不能被检测器所检测时，所给出的流出曲线。正常基线应为一条平行于横轴(时间轴)的直线，它反映仪器及操作条件的恒定程度，其值的高低反映检测器的本底高低，这种高低变化程度主要由流动相中的杂质等因素决定。当实验条件不稳定时，产生基线随时间定向缓慢变化的现象称为基线漂移(图 14-1)。基线漂移常用一小时内基线水平的变化来衡量。

色谱噪声(N)是各种未知的偶然因素引起基线起伏而形成的流出曲线。通常记录一小时的基线，取噪声带的最宽处来衡量噪声 N 的大小，如图 14-1 所示。例如，不进样色谱检测器记录一小时的基线，测得噪声带宽为 0.02mV(峰-峰值)，即噪声为 0.02mV。当某组分的色谱峰高恰为噪声的 2 倍时，该组分在试样中的含量称为检测限。低于此限组分峰将被噪声所淹没而无法检测。

14.3.3 色谱峰与对称因子

不正常色谱峰有拖尾峰及前伸峰(或前延峰)两种(图 14-2)，其中以拖尾峰最为常见。拖尾峰前沿陡峭，后沿拖尾，整体不对称。由于拖尾峰是因组分在固定相中存在吸附作用而产生的，因此拖尾峰也称为吸附峰。与拖尾峰明显不同的是，前伸峰前沿平缓后沿陡峭，它是固定相不能给组分提供足够数量合适的作用位置，使一部分组分保留时间超过了峰的中心，即产生了超载，所以前伸峰也称超载峰。色谱中衡量这些不正常峰与正常峰的指标是对称因子 f_s，f_s 又称为拖尾因子。图 14-2 中，h 为峰高，f_s 的计算公式是

$$x = h/20, \quad f_s = (A+B)/2A \tag{14-4}$$

$f_s = 1$ 为正常峰；$f_s < 1$ 为前伸峰，$f_s > 1$ 为拖尾峰。

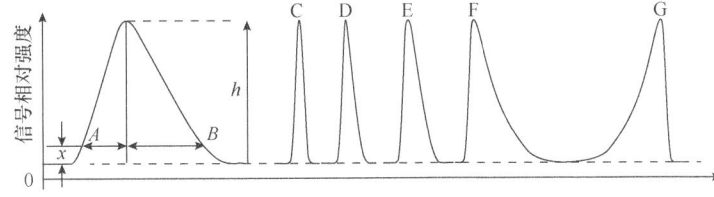

峰C：正常峰，峰形好，$f_s = 1$
峰D：峰形较好，$f_s = 1.2$
峰E：峰形较差，$f_s = 2$
峰F：拖尾峰，峰形很差，$f_s = 4$
峰G：前伸峰，峰形很差，$f_s = 0.25$

图 14-2 对称因子计算与色谱峰的峰形示意图

14.3.4 色谱保留值

色谱保留值是用来描述样品组分在色谱柱中保留程度的参数，并作为色谱定性的指标，其表示方法有如下几种。

(1) 死时间：不能被固定相滞留的组分从进样到出现峰最大值所需的时间，用 t_0 表示。例如，气相色谱图中的空气峰的出峰时间即为死时间。

(2) 保留时间：组分从进样到出现该组分最大峰值所需的时间，用 t_R 表示。在流速、柱温等分析条件不变时，一种组分只有一个 t_R 值，故 t_R 可以作为定性的指标。当分析条件变化(包括色谱柱不同) 时，同一组分 t_R 也不同，此时，t_R 不能作为定性的指标。

(3) 调整保留时间：保留时间 t_R 中扣除死时间 t_0 后的时间，用 t'_R 表示：$t'_R = t_R - t_0$。t'_R 真实地体现了固定相用于溶解或吸附组分所需的时间，即体现了该组分在柱中的保留行为。由于 t'_R 扣除了与组分性质无关的 t_0，所以 t'_R 作为定性指标比 t_R 更合理。

(4) 死体积：不能被固定相滞留的组分从进样到出现最大峰值时所消耗的流动相体积，用 V_0 表示。每根色谱柱的 V_0 并不相同，它是色谱柱内固定相颗粒间所剩留的空间、色谱仪中管路连接头间的空间及检测器的空间总和。当后两项体积很小可忽略不计时，死体积 V_0 与死时间 t_0 满足 $V_0 = t_0 \cdot F_0$，其中，F_0 为柱后出口处流动相的体积流速(mL/min)。

(5) 保留体积：组分出现最大峰值时所需的流动相体积，用 V_R 表示，且有 $V_R = t_R \cdot F_0$。

(6) 调整保留体积：保留体积 V_R 扣除了死体积 V_0 后的体积，用 V'_R 表示，即 $V'_R = V_R - V_0$。V'_R 真实地体现了流动相将组分从固定相中携带出柱子所需的体积。由于死体积 V_0 反映的是柱和仪器系统的几何特性，而与被测组分性质无关，故与 t'_R 一样，V'_R 更合理地反映了被测组分的保留特性。

(7) 相对保留值：又称分离因子、分配系数比或相对容量因子，是指在一定色谱条件下，组分 2 与组分 1 的调整保留值之比，用 $\gamma_{2,1}$ 表示

$$\gamma_{2,1} = t'_{R(2)} / t'_{R(1)} = V'_{R(2)} / V'_{R(1)} \tag{14-5}$$

对于给定的色谱体系，当固定液种类及柱温一定时，$\gamma_{2,1}$ 是一个与其他分析条件如色谱柱长度、内径、流动相流速等无关的常量，因而可以消除由于其他实验条件不一致带来的误差。所以 $\gamma_{2,1}$ 可作为衡量固定相选择性的指标，它也因此称为色谱柱的选择因子。相邻两组分的 $\gamma_{2,1}$ 相差越大，分离效果越好，$\gamma_{2,1} = 1$ 两组分不能分离。显然，相对保留值作为色谱定性分析的依据比绝对保留值更有优势。这是由于绝对保留值受柱温、柱长、固定液含量及其填充情况、载气流速等因素的影响，因此在使用绝对保留值定性分析时，必须严格控制实验的分析条件，这无疑增加了分析操作的复杂程度。在利用相对保留值定性时，常选用一个标准组分的相对保留值作为基准，其他组分的相对保留值与之比较来定性。若没有待测组分的标样，则可利用文献上的相对保留值来定性，只要按照文献所规定的固定液、柱温等操作条件分析，定性结果是比较可靠的。另外，选择相邻难分离两组分的相对保留值也可作为色谱系统分离特性指标。

14.3.5 分配平衡

分配平衡规律指在恒温恒压下，溶质在互不相溶的两相中达到分配平衡。色谱分配平衡是指在一定温度和压力下，组分在固定相和流动相之间达到溶解-挥发或吸附-解吸的平衡。色谱分配通常采用一定温度和压力下的分配系数 k 和分配比 k' 来表示

$$k = 组分在固定相中的浓度 / 组分在流动相中的浓度 = c_s / c_m \tag{14-6}$$

其中，c_s 和 c_m 分别为组分在固定相和流动相中的浓度。k 用来描述不同组分在两相中

的分配情况，与组分的热力学性质有关。只有当各组分的分配系数有差异时，各组分才有可能达到彼此分离。分配系数 k 具有热力学意义。色谱分析中，k 取决于组分及固定相的热力学性质，并随柱温、柱压而变化。其他条件一定时，分配系数与柱温的关系为

$$k = -\Delta_r G_m^\ominus / RT_c \tag{14-7}$$

这是色谱分离的热力学基础。其中，$\Delta_r G_m^\ominus$ 为标准状态下组分的自由能；R 为摩尔气体常量；T_c 为柱温。组分在固定相中的 $\Delta_r G_m^\ominus$ 通常是负值，所以分配系数与温度成反比。升高温度，分配系数变小。气相色谱分离中柱温对分离影响很大，而液相色谱中这种影响很小。同一条件下，若两组分的 k 值相同，则色谱峰重合。k 值小的组分，因每次分配后在流动相中的浓度较大，因而较早流出色谱柱。

分配比（k'）是指组分在固定相和流动相中达到分配平衡时，组分在这两相中的质量比或分子数比、物质的量比：

$$k' = N_s/N_m = c_s V_s / c_m V_m = k V_s / V_m = k/\beta \tag{14-8}$$

其中，N_s 和 N_m 分别为组分在固定相和流动相中的质量、分子数或物质的量。V_s 和 V_m 分别为色谱柱中固定相和流动相的体积。对不同类型色谱分析，V_s 含义不同。例如，在气固色谱中，V_s 为吸附剂表面容量；在气液色谱中，V_s 为固定液体积。β 为 V_m 和 V_s 之比，称为相比率，是反映色谱柱柱型特性的参数。填充柱的 β 值为 6～35，而毛细管的 β 值为 50～1500。影响 k' 的主要因素有温度、压力、固定相和流动相的性质等。

分配系数、分配比可用组分停留在两相间的保留值来表示。理论上可以推导出分配比 k' 等于调整保留时间 t_R' 与死时间 t_0 之比：

$$k' = t_R'/t_0 = (t_R - t_0)/t_0 \quad \text{或} \quad k' = V_R'/V_0 = (V_R - V_0)/V_0 \tag{14-9}$$

k' 值可根据式(14-9)直接由色谱图数据求得，它反映了组分在柱子上的调整保留时间（或体积）与死时间（或死体积）的倍数关系。k' 越大，说明组分在色谱柱中停留时间越长，对该组分来说，相当于柱容量大。故 k' 又称保留因子、容量因子、容量比或分配容量。

分配系数 k 或分配比 k' 决定两组分的相对保留值 $\gamma_{2,1}$，三者之间的关系为

$$\gamma_{2,1} = t_{R(2)}'/t_{R(1)}' = k_2'/k_1' = k_2/k_1 \tag{14-10}$$

显然，若两组分的 k 或 k' 值相等，则 $\gamma_{2,1} = 1$，两个组分的色谱峰重合。两组分的 k 或 k' 值相差越大，分离效果越好。

14.3.6 柱效能

柱效能简称柱效，指色谱柱在色谱分离过程中主要由动力学因素（操作参数）所决定的分离效能。它是评价色谱性能的一项重要指标，常用理论塔板数、理论塔板高度或有效塔板数表示。混合物能否在色谱柱中得到分离，除取决于选择合适的固定相外，还与色谱操作条件及色谱柱的装填状况等因素有关。在一定的色谱操作条件下，色谱柱的柱效可用理论塔板数或理论塔板高度来衡量。一般来说，塔板数越多，或塔板高度越小，

色谱柱的分离效能越好，柱效越高。

14.4 基本理论

色谱分析原理可以从色谱的热力学过程和动力学过程两个方面讨论。以塔板理论为代表的热力学理论从相平衡观点来研究色谱分配过程。以速率理论为代表的动力学理论从动力学观点来研究各种动力学因素对峰展宽的影响。

14.4.1 塔板理论

1. 基本假设条件

塔板理论由 Martin 和 Synge 根据化工中精馏塔分馏石油的原理提出[1]。该理论将一个色谱柱看成一个精馏塔，并平均分成无数小段，每一段称为一个塔板。色谱的连续分离过程分解为间歇的单个塔板的分配行为，待分离组分在每个塔板的固定相与流动相之间分配并达到分配平衡，且每个塔板之间分配系数均相等。经过若干个塔板的分配平衡，分配系数不同的组分在固定相和流动相中的含量不同。组分随流动相从色谱柱末端流出，达到分离目的。塔板数越大，组分在固定相和流动相间分配的次数越多，分离效果越好。只要塔板数足够多，分配系数差别很小的组分也能达到较好的分离效果。

塔板理论假设分离的前提条件需满足以下几点：

(1) 色谱柱由无数个连续不断的塔板所组成，每个塔板高度 H 相同，组分在每个塔板高度中瞬间达到分配平衡。

(2) 组分在每个塔板中的分配系数均相等，且是一个常数。

(3) 流动相进入色谱柱是脉冲式、间歇非连续的，每次只进入一个塔板体积的流动相。

(4) 样品和流动相均从第一个塔板加入，且忽略样品的纵向扩散。

2. 色谱方程

塔板理论中，塔板的数目称为塔板数或理论塔板数，每一个塔板的高度称为塔板高度或理论塔板高度。当板数足够多时，色谱图中色谱峰可用高斯分布表示

$$c = \frac{c_0}{\sigma\sqrt{2\pi}} e^{-(t-t_R)^2/2\sigma^2} \tag{14-11}$$

其中，c 为任意时间 t 时色谱柱出口处组分的浓度；c_0 为进样浓度，即组分的总量；t_R 为保留时间；σ 为标准偏差。此方程式也称为色谱流出曲线方程，它较好地解释了色谱峰极大值与保留时间的关系。当 $t = t_R$ 时，c 有极大值：

$$c_{\max} = c_0 / (\sigma\sqrt{2\pi}) \tag{14-12}$$

此时，$c_{\max}$ 相当于色谱流出曲线的峰高 h。c_0 一定时，σ 越小，$c_{\max}$ 越大，色谱峰越高、越尖锐，分离效果越好。σ 一定时，h 主要取决于组分的总量 c_0。可见，实验条件

一定时(即 σ 一定)，峰高 h 与组分的量(进样量)成正比，所以正常峰的峰高可用于定量分析。当进样量一定时，σ 越小(柱效越高)，峰高越高，色谱分析灵敏度越高。

色谱流出曲线方程中，若用体积 V 代替 t，用保留体积 V_R 代替 t_R，σ 也由时间单位变为以体积为单位时，则色谱流出曲线方程也可以表达为

$$c = \frac{c_0}{\sigma\sqrt{2\pi}} e^{-(V-V_R)^2/2\sigma^2} \tag{14-13}$$

式(14-13)对 $V(0\sim\infty)$ 积分得色谱峰面积 A。A 相当于组分进样量 c_0，即组分峰面积所对应的组分浓度，因此 A 是常用的定量参数。将 $c_{\max} = h$ 和式(14-1)代入式(14-13)有

$$A = 1.064 W_{1/2} h \tag{14-14}$$

式(14-14)为正常峰的峰面积计算公式。

3. 理论塔板数与理论塔板高度

前面谈到，色谱柱的柱效通常用理论塔板数或理论塔板高度来表示。根据定义，理论塔板高度和理论塔板数有如下关系：

$$H = L/n \tag{14-15}$$

其中，H 为塔板高度；L 为色谱柱长度；n 为塔板数。可见，当色谱柱长 L 固定时，每次平衡所需的理论塔板高度 H 越小，则理论塔板数 n 越大，柱效越高。根据色谱流出曲线方程可导出理论塔板数与标准偏差和保留时间的关系为

$$n = (t_R/\sigma)^2 \tag{14-16}$$

将式(14-1)和式(14-2)代入得

$$n = 16(t_R/W)^2 \text{ 或 } n = 5.545(t_R/W_{1/2})^2 \tag{14-17}$$

由式(14-17)可知，组分保留时间越长、峰形越窄，理论塔板数 n 越大。因而 n 或 H 可作为描述柱效的指标，高柱效有大的 n 值和小的 H 值。

4. 有效塔板数与有效塔板高度

由于死体积和死时间的存在，且死时间与分配平衡无关，所以 n 和 H 不能确切地反映柱效，尤其对出峰早(t_R 较小)的组分更为突出。因此，常用调整保留时间 t_R' 代替保留时间 t_R，由此计算出的塔板数称为有效塔板数，以 n_{eff} 表示。根据有效塔板数算出的塔板高度称为有效塔板高度，以 H_{eff} 表示(cm 或 mm)，即

$$n_{\text{eff}} = (t_R'/\sigma)^2 = 16(t_R'/W)^2 = 5.545(t_R'/W_{1/2})^2, \quad H_{\text{eff}} = L/n_{\text{eff}} \tag{14-18}$$

计算时，需要注意使标准偏差(峰宽或半峰宽)和保留时间单位一致。根据上述公式还可以推出理论塔板数 n 与有效塔板数 n_{eff} 及分配比 k' 的关系

$$n_{\text{eff}} = n\left[k'/(1+k')\right]^2 \tag{14-19}$$

可见，实验条件一定时，减小死体积可增加组分分配比、提高色谱柱有效塔板数。

5. 塔板理论的优劣

从前面的介绍可知，塔板理论中的色谱区域宽度可以反映出色谱柱的柱效高低、色谱流出曲线的位置和形状、组分的分离过程均可以用塔板理论进行解释。但塔板理论是半经验性理论，其某些基本假设不完全符合色谱的实际过程，其不足之处在于：①实际的流动相是连续的，而不是脉冲式进入色谱柱的；②实际分离过程中的纵向扩散不能忽略；③塔板理论假设分离过程中待分离组分在固定相与流动相间可以快速完全达到分配平衡，但实际过程中并不能完全达到分配平衡；④动力学因素对传质过程的影响没考虑；⑤柱效与流动相流速的关系无法用塔板理论解释。

14.4.2 速率理论

针对塔板理论的不足，荷兰学者范第姆特(van Deemter)在塔板理论基础上，考虑了影响塔板高度的动力学因素，导出了塔板高度和载气(流动相)线速度的关系，提出了速率理论方程，也称为范第姆特方程或范氏方程：

$$H = A + B/u + Cu \tag{14-20}$$

其中，H 为塔板高度；u 为流动相线速度(cm/s)；A 为涡流扩散系数；B 为纵向扩散系数；C 为传质阻力系数。范氏方程吸收了塔板高度的概念，并考虑了色谱分离过程中待分离物质的扩散和传质阻力以及流动相线速度对柱效的影响。

1. 涡流扩散项

涡流扩散也称多径扩散，指在填充柱色谱中，流动相因受到固定相颗粒阻碍而被迫改变行进路线，并使组分分子在前进过程中形成紊乱的、类似涡流的流动的现象。由于固定相颗粒大小不一，填充不均匀，组分分子在流经色谱柱时有很多条长短不一的路径可选择。经历路径较短的组分，其流出色谱柱所需时间也相对较短；经历路径较长的组分，其流出色谱柱所需时间较长，发生滞后。不同流动路径的组分导致分子不能同时到达柱出口，产生色谱谱带扩张，即色谱谱带宽度增加的现象，如图 14-3 所示。

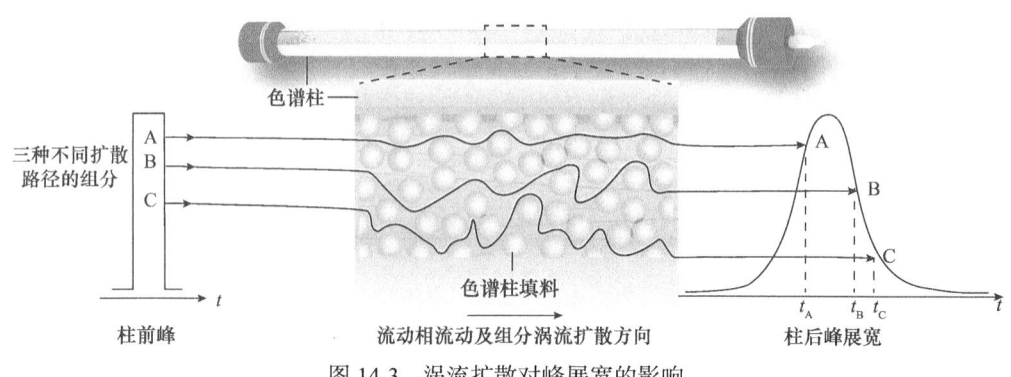

图 14-3 涡流扩散对峰展宽的影响

涡流扩散项 A 与柱填料颗粒大小的关系为

$$A = 2\lambda d_p \tag{14-21}$$

其中，d_p 为填料(固定相)颗粒的平均直径(cm)；λ 为填充不规则因子，其大小与填料颗粒的粒径大小和分布范围及填充方法有关。为减小 A 项，应使用粒度较细且颗粒均匀的填料并保持填充均匀。若柱无填充物，则不存在涡流扩散，即 A 项为零。

2. 纵向扩散项

纵向扩散也称为分子扩散，是由组分分子在色谱柱中的浓度梯度引起的。待分离组分分子进入色谱柱入口时，其浓度分布呈"塞子"状，且在随流动相前进过程中存在一个浓度梯度，使得"塞子"随浓度梯度向前或向后发生扩散。组分流出色谱柱的时间变短或变长，使色谱峰发生展宽(图 14-4)。

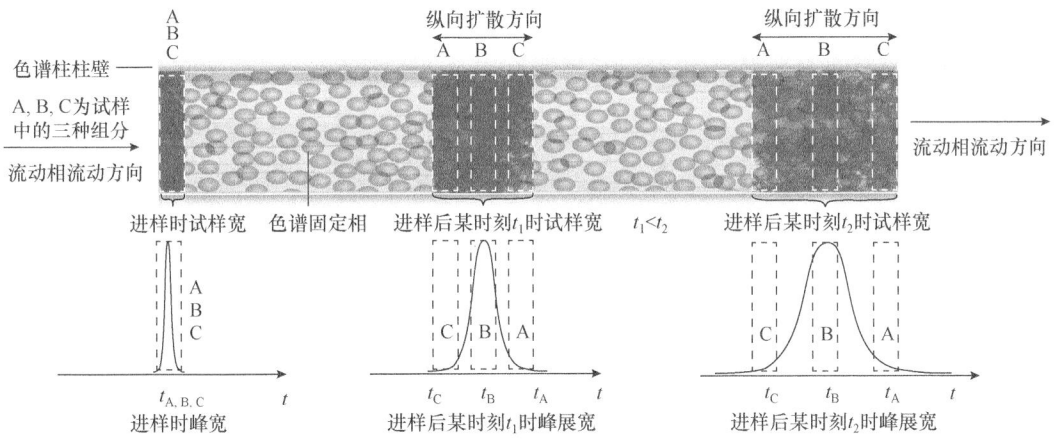

图 14-4 纵向扩散对峰展宽的影响

纵向扩散系数 B 可表示为

$$B = 2\gamma D_m \tag{14-22}$$

其中，γ 为曲折校正因子，也称扩散障碍因子，反映了固定相颗粒的几何形状对自由分子扩散的阻碍情况；D_m 为组分在流动相中的扩散系数(cm²/s)。纵向扩散系数 B 与曲折校正因子 γ 成正比，而 γ 与填充物有关。空心毛细管柱中，$\gamma = 1$。填充柱中，由于填充物的阻碍，使扩散程度降低，$\gamma < 1$。对硅藻土担体，γ 为 0.5~0.7，随着填料粒度的增大，γ 也增加。纵向扩散系数 B 与扩散系数 D_m 也成正比，而 D_m 与流动相及组分性质有关。D_m 反比于流动相分子量的平方根，分子量大的组分的 D_m 小。所以采用分子量较大的流动相可使 B 降低。D_m 随柱温升高而增加，但反比于柱压。另外，纵向扩散与组分在色谱柱内停留时间有关。流动相流速小，组分停留时间长，纵向扩散越大，对色谱峰展宽的影响越大。因此，为降低纵向扩散影响，要加大流动相流速。液相色谱中，组分在流动相中的纵向扩散可以忽略。

3. 传质阻力项

组分被流动相带入色谱柱后，在两相界面进入固定相，并扩散至固定相深部，进而达到动态分配"平衡"。当纯的或含有低于组分"平衡"浓度的流动相进入固定相时，固定相中组分的分子扩散回到两相界面而被流动相带走(转移)。这种溶解、扩散、转移的过程称为传质过程。在这一过程中，组分分子与固定相、流动相分子间相互作用所产生的阻力称为传质阻力，用传质阻力系数 C 描述，包括流动相传质阻力系数 C_m 和固定相传质阻力 C_s。传质阻力项(Cu)影响柱效。由于传质阻力的存在，组分不能在两相间瞬间达到平衡，即色谱柱总是在非平衡状态下工作。相比于平衡状态下的分子，非平衡状态下有些组分分子随流动相迁移快，而另一些分子迁移慢而引起峰展宽[图 14-5 (a)]。

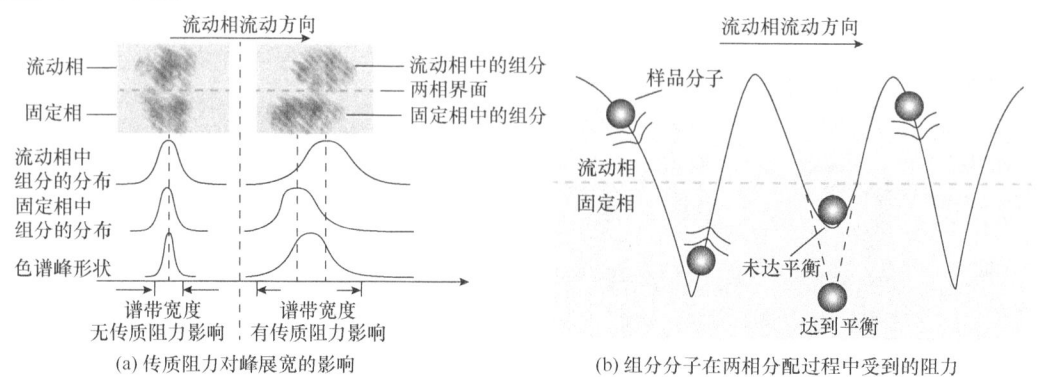

图 14-5 传质阻力对峰展宽的影响

1) 流动相传质阻力

流动相传质阻力是指组分从流动相主体扩散到流动相与固定相的界面时所受到流动相分子的阻力。由于流动相传质阻力的影响，某些组分分子往往来不及到达两相界面，就被流动相继续携带向前，阻碍了组分在两相间达到分配平衡，导致相同分子的迁移率不同，谱带展宽，如图 14-5 所示。流动相传质阻力系数 C_m 可表示为

$$C_m = \frac{0.01 k'^2}{(1+k')^2} \cdot \frac{d_p^2}{D_m} = \omega \cdot \frac{d_p^2}{D_m} \tag{14-23}$$

其中，ω 为柱填充因子，与固定相性质及构型有关；k' 为分配比；d_p 与 D_m 的含义与式(14-21)及式(14-22)中的相同。流动相传质阻力项($C_m u$)影响峰展宽主要体现在：① d_p 越大，组分扩散到两相界面所需的时间越长，谱带展宽越严重。因此，采用粒度小的固定相和分子量小的流动相，可使 C_m 减小，柱效提高。② 流动相线速度 u 越大，流动相传质阻力越大。③ D_m 越大，组分越容易穿过流动相分子到达两相界面，有利于分配平衡的迅速建立。采用低黏度流动相，适当提高柱温，可使 D_m 增大。④ 柱长增加，组分停留在流动相中的时间增加，流动相中传质阻力也相应增加。

2) 固定相传质阻力

组分分子由两相界面到固定相内部进行分配又返回两相界面的过程中受到的阻力

称为固定相传质阻力。当组分达到分配平衡后[图 14-5 (b)]，流动相携带其中的组分向前移动，超过原谱带中心。固定相中的组分由于受到固定相传质阻力的影响，谱带中心移动相对滞后。这一超前和滞后部分的组分使平衡后的谱带比原来更宽[图 14-5 (a)]。固定相传质阻力 C_s 可表示为

$$C_s = q \cdot \frac{k'^2}{(1+k')^2} \cdot \frac{d_f^2}{D_s} \tag{14-24}$$

其中，q 为与固定相性质、构型有关的因子；k' 为分配比；d_f 为固定相的平均厚度，若固定相为多孔颗粒，d_f 可用 d_p 代替；D_s 为组分在固定相中的扩散系数。固定相传质阻力项 ($C_s u$) 影响峰展宽主要体现在：①减小固定相的平均厚度 d_f，缩短组分在固定相内的扩散时间，有利于平衡的迅速建立，有助于提高柱效。但 d_f 过小，会使载体表面的吸附中心暴露，导致峰拖尾。另外，d_f 减小也会导致柱容量减小，对痕量分析不利。②采用低黏度和较大扩散系数 D_s 值的固定相并适当提高柱温，可缩短平衡时间，减小谱带展宽。③在建立平衡后的瞬间内，流动相线速度 u 越大，流动相中的组分迁移越快，固定相中的组分显得相对越滞后，加剧了谱带的展宽程度。

4. 流动相线速度

以塔板高度对流动相线速度作图所得双曲线称为范氏方程曲线，或称 H-u 曲线，如图 14-6 所示。根据速率理论方程式(14-20)，流动相线速度对涡流扩散无影响(图 14-6 曲线 1)。纵向扩散项在较低的线速度时随流速的升高迅速减小，但随着线速度的继续增加，这一变化趋于平缓(图 14-6 曲线 2)。流动相传质阻力(主要在液相色谱中)随流动相线速度升高而增大，但在线速度较高时，几乎是一恒定值(图 14-6 曲线 3)。固定相传质阻力随着流速的升高而增大(图 14-6 曲线 4)。各种因素综合作用的结果为图 14-6 曲线 5 所示的气相色谱和液相色谱的 H-u 曲线。

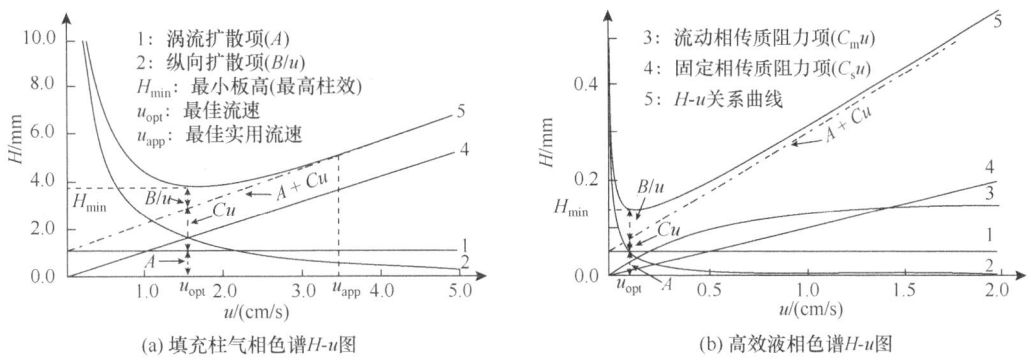

图 14-6 流速与涡流扩散、纵向扩散和传质阻力的关系

图 14-6 中显示了速率理论方程式(14-20)中 A、B/u 及 Cu 各项在图中所代表的位置区间。另外，图 14-6 也表明气相色谱和液相色谱的 H-u 曲线存在显著差异，这是由于流动相性质的差异所致。但两者的 H-u 曲线都有一个最低点(H_{min})，此时的塔板高度即最佳塔板高度，相应的流动相流速即最佳流速(u_{opt})。通常，液相色谱的最佳流速很小，且比气

相色谱低一个数量级以上,相应的液相色谱塔板高 H_{min} 也比气相色谱低一个数量级以上,说明液相色谱的柱效比气相色谱高得多。当 $u \ll u_{opt}$ 时,塔板高 H 主要由纵向扩散项 B/u 控制,分子扩散是引起色谱峰扩张的主要因素。此时宜采用分子量大、扩散系数小的流动相。在 u 略大于 u_{opt} 附近,u 升高导致 H 略有升高,即柱效略有降低,此时适当提高流速 u 以提高分析速度也不会显著降低柱效。当 $u \gg u_{opt}$ 时,纵向扩散项(B/u)对 H 基本上无影响,这在液相色谱中尤其明显,而传质阻力项(Cu)是影响 H 的关键因素。此时,H 随 u 增加而明显变大,柱效明显降低。但当 u 增加到一定程度时,流动相传质阻力对 H 的影响趋于稳定,而固定相传质阻力对 H 的影响依旧明显。在 $u \gg u_{opt}$ 区间,各种因素对 H-u 曲线的综合影响是气相色谱的塔板高 H 增量趋缓,曲线趋于平滑,而液相色谱的塔板高 H 增量依然明显。因此,为了减少液相色谱中传质阻力对 H 的影响,宜采用粒度小且粒径均匀的固定相、降低固定液含量及采用分子量小、扩散系数大的流动相。

H-u 曲线中的最佳流速 u_{opt} 可以通过实验和计算方法求出。对式(14-20)求导,当 H 最小时

$$dH/du = -B/u^2 + C = 0 \tag{14-25}$$

故最佳流速 u_{opt} 为

$$u_{opt} = \sqrt{B/C} \tag{14-26}$$

由此可获得最小塔板高度 H_{min} 为

$$H_{min} = A + B/u + Cu = A + 2\sqrt{B/C} \tag{14-27}$$

其中,A、B、C 的数值可以在一定色谱条件下测得三种不同流速下对应的 H 值,再根据式(14-27)组成一个三元一次方程式,进而求 H_{min} 和 u_{opt}。在最佳流速 u_{opt} 下,虽可获得最小的塔板高 H_{min},但分析速度太慢。实际工作中,气相色谱分析时一般采用双曲线的渐近线或切线与曲线的切点对应下的流速,此流速称为最佳实用流速,其值约为最佳流速的 2 倍。而液相色谱的最佳流速很小,若液相色谱使用最佳流速分离,则分析时间太长,因此实际使用的流速比最佳流速高得多。

14.4.3 色谱分离过程

色谱分离中,组分在固定相和流动相之间发生吸附、脱附和溶解等分配过程。这一过程的本质是:样品中的组分在两相间达到分配平衡的过程中,不同性质的组分在两相间的分配系数不同,导致各组分在流动相中的相对速率不同,从而实现组分分离。这一分离过程可描述为:混合物中的各组分同时进入色谱柱,不同组分在固定相和流动相之间达到分配平衡后,固定相就会对各组分产生滞留(保留)作用。当流动相流过时,组分将在流动相和固定相上重新达到分配平衡。随着流动相不断地流过,流动相会携带各组分沿着柱子以一定速度向前移动。因各组分在两相之间的溶解、吸附、渗透或离子交换等作用的大小不同,即固定相对不同组分的滞留能力不同,各组分在随流动相移动过程中移动速度会不相等,即产生"差速迁移",从而最终达到分离。在

固定相上溶解或吸附力大的组分滞留能力强，迁移速度慢；反之则组分迁移速度快。经过一定长度的色谱柱后，各组分被分离开，并按不同时间顺序先后流出。

下面以图14-7所示柱色谱为例，粗略地讨论某二元混合物在色谱柱内的分离过程。

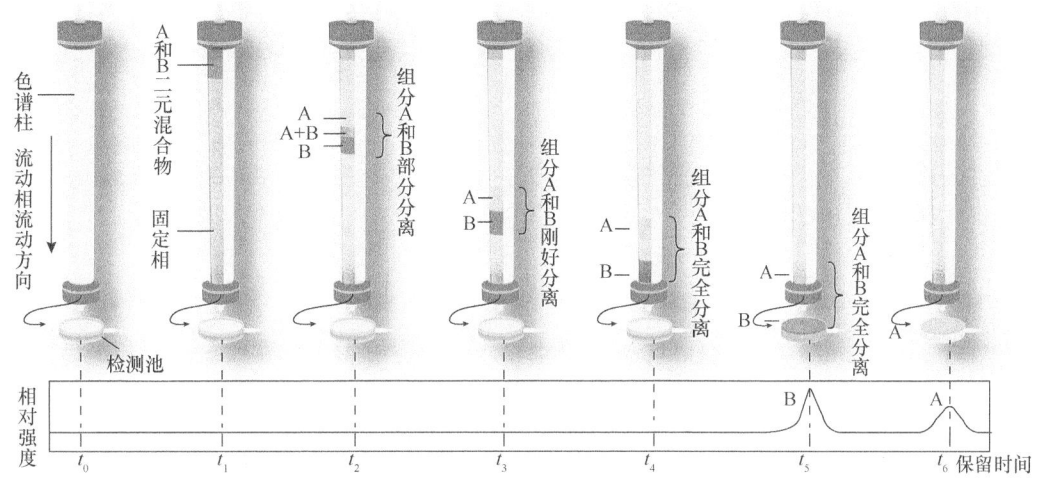

图14-7　二元混合物在色谱柱内的分离过程示意图

色谱分离初始阶段，流动相驱动含 A 和 B 两组分的样品进入柱内，一段时间后，若样品中 A、B 组分的热力学性质不同，即分配系数 k 不同，A、B 组分逐步被分离成 A、A+B 和 B 几个谱带。经过组分在两相间连续反复多次分配后分离成 A 和 B 两个谱带。在随后的迁移过程中，随着组分的逐渐扩散，两个谱带的间距变大。组分 B 率先进入检测器产生电信号，并被记录得到峰 B。随后组分 A 进入检测器产生电信号，并被记录得到峰 A。可见，组分是否能被分离，取决于 A、B 组分的热力学性质即分配系数 k 的差异大小。k 差异越大，A、B 组分越易被分离。但分离是否能实现、分离效果的好坏还与组分在两相中的扩散程度有关。扩散会造成分配系数相差较少的组分相互重叠而影响其分离。扩散的程度取决于受动力学因素影响的组分分子的微观运动，这是色谱动力学研究的主要内容。

14.4.4　基本色谱分离方程

假设难分离组分 1 和组分 2(组分 1 先出峰，组分 2 后出峰)的峰宽相等，根据分离度定义式、塔板理论和保留方程式，可推导出分离度与色谱柱效(n)、相对保留值 $\gamma_{2,1}$ 和分配比 k' 之间的关系式，即基本色谱分离方程

$$R = \frac{\sqrt{n}}{4} \cdot \frac{\gamma_{2,1}-1}{\gamma_{2,1}} \cdot \frac{k_2'}{1+k_2'} \tag{14-28}$$

其中，k_2' 为相邻两色谱峰中第二个色谱峰的保留因子；$\sqrt{n}/4$ 项称为柱效项，为动力学因素；$(\gamma_{2,1}-1)/\gamma_{2,1}$ 项称为柱选择性项，为热力学因素；$k_2'/(1+k_2')$ 项称为柱容量项或容量因素。实际中常用有效塔板数 n_{eff} 代替理论塔板数 n，此时的基本色谱分离方程为

$$R = \frac{\sqrt{n_{\text{eff}}}}{4} \cdot \frac{\gamma_{2,1} - 1}{\gamma_{2,1}}, \quad 其中 \ n_{\text{eff}} = n\left(\frac{k_2'}{1 + k_2'}\right)^2 \tag{14-29}$$

可见，具有一定选择因子的物质，分离度直接和有效塔板数有关，说明有效塔板数能准确地反映柱效。色谱分离方程中，分离度是两组分的色谱柱效 n、选择因子 $\gamma_{2,1}$ 和保留因子 k_2' 的函数。因此，可通过选择实验条件，改变这三个参数来控制分离度。

14.4.5 分离度

色谱分析中常用分离度来描述色谱峰的分离程度。分离度(resolution, R)也称分辨率，是相邻两组分色谱峰保留值之差与两色谱峰峰底宽之和一半的比值，即

$$R = \left[t_{R(2)} - t_{R(1)}\right] / \left[(W_1 + W_2)/2\right] = \Delta t_R / \left[(W_1 + W_2)/2\right] \tag{14-30}$$

当两组分的色谱峰有重叠、峰底宽度难以测量时，可用半峰宽代替峰底宽来计算：

$$R' = \left[t_{R(2)} - t_{R(1)}\right] / \left[\left(W_{\frac{1}{2}(1)} + W_{\frac{1}{2}(2)}\right)/2\right] = \Delta t_R / \left[\left(W_{\frac{1}{2}(1)} + W_{\frac{1}{2}(2)}\right)/2\right] \tag{14-31}$$

$R = 0.59R'$，R 与 R' 两者的物理意义相同。可以证明，若峰形呈正态分布[图 14-8 (a)]，R 值可作为判断两组分分离程度的标准。当 $R = 0.75$，两组分的分离程度为 95%，两峰有部分重叠，对定性分析影响不大。若从两峰的中间(峰谷)切割，则在一个峰内包含另一个组分的 5%；当 $R = 1$ 时，两组分的分离程度为 98%。若从两峰的中间切割，则在一个峰内包含另一个组分的 2%；当 $R = 1.5$ 时，两组分的分离程度可达 99.7%。$R = 1.5$ 可作为相邻两峰完全分离的指标，又称为基线分离。R 值越大，分离效果越好，但分析时间长。

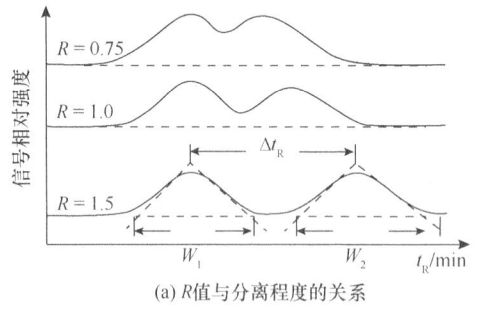
(a) R 值与分离程度的关系

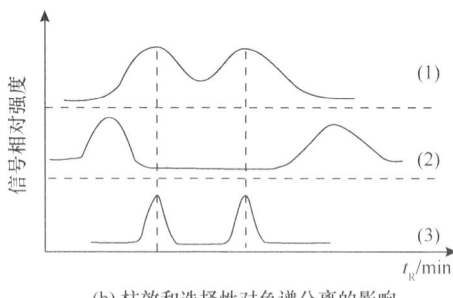
(b) 柱效和选择性对色谱分离的影响

图 14-8 R 值与分离程度的关系及柱效和选择性对色谱分离的影响

1. 分离度与柱效的关系

由基本色谱分离方程式(14-28)知，当色谱柱固定相和被分离物质对的选择因子 $\gamma_{2,1}$ 确定后(物质对确定后，其实 k_2' 也确定了)，分离度将取决于塔板数。这时，对于一定理论塔板高度的柱子，分离度的平方与柱长 L 成正比，即

$$(R_1/R_2)^2 = n_1/n_2 = L_1/L_2 \tag{14-32}$$

这说明，用较长的色谱柱可以提高柱分离度。但柱长增加，会使峰宽增大，出峰时间延长，因此柱过长并不可取(一般填充柱为 0.5~6m)。提高分离度的最好方法是制备出一根塔板高度小的柱子，以提高分离度。

分离度除了与柱长相关外，由式(14-30)可知，分离度还与两组分的色谱保留值和色谱峰宽度有关。两色谱峰保留值之差值主要反映固定相对两组分热力学性质的差别，反映了色谱柱选择性的好坏。色谱峰的宽窄则反映色谱过程的动力学因素，即柱效的高低。柱效越高，色谱峰越窄，分离度越好。柱效高是高分离度的前提。但是仅有高柱效，不能说明选择性好。而分离度是两组分热力学性质和色谱过程中动力学因素的综合反映，是定量描述相邻两组分在色谱柱内分离程度的指标，也是色谱柱的总分离效能指标，它既能反映柱效又能反映选择性。分离度越大，表明相邻两组分分离得越好，色谱柱的柱效高且选择性也好。图 14-8 (b)中，色谱峰重叠的程度显示了色谱分离的优劣。其中，谱图(1)相邻两色谱峰距离近且峰形宽，彼此重叠严重，柱效和选择性都差；谱图(2)两峰距离较大，分离很好但峰形宽，表明选择性好，但柱效低；谱图(3)两峰分离最为理想，峰形尖锐，分离好，表明柱效高且选择性好。谱图(1)和谱图(3)两个峰的相对保留值相同，即它们的选择因子一样，但分离效果明显不同，即柱效相差很大。

2. 分离度与选择因子的关系

由式(14-28)可知，当选择因子(相对保留值)$\gamma_{2,1} = 1$ 时，分离度 $R = 0$。这时，无论怎样提高柱效也无法使两组分分离。只有当 $\gamma_{2,1} > 1$ 时，两组分才能被分离，这是热力学必要条件。因此，选择因子 $\gamma_{2,1}$ 是柱选择性的量度，其值越大，柱的选择性越好，就越能获得良好的分离。研究证明，选择因子 $\gamma_{2,1}$ 的微小变化就能引起分离度的显著变化。一般通过改变固定相和流动相的性质和组成或降低柱温，可有效增大选择因子 $\gamma_{2,1}$ 值。

3. 分离度与分配比的关系

由式(14-28)可知，增大分配比 k_2' 值能使 R 值变大，从而提高分离效果，但同时分析时间延长，容易引起峰展宽。当 $k_2' > 10$ 后，k_2' 再继续增大 R 值变化不明显，反而增加了保留时间。当 $k_2' > 20$ 时，柱容量项 $k_2'/(1+k_2') \approx 1$，理论塔板数近似于有效塔板数。实际应用中，一般取 k_2' 为 2~7。对于气相色谱，通过提高柱温可选择合适的分配比 k_2' 值以改进分离度。对于液相色谱，只要改变流动相的组成就能有效地控制分配比 k_2' 值，从而提高分离度。柱温、流动相的性质及固定相的量等因素会影响分配比 k_2' 值。另外，柱的死体积对分配比 k_2' 的影响很大。死体积大，分离度也就受损失，因此要求柱填充均匀且紧密。

14.5 特点及应用

色谱法作为一种分离和分析多组分混合物的非常有效的物理化学方法，其主要优点是分离效能高。相对其他分离方法，色谱法是分离组分的最简单方法，它能在较短的时间内对组成极为复杂、各组分性质极为相近的混合物同时进行分离和测定。例如，空心毛细管柱一次可以解决石油馏分中的几十种、上百种组分的分离和测定。同系物、顺-反异构体、同位素、旋光异构体等可以利用气相色谱法分离和测定。另外，色谱法样品用量少、灵敏度高、分离速度快。现代色谱分析一般只需少量样品(g 或 μg/mL)可通过该色谱检测，检测灵敏度可达 $10^{-13} \sim 10^{-11}$ g，分析时间一般也只需要几分钟到几十分钟。

色谱法的不足主要是需要利用已知纯物质色谱图作参考，或者有关物质的色谱数据才能定性判断某一色谱峰。若将色谱与质谱、红外光谱和核磁共振等方法联用，能有效地克服色谱法的不足。

色谱法是近代分析化学中发展最快、应用最广的分离分析技术，可分析无机或有机气态、液态和某些固态物质。对那些不适于色谱分离或检测的物质，也可通过化学衍生等方法使其转化为适于色谱分离和分析的物质。色谱法已在化学化工、食品安全检测、环境监测、制药、生命科学研究等多个领域有广泛应用。例如，在环保领域，色谱技术可用于检查饮用水的质量，并监测空气质量、废油中的多氯联苯和土壤中的农药等。在制药领域，色谱技术被用来处理大量高纯度产品，并测试提取物质中的微量污染物。在食品领域，色谱技术通过分析食品变质的时间点，在确定食品物质的保质期方面起着至关重要的作用。此外，色谱技术可以测定食品的营养成分和化学添加剂等。在分子生物学领域，核酸、蛋白质组学和代谢组学的研究经常涉及使用各种色谱联用技术。

【挑战性问题】

溶瘤病毒在癌症免疫治疗应用中发挥着越来越重要的作用。为提高此种病毒治疗方法的临床前和临床疗效，需要快速、简单和廉价的下游处理方法来纯化生物活性病毒制剂，以满足监管当局(如食品药品监督管理局和欧洲医药产品评估机构)规定的日益提高的安全标准。然而，在目前的纯化技术下，用于溶瘤病毒疗法临床剂量的病毒材料在生产中的数量、质量和及时性方面受到限制。虽然可以将病毒颗粒吸附到色谱固定相上，利用色谱分离技术从细胞和培养基污染物中大规模分离和回收病毒，但临床级溶瘤病毒的产量低和加工时间长仍然限制了该分离方法的应用。可喜的是，一种名为干扰色谱的分离方法可实现高效、可扩展的溶瘤病毒纯化，为溶瘤病毒疗法提供了临床级的溶瘤病毒产量。图 14-9 为这种色谱纯化溶瘤病毒原理图。请根据所引用文献介绍干扰色谱法的原理和特点，比较说明图 14-9 中的两种纯化原理。

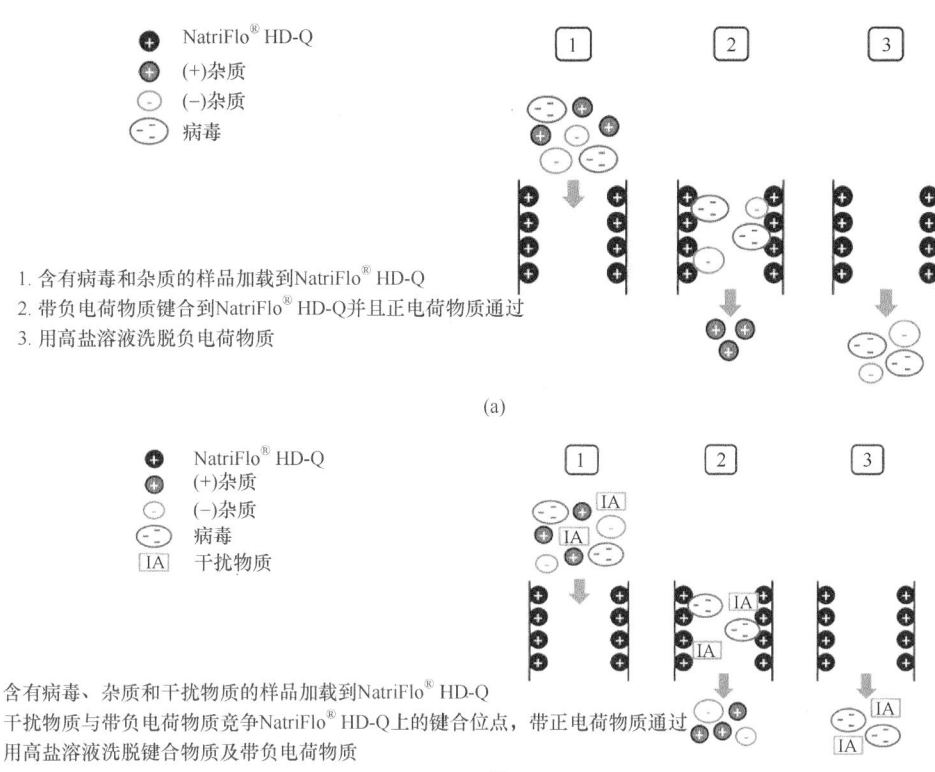

图 14-9　使用键合-洗脱阴离子交换色谱进行溶瘤病毒纯化原理图[2]

【一般性问题】

1. 什么是色谱分离法？色谱分离的原理和本质是什么？

2. 什么是分配比？它与保留值的关系是什么？分配比的物理意义是什么？

3. 什么是分离度？色谱法中判定两组分完全分离的标准是什么？试说明色谱柱柱效与柱分离度的关系。为什么说分离度可以作为色谱柱的总分离效能指标？

4. 某气液色谱分析中得到下列数据：死时间 $t_0 = 1.0$min，保留时间 $t_R = 5.0$min，固定液体积 $V_s = 2.0$mL，载气体积流速 $F_0 = 50$mL/min。试计算：分配系数 k、分配比 k'、死体积 V_0 和保留体积 V_R。

参 考 文 献

[1] Martin A J, Synge R L. A new form of chromatogram employing two liquid phases: a theory of chromatography. 2. Application to the micro-determination of the higher monoamino-acids in proteins. Biochemical Journal, 1941, 35 (12): 1358.

[2] Santry L A, Jacquemart R, Vandersluis M, et al. Interference chromatography: a novel approach to optimizing chromatographic selectivity and separation performance for virus purification. BMC Biotechnology, 2020, 20 (1): 32.

第 15 章 毛细管气相色谱法

毛细管气相色谱法(capillary gas chromatography，CGC)是一种采用毛细管柱分离复杂组分的气相色谱法。

15.1 基 本 理 论

15.1.1 毛细管柱速率方程

1958 年，高雷在范氏方程的基础上提出了著名的高雷方程，即类似于填充柱速率方程的 H-u 毛细管柱速率方程[1]。由于高雷提出的涂壁开管柱是空心柱，柱中不填充载体，故涡流扩散项 A 为零，造成谱带展宽的主要因素是分子扩散和传质阻力(包括气相传质阻力和液相传质阻力)，即

$$H = B/u + C_g u + C_l u \tag{15-1}$$

其中，H 为塔板高度；B 为纵向扩散系数，$B = 2\gamma D_g$，$\gamma = 1$，γ 为曲折校正因子；C_g 和 C_l 分别为组分在气相和液相传质阻力系数，$C_g = \dfrac{1+6k'+11k'^2}{24(1+k')^2} \cdot \dfrac{r^2}{D_g}$，$C_l = \dfrac{2k'}{3(1+k')^2} \cdot \dfrac{d_f^2}{D_l}$，$k'$ 为分配比，r 为毛细管半径，d_f 为固定相液膜厚度，D_g 和 D_l 分别为组分在气相和液相中的扩散系数(cm^2/s)；u 为流动相线速度(cm/s)。由此，毛细管柱速率方程可写成

$$H = \frac{2D_g}{u} + \frac{1+6k'+11k'^2}{24(1+k')^2} \cdot \frac{r^2}{D_g} \cdot u + \frac{2k'}{3(1+k')^2} \cdot \frac{d_f^2}{D_l} \cdot u \tag{15-2}$$

将此方程与填充柱速率方程式(14-20)相比较可以看出：①毛细管色谱柱中，因为只有一个气体路径，故无涡流扩散项，即 $A = 0$；②毛细管柱中因无填料，组分扩散无障碍，故 B 项中曲折校正因子 $\gamma = 1$，而在填充柱中 $\gamma < 1$；③毛细管柱中用 r 代替了相应项中填充物颗粒的平均直径 d_p。

15.1.2 柱效

毛细管柱 H-u 图和填充柱一样也是一个双曲线，如图 14-6 所示。图中曲线最低点处有

$$H_{min} = 2\sqrt{B(C_g + C_l)} \tag{15-3}$$

其中，C_g 和 C_l 的大小取决于分配比 k' 和毛细管柱的几何特性(以相比 β 为代表)。但是一般毛细管柱的液膜薄，相比 β 值较大，因此液相传质阻力 C_l 项较小，不起控制作用，可

忽略，则式(15-3)可近似地表达为

$$H_{\min} = 2\sqrt{BC_g} = r\sqrt{\left(1+6k'+11k'^2\right)/\left[3\left(1+k'\right)^2\right]} \tag{15-4}$$

显然，当 $k' = 0$ 时，$H_{\min} = 0.58r$；当 k' 很大时，$H_{\min} = 1.9r$。最小塔板高度正比于柱半径。当 k' 值相同时，内径越细，柱效越高。

15.2 仪器组成

毛细管气相色谱仪主要由气路系统、进样系统、分离系统、温度控制系统、检测系统以及数据处理系统组成，如图 15-1 所示。其工作原理是：载气自钢瓶经减压后输出，通过净化器、稳压阀或稳流阀、流量计后，以稳定的流量连续不断地流过汽化室、色谱柱、检测器，最后放空。样品汽化并随载气进入色谱柱后，样品中不同组分因分配比不同而在柱内形成分离的谱带，然后在载气携带下先后离开色谱柱进入检测器。检测器将检测到的信号转换并输出成以时间为横坐标、以组分浓度为纵坐标的色谱图。

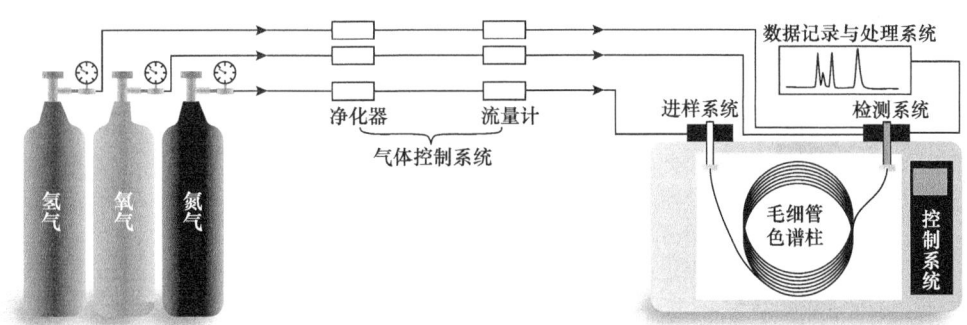

图 15-1　毛细管气相色谱仪组成示意图

15.2.1　进样系统

进样系统包括进样器和汽化室，其作用是引入样品并使其瞬间汽化。进样器有手动和自动进样器两种。由于手动进样重复性比较差，现多用重复性好的自动进样器进样。汽化室的作用是将进入汽化室的样品快速汽化，然后借助载气将样品带入色谱柱。根据样品性质不同，汽化室温度可以设定在 50～400℃。通常，汽化室的温度要比使用的最高柱温高 10～50℃，以保证样品全部被汽化。为保证与毛细管柱的低流量、高柱效相匹配，并保证定量的重复性与准确性，毛细管气相色谱仪的进样系统常采用程序升温蒸发进样、分流进样、不分流进样、柱头进样、直接进样或顶空进样等几种，下面仅介绍常见的分流进样和不分流进样。

1. 分流进样

分流进样是指样品中只有极小部分被载气带入毛细管柱，而绝大部分样品被载气带入安装在色谱柱前的分流管道直接放空的进样方式。进入进样口[图 15-2 (a)]的载气总流量由一个总流量阀控制，随后载气分成两部分[图 15-2 (b)]：一部分是隔垫吹扫气(1～3mL/min)，另一部分是进入汽化室的载气。载气与样品气体混合后又分为两部分，其中大部分经分流出口放空，小部分进入色谱柱。分流进样时，被放空的样品量与进入毛细管柱的样品量之比称为分流比，数值上等于分流出口放空的载气流量与进入毛细管柱的载气流量之比。因此，当柱流量一定时，一般通过调节分流出口流量来调节分流比。毛细管柱分流比一般为 20∶1～500∶1。对稀释样品、气体样品和大口径柱，分流比为 5∶1～15∶1；对小口径柱、低容量柱和十分浓的样品，分流比可高达 1000∶1。以总流量为104mL/min 为例，若隔垫吹扫气流设置为3mL/min，则另 101mL/min 进入汽化室。当分流流量为 100mL/min，柱内流量为 1mL/min，这时分流比为 100∶1。图 15-2 (c)是将毛细管柱前压调节阀置于分流气路上，这就可在总流量不变的情况下，改变柱前压。柱前压越高，柱流速越大，分析速度越快。而要在柱前压不变(柱流速不变)的条件下改变分流比，则必须调节总流量。总流量越大，分流比越大。

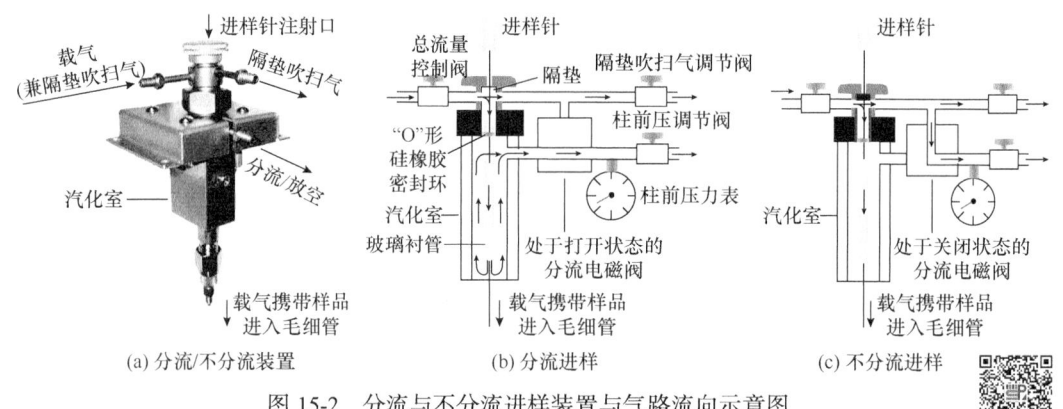

图 15-2　分流与不分流进样装置与气路流向示意图

通常，当分流进样能满足分析要求(如灵敏度)时，可首选分流进样。这是由于这种进样方式优点明显，如：①分流进样适合于大部分可挥发样品(如气体和液体样品)；②在高分流比下(分流比＞100∶1)，样品起始组分的谱带扩展小，出峰尖锐；③当进样量大时，可避免色谱柱超载，如化学试剂中的低沸点杂质的测定；④当不了解样品组成或已知样品杂质含量高时，分流进样可将大部分样品从分流口排出，不进入色谱柱，一定程度上可防止色谱柱被污染；⑤易实现自动操作，用自动进样法能得到重复性好的保留时间和精度较高的定量结果；⑥在柱恒温和程序升温操作时，结果重现性较好。

分流进样也存在明显的不足，如：①浓度低和沸点高的组分的样品回收率低，定量的精密度差；②不适宜用于痕量分析；③高分流比时，载气消耗量大，测定精密度和准确度依赖于进样技术和重复性；④当样品组分浓度、沸点范围较宽时，易产生分流歧视现象，分流效果较差。歧视现象是分流进样最明显的不足，它是指通过进样系统进入色谱柱中的样品组成与实际样品的组成不一致，即组成比发生变化的现象。过高的分流比还会导致样品无法被检出而产生分流歧视现象。因此，在样品浓度和柱容量允许的情况下，分流比应尽量小。解决分流歧视的方法是使样品快速汽化，汽化方法包括采用较高汽化温度和选合适的玻璃衬管。

2. 不分流进样

不分流进样是指进样器的样品全部被载气带入毛细管柱进行分离的进样方式。不分流进样与分流进样采用同一个进样口。不分流进样时，分流气路的电磁阀关闭，样品全部进入色谱柱，如图 15-2 (c)所示。不分流进样时，由于样品全部注入色谱柱，消除了分流歧视的影响，提高了分析灵敏度，特别适用于痕量分析。然而在实际工作中，往往只有在分流进样不能满足分析要求(主要是灵敏度要求)时，才考虑使用不分流进样。这是因为不分流进样易导致色谱柱超载，并污染色谱柱，另外一个最突出的问题是易产生因进样引起的峰展宽，包括时间性谱带展宽(由进样时间拖长引起)和空间性谱带展宽(由样品占据色谱柱较大长度引起)。这种峰的展宽是由于样品汽化后的体积相对于柱内载气流量太大，样品中大量的溶剂被汽化后不能瞬间进入色谱柱，从而产生严重的溶剂峰拖尾现象。这就是色谱分析中的溶剂效应，其存在使早流出组分的峰被掩盖在溶剂拖尾峰中(图 15-3)，因而使分析变得困难，甚至不可能。

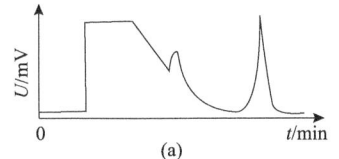
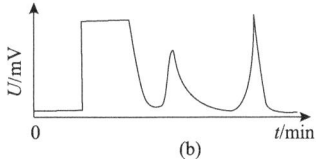

图 15-3 完全不分流(a)与瞬间不分流(b)进样的溶剂效应

消除这种溶剂效应主要采用瞬间不分流技术，即进样开始时关闭分流电磁阀，使系统处于不分流状态，待大部分汽化的样品进入色谱柱后，开启分流阀，使系统处于分流状态，对进样器衬管进行吹扫。这样，汽化室内残留的溶剂气体(也包括小部分样品组分)就很快从分流出口放空，从而在很大程度上消除了溶剂拖尾。分流状态一直持续到分析结束，直到注射下一个样品时再关闭分流阀。因此，不分流进样并不是绝对不分流，而是分流与不分流的结合。另外，消除上述溶剂效应还需要根据样品的具体情况(如溶剂沸点、待测组分沸点和浓度等)或操作条件来确定一个优化的不分流时间点。一般情况下，这一时间为 30~80s，多用 45s，可保证 95%以上的样品进入色谱柱。

15.2.2 分离系统

毛细管柱是气相色谱仪的心脏，其作用是使样品在柱内移动的过程中得到分离。目前使用的毛细管柱是熔融石英制作的毛细管柱，其化学惰性、热稳定性及机械强度好并具有一定弹性。毛细管柱有填充型和开管型两类。目前填充毛细管柱已使用不多。开管型按其固定液的涂渍方法不同，可分为图 15-4 中的三种。除此之外，还有采用交联或化学键合制作固定相的毛细管柱。在实际应用中，可用三根极性不同的毛细管柱，即甲基硅橡胶柱(SE-30，非极性)、三氟丙基甲基聚硅氧烷柱(QF-1，中等极性)和聚乙二醇柱

(PEG-20M，中强极性)来完成大部分气相色谱的分离。

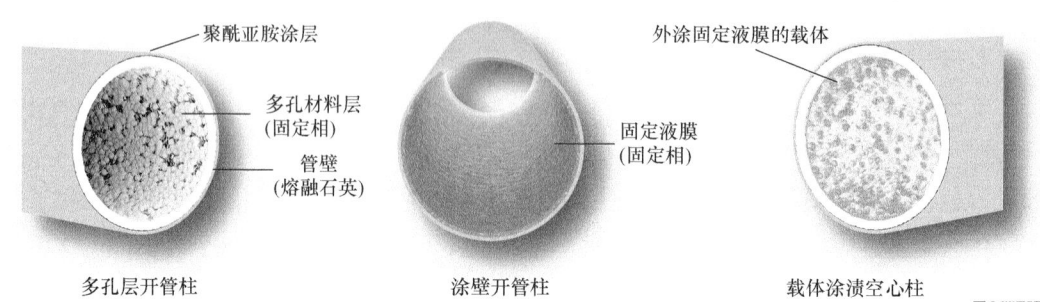

多孔层开管柱　　涂壁开管柱　　载体涂渍空心柱

图 15-4　几种毛细管柱类型、填充型与开管型毛细管柱的比较

15.2.3　温度控制系统

色谱分析时，需要对汽化室、分离室、检测器三部分进行温度控制。其中，色谱柱的温度控制方式有恒温和程序升温两种，如图 15-5 所示。

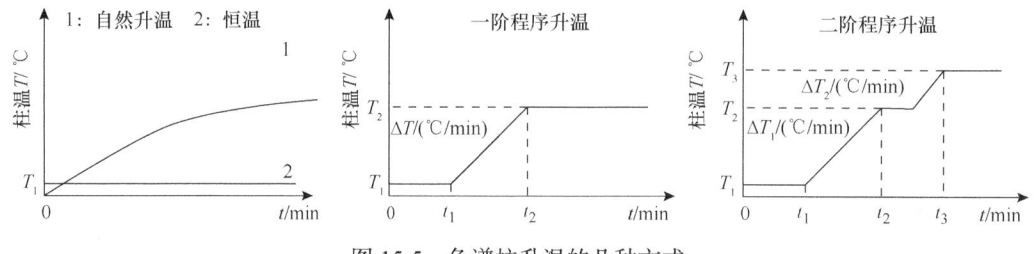

图 15-5　色谱柱升温的几种方式

恒温控制是指在一个分析周期内，柱温在达到设定温度后保持不变的温度控制方式。程序升温控制是指在一个分析周期内，柱温按照组分沸程设置的程序，连续地随时间由低温向高温做线性或非线性变化的温度控制方式。程序升温时，柱温不断变化，温度系数不同的组分在柱中的相对位置发生变化，组分的出峰顺序随程序升温条件变化而变化。在程序升温的起始阶段，柱温较低，可以让较早流出的色谱峰实现比较好的分离。随后柱温上升，并在较高温度下保持一段时间，可以让后出的色谱峰整体前移，缩短分析时间。这样可以让保留时间长的化合物提前出峰，实现更窄的峰宽和更高的灵敏度。因此，对于沸点范围很宽的混合物，采用程序升温可实现分离而获得良好的分离度和峰形。一般地，当样品沸程范围(样品组分的最高沸点与最低沸点之差)大于 80~100℃时，就需要用程序升温。程序升温具有改进分离、使峰变窄、检测限下降及省时等优点，在分离效果上比恒温有明显优势，是色谱分离的常用控温方法。应用时，根据样品的性质、组分的保留温度、初期冻结现象和沸点的间隔等来选择升温方式、起始和终止温度、升温速率等条件，设定适合的升温程序。若在一个分析周期内，柱温只按设定一个升温速率升温，这称为单阶线性程序升温。若在一个分析周期内，柱温按设定的若干个升温速率升温，并且在若干个温度下保持一定的时间，这称为多阶线性程序升温。

15.2.4 检测系统

气相色谱检测器有浓度敏感型检测器和质量敏感型检测器两大类，用于把载气中各分离组分的浓度或质量变化转换成易于测量的电信号。

1. 浓度敏感型检测器

浓度敏感型检测器在给定的色谱条件下，其响应值与单位时间内进入检测器的物质的浓度成正比。当进样量一定时，检测器对色谱峰高的响应值与流动相的流速无关，对峰面积的响应值与流动相的流速成反比，峰面积与流速乘积为常量。这类检测器有热导检测器和电子捕获检测器等。

热导检测器(thermal conductivity detector, TCD)是最早、最成熟的一种检测器，其结构简单、价格便宜、性能稳定、应用广泛，对所有物质都有响应。该检测器由不锈钢热导池体和热敏元件组成。热导池分双臂热导池和四臂热导池两种，如图15-6所示。

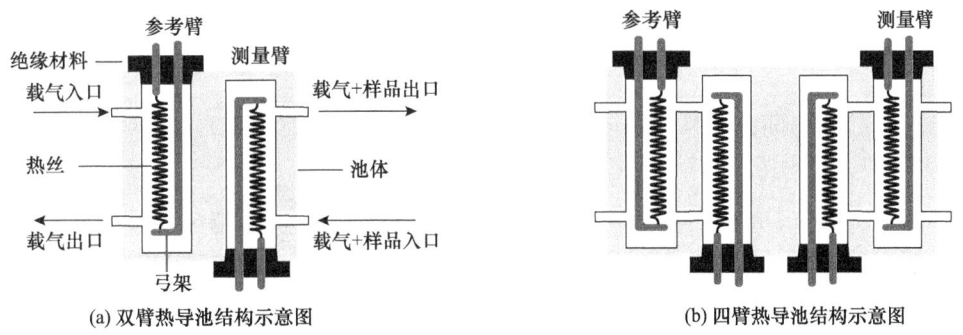

(a) 双臂热导池结构示意图　　(b) 四臂热导池结构示意图

图 15-6　双臂热导池和四臂热导池结构示意图

双臂热导池中的一臂是参比池，另一臂是测量池。四臂热导池中的两臂是参比池，另两臂是测量池。两种热导池体中都有大小相同、形状完全对称的孔道。每个孔道内都固定有一根长短、粗细和电阻值都一样的金属丝。热导池体两端有气体进口和出口。参比池仅通过载气气流，测量池通过载气或由载气携带的、来自色谱柱的流出组分。热导池中的金属丝称为热丝或热敏元件，它一般选用电阻率高、电阻温度系数大的半导体热敏电阻或金属丝如钨丝或铼钨丝，以提高检测器的灵敏度。由于钨丝在高温时易被氧化，现多采用铼钨合金作热敏元件。与钨丝相比，铼钨丝抗氧化性、机械强度、化学稳定性及灵敏度都要高。

热导检测器中的电路核心是惠斯通电桥，如图15-7所示。图中，R_1 和 R_2 分别为参比池和测量池中钨丝的电阻，连于电桥中作为两臂，且 $R_1 = R_2$。电桥平衡时，

$$R_1 \cdot R_4 = R_2 \cdot R_3 \tag{15-5}$$

当所有钨丝中通过相同电流时，钨丝被加热到一定温度，其电阻值也增加到一定值，且两个池中电阻增加的程度相同。W_1、W_2、W_3 为三个电位器。调节 W_1 或 W_2 时，都会影响电桥一臂的电位值，即影响电桥输出信号。因此，W_1 和 W_2 都可用来调节桥路平衡，其中，W_1 为零点调节粗调，W_2 为零点调节细调。在进样前，先调节 W_1 和 W_2，使记录器基线处在一定位置。W_3 用来调节桥路工作电流的大小。当载气经过参比池和测量池时，

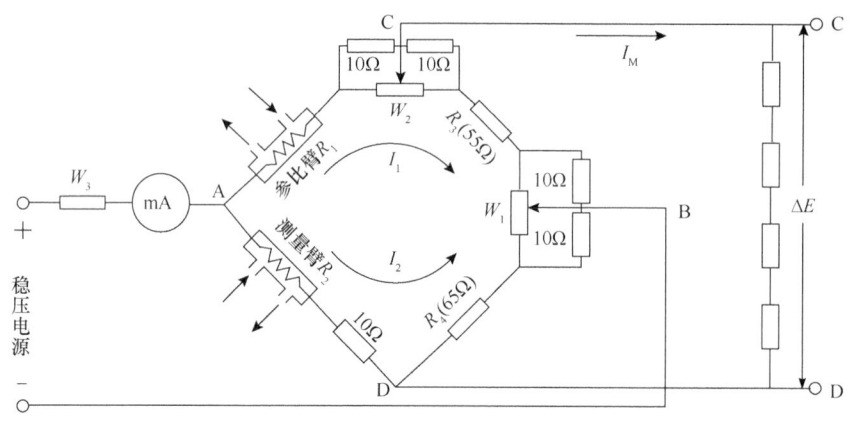

图 15-7 热导检测器测量电路图

带走了钨丝的部分热量,导致钨丝温度下降,阻值减小。当载气流速恒定时,两个池中的钨丝温度下降和电阻值的减小程度是相同的,即

$$\Delta R_1 = \Delta R_2 \tag{15-6}$$

因此当两个池都通过载气时,电桥处于平衡状态,能满足

$$(R_1 + \Delta R_1)R_4 = (R_2 + \Delta R_2)R_3 \tag{15-7}$$

此时 C、D 两端的电位相等,$\Delta E = 0$,电路中无信号输出,电位差计记录的是一条零位直线,即基线。当载气携带着来自色谱柱的流出组分进入测量池时,被测组分与载气组成的混合气的导热系数与纯载气的导热系数不同,使测量池中钨丝散热情况发生变化,导致测量池中钨丝温度和电阻值改变,这与只通过纯载气时参比池内钨丝的电阻值之间有差异,此时电桥不平衡,即

$$\Delta R_1 \neq \Delta R_2, (R_1 + \Delta R_1)R_4 \neq (R_2 + \Delta R_2)R_3 \tag{15-8}$$

电桥 C、D 之间产生不平衡电位差,就有信号输出。载气中被测组分的浓度越大,测量池钨丝的电阻值改变越显著。因此,在一定条件下,检测器所产生的响应信号与载气中组分的浓度存在定量关系。

热导检测器是填充柱气相色谱仪中最常用的检测器,但在毛细管气相色谱中应用有限。这是由于其检测池体积过大,需要采用补充气来减少死体积影响,只有样品浓度高时才能得到足够响应。为提高热导池的灵敏度并使其能在毛细管气相色谱法上使用,应使用具有微型池体(2.5μL)的热导池。

2. 质量敏感型检测器

质量敏感型检测器在给定的色谱条件下,其响应值与单位时间内进入检测器的物质的质量成正比。检测器对色谱峰的峰面积响应值与载气流速无关,对峰高的响应值与载气流速成正比。这类检测器有火焰离子化检测器(flame ionization detector,FID)和火焰光度检测器等。其中,火焰离子化检测器利用氢气(燃气)在空气(助燃气)中燃烧产生的热量作为检测器的能量源,因此又称氢火焰离子化检测器,如图 15-8 所示。该检测器的核心是离子室,包括气体入口、火焰喷嘴、极化极(+)、收集极(−)等。极化极又称发射极,并兼作点火器，用于点燃氢焰。极化极和收集极均用纯铂丝绕成，并通过高阻、基流补偿和直流电源组成检测电路，如图15-8(c)所示。工作时，载气携带样品中被分离出的组分通过氢火焰，其中的有机物发生化学电离，生成正离子和电子。这些正离子和电子在收集极和极化极两极间200V直流电场的作用下，正离子向收集极移动，而负离子和电子则向极化极移动。这样，在两极之间就形成了微电流，且此电流的大小与产生化学电离的组分的质量成正比，因此可以作为检测器定量分析的依据。当只有载气进入离子室被离子化时，产生的微电流为基流。微电流经放大器放大并输出为电流(或电压)信号，最后由计算机记录并处理后得到色谱图，其中基流信号表现为色谱图中的基线，组分信号表现为以基线为参比的色谱峰。

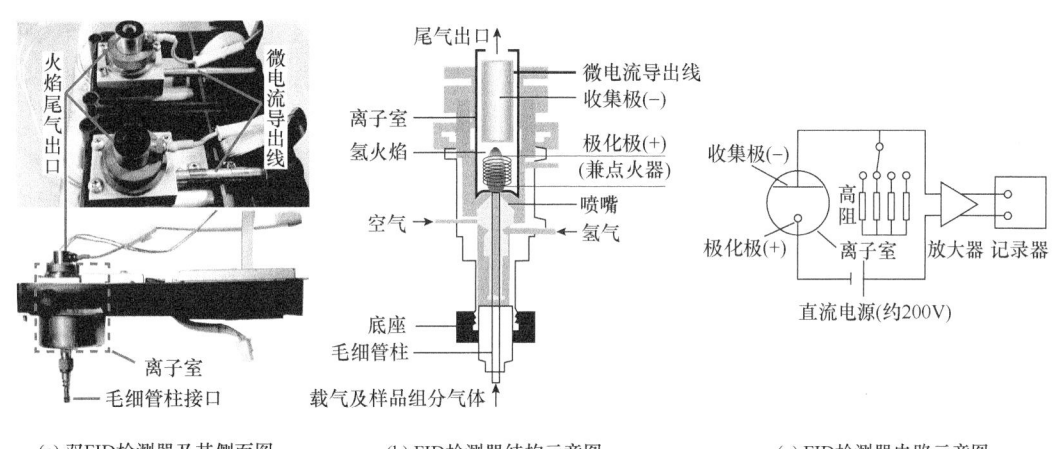

图 15-8　火焰离子化检测器的结构和工作原理示意图

火焰离子化检测器能检测到 10^{-12}g/s 的痕量含碳有机化合物，其灵敏度一般比热导检测器灵敏度高几个数量级，适宜于有机化合物痕量分析。另外，该检测器结构简单、响应快、死体积小、线性范围宽、稳定性好，适合于能在火焰中电离的绝大部分有机物(特别是烃类)的分析，且其响应值与有机物碳原子数成正比，是一种理想的、应用广泛的检测器。但该检测器对那些在氢焰中不电离的无机化合物，如永久性气体(常温下不能液化的气体)、水、一氧化碳、二氧化碳、氮氧化物和硫化氢等则不能检测。

15.3　定性与定量分析

色谱的主要作用是分离，因此单靠色谱定性的可靠性并不高，定量的误差也比较大。只有在了解样品的来源、性质、分析目的的基础上，再结合其他分析法，如质谱、核磁共振波谱法等进行综合分析后，才可能给出可靠性高的结果。

15.3.1　定性分析

色谱定性方法主要是基于色谱保留值进行的，但由于不同物质在同一色谱条件下可能具有相似或相同的保留值。因此,仅根据保留值对一个完全未知的样品定性是困难的。但若结合下列的方法则可大致确定色谱峰所代表的化合物。

1) 利用经验规律和文献值定性

(1) 碳数规律定性:实验证明,有机同系物的调整保留值(t'_R、V'_R、$\gamma_{2,1}$)的对数与分子中碳原子数 n 呈线性关系

$$\lg t'_R = nA_1 + C_1 \tag{15-9}$$

其中,A_1 和 C_1 分别为与固定液和被测组分的分子结构有关的经验常数。同系物的保留值与碳数有关,碳数少的化合物先出峰。

(2) 沸点规律定性:同族具有相同碳原子数目的碳链异构体的调整保留值(V'_R、$\gamma_{2,1}$)的对数值与其沸点呈线性关系,即沸点低的先出峰,沸点高的后出峰。

(3) 文献值定性:在无标准物时,可以利用文献保留值(保留指数)定性。在相同条件下测定的样品组分保留值与文献保留值比较,若相同则可能与文献上所指明的物质是同一物质。文献保留值也可用色谱软件保留指数库中的值(质谱数据库中有色谱保留指数)来替代。

2) 根据保留指数定性

保留指数(I)又称科瓦茨指数(Kovats index),是一种国际公认的气相色谱定性指标[2]。它把某物质的保留行为用两个紧靠近该物质的正构烷烃标准物来标定。某物质 x 的保留指数 I_x 的计算公式为

$$I_x = 100\left[n + \frac{\lg t'_{R(x)} - \lg t'_{R(n)}}{\lg t'_{R(n+1)} - \lg t'_{R(n)}}\right] \tag{15-10}$$

其中,$t'_{R(x)}$、$t'_{R(n)}$、$t'_{R(n+1)}$ 分别代表样品 x 和碳原子数为 n 和 $n+1$ 的正构烷烃的调整保留时间(也可以用调整保留体积、净保留体积或距离)。n 可以等于 1, 2, 3, $\cdots$,但数值不宜过大。测定方法是将正构烷烃作为标准,规定其保留指数为分子中碳原子个数乘以100(如正己烷的保留指数为 600)。其他物质的保留指数是通过选定两个相邻的正构烷烃,其分别具有 n 和 $n+1$ 个碳原子。样品 x 的调整保留时间应在相邻两个正构烷烃的调整保留值之间,即 $t'_{R(n)} < t'_{R(x)} < t'_{R(n+1)}$。化合物调整保留时间的对数值与其保留指数间的关系基本上是一条直线,因此可用内插法计算保留指数 I_x。

保留指数作定性分析的指标,有其自身的特点:①保留指数仅与柱温和固定相性质有关,与色谱操作条件无关,使用保留指数定性具有一定的可靠性;②由于很多纯物质的保留指数可查,因此定性十分方便;③保留指数定性不需要已知纯物质。但保留指数定性也有一定的局限性。它对一些多官能团、比较复杂的天然产物无法定性,因为这些化合物的文献保留指数值很少有报道。

3) 利用纯物质定性

这种定性方法主要包括以下几种:

(1) 利用保留值对照定性:一定色谱条件下,任何物质只有一个确定的保留值(如保留时间)。因此,相同色谱条件下,通过比较已知物和未知物的保留值,就可以定性鉴定

未知物色谱图中的某一色谱峰代表的是否是已知物。若两者的保留时间相同,则未知物可能就是已知的纯物质。若不同,则未知物就不是该纯物质。这种定性方法只适用于对组分性质已有所了解、组成比较简单且有对应纯物质的未知物。

(2) 利用增加峰高法定性:当样品组分比较复杂、色谱峰间距太小、操作条件不易控制、准确测定保留值有一定困难或保留值很难重现时,可以将纯物质加到样品中,若发现有新峰或在未知峰上有不规则的形状(如峰略有分叉)出现,则表示两者并非同一物质;若混合后峰高增大且半峰宽并没有明显的变宽,则表示两者很可能是同一物质。

(3) 双柱、多柱定性:复杂样品色谱定性分析时,由于色谱柱的选择性不高,往往出现不同组分有可能在同一柱上具有相同的保留值。因此,即便未知组分和已知物的保留值一致,有时也不能完全肯定两者是同一种物质。因此严格地讲,仅在一根色谱柱进行色谱定性并不可靠,而采用双柱或多柱定性可保证定性结果的可靠性。双柱或多柱定性是利用两种或多种性质完全不相同的色谱柱对同一样品进行分离,使原来具有相同保留值的组分能以不同的保留值出现,再进一步定性的方法。也可采用后面介绍的全二维或三维色谱定性,这样不仅可以提高定性结果的可靠性,而且可以提高峰容量和分析速度。

15.3.2 定量分析

色谱定量分析中常用的定量方法有归一化法、外标法、内标法和标准加入法等。

1. 归一化法

归一化法是一种较常用的方法。当样品中各组分在色谱图上都有色谱峰时,可用此法进行定量。若以面积计算,则称此法为面积归一化法。若以峰高计算,则称此法为峰高归一化法。当两个质量相等的不同组分在相同条件下使用同一个检测器进行测定时,所得的峰面积往往不相等,这时就不能直接利用峰面积计算物质的含量,而必须对峰面积进行校正。为此,在定量计算时需要引入定量校正因子。以面积归一化法为例,若样品有 n 种组分,进样质量为 m,则其中 i 组分的含量 $c_i(\%)$ 为

$$c_i(\%) = \frac{m_i}{m} \times 100\% = \frac{A_i f_i'}{\sum_{i=1}^{n} A_i f_i'} \times 100\% \tag{15-11}$$

其中,m_i 为被测组分 i 的质量;A_i 为被测组分 i 的峰面积;若 f_i' 为组分 i 的相对质量校正因子,则 c_i 为质量分数;若 f_i' 为组分 i 的相对摩尔校正因子或相对体积校正因子,则 c_i 为摩尔分数或体积分数。校正因子分为绝对校正因子和相对校正因子。通常所说的校正因子是指相对校正因子 f_i' ("相对"二字常略去),它是指某组分 i 与标准物质(内标)s 的绝对校正因子 f_s 之比

$$f_i' = f_i / f_s \tag{15-12}$$

根据被测组分使用的计算单位不同,相对校正因子可分为相对质量校正因子 $f_{i(m)}'$ 和相对摩尔校正因子 $f_{i(M)}'$。相对质量校正因子是以 g 为计量单位,表示为

$$f'_{i(m)} = f_{i(m)} / f_{s(m)} = A_s m_i / A_i m_s \tag{15-13}$$

其中，下标 i 和 s 分别代表待测组分和标准物质；m 为组分质量；A 为组分峰面积。

相对摩尔校正因子 $f'_{i(M)}$ 是以摩尔为计量单位，表示为

$$f'_{i(M)} = f_{i(M)} / f_{s(M)} = A_s m_i M_s / A_i m_s M_i = f'_{i(m)} M_s / M_i \tag{15-14}$$

其中，M_i 和 M_s 分别为被测组分和标准物质的摩尔质量。由于相对校正因子 f'_i 值只与样品和标准物以及检测器的类型有关，与操作条件无关，因此 f'_i 值通常可自文献中查得。若从文献中查不到所需 f'_i 值时，可用以下方法自行测定：准确称量被测组分和标准物质，将二者混合进样，分别测出它们的峰面积，以此计算出 $f'_{i(m)}$ 或 $f'_{i(M)}$。常用的标准物质中，热导检测器用的是苯，氢火焰离子化检测器用的是正庚烷。

归一化法的优点主要有：①不必知道进样量，尤其是进样量小而不能测准时更为方便；②由于测定值是相对值，操作简便，进样量的准确性和操作条件的变动对测定结果影响不大；③比内标法方便，特别是在多种组分分析时有优势；④如 f'_i 值相近或相同(如同系物、同分异构体等)，则 f'_i 值可不必求出，而直接用面积或峰高归一化，此时

$$c_i(\%) = \frac{m_i}{m} \times 100\% = \frac{A_i}{\sum_{i=1}^{n} A_i} \times 100\% \tag{15-15}$$

归一化法的不足在于：①仅适用于样品中所有组分全出峰的情况，即样品中所有组分都要在一定时间内分离流出色谱柱，且在检测器中产生信号；②不必定量的组分也必须求出峰面积；③所有组分的 f'_i 值均需测出，否则此法不能应用。

2. 外标法

外标法可分为直接比较法和标准曲线法两种。直接比较法又称为单点外标法，它是将样品中某一组分的峰面积与该组分的标准品的峰面积直接比较进行定量分析的方法。此方法通常要求标准品的浓度与被测组分浓度接近，以减小定量误差。标准曲线法是将被测组分的标准物质配制成一系列不同浓度的标液，经色谱分析后获得物质浓度与峰面积(或峰高)的标准曲线，再根据待测组分的色谱峰面积(或峰高)，从标准曲线上查得相应的浓度即为待测组分浓度的方法。标准曲线的斜率与物质的性质和检测器的特性相关，相当于待测组分的校正因子。标准曲线法的优点是操作计算简便，不必用校正因子，不必加内标物。分析结果的准确度主要取决于进样量的重复性和操作条件的稳定程度。

3. 内标法

内标法是一种将已知浓度的标准物质(内标物)加入到未知样品中去，然后比较内标物和被测组分的峰面积，从而确定被测组分的浓度 $c_i(\%)$ 的方法

$$c_i(\%) = \frac{m_i}{m} \times 100\% = \frac{A_i f'_i m_s}{A_s f'_s m} \times 100\% \tag{15-16}$$

其中，下标 s 代表内标物，i 代表组分；m 为样品的质量；m_i 为样品中组分 i 的质量；m_s 为加入内标物 s 的质量。当以内标物作为测定校正因子的基准物时，$f'_s = 1$，此时

$$c_i(\%) = \frac{A_i f'_i m_s}{A_s m} \times 100\% \tag{15-17}$$

若固定样品的称取质量为 m，且加入内标物的质量 m_s 恒定，则 $f'_i m_s / f'_s m$ 为一常量 k，有

$$c_i(\%) = k \frac{A_i}{A_s} \times 100\% \tag{15-18}$$

当样品中各组分不能全部出峰或当对样品的情况不了解、样品的基体很复杂，又或只需要对样品中某几个有色谱峰的组分进行定量时，采用内标法比较合适。有时为了进行大批样品的分析，有时需建立内标标准曲线。具体方法是用待测组分的纯物质配制成不同浓度的标液，然后在等体积的这些标液中分别加入浓度相同的内标物，混合后进行色谱分析，测出 A_i 和 A_s，以 A_i/A_s 对标液浓度作图，即得内标标准曲线。在分析未知样品时，分别加入与绘制标准曲线时同体积的试液和同浓度的内标物，用样品与内标物峰面积(或峰高)的比值，在标准曲线上查出被测组分的浓度。

4. 标准加入法

标准加入法是一种特殊的内标法，可以看作是内标法和外标法的结合。它是在找不到合适的内标物时，以待测组分的纯物质(标液)为内标物加入到待测样品中，然后在相同色谱条件下测定加入待测组分纯物质前后待测组分的峰面积(或峰高)，从而计算待测组分在样品中含量的方法。操作时，向若干份等量样品中加入不同浓度待测组分的标液进行色谱分析，以加入标液的浓度为横坐标，峰面积(或峰高)为纵坐标绘制工作曲线。样品中待测组分的浓度即为工作曲线在横坐标延长线上的交点到坐标原点的距离。

15.4 特点及应用

毛细管色谱法的优点主要有：①分离效率比填充柱色谱高 10～100 倍。②毛细管柱为开管柱，柱子长(n 大)，且为空心柱，因此涡流扩散项 $A = 0$，谱带展宽小，总柱效高。③色谱峰窄、峰形对称。④分析速度快。毛细管色谱分析比填充柱色谱分析的相比率(V_m/V_s)大，分配快，有利于提高柱效。加上保留因子 k' 小，渗透性好，因而分析速度快。⑤灵敏度高。填充柱色谱仪多采用热导检测器，而毛细管色谱仪一般采用高灵敏的氢火焰离子化检测器。

毛细管色谱法的不足主要是柱容量小，因而进样量小(对单个组分而言，约 0.5μg 即达极限)，需采用分流技术并使用更高灵敏度的检测器，这会使宽沸程的样品在分流后失真。这是毛细管柱最大的不足，尤其对痕量分析来说极为不利。

虽然毛细管气相色谱法有上述不足之处，但其更为突出的优点使其广泛应用于诸多

学科和领域的定性和定量分析。例如，在法医学领域，法医病理学-毛细管色谱法识别给定化合物中单一元素和分子的能力在法医病理学中非常有用。它有助于确定死后人体内存在的液体和化合物。这对于查明该人在死亡时是否因酒精或药物中毒至关重要。它还有助于检测人体内是否有毒物或其他有害物质，这有助于找出可能的死亡原因(尤其是怀疑有谋杀行为)以及动机和罪魁祸首。另外，犯罪现场测试-毛细管气相色谱法是检查犯罪现场样本的一个组成部分。它能测试所有可能的样本，如血液、衣服纤维和其他材料，因而能够确定犯罪现场有什么物品和有什么人，也有助于提出关于嫌疑犯和犯罪前发生的事情的理论。另外，由于使用毛细管气相色谱法的误差接近于零，因而这使其成为法庭上的重要证据。在调查纵火时，毛细管气相色谱法很有帮助。物质燃烧时，需要不同的化合物和成分，且许多化合物在火灾中会溶解。火焰燃烧的强度和浓度反映了化合物和成分的数量。毛细管气相色谱法是现场鉴别易燃液体的低成本替代方法。

15.5 全二维/三维气相色谱法简介

15.5.1 全二维气相色谱法简介

毛细管气相色谱作为复杂混合物的分离工具，对挥发性有机物的分离分析发挥了很大的作用。目前，大多数色谱仪使用一根色谱柱进行分离，用于含几十至上百种有机物样品的分析。但当待测样品更复杂时，经常出现重叠峰的情况，用一根柱子就很难实现完全分离。为了使未完全分离的组分得到进一步分离，早期的方法是在第一根柱子后面再串联一根极性不同的小柱。待测样品经第一根色谱柱预分离后的部分馏分中的一个或几个峰的组分，通过切换阀流入第二根色谱柱进行进一步分离，这就是早期的二维色谱，如图 15-9 所示。这种二维色谱的峰容量(即在给定时间内可以分辨的峰的数量)大约是两根色谱柱出峰之和，故又简称为 GC + GC。由于 GC + GC 只是把第一根色谱柱流出的部分馏分转移到第二根色谱柱，其他样品被放空，因而使样品信息减少。同时，样品由第一根色谱柱进到第二根色谱柱时，组分的谱带已较宽，因此第二根色谱柱的分辨率会受到损失。此外，这种方法的分析速度也较慢，目前该方法已不再应用。

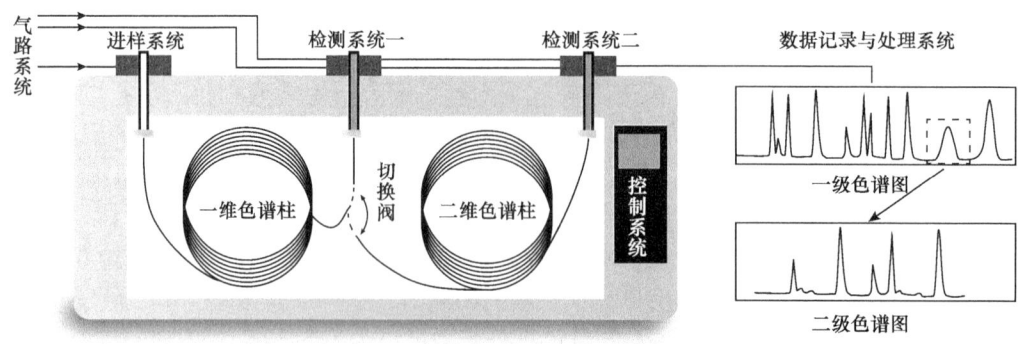

图 15-9　传统二维气相色谱仪组成及工作原理示意图

与早期的二维色谱不同，全二维气相色谱法(GC×GC)是通过热解吸调制器装置将固定相极性不同的两根色谱柱串联起来进行色谱分析的一种色谱分析法(图 15-10)。第一根色谱柱使用非极性柱，分离后的组分按保留时间依次进入调制器后被分成多段间隔的小组分，经浓缩聚集后再通过快速加热以周期性的脉冲形式进入第二根色谱柱中进行继续分离。全二维气相色谱法的峰容量大约是两根色谱柱的出峰之积，故简称为 GC×GC。调制器的使用，提高了第二根色谱柱的分辨率和分析速度，且样品信息不会丢失。

与一维色谱法相比，全二维气相色谱法具有更强的气相分离能力，能分离成分高度复杂的样品，具体讲，全二维气相色谱法的特点是：①分辨率高、峰容量大。②灵敏度高。全二维气相色谱法比通常的一维色谱的灵敏度高 20～50 倍。这是因为色谱峰变尖锐，大多数目标化合物能实现基线分离，使信噪比增加。③分析时间短。由于样品更容易分开，总分析时间反而比一维色谱短。④分离度高、干扰少，定性可靠性强。

1. 仪器组成

全二维气相色谱法是在传统一维色谱法的基础上发展起来的，因此其仪器的基本组成(图 15-10)与传统气相色谱仪相同，这里不再重复，仅介绍二者的不同之处。

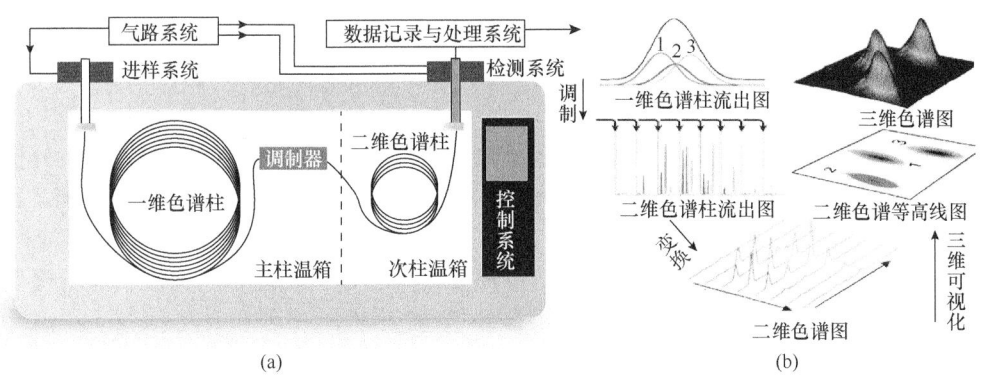

图 15-10 全二维气相色谱仪组成及工作原理示意图

1) 柱温箱与色谱柱

全二维气相色谱的柱温箱多采用双柱温箱结构。第一根色谱柱放在主柱温箱中，第二根色谱柱放在次柱温箱中，这样可以避免调制温度时对保留时间的干扰。第一根色谱柱是主分离柱，一般使用非极性或弱极性厚膜固定相柱，且其长度一般为 30m。根据分析对象不同，第一根色谱柱有时也使用内径为 0.25mm、长为 60m 的长柱，其固定相膜厚为 0.25μm。第二根色谱柱一般为柱长小于 2m、内径小于 0.2mm、固定相液膜较薄(小于 0.2μm)的极性柱或中等极性柱。这有助于提高分析速度，缩短分析时间。如果第二根色谱柱分析时间过长，会使第一根色谱柱的较多组分进入调制环节，导致一维分离的严重损失；或者前一小段物质尚未完成在第二根色谱柱的分离，后一小段物质就进入第二根色谱柱，导致峰重叠，因此第二根色谱柱多采用分离速度快的短柱。

2) 调制器

调制器是全二维气相色谱仪中最关键的部分，其作用是将第一根色谱柱流出的每一小段馏分浓缩后，再以脉冲的方式送到第二根色谱柱上进行再分离。调制器的种类很多，主要有热调制器和基于流动的调制器两大类。热调制器使用热聚焦手段(通常使用低温)捕获来自一维柱的部分洗脱液，然后通过快速升温将捕获的洗脱液解吸后注入二维柱。这种调制器的不足在于需要使用高功率设备来实现快速升温，另外还需要快速冷却装置(如液态 N_2、液态 CO_2 或热电冷却)来实现洗脱液的低温捕积，这无疑增加了调制器的体积和制造、维护成本。热调制器中，有一种基于移动加热技术的调制器，它使用一个步进电机带动加热元件移动使毛细管达到局部加热，使柱内组分脱附后聚焦成更小的区带进入第二根色谱柱进行分离。这种调制器使用温度较高、寿命短、稳定性差。上述几种热调制器的优点是占空比为 1.0(即调制器处分析物零损失)，支持捕获和快速再加热分析物的设备较多。基于流动的调制器将给定色谱柱的洗出液隔离到调制器的样品回路中，辅助载气流定期压缩并将分析物重新注入后续色谱柱。这种辅助载气流量是独立控制的，且在全二维气相色谱柱中的流量通常比通过在一维色谱柱中高得多。基于流动的调制器能够在连续的分离维度之间提供全面的采样，占空比小于 1.0(即调制器处有一些分析物损失)，但是通常设备数量少并且操作更简单。由于全二维气相色谱的次色谱柱是超快速色谱柱，这就要求调制器的调制速度要快，以防止后一周期的物质在当前周期里进入到第二根色谱柱，同时，每个周期还要形成极窄的进样峰宽。目前的调制技术已能将第二根色谱柱进样半峰宽降低到 20~30ms，产生的二维色谱峰的半峰宽一般为 100~200ms。

3) 检测器及数据处理系统

全二维气相色谱的快速分析也要求检测器有非常快的响应特性。如在定量分析时，检测器的采样频率达到至少 100Hz(100 次采样/s)或更高，火焰离子化检测器能满足这一要求。而如果用质谱作检测器，一般需要达到至少 50Hz 的采样频率(即 50 张全扫描谱图/s)。高速扫描四极杆质谱仪，特别是飞行时间质谱仪每秒能产生几百张谱图，能精确处理快速分析得到的窄峰，是全二维气相色谱最理想的检测器。

由于一维柱色谱峰的不同部分一般会被调制到多个相邻的调制周期里，检测器端会多次出现属于同一组分的二维色谱峰，这给色谱图解读和分析带来了困难，因此全二维气相色谱需要专门的数据处理软件将检测器采集到的原始一维信号转化为方便解读的二维或三维形式视图。全二维气相色谱图的一维是总分析时间，最小单位为一个调制周期。如果一个调制周期是 6s，100 个调制周期就是 10min。如果此调制周期内有峰，那全二维气相色谱图的第一个保留时间则为 10min。二维分析时间就是一个调制周期(如 6s)，最小单位为检测器每个数据点的采样时间。如果检测器的采样频率为 50Hz，那么每次采样则需要 0.02s。如果在第 60 次采样出峰，那么该峰在第二根色谱柱的保留时间则为 1.2s。这样，一个组分就可以有两个保留时间表示：10min 和 1.2s。图 15-10(b)表示了全二维气相色谱数据采集与处理过程。可见，一维色谱有三个组分未分开，但经调制进入第二根色谱柱得到二维色谱后，三个未分开组分峰在每个调制周期得以分开。二维色谱图经处理转化后得到以第一根色谱柱保留时间为第一横坐标，第二根色谱柱保留时间为第二横坐标,信号强度为纵坐标的三维色谱图。彩色二维色谱图中,颜色的深浅表示响应值大小。

2. 定性与定量分析

全二维气相色谱常用的定性和定量方法是族分离和目标化合物分离。族分离要求具有相同特性(如分子结构、形状及与固定相的相互作用等)的一组化合物与其他化合物组彼此分离。目标化合物分离则需要将感兴趣的组分与其他组分及基体进行有效分离。全二维气相色谱的定性方法与普通色谱相比并没有本质的不同。既可以根据各化合物在二维坐标中的保留时间并借助参考标样来定性,也可以通过与高速质谱的联用来定性。由于多数化合物能实现基线分离,相互干扰少,因此全二维气相色谱定性的可靠性比一维色谱强得多。全二维气相色谱的定量分析也是采用一维色谱相同的定量方法。不同的是,由于全二维气相色谱第一根色谱柱流出的每一个峰被切割成几个碎片峰,因此对某组分定量时需要将所有碎片峰面积加在一起进行积分。

15.5.2 全三维气相色谱法简介

全三维气相色谱法的出现,提高了气相色谱分析复杂样品的分离能力(即峰容量和分离速度)和化学选择性。从仪器结构来看,全三维气相色谱仪比全二维气相色谱仪多了一个调制器和一个超短色谱柱[3],如图 15-11 所示。仪器中的第一个调制器是一个位于柱温箱内的高速六口高温隔膜阀,另一个是位于柱温箱外的高速脉冲流量阀。隔膜阀装有一个 5μL 的样品环,连接一维和二维色谱柱。脉冲流量阀通过安装在柱温箱内的三通阀连接二维和三维色谱柱。三维色谱柱的柱长很短(如 0.5m)。

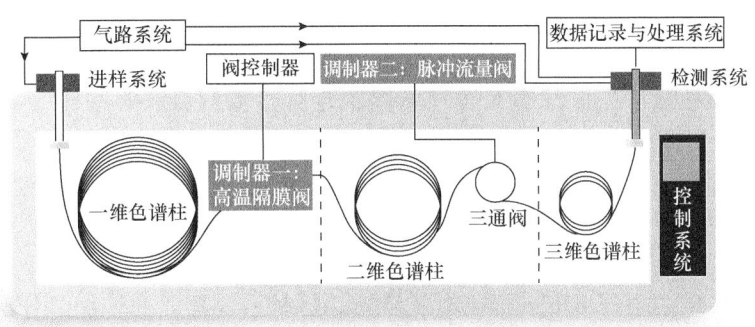

图 15-11 全三维气相色谱仪构成示意图

从色谱图上看,全三维气相色谱图能从三个时间维度上提供更多关于样品色谱峰的信息。全二维气相色谱比一维气相色谱提供了大约 10 倍的峰容量,全三维气相色谱不仅能够保持与全二维气相色谱相同的分离能力,而且现在能够在 11min 内达到 10000 的峰容量,分离速度接近 1000 个峰值/min。通过合适的仪器参数和硬件设计,全三维气相色谱能以最大化峰值容量进行样品的分离、识别和定量分析。

【挑战性问题】

从生物圈到大气边界层的非甲烷挥发性有机化合物中,通常包含大量由生物源排放的活性萜烯的复杂混合物。而对于这些混合物的传统分析往往耗时很长。对此，研究人员发明了一种新的全自动快速气相色谱技术，并提出了基于三种不同环境下的色谱分析方法，用于快速监测大气中由植物释放的单萜类(monoterpenes)化合物。图15-12为这种全自动快速反相色谱装置原理图。请根据所引用文献说明该装置的分析原理，分析比较文献中所提出的三种分析方法的检出性能，并对此色谱装置的应用前景进行展望。

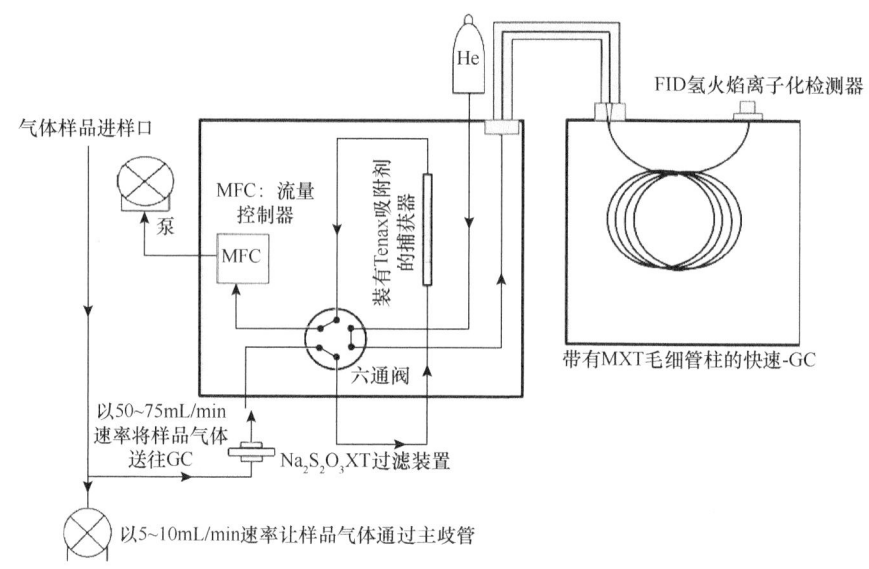

图15-12 配备热解吸器、针端传输线路和空气进样器的全自动快速色谱装置原理图[4]

【一般性问题】

1. 在气相色谱法中，什么是程序升温？它有什么特点？哪些样品适宜于程序升温分析？
2. 毛细管气相色谱法的特点是什么？为什么要采用分流进样和尾吹装置？
3. 试比较毛细管气相色谱法中分流与不分流进样的优缺点。
4. 试比较全二维、全三维色谱与常规色谱的异同。
5. 用气相色谱法分析下列样品时，宜选用哪种检测器？其依据是什么？
(1) 蔬菜中含氯农药残留物；
(2) 有机溶剂中的微量水；
(3) 痕量苯和二甲苯的异构体；
(4) 啤酒中微量硫化物。
6. 以聚乙二醇-400为固定液，对丁二烯原料进行气相色谱法分析。已知原料中含水、甲醇、乙醛、乙醚、乙醇、1-丙醇，其沸点分别为100℃、65℃、20.8℃、34.6℃、78.5℃、97.4℃。预测它们的出峰次序。

参 考 文 献

[1] Golay M J. Theory of chromatography in open and coated tubular columns with round and rectangular cross-sections//Desty D H. Gas chromatography. London: Butterworths, 1958: 139-143.

[2] Kováts E. Gas-chromatographische charakterisierung organischer verbindungen. Teil 1: retentionsindices aliphatischer halogenide, alkohole, aldehyde und ketone. Helvetica Chimica Acta, 1958, 41(7): 1915-1932.

[3] Gough D V, Bahaghighat H D, Synovec R E. Column selection approach to achieve a high peak capacity in comprehensive three-dimensional gas chromatography. Talanta, 2019, 195: 822-829.

[4] Jones C E, Kato S, Nakashima Y, et al. A novel fast gas chromatography method for higher time resolution measurements of speciated monoterpenes in air. Atmospheric Measurement Techniques, 2014, 7 (5): 1259-1127.

第 16 章 高效液相色谱法

高效液相色谱法(high performance liquid chromatography，HPLC)也称为高压液相色谱法，是液相色谱的高级形式，它是在成熟的气相色谱法理论与技术、高压泵输液技术、高效能的微粒固定相填料制备技术和高灵敏度、死体积小的检测技术等基础上发展起来的。高效液相色谱法克服了经典液相色谱法的缺点，实现了高效率分析，是目前一种流行且通用的技术，为复杂有机样品成分的分离、鉴定和定量提供了经济实惠的解决方案。高效液相色谱法根据分离机制的不同可分为液-固吸附色谱法、亲和色谱法、离子交换色谱法、空间排阻色谱法和液-液分配色谱法等多种类型。这里仅介绍液-液分配色谱法。

16.1 液-液分配色谱法

分配色谱法是将液体作为固定相均匀地涂渍在惰性载体表面上，利用被分离组分在固定液与流动相中的溶解度差异所造成的分配系数差别而进行分离的方法。由于该色谱法的固定相与流动相都是液体，因此也称为液-液分配色谱法，简称液-液色谱法。

16.1.1 液-液色谱分类

按照固定相与流动相的极性差别，液-液色谱可分为正相色谱法和反相色谱法。

1. 正相色谱法

正相色谱法是一种流动相极性小于固定相极性的液-液色谱法，如固定相为含水硅胶，流动相为烷烃的正相色谱法。分析时，由于固定相是极性填料，流动相是非极性或弱极性溶剂，故样品中极性小的组分比极性大的先流出。由于固定相上涂渍的固定液易流失，这将导致组分在固定相上保留行为的改变、柱效和分离选择性变坏等后果。为此，后来发展了将各种不同的有机官能团通过化学反应共价键合到硅胶(载体)表面的游离羟基上，进而生成化学键合固定相的方法，形成了键合相色谱法，其填料称为化学键合相，简称键合相。化学键合相的优点突出，如：①化学性能稳定，固定相在 pH 2~8 的溶液中不变质；②热稳定性好，固定相一般在 70℃以下稳定，利于梯度洗脱；③选择性好，固定相表面改性灵活，能灵活地改变选择性；④传质快，固定相表面无液坑，比一般液体固定相传质快得多；⑤柱寿命长，固定相使用过程中，固定液不易流失，增加了色谱柱的稳定性和寿命。常用的正相键合相为氰基、氨基或二羟基等。其中，氰基键合相以硅胶作载体，用氰乙基取代硅胶的羟基，形成氰基化学键合相。其分离选择性与硅胶相似，但极性小于硅胶。氰基键合相正相色谱法适用于分离油溶性或水溶性的极性和强极性化合物。其分离机制的主导因素是诱导作用力，分离对象主要是可诱导极化的化合物或极性化合物。氨基键合相是用碱性丙氨基取代酸性硅胶的羟基而成，因而具有不同的选择性。氨基键合相的分离机制的主导因素是静电力和氢键作用力，主要用于分析糖类物质。

2. 反相色谱法

反相色谱法是一种流动相极性大于固定相极性的液-液色谱法。分析时，极性大的组分先流出色谱柱，极性小的组分后流出。目前，反相色谱法固定相多为反相键合固定相。典型的反相键合相色谱采用 C_{18}(ODS)色谱柱，采用甲醇-水或乙腈-水作流动相分离非极性和中等极性的化合物。相比于正相色谱法，反相色谱法的特点有：①柱子寿命长，反相化学键合相为≡Si—O—C≡键，该键结合牢固、热稳定性好、耐各种溶剂冲洗，因此固定相不易流失，使用寿命长；②流动相选择灵活，流动相多以水作基本溶剂，然后再适当加入能与水互溶的有机溶剂，可使流动相的极性灵活多变，对更换溶剂或梯度洗脱非常方便；③应用范围广泛，反相色谱法既可分离非极性至中等极性的各类分子型化合物，又可分离有机酸、碱、盐等离子型化合物，可以解决几乎大部分的分离问题。

16.1.2 基本理论

液-液色谱的分离理论主要有疏溶剂理论和双保留机理两类。

1. 疏溶剂理论

疏溶剂理论认为，非极性烷基键合相可以看成是在硅胶表面覆盖了一层以 Si—C 键化学键合的十八烷基(或其他烃基)的"分子毛"(或称"毛刷")，如图 16-1 所示。

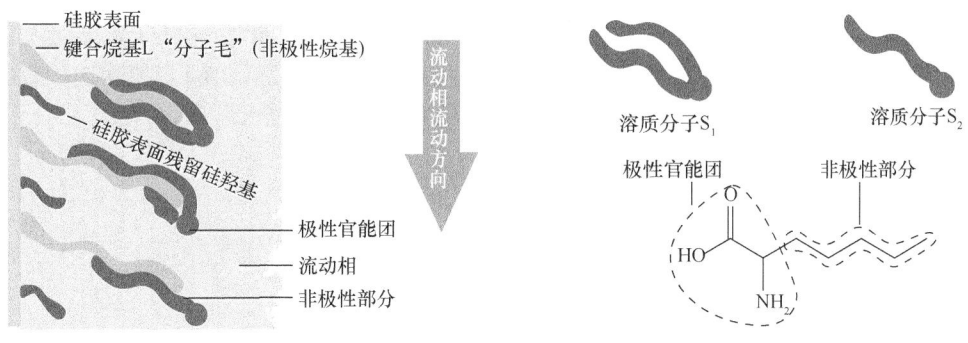

图 16-1 疏溶剂分离机理示意图

流动相中的溶质可分为极性和非极性溶质。极性溶质分子中除了含有极性官能团外，还可能含有非极性官能团。当非极性溶质或溶质分子中的非极性部分与极性溶剂接触时，两者之间会产生斥力。此时，分子的自由能增加，熵减小，不稳定性增加。根据热力学第二定律，系统由不稳定到稳定是自发的，即熵增加是自发的。因此，为了弥补熵的损失，溶质分子中非极性部分结构的取向将导致在极性溶剂中形成一个空腔。这种非极性溶质或溶质分子中的非极性部分与极性溶剂之间的相互作用称为疏溶剂效应或疏水效应。另外，当键合相表面的烷基(分子毛)与极性溶剂接触时，相互间也产生斥力。而当溶质分子的非极性部分与键合相表面的烷基接触时，则相互间产生缔合作用。这种疏溶剂缔合作用是可逆的，其强弱决定了溶质分子色谱保留的强弱。溶质分子的极性部分与极性溶剂具有亲和力。当溶质进入到极性流动相中后，溶质分子(S)被流动相推动并与固定相接触时，溶质分子的非极性部分会与非极性固定相上的烷基(L)发生可逆的疏溶剂缔合作用生成缔合物(LS)：

$$L + S \rightleftharpoons LS \qquad (16\text{-}1)$$

在疏溶剂效应的作用下，分子中的非极性部分总是趋向于与其他非极性部分聚集在一起，以减少与溶剂接触的面积，并使体系的能量最低。此时，键合相的烷基对溶质的保留主要是由于溶质分子与键合相间的色散力作用。流动相的表面张力越高，缔合力越强。反之，若溶质分子有极性官能团存在时，则与极性溶剂间的作用力增强，而不利于缔合。烷基键合固定相对每种溶质分子缔合作用和解缔合作用能力之差，决定了溶质分子在色谱过程的保留值。每种溶质的分配比 k' 值与它和非极性烷基键合相缔合过程的总自由能的变化 ΔG 值相关，可表示为

$$\ln k' = -(\ln \beta + \Delta G / RT) \qquad (16\text{-}2)$$

其中，β 为相比，$\beta = V_M/V_S$；ΔG 值与溶质的分子结构、烷基固定相的特性和流动相的性质密切相关；R 为摩尔气体常量；T 为热力学温度。该式说明，ΔG 值越大，被分离组分的分配比 k' 值越小，该组分的保留时间越短。

2. 双保留机理

双保留机理认为，溶质的保留值应包括两部分的贡献，即疏溶剂效应和亲硅羟基效应。亲硅羟基效应是指由化学键合后的硅胶表面残余硅羟基与溶质阳离子或氢键基团之间的相互作用。亲硅羟基效应的存在，会造成色谱峰拖尾，柱效下降。消除这种效应的方法是采用接下来要介绍的反相键合固定相中的色谱柱封端技术。

16.1.3 化学键合固定相

液-液色谱键合相可分为正相键合相和反相键合相两类。

1. 正相键合相

正相键合相又称极性键合相，其键合相中的有机分子含有某些极性基团。与空白硅胶相比，极性键合相表面能量分布均匀，可看成是一种改性硅胶。常用作正相色谱固定相的极性键合相有氨基、氰基等。

2. 反相键合相

反相键合相又称非极性键合相，其键合相表面基团为非极性烃基，如十八烷基、辛

烷基、乙基和苯基键合相等。其中，十八烷基键合硅胶(即 ODS 或 C_{18} 键合相)简称十八烷基键合相，是最常用的非极性键合相。它是将十八烷基氯硅烷试剂与硅胶表面的硅羟基经多步反应脱 HCl 而生成的非极性键合相。但在键合反应过程中，因位阻效应的存在，在硅胶表面只有部分硅羟基与其他官能团键合，形成所谓的"毛刷"结构(图 16-1 及图 16-2)。剩余的硅羟基由于被已键合上的官能团所屏蔽，故不与大多数溶质产生相互作用。显然，微粒硅胶的表面积越大，其键合量也越大。"毛刷"中残余的硅羟基会对键合相的分离性能产生一定影响，特别是在非极性键合相的情况下，硅羟基的存在会降低硅胶表面的疏水性，对极性溶质(特别是碱性化合物)产生次级化学吸附，从而使保留机制复杂化(使溶质在两相间的平衡速度减慢，降低了键合相填料的稳定性，结果使碱性组分的峰形拖尾)。为了消除残余的游离硅羟基，一般在键合反应后对键合相进行端基封尾，即封端处理。

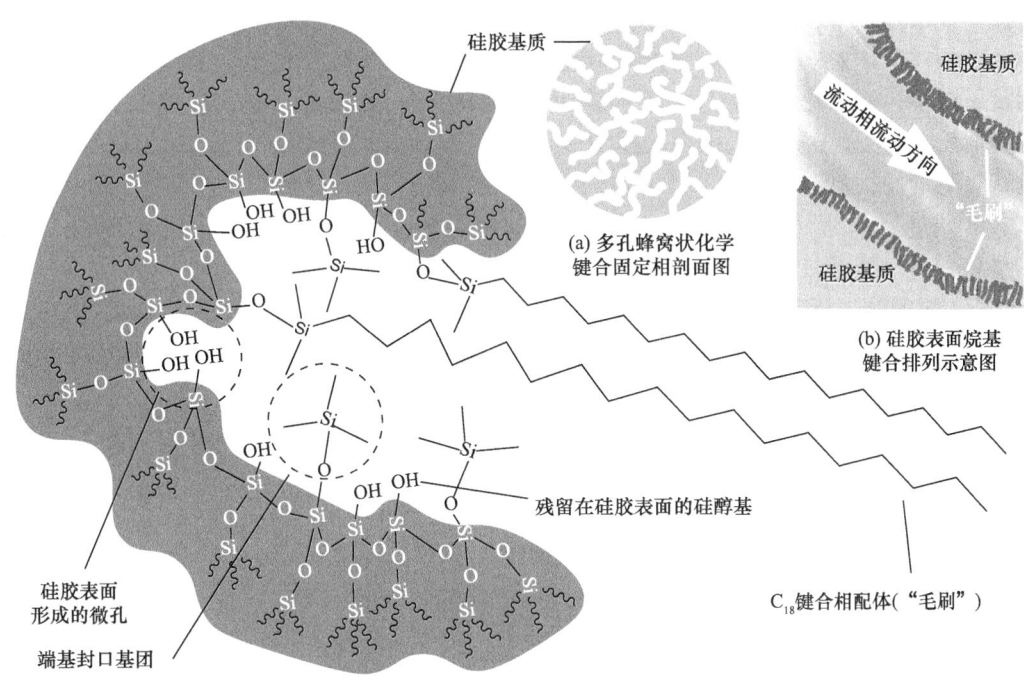

图 16-2　硅胶表面形态示意图

封端或称封尾、封顶，是指用封尾试剂与硅胶表面的残留硅羟基反应，将残留硅羟基封锁起来的化学处理，即钝化处理的过程。最常用的封尾剂有三甲基氯硅烷、六甲基乙硅氧烷和三甲基硅咪唑。封端也可在键合反应后用十八烷基氯硅烷再键合一次。经封端反应后形成的化学键合固定相是一种呈蜂窝状的多孔结构[图 16-2 (a)]。图 16-2 (b)所示局部放大图显示了烷基在硅胶表面的键合排列情况。

封端的优点主要有：①减小了溶质与固定相之间的次级相互作用，使分离效果明显改善；②改善对极性化合物的吸附或拖尾；③封端后的"毛刷"增加了烷基所含碳的百分含量，有利于不易保留化合物的分离；④提高了填料稳定性和组分的保留时间重现性。

16.1.4 流动相

液-液色谱法使用溶剂(洗脱液)作流动相,其基本组成包括基础溶剂(正相色谱法中常用正己烷等,反相色谱法中常用甲醇、乙腈等)、极性调节剂(正相色谱法中常用异丙醇,反相色谱法中常用水)和改性剂(如酸、碱、盐、离子对试剂等)。

流动相的选择首先要考虑溶剂的理化性质,且应满足:

(1) 对样品的溶解度要适宜。要求分配比 k' 在 1~10(可用范围)或 2~5(最佳范围)范围内。k' 值太小,不利于分离。k' 值太大,样品在柱头易产生沉淀,不但影响了纯化分离,而且会使柱子的分离能力大幅降低甚至丧失,降低色谱柱的使用寿命。

(2) 应与检测器相匹配。当使用紫外检测器时,流动相在检测波长下应没有吸收,或吸收很小。当使用示差折光检测器时,流动相的折光系数与样品的差别应较大,以提高检测灵敏度。

(3) 化学惰性好。流动相不能与固定相互溶,否则,会造成固定相流失。低交联度的离子交换树脂和排阻色谱填料有时遇到某些有机相会溶胀或收缩,从而改变色谱柱填床的性质。另外,碱性流动相不能用于硅胶柱系统。酸性流动相不能用于氧化铝、氧化镁等吸附剂的柱系统。

(4) 黏度低。高黏度流动相会降低溶质扩散系数,造成传质减慢、柱效下降、柱压升高和分离时间延长等。因此,最好选择沸点在100℃以下的流动相。

(5) 纯度高。流动相一般宜采用专门的色谱纯试剂。若试剂不纯,不但会增加检测器基线噪声、干扰定性和定量,而且还会因溶剂中的杂质在柱上的长期积累而降低色谱柱的使用寿命。因此,对于不纯的溶剂,在使用前最好进行重蒸馏。

(6) 挥发性好,利于样品回收。

(7) 使用安全、毒性低、对环境友好。

1. 溶剂特性参数

溶剂特性参数是表征溶剂重要特性的一些参数,如溶剂沸点、分子量、相对密度、介电常数、偶极矩、折射指数和紫外吸收截止波长等。除此之外,还包括一些与液相色谱分离密切相关的溶剂特性参数,如溶剂强度参数、溶解度参数、极性参数和黏度。其中,溶剂极性是溶剂的重要参数,它是指溶质(样品组分)和溶剂分子之间发生相互作用时所产生的力总作用程度。这种作用力包括色散力、偶极作用、氢键作用及介电作用等四种。定量地描述溶剂极性的方法有多种,最常用的是 Snyder 根据 Rohrschneide 的溶解度实验数据提出的溶剂极性参数 P',如表 16-1[1-2]所示。可见,在这些常用的溶剂中,正戊烷的极性最小,水的极性最大。

表 16-1 常用溶剂的极性参数 P'

溶剂	P'	溶剂强度 ε^0	溶剂	P'	溶剂强度 ε^0
正戊烷	0.0	—	正己烷	0.1	0.01

续表

溶剂	P'	溶剂强度 ε^0	溶剂	P'	溶剂强度 ε^0
正庚烷	0.2	0.01	氯仿	4.1	0.40
四氯化碳	1.6	0.11	乙醇	4.3	0.88
甲苯	2.4	0.29	乙酰乙酯	4.4	0.38
苯	2.7	0.32	甲乙酮	4.7	—
异丙醚	2.4	0.28	丙酮	5.1	0.56
乙醚	2.8	0.38	甲醇	5.1	0.95
二氯甲烷	3.1	0.42	乙腈	5.8	0.50
异丙醇	3.9	0.63	乙酸	6.0	20.73
正丙醇	4.0	0.82	二甲基甲酰胺	6.3	—
四氢呋喃	4.0	0.35	水	10.2	20.73

溶剂极性参数 P' 具有加和性。二元混合溶剂的极性参数

$$P'_{AB} = \varphi_A P'_A + \varphi_B P'_B \tag{16-3}$$

其中，φ_A、φ_B 分别为混合溶剂中溶剂 A 和 B 的体积分数；P'_A 和 P'_B 是纯溶剂 A 和 B 的极性参数。调节溶剂极性可使样品组分的分配比 k' 值在适宜范围。对于正相色谱法，二元溶剂的极性参数和组分分配比 k' 值的关系为

$$k'_2 / k'_1 = 10^{(P'_1 - P'_2)/2} \tag{16-4}$$

对于反相色谱法，则为

$$k'_2 / k'_1 = 10^{(P'_2 - P'_1)/2} \tag{16-5}$$

其中，k'_1 和 k'_2 为组分相应的分配比。

2. 溶剂的选择性分组

当二组分色谱峰重叠时，可在保持溶剂极性不变的情况下，通过改变溶剂种类来改善溶剂的选择性。根据类似原理，Synder 将溶剂和样品分子间的作用力作为溶剂选择性分类的依据，并将溶剂选择性参数分为三类[3]：溶剂接受质子的能力 X_e、给予质子的能力 X_d 和偶极作用的能力 X_n。据此，81 种溶剂的 X_e、X_d 和 X_n 值可作成图 16-3 (a)所示的三角坐标图[3]。选择性相似的溶剂分布在三角形平面中的一定区域内，从而构成选择性不同的溶剂分组(表 16-2)。例如，I 组溶剂的 X_e 较大，属于质子受体溶剂，如脂肪醚；V 组溶剂的 X_n 较大，属偶极作用力溶剂，如二氯甲烷；VIII 组溶剂的 X_d 值较大，属质子给予体溶剂，如氯仿。

按具有相似选择性原则，上述 81 种溶剂可分为表 16-2 所示的八组溶剂。

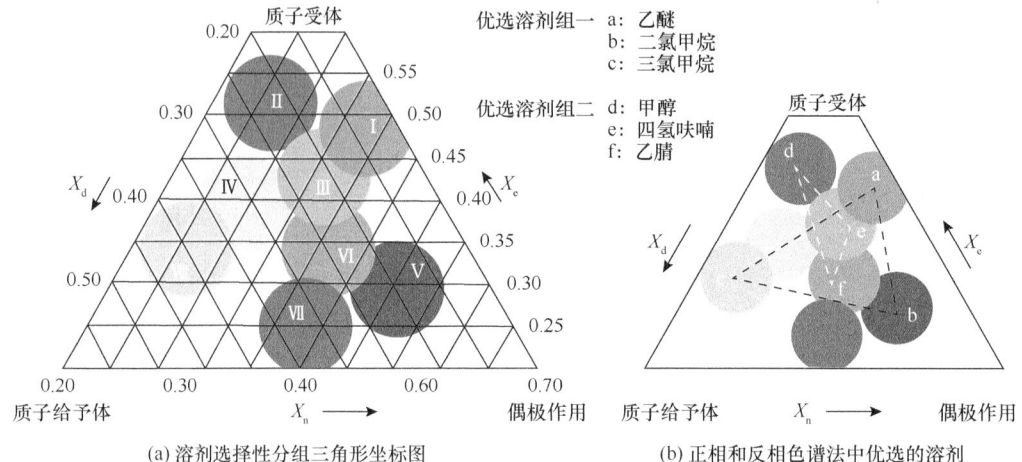

(a) 溶剂选择性分组三角形坐标图　　(b) 正相和反相色谱法中优选的溶剂

图 16-3　溶剂选择性分组三角形坐标图及正相和反相色谱法中优选的溶剂

表 16-2　溶剂的选择性分组

组别	溶剂	组别	溶剂
Ⅰ	脂肪族醚(如乙醚或甲基叔丁基醚)、三级烷胺、四甲基胍、六甲基磷酰胺	Ⅴ	二氯甲烷、二氯乙烷
Ⅱ	脂肪醇	Ⅵ	a：磷酸三甲苯酯、脂肪族酮或酯、聚醚、二氧六环；b：腈(如乙腈)、砜、碳酸丙烯酯
Ⅲ	吡啶衍生物、四氢呋喃、酰胺(除甲酰胺外)、乙二醇醚、亚砜	Ⅶ	硝基化合物、芳香醚、芳烃、卤代芳烃
Ⅳ	乙二醇、苯甲醇、甲酰胺、乙酸	Ⅷ	水、三甘醇和其他溶剂

表 16-2 中同一组溶剂在分离中具有相似的选择性。不同组别的溶剂，其选择性差别较大。因此，对某一指定的分离，若某种溶剂的分离选择性不好，就可用其他组溶剂来替代，从而可明显地改善溶剂的分离选择性。流动相选择性的改变是在保持溶剂强度不变，通过改变流动相组成来实现的。若流动相的组成由 A 和 B 改变为组成为 A 和 C 后，流动相溶剂极性改变，此时有

$$\varphi_C P'_C = \varphi_B P'_B \tag{16-6}$$

正相和反相色谱法中常用的优选溶剂在选择性三角形坐标中的位置如图 16-3 (b)所示。正相色谱中，固定相是极性的，所以溶剂极性越强，溶剂洗脱能力也越强，即极性强的溶剂是强溶剂，溶剂强度与溶剂极性成正比(吸附色谱中也如此)。因此，增加溶剂极性参数 P' 值(即增加溶剂极性)，可增加溶剂强度(增加溶剂的洗脱能力)，使组分的分配比 k' 值和保留值下降。选择溶剂极性参数 P' 值合适的溶剂，使组分分配比 k' 值在 1～10 范围内。通常在饱和烷烃(如正己烷)中加入极性较强的溶剂，如醚、酯、酮、醇、酸等作调节剂，调节极性溶剂的比例使溶剂极性参数 P' 能达到理想的分配比 k' 值。若溶剂的分离选择性不好，则改用其他组别的溶剂来改善选择性。例如，流动相的主体成分(基

础溶剂)为己烷(或庚烷)，为改善分离的选择性，常加入的优选溶剂为质子接受体乙醚或甲基叔丁基醚(第Ⅰ组)、质子给予体氯仿(第Ⅷ组)、偶极溶剂二氯甲烷(第Ⅴ组)。若二元溶剂不行，还可考虑使用三元或四元溶剂体系。

反相色谱中，固定相是非极性的，所以溶剂的强度随溶剂的极性降低而增加，即极性弱的溶剂是强溶剂，溶剂强度与溶剂极性成反比。因此，反相色谱中增加溶剂的溶剂极性参数 P' 值(即增加溶剂极性)，可降低溶剂强度(降低溶剂的洗脱能力)，增加样品的分配比 k' 值和保留值。反相色谱法中常以水为流动相的基础溶剂，再加入一定量的能与水互溶的极性调节剂，如甲醇(第Ⅱ组)、乙腈(第Ⅵb组)、四氢呋喃(第Ⅲ组)或二氧六环(第Ⅵa组)等，组成反相色谱法的二元溶剂。极性调节剂的性质及其所占比例对溶质的保留值和分离选择性有显著影响。一般情况下，甲醇-水系统已能满足多数样品的分离要求，且其流动相黏度小、价格低，是反相色谱最常用的流动相。但 Snyder 则推荐采用乙腈-水系统做初始实验[2]，因为与甲醇相比，乙腈的溶剂强度较高且黏度较小，并可满足在紫外185~205nm处检测的要求，因此乙腈-水系统总体要优于甲醇-水系统。

反相色谱法中，有时也可向流动相中加入改性剂来提高分离选择性，改善分离效果。加入改性剂的方法主要有：

(1) 离子抑制法。反相色谱法中，为控制流动相pH在一定范围内，常向含水流动相中加入酸、碱或缓冲溶液以抑制溶质离子化，减少谱带拖尾，改善峰形，防止出现不对称色谱峰，提高分离选择性。例如，在分析有机弱酸时，常向甲醇-水流动相中加入 1%甲酸(或乙酸、三氯乙酸或磷酸等)可抑制溶质的离子化，获对称色谱峰。对于弱碱性样品，常向流动相中加入 1%三乙胺，也可达到相同的效果。

(2) 离子强度调节法。反相色谱法分析易解离的碱性有机物时，随流动相pH的增加，键合相表面残存的硅羟基与碱阴离子的亲和能力增强，引起峰形拖尾并干扰分离。若向流动相中加入 0.1%~1%乙酸盐、硫酸盐或硼酸盐，就可利用盐效应减弱碱阴离子对残存硅羟基的干扰作用，抑制峰形拖尾并改善分离效果。但经常使用磷酸盐或卤化物会引起硅烷化固定相的降解。另外，向含水流动相中加入无机盐后，会使流动相的表面张力增大。盐效应的存在对流动相中不同类型的溶质将会产生不同的影响。对非离子型溶质，盐效应会引起分配比 k' 值增加。对离子型溶质，盐效应会使分配比 k' 值减小。

除了上述加入改性剂的方法外，在分离含极性差别较大的多组分样品时，为了使各组分均有合适的分配比 k' 值并分离良好，反相色谱法还常采用梯度洗脱技术，使每个组分都在适宜条件下获得良好的分离。

16.2 仪器组成

高效液相色谱仪由高压输液系统、进样系统、分离系统、检测系统和数据处理系统等组成，如图16-4所示。仪器工作时，储液器中储存的流动相(常需脱气)经过过滤后，由高压泵输送到色谱柱入口。样品由进样器注入流动相系统，然后被输送到色谱柱进行分离。分离后的组分由检测器检测,检测信号由数据处理系统处理并输出。若需收集馏分做进一步分析,则在色谱柱另一侧出口或检测器出口将样品馏分收集起来。

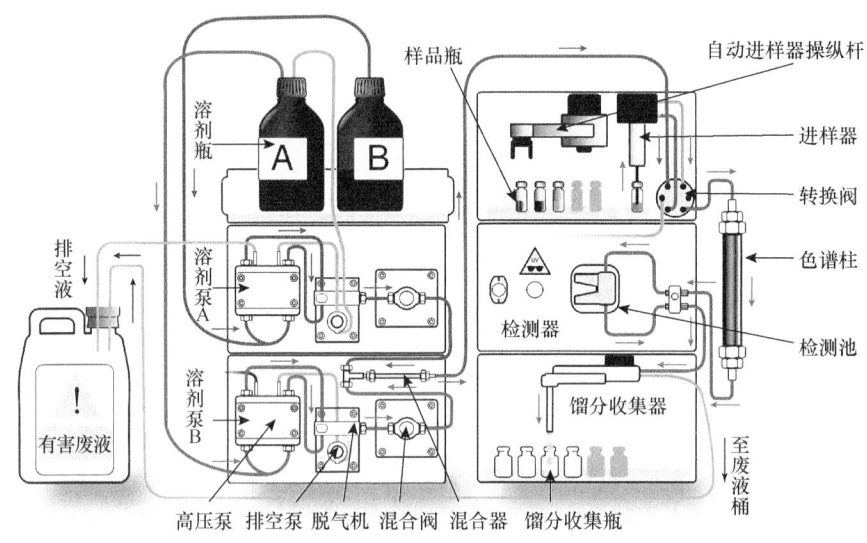

图 16-4　高效液相色谱仪系统组成示意图

下面仅介绍高效液相色谱仪的分离和检测系统,其他部件介绍扫描本章首页二维码查看。

16.2.1　分离系统

色谱分离系统的核心部件是色谱柱[图 16-5 (a)],它按规格可分为三类:①内径小于 2mm 的细管径柱或微管径柱,包括内径 1~1.5mm 的半微量柱和内径 0.05~1mm 的毛细管柱;②内径为 2~5mm 的常规高效液相色谱柱;③内径大于 5mm 的一般称为半制备柱或制备柱。目前液相色谱法常用的标准柱形是内径为 4.6mm 或 3.9mm,长度为 15~30cm 的直形不锈钢柱,其填料颗粒度为 5~10μm,柱效以理论塔板数计为 5000~20000。色谱柱除装有填料的柱管外,还有柱头及配套的连接管。柱管通常为不锈钢,微柱液相色谱柱也可用熔融石英毛细管作为柱管。

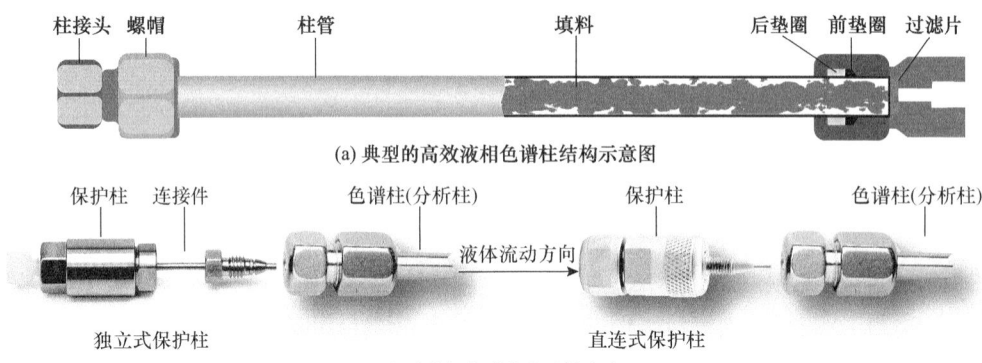

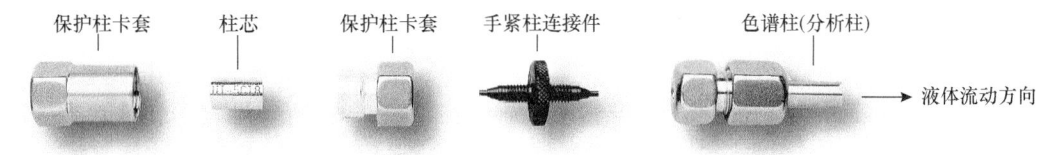

(c) 独立式保护柱及其装配说明

图 16-5 高效液相色谱柱及保护柱

液相色谱柱在使用中需要保护。随着色谱柱使用时间增加，色谱柱进口段的少量填料被污染，其分离效能将下降，柱压增高，而色谱柱整个柱床并未被破坏。为此，常在进样器与分析柱之间安装保护柱[图 16-5 (b)]。保护柱是一种消耗性的柱子，其长度比较短(长 1~2cm)，其内径不超过色谱柱。虽然保护柱的柱填料与分析柱一样，但粒径要大得多，这样便于装填。使用保护柱，相当于在色谱柱前增加了一段额外的填料，其作用是预先捕集能被色谱柱牢固吸附、不能被流动相所洗涤的物质，为色谱柱提供方便、经济和有效的保护，同时还能延长色谱柱的寿命、保证分析结果的重现性，并为目标化合物提供低分离度分离。例如，质谱分析中，在质谱仪之前放置保护柱，可以将分析物快速从盐和大多数极性基质化合物中分离出来，改善分析物的电喷雾电离并提高检测灵敏度[4]。

16.2.2 检测系统

高效液相色谱仪常用检测器包括紫外分光光度检测器、荧光检测器、示差折光检测器和电化学检测器等，它们利用溶质某一物理或化学性质与流动相有差异的原理，记录溶质从色谱柱流出时导致的流动相背景值发生的变化，并将这种变化转变成可检测的电信号，再经数据转换后以色谱图的形式表现出来。

高效液相色谱仪所用检测器中，紫外分光光度检测器[图 16-6 (a)]最为常用，其优点主要有：①灵敏度高，主要用于具有 π-π 或 p-π 共轭结构的化合物检测；②对温度和流速不敏感，可用于梯度洗脱；③属浓度型检测器，结构简单，精密度及线性范围较好。这种检测器的不足主要是不适用于无紫外吸收样品，且流动相截止波长必须小于检测波长。

紫外分光光度检测器可分为以下三类。

(1) 固定波长检测器：从低压汞灯发出的光束经透镜和遮光板变成两束平行光束分别通过测量池和参比池，经滤光片滤掉非单色光，照射到构成惠斯顿电桥的两个紫外光敏电阻上，根据输出信号差可检测被测样品的浓度。检测池的设计应以减少死体积和光散射等为目标。池体积通常为 5~10μL，光路长 5~10mm，结构有 Z 型和 H 型，检测波长一般为 254nm，也有 280nm 和 315nm 的。

(2) 可变波长检测器：其实质为一装有流通池的紫外-可见光谱仪，其检测波长可任意选择。若采用样品最大吸收波长为检测波长，可增加灵敏度。

(3) 光电二极管阵列检测器：由光源发出的紫外或可见光通过检测池，所得组分特征吸收的全部波长经光栅分光、聚焦到光电二极管阵列上同时被检测[图 16-6 (b)]，再经数据处理系统得到三维色谱-光谱图[图 16-6 (c)]，即每一个峰的在线紫外光谱图。如采用

512个光电二极管阵列,对应波长范围190~800nm,平均1.2nm对应一个光电二极管;若采用1024个光电二极管,则分辨率能进一步提高。三维时间-色谱-光谱图包含大量信息,不但可根据色谱保留规律和光谱特征吸收曲线综合进行定性分析,还可根据每个色谱峰的多点实时吸收光谱图用化学计量学方法来判别色谱峰的纯度及分离状况。

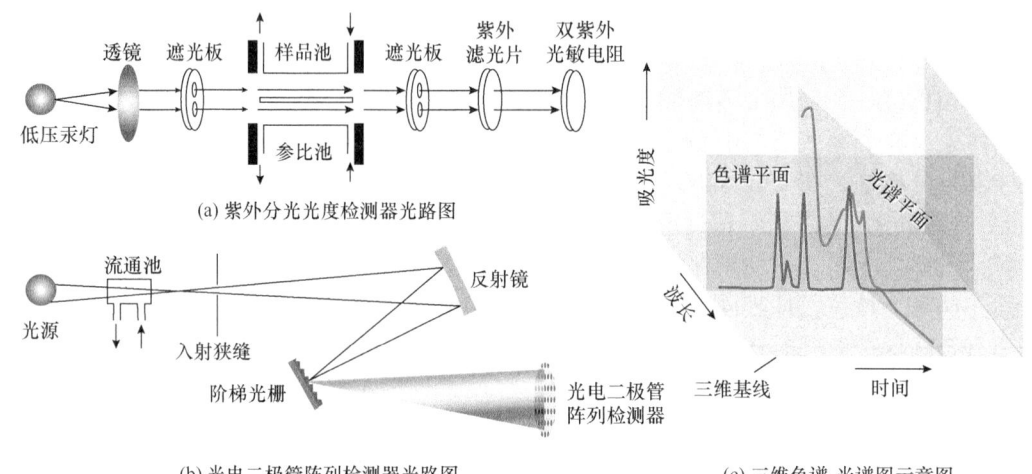

图 16-6　紫外分光光度检测器光路图、光电二极管阵列检测器光路图及三维色谱-光谱图示意图

16.3　特点及应用

高效液相色谱法可实现对混合物的分离、定性和定量,其优点主要有:

(1) 高效。液相色谱柱固定相一般采用粒度小于10μm的细颗粒,柱效高。

(2) 高速。系统采用超高压输液泵进样,分析时间远小于经典液相色谱法的分析时间。

(3) 高灵敏度。高效液相色谱法所用检测器为高灵敏度检测器。例如,紫外检测器的最小检测量为10^{-9}g,荧光检测器灵敏度可达10^{-12}g。

(4) 高选择性。流动相可选择的种类多,通过优化流动相还可以控制和改善分离过程的选择性并达到最佳分离效率。固定液的选择也简单,只需选择几种固定液极性不同的色谱柱即可解决实际分离问题。

(5) 样品用量少。一般只需要微升级样品就足以进行全分析,极大地减少了样品量。

(6) 样品可回收性。由于高效液相色谱仪使用的是非破坏性检测器,因此在大多数情况下可实现对分析后的样品进行去流动相回收,也可用于样品的纯化制备。

(7) 高效液相色谱仪通常在室温下运行,而气相色谱仪一般要在较高温度下运行。

(8) 适用范围广。可以分离高沸点、热稳定性差、摩尔质量大的化合物,这些化合物占据有机化合物中的绝大多数。而气相色谱仅限于分离分析低沸点的化合物。

高效液相色谱法也存在不足,主要有:

(1) 使用多种溶剂做流动相分析时,所需成本比气相色谱法高,而且易引起环境污染。当进行梯度洗脱时，它比气相色谱法操作复杂。

(2) 不能取代气相色谱法。例如，分析组成复杂、具有多种沸程的石油产品时，必须使用毛细管气相色谱法才能完成。

(3) 不能代替中、低压色谱分析。高效液相色谱法的柱压为 200kPa～1MPa 时，一些具有生物活性的生化样品在这一压力范围内将受压分解、变性。

高效液相色谱法作为常用的分离分析手段，常用于化学化工、制药、环境、食品安全、临床诊断等众多领域。例如，在制药领域，高效液相色谱法用来控制药物的稳定性、片剂型药物溶出度研究和药品质量控制等。在环境领域，高效液相色谱法用来检测饮用水中酚类化合物的含量、污染物的生物监测等。在法医学领域，高效液相色谱法用来定量分析生物样品中的药物，或定性分析血液、尿液等中的类固醇、纺织染料的法医分析，血液和尿液等中可卡因和其他滥用药物的测定等。在食品领域，高效液相色谱法用来测量软饮料和水的质量、果汁中的糖分析、蔬菜中多环化合物的分析和防腐剂分析等。在临床诊断领域，高效液相色谱法用于尿液分析、血液中抗生素分析、肝病患者胆红素以及胆绿素的分析、脑等细胞外液中内源性神经肽的检测等。

16.4 超高效液相色谱法简介

超高效液相色谱法(ultrahigh performance liquid chromatography, UHPLC)是一种采用小粒径填料色谱柱(颗粒直径 <2μm)和超高压系统(>100MPa)的液相色谱技术。该技术的原理与高效液相色谱法基本相同，不同之处主要在于：

(1) 超高效液相色谱柱的柱填料为小颗粒、高性能微粒固定相，利于物质分离。例如，常用的十八烷基硅胶键合柱填料的粒径是 5μm，而超高效液相色谱的小于 2μm。

(2) 色谱柱填料粒径小、工作时产生的流动相压力大，需要超高压泵输液系统。

(3) 超高效液相色谱法的分离效率高，要求进样器的进样周期短(<1min)，检测器为高速采样的灵敏检测器(采样间隔 <0.1s，采样频率 >20Hz)。

(4) 超高效液相色谱系统的柱外分散小，即存在于柱、管道和检测池等处的死体积小。

超高效液相色谱法的这些特点使其广泛应用于药物分析(药物发现和开发、药物物质和药物产品的质量控制)，生物分析(治疗药物监测、代谢物鉴定、生物等效性研究等)，毒理学，组学科学(蛋白质组学、代谢组学、脂质组学、糖组学)，环境分析，食品分析和植物分析等众多领域。

【挑战性问题】

传统的土壤溶液采样方法对一些物种敏感的无机污染物，如六价铬[Cr(Ⅵ)]，进行采样时，可能会由于系统平衡的破坏而引起这些污染物的相互转化。这些采样方法既耗时又昂贵，且其采样分辨率也不能捕获污染物在相互转化过程中产生的多种价态物质。微透析正成为环境科学中的一种微创被动采样方法，它可在以前无法实现的空间尺度和时间范围内测定溶质通量和浓度。一种将微透析与高效液相色谱和电感耦合等离子体质谱法联用的在线分析装置用于土壤溶液中六价铬的连续采样和检测。该装置的原理如图 16-7 所示。请根据图所引用文献说明该装置的分析原理及性能，并对其应用前景进行展望。

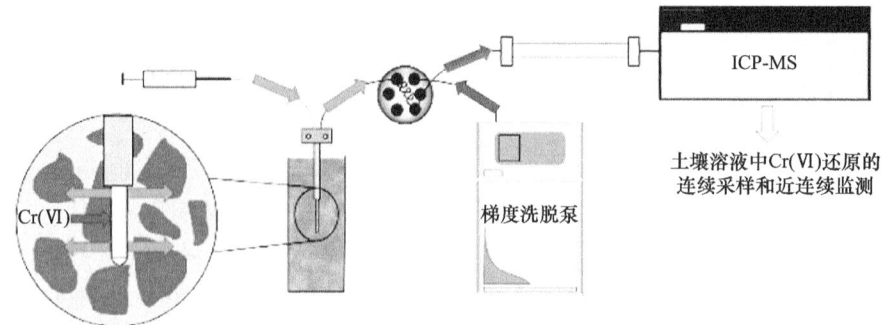

图 16-7　在线微透析-高效液相色谱-电感耦合等离子体质谱联用装置[5]

【一般性问题】

1. 简述高效液相色谱法、气相色谱法及超高效液相色谱法的异同。
2. 在高效液相色谱中，组分和溶剂分子之间存在哪几种作用力？
3. 液-液色谱法中，什么是反相液相色谱法和正相色谱？两种色谱的分析对象主要是什么类型？样品中不同极性组分在两种色谱中的流出顺序是什么？
4. 什么是等度洗脱和梯度洗脱？梯度洗脱的应用范围与优点有哪些？梯度洗脱与程序升温有什么不同？
5. 反相色谱中，流动相甲醇/水从 40%(体积分数)变为 60%，则组分的调整保留值将改变多少？为什么？（$P'_{甲醇} = 5.1$，$P'_{水} = 10.2$）
6. 某色谱流动相为 25%三氯甲烷/正己烷，组分分离不理想，想通过改变流动相的选择性来改善分离选择性。若选用乙醚/正己烷为流动相，则乙醚/正己烷之比为多少？（$P'_{CHCl_3} = 4.1$，$P'_{(C_2H_5)_2O} = 2.8$）

参 考 文 献

[1] Rohrschneider L. Solvent characterization by gas-liquid partition coefficients of selected solutes. Analytical Chemistry, 1973, 45 (7): 1241-1247.

[2] Snyder L R. Classification of the solvent properties of common liquids. Journal of Chromatography A, 1974, 92 (2): 223-230.

[3] Snyder L R. Classification off the solvent properties of common liquids. Journal of Chromatographic Science, 1978, 16 (6): 223-234.

[4] González-Mariño I, Casas-Ferreira A M, Nogal Sánchez M D, et al. Use of a guard column coupled to mass spectrometry as a fast semi-quantitative methodology for the determination of plasticizer metabolites in urine. Journal of Chromatography A, 2023, 1690: 463788.

[5] Hamilton E M, Young S D, Bailey E H, et al. Online microdialysis-high-performance liquid chromatography-inductively coupled plasma mass spectrometry (MD-HPLC-ICP-MS) as a novel tool for sampling hexavalent chromium in soil solution. Environmental Science & Technology, 2021, 55 (4): 2422-2429.

第四篇　质谱分析法

质谱分析法(mass spectrometry，MS)简称质谱法，是一种利用电场或磁场将运动的粒子(带电荷的原子、分子或分子碎片等)按其质荷比(m/z)分离后进行检测的方法。基于质谱法还发展了质谱串联法和质谱联用法。

第 17 章 质谱分析法概述

17.1 质谱分析原理

质谱分析法是基于质量分析的一种分析方法,其基本原理是先将样品离子化,然后根据样品离子在电场或磁场中运动行为的不同而将离子按质荷比大小顺序分开,经检测得到以质荷比顺序排列的谱,即质谱图。质谱图是碎片离子信号相对强度与质荷比的关系图,目前常采用条形图(或称棒形图)表示,如图 17-1 所示。条形图以质荷比(m/z)为横坐标,以相对丰度为纵坐标。这里的相对丰度又称相对强度,是以图谱中的最高峰为基峰,并令其强度为 100%,将其他离子峰的实际强度与基峰相比较后所得的强度。通过对质谱图的分析可以得到样品成分或结构信息。

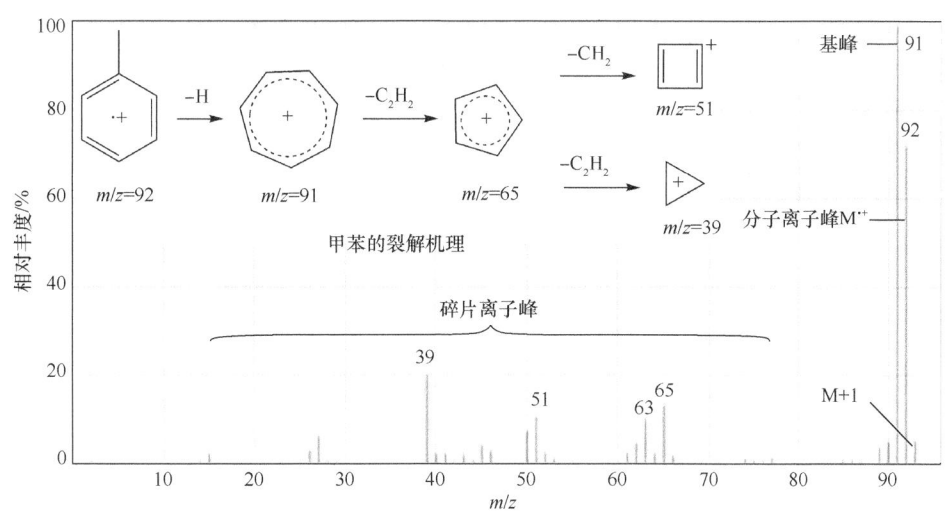

图 17-1 甲苯质谱图和甲苯裂解方式

17.2 质 谱 分 类

按质谱分析法所用离子化方法、质量分离方法和离子检测方法不同,质谱仪的结构与功能不同,分析对象和应用范围也不同。根据质谱用途不同可以分为以下几类。

1) 无机质谱

主要用于无机元素痕量分析和同位素分析等,主要有两类:

(1) 电感耦合等离子体质谱:集电感耦合等离子发射光谱与质谱的优点于一体,其特点是灵敏度高、线性范围宽、多元素分析、谱图简单、干扰少、分析速度快、可做同位素分析,是化学痕量成分分析的有力手段。

(2) 辉光放电质谱:采用直流辉光放电离子源,是直接分析导电材料中的固态痕量元素的最佳工具,能在一次分析中测定基体元素(~100%)、主体元素(%)、微量元素(ppm)、痕量元素(ppb)和超痕量元素(pp),具有分析速度快、分辨率高、灵敏度高和精度高等特点,适用于元素周期表中绝大多数元素的固体样品分析。

2) 同位素质谱

主要有同位素稀释质谱、同位素示踪质谱等,主要用于稳定同位素,如C、H、O、N、S等同位素分析,具有测试速度快、结果精确、样品用量少(μg 量级)及能精确测定元素的同位素比值等特点,广泛地应用于核工业的各个关键部门,包括铀矿同位素地质学研究、核燃料的分离分析、核裂变过程及产率的监测、放射性同位素的裂变和高能反应的研究等。

3) 有机质谱

主要用于有机化合物结构鉴定,提供化合物的分子量、元素组成以及官能团等结构信息。该类质谱仪器数量多、用途广,常与分离技术联用,如气相色谱质谱联用仪和液相色谱质谱联用仪。

4) 生物质谱

主要进行生物大分子分析,主要有:

(1) 电喷雾离子源四极杆质谱:属于软电离源质谱,由离子源电离的分子可以带有多电荷,扩展了普通质谱仪的质量分析范围。该质谱可以和液相色谱、毛细管电泳等现代分离手段联用,进一步扩展了其在生命科学领域的应用范围。

(2) 基质辅助激光解吸电离飞行时间质谱:采用软电离源,具有灵敏度高、准确度高和分辨率高等特点,是生命科学等领域中一种强有力的分析测试手段。

另外,可用于生物大分子测定的质谱还有离子阱质谱、傅里叶变换离子回旋共振质谱,以及多种质量分析器串联组成的多级质谱等。

5) 其他类型质谱

如便携/车载质谱、过程在线质谱及医用质谱等,这些类型的质谱在各自不同的领域都发挥着重要作用,受篇幅限制,这里不做介绍。

17.3 仪器组成

质谱仪主要由离子源、质量分析器、离子检测器和真空系统组成,如图 17-2 所示。

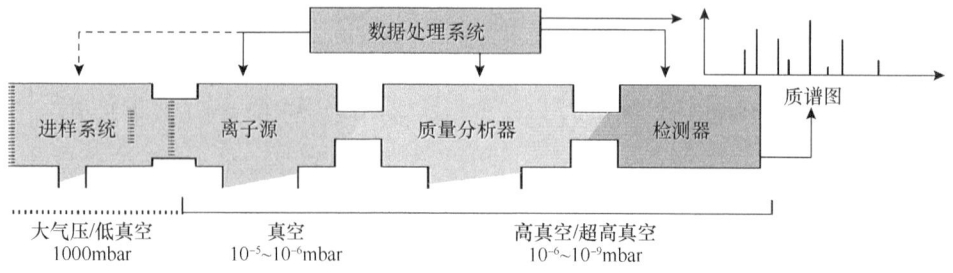

图 17-2 质谱仪组成示意图

离子源的作用是使样品电离,产生带有样品信息的离子。质量分析器的作用是将不同质量的离子分离并按一定顺序排列。检测器检测质量分析器出来的离子得到电信号,真空系统的作用是提供离子源、质量分析器和检测器所需要的真空。

17.3.1 离子源

离子源性能决定了离子化效率,也在很大程度上决定了质谱仪的灵敏度。样品性质和状态不同,所需离子源也不同。这里仅介绍气质联用仪常用的电子离子源(electron ion source,EI)和大气压化学电离源(atmospheric pressure chemical ionization,APCI),液质联用仪常用的电喷雾离子源(electrospray ion source,ESI)和生物质谱仪常用的基质辅助激光解吸离子源(matrix assisted laser desorption/ionization source,MALDI)。

1. 电子离子源

电子离子源也称电子轰击源,它通过高能电子束与样品分子碰撞使样品分子电离并高度碎片化,是一种硬电离源,其结构如图17-3所示。当电流通过灯丝时,由热电子发射效应产生电子。在电场的作用下,电子加速飞向阳极(电子阱)。电子在飞行的过程中与气态样品分子发生碰撞,产生分子离子(M^+)。部分分子离子在极短时间($10^{-3}\sim10^{-10}$s)内还会进一步裂解成碎片离子、中性离子或自由基等碎片。分子离子、碎片离子在推斥极的作用下被推斥进入质量分析器进行分离和检测,得到相应的分子离子峰和碎片离子峰。

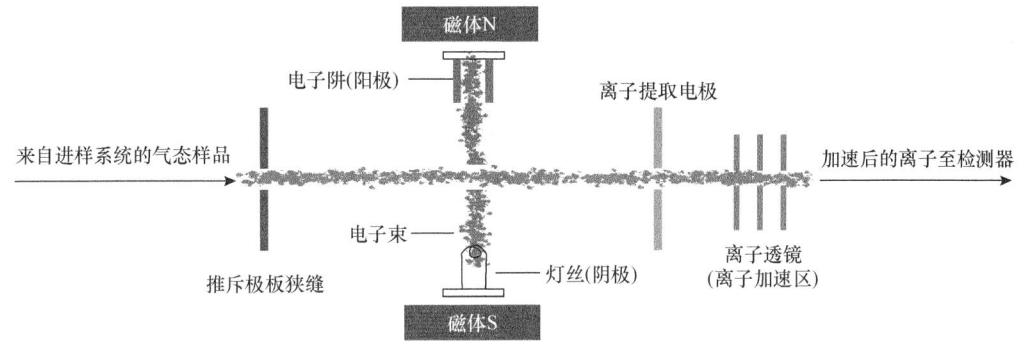

图17-3 电子离子源工作原理示意图

电子离子源的离子化效率主要由样品分子的化学性质和电子能量决定。实验表明,当电子能量越小时,离子化效率太低、离子流不稳定、质谱峰数量少,峰强度之比也会有很大改变。一般情况下,灯丝与接收极之间的电压为70V,此时电子的能量为70eV。目前,所有的标准质谱图都是在70eV下做出的。在70eV电子碰撞作用下,有机物分子可能被打掉一个电子形成分子离子,也可能会发生化学键的断裂形成碎片离子。由分子离子可以确定化合物分子量,由碎片离子可以得到化合物的结构。对于一些不稳定的化合物,在70eV的电子轰击下很难得到分子离子。为了得到分子量,可以采用$10\sim20$eV的电子能量,但此时仪器灵敏度将大大降低,需要加大样品的进样量,而且得到的质谱图不再是标准质谱图。

电子离子源可用于分子量小于600Da的有机化合物分析,具有稳定性好、电离效率高、重现性好、结构简单和操作方便等特点。由该离子源获取的质谱图能提供丰富的结构信息，裂解规律的研究也最为完善，有机化合物的标准谱图库丰富(可以进行库检索)，但该离子源不适用于难挥发和热稳定性差的样品。

2. 电喷雾离子源

电喷雾离子源属于软电离源，能使大的有机分子尤其是如蛋白质和多肽等分子质量大的生物大分子化合物(最大分子质量可测到 200000Da)生成带多电荷的离子，同时又不会使其碎裂。该电离源广泛地用于液质联用仪的接口，其工作原理如图 17-4 所示。

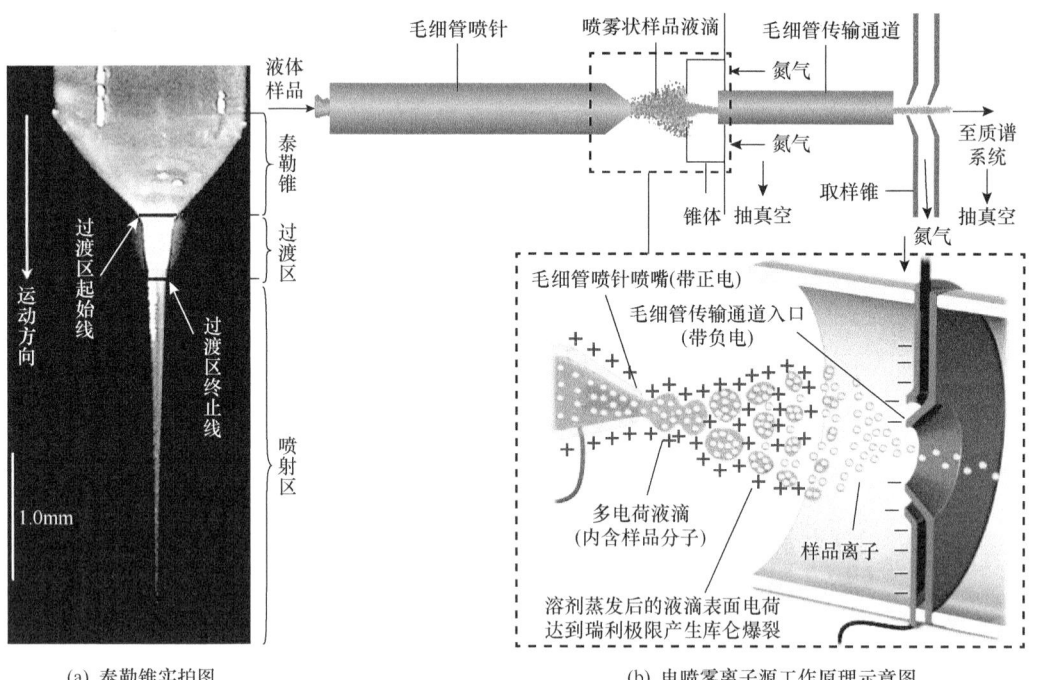

(a) 泰勒锥实拍图　　(b) 电喷雾离子源工作原理示意图

图 17-4　电喷雾离子源示意图[1]

样品溶于溶剂后，经很细的进样管进入电喷雾室，再通过极细的喷针喷出。喷针加正电压，带电的溶液会在喷口形成泰勒锥(Taylor cone)[2]，溶液在电压和喷雾压力作用下形成带电荷的样品气溶胶。在电场的作用下，带电液滴逆着干燥气体流动的方向向质谱仪入口处漂移。逆向的干燥气体(氮气)使液滴迅速蒸发，并使液滴表面的电荷密度增大。当库仑斥力和液滴表面张力极限值相等时，液滴就会爆裂成更小的液滴，直到液滴变得非常小。由于液滴的曲率半径很小，而它的表面电荷密度很大，结果在液滴表面形成非常强的电场。这一电场足以从液滴中解吸出离子，最终形成带电荷的分子离子。这些离子可直接进行单级质谱分析，也可以在串联质谱的碰撞室进行碰撞活化碎裂后进入二级质谱分析，获得样品分子的碎片离子峰。

为了简化采样和样品离子化过程，最近的研究中出现了一种嵌套毛细管电喷雾电离源(capillary-in-capillary electrospray ionization source，CC-ESI)，如图 17-5 所示。这种 CC-

ESI 主要由两个嵌套毛细管和一个锥形电极组成,这些组件通过三维打印制成的支架集成在一起。采样时,液体样品可以借助毛细管效应自发地采样到毛细管中,再转移到另一个毛细管中,然后于锥形电极前端喷出进行样品的电喷雾离子化。采用这种离子源的微型质谱的检测限可低至 1ng/mL。

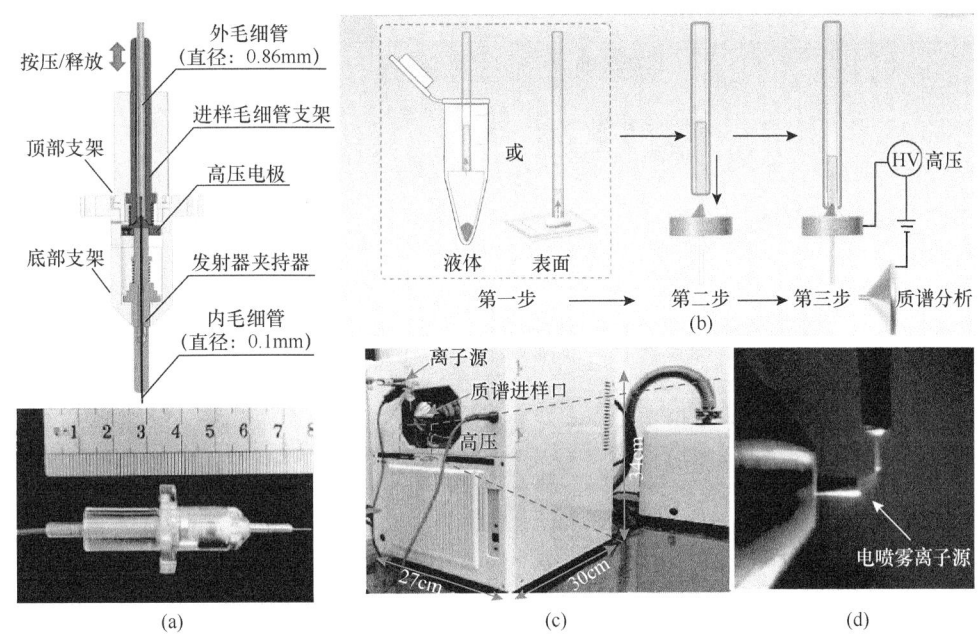

图 17-5 嵌套毛细管电喷雾电离源组成及工作原理示意图[3]

3. 大气压化学电离源

大气压化学电离源是一种软电离源,主要用于液质联用仪接口,适用于非极性或中等极性小分子(分子质量一般小于 1000Da)分析。该电离源结构(图 17-6)与电喷雾离子源大致相同,区别在于其喷嘴下游置有一针状放电电极。此电极通过高压放电不仅能使空气中某些中性分子电离产生 H_3O^+、N_2^+、O_2^+ 和 O^+ 等离子,也能使溶剂分子电离。这些离子与样品分子通过分子-离子反应使样品分子离子化。离子化过程包括由质子转移和电荷交换产生正离子的反应以及由质子脱离和电子捕获产生负离子的反应等。有些样品分子由于结构和极性方面的原因,用电喷雾离子源不能产生足够强的离子,而采用大气压化学电离源可增加离子产率,产生单电荷离子为主的离子,得到的质谱图主要是准分子离子峰,很少有碎片离子峰。因此,大气压化学电离源是对电喷雾离子源的补充。

4. 基质辅助激光解吸离子源

基质辅助激光解吸离子源是一种以激光为能源的软电离源,是一种间接的光致电离技术,用于粒子软电离,特别是生物聚合物或其他大分子在不破碎情况下的电离。该技术通过高能(通常是紫外)激光脉冲辐照分散在基质中的样品分子,产生可以分析的离子羽流(此过程称为激光解吸电离)，如图 17-7 所示。

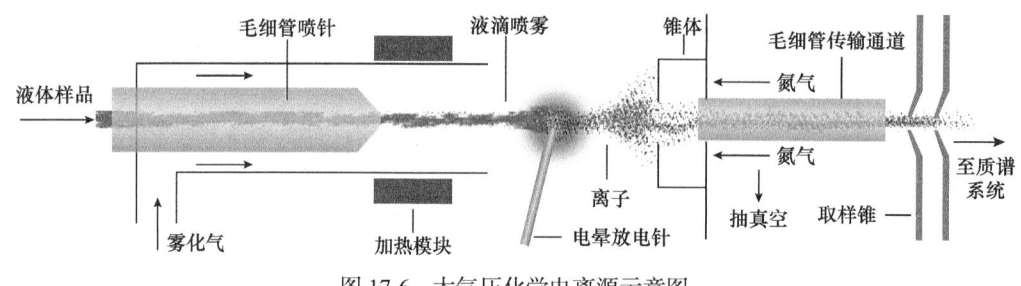

图 17-6 大气压化学电离源示意图

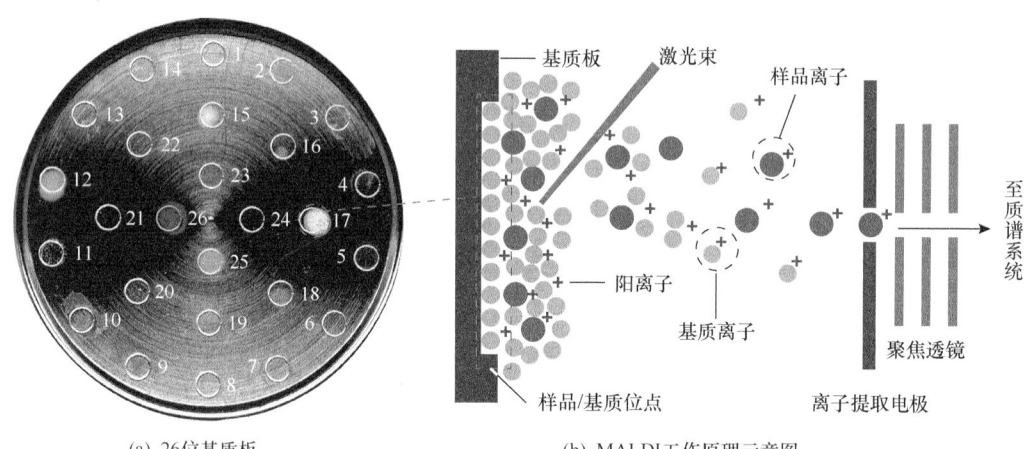

(a) 26 位基质板　　　　　　(b) MALDI 工作原理示意图

图 17-7 基质辅助激光解吸离子源示意图

分析时，样品分散在基质(如烟酸、蒽三酚、二羟基苯甲酸等)分子中形成晶体，当激光照射晶体时，基质分子吸收辐射能量后将热量传递给基质使晶体升华。基质和样品随之膨胀并进入气相而产生游离，其中部分基质分子受光子的作用而产生基质离子，基质离子再与中性气相分子进行分子离子反应，产生样品的分子离子。可见，基质辅助激光解吸电离过程不仅有分子离子反应，还伴随光化学反应，所产生的离子多为单电荷离子 M^+ 和 $[M+H]^+$，因而质谱图中的离子峰与样品结构单元质量有对应关系，谱图容易解析。

基质辅助激光解吸电离常与飞行时间质谱联用形成 MALDI-TOF-MS，用于研究蛋白质、多肽、核酸和多糖等生物大分子。MALDI-TOF 作为一种性能出色的质谱分析方法，还能够通过步进扫描平台在反复发射激光下，连续扫描平台或扫描激光束来生成图像。这种技术称为基质辅助激光解吸电离质谱成像(MALDI-mass spectrometry imaging，MALDI-MSI)，由此产生的图像可以提供丰富的信息，对于大的组织切片，其图像的空间分辨率为 50~200mm。由于 MALDI 是一种软电离技术，分子信息得以保留，因此感兴趣的化合物不需要像荧光显微镜那样通过标记来检测。因此，MALDI 成像是一种无标签的成像技术，用于绘制从小分子代谢物到大分子蛋白质的位置和分布[4]，以及疾病生物标志物的鉴定和改变等，这也展示了该技术良好的应用前景。

17.3.2 质量分析器

1. 四极杆质量分析器

四极杆质量分析器也称四极滤质器，它由四根平行电极呈对称排列组成，平行电极中间为四极场的离子通道，如图17-8所示。理论上电极的截面最好为双曲线，但若电极截面为圆柱形且电极装配完好也能完全满足分析需要。

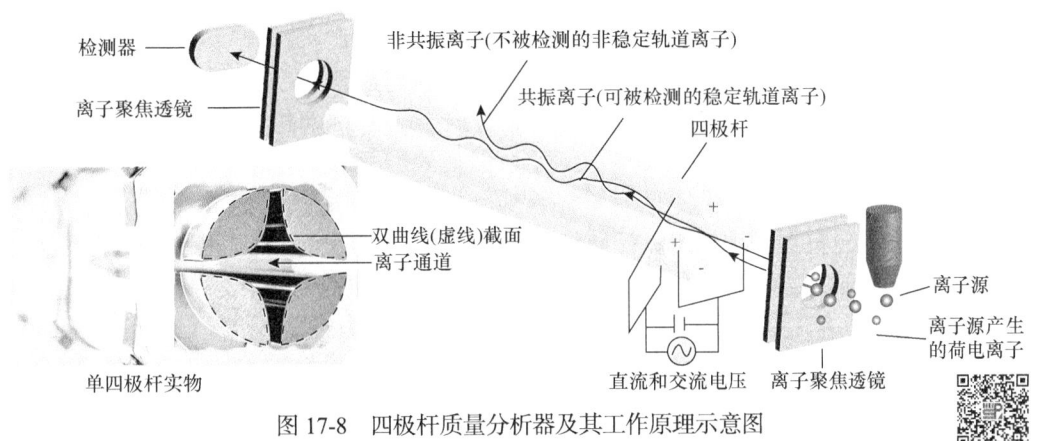

图17-8　四极杆质量分析器及其工作原理示意图

电极对中相对的两根极棒连接在一起形成一对极棒。分别对两对极棒加上振幅相等、符号相反的电压形成四极场。所加电压由直流电压 U 和射频 $V_0\cos\omega t$ 两部分组成，其中 V_0 为射频振幅，ω 为振荡频率，t 为时间。离子进入四极场后沿轴向由四极杆装置的一端被引入到另一端，施加的射频电压使所有离子进入一个受振荡电路控制的场。若适当地选择射频和直流电压，则最终只有给定质量数或质荷比的离子才能获得稳定路径，并沿四极杆中心轴向通过四极场而被检测，其余离子因过度偏转并与极棒碰撞而丢失。

离子通过四极杆的稳定性可用 a、q 的函数曲线图表示(图17-9)。

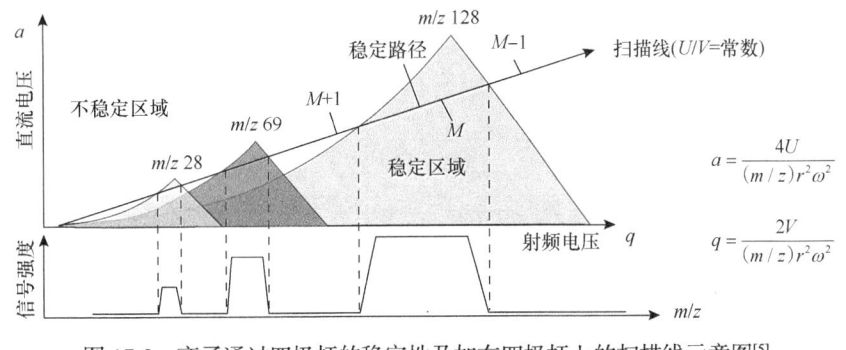

$$a = \frac{4U}{(m/z)r^2\omega^2}$$

$$q = \frac{2V}{(m/z)r^2\omega^2}$$

图17-9　离子通过四极杆的稳定性及加在四极杆上的扫描线示意图[5]

其中，a、q 分别为直流电压 U 和射频电压 V 的函数。图中三角区内为具有稳定轨迹的离子区域，三角区外为不稳定区域。加在四极杆上的扫描线叠加在稳定图上，它是

一根通过零点的 U/V 比为定值的直线。图 17-9 中沿扫描线标出了在固定的 U/V 值下不同质荷比为 M、$M-1$ 和 $M+1$ 的离子的 (a, q) 值。当用四极杆扫描时，U 和 V 不断变化。但对于每根扫描线，U/V 都是常量。扫描线上每个给定点都对应于一个特定的质量数。高质量数在线的低端，低质量数在线的高端。保持 U/V 比值不变，随着 U、V 的增大，质量分析器对离子从高质量数到低质量数进行扫描，扫描线上落在三角区域的离子具有稳定路径，能被检测，而在稳定区外的离子，会与四极杆碰撞而丢失。所以在某个给定的 U(或 V)只有某个给定质荷比的离子才能被传输到检测器而被检测。U、V 可快速变化以实现对不同质荷比离子的快速扫描。应当指出，M 与 $M+1$ 或 $M-1$ 分离的程度取决于扫描线斜率。增大 U/V 比值，扫描线斜率增大，通过四极杆的离子质量数范围变窄，离子分辨率增大。但随着分辨率的增大，三角区顶部面积将减小，被传输的离子数减少，导致分析器的灵敏度下降。所以，在保证分辨率指标的情况下应尽量提高灵敏度。

与其他质量分析器相比，四极杆质量分析器工作时仅用电场而不用磁场，并且无磁滞现象，扫描速率也很快，适合与色谱联用，也适合于跟踪快速化学反应等。另外，该质量分析器还具有结构简单、体积小、价格便宜和清洗方便等优点。该质量分析器的缺点主要是分辨率不够高，对较高质量的离子有质量歧视效应，即高质量端灵敏度下降。

2. 飞行时间质量分析器

飞行时间(time-of-flight, TOF)质量分析器利用离子穿过飞行区域(通常称为漂移管)时的速度来分离离子。漂移管是质量分析器的核心部分，它由调制区、加速区和无场飞行空间组成，如图 17-10 所示。工作时，用一个脉冲将离子源中的离子瞬间引入调制区，这些离子被调制成一个个离子包送至加速区。加速区对离子包施加均匀电场，使得离子在场内获得相同的能量，但它们因质荷比不同而具有不同的速度。经加速后，离子在无场空间中经过一定长度的飞行，不同质荷比在不同的飞行时间到达检测器。根据这些离子飞行时间的差别可判断离子的质量。

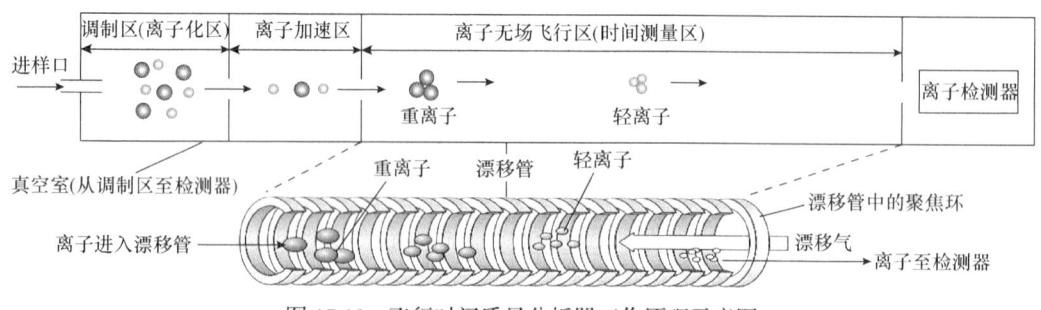

图 17-10 飞行时间质量分析器工作原理示意图

与其他质量分析器相比，飞行时间质量分析器的优点主要有：①扫描质量范围宽。检测离子的质荷比没有上限，适合测定生物大分子；②离子在漂移管中几乎"同时"开始飞行，特别适合与脉冲产生离子的电离过程相搭配，因而适于与基质辅助激光解吸电离源搭配；③灵敏度高，适合于作串联质谱的第二级质量分析器；④扫描速率快，适于研究极快的化学反应过程。飞行时间质量分析器的另一主要优点是分辨率高。现代质谱仪为了提高飞行时间质量分析器的分辨率，常在检测器前面加上一组静电场反射镜，将自由飞行中的离子反射回去，形成反射式飞行时间质量分析器(图 17-15 及图 17-16)。离子经反射后，初始能量大的离子由于初始速度快，进入静电场反射镜的距离长，返回时的路程也长。初始能量小的离子返回时的路程短，这样就会在返回路程的一定位置聚焦，从而提高了分析器的分辨率。为了进一步提高分辨率，近年来还出现了一种多重反射飞行时间质量分析器，如图 17-11 所示。

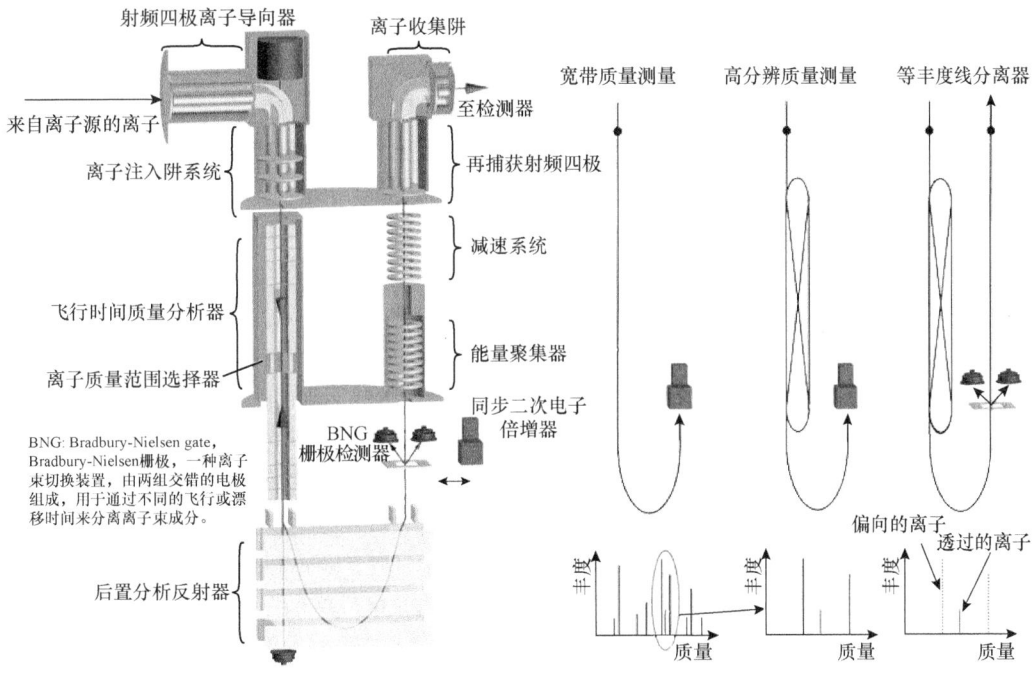

图 17-11 多重反射飞行时间质谱及其工作原理示意图[6]

工作时，离子多次穿过分析器，其飞行路径比传统的飞行时间质谱仪延长了几个数量级。因此，该质量分析器具有非常高的质量分辨率(>600 000)。这种质量分析器结合了传统飞行时间质谱的优点，具有极短的测量时间(ms 级)、质量测量精度低至 1×10^{-7}、离子容量超过 $10^6/s$、四个数量级的动态范围、非扫描操作和单离子灵敏度等特点，可用作超短寿命原子核的高精度质量测量设备、高分辨率质量分离器以及用于诊断目的的宽带质谱仪。

3. 离子阱

离子阱(ion trap，IT)质量分析器的碰撞室和分析系统位于同一个阱内，利用电场或磁场将离子控制并储存在阱内，然后对离子进行质量分离。离子阱由表面呈双曲面的中心环形电极与上下端电极构成腔室(阱)，如图 17-12 所示。

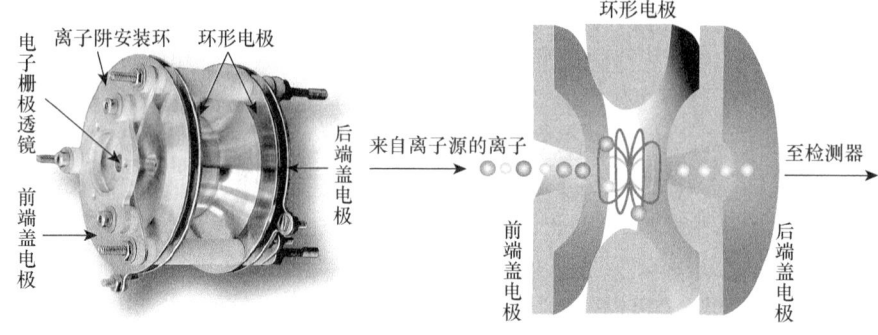

(a) 环形离子阱实物图　　　　(b) 环形离子阱轴向剖面图

图 17-12　环形离子阱质量分析器及其工作原理示意图

工作时，在环形电极与端电极(接地)间加一直流电压 U 和射频 $V_0\cos\omega t$ 的组合电压 $\pm(U + V_0\cos\omega t)$。与四极杆质量分析器相似，离子阱通常有一定的稳定工作区域，阱中离子的稳定运动也由参数 a 和 q 的值来决定。由电磁场理论可知，离子在电场中运动将产生振荡实现共振，且振荡行为受到外电压的驱动频率调制。当 V_0 和 ω 为某一值时，只能使某一质荷比的离子稳定在阱内，并保持一定大小的轨道振幅。其他质荷比离子在其轨道振幅增加后撞击电极板而无法被检测。在 U/V 比值恒定的条件下改变扫描电压 $U(V)$，可以将离子按质荷比大小依次推出稳定区进入检测器检测。

从功能上看，离子阱实际上是一种具有多级质谱分析功能的时间串联型质量分析器。多级质谱(MS^n)扫描是获得物质结构信息的手段之一。对于电子离子源电离质谱，多级质谱扫描可获得化合物全谱。若已知化合物结构，多级质谱扫描可研究离子的裂解过程。实验时，由一级质谱(MS^1)在某一瞬间选择某一离子进行碰撞，产生的碎裂子离子谱称二级质谱(MS^2)。下一瞬间再从二级质谱中选择某一离子进行碰撞，产生的碎裂子离子谱称三级质谱(MS^3)，如此继续便获得多级质谱(MS^n)。理论上，只要有足够强度的前体离子，就能进行 n 次质谱分析。但实际上在大多数情况下只进行 $n = 3\sim4$ 的质谱分析。

离子阱作为一种动态质量分析器，价格便宜、结构小巧、质量轻，能在极低的压强下长时间储存离子，具有高质量分辨率。在全扫描和串联质谱分析的扫描速率下，离子阱能够充分分辨质荷比值相差至少 1amu 的不同离子。如果扫描速率变慢，离子阱可以分辨质荷比值相差低至 0.05amu 的离子。另外，离子阱的灵敏度也非常高，其灵敏度比四极杆质量分析器高 10～1000 倍。

近年来，在传统三维离子阱的基础上还出现了图 17-13 所示的线形离子阱(linear ion trap)[7]。相比而言，传统三维离子阱中的离子被控制在以场中心点为球心的小球空间内，而线形离子阱中的离子被控制在沿阱中心轴向排列的条形空间内，离子的存储空间从一个点变成一条线。另外，由于线形离子阱的射频场不再是对离子在 x、y 和 z 三个方向上的同时控制，而是只对 x 和 y 方向(径向 r)的控制，离子在 z 轴方向没有受到射频电场的作用力，因此线形离子阱又称为二维离子阱。线形离子阱克服了传统三维离子阱空间小、空间电荷效应对离子阱分辨率的影响，大大提高了灵敏度，同时提高了离子的储存量。

 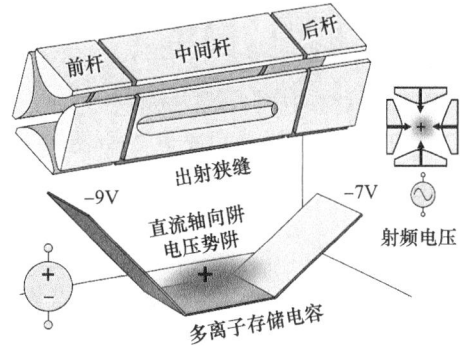

(a) 线形离子阱　　　　　　　　　(b) 线形离子阱工作原理示意图

图 17-13　线形离子阱质量分析器及其工作原理示意图

4. 串联质量分析器

质量分析器可以单独使用，也可以串联起来作为串联质量分析器使用，由此便形成了串联质谱法(tandem mass spectrometry，MS/MS)，或称为质谱-质谱联用技术。

串联质量分析器分为空间串联型和时间串联型两类。空间串联质量分析器是两种或两种以上同类或不同类质量分析器的串联，主要由一级质量分析器、碰撞室和二级质量分析器三大部分构成。其中，一级质量分析器用于选择母离子，将母离子送入碰撞室与惰性气体分子碰撞。碰撞活化室用于将前级质谱选定的离子打碎产生碎片离子，即子离子。子离子进入二级质量分析器被检测并记录。时间串联质量分析器实际上只有一个分析器。在此分析器中，前一时刻选定一离子在分析器内打碎后，后一时刻再进行分析。

空间串联型和时间串联型两类串联质量分析器各有优缺点。以离子阱为代表的时间串联质量分析器和以四极杆为代表的空间质量分析器相比较而言，离子阱质量分析器具有碰撞活化效率高、可进行多级质谱(MS^n)分析等优点，而四极杆质量分析器在定量性能上要优于离子阱质量分析器，但存在质量歧视效应(1/3 质量效应)。

下面是现代串联质谱仪采用的几种典型的串联质谱技术，其中一些混合型串联质谱技术结合了时间串联质谱与空间串联质谱的优点。

1) 三重四极杆串联质谱技术

该技术采用三组(重)四极杆质量分析器(图 17-14)，其中，第一、三组四极杆分别作为一、二级质量分析器用于质量分离，第二组四极杆作为反应碰撞室仅加有射频场对离子进行聚焦，并引入氮气与来自第一组四极杆(一级质量分析器)的离子发生碰撞产生子离子，子离子再引入至第三组四极杆(二级质量分析器)分离。这种串联质谱技术可用于

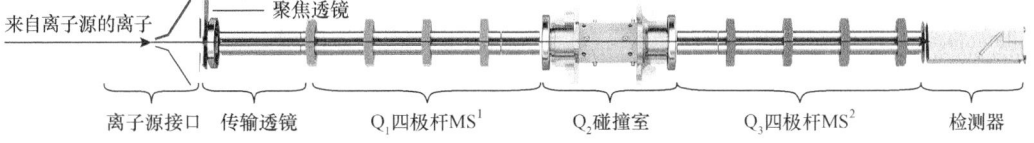

图 17-14　三重四极杆串联质谱仪结构示意图

母离子扫描、子离子扫描、中性碎片丢失扫描、选择反应监测及多级反应监测，具有准确的定性定量分析能力。

2) 飞行时间串联质谱技术

该技术由飞行时间质量分析器和静电场反射式飞行时间质量分析器串联而成，是基质辅助激光解吸串联飞行时间质谱仪的核心，如图 17-15 所示。

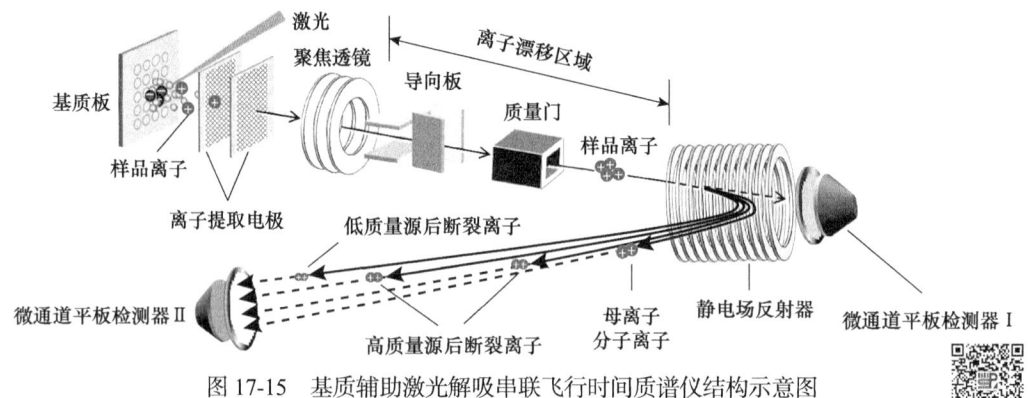

图 17-15　基质辅助激光解吸串联飞行时间质谱仪结构示意图

在样品离子化之前，需要先将样品与合适的基质在基质板上混合后形成晶体，然后使用基质辅助激光解吸电离源产生的激光脉冲使样品离子化。离子化产生的离子通过第一级飞行时间质量分析器选择母离子进入高能碰撞池中碰撞，然后重新被加速进入第二级反射式飞行时间质量分析器进行分离。这种串联质谱技术常用于分析生物样品，且能提供高灵敏度肽质量指纹图谱(peptide mass fingerprint，PMF)。

3) 四极杆-飞行时间串联质谱技术

该技术将三重四极杆质谱中的第三组四极杆换成了飞行时间质量分析器(图 17-16)，因而可获得四极杆-飞行时间混合质谱。由于飞行时间质谱具有全扫描和全离子传输能力，可以在一次运行中捕获所有离子，并允许对新的和未知化合物的数据进行重新研究，而不需要重新获取数据，因而该串联质谱技术具有出色的动态范围、高质量分辨率和质量精度。凭借这些特性，该技术常用于高分辨率的精确质量分析，如用于蛋白质组学和代谢组学研究的未知分子的鉴定等。

4) 离子阱-飞行时间串联质谱技术

该技术将离子阱与飞行时间质量分析器串联(图 17-17)，克服了离子阱传输效率低、易饱和等缺点，既有离子阱的高灵敏度，又有飞行时间质谱的高分辨率和高质量准确度，常用于杂质分析、代谢图谱和生物标志物研究。

5) 四极杆-线形离子阱串联质谱技术

该技术将三重四极杆中的第三组四极杆换成了线形离子阱，且两者可以独立操作。这样既保留了传统线形离子阱全扫描、灵敏度高、分辨率好、多级碎裂(MS^n)等优点，同时又克服了传统线形离子阱的质量歧视效应、定量线性范围差和质量准确度差等缺陷。另外，其独有的增强性多电荷扫描和时间延迟碎裂功能从不同方面降低了噪声，简化了图谱，降低了数据信息解析难度。

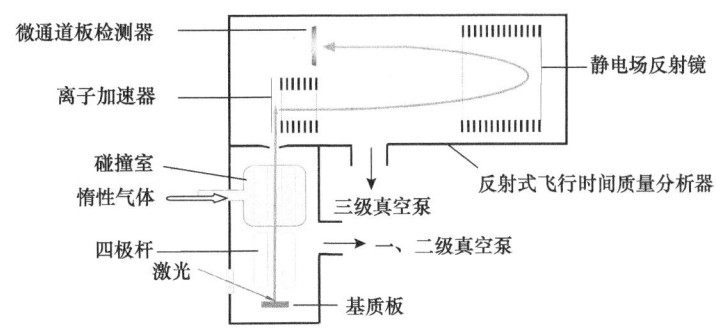

图 17-16　基质辅助激光解吸附电离-四极杆-反射式飞行时间串联质谱仪结构示意图

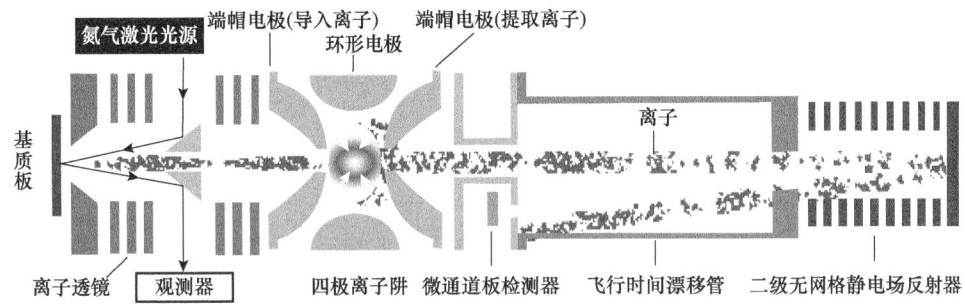

图 17-17　基质辅助激光解吸附电离-四极离子阱-反射式飞行质谱联用仪结构示意图

17.3.3　检测器

　　质谱检测器的作用是接收并检测来自质量分析器的离子，产生电信号并放大输出。四极杆质谱仪、离子阱质谱仪所用的检测器主要是电子倍增器和光电倍增器，飞行时间质谱仪用的是微通道板检测器。

　　电子倍增器是质谱仪中最常用的检测器，有连续打拿极电子倍增器和非连续(分立)打拿极电子倍增器两种，如图 17-18 所示。其打拿极既可以接正电压，又可以接负电压。接负电压时检测的是正离子，接正电压时检测的是负离子。如果正负电压交替连接，则可以交替接收负正离子。在进行正负化学电离源扫描时就采用这种检测方式。

　　连续打拿极电子倍增器又称通道式电子倍增器，其工作原理与非连续打拿极电子倍增器相同，只是打拿极不是分立的，而是连续的。连续打拿极电子倍增器由一根弯曲狭长的玻璃管组成，其内径大约 1mm，长 70mm，入口端为一较大的锥口，内壁涂有二次电子发射材料。实验时，在锥口部位加一负高压(-3kV)，靠近收集器的玻璃管出口

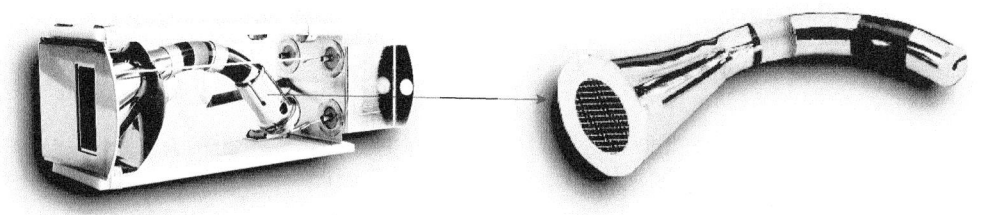

(a) 连续打拿极电子倍增器实拍图

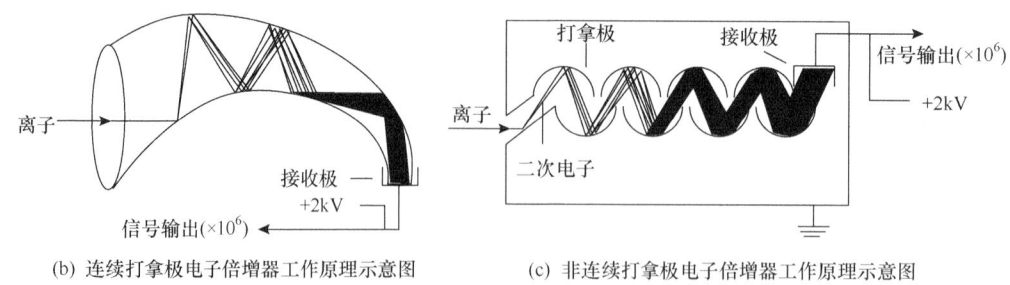

(b) 连续打拿极电子倍增器工作原理示意图　　(c) 非连续打拿极电子倍增器工作原理示意图

图 17-18　连续与非连续打拿极电子倍增器离子检测器

部位保持接地电位。这样,管子内部就存在一个连续的电压梯度。当一个正离子离开质量分析器后即被吸向加有负高压的锥口。当离子撞击在涂膜玻璃管内壁上时,就激发出两个或更多的二次电子。由于管内电位差的存在,二次电子将进一步加速向管内接地方向运动,撞击在管壁的另一部分,发射出更多的二次电子,如此不断反复。这样,一个离子撞击到检测器的内壁,其结果可在收集极(接收极)上产生一个含有多达 10^8 个电子的非连续脉冲信号。非连续打拿极电子倍增器由一个转换极(打拿极)、10～20 个倍增极和一个收集极组成,其工作原理与 X 射线光电子能谱仪所用的电子倍增器相同,这里不再介绍。

微通道板检测器是一种大面阵的高空间分辨和时间分辨的电子倍增探测器(图 17-19),多用于飞行时间质谱仪。

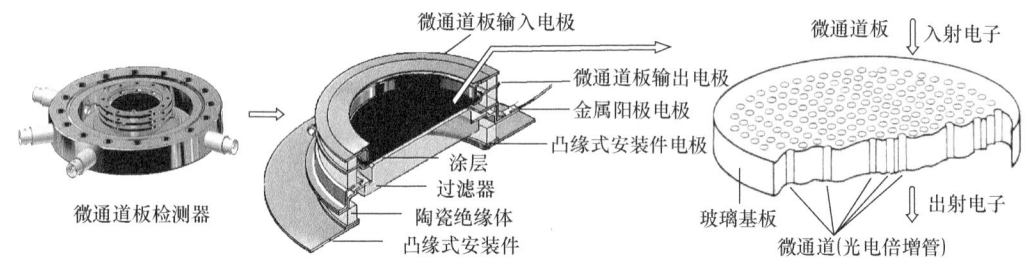

图 17-19　微通道板检测器结构及工作原理示意图

微通道板以玻璃薄片为基板,在基板上分布着 10^4～10^7 个相互平行的微通道(微孔)[8]。微通道直径为 10～100μm,通道长度和直径之比为 40～100,通道间距一般为几十微米,通道与板的表面偏置一个角度(通常为 8°),二次电子通过碰撞通道壁得以倍增放大,其工作原理与光电倍增管相似。

17.4　有机质谱离子类型

下面以电子轰击离子源为例对质谱裂解前后存在的各种离子进行简介。有机化合物在电子轰击下会失去一个电子成为分子离子,或使化学键断裂生成碎片离子,抑或产生离子重排得到重排离子。如果分子中有不同的同位素就会显示出同位素离子峰。离子峰的相对位置和强度直接与分子结构密切相关,因而可用于化合物结构分析。

1) 奇电子离子与偶电子离子

含有未成对电子的离子称为奇电子离子,含有成对电子的离子称为偶电子离子。

2) 分子离子

分子失去一个电子而形成的单(奇)电荷离子称为分子离子,其在质谱图中的峰称为"分子离子峰",记为 M^+。分子离子峰是除同位素峰之外质量数最大的质谱峰。因为多数分子易失去一个电子而带一个正电荷,所以分子离子峰的质荷比就等于分子量。理论上,质谱图上最右侧出现的峰为分子离子峰。同位素峰虽比分子离子峰的质荷比大,但由于两者的峰强比有一定关系,因而易辨认。有些化合物的分子离子极不稳定,在质谱上无分子离子峰,此时,质谱上最右侧的质谱峰不是分子离子峰。

正确识别分子离子峰的方法是:

(1) 分子离子必须是一个奇电子离子($M^{+\cdot}$)。

(2) 根据化合物的分子离子的稳定性及裂解规律来判断分子离子峰。例如,醇类分子的分子离子峰很弱,常在 $m/z = 18$ 处有明显的脱水峰。分子离子峰的强度和化合物的结构有关。环状化合物比较稳定,不易碎裂,分子离子峰较强。支链较易碎裂,分子离子峰弱;有些稳定性差的化合物经常看不到分子离子峰。通常,化合物分子稳定性越差、键越长,分子离子峰越弱。另外,有些酸、醇及支链烃的分子离子峰较弱甚至不出现。相反,芳香化合物往往都有较强的分子离子峰,这主要是由于环状化合物需要经过两次裂解才能由分子离子裂解成碎片离子。分子离子峰强弱的大致顺序是:芳环 > 共轭烯 > 烯 > 酮 > 不分支烃 > 醚 > 酯 > 胺 > 酸 > 醇 > 高分支烃。

(3) 分子离子峰的质量(质荷比)必须符合氮律。即不含氮原子或含有偶数氮原子的有机分子,其分子量(分子离子峰的质荷比)应为偶数。而含奇数氮原子的分子,其分子量(分子离子峰的质荷比)应为奇数,这个规律称为氮数规律,简称氮律。

(4) 假定的分子离子峰与相邻碎片离子的质量差应合理。即分子离子峰必须有合理的碎片离子,否则就不是分子离子峰。若质量差为 4～14 个质量数,则假定的分子离子峰不是分子离子峰。因为一个分子不可能连续失去四个 H 或不够一个 CH_3 的碎片。同理,出现下列质量差也是不合理的:21～25、37～38、50～53。

(5) 考虑准分子离子峰(M + 1 和 M − 1 峰)。醚、酯、胺、酰胺、腈化合物、氨基酸酯、胺醇等可能有较强的 M + 1 峰。芳醛、某些醇或某些含氮化合物可能有较强的 M − 1 峰。有些化合物的质谱图上质荷比最大的峰并不是分子离子峰。例如,正庚腈的分子量为 111,而其质谱上只能看到 m/z 110 质谱峰(M−1),无分子离子峰。腈类化合物易出现这种情况,但有时也有强度小于 M − 1 峰的分子离子峰。

(6) 增强分子离子峰强度有助于识别分子离子峰。例如,采取不同电离方式样品电离,或降低离子源能量到化合物的解离位能附近,避免分子离子进一步裂解。

3) 碎片离子

分子离子或准分子离子裂解后生成的离子称为碎片离子。碎片离子还可能裂解成质量更小的碎片离子。例如,图 17-1 中 $m/z = 92$ 是分子离子峰,而 $m/z = 65$、63、51 和 39

等质谱峰即为碎片离子峰。描述碎片离子时，可用[ ]⁺、[ ]⁺̇表示正电荷位置不清楚的碎片离子，用]⁺、]⁺̇表示复杂碎片离子。

4) 同位素离子

由元素的同位素构成的离子即同位素离子。前面介绍分子离子峰时，并未考虑各元素同位素的影响。实际上各元素同位素基本上按其在自然界的丰度比出现在质谱图中，且最轻同位素的天然丰度最大。因此，与物质分子量有关的分子离子峰 M⁺是由最大丰度的同位素所产生的，这有利于确定化合物及碎片的元素组成，即确定物质的化学式。例如，自然界中丰度比很小的 C、H、O、N 的同位素峰很小，而 S、Si、Cl、Br 元素的丰度高，其同位素峰强度较大。

5) 重排离子

分子离子在裂解过程中，通过断裂两个或两个以上化学键后进行结构重新排列而形成的离子即为重排离子。离子重排的方式有很多，多数重排有一定规律可循，少数重排是无规则重排(或任意重排)，其重排的结果很难预测，无法进行结构推测。有规律的重排主要是由分子内氢原子的迁移和化学键的两次断裂生成稳定的重排离子。有规律重排有利于化合物结构推测，如麦氏重排(McLaferty rearrangement)、反-狄尔斯-阿尔德重排、亲核重排等。重排离子峰可以从离子的质量数和其相应的分子离子来识别。对于不发生重排的简单裂解，由质量数为偶数的分子离子裂解产生的是质量数为奇数的碎片离子，而质量数为奇数的分子裂解产生的是偶数或奇数的碎片离子。其中，奇数碎片离子的产生与否与氮原子的奇偶和氮原子是否存在于碎片中有关。若质量数为偶数的分子离子裂解得到质量数为偶数的碎片离子，则可能发生了重排裂解。

有机质谱的各种离子中，除由上面介绍的电子轰击离子源(硬电离源)产生的离子类型外，还有由电喷雾离子源(软电离源)产生的一种带有两个或多个电荷的离子(多电荷离子)。例如，有 π 电子的芳烃、杂环或高度共轭不饱和化合物等能产生稳定性较好的双电荷离子。多电荷离子可增加质谱仪质量测定范围。除多电荷离子外，还有由大气压化学电离源(软电离源)产生的准分子离子，其质量比分子离子大一个至几十个质量单位或小一个至两个质量单位的离子，如[M+H]⁺、[M+Na]⁺、[M+K]⁺、[2M+Na]⁺、[2M+K]⁺、[M−H]⁻等。准分子离子与分子存在简单关系，通过准分子离子也可以确定分子量。

17.5 裂解方式及类型

有机质谱图中，根据质谱峰可推测各种类型有机分子的裂解方式，进而推测分子的结构。在离子裂解过程中，电子转移有两种方式，分别用鱼钩形符号⌒表示一个电子的转移，用弯箭头符号⌢表示一对电子的同向转移。含有偶数个电子的离子用"+"表示，含有奇数个电子的离子用"+·"表示。

17.5.1 共价键裂解方式

(1) 均裂：指 σ 键断裂后的两个电子分别在各自的碎片上的裂解方式

$$X \frown Y \longrightarrow X\cdot + Y\cdot \qquad (17\text{-}1)$$

(2) 异裂：指 σ 键断裂后的两个电子归属于某一个碎片的裂解方式

$$X \frown Y \longrightarrow X^+ + Y\colon^- \text{ 或 } X \frown Y \longrightarrow X\colon^- + Y^+ \qquad (17\text{-}2)$$

(3) 半异裂：指离子化的 σ 键开裂后，产生一个电子转移，仅存的一个成键电子保留在某一个碎片上的裂解方式。书写时，断裂后的正电荷一般都在杂原子上，或在不饱和化合物的 π 键系统上

$$\overset{+\cdot}{X}\,Y \longrightarrow X^+ + Y\cdot \text{ 或 } \overset{+\cdot}{X}\,Y \longrightarrow X\cdot + Y^+ \qquad (17\text{-}3)$$

17.5.2 离子裂解类型

裂解类型大体上可分为简单裂解、重排裂解、复杂裂解、双重重排裂解四种。其中，前两种裂解方式在质谱上最为常见。

1) 简单裂解

简单裂解指一个化学键发生开裂并脱去一个游离基的裂解，其特征是仅有一个键发生断裂，裂解后形成的子离子与母离子的质量的奇偶性相反。简单裂解又分 α-裂解、i-裂解和 σ-裂解。

(1) α-裂解：又称 α-均裂，是由游离基中心引发的正电荷官能团与 X-碳原子之间共价键的断裂。α-均裂广泛存在于各类有机化合物质谱碎裂过程中，

$$R_1 \frown \overset{\overset{\ddot{O}}{\|}}{C} - R_2 \longrightarrow \cdot R_1 + \overset{\overset{+}{O}}{\underset{\|}{C}} - R_2 \qquad (17\text{-}4)$$

(2) i-裂解：又称 i-异裂，是与正电荷中心相连的键的一对电子全部被正电荷中心吸引而产生的裂解。这种裂解是由正电荷引发，

$$C_2H_5 \frown \overset{+\cdot}{O}C_2H_5 \longrightarrow C_2H_5^+ + \overset{\cdot}{O}C_2H_5 \text{ 或 } R \frown C \equiv \overset{+}{O} \longrightarrow R^+ + CO \qquad (17\text{-}5)$$

(3) σ-裂解：又称 σ-半均裂，是离子化的 σ 键的开裂过程[式(17-3)]。σ-裂解是饱和烃类化合物的裂解方式。分子中 σ 键在电子轰击下失去一个电子，随后裂解生成碎片离子和游离基。饱和烃类化合物中不含杂原子，也不含 π 键，只发生 σ-裂解。对于饱和烃，取代基越多的碳，其 σ 键越容易断裂；取代基越多的正碳离子越稳定。

2) 重排裂解

重排裂解指化合物分子断裂两个或两个以上的键，分子内原子或基团重新组合，并脱去一个中性分子碎片，得到的碎片离子是原来分子中并不存在的结构单元的裂解方式。产生重排裂解的主要原因是重排离子的稳定性更高或可脱去稳定的中性分子。重排的类

型有很多，其中比较重要的是麦氏重排、反-狄尔斯-阿尔德重排等。

(1) 麦氏重排：若化合物含有不饱和基团 C═X(X 为 O、N、S、C)，而且与此基团相连的键上有 γ-氢原子，在裂解过程中，γ-氢原子可通过六元环过渡态，迁移到电离的双键或杂原子上，同时 β-键断裂，脱掉一个中性分子，这种裂解过程为麦氏重排，是最典型的离子重排。式(17-6)所示为丁酸甲酯的麦氏重排裂解。

$$\left[\begin{array}{c}\gamma\ H\\ H_2C\quad H\quad O\\ \ \ \ \ \ \ \ \alpha\\ H_2C\quad\ \ \ \ \ O\ CH_3\\ \beta\ \ CH_2\end{array}\right]^{\cdot+}\longrightarrow\left[\begin{array}{c}H\\ O\\ H_2C\quad\quad O\ CH_3\end{array}\right]^{\cdot+}+\begin{array}{c}CH_2\\ \|\\ CH_2\end{array} \tag{17-6}$$

m/z 102 $\quad\quad\quad\quad\quad\quad\quad$ m/z 58

由于重排时脱掉一个中性分子，因此重排前后离子所带电子的奇、偶性不变，质量的奇、偶性也保持不变(除非脱掉的中性分子中含有奇数个氮原子)。凡是具有 γ-氢的烯、酮、醛、酸、酯及烷基苯等含有不饱和中心的化合物，都可发生麦氏重排。

(2) 反-狄尔斯-阿尔德重排(retro Diels-Alder rearrangement, RDA 重排)：是一种以双键为起点的重排，一般产生共轭二烯离子。在脂环化合物、生物碱、萜类、甾体和黄酮等的质谱图中，常可以看到这种重排的碎片离子峰。式(17-7)所示为萜二烯-[1, 8](柠檬烯，limonene)的反-狄尔斯-阿尔德重排。

$$\tag{17-7}$$

m/z 136 $\quad\quad\quad\quad\quad\quad$ m/z 68

17.6　质谱扫描方式

以三重(级)四极杆质谱仪为例，质谱中几种典型的扫描方式如图 17-20 所示。

1) 全扫描

这种扫描方式指选择一段质荷比范围离子(如 m/z = 50~400)进行扫描，并由每个采样点提取一张质谱图，从而获得待测化合物全谱的扫描方式。指定质量范围时，过低的质量设置可能会导致空气中存在的 N_2(m/z = 28)或 CO_2(m/z = 44)产生干扰。如果选择了非常大的质量范围，会增加扫描时间和背景信号强度。全扫描时，可以先让所有离子通过第一个质量分析器和碰撞室(不产生碰撞)后，再进入第二个质量分析器进行分离(扫描)；也可以先在第一个质量分析器进行分离(扫描)后，再让所有离子通过碰撞室(不产生碰撞)和第二个质量分析器。全扫描适用于一般样品的定性、定量分析，对于未知物、大规模监测和未知碎片模式的研究也非常有用。

2) 子离子扫描

这种扫描方式是第一个质量分析器固定扫描电压，选择某一质量的离子(母离子)进入碰撞室，与碰撞室内的碰撞气体发生碰撞诱导裂解。第二个质量分析器进行全扫描，

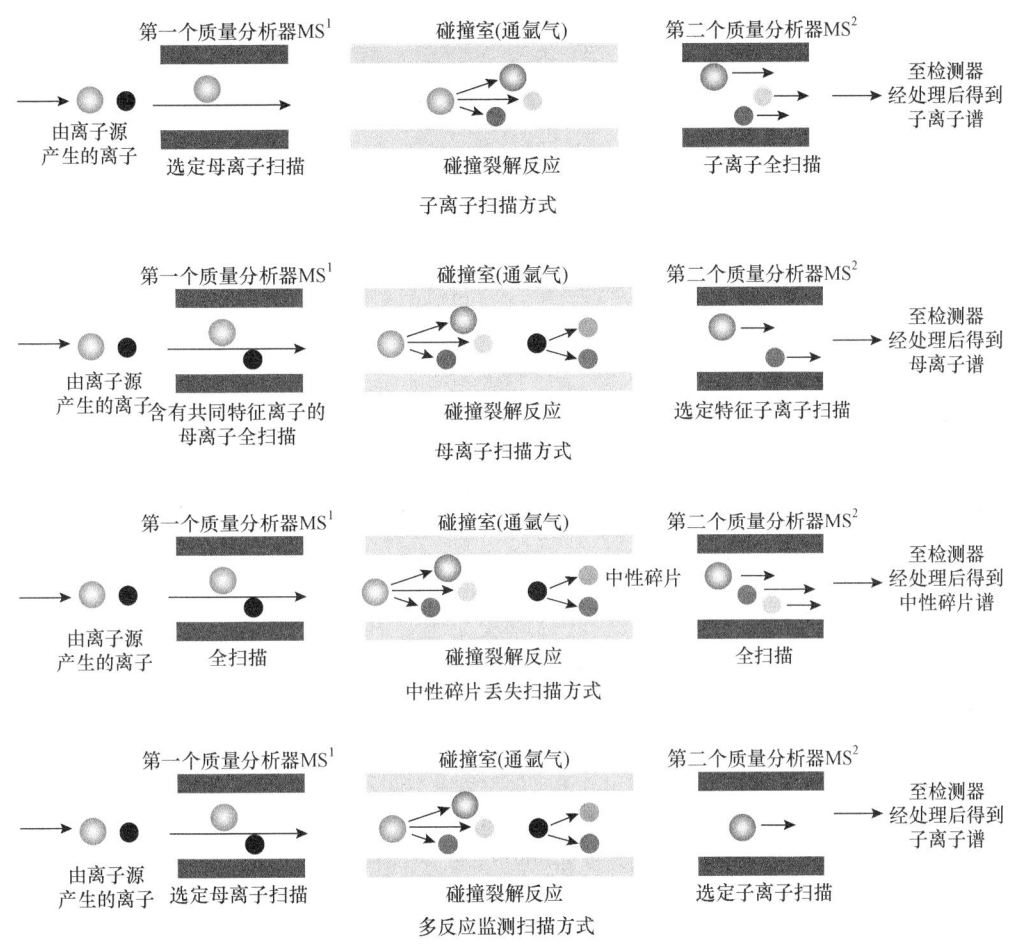

图 17-20 几种典型的质谱扫描方式示意图

得到的所有碎片离子都是由选定的母离子产生的子离子,且没有其他干扰,得到的质谱称子离子谱。子离子扫描是串联质谱技术应用中最重要的一类,特别适合由软电离得到的分子离子的进一步裂解,以获得分子的结构信息,广泛应用于有机物结构分析、蛋白质鉴定及蛋白质翻译后修饰研究等。例如,蛋白质的质谱鉴定最初依靠"肽指纹图谱"(参见 18.4 节),但这种指纹图谱不能很好地满足高准确度的蛋白质鉴定。随着串联质谱技术的发展,通过肽段的二级碎裂质谱鉴定蛋白质的方式是子离子扫描在蛋白质组学中最常用,也是最重要的应用之一。

3) 母离子扫描

这种扫描方式采用第一个质量分析器选择一段质荷比范围离子进行全扫描,这个范围包含了共同(指定)子离子(特征离子)的所有母离子(如分子离子)。选择后的母离子进入碰撞室并与碰撞室内的碰撞气体发生碰撞诱导裂解。第二个质量分析器固定扫描电压,只选择某一特征离子质量扫描。特征离子由所选择母离子产生,由此得到所有能产生该子离子的母离子质谱。母离子扫描能帮助追溯碎片离子的来源,对产生某种特征碎片离子的一类化合物进行快速筛选,可用于分析鉴定相同碎片离子的化合物。例如,在混合物中寻找含有特定有机官能团的有机物分子，或者在生物样本中寻找含有特定翻译后修饰的蛋白质。

4) 中性碎片丢失扫描

这种扫描方式采用第一个质量分析器选择所有离子进入碰撞室并与碰撞气体发生碰撞诱导裂解。第二个质量分析器以与第一个质量分析器固定质量差 Δm 联动扫描，检测丢失该固定质量中性碎片的离子对，得到中性碎片质谱。即第一个质量分析器扫描产生中性丢失的母离子，第二个质量分析器扫描丢失了指定中性碎片的子离子。此扫描方式用于监测丢失中性碎片的化合物，用于特定官能团化合物检测。

5) 选择离子监测 (selected ions monitoring，SIM)

这是针对一级质谱的扫描方式，即只扫一个离子，其他离子不被记录，得到的不是化合物的全谱。对于已知的化合物，为了提高某个离子的灵敏度，并排除其他离子的干扰，就可以只扫描一个离子。相对于全扫描技术，选择性离子监测将更多的时间用于检测选定质荷比离子的离子流，因而提高了分析灵敏度，这在定量分析方面更具优势。

6) 选择反应/多反应监测(selective / multiple reaction monitoring，SRM / MRM)

选择反应监测是一种针对二级或多级质谱的某两级之间的扫描模式。当从母离子中选一个离子发生碰撞后，从产生的子离子中也只选一个离子进行扫描。用于选择反应监测的仪器主要是三重四极质谱仪，其第一组和第三组四极杆用作质量过滤器，用以选择感兴趣的母离子(前体离子)和碎片离子(产物离子)。第二组四极杆用作碰撞池，通常使用碰撞诱导解离来破碎前体离子。多反应监测是在进行多种化合物监测过程中同时进行多个选择反应监测。选择反应监测与多反应监测的特点相似，在实验过程中只要同时进行多个选择反应监测就是多反应监测，两种扫描方式之间区分仅是数量上的不同。由于选择反应监测和多反应监测都是两次单离子选择，因此它们比单四极杆质量分析器的选择离子监测方式的选择性、排除干扰能力和专属性更强，信噪比也更高。

7) 平行反应监测(parallel reaction monitoring，PRM)

这种扫描方式源于多反应监测，是目前靶向蛋白质组学数据采集的主流方法。通过对特异性肽段或目标肽段(如发生翻译后修饰的肽段)进行选择性检测，可以实现对目标蛋白质/修饰肽段的靶向相对或绝对定量。这种扫描方式利用四极杆质量分析器的选择性检测能力来选择性地检测目标肽的前体离子信息，前体离子随后在碰撞池中碎裂。碎裂产生的碎片离子最后使用高质量分辨率的精密轨道阱质量分析器检测。平行反应监测与选择反应/多反应监测的相同点是前体离子通过四极杆进行筛选，用于下一步的检测。不同点是：①平行反应监测在前体离子碎裂后通过高分辨率检测器检测所有产物离子，而选择反应/多反应监测是监测前体离子裂解后的特定产物离子，通过前体离子和产物离子的逐一对应进行定性和定量分析；②由于二次质谱的检测模式不同，平行反应监测比选择反应/多反应监测更精确，离子干扰更少；③平行反应监测不需要寻找准确的前体离子-子离子对进行检测，唯一需要的参数是前体离子的质荷比和电荷量比，因而比选择反应/多反应监测更方便。

17.7 质谱解析流程

通过对化合物质谱峰的解析，可以推测化合物的结构。质谱解析的一般流程是：

(1) 由质谱的高质量端确定分子离子峰，求出分子量，初步判断化合物类型及是否含有 Cl、Br、S 等元素。

(2) 根据分子离子峰的高分辨数据给出化合物的化学式。

(3) 由化学式计算化合物的不饱和度，即确定化合物中环和双键的数目。

(4) 研究高质量离子峰。质谱的高质量端离子峰是由分子离子失去碎片形成的，通过分子离子失去的碎片可以确定化合物中含有哪些取代基。

(5) 研究中部质量区离子峰和亚稳离子峰时，对于复杂化合物的质谱有时还要研究中部质量区的碎片离子以及高质量端和低质量端的关系，特别要注意处于中部质量区的特征峰和亚稳峰。

(6) 研究低质量端离子峰，寻找不同化合物断裂后生成的特征离子和特征离子系列。例如，正烷烃的特征离子系列为 m/z 15、29、43、57、71 等，烷基苯的特征离子系列为 m/z 91、77、65、39 等。根据特征离子系列可以推测化合物类型。

(7) 通过上述研究提出化合物的结构单元，再根据化合物的分子量、分子式、样品来源、物化性质等提出一种或几种最可能的结构。必要时可根据红外和核磁共振数据得出最后的结果。

(8) 验证所得结果。常用的验证方法有：①将所得结构式按质谱断裂规律分解，比较所得离子与未知物谱图是否一致；②寻找样品，作标样的质谱图并与未知物谱图比较；③通过质谱数据库查该化合物的标准质谱图，比较是否与未知谱图相同。常用质谱数据库有美国国家标准与技术研究院(National Institute of Standards and Technology，NIST)库和 Willey 库(美国在线多学科资源平台)，还有前文提到的 Sadtler 质谱数据库等。此外，还有一些专用质谱库，如标准农药库内有农药的标准质谱图，包括许多药物、杀虫剂、环境污染物及其代谢产物和它们的衍生化产物的标准质谱图；挥发油库内有挥发油的标准质谱图。另外，用户还可以根据自己的需要将试验中得到的标准质谱图及数据用文本文件保存在用户自建库里，以便加以充分利用。如果得到了未知化合物的质谱图，可以在数据库中检索，检索结果可以给出几种最可能的化合物，按匹配度大小排列，并且给出化合物的名称、分子式、分子量及匹配度。

17.8 特点及应用

质谱分析作为现代化学、物理、材料及生物等领域中的重要分析技术，其特点主要有：

(1) 能提供大量的分析数据，如分子量、分子和官能团的元素组成、分子式以及分子结构等。另外，质谱法还是众多分析法中唯一可以确定分子式的方法。

(2) 灵敏度高。质谱法的绝对灵敏度为 $10^{-13} \sim 10^{-10}$ g，相对灵敏度为 $10^{-4} \sim 10^{-3}$。

(3) 样品用量少。一般几微克甚至更少的样品都可以检测，检出限可达 10^{-14} g。

(4) 分析速度快。一般只需几秒便能完成质谱分析，易于实现自动控制检测。

(5) 可以与众多分析法联用，如与气相色谱、液相色谱、电感耦合等离子光谱等。

(6) 分析对象广泛。既可以分析气体，又可以分析液体或固体；既可以进行其他分析方法难以完成的同位素分析，还可以进行无机成分分析及有机物结构分析。

质谱法的这些突出优点使其广泛地应用于化学、化工、材料、环境、生命科学等众多领域。例如，在生命科学领域，质谱法已经成为蛋白质组学研究中精确测定肽和蛋白质的分子量和序列的有力工具。在后文要介绍的串联质谱中，肽和蛋白质的片段化为蛋白质鉴定以及翻译后或其他共价修饰的鉴定和定位提供了序列信息。再如，在材料表面分析领域，质谱成像，包括电喷雾解吸电离(DESI)成像、基质辅助激光解吸电离成像和二次离子质谱(SIMS)成像等是一种可视化分子空间分布的技术。它可从材料表面微米大小的区域将材料表面化合物的横向分布(微电子学、组织切片)转化为图像，而图像又可以与光学图像相关联。

【挑战性问题】

土星的卫星恩克拉多斯(Enceladus)深处的一个低温火山羽流将含有来自海洋的物质的冰粒和蒸气喷射到太空中。研究发现，在这些发射的冰粒中含有浓缩和复杂的大分子有机物质，其分子质量超过 200 个相对原子质量单位。图 17-21 及图 17-22 为这些大分子有机化合物的质谱图之一，以及用于模拟冰粒撞击空间电离探测器并进行质谱分析的实验室装置[9]。请根据所引用文献对质谱图进行解读，并对探测器的工作原理进行说明。

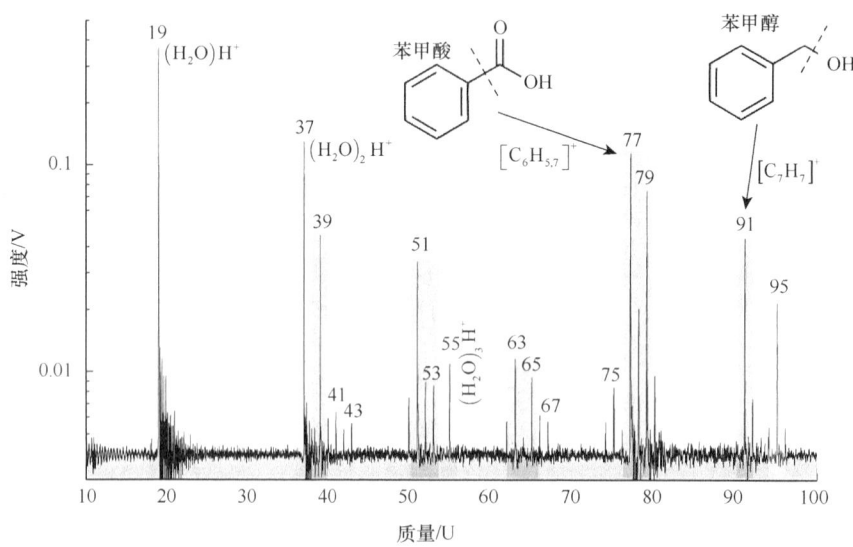

图 17-21 苯甲酸和苯甲醇溶于水的激光电离质谱

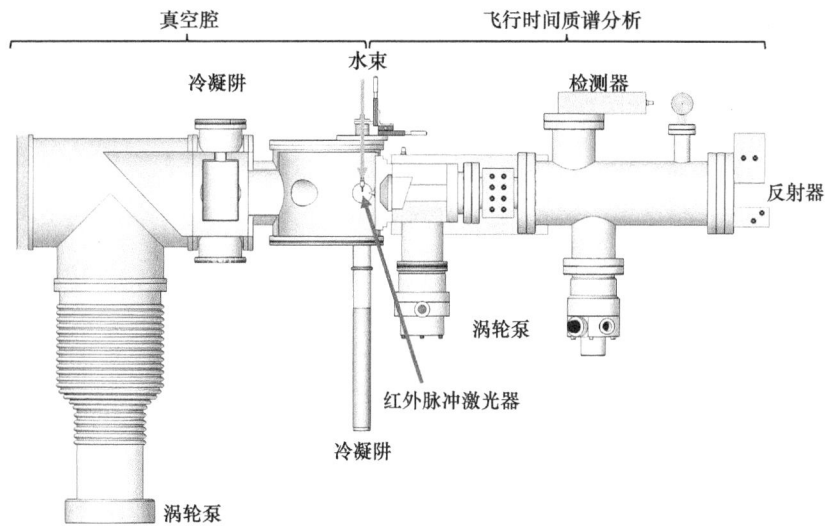

图 17-22　用于模拟冰粒撞击空间电离探测器的实验室装置

【一般性问题】

1. 在质谱图中，有哪几种离子峰？每种离子峰的作用是什么？
2. 什么是准分子离子峰？如何正确判断分子离子峰？哪些离子源容易得到准分子离子？
3. 什么是氮律？
4. 什么是简单裂解？简单裂解有哪几种裂解类型？
5. 重排裂解的共同特征是什么？常见的重排裂解有哪几种裂解类型？
6. 什么是麦氏重排？发生麦氏重排的条件是什么？
7. 一种仅含碳、氢和氧的小叶片状材料熔点为 40℃，该材料具有较简单的质谱，其分子离子峰在 m/z 184(10%)，基峰在 m/z 91，还有两个小峰在 m/z 77 和 m/z 65，并且在 m/z 45.0 和 m/z 46.5 处各有一个亚稳态峰。试推导其结构。

参 考 文 献

[1] Han T, Yarin A L, Reneker D H. Viscoelastic electrospun jets: Initial stresses and elongational rheometry. Polymer, 2008, 49 (6): 1651-1658.

[2] Krone H, Beckey H D. Field ionization mass spectrometry of carbohydrates. Biological Mass Spectrometry, 1969, 2 (4): 427-429.

[3] Liang Q, Liu S Y, Xu W, et al. Capillary-in-capillary electrospray ionization (CC-ESI) source enabling convenient sampling and quantitative analysis for point-of-care testing. Analytical Chemistry, 2023, 95(4): 2420-2427.

[4] Stopka S A, McMinn M H, Looi W D, et al. TIMS enabled quantification of small molecules in MALDI imaging. (2020-08-20)[2021-09-28]. https://lcms.labrulez.com/paper/7560.

[5] Steiner U, Gore N P, Rother H. ION filter apparatus and method of production thereof: US 5389785. 1995.

[6] Plaß W R, Dickel T, Scheidenberger C. Multiple-reflection time-of-flight mass spectrometry. International Journal of Mass Spectrometry, 2013, 349-350: 134-144.

[7] Thermo Fisher Scientific Inc. LTQ Series-Hardware Manual. (2012-09-20)[2022-01-02]. https://knowledge1.thermofisher.com/Manual_Repository/97055-97072-EN_-_Rev_D_-_LTQ_Series_Hardware_Manual.
[8] Wiza J. Microchannel plate detectors. Nuclear Instruments and Methods, 1979, 162: 587-601.
[9] Postberg F, Khawaja N, Abel B, et al. Macromolecular organic compounds from the depths of Enceladus. Nature, 2018, 558(7711): 564-568.

第 18 章 质谱应用技术

18.1 气质联用技术

色谱法是一种很好的分离手段,可以将复杂混合物中的各组分分开,但其定性、结构分析能力较差。质谱法定性能力强,所需样品极少,是一种优良的鉴定技术,但对混合物的分析能力有限。若将二者结合起来,就能发挥各自的优势,使分离和鉴定同时进行。气相色谱-质谱联用技术(gas chromatography-mass spectrometry,GC-MS),简称气质联用,就是一种将气相色谱与质谱结合起来的分析技术,用于识别混合物中的不同成分。目前很多类型的质谱仪,如四极杆质谱、离子阱质谱、飞行时间质谱、傅里叶变换质谱等均能和气相色谱仪联用,成为复杂有机混合物分析的最有效工具之一。

18.1.1 仪器组成

气质联用仪主要由气相色谱系统、质谱系统、仪器控制和数据处理系统组成(图 18-1)。其中,色谱系统与气相色谱仪基本相同,但一般不再有色谱检测器,而是用质谱仪作检测器。质谱系统可以是磁式质谱仪、四极杆质谱仪,也可以是飞行时间质谱仪、离子阱质谱仪或傅里叶变换质谱仪等。目前使用最多的是四极杆质谱仪,离子源主要有电喷雾离子源、电子离子源和化学电离源。

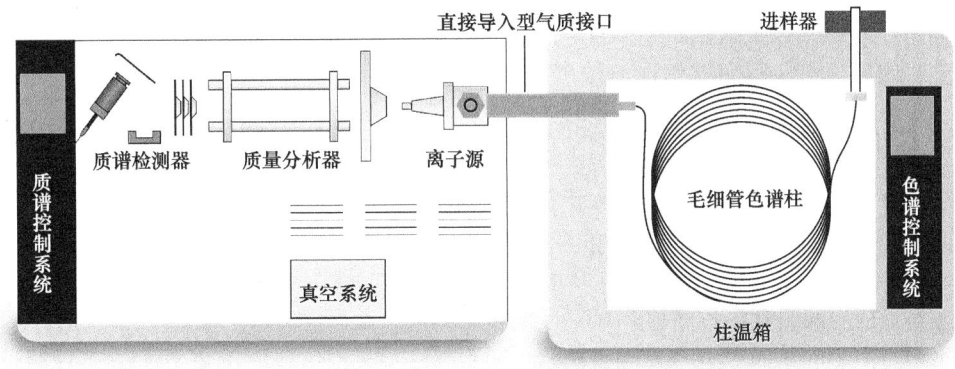

图 18-1 气质联用仪的基本结构示意图

在与质谱联用的气相色谱中,目前多为毛细管柱气相色谱,所用接口主要有直接导入型和开口分流型两种。其中,直接导入型接口是目前最常用的一种进样技术,它是将毛细管色谱柱通过一根金属导引管将色谱柱出口直接插入质谱仪离子源内[图 18-2 (a)],这样既可以对插入端毛细管起到支撑作用,并使其准确定位,还可以保持柱内温度,使色谱柱流出物始终不产生凝结。开口分流型接口是直接导入型接口的另一种形式[图 18-2(b)]，它在毛细管柱出口处将色谱流出物(载气+样品组分)中的一部分引入离子源，其余部分随载气流出放空。这种接口方式既没有降低毛细管柱的分离效率，又避免了过量样品进入质谱仪离子源产生污染。

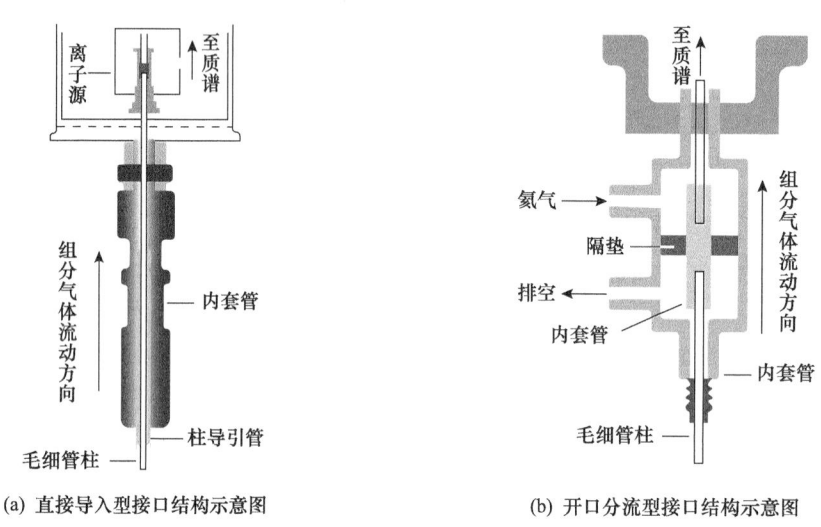

(a) 直接导入型接口结构示意图　　(b) 开口分流型接口结构示意图

图 18-2　气质联用仪接口工作原理

18.1.2　气质联用谱图

气质联用谱图包含总离子流色谱图、质量色谱图、选择离子监测图和质谱图等，其中，质谱图已在第 17 章中介绍，这里不再赘述。

1) 总离子流色谱图

总离子流色谱图是由质谱检测器检测到的总离子流强度随时间的变化曲线。其产生的原理是：经色谱分离流出的组分不断进入质谱，质谱连续扫描并采集数据。每一次扫描得到一张质谱图，将每张质谱图中所有离子强度相加得到一个总离子流强度。以离子强度为纵坐标，时间为横坐标绘制的图即为总离子流色谱图(total ionic chromatogram, TIC)，如图 18-3 所示。

从图 18-3 中可获得用于定量的组分保留时间、谱峰面积或峰高等信息。沿图中质荷比方向(x 轴)将同一色谱流出时间内的离子流强度信号叠加，便得到平面的总离子流色谱图。总离子流色谱图中的每个峰表示某时刻、存在于离子源中某组分以不同质荷比存在的离子流总强度。此时若进行质量扫描，把不同质荷比的离子流分开，便构成了质谱图。若在色谱流出的时间内按一定时间间隔进行质量扫描，便得到总离子流的三维图。

2) 质量色谱图

质量色谱图又称离子碎片色谱图，它是在色谱柱流出时段内，通过质谱自动重复扫描获得多张质谱图，然后将每一质谱图中指定质荷比的离子的强度按扫描序号(即扫描时间)作图所得。由于质量色谱图是在总离子色谱图的基础上提取出一种质量得到的色谱图，所以质量色谱图又称提取离子色谱图。此图也可从总离子流的三维图中以某一质荷

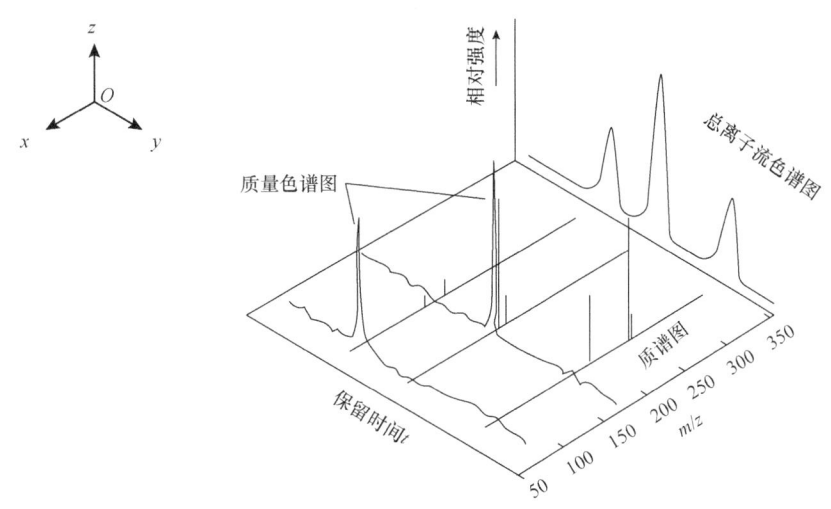

图 18-3　气质联用谱图

比为断面截得,如图 18-3 所示。利用质量色谱图可以从总离子流色谱图中快速寻找化合物或同系物,有利于检查色谱峰的纯度和鉴定化合物。如果总离子流色谱图分离不好,出现峰重叠或背景干扰严重,峰面积计算不准,此时可以用质量色谱图定量。由于质量色谱图是采用一种质量的离子作色谱图,因此定量分析时也要使用同一种离子得到的质量色谱图测定校正因子。

3) 选择离子监测图

选择离子监测图又称质量碎片谱图,是仅对质谱图中预先选定的某个或某几个特征质量峰进行单离子或多离子检测,记录其离子流强度随时间变化所得的质谱图。这是一种与质量色谱法和总离子流色谱法不同的实验方法,它选择检测的是化合物中少数特征离子,且这些离子不受其他质荷比强峰干扰。质谱仪针对这些特征离子反复自动扫描,其检测时间仅分配在少数特征离子上,这显然要比全谱扫描时所获得的检测时间要长,因比质量碎片法的检测灵敏度高,可用于高精度、超微量定量分析,也可以用来检测未分开的色谱峰。例如,大麻中的吗啡、带巴因和可卡因常不易分离,但若对其 m/z 为 285、311、299 的三个分子离子峰质量数进行多离子检测,则可从质量碎片谱图中得到分离。

18.1.3　定性与定量分析

1. 定性分析

一般来说,凡能用气相色谱法进行分析的样品,大部分都能用气质联用技术进行定性及定量分析。分析时,利用质谱数据库,包括一些专用质谱库,如农药标准质谱图、环境污染物标准质谱图和挥发油标准质谱图等,从质谱库检索是定性分析的主要方法,也是一种快速、可靠的方法。在利用计算机质谱库进行检索时应注意:

(1) 谱库中收录的化合物数量有限,有可能谱库中不存在待检化合物,但检索结果也会给出一个结构相近的结果,形成错检。

(2) 由于质谱分析的局限性,对于结构相近的化合物不能区分而形成错检。

(3) 质谱图质量不好或本底噪声影响太大而形成错检。因此,质谱定性分析需要质谱库检索与其他辅助方法相结合。例如,利用色谱保留指数辅助定性;对质谱图进行分析,查看分子离子峰、碎片峰与检索结果有没有矛盾;质谱中有没有杂质峰干扰等。若经核查均无矛盾,且匹配度也比较好,方可认为定性结果比较可靠。当然,化合物定性分析最可靠的方法是用样品与标准物的质谱图进行比较定性。

实际定性分析中,对于样品中痕量目标化合物,例如食品中为某痕量农药定性时,由于农药含量低不易得到高质量质谱图,此时可以采用串联质谱技术,选择目标化合物的几个特征离子(也称定性离子)利用多反应监测扫描。如果得到的质谱图中的特征离子和色谱保留时间与标准样品谱图都匹配,则可认为该目标化合物存在。对于完全未知的化合物进行结构鉴定,情况要复杂得多。例如,要首先确定未知物的分子量,用高分辨质谱仪和串联质谱仪得到未知物的分子或子离子组成式,利用核磁共振研究其结构等,最后还要合成标样验证其结构。

2. 定量分析

气质联用定量分析的主要根据是色谱峰面积和含量的相关性。峰面积大表示组分含量高,反之亦然。气质联用定量分析的基本方法和气相色谱相同,只是在微量组分的定量方面比气相色谱更有优势。其常用的定量分析方法有以下几种:

1) 利用总离子流色谱图定量分析

若色谱分离较好、总离子流色谱图峰间干扰较小,则谱图可以用作定量分析。最常见的定量分析方法是由计算机进行峰面积归一化并给出各组分的峰面积百分数。此值是在假定各组分校正因子相同的条件下计算出来的,由于组分间校正因子差别很大,故峰面积百分数只能算半定量结果。只有用标样求出各组分的校正因子后,才能用归一化法、内标法和外标法进行定量计算。

2) 利用质量色谱图进行定量分析

如果色谱分离不好,总离子流色谱图出现峰重叠现象、色谱背景干扰严重或峰面积计算不准,此时可以用质量色谱图进行定量分析。如图 18-4(a) 中 A、B 二峰重叠而难以定量,此时可以利用质量色谱技术将两重叠峰分开。

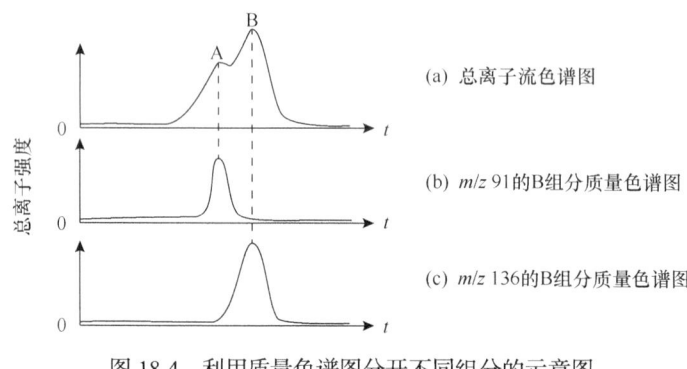

图 18-4　利用质量色谱图分开不同组分的示意图

在 A 组分中选一种 B 组分中没有的特征质量,如 m/z 91,同样在 B 组分中选一种 A

组分中没有的特征质量,如 m/z 136。如果分别用 m/z 91 和 m/z 136 作质量色谱图,就得到图 18-4 (b)和(c)的质量色谱图,以此可以对 A 或者 B 分别进行定量。当然,采用质量色谱图定量时,标样也应该采用同样离子的质量色谱图。质量色谱图法也适用于本底干扰大的情况。实际上,为了消除干扰,在样品采集时利用选择离子扫描方式也可以达到相同的效果。

3) 利用串联质谱技术定量分析

对于非常复杂的体系,如食品中微量的农药残留,若用质量色谱法仍然不能消除干扰,此时可以采用串联质谱技术,如三重四极质谱技术等,同时采用多反应监测扫描方式,则可实现对目标化合物进行三次选择:依靠色谱保留时间进行一次选择,去掉保留时间不同的大部分杂质;依靠一级质谱(MS^1)进行第二次选择,去掉保留时间相近但分子量(或主要碎片峰)不同的杂质;依靠二级质谱(MS^2)进行第三次选择,去掉分子量相同(或所选特征母离子相同)但子离子不同的杂质。可见,利用三重四极质谱的多反应监测扫描方式可消除干扰、提高信噪比,使定量分析的可靠性和灵敏度都大大提高。在消除干扰后,利用内标法或外标法可以对某组分进行定量。目前,气质联用数据系统有专用的定量软件包,使用很方便。

3. 质谱数据的软件算法分析

气质联用技术在分析复杂样品时,由于色谱系统的峰容量有限、小分子的化学多样性以及样品的高度复杂性,共洗脱化合物通常会在色谱图中以重叠峰出现。此时则可以采用类似近红外光谱法的化学计量学方法,即利用算法分析从质谱数据集中建模,之后通过训练校正后的模型完成样品的预测分析。在建模中常用多元曲线解析方法开发方法和工具,如质谱辅助信号解析[1]、XCMS[色谱质谱的各种形式(X)的缩写][2]等。例如,XCMS 方法使用基于连续小波变换的 centWave 算法来进行非线性保留时间校准、匹配过滤、峰检测和峰匹配。在不使用内标物的情况下,该方法动态识别数百种用作标准的内源性代谢物,计算每个样品的非线性保留时间校正曲线。XCMS 方法峰值检测通常需要七个参数,将峰解卷积以解析 GC-MS 数据。这种方法需要花费很多时间来确定合适的参数以获得良好的结果。除 XCMS 外,其他分析 GC-MS 数据的工具和方法也经常需要大量的用户交互来设置分析参数,这势必导致分析结果产生偏差。不过这种情况随着深度学习方法的出现得到了极大的改善。

深度学习方法使用多层架构和反向传播算法从原始数据中学习特定任务的表示,实现了最先进的计算机视觉、自然语言处理和自动语音识别。目前,基于深度学习方法的深度神经网络已经在光谱、色谱和质谱分析中得到了广泛应用,并增强了多元曲线分离的自动化。例如,一种基于伪连体卷积神经网络(pseudo-Siamese convolutional neural network,pSCNN)架构的算法能从复杂 GC-MS 数据中实现重叠峰的自动解析(automatic resolution,AutoRes)[3],如图 18-5 所示。这种算法由两个 pSCNN 模型(pSCNN1 和 pSCNN2)组成,具有统一的架构,但训练集不同。其中,pSCNN1 输入由两个纯化合物的质谱组成的谱对,pSCNN2 输入由一个化合物的质谱和一个混合物的质谱组成的谱对。然后,pSCNN1 和 pSCNN2 可分别用于预测重叠峰中每种化合物的选择性区域和洗脱区域。预测的区域被用作全秩分辨(full rank resolution, FRR)方法的输入, 并且可以容易地实现重叠峰的自动分辨。实际应用中, 该自动解析算法在不同的组分数量、分离度、噪声水平和浓度比下表现出比其他方法更好的重叠峰分辨能力、更高的分辨质谱质量和更好的色谱峰定量能力, 而且还能分辨一些传统方法不能很好分辨的重叠峰。这种自动解析算法由于没有需要设置或优化的参数, 因而比其他算法的自动化程度高, 特别适合批量数据处理。

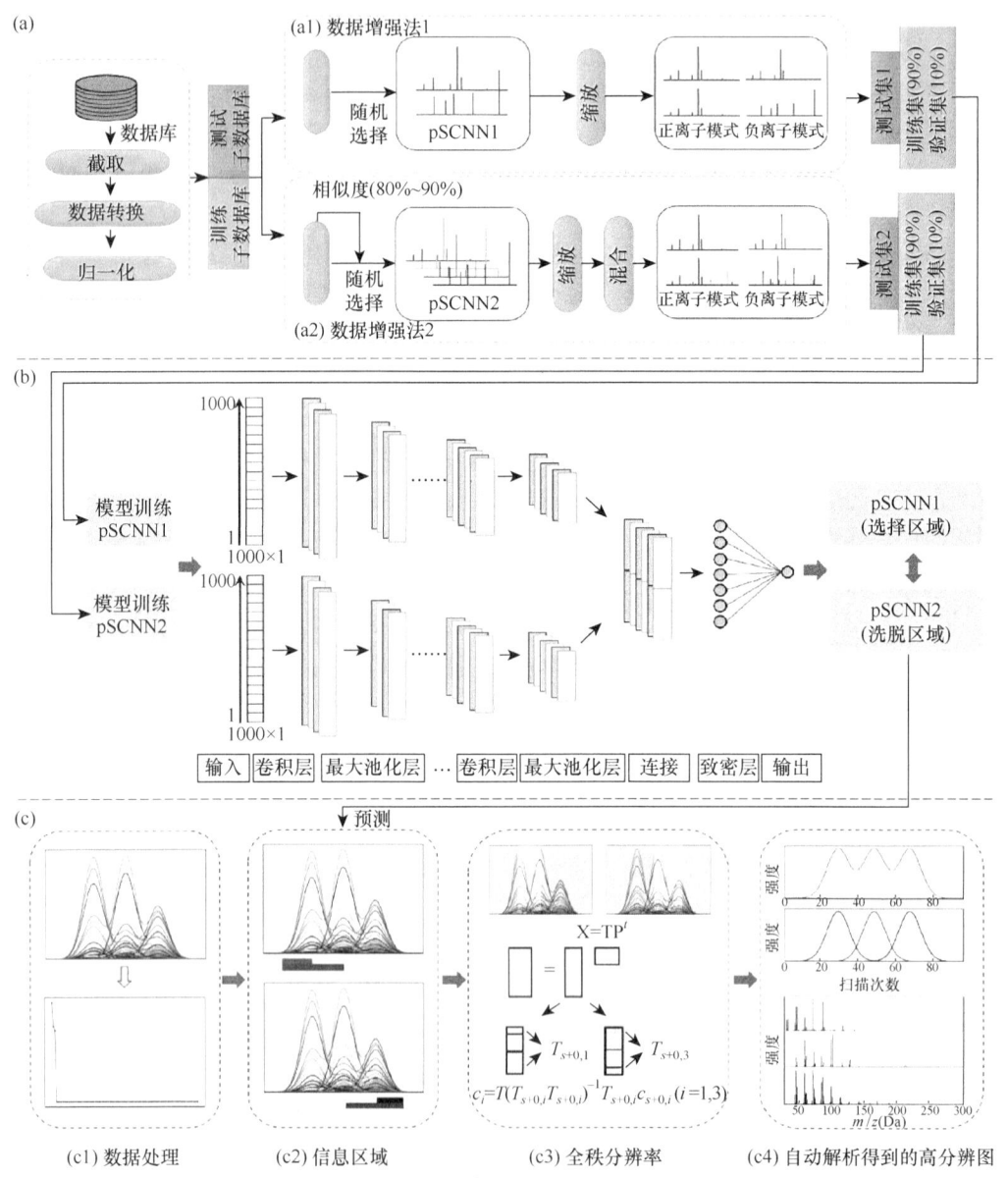

图 18-5 基于伪连体卷积神经网络架构的自动解析复杂 GC-MS 数据重叠峰方法示意图
(a) 数据增强过程; (b) 自动解析中伪连体卷积神经网络的体系结构; (c) 自动解析过程

18.1.4 特点及应用

气质联用技术是分析复杂有机混合物非常好的定性、定量技术,具有分析速度快、灵敏度高,可提供样品的分子量和结构信息等特点,此外,它还具有以下特点:

(1) 分离能力强。试样经色谱分离后直接导入质谱检测,满足了质谱分析对样品单一性的要求,避免了样品制备、转移的烦琐过程,减少了对样品和质谱仪器的污染,对于质谱进样量还能有效控制,极大地提高了对混合物的分离、定性、定量分析效率。

(2) 质谱检测器是一种有选择性的检测器。质谱检测的是离子质量,获得化合物的质谱图,解决了气相色谱定性的局限性。质谱法有广泛的适用性,其多种电离方式可使各种样品分子得到有效的电离,所有离子经质量分析器分离后均可以被检测。质谱的多种扫描方式,可以有选择地只检测所需要的目标化合物的特征离子,而不检测不需要的质量离子,不仅能排除基质和杂质峰的干扰,还能极大地提高检测灵敏度。

(3) 可获得更多信息。单独使用气相色谱只获得保留时间、强度两维信息,单独使用质谱也只获得质荷比和强度两维信息,而气质联用可得到质量、保留时间、强度三维信息。其中,化合物质谱特征及保留时间的双重定性信息的专属性强,有助于分析。

气质联用技术的应用非常广泛,其中,环境分析是其应用最重要的领域。水(地表水、废水、饮用水等)、危害性废弃物、土壤中有机污染物、空气中挥发性有机物、农药残留量等气质联用技术分析方法已被美国国家环境保护局(EPA)及许多国家采用,有的已以法规形式确认,如二噁英等的标准方法就规定用气质联用技术。又如,法医毒品的检定、公安案例的物证、体育运动中兴奋剂的检测等,已形成一系列法定性或公认的标准方法。

18.2 液质联用技术

气质联用技术分析时要求样品必须汽化,因而该技术不宜用于热不稳定和生物大分子化合物(如蛋白质、核酸、聚糖等)及极性小分子的测定。液相色谱法的应用则不受样品沸点的限制,并能对热稳定性差的样品进行分离分析,然而其定性能力弱。因而当它与灵敏度高、定性能力强的质谱联用时,其分析能力显著提高。这种液相色谱-质谱联用的技术(liquid chromatograph-mass spectrometry,LC-MS)简称液质联用,是一种具有色谱和质谱两种技术特点的重要的现代分离分析技术。

18.2.1 仪器组成

液质联用仪的类型较多,不同类型的仪器间的区别主要是质量分析器不同,如三重四极杆液质联用仪、离子阱液质联用仪、静电场轨道阱质谱仪和飞行时间液质联用仪等。这些仪器的主要结构都由液相色谱系统、质谱系统及仪器控制和数据处理系统组成,如图18-6所示。其中,色谱系统和一般的液相色谱仪基本相同,其作用是将混合物样品在进入质谱仪之前进行分离。液相色谱的检测器和质谱仪可同时作为液质联用仪的检测器。

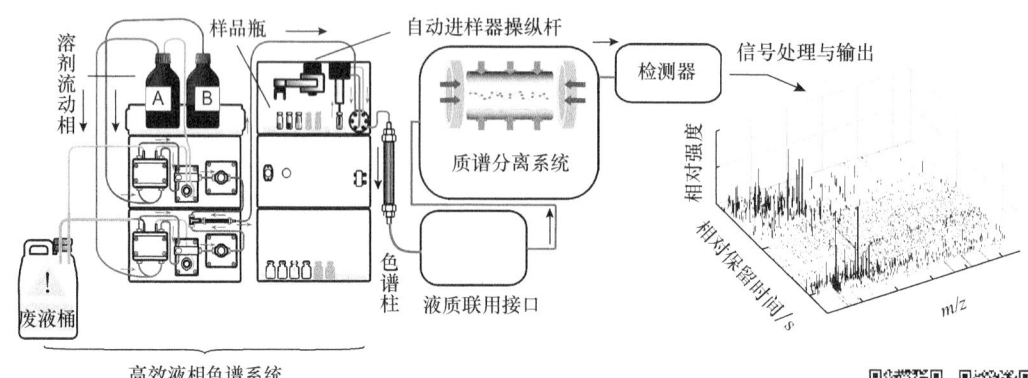

图 18-6　液质联用仪的基本组成及工作原理示意图[4]

液质联用仪的接口装置的主要作用是去除溶剂并使样品离子化。目前，几乎所有的液质联用仪都使用大气压电离源作为接口装置和离子源，少数质谱仪配备的是大气压-基质辅助激光解吸(AP-MADLI)接口方式。大气压电离源接口主要包括大气压化学电离源(APCI) 接口(图 17-6)、电喷雾电离源(ESI)接口(图 17-4)和离子喷雾离子化(ISI)接口三种，并以电喷雾电离源应用最为广泛，这些离子源的共同点是样品的离子化在处于大气压下的离子化室完成，离子化效率高，大大增强了分析的灵敏度和稳定性。

18.2.2　定性与定量分析

1. 定性分析

目前，液质联用的定性分析多采用串联质谱技术，依靠碰撞活化室产生的离子碎片，由第二级质谱(MS^2)得到碎片离子的质谱用于结构鉴定。现在，有的仪器带有子离子质谱库用于子离子谱检索。但由于各仪器实验条件不同，检索结果可信度较差。如果有标准样品，利用液质串联质谱(LC-MS-MS)也可以建立本地质谱库，用于未知子离子谱检索。此时，由于仪器条件相同，其检索结果可信度高。为了得到更多的待测物信息，还可以利用高分辨质谱仪得到待测离子确定的元素组成。因为每种元素都有确定的质量，若能准确测定离子的质量，就可以计算其元素组成，或由数据处理系统给出元素组成。例如，$C_{13}H_{24}$ 和 $C_{12}H_{22}N$ 的精确质量分别为 180.1753u 和 180.11879u，当质谱仪分辨率达到大约 15000 时就可以分开这两个化合物。得到精确质量之后，利用质谱分析软件可以给出各种可能的元素组成。根据元素组成及碰撞诱导解离(CID)子离子谱，可以推测化合物的结构。如果有标准样品，可利用标样质谱图得到未知物更准确的鉴定结果。

2. 定量分析

液质联用技术也可用于定量分析，其定量依据是色谱峰面积与化合物含量的相关性，具体定量方法与液相色谱法类似。但由于液相色谱峰可能包含几个组分，因此液质联用定量分析一般不用总离子色谱图，而是采用与待测组分相对应的特征离子得到的提取离子色谱图，或采集时应用选择离子扫描方式，此时，不相关的组分不出峰，这样可以减少组分间的干扰。然后通过求待测组分峰面积和校正因子，可利用内标法和外标法定量分析。具体分析方法与液相色谱法相同。对于十分复杂的体系，如血液、食品、药物等，即便用提取离子色谱图仍然有保留时间相同、提取离子也相同的干扰组分存在。为了消除干扰，此时液质串联质谱需要采用多反应监测扫描方式。

18.2.3 特点及应用

液质联用技术的优点主要有：

(1) 与气质联用技术相比，其应用不再局限于分析挥发性好和热稳定性强的组分。液相色谱可直接分离难挥发、大分子、强极性及热稳定性差的化合物，且样品前处理简单，一般不要求水解或衍生化处理，可以直接用于分离测定。

(2) 流动相具有更多的选择，提高了分析的效果。

(3) 专属性强、灵敏度高。由于液相色谱的二极管阵列检测器为非破坏性检测器，因此液相色谱图中各组分先由二极管阵列检测器采集紫外光谱图，再由质谱仪采集质谱图，经两种谱图的双重鉴别，可大大提高样品辨识的准确性。

(4) 可对复杂样品实时分析。即使在液相色谱难分离的情况下，只要通过串联质谱对目标化合物进行中性碎片扫描，则可发现混合物中的目标化合物，显著提高信噪比。

液质联用技术的不足主要是其样品通量有限，尤其是在较小的临床实验室里每天都要检测大量样本，如睾酮、皮质醇等。另外，实验中产生的有害溶剂也需要谨慎处理。

在应用方面，目前液质联用技术已在生命科学、环境科学和药学等领域得到了广泛应用。例如，药物代谢物与原药常有相似的分子结构，很多分析方法都难以对其进行有效的分离和鉴定。而液质联用技术可根据药物代谢物与原药常有相似的质谱特征碎片离子而对其进行识别，并结合其他碎片可对其结构进行合理推断。液质联用还是法医实验室的常用技术，用于鉴定生物和化学基质中的各种非法药物、作为痕迹证据的纤维中的染料以及特定犯罪现场的火灾碎片。在环境科学中，液质联用技术可用于识别和定量饮用水、废水和土壤中的化合物。例如，与常见的柱后衍生化和荧光检测方法相比，氯基甲酸酯类农药可以通过大气压化学电离液质联用技术进行检测，通过该技术，基质中的单个化学成分可以通过提取的离子色谱上的相应峰进行检测，无须衍生化。

18.3 电感耦合等离子体质谱技术

电感耦合等离子体质谱技术(inductively coupled plasma mass spectrometry，ICP-MS)以高温等离子体为离子源将试样溶液中的被测元素原子电离成离子，再经质谱仪分离和检测得到元素质谱，并可进行元素定性和定量分析。

18.3.1 仪器组成

电感耦合等离子体质谱仪的主要结构如图18-7所示。

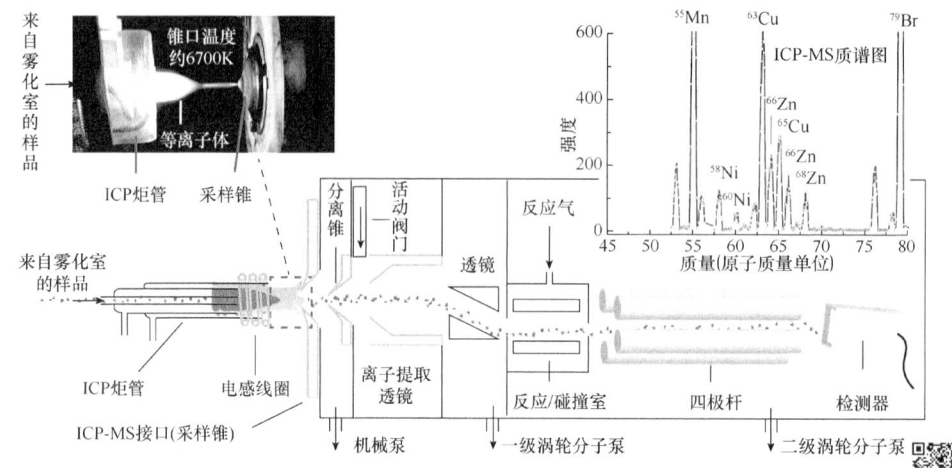

图 18-7 电感耦合等离子体质谱仪组成示意图

电感耦合等离子体光源系统及质谱仪的主要结构在前面的章节中都有介绍，此处不再重复。需要说明的是，电感耦合等离子体在大气压下工作，质量分析器在真空下工作。为了使电感耦合等离子体产生的离子进入质量分析器而不破坏真空，在这两者之间有一个用于离子引入的接口装置。该装置由两个锥体组成，靠近火焰的称为采样锥，靠近分析器的称为分离锥。通过分离锥后，依靠离子透镜将离子和中性粒子分开，样品离子经聚焦后进入质量分析器。

18.3.2 定性与定量分析

电感耦合等离子体质谱技术是一种快速且可靠的元素定性方法。在分析前，需要用多元素标样对仪器进行整体调谐。定性分析时，质谱扫描能在很短时间内获得全质量范围或所选择质量范围内的元素质谱信息。依据谱图上出现的质谱峰可以判断存在的元素。该技术的定量分析方法是在一定条件下测定已知浓度的多元素标样，可得标样中各元素离子的计数。再在同样条件下测定待测样品，得到未知元素计数。质谱软件可以自动计算出未知样品中待测元素的含量。但由于此方法没有考虑各种干扰因素，误差较大，因此是半定量分析。这些干扰因素包括质谱干扰和非质谱干扰。质谱干扰有同量异位素干扰(如 ^{50}V、^{50}Ti、^{50}Cr 质量相同，不能分开)，可通过选用无干扰同位素进行分析。多原子离子干扰(如 N_2 干扰 Si^+、O_2^+ 干扰 S^+ 等)、氧化物干扰和双电荷干扰，可以选无干扰离子或利用碰撞反应池技术消除。非质谱干扰主要是基体干扰，可以采用稀释样品、控制基体量或采用标准加入法等办法消除。在消除各种干扰因素后，常用标准曲线法、标准加入法和内标法来进行比较准确的定量分析。

18.3.3 特点及应用

电感耦合等离子体质谱技术的优点主要有：
(1) 样品制备简单，分析通量高(每小时约 40 份样品)，可以多元素同时快速测定。
(2) 线性范围宽。一次测量线性范围能覆盖 9 个数量级，适合于元素定量分析。

(3) 检测限低。许多元素检测限为 0.01~0.1μg/L，如果配合使用氢化物发生器，可进一步提高分析检出限。

(4) 谱线简单干扰少，可以进行同位素分析。

(5) 分析元素范围广。可分析包括碱金属、碱土金属、过渡金属和其他金属类金属、稀土元素、大部分卤素和一些非金属元素。

(6) 可扩展性强。与色谱联用可用于元素形态分析，有利于拓宽其应用领域。

电感耦合等离子体质谱技术的不足主要是仪器价格昂贵。

电感耦合等离子体质谱技术通常用于环境、食品、生命、法医学、材料、化学、半导体和核工业等许多不同的研究领域。例如，在环境分析领域，电感耦合等离子体质谱技术可以测定空气、水和复杂的植物和动物基质等环境样品中的金属和大多数非金属。在工业中，电感耦合等离子体质谱技术在获取关于漏油、污泥、工业排放和固体废物研究的宝贵信息方面有着巨大的用途。电感耦合等离子体质谱也是一种用于生产操作和人类消费中的水的痕量金属污染监测的推荐技术；在食品安全领域，电感耦合等离子体质谱技术不仅能够有效地检测食品和接触性包装材料中多种金属元素的含量，而且当其与液相色谱技术联用后，还可以有效地分离某些特定元素存在的不同价态和形态，用于食品质量安全领域中的重金属残留分析，重金属形态分析；在地矿地质领域，激光烧蚀电感耦合等离子体质谱技术可用于对岩石、土壤、矿物、水、冰川和其他陆外岩石等样品的元素分析，为开发自然资源储藏的潜力及其消费和提炼的可行性提供参考。而对同位素比率的研究可对地质和气候老化研究提供参考；在导体器件制造领域，电感耦合等离子体质谱技术可用于半导体器件制备所需的各种材料的超痕量杂质的分析；在临床毒理学研究领域，可以使用电感耦合等离子体质谱技术检测内脏中的重金属，如检测汞、镉、铅等的含量以判断是否有中毒的情况，也可以用于临床研究中研究体液如血液、尿液等中微量金属的含量；在核能领域，当电感耦合等离子体质谱技术与液相色谱技术联用后，可以确定不同物种的同位素比率，如轴、钍和核裂变反应产生的其他放射性物种。这使得电感耦合等离子体质谱技术成为控制放射性副产品废物和监测反应堆燃料燃烧的一个有价值的工具。

18.4　生物质谱法简介

生物质谱法(biological mass spectrometry，Bio-MS)是一种主要用于分析鉴定蛋白质、核酸等生物大分子的质谱法。与普通质谱法一样，生物质谱法也是通过测定样品离子的质荷比来进行生物分子的成分和结构分析。生物质谱法的出现解决了传统的蛋白质鉴定方法，如免疫学或末端测序等无法满足蛋白质组学研究中准确、快速和大规模的难题，成为蛋白质组学研究的重要工具。

18.4.1　基本理论

1. 碎片离子种类

多肽骨架中存在 C—C、C—N、N—C$_\alpha$ 三种不同的键，多种形式的活化方式将导致肽键在不同位置解离，由此产生丰富的离子片段信息(图 18-8)。若碎片离子电荷保留在 N 端，则得到 a、b、c 离子；若电荷保留在 C 端，则得到 x、y、z 离子。其中，采用电子分离解离、亚稳原子诱导解离方式产生 a、x 离子。采用碰撞活化解离、红外多光子解离方式产生 b、y 离子。而采用电子捕获解离和电子转移解离方式主要产生 c、z 离子，有时还有 a、y 离子。

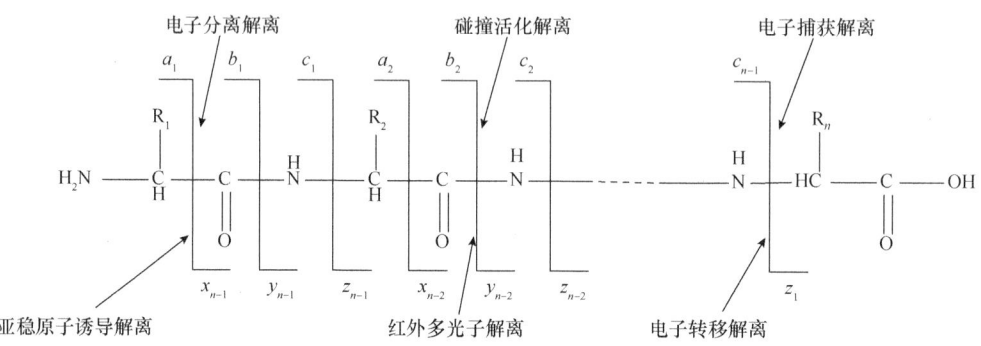

图 18-8 多肽骨架不同的断裂方式

2. 碎片离子产生模式

蛋白质/肽键解离产生碎片离子的模式有源后断裂(post source decay，PSD)、碰撞诱导解离(collision induced dissociation，CID)、电子捕获解离和电子转移解离等。这些模式为生物大分子的鉴定及结构测定提供了重要信息。

1) 源后断裂

质谱离子源中，由软电离源所产生的绝大多数离子热力学能很小。例如，由基质辅助激光解吸离子源(软电离源)产生的绝大多数离子的热力学能很小，可以稳定飞行到达检测器，只有少部分具有较高内能的离子在无场飞行区内可以发生自身断裂，形成更小的碎片离子或中性碎片。母离子的初始动能一般为 20keV，而键能只有大约 10eV。母离子在飞行过程中若发生裂解，产生的新离子仍然以母离子速度飞行，因此在直线形飞行管中观测不到新生成的离子。但因为新生成的离子与其母离子动能不同，所以如果采用带有反射器的飞行管就可以将它们分开。源后断裂就是用于反射式飞行时间质谱的一种碎片产生模式。这种模式无需额外硬件设备，就可以得到丰富的大分子碎片信息。在离子的产生过程中，由于分子离子获得了足够的能量，在飞向反射场的过程中发生断裂，从而释放出多余的能量。断裂所产生的碎片离子进入反射场中，质量大的离子具有较高的动能，因此可以进入反射场较深的位置，而质量小的离子，由于动能较小，进入反射场较浅的位置。碎片离子具有相同的速度，但因质量不同具有不同动能，从而导致在反射场中的行为不一样。因此，可以根据离子动能不一致导致的最终飞向检测器时间的不同来检测碎片离子。

2) 碰撞诱导解离

这种解离的工作原理(图 18-9)是通过静电场将目标离子加速后，母离子进入碰撞池与中性分子(如氦气、氩气或氮气)发生碰撞。部分母离子被活化形成激发态分子，随后发生断裂形成离子碎片、激发态碎片或中性碎片。离子碎片直接被质量分析器检测,激发态碎片进一步发生断裂又形成上述三种碎片,而中性碎片由于不带电无法产生信号。母离子在与碰撞气体分子碰撞的过程中产生的内能可以在各个化学键直接传递,因此断裂总是发生在较弱的化学键上。裂解产生的碎片离子通常被用来判断化合物的结构信息或生物大分子如肽段的序列信息。

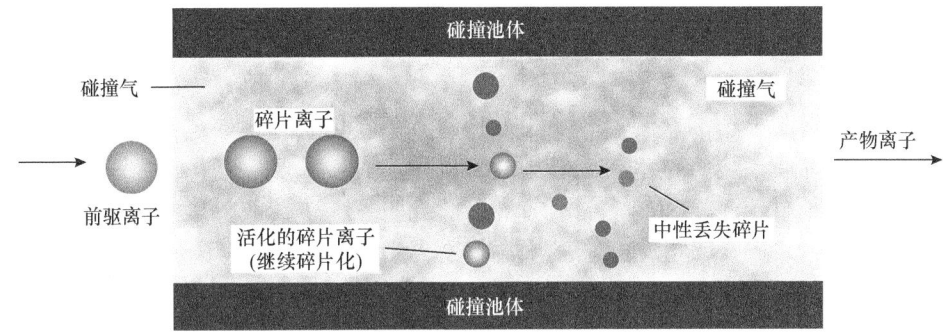

图 18-9　碰撞诱导解离原理示意图

碰撞诱导解离模式较为简单且易于操作,但该种模式产生的碎片离子复杂。尤其是在液相色谱质谱联用中,由于溶剂干扰及样品分离不彻底,碰撞诱导解离产生的谱图常是多个分子离子的碎片谱图,不利于解谱。因此,常用串联质谱的碰撞活化解离(collision activated dissociation,CAD)模式来检测碎片离子。碰撞活化解离与碰撞诱导解离原理相同,不同的是碰撞活化解离采用串联质谱来实现分子离子的碎片化。

3) 电子捕获解离

电子捕获解离是串联质谱中离子裂解的一种方式,它是气相离子捕获到低能电子后而发生的裂解。这种裂解一般是通过低能量的自由电子与质子化的多电荷蛋白质或肽离子在相互作用过程中由于放热而瞬间产生碎裂,主要产生由 N—C 键断裂形成的 c 和 z 类型碎片离子,也能优先断裂 S—S 键,在较高电子能量条件下还可以区分亮氨酸和异亮氨酸,并且在断裂过程中能完整保留蛋白质分子的修饰位点。电子捕获解离的裂解过程:

多电荷正离子蛋白质或肽段 $[M+nH]^{n+}$ ($n \geqslant 1$) 的电子捕获解离

$$[M+nH]^{n+} + e^-(<1eV) \longrightarrow [M+nH]^{(n-1)\cdot+} \longrightarrow c\text{型及}z\text{型碎片离子} \quad (18-1)$$

多电荷负离子蛋白质或肽段 $[M-nH]^{n+}$ ($n \geqslant 1$) 的电子捕获解离

$$[M-nH]^{n-} + e^-(3.5\sim6.5eV) \longrightarrow [M-nH]^{(n+1)\cdot-} \longrightarrow c\text{型及}z\text{型碎片离子} \quad (18-2)$$

与碰撞诱导解离相比,电子捕获解离技术由于断裂效率较低,因此所产生的碎片信号强度远低于母离子强度。但电子捕获解离与碰撞活化解离等传统解离方式能形成较为理想的互补,多种解离模式的联合使用可提供更广泛的多肽覆盖率序列信息,提高蛋白测序的效率与准确度。但由于电子难以存在于离子阱等类型质量分析器中,因此电子捕获解离只能用在傅里叶变换离子回旋共振质谱仪中。仪器的高昂价格和运行维护的高要求也限制了电子捕获解离技术的广泛应用。

4) 电子转移解离

这种解离也是串联质谱中离子裂解的一种方式，主要产生由 N—C$_\alpha$ 键断裂形成的 c 和 z 类型碎片离子。电子转移解离的机理是：通过将一个电子从活泼的阴离子 $A^{-\cdot}$ 基团上转移到带正电荷的肽段 $[M+nH]^{n+}$ ($n \geqslant 1$) 上，诱发肽段主链发生类似于电子捕获解离中的 α-C—N 键的断裂，如式(18-3)所示，产生互补性的 c 和 z 离子，而不是碰撞诱导解离中观察到的 b 和 y 离子。

$$[M+nH]^{n+} + A^{-\cdot} \longrightarrow [M+nH]^{(n-1)+\cdot} + A \longrightarrow c\text{型及}z\text{型碎片离子}+A \quad (18-3)$$

电子转移解离与电子捕获解离类似，都是研究糖基化肽的序列及糖基化组装位点定位的非常有用的质谱分析技术，也能与碰撞诱导解离技术形成互补。由于电子转移解离技术中减少了电子激发和传输的环节，因此克服了电子捕获解离技术中热电子传递和转移时间长的缺点，其分析的时间与碰撞诱导解离类似，只有几十毫秒。因此，包括多个裂解模式的反应步骤可以整合到单独的二级质谱或者多级质谱仪中。电子转移解离技术使用四极杆离子阱作为离子捕集和检测设备。若使用线形离子阱质谱作为离子捕集和检测设备，将提供更多传统碰撞诱导解离技术无法得到的肽结构信息，从而进一步提高线形离子阱质谱对蛋白质/肽结构确认、翻译后修饰以及蛋白质自上而下测序分析能力，解决当今许多重要和未解决的生物学问题，完成复杂蛋白质的有效分析和鉴定。

18.4.2 仪器组成

生物质谱法是质谱法的一种，因此其原理和使用的仪器与质谱法相同，只是为了适应生物样品分析，其对离子源和质量分析器有不同的要求。例如，电离源要求为基质辅助激光解吸电离源和电喷雾电离源等软电离源，质量分析器要求有高的灵敏度、分辨率、质量准确度和生成含大量信息的碎片离子谱图的能力，如离子阱、飞行时间、四极杆和傅里叶变换离子回旋共振等质量分析器。而这些质量分析器与离子源的组合，如基质辅助激光解吸电离源与四极杆联用、基质辅助激光解吸电离源与四极杆飞行时间质量分析器联用(MALDI-Q-TOF)及电喷雾-四极杆飞行时间串联质谱法(ESI-Q-TOF)等都是现代生物质谱法中常用的技术和方法，由此也形成了内容丰富的现代生物质谱法。

18.4.3 特点及应用

相比于生物分子的其他分析方法，生物质谱法具有快速、灵敏、专一的优点，应用于如肽、蛋白质、核酸等生物大分子检测、医学检测、药物成分分析等常规质谱无法胜任的领域。生物质谱技术不仅为生命科学研究提供了新方法，同时促进了质谱技术的发展，它如今已经无可争议地成为蛋白质组学中分析与鉴定肽和蛋白质的最重要手段。

1. 蛋白质的鉴定

目前，基于生物质谱的鉴定方法主要有肽质量指纹图谱、肽段的二级质谱、串联质谱的肽序列标签以及肽段的从头测序(De Novo sequencing)。

1) 肽质量指纹图谱分析

肽质量指纹图谱分析也称蛋白质指纹图谱，是一种高通量蛋白质鉴定技术，用于鉴定蛋白质。未知蛋白质用内切蛋白酶消化以产生小肽，再由质谱分析确定这些肽的准确质量，并获得未知蛋白质的肽峰列表及肽片段混合物的质谱图。该谱图用于对单个、纯化后的肽或蛋白进行成分分析，并测定它们的一级结构、蛋白修饰和鉴别遗传差异等。由于每种蛋白质的氨基酸序列(一级结构)都不相同，因此蛋白质在被酶水解后产生的肽片段序列也各不相同，其肽片段混合物的质量数也具有特征性，其质谱图也因此称为肽质量指纹图谱。

肽质量指纹图谱分析流程是：

(1) 纯化蛋白或 DNA 样品。

(2) 用酶或化学的方法切解蛋白或 DNA。

(3) 用质谱分析切解后的产物，并对得到的肽片段混合物的分子量进行测定，得到一系列肽片段 m/z 值。

(4) 用质谱数据对数据库中的蛋白质序列采用特异的蛋白酶进行"理论酶解"，从而得到"理论肽谱"，并将之与实验所得肽谱数据进行匹配，然后用一定的数学算法对匹配结果进行评价和排序，最后确定所测的蛋白质。

肽质量指纹图谱利用肽质量而不是蛋白质测序进行蛋白质鉴定，是一级质谱鉴定蛋白质的经典方法，具有简单快速的优点。但这种方法也存在明显的不足，如：①该方法要求目标数据库中必须存在感兴趣的蛋白质序列；②适合单一蛋白质分析，对混合蛋白质的分析难度较大；③质量相近的肽会大大增加匹配的难度。

肽质量指纹图谱已应用于酵母、大肠杆菌、人心肌等多种蛋白质组研究。测定肽混合物质量数最有效的质谱仪是基质辅助激光解吸飞行时间质谱仪。该仪器采用了离子反射器和延迟提取技术，其分析的质量误差为 10~30ppm。而且与之相应的样品制备、肽质量指纹图谱分析和数据库搜索已经实现了高度自动化。

2) 肽段的二级质谱分析

由肽段得到的一级图谱对应肽段母离子，反映肽段的丰度信息，但未能提供肽段序列信息。仅靠肽质量指纹图谱并不能完全确定蛋白质分子，这是因为两种蛋白质有可能具有相同某一片段的肽质量数，即某一肽片段的氨基酸组成为多个蛋白所共有，不同的仅仅是这些氨基酸排列时序列的差异，这一差异可用肽段的二级质谱来解决。肽段的二级质谱是在一级质谱得到的肽质量指纹图谱基础上选择部分肽段做进一步的断裂。这种断裂发生在酰胺键处(图 18-9)，产生 a、b、c 型和 x、y、z 型系列离子，其中，b/y 离子在质谱图中较为常见，丰度较高。根据完整或互补 b/y 系列相邻离子的质量差，即为氨基酸残基质量，可以推算出氨基酸组成的序列，再结合肽质量指纹图谱的结果，从而实现对蛋白质的鉴定。

3) 肽序列标签

肽质量指纹图谱只有在得到 4 个或 5 个以上的肽段质量并且数据库中存在这种蛋白时才能得到成功鉴定，因此对那些蛋白质点用肽质量指纹图谱法得不到可靠的鉴定结果，这时就需要用肽序列标签。肽序列标签是通过串联质谱获得的一条关于肽的信息，它可用于从蛋白质数据库中的肽片段谱中搜索明显的序列标签，再从片段谱推导出的一小段氨基酸质量差异从而鉴定该肽。肽序列标签的优点是数据库搜索专一性更高，得到的肽段的分子量和序列信息搜索结果更可靠。

4) 肽段的从头测序

这种分析又称为全新蛋白测序，它是在没有序列数据库帮助的情况下，从串联质谱中推导出肽的氨基酸序列的分析过程。这种方法与另一种流行的肽识别方法——"数据库搜索"形成对比，后者在给定的数据库中搜索以找到目标肽。从头测序的一个明显优势是它既适用于数据库，也适用于新型肽。从头测序的主要思想是利用两个片段离子之间的质量差异来计算肽主链上一个氨基酸残基的质量。质量通常可以特征性地识别残留物。例如，图 18-10 中 y_7 和 y_6 离子的质量差等于 129，这是残基 E 的质量。类似地，y_6 和 y_5 之间的下一个相邻残基可以通过质量差确定为 L。这样的过程可以继续，直到所有的残留物都被确定。因此，如果可以在光谱中识别 y 离子或 b 离子系列，就可以确定肽序列。然而，从质谱仪器获得的光谱并不能说明峰的离子类型，这需要人类专家或计算机算法在从头测序过程中进行计算。但人工从头测序非常耗时，而可靠的自动从头测序解决方案效率高，降低了人工成本。自动化从头测序已经在生物信息学社区中进行了广泛的研究，并且已经开发了多种算法。虽然计算机算法使用的基本原理与手动从头测序相同，但计算机算法通常与手动分析有截然不同的计算程序。

从头测序的分析流程如图 18-11 所示，具体步骤是：

(1) 使用蛋白酶对分离纯化后的蛋白质样品进行酶切，将蛋白质剪切成一定大小的多肽片段。酶切时可以分别选用多种蛋白酶，以确保蛋白质的全序列可以被鉴定分析。

(2) 使用高效液相色谱对肽段酶切产物进行分离纯化，以便于质谱分析。

(3) 选用质谱软电离源使肽段带上一定量的电荷进入质谱仪，实现一级质谱对肽段离子的筛选。

(4) 经过一级质谱筛选后的肽段分子被导入碰撞室与其中的惰性气体碰撞，诱导肽段共价键断裂产生子离子。子离子再由二级质谱(MS^2)分析肽段序列。

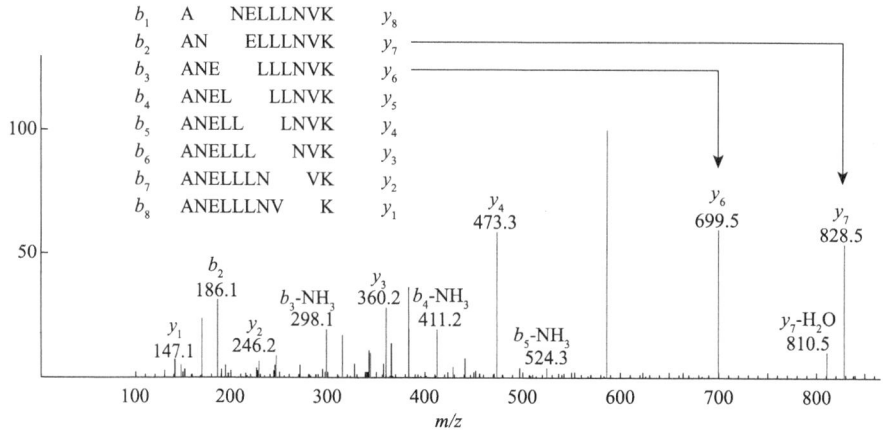

图 18-10　由串联质谱得到的肽段碎片离子质谱图

(5) 借助特定软件对各个肽段的二级质谱峰进行从头序列分析，再对肽段序列拼接获得蛋白质全长序列。

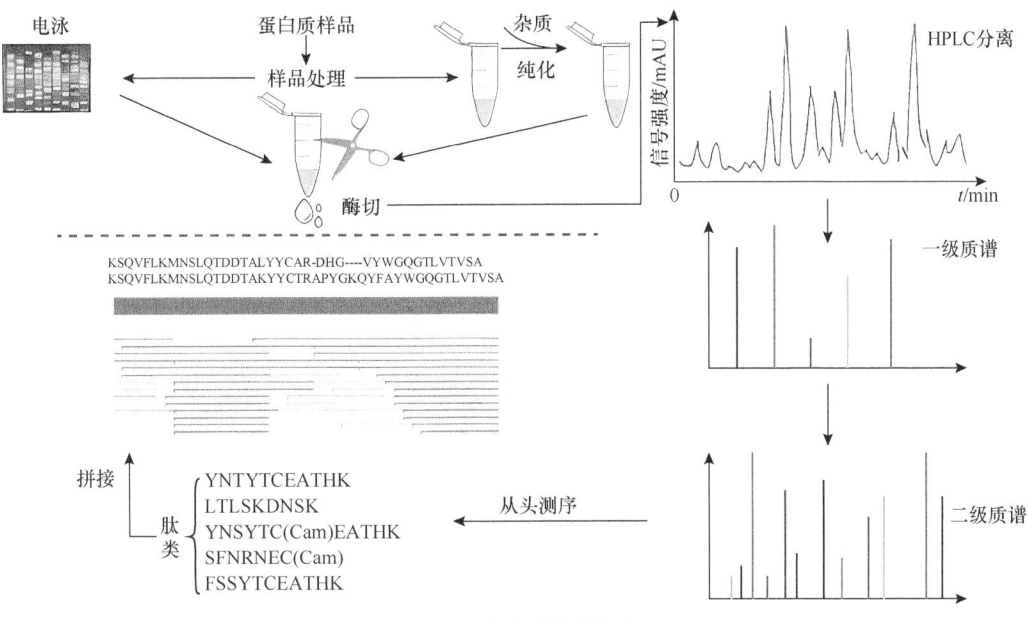

图 18-11　从头测序分析流程

2. 蛋白质的翻译后修饰（加工）

翻译后修饰(post translational modification，PTM)是蛋白质被核糖体翻译后发生在蛋白质一个或多个氨基酸上的生化修饰。这些修饰包括磷酸化、糖基化、泛素化、亚硝基化、甲基化、乙酰化、脂质化和蛋白水解等。其中，可逆的蛋白质磷酸化主要发生在丝氨酸、苏氨酸或酪氨酸残基上，是目前研究得最深入的翻译后修饰之一。翻译后修饰主要发生在真核生物蛋白质中，调节其在细胞中的功能活动以及与其他细胞分子的相互作用，它几乎影响正常细胞生物学和发病机制的所有方面，因此识别和理解翻译后修饰在细胞生物学和疾病治疗和预防研究中至关重要。翻译后修饰常用的检测方法之一是串联质谱法。例如，用于确定磷酸化肽中磷酸化位点有两种原理不同的质谱方法：第一种方法取决于磷酸酯键的化学稳定性。在电喷雾离子源质谱仪的碰撞室或离子源中，或在 MALDI-MS 的源后断裂过程中，磷酸化肽可通过磷酸酯键断裂产生的碎片离子鉴定；第二种方法基于肽段增加的磷酸酯基团的质量数，若蛋白是已知的，可通过质量数来确定肽段上的磷酸基团修饰。

18.5　其他质谱应用技术简介

18.5.1　化学交联质谱

结构生物学作为一种阐释生物大分子三维结构的技术，其主要分析手段是冷冻电镜技术。

但由于冷冻电镜与晶体学方法无法看清楚蛋白质的柔性区域的结构，因而无法对蛋白质复合体进行建模。这些问题促进了质谱技术作为表征手段在结构生物学中的发展。

化学交联结合质谱分析的化学交联质谱(chemical crosslinking coupled with mass spectrometry，CXMS)利用交联剂将蛋白质或蛋白质复合体中两个空间距离足够接近的氨基酸通过共价键连接起来，通过酶切成肽段后再用质谱鉴定出交联位点，从而获取低分辨度的蛋白结构信息，帮助推断蛋白质在三维空间的折叠状态以及蛋白-蛋白相互作用的大致区域或检测蛋白质复合物的组成。化学交联质谱的分析流程如图18-12所示。

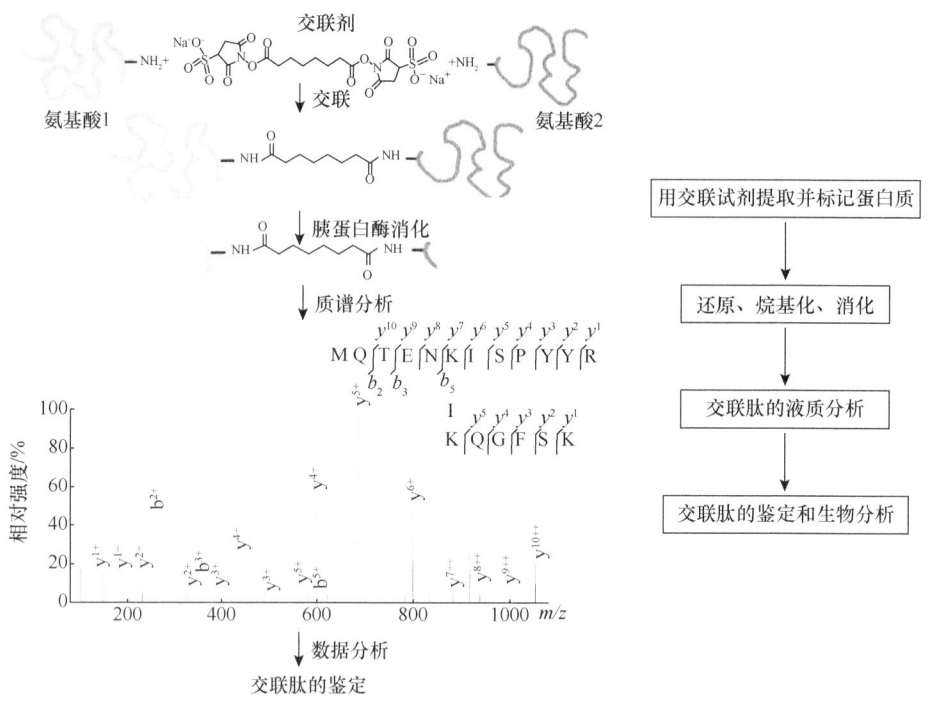

图18-12 化学交联质谱的分析流程示意图

化学交联质谱是一种对结构生物学技术的有益补充，它与冷冻电镜和X射线晶体学等的结合可获取完整的蛋白质结构信息。该技术优点突出，如：①能高通量地进行多种蛋白质的结构和相互作用分析，分析速度比传统分析方法速度快、所得信息量丰富；②通过交联剂的共价交联作用，可以固定原本不稳定的蛋白质结构，因而可以研究一大类容易解离、结构松散的蛋白质复合物；③相对于核磁共振、X射线晶体衍射等技术，交联质谱技术灵敏度高、对蛋白质性状要求低、样品绝对用量小；④可以进行体内交联，有助于研究体内蛋白质结构和相互作用；⑤由于交联后的蛋白质先经过酶切之后才进行质谱分析，所以不受蛋白质本身的长度影响；⑥使用不同臂长、不同反应基团的交联剂可以得到更多的蛋白质空间结构和相互作用信息。

化学交联质谱的不足是其提供的结构信息分辨率较低，技术的难点在于实验及数据分析，实验部分的难点在于交联(用化学交联剂固定蛋白质的相互作用区域)与质谱鉴定。常用的交联剂是氨基反应的琥珀酰亚胺酯类[5]，它们主要与K上的侧链氨基或蛋白的N

端氨基进行交联反应。其次还有一些特色交联剂，如含有亲和基团的交联剂、在二级谱图中产生特殊碎裂信号的交联剂及同位素交联剂等。而由于交联后的多肽丰度低、交联形式复杂等问题，质谱鉴定也存在困难。另外，由于通过化学交联方式制备的样品含有比非交联蛋白的消化物多得多的独特化学物种，潜在的交联肽的数量随着序列长度的增加而呈 4 倍增长。尽管如此，交联质谱法依然是一个帮助开发蛋白质-蛋白质相互作用的结构模型的有用工具[6]。

18.5.2 氢氘交换质谱

蛋白质主链酰胺上的氢不稳定。当蛋白质溶解在氘化缓冲溶液中静置一段时间(即孵育)，蛋白质上这些不稳定氢与氘化缓冲液中的氘发生交换，此即蛋白质的氘标记。氢氘交换后的蛋白引入质谱仪进行分析并鉴定的方法称为氢氘交换质谱(hydrogen deuterium exchange mass spectrometry，HDXMS)，其分析流程如图 18-13 所示。所有的氢氘交换质谱实验需要在质谱分析前进行蛋白质的氘标记。最常用的标记方法是持续标记，即将处于稳定状态的蛋白质在不同时间段内在氘缓冲液中连续孵育，并将氢氘交换过程作为时间的函数进行测量。用以测量的时间段可以从几秒到几小时或几天。标记后，将实验温度降至 0℃并将反应的 pH 降至 2.5 以猝灭样品。

氢氘交换质谱的实验策略有自下而上(bottom-up)或完整/自上而下(top-down)两种。自下而上的策略是将完整的蛋白质或多肽酶解消化成小分子肽段后再进行质谱分析，是较传统的质谱技术。自下而上的策略综合数据中的序列信息来判断样本的原始蛋白组成、获取肽段序列信息、得到蛋白翻译后修饰和亚基之间的化学计量学信息。自下而上策略的主要优势在于该策略直接对完整的蛋白质或多肽分子进行上机检测，最大限度地保留了蛋白质或多肽的原有结构、相关修饰和不稳定结构等，可以捕获更准确、更丰富和更完整的蛋白质或多肽的分子生物学信息。

自上而下的策略是将氢氘交换后的蛋白质直接引入质谱仪分析，可以无需对蛋白质

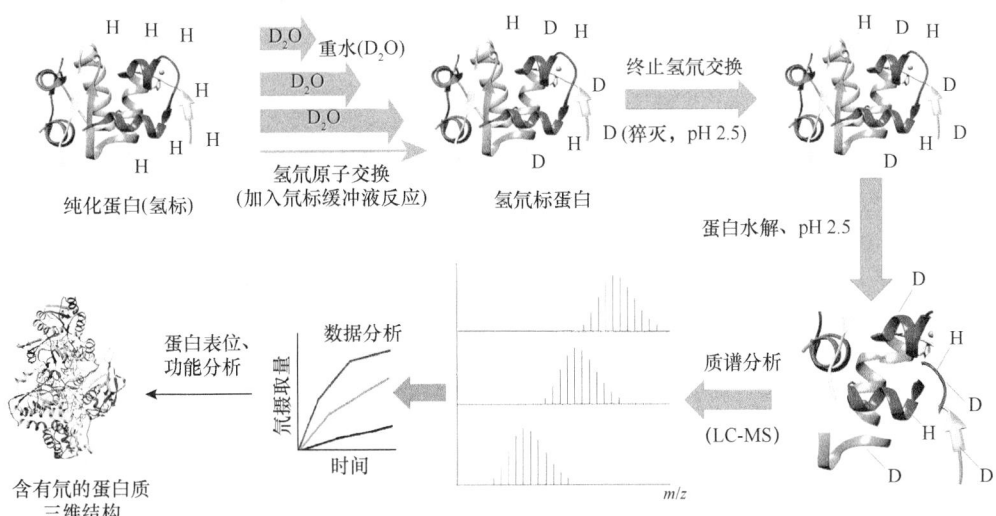

图 18-13 氢氘交换质谱的分析流程示意图

进行酶解。该策略的主要优势在于能够确认蛋白翻译后修饰的组合形式，以及鉴定降解产物和序列变异体。这些信息有助于寻找亚型和潜在的蛋白质变体。对单个蛋白来说，自上而下的策略能够鉴定蛋白质和表征蛋白翻译后修饰。对蛋白质复合物来说，这种策略能够发现蛋白质复合物及其自上而下的策略的组合形式。

需要注意的是，无论采取何种策略，氢与氘原子的回交会对实验结果的精准性造成很大的影响，因此避免氢氘原子回交至关重要。目前控制氢氘原子回交主要通过缩短液质分析时间以及把温度和pH始终控制在最低回交反应系数的范围内来实现。

氢氘交换质谱是一项研究蛋白质空间构象的强大技术，其优点突出，如：①可以直接研究溶液中蛋白质天然空间构象，因此蛋白质不需要结晶；②样品用量少(约500～1000 pmol)、样品纯度要求相对较低，适合于研究难以纯化的蛋白质；③可以揭示动态变化中的蛋白活性位点和空间表位。例如，氢氘交换反应的速率反映了蛋白质中用于交换的氢数量，可用于推断有关蛋白质结构和构象的信息。而质谱法可用于测量氘摄取的速率。由于位于蛋白表面的多肽比位于蛋白内部的多肽更容易发生氢氘原子交换，因而可以通过质谱分析来获取关于蛋白质结构随小分子结合而变化的信息、蛋白质与蛋白质或蛋白质与配基相互作用的位点、变构效应、内在无序以及由翻译后修饰引起的构象变化的信息、蛋白质折叠信息或关于没有结晶或不适合其他结构生物学分析的蛋白质结构信息等。

【挑战性问题】

质谱技术在犯罪实验室，尤其是那些与气相色谱或液相色谱相结合的实验室中非常普遍。这些技术被认为是法医分析的"黄金标准"分析技术，并已被广泛用于制作起诉证据数据。图18-14为从窗框内侧获取的指纹痕迹所含有的可卡因光学图及基质辅助激光解吸附电离-质谱成像技术分析谱图。

图18-14为作为骚扰案件的证据，在指纹中发现可卡因支持了警方收集的审讯。在审讯中，嫌疑人供认了罪行，可卡因滥用通过替代药物测试得到确认。请结合图18-14所引用文献，阐述基质辅助激光解吸附电离-质谱成像的原理，综述质谱在法医学中的分析应用及其展望。

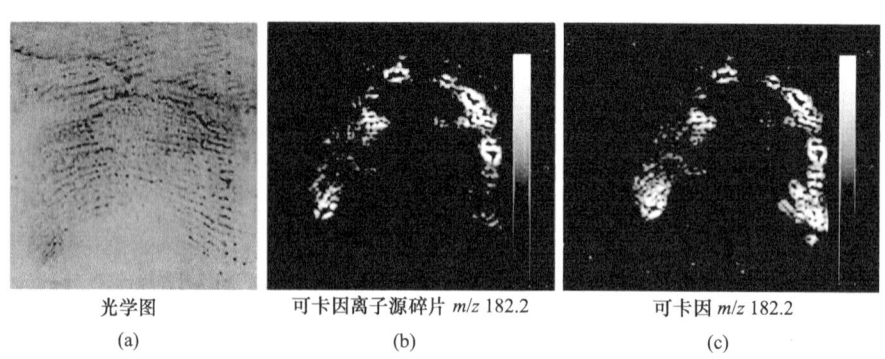

光学图　　　可卡因离子源碎片 m/z 182.2　　　可卡因 m/z 182.2
(a)　　　　　　　(b)　　　　　　　(c)

图18-14　从窗框内侧获取的指纹痕迹中所含有的可卡因光学图及MDLI-MSI谱图[7]

【一般性问题】

1. 气质联用仪及液质联用仪常用的接口有哪些？

2. 气质联用技术中常用的定性分析方法有哪些?
3. 液质联用技术是如何进行定性、结构和定量分析的?
4. 简述电感耦合等离子体质谱技术的特点及应用。
5. 简述生物质谱技术的特点及应用。

参 考 文 献

[1] Ma P, Li M, Lu H, et al. MARS 2: A computational tool to resolve and extract features from large-scale GC-MS datasets. Chemometrics and Intelligent Laboratory Systems, 2019, 191: 12-20.

[2] Smith C A, Want E J, O'Maille G, et al. XCMS: Processing mass spectrometry data for metabolite profiling using nonlinear peak alignment, matching, and identification. Analytical Chemistry, 2006, 78 (3): 779-787.

[3] Fan Y, Yu C, Lu H, et al. Deep learning-based method for automatic resolution of gas chromatography-mass spectrometry data from complex samples. Journal of Chromatography A, 2023, 1690: 463768.

[4] The MathWorks Inc. Visualizing and Preprocessing Hyphenated Mass Spectrometry Data Sets for Metabolite and Protein/Peptide Profiling. (2024-01-10)[2024-03-30]. https://ww2.mathworks.cn/help/bioinfo/ug/visualizing-and-preprocessing-hyphenated-mass-spectrometry-data-sets-for-metabolite-and-protein-peptide-profiling.html.

[5] Jones A X, Cao Y, Tang Y L, et al. Improving mass spectrometry analysis of protein structures with arginine-selective chemical cross-linkers. Nature Communications, 2019, 10 (1): 3911.

[6] Merkley E D, Cort J R, Adkins J N. Cross-linking and mass spectrometry methodologies to facilitate structural biology: finding a path through the maze. Journal of Structural and Functional Genomics, 2013, 14 (3): 77-90.

[7] Brown H M, McDaniel T J, Fedick P W, et al. The current role of mass spectrometry in forensics and future prospects. Analytical Methods, 2020, 12 (32): 3974-3997.

第五篇　其他分析法

其他分析法包括热分析法和放射化学分析法等，受篇幅限制，本书仅介绍热分析法。

第19章 热分析法

热分析法(thermal analysis)是材料科学的一个分支,是一组观察材料物理性质如何随温度变化而变化的技术。在 150~1600℃的宽温度范围内,热性能可作为温度或时间的函数进行测量。相应地形成了各种热分析测试技术,如热重法、导热系数法、逸出气检测法、逸出气分析法、差热分析、差示扫描量热法、热膨胀法等。这些热分析法的特点有:①样品用量少(0.1~10mg);②适用于多种形态的样品(固体、液体或凝胶);③样品不需要预处理;④操作简便;⑤分析结果受实验条件的影响较大,如样品量和尺寸、温度变化速率、样品所处环境(如氧化性或还原性气氛、惰性气氛及真空等);⑥可与其他技术联用。

热分析对许多行业都很重要,包括聚合物、复合材料、制药、食品、石油、无机和有机化学品以及许多其他行业。本章将仅介绍热重法、差热分析和差示扫描量热法。

19.1 热重法

19.1.1 基本理论

热重法(thermogravimetry,TG)是在程序控制温度下,测量物质的质量与温度关系的一种技术。热重分析中,当惰性气体通过样品时,对样品加热并不断称量。样品中许多固体会发生反应产生气态副产品。这些气态副产物被去除,样品剩余质量的变化被记录下来。一般地,只要物质受热时发生质量的变化,都可以用热重法来研究其变化过程。根据受热过程中物质质量变化及变化的速率可进行定量分析,根据热重曲线可以对物质的热稳定性等进行定性分析。

热重分析可分为三种:①动态热重分析:样品温度随着时间的推移持续升高,样品质量不断被记录下来。这允许同时识别有多少气体被去除以及气体产生时的温度。②静态热重分析:测量质量时,温度保持不变。这可以用来获得更多关于在特定温度下发生的分解信息,或者研究材料承受给定温度的能力。③准静态热重分析:样品在多个温度区间加热,并在这些区间保持一段时间直到质量稳定。这有利于研究已知在不同温度下以各种方式分解的物质,以及更好地表征它们分解的方式。动态热重分析数据通常表示为质量-温度图或表。静态热重分析数据表示为给定温度下质量-时间图。准静态热重分析数据表示为多种不同温度下的质量-时间图。

19.1.2 热重曲线和微分热重曲线

热重法记录的是以质量(m)作纵坐标,以温度(T)或时间(t)作横坐标的 m-T 热重曲线(图 19-1 中 TG 线)。热重曲线中质量(m)对时间(t)或温度(T)进行一阶微分从而得到微分热重曲线(图 19-1 中 DTG 线)。它表示质量随时间的变化率(失重速率)与温度(或时间)的关系。相应地以微分热重曲线表示结果的热重法称为微分热重法(differential thermogravimetry，DTG)。微分热重曲线的峰顶的二阶导数为零，即失重速率达最大值，它与热重曲线的拐点相对应。微分热重曲线上峰的数目和热重曲线的台阶数相等，峰面积与样品失重量成正比。此外，当热重曲线对某些物质在受热过程出现的台阶不明显时，利用微分热重曲线能明显地区分开。热重曲线表达失重过程具有形象、直观的特点，而与之相对应的微分热重曲线则更能精确地进行定量分析。总的来说，微分热重曲线的主要优点有：①能准确反映出起始反应温度和最大反应速率温度；②能清楚地区分相继发生的热重变化反应，且分辨率比热重法更高；③微分热重曲线峰的面积精确对应着变化了的样品质量，较热重法能更精确地进行定量分析；④能方便地为反应动力学计算提供反应速率(dw/dt)数据；⑤与差热分析法和差示扫描量热法具有可比性。通过比较，微分热重曲线能判断出是因重量变化产生的峰，还是因热量变化产生的峰，而热重法对此无能为力。

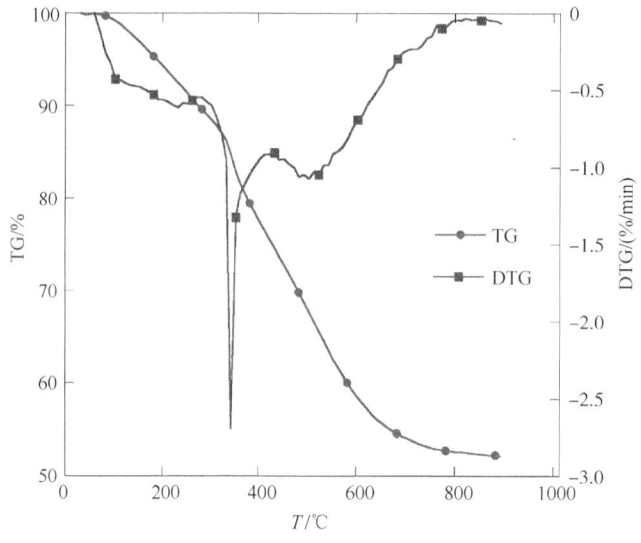

图 19-1　RF(间苯二酚/甲醛)350 多孔碳单体的 TG 曲线和 DTG 曲线图[1]

19.1.3　热重曲线影响因素

影响热重曲线的因素主要包括：①仪器因素，如浮力和对流、坩埚、挥发物冷凝、天平灵敏度、样品支架和热电偶等；②实验条件，如升温速率、气氛、纸速等；③此外，样品的质量和粒度等也会影响热重曲线的准确性。对于给定的热重仪器，天平灵敏度、样品支架和热电偶等仪器的影响是固定不变的，可以通过质量校正和温度校正来减少或消除这些系统误差，因此这里重点介绍实验条件的影响。

(1) 升温速率的影响：升温速率对热重曲线的影响主要体现在：①快速升温致使热滞后现象严重，样品的分解起始温度和终止温度都相应升高；②快速升温往往不利于中间产物的检出，热重曲线的拐点不明显，可导致热重曲线形状改变；③当样品量很小时，快速升温能检查出分解过程中形成的中间产物，而慢速升温则不能达到此目的；④升温速率的突然变化还会使热重曲线突然弯曲，引起虚假现象。因此，在实验过程中一般选择 5℃/min 或 10℃/min，此时升温速率对热重曲线的影响都不太明显。

(2) 气氛的影响：热重法通常可在静态气氛或动态气氛下进行测定。在静态气氛中，由于产物(一般指气体)的分压对热重曲线有明显的影响，使分解温度向高温移动，因此测试中大多数采用动态气氛，气体流量一般为 20mL/min。

19.1.4 仪器组成

热重分析仪又称热天平，主要由记录天平、加热炉、程序控温系统和数据处理系统等组成(图 19-2)。为了某些特定需要，有的热重分析仪还具有真空及多种气氛装置，有的还能耐高压(压力可高达 5MPa)。热重分析仪的核心部分是记录天平，其原理与一般天平相同，所不同的是在受热情况下连续称量，能连续记录物质质量与温度的函数关系。工作时，一般以程序控制温度的方式来加热或冷却样品。

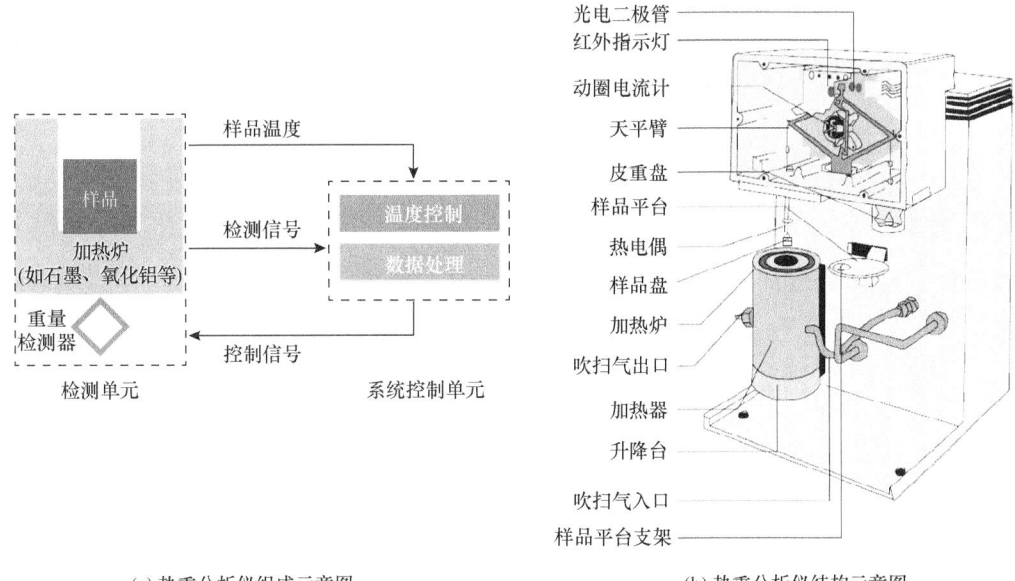

(a) 热重分析仪组成示意图　　　　　　(b) 热重分析仪结构示意图

图 19-2　热重分析仪组成及结构示意图

记录天平根据其动作方式分成指零型和偏转型两类，其中指零型天平应用较广泛。指零型天平工作时，样品因受热产生质量变化时，因支撑样品的天平梁的平稳被破坏而发生倾斜，由光电元件检出，经电子放大后反馈到安装在天平梁上的感应线圈，磁铁产生与重量变化相反的作用力(电磁作用力)，使天平梁又返回到原来的零点。由于线圈转动所施加的力与质量变化成比例，这个力又与线圈中的电流成比例，因此测量通过线圈电流的大小变化，就能知道样品质量的变化。由此电流值得知质量的变化，将它在记录仪上作为检测量记录下来。偏转型天平则是通过测量天平梁相对于支点的偏转量转变成相应的质量变化曲线。

19.1.5 特点及应用

热重分析的特点主要有：①定量性强，能准确地测量物质的质量变化及变化速率；②样品用量少；③可以用来研究反应机理；④实验加热／降温速率大。

目前热重法主要应用于：①了解样品的热(分解)反应过程，如测定结晶水、脱水量及热分解反应的具体过程等；②研究在生成挥发性物质的同时所进行的热分解反应、固相反应等；③用于研究固体和气体之间的反应；④测定熔点、沸点；⑤利用热分解或蒸发、升华等分析固体混合物。

以图 19-1 为例[1]，该图为通过以熔化石蜡球为致孔剂，间苯二酚-甲醛树脂为碳前驱体，采用模板法制备的一种具有良好孔隙度和细胞大小的多孔碳单体的热重曲线和微分热重曲线。由图可知，在 50～250℃、250～400℃以及 400～700℃，样品失重 47%。在 80～220℃区间的宽微分热重曲线是由样品释放水分和质量轻的有机化合物所致。350℃和 500℃的微分热重曲线峰表明在此二温度处样品失重速率最大。其中，位于 200～400℃的主峰是由 C—O 键断裂所致，而 500℃处的次峰是 C—H 键断裂所致。

19.2 差热分析法

19.2.1 基本理论

差热分析(differential thermal analysis，DTA)是以测量温度范围内不发生任何物理和化学变化的物质为参考，分析样品和已知参比之间的温差(ΔT)与温度关系的一种热分析方法。物质在受热或冷却过程中发生的物理变化和化学变化伴随着吸热和放热现象。例如，晶型转变、沸腾、升华、蒸发、熔融等物理变化，以及氧化还原、分解、脱水和解离等化学变化均伴随一定的热效应变化。差热分析正是建立在物质的这类性质基础上的一种方法，用于确定样品发生化学和物理变化的温度。差热分析所用的参比即基准物，是在测量温度范围内不发生任何热效应的物质，如 α-Al_2O_3、MgO 等。差热分析时，一般是将样品和参比对称放置于熔炉中的两个小坩埚中。样品和参比的温度变化由炉子的温度程序来控制。在此过程中，设置一个差分热电偶来检测样品和参比之间的温差。热电偶的两个接点分别与盛有样品和参考的坩埚底部接触，样品温度由样品侧的热电偶检测，如图 19-5 所示。由于样品和参比的测温热电偶是反向串联的，若样品不发生反应(无热效应发生)，样品温度(T_s)应和参比温度(T_r)相等，即 $\Delta T = T_s - T_r = 0$。当样品发生物理或化学变化而引起吸热或放热效应时，则 $\Delta T \neq 0$。由于热电偶的电动势与 ΔT 成正比，温差电动势经放大后，把 T 和 ΔT 转变为电信号，送入记录仪，得到以 ΔT 为纵坐标、以温度为横坐标的差热曲线。差热曲线中的向上和向下峰反映了样品的放热、吸热过程。图 19-3 为炉温以线性速率增加时样品温度 T 和 ΔT(样品与参比温差)的变化曲线。由图可以看出，样品吸热过程始于 A 点，之后由于样品吸收热量，使得样品温度从初始温度

T_i 偏离程序控制温度,达到温度 T_f 即 B 点时,反应基本完成。随后温度逐渐上升,至 C 点再回到炉温。温差($T_s - T_r$)在 T_i 时,曲线开始偏离基线形成峰,反应终止温度 T_f,落在峰的高温边(准确位置与仪器有关),至 C 点又回到基线。因此,采用温差 ΔT 作检测量,即便温度的微小变化都能检测出来,且能从峰的面积来估算热焓和样品量。若是放热反应,差热峰形类似,只是差热峰处于与吸热峰相反的方向。

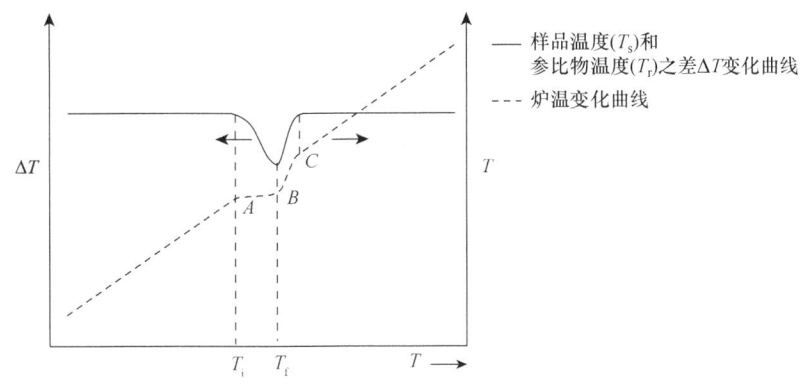

图 19-3　样品温度与温差比较示意图

19.2.2　差热曲线

差热分析是一种类似于差示扫描量热法的热分析技术,由其得到的是以温度 T(或时间 t)为横坐标、以温度差 ΔT 为纵坐标的差热分析曲线。这种曲线提供了样品已经发生的转变,如玻璃化转变、结晶、熔化和升华的数据。曲线基线突变的温度与样品转变温度、反应时吸热或放热有关[图 19-4(a)]。图中,峰的数目表示在测温范围内样品发生变化的次数;峰的位置对应于样品发生变化的温度;峰的方向则指示变化是吸热还是放热,峰的面积表示热效应的大小等。一般低温吸热峰是由熔融或熔化转变引起的,高温吸热峰通常是由分解或裂解反应引起的,而且温差越大,峰也越大。例如,聚合物的差热曲线如图 19-4(b)所示,它反映了高聚物随温度升高所产生的玻璃化转变、结晶、熔融、氧化和分解等过程。因此,可以根据各种吸热和放热峰的数目、位置、方向、形状以及相应的温度来定性地鉴定物质,而利用峰面积与热量成比例可以半定量或定量测定反应热。

19.2.3　差热曲线影响因素

差热分析中,样品和热惰性参比材料之间的差异是作为所施加温度的函数来测量的。由于样品在转变过程中可能会吸收或放出热量,所以样品和参比的温差相当于转变温度,可以指示转变是吸热还是放热。影响差热分析曲线的因素比热重曲线的多。这些因素中的大部分是热重分析共有的。差热曲线的峰形、出峰位置、峰面积等受样品质量、热传导率、比热、粒度、填充程度、周围气氛和升温速率等因素影响。一般而言,升温速率增大,达到峰值的温度向高温方向偏移,峰形变锐但峰的分辨率降低,两个相邻的峰会出现重叠。

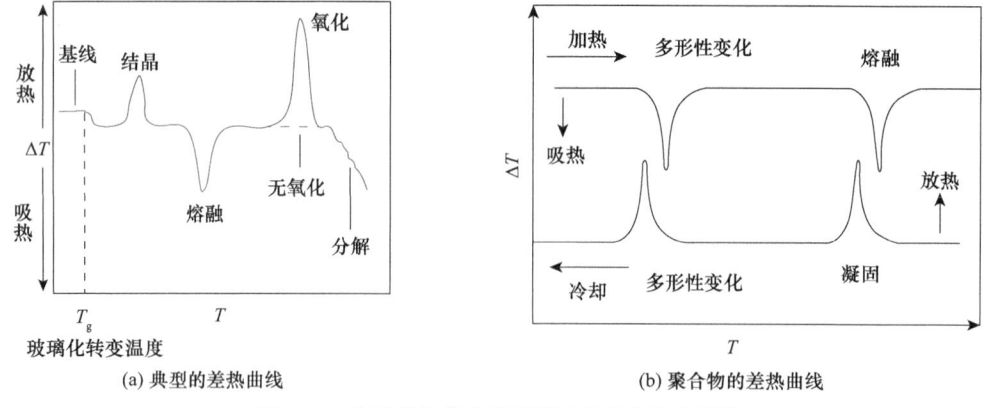

(a) 典型的差热曲线　　　　(b) 聚合物的差热曲线

图 19-4　典型的差热曲线及聚合物的差热曲线[2]

19.2.4　仪器组成

差热分析仪一般由炉子(有样品和参比坩埚、温度敏感元件等)、炉温控制器、微伏放大器、气氛控制、记录仪等部分组成，如图 19-5 所示。样品支持器材料主要包括氧化铝、氧化锆、熔融石英、石墨、铝、铂或铂的合金等，选择何种材料主要取决于差热分析仪所要求的最大工作温度。此外，碱性物质(如 Na_2CO_3)、含氟高聚物(如聚四氟乙烯)等易与硅形成化合物，不能选用玻璃、陶瓷类坩埚；铂具有高热稳定性和抗腐蚀性，高温时常选用，但不适用于含有 P、S 和卤素的样品。另外，铂对许多有机、无机反应具有催化作用，若支持器材料采用铂可导致严重的误差。炉子加热元件和炉子类型的选择取决于所要求的温度范围。炉子可以垂直或水平安装，但应保证对称加热。炉子的热容量要小，便于调节升、降温速率。此外还要求炉子的线圈无感应现象，避免干扰热电偶电流。加热炉子可用电阻元件、红外线辐射、高频振动等方法，其中应用最广泛的方法之一是电阻元件加热。根据使用仪器的不同，热电偶可以插入样品中或简化成与样品架直接接触。由于差热分析的主要问题之一是如何能方便、准确地获得样品和参比实际温度的正确读数，因此每次实验热电偶都必须准确定位。炉子和样品支持器内气氛控制，主要采用向炉内充所需气体等方法。由于差热分析中温差信号很小，一般只有几微伏到几十微伏，ΔT 信号须由微伏直流放大器放大

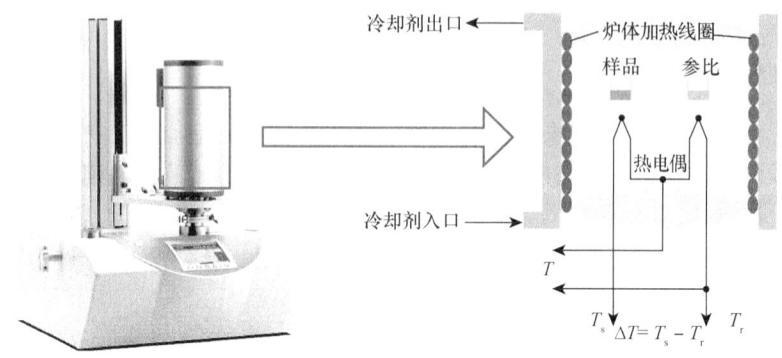

图 19-5　差热分析仪及其工作原理示意图

进入到量程为毫伏级的记录系统,在记录仪中直接得到温差对温度的函数关系曲线。

19.2.5 特点及应用

差热分析法的优点是灵敏度高、可以在高温下工作、可以精确地确定反应或转变温度、设备简单、操作方便和测试效率高等。其不足是在分析中,样品本身的热效应会对升温速率产生影响,且该方法只能进行定性或半定量分析。

差热分析是热分析中使用较早、应用较广和研究较多的一种方法,常用于确定相图、热变化测量和样品在各种大气中的分解,也能作为指纹用于识别样品,或用于确定骨骼遗迹的年代或研究考古材料。这些应用可分为三类:①研究结晶转变、二级转变;②追踪熔融、蒸发等相变过程;③用于分解、氧化还原、固相反应等的研究。其应用的领域包括制药和食品工业、水泥化学、矿物学研究和环境研究等。图 19-6 为 Mg_2AlCO_3-LDH 水滑石差热曲线[线(a)]、热重曲线[线(b)]和微分热重曲线[线(c)][3]。图 19-6 中,纯 LDH 水滑石在 150~250℃、250~450℃以及 450~650℃区间的差热曲线显示了三个主要的吸热峰。而 Mg_2AlCO_3-LDH 水滑石在 112℃、358℃及 505℃的微分热重曲线显示样品发生了三次大的失重过程。其中,112℃失重 12%±1%是样品失去水分所致;250~650℃之间的失重可能是由样品的氢氧化物层去羟基化和插入的碳酸盐阴离子的排出引起的。650℃以上无明显失重,表明样品在此温度以上变成了金属氧化物。

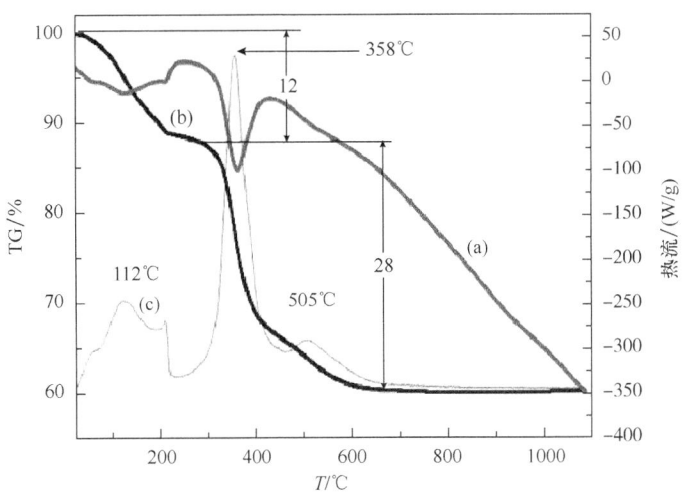

图 19-6 Mg_2AlCO_3-LDH 水滑石的差热曲线[线(a)]、热重曲线[线(b)]和微分热重曲线[线(c)][3]

用差热分析鉴定物质时,一种简便的方法是利用各种差热曲线卡片。萨特勒(Sadtler)研究室出版了大约 2000 种差热曲线,其中含大约 450 种商品化合物、150 种药物和甾体化合物、1000 种纯有机化合物、360 种无机化合物。麦肯齐(Mackenzie)采用另一种方式编辑差热曲线,即把差热分析数据编成穿孔卡片,分成矿物、无机物和有机物三部分,共有 1630 张穿孔卡片(20 张入门卡片,1012 张矿物卡片,287 张无机卡片,

311张有机卡片)[4]。

19.3 差示扫描量热法

19.3.1 基本理论

差示扫描量热法(differential scanning calorimetry, DSC)是在程序控制温度下，测量试样和参比之间单位时间内的能量差(或功率差)随温度或时间变化的一种热分析法。该方法通过测量试样在加热、冷却或在等温状态下发生相转化时的温度和热流，并以此作为时间和温度的函数来研究试样的熔点、结晶行为和化学反应等。差示扫描量热法是在差热分析法的基础上发展起来的，克服了差热分析法以温差间接表达物质热效应、差热曲线受影响因素多、只能进行定性或半定量分析的不足。

19.3.2 差示扫描量热曲线

差示扫描量热测定时记录的热谱图称为差示扫描量热曲线，其纵坐标为试样与参比的热流(或功率差) dQ/dt，也称热流率(功率)，单位为 mJ/s 或 mW(毫瓦)，横坐标为 T(温度)或 t(时间)，如图19-7所示。曲线离开基线的位移，代表试样吸热或放热的速率。曲线中的峰或谷分别表示放热(热焓增加)和吸热(热焓减少)，且峰或谷所包围的面积正比于热焓的变化量。因此，差示扫描量热法可以直接测量样品在发生物理或化学变化时的热效应。对聚合物而言，其熔融、结晶、固-固相转变和化学反应等的热效应在差示扫描量热曲线中呈峰形；而玻璃化转变温度等的比热容变化则呈台阶形。

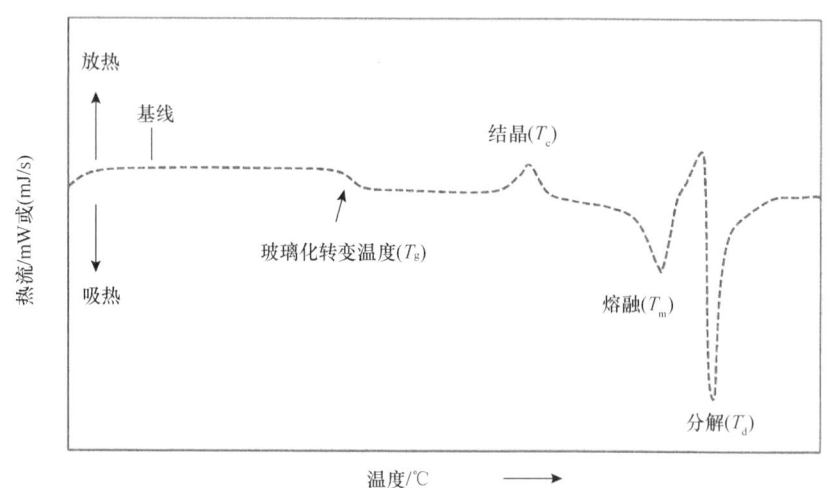

图19-7 典型的差示扫描量热曲线

19.3.3 仪器组成

差示扫描量热仪按照测量方式或升/降温方式不同分为热流型、功率补偿型、温度调制型和快速及超快速扫描型等几种。

热流型差示扫描量热仪在原理上仍属于差热分析法，硬件上也与差热分析仪十分相似，如两者都有试样盘或参考盘支架、热电偶等，不同之处在于在试样与参比托架下各置有一电热片(通常是康铜)作加热器，如图 19-8 所示。工作时，通过温度控制程序输给样品和参比(空盘)下加热器的功率相同，以实现对加热器加热并使其热量同时均匀地传递给试样和参比。在加热过程中，如果试样发生相变或化学反应，将伴随吸热或放热现象，最终导致试样温度发生变化。通过测定试样和参比两端的温差(ΔT)，然后根据热流方程 $\dfrac{\mathrm{d}Q}{\mathrm{d}t} = \dfrac{\Delta T}{R_\mathrm{D}}$ (式中，$\dfrac{\mathrm{d}Q}{\mathrm{d}t}$ 为热流，ΔT 为试样与参比间的温差，R_D 为电热片热阻)将温差换算成热流差(ΔQ)并输出信号。在这一过程中，仪器所测量的是通过加热器流向样品和参比的热流之差。相比于差热分析仪，热流型差示扫描量热仪具有基线稳定、重复性好、灵敏度高等特点，特别适合于比热的精确测量。

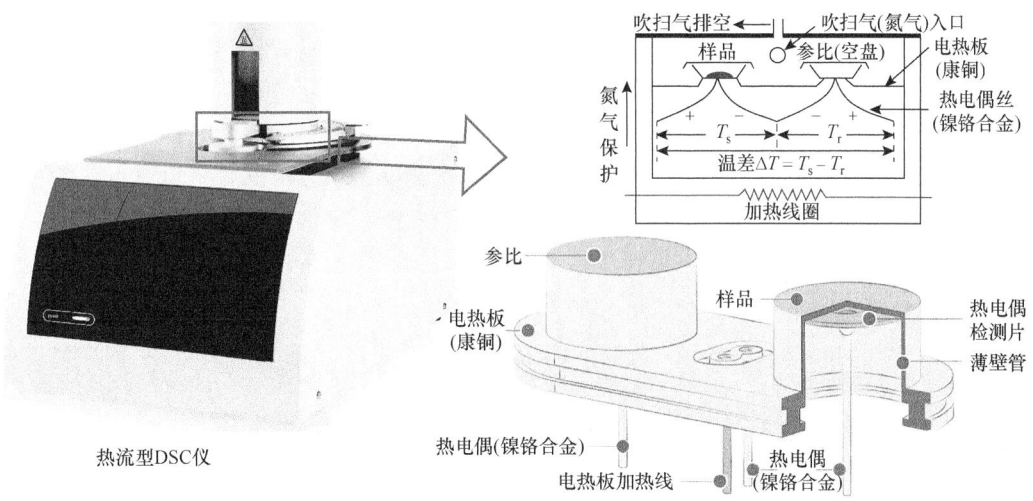

图 19-8 热流型差示扫描量热仪及其工作原理示意图

功率补偿型差示扫描量热仪也和差热分析仪装置大致相似，所不同的是其样品和参比都有各自独立的加热器和传感器，另外还增加了功率补偿单元(即差动热补偿单元)，如图 19-9 所示。整个仪器由两个系统进行监视，其中一个用于控制温度，使试样和参比按预定的速率升/降温；另一个用于补偿试样与参比之间的温差。当试样在升/降温过程中由于热效应与参比之间出现温差 ΔT 时，通过差热放大器(即差示温度放大器)和功率补偿放大器，调节试样和参比加热器的差示功率的增量，从而保证试样与参比之间的温差始终趋于零，即保持温差始终处于一种动态零位平衡的状态，这也是差示扫描量热法与差热分析法本质上的不同。这样，试样在加热过程中发生的热量变化因及时输入电功率而得到补偿，所以实际记录的是试样和参比的热功率差与温度的变化关系。此外，若试样在加热过程中产生挥发性物质，这在差示扫描量热曲线上也有反映。相比于热流型差示扫描量热仪，功率补偿型差示扫描量热仪的优点是能够对温度控制和测量、有更快的响应时间和冷却速率以及更高的分辨率。

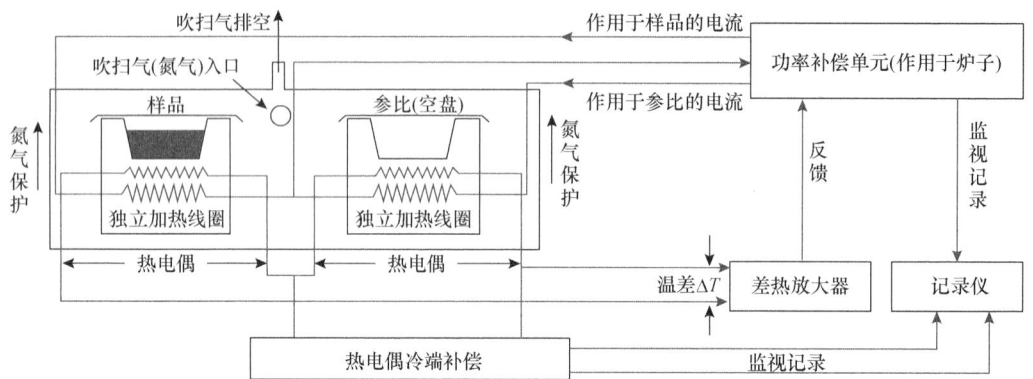

图 19-9 功率补偿型差示扫描量热仪及其工作原理示意图

上述两种传统类型的差示扫描量热仪虽然比差热分析仪有更多应用及优点，但仍有不足：①不能分析涉及多个过程的复杂相转变测试。例如，在玻璃化转变时发生的焓弛豫，以及在试样熔化之前或熔化期间非晶或亚稳晶体结构的结晶等。焓弛豫是一个吸热过程，在某些情况下，它可以使玻璃化转变看起来像熔化转变。同步结晶和熔化使得在差示扫描量热实验之前几乎不可能确定试样的真实结晶度。在分析混合材料时，这些问题变得更加复杂。针对这些复杂的转变过程，由于传统的差示扫描量热仪只能测量所有转化过程产生的总热流，因此当试样在同一温度范围内发生多次转变时，实验结果往往令人困惑和误解。②灵敏度不够高。检测弱转化的能力取决于热流信号中的短期(秒)噪声和热流基线形状的长期(分钟)变化。然而，由于短期噪声可以通过信号平均有效地消除，可重复检测弱转化的真正限制是基线线性的变化。由于不同差示扫描量热仪的炉室所使用的材料不同，并且由于这些材料的性质和吹扫气体随温度的变化而变化，所有商用差示扫描量热仪都有不同程度的基线漂移并由此对测量产生一定影响。③分辨率不够高。传统差示扫描量热仪要想获得高分辨率(即区分转化温差只有几度的能力)需要使用小尺寸试样且慢速升温。然而，热流信号的大小随着试样尺寸和升/降温速率的减小而减小。这意味着分辨率的任何提高都会导致灵敏度的降低，反之亦然。传统差示扫描量热分析的结果总是在灵敏度和分辨率之间折中。④装置复杂。传统差示扫描量热法测量热容和热导率时，需要多次实验或修改标准炉室，这增加了误差率以及实验时间。上述问题在温度调制差示扫描量热技术出现后不仅得到了很好的解决，而且还获得了传统差示扫描量热法无法提供的独特信息，这有助于加深对材料性质的基本理解。

温度调制型差示扫描量热法是一种测量试样和参比之间的热流差作为时间和温度的函数的热分析技术。在装置上，温度调制型差示扫描量热仪与传统差示扫描量热仪的热流传感装置相同，但升/降温方式不同。它的升/降温方式是在传统差示扫描量热仪的线性升/降温速率的基础上，叠加了一个正弦振荡的非线性升/降温速率，从而实现从热力学数据中分离动力学数据，如图 19-10 所示。在此非线性升/降温速率下产生的热流量可分成两部分，一部分是试样的热容和温度变化率的函数(又称热容部分)，另一部分是绝对温度和时间的函数(又称动力学部分)。这种分解方式便于理解试样在受热中产生的复杂转变过程：图 19-10 中平均升/降温速率反映试样转化过程中总热流量信息，正弦升/降温速率反映了热流中响应温度变化率的热容信息。经温度调制后的差示扫描量热仪解决了传统差示扫描量热仪在灵敏度与分辨率无法兼得的矛盾,即欲提高灵敏度就必须快速升/降温,但这将降低分辨率;欲提高分辨率就必须慢速升/降温,但这将降低灵敏度。而采用正弦调制非线性升/降温时,相当于对试样同时进行两个实验:一个是按传统的基础线性升/降温速率实验;另一个是在更快速的正弦(瞬时)升/降温速率下实验。以基础升/降温的慢速率可以改善分辨率,以瞬时快速升/降温速率可以提高灵敏度,由此可以同时提高分辨率和灵敏度。

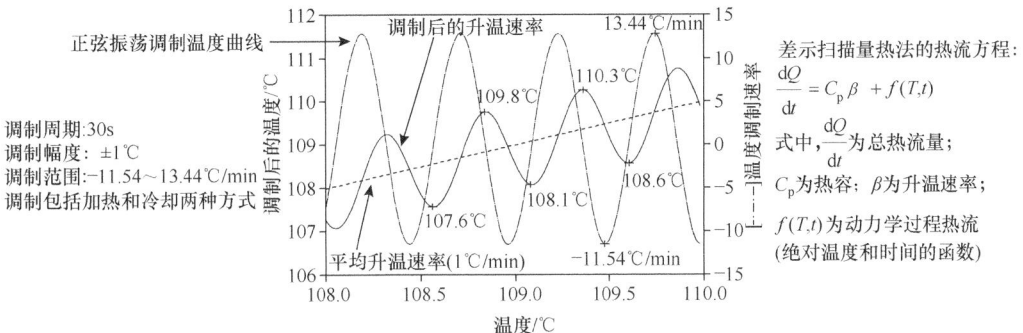

图 19-10　典型的温度调制型差示扫描量热仪非线性升温图

快速及超快速扫描差示扫描量热法是一种对试样施加高升/降温速率以提高分析灵敏度或借此捕获动力学行为的一种热分析技术。高升/降温速率技术最初是在功率控制的差示扫描量热法中发展起来的。由于差示扫描量热仪的炉体质量小,高升/降温速率技术在这些仪器中获得了很好的效果。快速扫描升/降温速率范围为 100~300℃/min,超快速的升/降温速率范围为 300~750℃/min。当升/降温速率为 100~750℃/min 时,差示扫描量热仪对试样弱转变的响应增强。这样就有可能观测药品中非常低水平的无定形材料、测量少量天然产物、冷冻固化热固性化合物、抑制聚合物的冷结晶、以及有机材料的热降解等。

19.3.4　特点及应用

差示扫描量热法的优点颇多,如适用于固体和液体试样、试样制备简单、定量能力出色、实验温度范围宽、分析速率快(通常少于 30min)等。与差热分析法相比,两者有很多共同点,如都是以测量试样在受热过程中产生的热效应(焓变)为基础的分析方法;都能得到直接反映试样发生物理和化学变化如结晶、熔融、氧化、分解等的谱图,并在谱图中呈现相应的吸热或放热峰。这些共同特点决定了这两种分析方法有着相同的应用领域。这两种分析方法的不同在于:①早期的差示扫描量热仪的炉室一般在 750℃ 以下工作,而差热分析仪可在更高的温度范围下操作,且其在高压方面也具有独特的优势。不过,目前的差示扫描量热仪的使用温度也达到了 1650℃,其应用优势明显提高。②差热分析中试样与参比及周围环境之间的热传递会降低热效应测量的灵敏度和精确度,而差示扫描量热分析中试样热效应带来的温差及时得到了补偿,因此热损失小,在很低升/降温速率下,检测灵敏度和精确度优于差热分析法。③差示扫描量热法克服了差热分析法中试样本身的热效应对升温速率的影响。差热分析中,当试样开始吸热时,试样的升温速率大幅落后于设定值；反应结束后，试样的升温速率又会高于设定值。而差示扫描量热法通过对试样因发生热效应而产生的能量变化进行及时补偿，并始终保持试样与参比之间无温差、无热传递，试样升/降温速率始终与炉体的一致，提高了测量灵敏度和精度。④差示扫描量热仪常比差热分析仪精密、复杂和昂贵。在需要温度不高(有时可以很低)但对灵敏度要求较高的有机、液晶、高分子及生物化学等领域，差示扫描量热仪更为适用。而差热分析仪在高温、高压和抗腐蚀等领域独占优势。⑤差示扫描量热法能进行精确的定量分析，而差热分析法只能进行定性或半定量分析。由于差示扫描量热法中曲线峰所包围的面积是热流 ΔQ 的直接度量，因此在面积与热量换算的校正中，只需进行单点校正就可以适用于整个温度范围。而在差热分析中，校正常数与温度有关。不同的温度下，校正常数不同。因此，差热分析只能进行半定量分析。可见，差示扫描量热法定量分析的准确性、分辨率、重现性优于差热分析，因而在–200～800℃的温度范围内优先使用差示扫描量热法进行分析。

差示扫描量热法为固体材料的热性能提供了诸多定性和定量信息，如熔融和降解温度、玻璃化转变温度、熔融、结晶焓、比热和潜在的热、多态性和材料的纯度等。这使差示扫描量热法在众多领域中有广泛应用。

1) 蛋白质研究

差示扫描量热曲线中峰的位置、形状、峰的数目与物质的性质有关，可用来定性的表征和鉴定物质，也可以用来研究聚变、氧化和其他化学反应，或用来测定蛋白质变性过程的焓。蛋白质可以从其天然状态改变为变性状态。在天然状态下，由于非共价分子内相互作用，蛋白质具有特定的构象。在变性状态下，这种特征结构被改变。通过差示扫描量热法分析蛋白质可以提供变性焓和变性过程协同性的信息。差示扫描量热曲线中更清晰的峰值表明更高水平的协同性，这意味着当一个结构关联被干扰时，其他关联点被破坏的可能性将增加。

2) 聚合物研究

差示扫描量热法可以用于分析聚合物的组成。实验中，可以通过降低熔点来显示聚合物的降解，而熔点取决于化学物质的分子量。聚合物的结晶度百分比也可以通过差示扫描量热图的结晶峰来检测，热融合是通过吸收峰下的面积来计算的。它也用于研究聚合物的热降解。任何形式的杂质都可以通过检查热像图的异常峰来确定。

3) 热力学和动力学参数、结晶稳定性研究

差示扫描量热曲线中峰的面积与反应热焓有关，可以用来定量计算参与反应的物质的量或者测定热化学和动力学参数，且可进行晶体微细结构分析等工作，如测定试样比热容、观察结晶聚合物的熔化和玻璃化转变等。

4) 液晶研究

某些液体中的一些成分在经历受热转变时达到显示固相和液相性质的第三态。这种液体通常被称为液晶或中晶态。液晶是一种介于固态和液态之间、具有特殊光学性质的物质，广泛应用于显示器、电视等显示设备。差示扫描量热法可以用于测定液晶相变时的热效应及其转变温度，有助于观察从固体到液晶以及从液晶到各向同性液体相变过程中发生的微小能量变化。

5) 抗氧化性研究

差示扫描量热法可用于研究物质氧化时的稳定性。这些试验是在等温条件下通过改变密闭炉室中试样的气氛来完成的。实验时，先在氮气惰性环境中将试样加热到所需的测试温度，随后向炉室中通入氧气。当试样发生氧化时，差示扫描量热图的基线将产生偏差。这种分析可用于监测材料或化合物的稳定性和最佳储存条件。

6) 差示扫描量热法联用分析

热分析技术的应用虽多，但与其他分析手段一样，有时只靠某一种热分析法难以明确表征和解释物质的受热行为，而这往往需要几种分析方法联用才能获得更有价值的信息。目前，热分析法已实现了与多种分析法联用，如差热-气相联用、热重-气相联用、热重-气质联用、红外光谱-热重-质谱联用等多种联用技术。差示扫描量热法虽然没有像其他热分析技术那样联用广泛，但也发展了一些联用技术，如热重-差热-差示扫描量热联用和差示扫描量热-红外联用等。其中，差示扫描量热-红外联用用于研究从药物中释放出来的溶剂，差示扫描量热-质谱联用用于研究陨石和月球岩石组成。差示扫描量热法还与傅里叶变换红外光谱显微镜相结合，以观察差示扫描量热实验中的试样变化。而差示扫描量热联用技术中最有前途的是差示扫描量热-拉曼光谱联用，它是试样在差示扫描量热分析时用拉曼激光照射进行拉曼光谱分析。由于拉曼光谱分析时不需要对反射光谱进行任何处理，也不需要使用特殊的光学透射池，因而差示扫描量热-拉曼光谱联用在研究多态材料、聚合物再结晶、玻璃化转变时的链运动和氢键聚合物方面显示出巨大的潜力。

概括来讲，差示扫描量热法的主要应用方面有：①定性鉴定(与标准物质对照)；②比热测定；③热力学参数、热焓和熵的测定；④玻璃化转变的测定和物理老化速率测定；⑤结晶度、结晶热、等温和非等温结晶速率的测定；⑥熔融、熔融热(结晶稳定件研究)；⑦热、氧分解动力学研究；⑧添加剂和加工条件对稳定件影响研究；⑨反应动力学、聚合动力学研究；⑩吸附和解吸(水合物结构等研究)。

【挑战性问题】

1. 锆钛酸铅等具有钙钛矿结构的铁电陶瓷材料因其优良的压电、热释电、介电和电光性能而备受关注。陶瓷材料的这种独特特性使其适用于各种应用，如电荷存储、铁电随机存取存储器、换能器、振荡器、驱动器和传感器等。由溶胶法制备的 $Pb_{0.95}La_{0.05}(Zr_{0.52}Ti_{0.48})O_3$ 是一种具有上述特性的多晶钙钛矿陶瓷材料，其热分析曲线如图 19-11 所示。请根据此图所引用文献对此陶瓷材料在不同温度下发生的物理化学变化进行解读。

2. 2016 年，全球基于石油的塑料产量超过 3.2 亿 t，预计未来 20 年将翻一番。联合国环境规划署(UNEP)的数据显示，每年只有 54%的塑料垃圾被填埋或回收，其余则进入海洋成为垃圾堆积，这是一个全球性的海洋生态系统问题。而生物塑料(bioplastic，BP)在不同的自然环境中既可用作肥堆，又可降解。用生物塑料取代石油塑料是解决上述严重环境问题的一种可行办法。聚-3-羟基丁酸酯(poly-3-hydroxybutyrate，PHB)就是这种生物塑料的一种，其热分析曲线如图 19-12 所示，请根据此图所引用文献对此生物塑料的热性能进行解读。

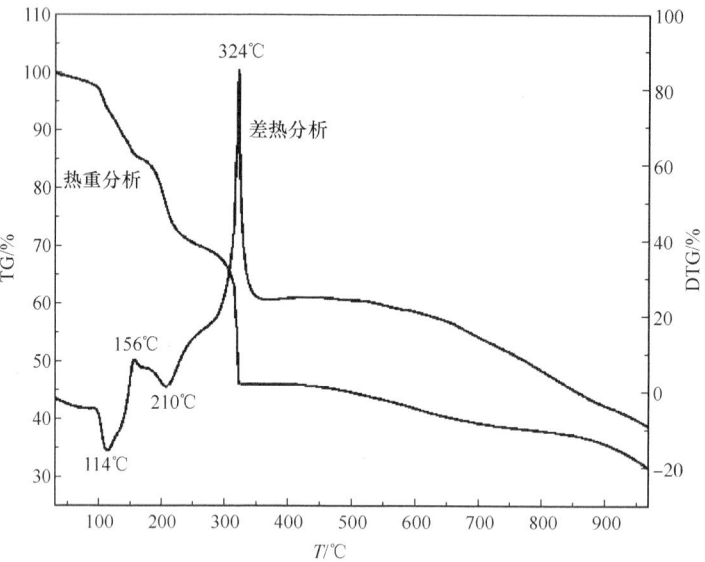

图 19-11 Pb$_{0.95}$La$_{0.05}$(Zr$_{0.52}$Ti$_{0.48}$)O$_3$ 陶瓷粉末在氦气气氛中的热重曲线和微分热重曲线[5]

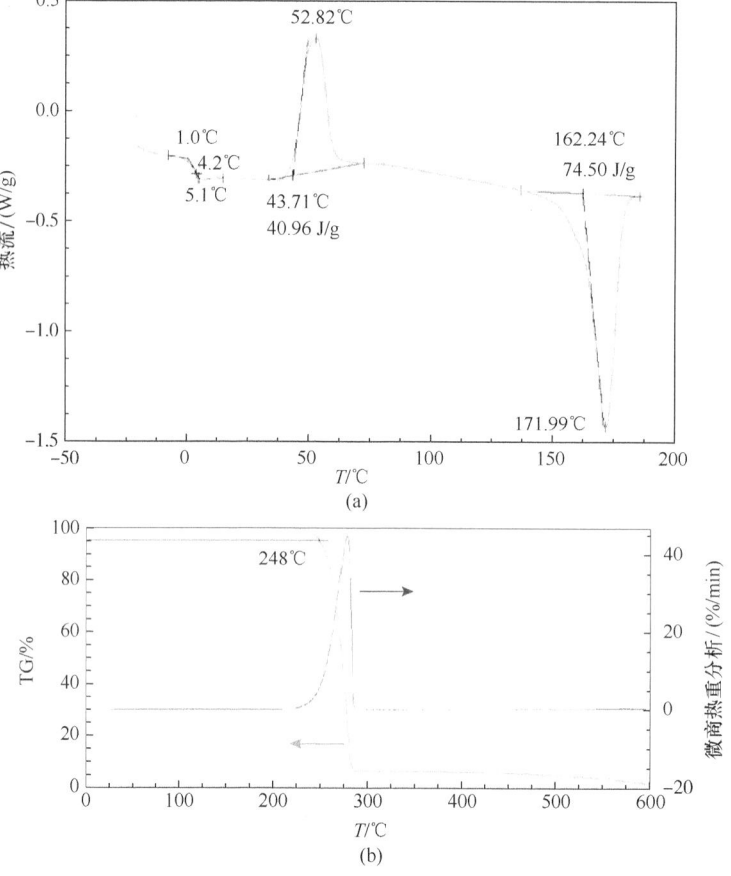

图 19-12 聚-3-羟基丁酸酯的差示扫描量热曲线、热重曲线和微商热重曲线[6]

【一般性问题】

1. 简述热分析的定义和特点。
2. 简述热重法的特点及影响因素。与热重法相比，微分热重法具有哪些优点？
3. 差热曲线的形状与哪些因素有关？差热曲线包含哪些信息？
4. 比较差热分析法与差示扫描量热法的异同点。

参 考 文 献

[1] Szczurek A, Fierro V, Plyushch A, et al. Structure and electromagnetic properties of cellular glassy carbon monoliths with controlled cell size. Materials, 2018, 11 (5): 709.

[2] Abdullah M, Lenggoro W, Okuyama K. Polymer Electrolyte Nanocomposites. Encyclopedia of Nanoscience and Nanotechnology, 2021, 8: 731-762.

[3] Giscard D, Theophile K, Tonleu Temgoua R, et al. Intercalation of oxalate ions in the interlayer space of a layered double hydroxide for nickel ions adsorption. International Journal of Basic and Applied Sciences, 2016, 5: 144.

[4] Greene-Kelly R. Index of differential thermal analysis. Nature, 1962, 196 (4853): 402.

[5] Prabu M, Chandrabose A. Complex impedance spectroscopy studies of PLZT (5/52/48) ceramics synthesized by sol-gel route. Journal of Materials Science Materials in Electronics, 2013, 24(1): 4560-4565.

[6] Carlozzi P, Seggiani M, Cinelli P, et al. Photofermentative poly-3-hydroxybutyrate production by *Rhodopseudomonas* sp. S16-VOGS3 in a novel outdoor 70-L photobioreactor. Sustainability, 2018, 10: 3133.